조·리·용·어·사·전

PREFACE

경제 성장에 따른 생활 수준의 전반적인 향상은 음식 문화에 많은 변화를 가져왔으며, 현재의 외식과 조리 분야의 학문은 대량생산·규격화·산업화·기계화를 통한 맛의 표준화와 전 지구적 미각 등이 다양화되고 나라별, 지역별 특성에 맞는 전통적이고 다양한 음식·식생활 문화가 소개되어 일상화가 되어가고 있습니다.

따라서 조리 관련 전문가나 학생, 연구자들이 쉽게 접할 수 있는 '조리용어 사전'이 필요하게 되었습니다. 식재료나 향신료 등도 상당히 많으나 말에 의한 설명만으로는 알 수 없는 식재료들이 많이 있는데 식재료 중에 치즈, 소시지와 과일, 생선류 등의 일부는 사진을 첨가하여 이해를 돕도록 하였으며, 우리가 잘 알고 있는 식품 재료 중에서 단어의 설명만으로는 부족한 것은 여러 가지 측면에서 정리하여 조리를 공부하는 학생들에게 도움이 되고자 했습니다. 또한 학생들과 조리용어 수업을 하다보니, 용어만 정리되어 있는 사전만으로는 부족함을 느끼게 되어서 조리법에 따른 조리용어를 전채 요리, 스프, 소스, 샐러드, 메인 요리와 디저트를 따로 정리하였으며, 우리나라 식재료를 영어와 불어로 매치시켜서 찾아보기 쉽게 정리를 하였습니다. 또한 학교에서의 수업 내용과 호텔이나 외식업체에서 이루어지는 조리의 내용에 간격이 좁혀질 수 있도록 노력을 많이 하였습니다.

조리학과 학생들과 조리에 관심이 많은 학생들에게 큰 도움이 되어 필요할 때마다 찾아보는 '조리용어 사전'이 되었으면 합니다.

끝으로 책을 내는데 도움을 주신 광문각출판사 박정태 사장님과 임직원 여러분께 감사를 드립니다.

2004년 3월

저자 씀

조·리·용·어·사·전

일러두기

1. **우리나라에서 가장 많이 이용되고 있는 식품 재료들과 소스, 치즈, 소시지 등의 용어를 사전의 형식에 따라 수록하였다.**
2. **모든 표제어는 알파벳순으로 정리하였으며, 필요한 사진 및 그림 자료를 첨부하여 이해하기 쉽게 하였다.**

① 제목은 볼드(bold)체로 눈에 뜨이게 표시하였고, 외국어가 분리되어 있으면 거기에 맞추어 띄어쓰는 것을 원칙으로 하였다.

② 해설은 한글 사용을 기본으로 하여 가급적 쉽게 풀이했으며, 의미 전달이 불확실한 경우는 한자 및 외국어를 사용하였다.

③ 외국어는 영어를 기준으로 하였으며 프랑스어 [프], 이탈리아어 [이], 일본어 [일], 중국어 [중], 러시아어 [러], 네덜란드어 [네], 희랍어 [희] 등으로 표기하였다.

④ 둘 이상의 단어로 된 합성어(合成語)는 원칙적으로 띄어 쓰되, 학술용어 및 각각의 낱말로서는 자립성이 희박한 한자 숙어는 예외로 하였다.

⑤ 사전을 보다 효율적으로 활용할 수 있도록 이 사전에 수록된 전체 항목을 '찾아보기'로 종합 정리하여 뒤에 수록하였다.

⑥ 부록에는 서양 조리의 기본 조리법과 식재료 용어 등을 일목 요연하게 정리하였다.

조·리·용·어·사·전

CONTENTS

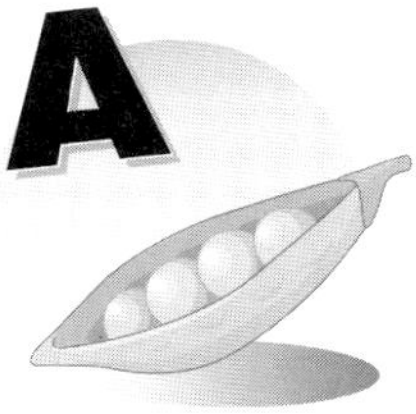

Abaisse [프 아베쓰] 페스트리용으로 밀가루 반죽을 밀대로 민 밀가루 반죽

Abalone [reille de mer 프 아발론] 전복. 비타민 B_1, B_{12} 가 많고, 칼슘, 인 등의 미네랄이 풍부, 맛 성분으로 숙신산과 류신, 아르기닌, 글루탐산 등과 콜라겐이 많아서 살이 단단하고 단백하다.

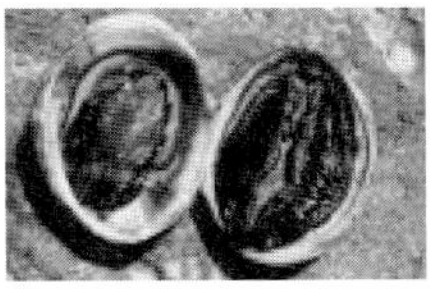

Abats [프 아바] 식용 동물류의 내장(머리, 내장, 혀, 후두육, 허파, 심장, 간 등)

- Abats blancs : 백색을 띠는 척수, 뇌, 췌장 등의 내장고기
- Abats rouges : 적색을 띠는 염통, 혀, 간, 허파 등의 내장고기

Abatstage [프 아바따주] 도살

Abattis [프 아바띠 giblets] 가금류의 내장(닭의 머리, 목, 날개, 다리, 모래주머니, 간, 염통)

Abbacchio [이 아바치오] 매우 어린 양

Abbreviation [영 어브리비에이션] 약어, 종사원 주방과의 미리 약속된 약어

Abeille [프 아베이오] 꿀벌

Abendessen [독 아벤데센] 저녁식사

Abignades [프 아비냐드] 랑드 지방의 유명한 거위 내장요리

Able [프 아블] 납자루, 피라미 등의 작은 민물고기의 총칭

Ablette [프 아블레뜨] 황어(피라미)의 민물고기

Abondance [프 아봉당스] 프랑스의 사부와(Savoie) 지역의 소젖 치즈

Abourkir [프 아부끼흐] 스펀지 케이크에 밤크림을 바르고 커피 당의를 입히고 피스타치오로 장식한 후식

Aboyeur [프 아브와이외르] 주방 직원

Abricot [프 아브히꼬] 살구. 비타민 A와 칼륨을 함유하여 성장 발육과 야맹증, 피로회복에 좋다. 비타민 C는 적으나, 유기산의 함량이 높아 산미가 강하다. 말린 살구는 날것보다 인, 철분, 칼슘과 같은 미네랄이 풍부하고, 과당이 많아서 피로 회복에 효과적이다.

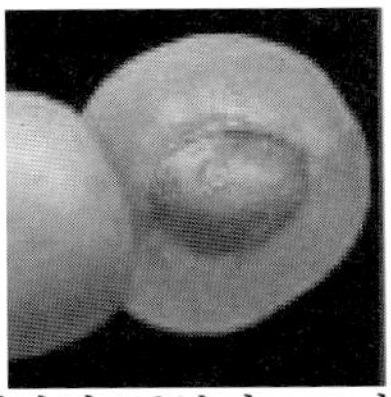

Abricot-pays [영 아브리코트 페이즈] 살구와 맛은 비슷하고 멜론의 크기로 과일주스,

잼을 만든다.

Abricotine [㉣ 아브리꼬띤] 살구로 만든 술

Absinthe [㉣ 압쌩뜨] 식전주로 쓴숙이나 여러 가지 향초로 만든 알코올 도수가 높은 리큐르 독성으로 금지하며, 차와 Vermouth 등을 만드는데 이용한다.

Accacia [㉣ 아카시아] 아카시아 나무 또는 꽃. 향신료와 튀김으로 이용

Accelerated freeze-drying [AFD] 급속냉동건조, 식품의 저장 형태로써 급속히 열을 가하여 음식을 만든 후 단시간 내에 냉동시키고 진공으로 건조하는 방법.

Accessible [㉢ 어쎄서블] 탄닌과 산의 함량이 적고, 마시기에 좋은 고품질의 와인

Accolade [㉣ 애커래드] 접시에 두 가지 유사한 종류의 음식을 담는 방법

Accommoder [㉣ 아꼬모데] 조리하다. 즉, 조리과정 중 전처리와 양념을 해서 완성을 의미한다.

Accompagnement [㉣ 아꽁빠뉴망 ; ganish] 주요리에 곁들이는 음식이나 고명

Accordion Door [falling door ㉢ 아코디언 도어] 호텔의 연회장, 식당을 칸막이로 나누기 위하여 사용하며, 천장 레일에 의하여 좌우로 움직이고 방음도 배려한 아코디언 형태의 커텐

Accuracy in Menu [메뉴의 정확도] 식단표에 각 음식 항목의 종류와 조리방법을 정확하게 기술하는 것

Acerbe [㉣ 아쎄브] 하급품의 떨떠름한 맛이 나는 와인

Acerola [㉢ 아세로라] 서인도 제도에서 생산되는 체리 모양의 과실, 비타민 C가 풍부하다.

Acetic acid [㉢ 아세틱 에시드] 저농도의 알코올이 공기와 접촉하면 생성되는 유기산, 식초의 신맛의 성분

Aceto [㉧ 아세토 ; vinaigre] 식초

Aceto dolce [㉧ 아세토 돌체] 이탈리아의 달콤한 피클

Achard de legumes 매운 맛의 인도산 조미료로 야채와 과일향이 나는 씨앗을 식초에 담가 만든다.

Acidite [㉣ 아시디테] 산미, 와인에 신선함과 상큼한 맛을 내는 필수적인 요소

Acihi di peppe [㉧] 통후추

Acorn [㉣ 에이컨] 도토리(떡갈나무 열매), 묵의 원료, 도토리는 타닌을 많이 함유하고 있어서 물에 담가 떫은맛을 뺀 다음 녹말을 채취한다.

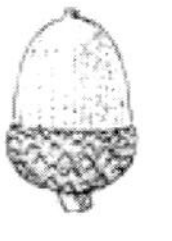

Acrete [㉣ 아크흐떼] 매운맛, 짠맛, 쓴맛

Addition [㉣ 아디씨옹] 프랑스의 레스토랑 계산서

Additive Food [㉢ 애디티브 푸드] 식품첨가물, 상품의 제조, 가공 또는 보존을 위해 식품에 첨가, 혼합, 침윤, 기타의 방법에 의해 사용되는 물질. 현재 우리나라에는 363종이 있다.

① 방부제

솔빈산칼슘, 프로피온산 나트륨, 벤조산나트륨, 살리실산, 데히드로 초산나트륨

세균류의 성장을 억제하거나 방지하기 위해서 식품에 첨가하는 화학물질

치즈, 초콜릿, 음료수, 칵테일, 자장면,

마아가린, 빵, 단무지, 생선묵, 햄, 청주 등에 첨가하며, 중추신경마비, 출혈성위염, 간에 악영향, 발암성이 있다.

② 감미료

둘신, 사이플러메이트, 사카린나트륨 등의 단맛을 내며 설탕의 수백 배의 효과를 내는 물질

청량음료, 간장, 과자, 빙과류에 첨가하며, 소화기 및 콩팥장애, 발암성이 있다.

③ 화학조미료 (MSG ; 글루타민산나트륨)

식품에 존재하지 않던 맛을 내거나 존재하던 맛을 더욱 강하게 혹은 바꾸고 없애는 물질

과자, 통조림, 음료수, 캐러멜, 카레, 다시다, 맛소금에 첨가하고, 빈속에 3~5 g 이상 섭취하면 10~20 분 뒤 작열감, 얼굴 경련, 가슴 압박, 불쾌감이 1~2 시간이 된다.

④ 착색제 (타르색소)

소비욕구를 충족을 위해 색을 내게 하는 화학물질로 치즈, 버터, 아이스크림, 과자류, 캔디, 소시지, 통조림고기, 푸딩에 첨가하며, 간, 혈액, 콩팥장애 발암성이 있다.

⑤ 발색제 (아질산나트륨, 아토산나트륨)

색을 선명하게 하는데 사용되는 물질이며, 햄, 소시지, 어육제품 등에 첨가하고, 헤모글로빈 빈혈증, 호흡기능악화, 급성구토, 발한, 의식불명, 간장암을 유발한다.

⑥ 팽창계

빵이나 과자를 부풀리게 하는 화학물질이며, 빵, 케이크, 비스킷, 초콜릿 등에 첨가하고 카드뮴, 납 등의 중금속 함량이 높다.

⑦ 산화방지제 (BHA, BHT)

지방성 식품과 탄수화물 식품의 변색을 방지하는데 사용하는 화학물질로 크래커, 스프, 라드 및 쇼트닝, 주스에 첨가한다. 발암성으로, BHA + 아질산나트륨 + 글리신 = 청산가리 (CN) 이온생성한다.

⑧ 탈색제 (아황산표백제)

색깔을 희게 하는데 사용하는 화학물질이며, 과자, 빵, 빙과류에 첨가하고 신경염 및 순환기장애, 위 점막자극, 기관지염, 천식유발한다.

⑨ 살균제

어육제품을 살균하는데 사용하는 화학물질로 두부, 어육제품, 햄, 소시지에 첨가하며, 피부염, 고환위축, 발암 (유전자 파괴)을 일으킨다.

⑩ 안정제 및 응결제

고체와 액체가 분리되지 않도록 결합시키는 물질로 아이스크림, 초콜릿, 냉동빵제품, 육제품류, 과일 통조림, 맥주, 치즈에 첨가한다.

Ade [영 에이드] 물과 설탕, 레몬류의 과일 즙을 섞은 음료

Adobo [필 아보도] 필리핀의 전통적인 음식으로 코코넛 밀크에 조리한 가금류와 돼지고기, 고추, 허브, 식초를 혼합한 필리핀의 향신료

Adoucir [프 아두시르] 부드럽게 하다. 달게 하다.

Advocaat [프 애드 버키트] 브랜디에 설탕, 노른자, 바닐라 향을 넣은 네덜란드산 리큐르

Affinage [프 아피나주] 치즈 숙성의 마지막

A

단계

Affine [프 아피네] 치즈가 숙성이 잘 된 것

Affiriter [프 애프리터] 팬을 길들이는 방법으로 굵은 소금으로 닦아내고 가열하여 팬을 이용하기 용이하게 하는 방법

Affiricaine [프 아프히껜느] 버터로 익힌 감자와 소량의 기름으로 익힌 야채요리로서 허브와 향신료로 양념한 양구이 요리에 곁들인다.

After Taste [영 애프터 테이스트] 술이나 음료를 마신 뒤에 입안에 남아있는 맛과 향의 뒷맛을 의미

Afternoon Tea [영 애프터눈 티] 영국인 오후 4시에서 5시 사이에 milk tea와 시나몬 토스트를 먹는 것으로 최근에는 간단한 샌드위치, 과자, 초콜릿, 차, 와인 등을 포함하여 세미나나 컨벤션에서 제공되는 스낵

Agar-Agar [프 아가] 한천, 우뭇가사리와 같은 홍조류에서 세포간 물질을 용출하여 얻은 것. 아가로오스와 아가로펙틴이 7 : 3의 비율로 구성, 한천은 고온에서 사용이 가능

Agaric [영 아가릭] 느타리버섯의 일종. 주름이 있는 버섯(분홍색, 적갈색, 노란색)

Agave [프 아가베] 중남미산 식물로서 리큐류용. 멕시코 원산으로 발효하여 뿔께(pulque)술이, 증류하면 메스깔(mescal)이다.

Aging of meat [영 애이징 오브 미트] 숙성, 육류를 사후 강직 후 부드러운 고기를 얻기 위하여 낮은 온도에서 고기가 부드러워지고 풍미가 향상되도록 한다.

Agneau [프 아뇨 ; lamb] 양. 유대교의 유월절에 쓰는 통구이 새끼양 요리

➲ Hothose : 생후 8~15주 양, Spring Lamb 3~5개월 된 양, Mutton 1~5년생의 양에서 얻은 고기

Agnelet [프 아뇨레] 새끼양

Agoursi [프 아그로쓰] 소금에 절인 오이

Agraz [영 아가즈] 설탕, verjuice와 아몬드로 만든 셔벳

Agrumes [프 아그휨] 감귤류의 열매

Ahi [영 아이] 하와이의 큰눈 참치

Aiglefin [프 에글르팽 ; haddock] 명태

Aigo-sau d'iou [프 아이고 쏘 디우] 프로방스 지방의 요리로 생선 덩어리를 잘라서 양파, 감자, 마늘, 토마토를 익혀서 만든 흰살 생선스프

Aigre [프 에그흐] 신맛이 나는

Aigre-doux [프 에그흐 두] 신맛과 단맛의 혼합, 소스는 설탕과 식초를 섞는다.

Aiguillette [프 에귀에뜨] 얇게 썬 고기

Ail [프 아이] 마늘

Aile [프 엘] 날개

Aileron [프 엘홍] 날개 끝, 지느러미

Aillade [프 아이아드] 마늘을 사용한 프랑스 남부풍의 요리

➲ sauce aillade : 마늘을 주로 하고 부추 당파를 첨가하여 만든 소스

➲ pain a l'aiilade : 마늘을 이용한 기름을 마른 토스트

Aille [프 아이에] 아몬드 가루, 빵가루, 마

늘을 섞어서 만드는 양념

Aiogo boulido 프로방스 지방의 빵위에 발라먹는 마늘 스프

Aioli [프 아이올리] 프로방스의 마늘, 난황, 올리브유 레몬즙으로 만든 소스

➲ Aioli plat : 생선, 달팽이 또는 고기로 만든 프로방스 요리로 aioli 소스와 감자, 야채와 삶은 계란을 고명으로 이용

Airelle [프 에헬] 월귤나무의 열매로 게임류의 소스나 잼을 만드는 데 이용

Aisy cendre [프 에지 쌍드헤] 브르고뉴 지방 특유의 소젖으로 만든 부드러운 맛이 톡 쏘는 치즈

Akala [영 아카라] 하와이에서 생산되는 달고 즙이 많은 열매, 잼과 파이 만드는 데 이용

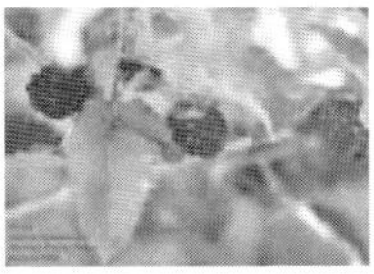

A l'~ [A la~] ~풍의, ~식의 등 소스나 고명 또는 조리명을 나타낼 때 쓰인다.

A la Bouquetiere 다양한 종류의 제철 야채들을 접시에 차리는 것

A la Bourgeoise 크게 자른 야채를 곁들인 가족형 음식

A la Carte 고객의 주문에 따라 제공되는 일품요리(계절과 조리기술에 따라 메뉴의 변화가 많은 요리), 각 코스에 따라 분리하여 가격을 지불한다.

A la Creme 크림과 식초, 레몬즙을 3 : 1의 비율로 만들어 소금, 후추를 가미한 드레싱

A la Holstein 튀긴 송아지 커틀릿을 튀긴 달걀과 함께 토마토소스 위에 올려 케이퍼와 엔초비를 곁들인 음식

A la King 크림소스에 피망과 양송이를 일정한 크기로 썰어서 만든 요리

A la Marengo 포도주, 토마토, 버섯, 붉은색과 녹색의 올리브와 함께 갈색 소스에 삶은 튀긴 닭고기

A la Mode 각종 파이나 케이크 위에 아이스크림을 얹어서 제공하는 후식

A la Newburg 파프리카로 색을 내고 크림소스나 베샤멜 소스로 이용하여 셰리 와인으로 맛을 낸 생선요리

A la Provencale Sauce 마늘, 토마토, 양파를 기름에 볶아서 사용하며 데미 케쉬어에 토마토소스를 약간 섞어 파슬리를 첨가하여 만든 소스

A la Reine 전통 프랑스 요리법으로 가금류, 송아지 췌장, 버섯, 송로버섯, 쉬프렘소스 등을 가지고 만듦

A la Russe 러시아식으로 요리에 케비어를 사용

Alambic [프 아라빅] 증류기

Albacove [프 알라꼬흐] 날개다랑어

Albert sauce [영 알베르트 소스] 버터, 밀가루, 크림으로 만든 소스

Albondiga [영 알본디가] 멕시코와 스페인의 매운 미트볼로 토마토소스와 함께 낸다.

Albufera Sauce [영 알브페라소스]

➲ 슈프림(Supreme Sauce) : 소스를 끓이다가 갈색소스를 첨가하여 맛을 조정하고 소창으로 걸러 사용한다. 슈프림 소스는 버터와 밀가루를 1 : 1의 비율로 팬에서 루를

A

볶아 식힌 다음 닭육수를 넣어 잘 풀어서 끓인 치킨 벨루테를 준비한다. 닭 크림소스 중 최상의 소스인 슈프림 소스는 치킨 벨루테를 냄비에서 천천히 끓이면서 크림을 조금씩 첨가하여 농도를 맞추고 버터와 레몬즙을 첨가하여 맛을 낸다. 소창으로 거르고 계란 노른자를 사용하여 농도를 맞추고 소금, 후추 등으로 간을 맞추어 사용한다.

Al Dente [이 알단테] 이탈리아 요리에서 음식용어로 파스타를 중간 정도 설익힌 것

Ale [영 에일] 영국식 맥주, 엷은 빛깔의 맥주

Alevin [프 알뱅] 미끼. 강이나 호수에 방류하는 치어

Alewife [영 에일와이프] 대서양에서 잡히는 청어류

Algerienne [프 알제히엔느] 으깬마늘과 토마토가 들어 있는 고구마로 구성된 고명

Alicot [프 알리꼬] 오베르뉴 지방의 가금류 내장 스튜요리

Aligot [프 알리고] 오베르뉴의 치즈와 마늘을 으깨서 만든 감자

Aligote [프 알리고떼] 부르고뉴에서 생산되는 2등급의 화이트 와인

Alitame [프 알리탐] 알기닌과 아스파라긴산의 합성 감미료로 설탕의 2000 배에 해당하는 감미가 있다.

Aliment [프 알리망] 음식물, 영양분

Alimentation [프 알리망따시옹] 음식물, 영양분, 영양, 식품류

Alise [프 알리즈] 씁쓸한 맛이 나는 딸기로서 열매는 증류주나 주스를 만드는 원료

Alizier [프 알리지에] 씁쓸한 아몬드 맛이 나는 증류주로서 알자스 지방의 야생 딸기로 만든다.

Alkekenge [프 알께깡주] 딸기 토마토(겨울체리), 샐러드나 과일잼의 재료

Alkermes [프 알께흠메쓰] 붉은 색의 알코올 음료

All in Method [영 올인 메소드] 올인법, 4종류의 유화제(소비톨 지방산 에스텔, 글리세린 지방산 에스텔, 프로필렌 지방산 글리콜 에스텔, 자당 지방산 에스텔)를 섞어 빵이나 케이크를 만든 것

All in process [영 올인 프로세스] 유화제를 사용하여 모든 재료를 혼합 반죽하는 방법

All Spice [영 올스파이스] 시나몬, 정향, 육두구(Natimeg)를 혼합한 향기를 갖는 것. 후추·계피·정향 및 너트메그(nutmeg)를 섞은 것 같은 향기가 나기 때문에 올스파이스라고 한다. 올스파이스 나무는 7~10 m에 달하는 상록수이며 꽃은 녹백색이고 열매는 자줏빛이다. 완전히 성숙하면 향기가 덜하기 때문에 성숙하였으나 아직 녹색인 것을 채취하여 햇볕에 말린다. 자메이카에는 이 나무가 많으므로 재배의 필요를 느끼지 않고 자생하고 있는 나무에서 채취한다. 건조함에 따라 적갈색으로 변하는 동시에 향기가 강해진다. 단독으로 사용하거나 다른 향신료와 섞어서 쓰며, 특히 소스·소시지·피클·수프 같은 데 많이 쓴다.

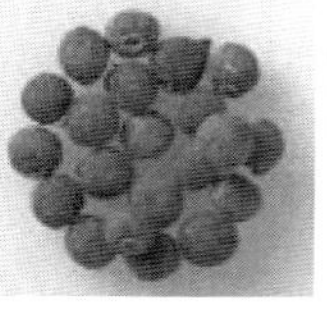

All Year Round Menu [영 올 이얼 라운드 메

뉴] 일품요리 메뉴로서 연중 내내 사용하는 메뉴

Allemande Sauce [German sauce 영 알망드 소스] 독일풍의 Velote Sauce에 크림과 계란 노른자로 만들어 진 화이트소스

Alliace [프 알리아쎄] 마늘에 들어 있는 성분, 포도주에서 마늘의 향이나 맛이 날 때 일컫는 말

Allumettes [프 알뤼메뜨] ① 성냥개비(가늘고 길게 자른) 모양으로 자른 야채 ② 달콤한 맛이 나는 부푼 페스트리의 가는 조각에 새우, 버터 또는 치즈 등으로 속을 넣어 오되블로 제공하거나 달콤한 소스를 넣어 후식으로 제공한다.

- pommes Allumettes : 가늘게 썰은 감자 튀김

Almond [영 아몬드] 아몬드, 버터를 볶아 갈거나 잘게 찧어 생선 위에 뿌림.

열량이 높으며, 섬유소, 칼슘, 마그네슘, 엽산, 칼슘류, 리보플라빈과 비타민 E가 풍부하다.

Almond extract [영 아몬드 익스트렉트] 아몬드 오일과 알코올을 섞어서 만든 향신료

Aloyau [프 알와이오 ; sirloin] 소의 허리 윗부분 고기로 최상품

Alsacienne [프 알자시엔느] 알자스 요리법으로 감자와 소시지 요리가 유명하다. 즉, 백포도주, 양배추 절임, 절인 베이컨, 스트라스브르그 소시지, 거위간 파이 등으로 이루어진 요리법

- Assiette Alsacienne : 알자스 지방의 모듬 돼지고기 요리
- Tarte Alsacienne : 오픈 커스타드와 과일 타르트 또는 격자형 페이스트로 장식된 잼 타르트

Amandier [프 아망디에] 편도나무

Amandine [프 아망딘] ① 아몬드로 장식된 ② 편도를 넣어 만든 과자

- Crepe amondine : 아몬드 팬케이크
- Grteau amondine : 아몬드 케이크
- Sauce amondine : 아몬드 소스, 생선 요리에 제공한다.

Amanite [프 아마니뜨] 남부 프랑스산 독버섯(극소량의 먹을 수 있는 종류를 포함)

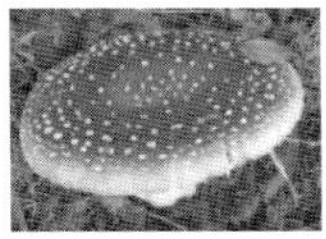

Amaretti [영 아마레띠] 매우 바삭거리는 마카롱 과자

Amaretto [영 아마레뜨] 아몬드 향을 지닌 리큐어

Ambassadeur [영 암바서드] 정성들여 준비하는 음식

Amazu shoga [일 아마주 쇼가] 식초에 담근 생강, 갈색과 분홍색으로 만들며, 초밥의 장식으로 이용

Ambre [프 암브헤] 향유고래의 장에서 분비되는 사향과 같은 향신료. 중세에는 쵸콜릿, 쨈, 커스터드, 파이에 많이 사용했으나, 최음제 성분으로 향수의 재료로 이용

Ambroisia [프 암브후와지] ① 그리스 신들이 먹는 음식으로 차가운 과일이 코코넛과 섞여진 후식 ② 애피타이저용 리큐르

Amchoor [영 암쵸] 인도의 양념으로 태양에 건조되어 숙성되지 않은 망고를 가루로

A

만든 것, 고기, 야채 그리고 카레에 떫은 맛과 신맛, 과일향을 더해주기 위하여 사용된다.

Amelioration [영 아멜저젠이션] 와인 제조 과정에서 포도즙의 당도와 산도를 조절하기 위하여 설탕이나 물 등을 첨가하는 작업

American Breakfast [영 아메리칸 블랙퍼스트] 계란 요리가 곁들인 아침 식사. 계절과일(season fruits), 주스류(Juices), 시리얼(cereal), 계란요리(Eggs), 음료(Beverage), 케이크류(Cake), 빵종류(bread & rolls)를 제공한다.

American coffee [영 아메리칸 커피] 레귤러 커피에서 연하게 추출하는 커피로 조식이나 진한 커피를 싫어하는 손님에게 제공

American Dressing [영 아메리칸 드레싱] 소금, 후추, 겨자와 식초를 넣고 기름을 식초의 2배를 부어 만들어서 설탕으로 맛을 낸다.

American Sauce [영 아메리칸 소스] 피에르 프레세에 의해 창조된 바닷가재 소스 중 대표적인 소스이다. 바닷가재는 갑각류에 속하는 식품으로 두흉부, 복부, 미부의 세 부분으로 나뉘며, 아메리칸 소스는 바닷가재 껍질, 새우 껍질, 채소, 페이스트 등을 넣고 끓이면 거품이 많이 난다. 다른 소스같이 거품을 거두지 말고, 양파, 당근, 마늘을 볶아서 새우머리, 바닷가재뼈를 같이 넣고 주걱으로 으깨면서 볶은 다음 꼬냑을 넣고 백포도주를 첨가하여 1/3 정도로 줄이고 토마토와 페이스트를 볶아서 생선육수와 함께 향신료를 넣고 끓인다. 체에 거르고 소금, 후추로 간을 한다. 바닷가재, 조개, 생선 등에 이용한다.

American Service [영 아메리칸 서비스] 서비스의 기능적, 유효성, 효율성, 속도의 특징을 가지고 있는 가장 실용적으로 널리 이용되는 서비스의 형태이다. 트레이 서비스(tray sevice)와 플레이트(plate service)가 있다.

Americanne Sauce [영 아메리켄 소스] 토마토, 새우, 버터를 가한 붉은 소스

Americano [영 아메리까노] campari(캄파리)와 vermouth(버뮤트) 및 소다수를 넣고 만든 샴페인

Amerpicon [영 아메르피콘] 프랑스산의 리큐르로 쓴맛과 오렌지 향이 배합된 술로 주 정도는 27%이다. 그레나딘 시럽과 소다수를 혼합하여 식전주로 마신다.

Ami du Chambertin [프 아미 뒤 샹베르뗑] 부르고뉴 지방에서 소젖으로 만든 원기둥의 적갈색 표면을 띠는 치즈

Amiral [프 아미랄] 여러 종류의 해산물에 사용되는 가니쉬

ammodyte [프 암모뒤뜨] 난류와 한류가 교차하는 곳에서 사는 은빛의 활유어로서 튀김용

Amome [프 아몸] 후추 대용으로 생강과 식물

Amontillado [프 아먼티자드] 견과류 냄새가 나는 스페인 산 셰리

Amourette [프 아뮤레떼] 소, 양, 송아지의 척추에서 뽑은 골수. 작은 조각으로 나누거나 속을 채워서 이용하거나 샐러드에 첨

가한다.

Ample [프 앙뿔] 풍부한 향과 맛이 풍부한 와인

Amuse-bouche [프 아뮤즈 부슈] 칵테일용 스낵

Anadama bread [영 아나다마 브레드] 옥수수 가루와 당밀로 향을 낸 이스트로 발효한 빵

Anaheim chile [영 아나헴 칠리] 미국에서 흔히 이용하는 칠리

Ananas [프 아나나] 파인애플

Ancho chille [영 앤쵸 칠리] 약 8 cm 정도의 칠리. 순한 맛에서 매운맛이 있다.

Anchovy [영 앤쵸비] ① 청어류에 속하는 멸치젖과 유사 ② 멸치와 비슷한 물고기로서 통조림으로 만들어 소스나 장식으로 사용

Anchovy paste [영 앤쵸비 페이스트] 다진 앤쵸비에 식초, 양념과 물을 더하여 만든 액으로 조리에 사용하기 편리

Anchovy Sauce [영 앤쵸비 소스] 주로 생선요리용 소스로 많이 쓰인다. 다 익은 안초비의 배를 갈라 뼈를 추려내고 살에서 껍질을 벗긴다. 뼈와 껍질을 고기 가는 기계에 넣고 갈아 끓는물에 담갔다가 여과시킨 다음 발라 놓은 살을 넣고 으깨어 체로 걸러 소금을 친다. 따로 남겨 놓은 뼈국물에 콘스타치를 섞어 잘 풀어서 체로 걸러놓은 국물에 붓고 향신료를 넣고 끓인다.

Anchoyade [프 앙슈와드] 마늘과 올리브유를 넣고 만든 앤쵸비 퓨레를 빵 위에 바른 뒤 오븐에 구운 것. 프로방스 지방에서 올리브유, 앤쵸비, 마늘 등으로 만든 소스가 익히지 않은 야채와 함께 제공한다.

Ancienne [프 앙시엔느] 습열요리를 하거나 삶는 요리를 의미하는 전통적인 요리방법

Andalouse [프 안달루즈] 토마토, 붉은 고추와 소시지를 넣은 요리

Andalouse Sauce [프 안달루즈 소스] 마요네즈와 토마노 퓌레, 붉은 고추를 넣은 소스

Andouille sausage [프 앙드이으 소시지] 매운맛의 훈연한 크기가 큰 돼지고기나 돼지창자로 이루어진 샤퀴트리 소시지 요리로서 안쪽에는 작은 창자를 채워 넣어 차가운 상태에서 제공한다.

Andouillette sausage [프 앙두이에뜨 소시지] Andouille와 비슷한 조리된 소시지로서 보다 작은 돼지고기와 창자로 조리하며, 훈연하지 않는다.

Anellini [이 아넬리] 작은 구형의 파스타

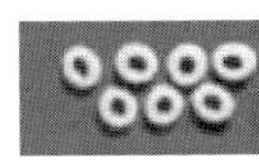

Anesone [영 아네손] 아나이스향을 가진 리큐어

Angel food cake[영 영 엔젤 푸드 케이크] 달걀 흰자를 거품내어 스펀지 케이크

Angel on horseback [영 앤젤 온 홀스백] 오르되블로 게를 구워서 버터 바른 토스트에 베이커으로 둘러싼다.

Angelique [프 앙젤리끄 ; Angelica] 미나리과 식물로 잎과 줄기를 사용하는 향신료로 싹은 설탕에 절였다가 데토레이션 케이크에 이용

Anglaise [프 앙글레즈] 음식을 단순히 삶거

A

나 뜨거운 물에 데쳐내는 고기나 생선

Angostura Bitters [㊈ 앙고스뜨라 비터스] 앙고스트라 나무껍질의 쓴맛이 나는 액으로 만든 향료로 핑크진이나 샴페인 칵테일의 재료로 이용

Animelles [㊈ 아니멜] 숫양, 새끼양, 황소 등의 육류로 사용되는 동물의 고환

Anise [㊍ 아니스] 파슬리과 일종으로 잎과 씨가 달콤한 감초의 향미를 지닌다. 양념, 샐러드에 첨가시켜 이용하고 제과, 리큐르, 스프, 드링크의 향료와 장식에 이용

Anisette [㊈ 아니제뜨] 아니스 열매로 만든 리큐르

Anjou pear [㊈ 앙주 피어] 배의 일종으로 단단한 육질과 연두색의 껍질을 가진다.

Annot [㊈ 아노] 프랑스 남부 니스의 압착시킨 염소젖 치즈

Anthero Lavender [㊍ 안테로 라벤더] 꽃은 보라색이며 향이 강한 식물로서 말려서 차로 이용

Antillaise [㊈ 앙틸레즈] 카리브 스타일로 야채와 토마토를 넣은 걸쭉한 소스를 뿌린 쌀과 함께 파인애플과 바나나를 곁들인다.

Antipasto [㊑ 안티 파스토] ① 이탈리아 요리 중 전채요리의 일종으로 모듬 전채요리, 더운 것과 찬 오르되블 ② 다랑어, 버섯, 피망 등을 곁들인 요리

Antojito [㊈ 안토지토] 미국에서 appetize를 의미

Anversoise [㊈ 앙베흐수와즈] 버터, 크림으로 천천히 익힌 어린 홉싹을 가니쉬로 이용하는 것

Aonori [㊈ 아오노리] 초록색의 해초류를 건조한 것으로 양념으로 이용한다.

A.O.C [Appellation d'Origine Controlee] 와인 생산 지역, 포도의 품종, 와인 제조방법, 알코올 함유량, 포도 수확량, 숙성조건 등 규제하는 프랑스의 가장 좋은 와인의 등급을 규제하는 법률

Aperitif [㊈ 아뻬히티프 ; appetizser] 식욕 증진제로서 식사 전에 마시는 음료. 버무스(Vermouth), 비터스(Bitters), 캄파리(Campari) 등이 있다.

Aphrodisiac [㊈ 아쁘호직] 성적 욕구를 증지시키기 위하여 먹는 음식이나 음료

Aplatir [㊈ 아플라티르 ; beating] 육류나 생선을 육류용 망치로 평평하게 한 것으로 두드리면 근육 섬유가 끊어져서 육질이 부드러워지고 익기 쉬운 상태가 된다.

Aphrodisiaque [㊈ 아쁘호디자아끄] 최음 성분이 있는

Appareil [㊈ 아빠헤이] 음식을 만들기 위하여 서로 다른 재료를 혼합하는 것

Appellation [㊈ 아빨라시옹] 와인, 버터와 치즈와 같은 특정 식품에 부여하는 프랑스 공인 품질 등급의 하나

Appenxeller cheese [㊍ 아펜셀러 치즈] 전유를 이용하여 만든 치즈

Appenzell [㊈ 아뺑젤] 끓는물로 응결된 우유를 압착한 치즈로서 껍질을 금빛이며, 맛은 과일맛이다.

Appetit [㊈ 아뻬띠 ; appetizer] 식욕을 자

극하기 위하여 식사 전에 첫 번째로 제공하는 음식. 한입에 먹을 수 있는 크기로 식욕을 돋우기 위해서 제공하는 오되블

Apple butter [영 애플 버터] 사과, 설탕, 향신료, 사이다를 넣고 천천히 조리한 저장식품으로 빵 위에 발라 먹는다.

Applejack [영 애플 잭] 애플 사이다를 이용하여 만든 사과 브랜디

Appret [프 아프헤] 음식을 꾸미는 방법 또는 음식조리법

Apple Mint [영 애플민트] 원산지는 유럽으로 길이는 30~60 cm이고 사과와 박하를 섞은 듯한 순한 향기가 나며, 잎이 계란형으로 둥글며 연하게 느껴지고 흰털이 나있다

Apricot [영 아프리코트] 살구. 개살구, 살구 등의 열매 풍부한 비타민의 영향으로 어린이의 성장 발육을 촉진하고, 비타민 A가 다량 함유되어 야맹증 및 피로회복에 좋다. 비타민 C는 적은 편이나 유기산의 함량이 2%로 산미가 강하다.

Apricoting [영 아프리코팅] 윤기를 주기 위하여 살구잼을 달콤한 음식이나 케이크 표면에 얇게 바르는 과정

Apron [프 아프홍] 프랑스의 혼(Rhone)강에서 서식하는 농어류의 물고기

Aquavit [프 아꾸와비뜨] 곡물을 원재료로 한 증류주, 곡식이나 감자를 증류하여 캐러웨이의 향미를 첨가한 것이다.

Arachide [프 아하쉬드] 땅콩. 불포화지방산의 함량이 높으며 비타민 E, F의 함량이 높아 노화방지에 효과적이다.

Araignee [프 아헤뉘에] 그릴링 또는 브로링을 하기 알맞은 스테이크 부위

Arak [프 아학] 서인도 제도에서 사탕수수의 줄기와 쌀을 사용하여 만든 술

Aram sandwich [영 아람 샌드위치] 부드러운 크림치즈를 바르고 치즈, 양상추, 피클, 고기를 넣어서 만든 샌드위치로 둥글게 말아서 랩으로 싼 다음 냉장고에 보관하여 2~3 cm 정도 길이로 제공한다.

Arbolade [영 알보래이드] 달콤한 크림 커스터드 또는 다진 허브로 만든 오믈렛

Arborio rice [영 알보리오 라이스] 리조토를 만드는 단립종의 전분 함량이 높은 쌀

Arbutus berry [프 알부투스 베리] 아쿠스베리, 캐인애플, 프랑스 남부의 붉은 색으로 신맛이 나는 베리, 과일주, 리큐어, 젤리 잼을 만든다.

Ardennaise [프 알드네즈] 쥬니퍼 등의 엽조수로 만든 음식

Ardi-Gasna [프 아흐디 가스나] 바스크(Pays Basque) 지방에서 생산되는 맛이 강한 양젖으로 만든 압착 치즈

Arete [프 아헤뜨] 생선가시

Argenteuil [프 아흐장뙤이] 아스파라거스로 만든 소스나 음식

Arlesien [프 아흘레지엥] 프로방스의 아를스 명을 딴 초콜릿

Arlesienne [프 아흘레지엔즈] 프랑스 남부의 기름에 구운 가지, 볶은 토마토, 양파 등

A

으로 가니쉬한 육류나 생선요리

Armagnac [ⓟ 아흐마냑] 오크 통에서 40년 숙성한 프랑스 남서부 아르마뉴의 최고급 브랜디, 꼬냑 다음으로 유명한 것은 꼬냑에서 80마일 떨어진 알마냑 지방에서 생산되는 알마냑 브랜디이다.

Armillaire [ⓟ 아흐밀레흐] 엷은 갈색의 고리 모양의 버섯

Armoise [ⓟ 알무와즈] 조미료, 리큐르, 버큐트 등에 쓰는 향신료

Armoricaine [ⓟ 알라메리껜느] 랍스터, 가재 또는 참새우에 마늘, 토마토와 볶아서 백포도주를 첨가하여 만든 소스를 사용하는 음식

Armottes [ⓟ 알모뜨] 가스코뉴 지방의 거위나 돼지고기 껍질을 옥수수 녹말반죽을 입혀 굽거나 거위 기름에 튀기는 것, 빵으로 대용

Arm Towel [ⓔ 암타월] 레스토랑의 종사원이 팔에 걸쳐서 사용하는 서비스용 냅킨으로 40 cm×60 cm

Aroma [ⓔ 아로마] ① 향기 ② 질이 높은 고급 포도주의 풍미

Aromatic Sauce [ⓔ 아로마틱 소스] 북해, 대서양 지중해 연안에서 겨울에 주로 잡히고 신선한 때의 색은 밝은 녹색을 띠다가 점차 진한 감청색으로 되고 검정색으로 변한다. 생선찜요리에 사용되고, 베샤멜소스, 넛맥, 후추, 생크림, 멸치 간 것, 레몬주스, 버터 등으로 만들어진다.

Aromatiser [ⓟ 아호마띠제] 향료, 양념, 조미료

Arome [ⓟ 아홈므] 포도 열매의 신선한 과일향, 풍미

Arquebuse [ⓟ 아흐끄뷔즈] 허브로 만든 리큐어

Arracacia root [ⓔ 아라카시아 루트] 콜롬비아가 원산지인 arracacia의 뿌리 전분 갈아서 가루를 만들거나 고구마나 얌처럼 조리한다.

Arreter [ⓟ 아레테] 식품이 원하는 상태로 조리되었을 때, 식품이 담겨 있던 액체를 버리거나 찬물을 부어서 멈춘다.

Arroser [ⓟ 아로제] roster와 sauter할 때 굽고 있는 재료의 표면에서 흘러나오는 기름과 육수를 재료의 표면에 끼얹는 것

Arrowroot [ⓔ 애로우루트] ① 특정한 스프와 소스의 농후제로 이용하는 서인도 제도의 뿌리에서 추출한 전분 ② 열대 아메리칸 산의 다년초에서 채취한 녹말

Arroz [ⓢ 애로즈] 스페인어 쌀

Arroz con leche [ⓟ 애로스 콘 레체] 스페인 스타일의 쌀을 우유와 함께 조리하고 바닐라, 계피, 레몬을 첨가한 푸딩

Artichaut [ⓟ 아티쵸크 ; artichoke] 아티쵸크. 엉겅퀴과 다년초로 꽃봉오리는 식용이 가능하며 육질이 연하고 맛이 담백할 뿐 아니라 영양가도 풍부하며, 단백질, 비타민 A, C, 칼슘, 철, 인, 당류, 이눌린 등이 함유되어 약용으로 이용한다. 잎이나 뿌리에 시너링 성분은 담즙분비를 촉진하며, 기능이 저하된 간장이나 쇠약해진 소화기의 치료에 쓰이며,

혈액 중의 콜레스테롤을 낮춘다.

Artificial [프 아띠피시엘] 인공의, 가공의, 합성의

Artisanal [프 아띠자날] 전통적인 방법으로 만들어진

Asco [프 아스꼬] 코르시카산 치즈, 숙성될수록 맛이 강렬하다.

Asiaho [이 아시아호] 부드러운 맛을 지닌 우유로 만든 치즈로 단단하며, 테이블 치즈로 쓰인다. 1년이 지나 더 단단하면 갈아서 이용한다.

Asperge [프 아스뻬흐주 ; Asparagus] 아스파라거스, 백합과의 다년생 풀, 백색과 녹색이 있으며, 백색은 수확 후 변질이 빠르므로 쓴맛이 생겨 냉장하거나 가공한다. 녹색은 영양가가 높으며 칼슘에 비해 인의 함량이 높으며 알칼리성 식품이다. 특히 아스파라긴과 아스파라긴산의 함량이 높다.

Aspartame [영 아스파탐] 인공 감미료로 아스파라긴산과 페닐알라닌의 아미노산에 의하여 생성되고, 설탕의 180~200 배이다.

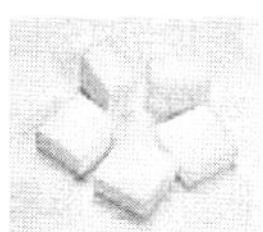

Aspic [프 아스픽] 육류나 생선, 가금류 등의 맑은 육수로 만든 붉은 젤리, 닭, 거위, 생선 또는 달걀 등의 요리에 글레이즈 한다.

Assation [영 어쎄숀] 식품의 즙만을 이용하여 조리

Assaisonne [프 아쎄조네] 양념이 된, 양념을 한 등의 프랑스적 표현

Assaisonnement [프 아쎄존느망] ① 요리에 소금, 후추 등을 넣어 요리의 마무리 과정에서 간을 맞추는 것 ② 특정한 스프와 소스의 농후제로서 서인도의 뿌리 식물에서 추출한 전분

Assem Tea [영 아셈티] 붉은 색의 떫은맛의 인도의 차

Assemblage [프 아쌍블라주] 숙성시킨 여러 종류의 통의 와인을 혼합, 조합하여 섞는 와인, 샴페인의 생산과정에서 중요하며, 각 회사마다 다양한 샴페인이 생산

Assiette [프 아시에뜨] 접시, 요리

- Assiette Alsacienne : 프랑스 알사스 지방의 샤르퀴트리의 애피타이저
- Assiette Anglasise : 접시에 차가운 육류를 담아 놓은 모듬 요리

Assortiment [프 아쏘흐띠망] 분류, 다양함

Astringement [프 아스트헹장] 떫은맛

Asti Spumante [이 아스티 스푸망테] 남부 이탈리아 피에몬테의 아스티 지역의 스파클링 와인

Atlantic oyster [영 아틀란틱 오이스터] 두꺼운 껍질을 가진 5~13 cm 가진 굴

Attereaux [프 아뜨호] ① 닭고기나 해산물을 꼬치에 끼워 소스에 담근 후 빵가루를 입혀서 튀겨낸 요리 ② 크리스마스나 명절 음식으로 칠면조 등에 꽂힌 꼬치

Attignole [프 아띵뇽] 노르망디 지방의 특산품으로 다진 고기와 돼지기름을 우유, 거품 낸 달걀, 밀가루와 섞은 다음 후추, 양파, 파로 양념하여 공 모양으로 만든 것

A

으로 오븐에 구워서 차갑게 식혀서 앙트레로 먹는다.

Attriau [㉰ 아트리오] 돼지간, 송아지 고기, 양파와 허브 혼합물을 다져서 만든 공 모양의 소시지

Aubergine [㉰ 오베르진느 ; egg plant] 가지. 채소 중에 비타민의 함량은 적으나 환원당이 많고 안토시아닌 색소에 의해 껍질이 청자색이다.

Au Beurre [㉰ 오뵈르] 버터를 넣어 조미하는 것

Au Blue [㉰ 오블루] 생선을 죽은 직후 준비하는 작업

Au Gratin [㉰ 오그라탱] 화이트 소스, 빵가루, 치즈로 만들어진 요리를 오븐에서 갈색이 되게 구운 요리

Au Jus [㉰ 오쥬스] 자연 식품 그대로의 즙이나 고기 진국을 가미하여 내는 음식

Au Lait [㉰ 오라테] 우유와 함께 음식이나 음료가 제공되거나 준비되는 것

Au Maigre [㉰ 오메르그] ① 육류가 들어가지 않은 요리 ② 육식을 삼가는 금육일의 채식요리

Au Natura [㉰ 오나투라] 일상적인 음식을 요리하는 것

Au Naturel [㉰ 오나튀렐] ① 날 것 그대로의 요리 ② 양념을 적게 사용하여 단순하게 요리하는 것

Au Porto Sauce [㉰ 포르토] 그레비에 포트 와인을 사용하여 만든 소스

Audit Tape [㉵ 오딧 테이프] 감사 테이프. 소매업, 음식업, 숙박업, 서비스업 등의 업종은 금전등록기를 사용하며, 내부 장치에 감사테이프와 영수테이프가 있어 감사테이프는 일련번호순으로 누손 합계액을 기록한다.

Aurora Sauce [㉵ 오로라 소스] 베샤멜 소스(Bechamel sauce)에 크림을 넣어 만든 크림소스에 토마토 퓌레를 가하여 핑크색을 띠도록 한 소스로서 토마토소스가 아니므로 토마토 색이나 향이 너무 강하면 안되고 소스색은 생크림으로 조절하여 사용한다. 삶은 닭, 야금류 등에 사용되고, 넙치 튀김 혹은 가자미류, 더운 요리 등에 이용된다.

Auslese [㉯ 아우스레제] 독일의 최상급 와인으로 나뭇가지에서 숙성된 포도를 손으로 따서 압착하여 만든 와인으로 달콤한 맛과 풍미를 가졌다. 독일어로 선택이란 뜻이다. 이것은 독일 고급 와인등급의 하나인데, 이 등급의 와인은 충분히 익은 포도알을 선택, 하나하나씩 손으로 수확해서 만든 와인을 말한다. Kabinett과 Spatlese보다는 윗등급이고, Beerenauslese, Eiswein, Trockenbeerenauslese보다는 아래 등급이다. 매우 달콤한 게 특징이며, 숙성할수록 깊은 맛을 낸다.

Austere [㉰ 오스떼흐] 미성숙된 와인에서 떫은 탄닌의 맛이 강할 때 주로 사용하며, 와인에 대해 표현할 경우 산과 탄닌이 많이 들어가 있어 입안을 꽉 조이는 듯한 느낌을 줄 때 쓸 수 있다. 보통 숙성이 덜된 와인에서 이런 느낌을 받을 수 있다. 그러나 프랑스산 샤블리 와인 경우, 이런 austere의 느낌, 매우 드라이하고, 라이트 바디하고, 강한 산도의 느낌을 특징으로

하고 있다.

Autocuiseur [프 오또뀌제흐] 압착요리기

Autrichienne [프 오스뜨리취엔느] 파프리카로 양념한 여러 가지 음식으로 구운 양파, 사우어 크림첨가하기도 한다.

Autun [프 오뗑] 브르고뉴 지방에서 염소젖 또는 소젖으로 만든 원통 모양의 치즈

Auvergnate [프 오베르뉴아뜨] 소시지, 베이컨, 양배추 등으로 만든 오베르뉴 스타일의 요리

Aux Carpe Sauce [프 오카푸레 소스] 카푸레 소스, 벨루테 소스에 계란 노른자, 크림, 레몬주스를 넣은 다음 서서히 끓인 후 식초와 케이퍼를 넣어 만든 소스

Aux Champignons Sauce [프 오 샴피뇽 소스] 버섯소스, 알망드 소스에 양송이를 볶아서 넣어 만든 소스

Aux Croutons [프 오크루통] 식빵을 작게 잘라서 굽거나 튀긴 조각, 스프나 샐러드에 곁들인다.

Auxerrois [프 오쎄후와] 프랑스 알자스 지방에서 생산되는 화이트 와인용 포도 품종으로 산도와 알코올 도수는 높으나 맛과 향은 순한 와인

Avgolemono [프 아브고레모노] 치킨브로스에 난황, 레몬주스를 가하여 스프나 소스로 이용한다.

Aveline [프 아블린느] 필버트 넛(헤이즐럿 보다 크다.)

Avocat [프 아보까 ; Avocado] 아보카도, 열대 과일로서 비타민 A, C, E가 풍부하며 세계에서 영양가가 높은 과일로, 양질의 지방을 함유하고, 지방의 대부분이 리놀산으로 불포화지방산이며 콜레스테롤치는 낮다. 칵테일, 샐러드, 정식요리 혹은 디저트로 이용한다.

Axoa [프 악소] 송아지 고기, 양파, 칠리 등으로 만든 요리

Azerole [프 아즈홀 ; Azarole] 아자롤, 체리 크기의 새콤달콤한 네오폴리탄 모과열매

Azyme [프 아찜] 효모가 들어 있지 않은 빵

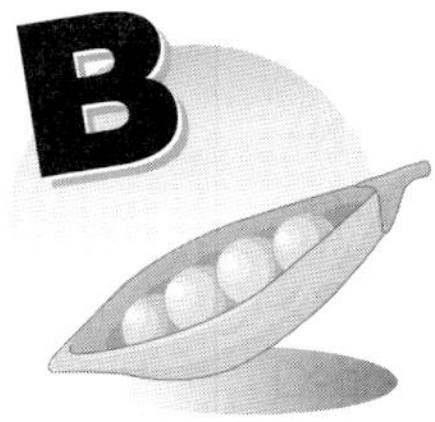

B & B 베네딕틴과 브랜디 혼합물

Baba [영 **바바**] 럼이나 컬쉬에 담가 만든 스폰지 케이크. 사바랭처럼 파트 르베를 구워 시럽에 적신 과자. 바바용 반죽에는 레이즌을 배합해 넣는다. 19세기 당시 폴란드 왕이었던 스타니슬라스 렉친스키(Stanislas Leczinski : 재위 1704~09, 33~35)가 처음 붙인 명칭이다. 아라비안나이트의 알리바바에서 땄다고 한다.

Baba Ghanoush [프 **바바 가뉴쉬**] 가지, 타히니, 올리브유, 레몬주스와 마늘로 만든 퓌레

Babeurre [프 **바뵈흐**] 버터밀크

Babka [프 **박하**] 럼주를 첨가하여 만든 이스트 빵으로, 아몬드, 건포도, 오렌지 껍질을 첨가

Bacaliau [프 **바깔리오**] 건대구

Bachotte [프 **바쑈뜨**] 생선 운반용 통

Bacile [프 **바씰**] 바실. 토마토 요리의 필수적인 부향제로서 닭고기, 어패류, 채소 등과 샐러드, 스파게티, 피자 파이, 스튜, 스프, 소스 등의 요리에 쓰인다. 말린 바실은 머리를 맑게 하고 두통을 없애는 약효가 있으므로 차로 마시면 신경과민, 두통뿐만 아니라 구내염과 강장효과가 있다.

Back bar [영 **백 바**] 바 서비스를 위하여 바텐더의 뒤쪽에 위치하고 있는 저장용 캐비닛

Bacon [영 **베이컨**] 베이컨. 돼지고기 옆구리살을 소금에 절여 훈연한 것. 베이컨은 원래 돼지의 옆구리살을 이르는 말이다. 제법은 햄과 거의 같으나 소금절임의 방법이나 사용하는 부위가 조금 다르다. 원료로서 지방질이 적은 돼지의 옆구리살에서 갈비뼈를 제거하고 직육면체로 자른 다음 피를 모두 짜내고 소금에 절인다. 소금절임이 끝나면 물에 담가서 과잉의 염분을 빼내고 15~30°C의 훈연실에서 1~2일 냉훈 시킨다. 베이컨에는 돼지의 옆구리살을 사용한 정상적인 제품 외에 옆구리살을 원통형으로 만든 롤

드 베이컨, 훈연을 하지 않고 삶기만 한 보일드 베이컨, 로스 고기를 사용한 로스 베이컨(덴마크식 베이컨), 뼈 있는 로스를 사용한 캐나다식 베이컨 등 여러 가지가 있다. 베이컨과 같이 지방질이 많은 식품에서는 훈연에 의하여 독특한 풍미와 지방질의 산화방지작용이 이루어지므로 조리에 널리 이용된다. 베이컨의 품질은 지방질에 의하여 좌우된다.

Baeknofe [프 배끄노프] 알사스 지방의 육류로 만든 스튜

Bag [영 백] 기름종이, 유산지 등을 이용하여 만든 것으로 삼각형으로 말아서 아이싱 및 장식할 때 사용

Bagel [영 베이글] 베이글. 도넛 모양의 이스라엘의 대표적인 빵으로 물에 한 번 삶았다가 건져 오븐에 굽는 방법. 반을 잘라서 훈제된 연어와 크림치즈를 곁들여 먹는다.

Bagna cauda [이 방냐카우다] 피아몬테 지방의 특산물인 이탈리아 소스로 올리브유, 버터, 마늘, 엔초비로 만든다.

Bagnes [프 백니스] 소젖으로 만드는 단단하고 탄력이 있는 스위스 치즈로서 납작하고 동그라며 지름이 35~40 cm, 두께 7~8 cm, 대략 7 kg 정도의 무게

Bagoong [필 방공] 필리핀 조미료로 작은 새우와 물고기를 원료로 소금을 뿌려 발효하여 훈제한 것

Baguette [프 바케뜨] 바케트. 프랑스 빵으로 원통형으로 바삭바삭한 껍질을 가진다.

Baguette pan [프 바케뜨팬] 바케트를 굽기 위하여 길이 7.6 cm에 지름 38 cm로 된 반쪽자리 원통을 연결시킨 금속제의 팬

Bahut [프 바우트] 뚜껑이 없이 주석, 스테인리스 스틸, 알루미늄으로 손잡이가 두 개 달린 긴 원통형의 용기

Bain Marie [프 뱅마리] 벵마리, 중탕용기. 음식을 은근히 조리기 위하여 뜨거운 물이 담긴 용기에 올려놓는다.

Baise [프 바이제] 버터크림 또는 아이스크림을 두 조각 케이크에 넣은 작은 케이크

Bake [영 베이크] 빵, 감자, 과자 등을 건열로 오븐에 굽는 것

Bake Blind [영 베이크 블라인드] 파이나 타르트를 만들기 위하여 틀에 콩이나 팥을 넣어 구워낸 껍질, 껍질이 부풀어 오르지 않게 포크로 구멍을 뚫어준다.

Baked [영 베이크드] 굽기. 식품을 오븐에 넣고 350°F~450°F 정도의 열로 조리하는 방법으로 생선인 경우 버터를 넣은 팬위에 올려놓고 팬 체로 오븐에서 익혀내는 방법

Baked Alaska [영 베이크드 알라스카] 머랭을 입힌 케이크나 아이스크림을 브랜디와 같은 알코올을 뿌려 불을 붙혀 갈색이 되면 손님에게 제공한다.

Baked Sausage [영 베이크드 소시지] 비엔나 소시지를 이용한 서양요리. 비엔나 소시지를 2개로 잘라 비스듬히 칼금을 넣고, 피망은 꼭찌를 따고 세로로 갈라 씨를 빼고 끓는 물에 살짝 데친다. 송이버섯은 큰

B

것은 2등분하고 작은 것은 통째로 사용한다. 쇠꼬챙이에 소시지, 피망, 송이버섯, 돌돌 만 베이컨 등을 차례로 꿴다. 한편 토마토 퓌레, 다져서 볶은 양파, 머스터드, 가릭 파우더, 샐러드 오일, 소금, 후춧가루 등을 섞어 바비큐 소스를 만든다. 이것을 꼬챙이에 꿴 재료에 발라 석쇠에 나란히 놓고 잠깐 구워낸다. 굽는 도중에 소스를 한두번 발라서 구우면 더욱 맛이 좋다. 바비큐로도 좋다.

Balance [㉣ **발랑스**] 와인의 감정 용어로 균형 잡힌 포도주는 산도, 알코올, 탄닌 등의 조화로운 맛을 내는 것, 종류나 등급에 따라서 맛과 향이 균형 잡혀야 한다. 조화. 와인의 맛을 구성하는 요소들—산도, 당도, 알코올 함량, 탄닌의 양 등이 조화롭게 어울렸을 때 '밸런스가 좋다'라는 표현을 한다. 너무 달지 않고, 너무 시지 않고, 너무 떫지 않고, 각각의 맛들이 적당하게 섞였을 때이다.

Baleine [㉣ **발렌느**] 고래

Ballottine [㉣ **발로띤느**] 닭고기나 생선의 필레고기

Bamboo shoot [㉢ **밤부슈트**] 죽순. 죽순의 주성분은 당질, 단백질, 섬유질로 단백질의 70%는 티로신, 발린, 아스파라긴산이며 베타인과 콜린이 함유되어 있다. 죽순의 맛은 글루타민산에 의한다. 죽순을 분류해 보면 ① 맹종죽 : 높이 10~20 cm에 정도이다. 죽순 중에서 가장 크다. ② 왕대 : 높이 20 m 정도로 자라며 추운 곳에서는 3 m 정도 자란다. 줄기는 녹색에서 황록색으로 변한다. ③ 솜대 : 높이가 10 m 이상이고 죽순은 4~5월에 나오며 적갈색이다. ④ 죽순대 : 중국 원산이며 죽순은 5월에 나온다. 꽃은 원추꽃차례로 달린다. 보통 왕대·솜대·죽순대 등의 죽순을 식용하는데 죽순대의 죽순을 상품으로 꼽는다. 단백질·당질·지질·섬유·회분 외에 칼슘·인·철·염분 등이 함유되어 있다.

Banana [㉢ **바나나**] 바나나. 칼로리가 가장 높고 당질이 많은 알칼리성 식품으로 칼륨, 카로틴, 비타민 B_1, B_2, C를 함유하고 있다. 바나나는 열대

에서 아열대의 10°C 이상 되는 지방에서 재배한다. 땅이 깊고 부드러우며, 물이 잘 빠지는 곳에서 잘 자란다. 번식은 땅속줄기에서 나온 싹과 헛비늘 줄기의 가지로 한다. 열매를 맺고 밑동을 잘라낸 뒤 6개월이 지나면, 땅속줄기에서 새로운 어린줄기가 나와 자란다. 어린줄기 가운데 약한 것은 주기적으로 잘라내고, 튼튼한 것만 골라서 열매를 맺게 한다. 정식은 사방 2.5~4 m에 1그루씩 심는다. 심은 후 1년이 지나면, 꽃이 피고 열매를 맺기 시작한다. 분얼아가 생장해 잎이 일정한 수에 달하면, 1년 내내 꽃이 피고 열매를 맺는다. 분얼아는 한 그루에 2~3개 이하로 유지하는 게 좋다. 1980년대부터 한국의 제주도 등지에서도 재배한다. 날것으로 먹는 바나나는 주로 아시아·남아메리카·중앙아메리카에서 생산된다. 특히 브라질·인도·필리핀·인도네시아·에콰도르 등지에서 많이 생산된다. 요리용 바나나는 아프리카·남아메리카·아시아 등지에서 생산된다. 열매는 탄수화물

이 25%이고 비타민 A와 C가 풍부하며, 100g당 92kcal의 열량을 갖는다. 날로 먹거나 샐러드·과자재료·건바나나·바나나가루·바나나주·바나나사이다·바나나퓌레 등에 쓰인다. 요리용 바나나는 기름에 튀기거나 삶고, 또는 굽거나 쪄서 먹는다. 잎자루에서는 섬유를 얻고, 잎의 점액에서는 검은 색 염료를 채취한다.

Bananas Foster [영 바나나 포스터] 미국의 뉴올리언스의 식당에서 바나나를 럼과 흑설탕, 바나나 리큐어에 살짝 볶은 후 바닐라 아이스크림과 같이 제공한다.

Banian [프 바니앙] 인도의 무화과나무

Banger [영 뱅걸] 영국식 소시지로 속은 간 돼지고기와 빵가루를 넣는다.

Banneton [프 바네통] 빵을 숙성시키는 바구니

Banon a la Feuille [프 바농 아 라 푀이으] 증류주에 적신 체스넛 잎의 섬유로 묶은 치즈

Bar [프 바흐] 유럽산 농어

Barbe-a-papa [프 바흐브 아 빠빠] 솜사탕

Barbeau [프 바흐브] 돌잉어

Barbecue [프 바흐브뀌] 바비큐요리. 에스파냐 사람이 서인도제도로 건너온 후, 원주민인 아이티인의 통째로 굽는 요리 이름에서 유래된 말이라고도 하고, 아메리카 인디언이 화덕에 굽는 야외요리의 토어인 '바베아큐(babe a queue : 머리부터 꼬리까지 통째로)'에서 온 말이라고도 한다. 틀에 박힌 실내요리보다 야취가 풍부하고 재미있어 야외연회 등에 이용. 재료는 각종 수조육류·어패류·감자·옥수수 등 채소류가 넓은 범위로 쓰이고, 소스도 다양하게 사용된다. 굽는 방법도 꼬챙이에 꿰어 굽는 법, 석쇠에 얹어 굽는 법, 알루미늄박에 싸서 굽는 법 등, 특별히 정해진 방법이 없기 때문에 재료와 취향에 따라서 자유롭게 적당한 방법을 택할 수 있다. 연료는 장작이나 숯이 좋고, 벽돌이나 돌로 즉석에서 화덕을 만들 수도 있다. ① 고기나 가금류를 탄불이나 숯불에 통째로 소스를 발라가면서 굽는 요리 ② 야외에서 하는 큰 연회, 통째로 구운 돼지나 쇠고기를 먹는 사교적·정치적 연합

Barbecue Sauces [영 바베큐 소스] 토마토, 양파, 흑설탕 등과 식초, 야채, 조미료, 향신료로 만든 매콤함 소스

Barbel [프 바벨] 갈색을 띠는 옆면, 하얀 배를 가지고 있는 담수어

Barberry [영 바베리] 뉴질랜드, 유럽에서 생산되는 딸기류로 파이, 시럽, 캔디의 재료로 이용

Barbillon [프 바흐비용] 그릴에 굽거나 프라이 하는 어린 돌잉어

Barbouillade [프 바흐부이아드] 속을 넣은 가지요리, 가지 스튜

Barbouille [프 바흐부이으] 닭고기나 토끼의 냄비 찜요리

Barbue [프 바흐뷔] 유럽산 가자미, 크기가 비교적 작고, 살이 부드럽다.

Bar code [영 바 코드] 컴퓨터에 판독시키기 위해 부호화된 라벨. 문자나 숫자를 흑과 백의 막대모양 기호로 조합한 것으로,

컴퓨터가 판독하기 쉽고 데이터를 빠르게 입력하기 위하여 쓰인다. 이것은 광학식 마크판독장치로 자동 판독되어 입력된다. 세계상품코드(UPS : Universe Product Code)를 따르는 상품의 종류를 나타내거나, 슈퍼마켓 등에서 매출정보의 관리(POS : point of sales system) 등에 이용된다. 가격은 별도로 표시되며 도서분류, 신분증명서 등에도 이용된다. 종래 바코드 판독에는 핸드 스캐너가 사용되었으나, 최근에는 레이저식이 주류를 이룬다. 레이저식에서는 판독장치 위에 바코드가 인쇄된 상품을 통과시킴으로써 코드가 자동 판독되어 작업을 능률화할 수 있다. 공장자동화 분야에서는 가공대상물에 바코드 또는 자기카드를 부착시켜 로트(lot) 번호와 물품번호를 인식하여 작업상에 필요한 여러 사항을 파악하는 데 도움이 된다. 코드화 방법은 세계상품코드(UPC : universal product code), CODABAR, MSI, 코드39, 한국공통상품코드(KAN), 일본공통상품코드(JAN) 등 몇 가지가 있다. 일반적으로 사용되는 바코드는 가로 3.73 cm, 세로 2.7 cm 크기를 표준으로 0.8~2배까지 축소, 확대할 수 있다.

Bar Cookies [영 바 쿠키즈] 반죽을 팬에 넣어 굽는 쿠키로 막대, 다이아몬드나 막대 모양으로 자른다.

Barcy [프 바르시] 갈색 소스(Espagnole Sauce)로 샤롯, 레몬주스, 백포도주로 이루어진 소스로서 고기나 생선과 같이 제공한다.

Bard [영 바드] 고기나 닭을 구울 때 건조되는 것을 방지하기 위하여 비계나 베이컨으로 묶는 것

Bardatte [프 바그다떼] 양배추를 속을 넣어서 토끼에 채우고 오븐에서 천천히 구운 음식

Barde [프 바흐드] 고기나 닭을 라딩하는데 이용하는 베이컨의 지방부분

Bardolino [영 바도리노] 북부 이탈리아 적포도주로 가볍고 과일 맛이 난다.

Bar-le-Due [바레두] 프랑스 로레인 지방의 건포도

Barley [영 바알리] 보리. 보리는 쌀보다 섬유 성분이 5배나 많아서 소화율이 낮으나 섬유질은 창자의 연동 운동 촉진으로 변비를 없애주고 쌀에 부족한 비타민 B_1이 함유되어 당질대사에 좋다. 시리얼과 스프에 이용하며 동물의 사료나 맥주, 위스키의 제조시에도 이용한다.

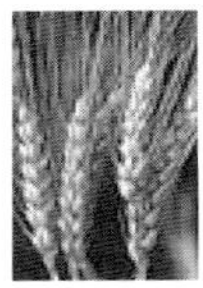

Barley Beer [영 발리 비어] 발효된 보리, 귀리, 호밀 또는 밀로 만든 알코올 음료

Barolo [이 발로로] 이탈리아 피에몬테 지방의 적포도주

Baron d'agneau [프 바홍 다뇨] 양고기의 등심에서 뒷다리까지의 부위로 고급의 육

Barquette [프 바흐께뜨] 밀가루 반죽으로 배 모양의 패스트리를 만들어 생선알이나 고기를 채워서 만든다.

Barracuda [영 베라쿠다] 살은 단단하고 기름기가 적은 생선

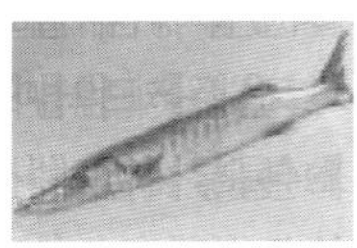

Barrique [프 바히끄] 프랑스 보르도 지방의 225리터 오크통으로 오크통에서 발효 과정

을 거친 와인은 복잡, 미묘한 맛을 나타낸다.

Barsac [프 발삭] 보르도산 백포도주. 덜 달고 과일 향이 있다.

Base [영 베이스] 칵테일을 만들 때 가장 많이 함유되는 술

Baselle [프 바셀] 열대 지방의 덩굴 시금치

Basil [프 바질] 열대 아시아 원산이며 열대에서는 줄기가 목질화되는 여러해살이 반관목이다. 높이 20~70 cm이고 줄기는 사각형이며 부드러운 털이 나 있다. 잎은 가장자리에 물결 모양 톱니가 있는 달걀 모양 바소꼴로 마주나며 길이 5~10 cm이고 향기가 강하다. 잎이나 줄기는 말려서 요리의 향신료로 쓰이고 방향유는 음료나 비누의 향기를 내는 데 이용한다. 오시멘(ocimene), 알파피넨(α-pinene)의 성분이 있고 진해·해열·해독·설사·변비·월경불순 등의 약재로도 사용한다. 동남아시아·유럽·아메리카·일본 등 세계 각지에서 재배하며, 온난한 지역에서는 야생한다.

Base Cover [영 베이스 커버] 기본 차림

Base Liquor [영 베이스 리큐르] 칵테일 조주시 가장 기본이 되는 주재료의 술

Basquaise [프 바스께즈] 토마토, 후추, 마늘, 소금에 절인 햄으로 만든 바스크 지방의 가니쉬

Bassine [프 바씬느] 믹싱볼, 소량의 아이싱과 잼을 만드는데 사용하는 그릇

Basse-cote [프 바스 꼬뜨] 갈비와 소의 목덜미 고기

Baste [영 베이스트] 고기를 구우면서 타거나 마르지 않도록 버터나 기름, 물, 소스 등을 끼얹어 바르는 것으로 향미와 색을 주며 식품이 마르는 것을 방지한다.

Bastella [프 바스뗄라] 구부러진 페이스트리 케이싱 또는 고기와 야채가 들어 있는 고기 파이

Ba-ta-clan [프 바 타 클랑] 신선한 아몬드에 달걀, 설탕, 럼, 밀가루를 섞어서 만들어 바닐라로 맛을 낸 퐁당 당의를 입힌다.

Batard [프 바다뜨] 바케뜨보다 두껍고 짧은 원통모양의 빵

Batavia [프 바따비아] 결구에 심이 들어 있는 바삭바삭한고 꼬불꼬불한 양배추

Batch [영 베치] 빵이나 케이크의 전체반죽

Bath bun [영 베스 번] 설탕으로 코팅한 빵

Batonnet [프 바토네] 야채를 자르는 방법으로 성냥개비보다 굵게 자르는 방법

Batter [영 바털] 밀가루에 물이나 우유, 계란, 샐러드유 등을 섞은 걸쭉한 반죽으로 요리되지 않은 혼합물

Batter Bread [영 바털 브래드] 치대어 반죽하지 않고 만드는 빵

Batterie de cuisine [프 바떼리 데 쿠진] 조리에 사용되는 기구 또는 도구

BauerWurst [독 바우워우르스트] 독일식 소시지, 뚱뚱한 German farmer's sausage로 잘 구워 bun 빵 위에 얹어 먹거나 sauerkraut (소금에 절인 양배추)와 함께 먹는다.

Baumkuchen [독 바움쿠헨] 독일의 대표적

B

인 과자. 나뭇결 모양의 케이크, 단면이 나무의 나이테 모양인 독일과자. 지금과 같은 형태의 바움쿠헨이 정착된 때는 200여 년 전이다. 바움쿠헨용 오븐 굴대에 묽은 반죽을 묻히고 굽는다. 구워지면 다시 같은 반죽을 묻혀 굽는다. 이러한 작업을 몇 차례 반복하면 차츰 두툼해진다. 이렇게 음식을 돌려가며 굽는 방식은 인류가 불을 사용하면서부터 시작되었다고 한다. 15세기 중반에 슈피스쿠헨(Spie kuchen)이 만들어졌는데, 이 제품을 바움쿠헨의 전신이라고 보는 이유는 띠 모양으로 만든 반죽을 굴대에 감고 돌려가면서 구웠기 때문이다. 16세기에는 반죽을 얇게 밀어 펴서 감아 구웠으며, 17세기 말이 되자 묽은 유동 상태의 반죽을 묻혀 가며 굽기 시작하였다. 그런데 그 때까지의 과자는 자른 면에 나이테 모양이 서명하게 드러나지 않았다. 그러다가 18세기가 되어서야 비로소 현재의 바움쿠헨이 나타나게 되었다.

Bavarian Cream [영 바바리언 크림] 젤라틴, 크림, 계란이 주재료가 되어 만들어진 후식

Bavarois [프 바바르와] 초콜릿, 과일, 알코올로 맛을 낸 바바리아식의 젤리 크림

Bavaroise [프 바바르와즈] 냉과자류에 속하는 푸딩류

Bay leaf [영 베이리프] 월계수. 원산지는 지중해 연안, 이탈리아, 그리스, 터키 등이며, 잎사귀를 건조하여 사용한다. 스튜나 스파게티, Pot Roast(약한 불에 천천히 찌는 쇠고기)와 같이 끓이는 동안 Marinade, 소스에 고기 냄새를 없애기 위해 소량으로 이용한다. 여러 향신료와 묶어서 부케 가르니에 필수 불가결한 재료로 생선, 가금류, 육류, 스프, 소스, 피클을 만드는데 사용

Bayonne ham [프 베이언 햄] 프랑스의 베이언 지방의 와인에 절인 스모크 햄

Beach Plum [영 비취 프럼] 서양자두. 검보라색으로 잼을 만드는 데 사용

Bean [영 빈] 콩. 콩과에 속하고 열매를 식용하는 작물로 탄수화물과 지방의 함량에 따라 콩을 나누며 완두콩은 특히 비타민 C가 많다. 다른 곡류에 비해 단백질을 다량 함유하고 글로불린의 일종인 글리시닌으로 구성되어 있다.

- String Bean : 씨없는 어린 콩
- French Bean : 익지 않은 씨를 가진 밝은 청색의 콩
- Runner Bean : 연한 청색의 콩

Beard [영 비어드] 쌍각 조개가 바위에 붙을 때 나오는 연체동물의 족사

Bearnaise Sauce [프 베아르네이즈 소스] 전통적인 프랑스 소스. 작은 냄비에 양파, 타라곤 줄기, 파슬기 줄기, 통후추 등을 넣은 후 술과 식초를 첨가하고 졸인 다음 식힌다. 계란 노른자를 스테인리스 볼에 담고 준비한 재료를 넣고 중탕시켜 진한 크림을 만든다. 버터 녹인 것을 천천히 혼합하고 소금, 후추와 레몬주스로 맛을 낸 다음 소창으로 거르고 타라곤 잎을 다져 넣고 파슬리 잎 다진 것을 첨가하여 사용한다. 버터는 정제해서 이용하고, 계란은 노른자만 이용하며, 싱싱해야만 소스의 완

성도가 높아진다.

Beat [영 비트] 원형의 움직임으로 급히 젓는 것

Beaten Biscuit [영 비튼 비스킷] 반죽을 많이 쳐서 단단하고 바삭하다.

Beatrix [영 비어트릭스] ① 닭 가슴살, 감자, 아스파라거스 팁으로 만든 샐러드로서 머스터드 첨가한 마요네즈와 송로를 가루로 뿌려서 먹는다. ② 고기 요리에 봄 야채로 만드는 장식

Beaucaire [프 보커르] 프랑스 프로방스의 요리법으로 여러 가지 야채의 혼합 샐러드와 양배추와 파, 샐러리 등을 의 스프, 곱창을 포함하는 요리이다.

Beaufort [프 보 보포르] 유지방 48%를 함유한 과일 향이 나는 프랑스 치즈. 무게 60 kg, 지름 60 cm, 높이 20 cm의 크기이다.

Beaujolais [프 보졸레 누보] 프랑스 부르고뉴주의 보졸레 지방에서 생산되는 포도주, 프랑스 부르고뉴주의 보졸레 지방에서 매년 그해 9월에 수확한 포도를 11월 말까지 저장했다가 숙성시킨 뒤, 11월 셋째 주 목요일부터 출시하는 포도주(와인)의 상품명이다. 원료는 이 지역에서 재배하는 포도인 '가메(Gamey)'로, 온화하고 따뜻한 기후와 화강암·석회질 등으로 보졸레누보가 널리 알려지기 시작한 것은 1951년 11월 13일 처음으로 보졸레누보 축제를 개최하면서부터이다. 보졸레 지역에서는 그 해에 갓 생산된 포도주를 포도주통에서 바로 부어 마시는 전통이 있었는데, 1951년 이러한 전통을 지역 축제로 승화시키면서 프랑스 전역의 축제로 확대되었고, 1970년대 이후에는 세계적인 포도주 축제로 자리잡았다. 특히 1985년 프랑스 정부에서 매년 11월 셋째 주 목요일 자정을 보졸레누보 판매 개시일로 규정한 이래, 매년 이 날을 기다려 세계 각지의 수입업자들이 보졸레로 몰려든다. 6개월 이상 숙성시키는 일반 와인과 달리 보관하지 않고 빨리 마셔 버리는 와인으로, 발효 즉시 내놓은 신선한 맛이 생명이기 때문에 보통 출시된 지 2~3주 만에 바닥이 난다. 이 때문에 프랑스 정부에서는 이 와인들을 항공기·모터사이클·풍선기구·제트비행기 등 가리지 않고 가장 빠른 운송 수단을 이용해 세계 각지로 배송·판매하도록 하고 있다. 포도를 압축하고 3일만 지나면 일반적인 레드와인에서 발견되는 타닌과 페놀 성분의 신맛이 없어져 아주 쉽게 마실 수 있고, 또 과일 맛이 풍부해 레드와인이면서도 화이트와인과 거의 비슷한 맛을 낸다. 섭씨 10~14°C에서 가장 좋은 맛을 내며, 한 모금씩 마시기보다는 벌컥 벌컥 들이키며 마시는 와인으로 유명하다.

Beaujolaise Sauce [프 보졸레 소스] 양파를 타지 않는 상태까지 충분히 볶아주며 색깔은 브라운 색이 나도록 하고 여기에 적포도주를 넣고 반으로 졸이며, 마늘과 토마토를 첨가하고 폰드보(Fond de Veau)를 넣어 1시간 정도 끓인 다음 체에 걸러 간

을 하여 이용한다.

Beauvillers [프 **보빌리에**] 아몬드와 버터, 달걀, 다량의 밀가루와 쌀가루를 섞은 설탕으로 만든 케이크

Bechamel Sauce [프 **베샤멜 소스**] 밀가루를 버터에 볶아 우유를 넣고 끓이면서 소금, 후추, 양파, 넛맥, 월계수 잎을 넣은 후 끓여서 만든 화이트 소스. 소스의 농도 조절은 버터와 밀가루 우유의 비율에 따른다. 17세기 경 Louis Bechamel 의 백작의 이름을 따서 지었다.

Beef [영 **비프**] 소 젖소, 수소, 황소, 어린 암소의 각 부분에서 얻은 고기

- Outside flat : 우둔살
- Eye round : 홍두깨살
- Rump : 설도
- Striploin : 채끝등심
- Cube roll : 갈비심
- Spencer Roll : 길비등심
- Blade : 견갑골살
- Chuck Tender : 꾸리살
- Thick Flank : 설도
- Tenderloin : 안심허리근
- Brisket : 양지
- Chuck : 어깨살
- Striploin : 채끝 등심
- Flank Steak : 양지 스테이크
- Rip set : 갈비 세트
- Neck : 목살

Beef Steak [영 **비프스테이크**] 쇠고기는 등심과 어깻살이 최고품으로 쓰이고 다음에 안심·채끝살 등이 쓰이는데, 이것들을 다시 텐더로인스테이크, 티본스테이크, 클럽스테이크, 포터하우스스테이크, 설로인스테이크, 리브스테이크 등으로 나눈다. 고깃덩어리의 크기나 모양은 여러 가지가 있으나 보통 120~150 g 정도가 적당하며, 작더라도 두께가 1.5 cm는 되어야 맛이 좋고, 3~4인 몫의 고기를 1조각으로 만들 때도 있다. 고기는 연한 부분은 그대로, 단단한 부분은 칼 등으로 자근자근 두드려서 굽기 직전에 소금과 후춧가루를 뿌려 모양을 다듬은 다음 냄비에 샐러드유·버터를 녹여서 고기의 겉면(담았을 때의 윗면)부터 강한 불에 굽는다. 가끔 뒤집어서 단시간에 좋은 빛깔이 나도록 굽고, 접시는 미리 따뜻하게 덥혀 놓고 곁들이는 음식도 준비해 놓았다가 다 구워지는 대로 즉시 담아서 낸다. 이 밖에 굽는 방법에는 석쇠굽기·프라이팬굽기 등이 있는데, 석쇠구이는 고기가 쇠에 닿는 부분이 적기 때문에 연하고, 고기에서 나오는 지방이 불에 떨어져 연기가 나면서 고기 표면에 붙으므로 풍미가 좋으며, 표면에 석쇠 자국이 나는 것이 보통이다. 곁들이는 음식은 물냉이, 감자 프라이, 강낭콩 버터볶음 등 2~3종이며, 파슬리는 쓰지 않고, 샐러드는 반드시 다른 그릇에 담아서 곁들인다. 소스는 없어도 좋으나 구울 때 생긴 국물을 끼얹거나 우스터 소스, 버터에 레몬즙과 채친 파슬리를 섞어서 갠 메트르드텔버터 등을 곁들여도 좋다. 굽는 정도는 레어(rare : 자르면 피가 난다), 미디엄(medium : 고기 중심이 불그레하다), 웰던(welldone : 중심까지 충분히 익히나 맛이 덜하다) 등이 있는데, 미디엄이 세계적으

로 표준이다.

Beef Stock [영 비프 스톡] 소뼈와 무릎뼈에 향신료를 넣어서 끓여 찌꺼기를 걸러낸 육즙

Beef tartare [영 비프 타르타르] 양념된 고급의 쇠고기를 갈거나 잘게 자른 것

Beer [영 비어] 맥주. 옥수수나 밀 이스트를 섞어서 만든 저알코올 음료

◐ 맥주의 원료 ① 물(water) : 맥주의 제조 원료로 가장 큰 비중을 차지하는 것이 물이며, 맥주 제조에 사용되는 물은 무색·무향·무미한 것으로 유기물이어야 하고 산성으로 알칼리 수보다 산소작용이 잘 진행되어 투명도를 좋게 한다.

② 보리(Barlery) : 맥주의 보리로는 줄기 주위에 두 줄로 열매를 맺는 이조대맥이 가장 많이 사용되며, 그 중 껍질이 얇고 담황색이며 윤택있는 것과 수분함량이 10% 내외인 것, 그리고 전분함유량이 많고 단백질이 적은 것과 발아율이 95%인 것이 양조용 보리로 적합하다. 맥주를 만들 때 보리는 대백의 맥아를 사용하는데 맥줄의 제조과정에 효소의 활성화 및 곡립의 용해, 그리고 여과층을 형성해 맑은 맥즙을 얻어내기 위한 것이다.

③ 호프(Hop) : 호프는 맥주의 독특한 쓴맛과 향을 내고 보존성을 증가시키고 또한 맥아즙의 단백질을 제거하는 중요한 역할을 하는 중요한 원료이다. 호프의 꽃잎 안쪽에는 두플링이라는 황색꽃가루가 있으며, 그 꽃가루 속에는 방향유나 쓴맛의 원인의 탄닌이란 유효성분이 있다. 양조시는 꽃가루와 꽃 전체를 사용하며, 호프는 예민해서 건조지나 서늘한 곳에서 재배가 잘 된다.

④ 효모 : 맥주의 효모는 맥아즙에서 당분을 해하고 알코올과 탄산가스를 만드는 작용을 하는 미생물로서 발효 후 탄산가스의 발생에 의해 거품과 같이 표면 위에 떠오르는 상면발효 효모와 발효가 되면서 응집되어 밑으로 갈아 앉는 하면발효 효모로 구분되어진다.

⑤ 부원료 : 부원료는 전분, 옥수수, 쌀 등이 있으며, 담금과정 중에 효소에서 당분으로 변화되어 구수한 맛을 낸다. 또한 주원료인 보리 외에도 당의 함량을 조절하거나 특별한 향을 내고자 할 때 발효가 되는 부원료를 사용할 수 있으며, 그 양은 맥아 중량의 50%를 초과하지 않도록 한다.

◐ 맥주의 분류 ① 하면발효맥주(Bottom Fermentation Beer) : 세계 생산량의 70%를 차지하며, 발효가 끝나면서 가라앉는 효모를 이용하여 제조되는 맥주로 5~10°C의 저온에서 발효시킨 맥주이다. ㉮ Larger Beer : 원맥즙의 농도가 11~12%인 보편적인 맥주로서 농색 및 담색으로 구분할 수 있으며 저장기간 특히 후숙기간이 길어 향미가 좋은 맥주이다. 60°C에서 30분간 정도 살균 처리한 후 병입된 것이며 주정도는 4%이다. ㉯ Draft(Draught) Beer : 살균되지 않은 맥주이다. ㉰ Pilsener Beer : 연수를 양조용수로 사용하며 담색맥아를 사용하기 때문에 맥아 향기가 약한 황금빛깔의 담색맥주이다. 맛은 담백하며 쓴맛이 강하고 상큼한 맥주로서 알코올 함량은 3~4%이다. ㉱ Munchener Beer : 경수를 양조용수로 사용하며 맥아 향기가 짙고 감미로운

맛이 나는 대표적인 알코올 함량은 약 4% 이다. ㉮ Dortmund Beer : 양조용수는 황산염을 함유한 경수를 사용하여 필젠 타입보다 발효도가 높고 향미가 산뜻하며 쓴맛이 적은 담색 맥주로서 알코올의 함량은 3~4%이다. ㉯ Bock Beer : 원맥즙의 농도가 16% 이상인 짙은 색의 맥주로서 향미가 짙고 단맛을 띤 강한 맥주이다.

② 상면발효 맥주(Top Fermentation Beer) : 발효 중간에 생기는 거품과 같이 떠오르는 효모를 이용하여 제조되는 맥주이다. 상면발효맥주는 18~25°C에서 2주간 발효 후 15°C 정도에서 약 1주일간 숙성해서 만들어진다. ㉮ Porter : 영국의 맥주로서 맥아즙 농도, 발효도, Hop 사용량이 높고 카라멜로 착색하여 색깔이 검으면서 매우 농순한 맥주로 에일보다는 다소 감미로우면서 쓴맛이 덜하다. 약 5%의 알코올을 함유하고 있으며 일정비율의 흑맥주를 사용해서 제조한다. ㉯ Ale : 보통 맥주보다 호프를 1.5배~2배 정도 더 넣을 뿐만 아니라 후숙기간이 짧아 탄산가스가 적으며 거품도 적고 쓴맛이 강하다. 한편 보통 맥주보다 고온에서 살균시켜 호프 향이 강하고 고미가 강하다. 대체로 4~4.5 %이며 담색이다. 맥주인 Pale Ale 및 향기가 짙은 Scotch Ale등이 있다. ㉰ Stout : 색깔이 매우 검으면서 감미롭고 다소 탄냄새를 지니며 강한 맥아향을 겸하고 있다. 포터보다는 훨씬 강하며 쓴맛도 강하고 8~11%의 강한 알코올 함량을 지니고 있다. 약 6개월 이상의 후숙기간을 지니며 최종 발효는 병속에 담아서 시키고 있다. ㉱ Lambic : 벨기에의 브뤼셀에서 양조되고 있는 몇몇 상면발효 타입 맥주 중의 하나로 60%의 맥아와 40%의 밀을 원료로 하여 제조된다. 호프를 많이 사용하면서 야생효모, 젖산균 및 브렌타노마이세스(Brettano-myces) 등의 균을 사용하여 자연발생적으로 발효시키고 저장하여 2~3년 이상 후 숙성을 시킨다.

Beerenauslese [독 베르나우스레제] 포도송이에서 가장 잘 익은 포도알만 골라서 원료로 만든 와인으로 프랑스 보르도 소떼른느 와인의 비교되는 좋은 와인으로 호박색을 띠고 있으며, 독특한 향을 가진다. 최저당도는 110°가 함유되어 있다.

Beggar's purse [영 베가 펄스] 크레페에 생크림과 캐비어를 얹어 먹는다.

Beigne [프 베뉴] 당의를 입히거나 설탕을 뿌린 도넛

Beignet [프 베녜] 밀가루를 발라 기름에 튀긴 요리. 생선, 새우, 닭을 한번 익힌 후 버터에 튀긴 다음 정제 설탕을 뿌리는 과자

Bellini [프 벨리니] 복숭아 과즙과 샴페인으로 만든 식사 전 음료(aperitif : 식욕 증진을 위해 마시는 술)

Bel Paese [이 벨파이제] 이탈리아산 연질 치즈

Belender [영 블랜더] 전기 믹서기

Bench Time [영 벤치 타임] 빵을 만들 때 글루텐 조직을 재정비하기 위하여 분할 환목한 다음 휴지시키는 것

Benedictine [프 베네딕틴] 프랑스 노르망디 수도원 베네딕틴 수사에 의해 만들어진 증류주

Bercy Sauce [프 베르시 소스] 양파 다진

것을 버터를 넣어 색이 나지 않게 볶은 후 버섯을 썰어 같이 볶고 버터 소스(Beurre Blanc)에 섞고 파슬리 다진 것을 사용한다. 튀기거나 삶은 광어요리, 튀긴 혀넙치 요리 혹은 가자미류 등에 사용한다. 즉, 생선 스톡에 백포도주, 버터, 파슬리 다진 것을 졸여서 만든 소스, 소스를 끓일 때 알루미늄 냄비와 구리 냄비를 사용하는 데 소스는 구리냄비를 사용해야 열전도율이 좋고 소스가 분리되는 것이 적어진다.

Bergamot [프 베흐가 모뜨] 생선요리와 육류요리에 사용하며 차로 마신다.

Bergerette [프 베흐주헤뜨] 꿀을 넣은 포도주

Bergues [프 베흐그] 우유 치즈로 치즈 껍질은 맥주로 씻는다.

Berlingot [프 베흐렝고] 과일과 박하의 향을 낸 캔디

Berrichonne [프 베히숀느] 뼈에 붙은 고기를 브레이징 한 양배추. 양파, 밤, 베이컨 등으로 장식한 것

Besan [이 베산] 이집트의 요리에 이용하는 콩으로 만든 밝은 노란색 가루

Beta carotine [영 베타 카로틴] 베타 카로틴 간에서 비티민 A로 전환한다.

Betty [영 베티] 설탕과 빵가루로 만든 구운 푸딩. 프루츠 디저트의 하나. 빵가루, 버터, 레몬 껍질, 설탕(흑설탕), 넛메그, 시너먼을 섞어 샤를로트 틀 주위와 바닥에 깔고 퓌레를 채운 것이다.

Beurre [프 뵈흐] 최고급 품질의 프랑스버터

Beurre Blanc [프 뵈흐 블랑] 백색 버터를 의미하는 정통 프랑스 소스. 샬롯, 와인, 식초 등을 차가운 버터에 넣어 소스가 진하고 부드러워질 때까지 휘저어 졸인 버터 소스

Beurre Bruni [프 뵈흐 브휘니] 윤기가 흐르는 버터

Beurre Clarifie [프 뵈흐 끌라히피에] 정제 버터

Beurre compose [프 뵈흐 컴포즈] 컴파운드 버터

Beurre doux [프 뵈흐 두] 소금을 치지 않는 버터

Beurre manie [프 뵈흐 마니] 버터에 밀가루 넣어 농도를 조절한다.

Beurre Noir [프 뵈흐 누와흐] 갈색 버터. 식초, 레몬주스, 생강과 파슬리와 함께 흑갈색이 날 때까지 끓인 버터

Beurre pasteurise [프 뵈흐 파스뙤히제] 살균 처리된 버터

Biche [프 비슈] 암사슴

Biere [프 비에흐] 맥주

Bierwurst [독 비르우르스트] 독일 소시지

Bifteck [프 비프텍] 비프스테이크

- bleu (sealed) : 거의 날 것
- a point (medium rare) : 약간 익은
- bien cuit (well done) : 완전히 익은

Bigarade Sauce [프 비가하드 소스] 정통적인 브라운소스. 쇠고기 육즙, 오리 육즙, 오렌지와 레몬주스로 만든 오렌지 맛의 소스로 오리요리에 이용한다. 프랑스 중부 지방에서 재배되고 있는 설탕에 절인 비가

라드는 니스의 특산물로서, 꽃은 오렌지 나무 꽃 향수를 만드는 데 사용한다. 비가라드는 큐라소(Curacao)를 만드는 오렌지로서 오렌지 껍질만을 사용하여 통에서 숙성됨으로서 색이 형성된다. 만드는 법은 우선 설탕을 팬에 담고 갈색의 타지 않게 카라멜을 만들고, 적포도주 식초를 첨가한 다음 포도잼, 오렌지 주스를 차례로 첨가하고 꼬냑이나 브랜드로 블랑베를 하고 캐러멜 설탕을 덩어리 없게 푼 다음 갈색소스를 넣어 20분 정도 끓이고 오렌지 껍질을 쥴리엔으로 썰어 첨가한 다음 사용하며, 오리구이, 야생동물, Roast Ham, 칠면조 요리에 이용

Bigarreau [프 **비가루**] 체리(질긴 과육과 무색 과즙)

Bigorneau [프 **비고흐노**] 노르망디에서 풍부한 작은 고둥

Bill [영 **빌**] 레스토랑의 계산서

Bill of Fare [영 **빌 오브 패어**] 영국에서 메뉴라는 뜻

Bin [영 **빈**] 창고 내의 와인을 저장하는 장소

Bin card [영 **빈카드**] 품목별 카드. 식음료 입고와 출고에 따른 재고 기록카드로 품목 내력이 기록되어 있고 비치 장소 기재

Billy by [프 **빌리 바이**] 쌍각류 조개로 만든 스프

Biltong [영 **빌통**] 아프리카의 말린 육포

Bind [영 **바인드**] 다양한 재료를 뜨거운 액체에 섞어 점도를 주는 것

Bio Food [영 **바이오 푸드**] 유전자를 재조합하거나 생물의 기능을 응용한 생명공학 기술로 만든 식품. 21세기 식량난에 대처하고자 미생물이 가진 능력을 이용하여 새로운 물질을 합성하거나 식품의 맛과 질, 영양을 높이고 수확량을 늘리기 위한 연구가 진행되고 있다. 그 결과 자연적으로는 얻을 수 없었던 여러 항생물질이나 비타민 B_{12}, 비타민 D_2의 합성이 가능하고 니코틴산 제조법이 개발되었다. 화학적으로 합성한 아미노페니실린산에 미생물을 배양하여 각종 아미노산을 만들어내기도 하며 유전학적 방법으로 얻어낸 효모로 사료용 단백질 생산에 성공하였다. 유전자 재조합으로 개발된 효소를 이용하여 고품질의 치즈를 생산하거나 효모단백질에 미생물을 사용하여 인공닭고기를 만들기도 한다. 제초제에 강한 유전자 변형콩을 생산함으로써 수확량이 늘었고 역병 저항성 고추, 병충해 저항성 양배추 등도 개발되었다. 이런 식품들은 모르는 사이에 식탁에 올라 섭취되고 있는데 옥수수, 목화씨, 건조효모, 인공비타민, 기타 첨가물을 합성한 농축단백식품 '잉카팔린'은 중남미에서는 이미 보편화된 식품이다. 그러나 1998년 영국 로웨트연구소 A.푸스타이 박사가 유전자 변형감자를 먹인 쥐에서 간, 심장이 작아지고 뇌가 수축되는 이상현상을 보인 실험 결과를 발표한 후로 유전자 변형식품이 인체의 면역체계나 생태계에 가져올지도 모를 부작용에 대해 논란이 일고 있다. 따라서 유전자 변형식품임을 소비자에게 반드시 밝히자는 움직임이 전세계적으로 일고 있다.

Birch beer [영 **벌취 비어**] 미국의 탄산음료

Bireweck [프 **비흐웩**] 무화과와 견과류 건

조한 배를 첨가한 크리스마스 과일빵

Biscotte [㊁ 비스꼬뜨] 얇게 썰어 오븐에 구운 빵

Biscuit [㊁ 비스뀌뜨] 비스킷. 쿠키나 크래커

Bishop [㊂ 비숍] 오렌지 껍질과 향신료 넣은 북유럽 와인

Bismarck [㊃ 비스마르크] 베를린 도넛

Bisque [㊁ 비스크] 새우, 게, 가재 등의 어패류를 백포도주, 크림을 첨가하여 만든 스프

Bistrouille [㊁ 비스뚜이으] 질이 낮은 브랜드. 커피에 브랜드를 첨가한 음료

Bitoke [㊁ 비또끄] 고기를 다져서 동그란 모양으로 빚은 미트볼이나 미트볼 케이크

Bitters [㊁ 비떼] 허브의 뿌리와 식물을 증류시켜 만든 술로서 칵테일과 식욕을 돋구며 술로서 알코올 함량이 높고 쌉쌉한 단맛이 있다.

Bivalve [㊂ 비발브] 굴, 조개, 가리비 등의 조개류

Black-bass [㊁ 블락 바스] 농어무리의 민물고기

Black beer [㊂ 블랙비어] 맥주의 원료인 맥주보리의 맥아를 까맣게 태워 어두운 빛깔의 맥주로 양조한 것. 빛깔뿐 아니라 맛이나 향기도 보통 맥주와는 다른 풍취가 있다. 세계적으로 보면, 독일의 함부르크 근교에 있는 아인베크의 보크비어와 그 흐름을 이어받은 유명한 뮌헨의 비어, 그리고 영국에서는 포터와 그 흐름을 이어받은 아일랜드의 스타우트가 유명한데, 그 중 스타우트는 주정도가 보통 맥주의 2배 정도 된다. 흑맥주의 제조법은 카라멜맥아와 색맥아를 사용해서 흑맥주 특유의 색과 맛을 가지게 한다. 카라멜맥아는 수분 50% 를 흡수시킨 건조맥아를 로스터라고 하는 가열장치로 110~130°C로 가열한 것이며, 색맥아는 7~8% 정도의 수분을 흡수시키고 로스터로 200°C 정도에서 가열한 것이다. 이것은 카라멜맥아보다 강한 빛깔과 향기가 있다. 또 흑맥주의 경우 보통 맥주보다 홉을 많이 사용해서 제조한다.

Blackberry [㊂ 블랙베리] 딸기류. 유럽에서 파이나 잼을 만들 때 이용. 장미과의 나무 딸기류에 속하는 과실. 라즈베리와 같은 부류이다. 블랙베리는 이름 그대로 검정 열매이고, 크기는 지름 1~2 cm이다. 원산지는 북아메리카이다. 날것으로 먹거나, 잼·젤리로 가공한다.

Blackbird [㊂ 블랙버드] 개똥지빠귀과의 새. 파테 등을 만드는 데 이용

Black bottom pie [㊂ 블랙 버텀 파이] 초콜릿 커스터드를 넣은 파이

Black bread [㊂ 블랙 브래드] 흑호밀가루, 당밀, 코코아 가루, 흑맥주와 커피를 첨가하여 만든 흑빵, 보통 호밀로 만든 것을 흑빵이라고 하는데, 이 밖에도 밀기울을 섞거나 캐러멜·당밀 등으로 검게 착색시킨 것도 흑빵이라고 한다. 독일의 본격적인 흑빵은 호밀가루에 물과 식염을 섞어 반죽한 다음 보온하여 자연으로 번식한 효모를 배양해서 만든다. 야성효모를 사용하

B

기 때문에 유산균 등이 혼입하여 산류를 만든다. 그래서 발효시킨 빵반죽은 신맛이 난다. 그러나 이 산류에 의해 비로소 호밀가루 빵반죽은 찰기를 가지게 되어 부풀 수 있으며 특징 있는 풍미를 가지게 된다. 호밀 흑빵에는 독일 루르 지방에서 많이 먹는 품퍼니켈, 유럽에서 널리 먹는 호밀과 밀을 섞어서 만든 컴멜빵, 호밀로 과자처럼 구운 린파, 신맛이 강한 사워라이브레드 등이 있다. 어느 것이나 모두 내장 등을 사용한 독특한 소시지나 치즈 등과 잘 어울린다.

Black bun [㉼ 블랙 번] 새해에 먹는 스코틀랜드의 땅콩류와 당과 과일로 만든 과자

Blackcuurants [㉼ 블랙커런트] 레드와인의 풍미와 향기

Black Forest torte [㉼ 블랙포레스트 토르테] 독일 검은 숲인 스와비아의 컬쉬 향의 초콜릿 케이크

Black Russian [㉼ 블랙 러시안] 아이스크림 위에 커피향의 리큐어와 보드카를 첨가한 칵테일

Black velvet [㉼ 블랙 벨벳] 샴페인과 흑맥주를 동량으로 섞은 술

Black walnut [㉼ 블랙 월넛] 쓴맛과 고약한 냄새가 나는 미국산 호두

Bladder [㉼ 블라더] 방광. 요리로 이용하기 위하여 굵은 소금과 식초로 냄새를 제거한다.

Blaff [㉼ 블라프] 생선이나 갑각류에 매운 고추와 마늘을 넣은 라임주스에 넣어서 마리네이드한 후 향신료를 첨가한 스톡에 넣어서 완성한다.

Blanc [㊀ 블랑] 흰색

- Blanc au blanc : 버터, 밀가루, 육즙으로 화이트 소스
- Blanc de blanc : 백포도로 만든 백포도주
- Blanc de cuisson : 물에 밀가루, 레몬즙, 화이트 식초 등으로 흰요리를 변색을 방지하게 하기 위하여 사용하는 것
- Blanc de noirs : 적포도로 만든 화이트 와인으로 샴페인이나 스파클링 와인
- Blanc d' oeuf : 계란 흰자

Blanc de poireau leek(파)의 흰뿌리 부위

Blanch [㉼ 블랜취] 야채류를 끓는 물에 순간적으로 넣었다 건져서 흐르는 찬물에 헹구어서 데쳐내는 조리 방법으로 볶기(sauteing), 광택(glazing)의 전처리 단계로 데치는 채소, 고기류의 나쁜 냄새를 제거시키거나 조직을 연화시켜 연하게 하는데 이용한다. 또한 야채의 쓴맛, 떫은 맛을 빼거나 장기간 보존하기 위해서 살짝 데친다.

- 찬물에 데치는 방법 : 찬물에 식품을 넣어 끓으면 건져내어 찬물에 식히는 방법(고기류나 뼈의 피, 불순물을 건져내어 사용한다.)
- 끓는물에 데치는 방법 ① 야채류(vegetable) : 무기질과 비타민, 엽록소 등의 손실을 막기 위하여 끓는물에 데치면 녹색 색소가 안정화된다. ② 토마토, 복숭아 등의 껍질을 벗기기 위하여 ③ 육류 등의 육수의 맛을 보존하기 위하여
- 기름에 데치는 방법 : 수용성 성분의 방출

을 막기 위하여 야채류, 생선, 육류, 감자 등을 130°C에서 처리한 후 식힌다.

Blancmange [㉲ 블랑망제] 전분, 우유, 설탕과 바닐라 향을 첨가한 푸딩. 아몬드를 넣은 희고 부드러운 냉과로 바바루아와 비슷하다. 바바루아는 크렘 앙글레즈에 젤라틴, 생크림을 더하는 데 비해 블랑망제는 아몬드 밀크를 기본으로 한다. 아몬드 밀크는 아몬드에 물을 더해가면서 부수고, 물기는 헝겊으로 흡수시키는 아주 번거로운 작업을 통해 만들어진다. 이러한 어려움을 덜기 위해 영국식 아몬드 밀크가 등장했다. 우유에 콘스타치를 풀고 아몬드 에센스로 향을 내는 방법이다.

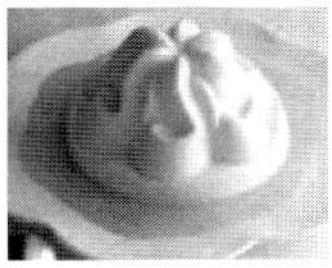

Blanc de Blancs [㉲ 블랑 드 블랑] : 이용은 주로 프랑스 와인 라벨에 많이 사용되는데 청포도 품종으로 만든 화이트 와인을 뜻한다. 즉 거의 대부분의 화이트 와인 "Blanc de Blancs"라 쓰여 있는 경우가 많다. 실질적으로 샴페인과 많이 관련되어 있는데 대부분의 샴페인은 적포도(피노누아 와 피노 메뉴어)와 청포도 품종(주로 샤도네)으로 만들어진다.

Blanc de noir [㉲ 블랑 드 누아] : 적포도(피노누아 – Pinot Noir 혹은 피노메뉴어 – Pinot Meunier) 품종으로 화이트 와인을 만드는 샴페인을 주로 말한다.

Blanquette [㉲ 블랑께뜨] white sauce에 송아지, 양, 가금류를 넣어서 만든 스튜

Ble [㉲ 블레] 옥수수, 밀

◐ Germe de Ble : 맥아

Blend [㉧ 블렌드] ① 두 가지 이상의 재료를 믹싱하여 독특한 맛을 내는 것 ② 몰트 위스키와 그레인 위스키를 혼합하는 과정

Blennie [㉲ 블레니 ; Blenny] 크기가 작고 비늘이 없는 민물고기

Blette [㉲ 블레뜨 ; swiss chard] 사탕무, 근대

Bleu [㉲ 블르] ① 스테이크를 굽는 용어로 덜 익게 구운 것 ② 푸른색 곰팡이에 의한 블루치즈의 총칭

Blini [㉲ 블리니] 러시아의 사우어 크림, 캐비어 또는 훈제연어와 함께 먹는 이스트 발효 팬케이크

Block of Ice [㉧ 블록 오브 아이스] 파티나 연회에 사용하는 화려하게 장식한 펀치 볼에 넣는 얼음

Blondir [㉲ 브론디르] 기름에 튀겨서 갈색이 나도록 익히는 방법

Blood [㉧ 블러드] ① 돼지나 동물의 피를 소시지 등에 농도를 조절용으로 이용하고 혈액 응고제나 식초를 이용하여 응고를 방지한다. ② 와인에 찌꺼기를 제거

Blood sausage [㉧ 블러드 소시지] 돼지피, 쇠기름, 빵가루, 오트밀을 섞어서 만든 소시지

Bloody Mary [㉧ 블러드 마리] 보드카, 토마토 주스, 우스터소스, 타바스코를 섞은 칵테일

Bloom [㉧ 블럼] ① 초콜릿이 녹아 코코아 버터가 결정이 생겨 옅은 회색 줄과 점이 나타나는 현상 ② 포도나 자두 등에 나타나는 옅은 회색

B

Blue Cheese [영 블루치즈] 치즈에 독특한 맛과 향을 주기 위하여 푸른빛의 곰팡이를 이용한 블루치즈.

곰팡이로 숙성시킨 것이며 숙성에는 푸른 곰팡이의 일종인 페니실륨 로케포르피(Penicillium roqueforfi)가 중요한 구실을 한다. 이와 같은 종류의 치즈에는 프랑스의 로크포르 치즈(Roquefort cheese)가 있는데, 이것은 로크포르 지방의 양젖에서 만들었기 때문에 이런 이름이 붙었다. 우유로 만든 경우 푸른곰팡이의 대리석 무늬가 나타나 블루치즈라고 부르게 되었다.

Blue Crab [영 블루 크랩] 대서양에서 잡히는 몸통과 집게가 푸른빛을 띤다.

Blue Fish [영 블루 피쉬] 무게 1.3~4.5 kg의 전갱이

Blue Point Oyster [영 블루포인트 오이스터] 롱아랜드에서 발견된 굴

Blue Hawaii [영 블루 하와이] 크림과 럼에 cointresau와 blue cacao을 넣은 푸른색의 달콤한 칵테일

Blush Wine [영 블러쉬 와인] 핑크에서 붉은 색까지 나는 적포도로 만든 로제와인

Blutwurst [독 블루트우르스트] 향신료가 많이 첨가된 짠맛의 독일의 돼지나 소의 피로 만든 소시지로 독일 사람들이 스낵으로 좋아하며, sauer-kraut와 함께 사용

Boboli [이 보볼리] 모차렐라를 듬뿍 넣고 그 위에 파머산 치즈를 첨가한 피자

Bobotie [영 보보티] 남아프리카 전통음식으로 우유에 육류, 감자, 양파, 마늘을 첨가하여 만든다.

Bocconcini [이 보콘시니] 이탈리아의 식욕을 촉진하기 위한 한입에 먹을 수 있는 음식

Bochyn [러 부첸] 러시아에서 홉과 효모로 발효시킨 알코올 첨가 거품나는 음료

Bock [영 보크] 작은 크기의 맥주잔

Bock Beer [영 보크 비어] 엿기름의 사용량을 늘리고 그 일부를 강하게 불에 쬐어 말린 후 홉을 잘 살려 윗면을 발효시킨 중세 독일의 짙은 맥주. 13세기 초 독일 하노버의 아인베크에서 맥주양조업자가 고안한 것으로 알려졌다. 빛깔이 짙으며 달콤한 엿기름의 풍미와 홉의 향기가 강하며 오랫동안 보존할 수 있다. 독일어로 보크는 염소를 뜻한다. 이 맥주에 '보크'라는 이름이 붙게 된 것은 여러 가지 이유가 있다. 그 하나는 산지인 아인베크가 아인보크로 변했다는 것이고, 다른 하나는 이 맥주를 마시고 취해 쓰러진 사람을 염소에 받혀 쓰러졌다고 말한 데서 유래되었다고 한다. 오늘날에도 독일에는 보크 맥주가 있는데, 그 상표에는 염소를 그린 것이 많다. 독일어로서 '맥주 한 잔'이라고 할 때 '보크 한 잔'이라고도 한다. 미국에서도 보크를 만들고 있는데, 겨울에 담가 봄에 발효 중인 맥주에서 가라앉은 찌꺼기를 제거하여 만든다.

Bockwurst [독 보크우르스트] 일상적인 독일의 소시지로 소고기, 돼지고기, 우유와 계란들과 차이브와 파슬리 등을 넣는다. 상

B

하기 쉬우므로 구입 후 바로 사용하여야 함

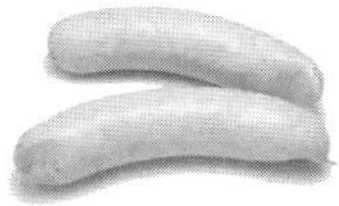

Bodega [스 보데가] 스페인의 와인 저장 창고

Body [영 바디] 풍부하고 가득한 맛과 풍미를 지닌 와인 등에 사용. 입안에서 느껴지는 와인의 무게감이나 점성도, 질감을 표현하는 용어이다. 물을 입안에 넣었을 때의 느낌과 막걸리를 입안에 넣었을 때의 느낌 차이가 바로 바디다. 보통 라이트바디(light-bodied), 미디엄바디(medium-bodied), 풀바디(full-bodied)라고 표현한다. 풀바디의 전형적인 예는 까베르네 소비뇽이, 미디엄 바디의 전형적인 예는 삐노 누아이다. 와인의 바디는 알코올, 글리세린, 당의 함량에 따라 결정된다.

Boerewurst [독 보에르우르스트] 남아프리카에서 생산된 소시지로 소고기, 돼지고기, 돼지고기 지방과 향신료인 코리앤더를 첨가하여 만든 소시지

Boeuf [프 뵈프] 쇠고기, 황소

Bogue [프 보그] 도미과의 바닷물고기. 생선 스프에 이용

Bohemienne [영 보헤미안] 보헤미아풍. 베샤멜 소스를 기본으로 만든 요리. 쌀, 토마토, 양파, 스위트 페퍼, 파프리카 등과 차갑게 제공

Boiling [영 보일링] 액체의 대류에 의해서 조리하는 방법으로 100°C의 액체에서 가열하는 조리법으로 수면에 거품이 퍼지는 상태로 서양의 Blanchir(브랑세), Pocher(포세) 등이 우리의 끓이기에 포함된다.

- Soft boiled eggs : 반숙계란
- Hard boiled eggs : 노른자위까지 익힌 완숙계란

Boiling icing [영 보일링 아이싱] 끓는 설탕물에 달걀 흰자를 섞은 것으로 머랭과 유사

Boilermaker [영 보일러마커] 위스키를 마신 뒤 맥주를 마시는 것

Boirguignonne [프 버건노네] 육류를 적포도주를 넣어 졸이고, 버섯과 양파로 가니쉬한 버건디 지역에서 만든 음식류

Boiled Egg [영 보일드 에그] 아침식사로 계란을 껍질채 삶아서 제공

Boisson [프 부와쏭] 술이나 음료수의 프랑스 단어

Bokchoy [중 바이차이] 중국 배추

Bolee [프 볼레] 손잡이 달린 작은 보올, 사과수를 마실 때 사용하는 볼

Bolet [프 볼레] Boletus 속의 버섯

Bologna ; Balcony [영 볼로나] 이탈리아 도시 Bologna에서 유래한 양념된 소시지. 얇게 썰어 샌드위치나 차가운 요리에 제공한다.

Bolognese Sauce [프 볼로네이즈 소스] 볼로네즈(Bolognese) 소스는 올리브 오일을 소스 팬에 두르고 쇠고기 간 것을 볶는다. 양파, 당근, 샐러리 등을 넣고 마늘과 함께 볶다가 페이스트를 넣고 소스팬에 눌러 붙지 않게 잘 볶아준다. 쇠고기 육수와 갈색 소스를 넣고 끓인 다음 부케 가르니를 넣고 거품을 제거하면서 1시간 끓여 버터 마니에르

로 농도를 맞춘다. 버터 마니에(버터 1 : 밀가루 1의 비율로 부드럽게 개어 혼합한 것) 스파게티에 많이 이용하고, 파스타(pasta), 쌀(rice), Beans and Chick-peas) 등에 이용한다.

Bombay duck [영 **봄베이 덕**] 카레 요리에 매운 맛을 내는 소금에 절인 말린 생선

Bombe [프 **봄브**] 아이스크림과 셔벳을 얼린 디저트

Bombine [프 **봉빈느**] 항아리에 양파, 토마토, 마늘, 감자와 함께 만든 소금에 절인 돼지고기

Bombel Cheese [프 **봉벨 치즈**] 엷은 크림색의 가공치즈로 부드럽다. 샌드위치나 샐러드에 이용

Bonbon [프 **봉봉**] 초콜릿을 입힌 캔디. 설탕

Bondon, bondard [프 **봉동**] 노르망디의 소젖으로 만든 치즈. 지방함량은 60%로 하얀 곰팡이가 덮인 부드러운 크림같은 페이스트와 회색 껍질이 있다.

Bone [영 **본**] 육류, 생선, 가금류 등에서 살을 제거한 뼈를 의미하며, 소스나 스튜에 이용한다.

Bonite [프 **보니뜨**] 보스톤 멕크럴이라 하며 참치과이나 크기가 작고 지느러미가 짧다.

Bonne-bouche [프 **본 브셰**] 스낵 또는 오르되브르 종의 여러 가지 한입에 먹을 수 있는 음식의 종류

Bonne femme [프 **본 팜므**] ① 조리방법을 간단하고 쉽게 하는 법을 의미 ② 가니쉬로 제공하는 조리를 천천히 한 야채스튜

Bonne Femme Sauce [프 **본 팜므 소스**] 벨루테(Veloute sauce)에 계란 노른자, 레몬주스, 크림과 다진 파슬리를 혼합한 소스

Bonne Mares [프 **본마르스**] 레드 버건디 와인

Bonnet [프 **보네**] ① 조리된 가금류의 허벅지 살 ② 반추위 동물의 두 번째 위

Bontemps [영 **본템스**] 겨자와 사이다로 맛을 낸 소스

Booth [영 **부스**] ① 전시회나 박람회에서 일정기간 동안 사용하는 장소 ② 레스토랑의 칸막이용 좌석 ③ 가판대, 오점, 매점에서 한사람이 앉거나 서는 장서

Borage [영 **보이지**] 허브로 잎을 사용하며 맛과 향이 오이와 비슷하다.

Bordelaise Sauce [프 **보흐델레즈 소스**] 프랑스 북부 보르도 지방의 대표적인 레드 와인소스로 적포도주인 경우 프랑스 보르도 지방의 포도주는 1/2 정도 졸이고 국산 포도주는 1/3 정도를 졸이는 것이 맛을 좋게 하며, 적포도주 특유의 맛을 제거하기 위해 꿀을 첨가하면 이상적인 맛을 낸다. 만드는 법은 양파, 마늘을 다져서 버터에 볶고, 적포도주를 넣고 보르도산인 경우는 1/2 정도 졸인 다음 향신료를 넣고 갈색소스를 첨가하여 1시간 정도 끓인 후 걸러서 보관했다 사용한다. 채소(당근, 양파, 샐러리) 등을 dice로 썰어서 볶은 후에 고기를 색을 내서 같이 넣고, 술을 졸인 후 데미 글라스를 첨가하고 끓여 체에 걸러서 사용한다. 때로는 사골을 넣고 하기도 한다. 주로 브로일하는 육류, kidney 요리, Chop Steak에

이용한다.

Bordeaux [프 보르도] 이 지방은 옛날부터 질좋은 최고 포도주의 산지로서 알려져 부르고뉴 지방과 나란히 세계 2대 포도주 산지의 하나이다. 보르도의 적포도주는 클라렛이라고도 하는데, 부르고뉴산에 비하여 빛깔은 선홍색, 맛은 비교적 담백한 우수품으로 보르도 지방에서도 메독·그라브·생테밀리용·포메롤 등이 우수하다. 보르도의 백포도주는 단맛의 디저트 와인으로 사용되며 소테른 지방에서 만든다. 제품으로 매독, 마고, 발삭, 소턴 등이 있다.

Bord-de-plat [영 보드 데 플랏] 접시의 가장자리를 보호하기 위해 사용하는 주방기구

Bordelaise Sauce [프 보르드레즈 소스] ① 정통 프랑스 브라운 소스로 육류와 가금류에, 오렌지, 레몬주스, 오렌지 껍질과 적포도주, 샬롯 등과 향신료로 만든 소스 ② 보르도식 소스

Border ring [영 보더 링] 장식과 접시 중앙의 요리를 고정하기 위하여 접시의 가장자리에 둘러 쌓도록 만든 장식물

Bordure [프 보르뒤르] 고리 모양의 야채와 함께 차려낸 요리

Borgund Sauce [프 부르귀뇽 소스] 프랑스 북부의 포도주산지의 이름으로서 포도의 당분함량이 떨어져 설탕을 첨가한다. 부르귀뇽 소스는 적포도주 소스의 대표적인 소스이다. 만드는 법은 버터와 양파를 볶은 다음 버섯을 첨가하고 레드와인을 넣고 1/2 정도 졸이며, 이때 레드 와인은 충분히 졸여야 맛을 얻을 수 있으므로 충분히 졸인다. 갈색소스와 향신료를 넣고 끓이다가 농도를 맞춘 다음 파슬리 다진 것과 서양 고춧가루를 넣어 매운 맛을 나게 한다. 레드 와인을 첨가시에 단맛이 떨어지므로 설탕을 넣어주는 데 지나치게 많이 넣으면 안된다. 각종 육류요리, 삶은 계란, 로스트하거나 브로일한 육류 등에 이용

Borek [프 보렉] 간 고기, 치즈, 시금치 등의 채소로 속을 넣은 과자류

Borscht [프 보오시] 러시아와 폴란드의 스프로 쇠고기, 육수, 비트와 계란 설탕 등과 향신료를 첨가하여 만든 스프

Bossons Maceres [프 보쏭 마쎄헤] 염소 젖 치즈로 올리유, 화이트 와인과 브랜디, 허브 등으로 만든 액체에 담가서 만든 치즈로 부드럽고 연하다.

Boston baked beans [영 보스톤 베이크드 빈] Nary bean, 소금, 돼지고기, 당밀, 흑설탕, 강낭콩, 완두콩을 섞어 부드러워질 때까지 몇 시간 동안 냄비 안에 끓여 만든 음식

Boston brown Bread [영 보스톤 브라운 브래드] 당밀, 호밀, 옥수수밀, 밀가루로 만든 빵

Boston Cream Pie [영 보스톤 크림 파이] 파이에 커드터드를 넣어 초콜릿과 분당으로 장식한 후식

Botermelk [영 보털멜크] 벨기에 특산물로 우유에 보리, 쌀, 타피오카, 버미셀리와 황설탕과 꿀을 넣고 끓인다.

Botrytis cinerea [프 보트티스 시네라] 포도의 곰팡이로서 포도의 당과 맛을 강화시키며, 매우 우아하고 중후만 맛을 지니 디저

트 와인을 만든다.

B

Botte [프 보뜨] ① 한 단의 물냉이, 아스파라거스, 무 등을 의미 ② 이탈리아의 전통적인 통

Bottereaux [프 보테루] 브랜디나 리큐어를 넣어 기화학적 모양으로 부풀린 반죽

Bottle Aging [영 보틀 에이징] 와인의 병의 숙성. 고급레드 와인에 적용되는 용어

Bottled in bond [영 보틀 인 본드] 100 %의 위스키, 정부의 관리하에 4년 이상 숙성된 위스키 제품 표시로서 라벨에 사용된 문구

Bottle Stink [영 보틀 스팅크] 오래된 와인의 불쾌한 냄새

Bottling [영 보틀링] 술이나 음료를 병에 넣은 작업

Botvinya [러 보빈야] 러시아 전통적인 스프, 시금치와 괭이밥으로 만들어서 오이나 생선조각으로 가니쉬한다.

Boucan [프 부칸] 카리브해의 육류와 가금류를 이용한 다양한 조리법

Boucaud [프 부꼬] 작은 새우

Bouchage [프 부샤주] 마개로 막기

Bouchee [프 부쉐] ① 작은 퍼프 페스트리에 크림으로 조리한 고기나 생선으로 속을 넣은 카나페 ② 얇게 밀가루 반죽에 치즈, 계란 등을 고기나 생선을 넣어 주사위 모양으로 만두같이 만든 한입 크기의 페스트리

Bouchere [프 부쉐흐] 골수를 사용하여 만든 요리에 사용하는 용어

Boucherie [프 부슈히] 정육점 또는 정육코너

Bouchonne [프 부숑] 코르크 냄새가 나는 와인

Boucot [프 부꼬](boucud) 새우

Boudin [프 부댕] 돼지의 피와 기름 따위로 만든 순대

Boudin antillais 애피타이저로 많이 먹는 카리브 지역의 소시지

Boudin Blanc ① 돼지고기, 가금류, 송아지 고기 등과 계란, 크림을 넣어 만든 부드러운 소시지 ② 루지애나에서 쌀, 양파, 돼지고기로 만들어진 조직감이 큰 소시지

Boudin noir [프 부댕 노와흐] 동물의 피, 양파와 향신료가 들어간 블랙 푸딩

Bouillabaisse [프 부이베스] 해물탕 유래는 어부의 아낙들이 어시장에서 팔아남은 생선들을 모아서 끓여 먹던 생선요리로 올리브오일에 저민 마늘과 마른 고추를 볶다가 각종 채소와 토마토, 생선을 넣고 끓인 후 샤프란 향을 첨가하며 바게트와 화이트와인과 함께 먹는다.

Bouillabaisse a La Provencale 프랑스의 생선류를 원료로 만든 스프

Bouilleture 장어를 넣어 만든 스튜

Bouillon [프 부이용 ; broth] 스톡. 물에 야채, 생선, 육류 등을 넣어 끓여서 만든 육수, 스프와 소스의 기본이 된다. 브이용은 프랑스어 브이에(Buillier)라는 '끓이다'라는 말에서 나온 말로 스톡은 소뼈 등을 첨가하여 진하게 낸 육수이고, 브이용은 맛이 약한 육수를 의미한다. 만드는 법으로는 고기를 찬물에 넣어 끓인다. 채소(당근, 대파, 마늘, 양파, 샐러리)와 향신료(타임, 월계수잎)를 크게 썰어 첨가한 후 거품을 거두어 내면서 3시간 정도 약한 불

에서 뚜껑을 열고 은근하게 끓인 다음 걸러서 보관했다가 사용한다. 뚜껑을 덮으면 고기 누린내가 나고 육수는 탁해진다. bouillon을 만들 때 샐러리, 당근을 많이 넣으면 색이 탁해지고 불이 세면 뿌옇게 되어 수프를 끓일 때 주의한다.

Bouillon Cube [프 **부이용 큐브**] 육류, 가금류, 야채 등의 우려낸 스톡을 응축시켜 정사각형으로 자른 것

Boukha [영 **부카**] 북구 아프리카 튀니지 무화과로 만든 술

Boulangere [프 **블랑쥐**] 오븐에 넣어 구운 빵

Boule [프 **불**] 공, 구. 프랑스에서 흰 둥그런 빵

- Boule de glace 아이스크림을 푸는 기구
- Boule de neige 크림으로 둘러 싼 공 모양의 아이스크림 디저트용 작은 케이크

Boulette [프 **블레뜨**] 생선이나 육류를 다져서 빵가루 입혀 튀긴 공모양의 만두

Bounce [영 **바운스**] 럼과 브랜디, 과일, 설탕, 향신료를 넣어 숙성시킨 음료

Bouquet [프 **부께**] 와인의 발효와 숙성과정에서 생기는 와인의 맛을 결정하는 향신료를 첨가하여 만든 향으로 숙성된 복합적인 맛을 의미

Bouguet garni [프 **부케 가르니**] stock이나 sauce에 향을 내기 위하여 허브(thyme, bay leaves, pasley, rosemary)와 향신채소(leek, celely) 등을 실로 묶어서 끓일 때 넣어 향이 우러나오면 꺼내며, 요리에 따라 사용하는 채소와 향신료가 배합이 다르다.

Bourbon [프 **버본**] 위스키의 일종으로 옥수수를 발효시켜 만든 켄터키 버본의 술

Bourdelot [프 **뷰데로**] 프랑스 노르망디의 과일을 넣은 페스트리

Bourgeoise [프 **부르주와**] 송아지 무릎 관절, 소간, 소 목살, 소 허벅지살과 양다리로 만든 프랑스의 전통적인 가족음식

Bourguignon [프 **브르고뉴**]

- beuf bourguignon : 레드 와인을 사용한 쇠고기 스튜

Bourguignonne [프 **부흐기뇬느**] 레드나 화이트 와인을 넣어 만든 음식 종류

Bouribout [프 **브리부트**] 오리고기와 포도로 만든 라구

Bourrache [프 **부하쉬**] 서양지치

Bourride [프 **부히드**] Bouillaisse와 유사한 지중해식 스프. 생선에 마늘, 양파, 오렌지 껍질, 샤프란을 넣어 농후제로 달걀노른자를 넣어 만든 소스

Boursin [프 **부흐생**] 노르망디 산 지방 치즈로 마늘과 허브, 후추 또는 허브를 첨가한 소젖으로 만든 치즈

Boutargue [프 **부타규**] 프랑스 프로방스의 숭어알을 눌러서 건조시킨 것으로 흰 케비어로 알려져 있으며, 오르되브르에 양식용으로 이용한다.

Bouteille [프 **부떼이으**] 병

Bovin [프 **보뱅**] 소과에 속하는 동물의 총칭

Boxty [영 **복티**] 으깬 감자로 만든 두꺼운 모양의 팬 케이크

Boyau [프 **브와이오**] 창자. 장

B

Braise [프 브헤제] 찜과 비슷한 조리법으로 액체와 같이 은근한 불에서 장시간 끓이면, 육류의 결합조직이 부드러워지며 영양과 향이 그대로 유지되는 조리법으로 질긴 육류를 익히는 방법으로는 팬에 Mirepoix를 깔고 소스나 즙을 이용하여 장시간 오븐에서 천천히 익히는 조리법이다. 생선류는 팬에 생선과 포도주를 1/3 정도 넣어 뚜껑을 덮고 오븐에서 은근히 익혀 낸 다음, 남은 즙은 생크림과 향신료를 이용하여 소스로 이용한다.

Braiser [프 브헤제] 채소, 고기, 햄을 용기에 담아 폰드보, 부용, 말포와, 로리에를 넣고 천천히 익히는 것

Bran [영 브랜] 곡물의 외피, 제분과정 중에 제거

Brandade [프 브항다드] 랑그독과 프로방스 지방의 소금 절인 대구, 올리브 오일, 마늘, 크림과 우유로 만든 대구요리

Brains [영 브레인] 뇌, 요리에 이용할 것으로는 도재고기, 소고기, 양의 뇌는 핑크빛의 흰색이 도는 단단한 것을 구입한다.

Brandy [영 브랜디] 과일의 발효액을 증류한 것으로 알코올의 강한 술의 일종이나 지금은 포도주로 증류한 증류주로 유명한 상품으로 Martell Extra, Hennessy X.O., Courvoisier Chateau, Adet Congnac, Bisquiet Napoleon등이 있다.

Brandy Alexander [영 브랜디 알랙산더] 칵테일의 일종으로 크림과 브랜디와 초콜릿 리큐어로 만든다.

Brasserie [프 브하쓰리] 맥주 양조장, 맥주홀

Bratwurst [독 블라트 우르스트] 돼지고기로 만들며, 가끔 소 엉덩이 고기를 사용하기도 하며, 약간의 향신료를 가미한 소시지

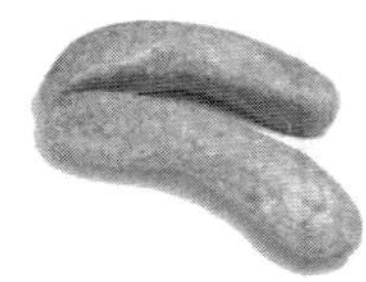

Braou-Bouffat [영 블라우부팟] 쌀, 양배추, 버미셀리로 만든 스프

Bratwurt [독 블라우르스트] 독일 소시지, 돼지고기와 송아지를 육두구, 생강, 캐러웨이를 첨가하여 만든 소시지

Braunschweiger [독 브룬쉬웨이거] Braunschweiger 지역에서 만든 달걀과 우유로 맛을 낸 훈제 소시지

Brazil Nut [영 브라질 넛] 나무열매로 단단한 걸 껍질 속에 있는 백색 씨앗. 초콜릿, 쿠키, 아이스크림 등에 이용하며, 기름으로도 이용

Bread [영 브레드] 빵. 빵은 이스트로 발효시킨 발효빵과 베이킹파우더를 이용한 무발효빵이 있으며, 발효빵은 설탕, 쇼트닝, 버터, 우유, 또는 탈지분유, 이스트, 식염 등을 넣어 발효시키는데 산도 조절을 위하여 탄산칼슘을, 영양강화를 위해 비타민, 리신을 첨가한다. 미국식빵은 부재료를 많이 첨가하여 만들며, 유럽식은 밀가루와 식염 외에 다른 재료의 사용을 적게 한다. 빵으로는 프랑스의 바케트, 브리오쉬, 독일의 브뢰첸, 이탈리아의 그리시니 등과 전세계적으로 햄버그빵, 호밀흑빵인 폰파니켈, 호밀가루에 야생 이스트를 넣은 샤워라이브레드 등이 유명하다.

Bread and butter pickles [영 브레드 앤 버터 피클] 양파, green bell pepper와 머스터

드, 샐러드 씨로 만든 오리피클로 얇게 슬라이스한다.

Bread Crumbs [영 브래드 크럼] 빵가루. 튀김식품이나 커틀릿(cutlet : 얇게 썬 쇠고기·양고기·돼지고기에 빵가루를 묻혀서 기름에 튀긴 서양요리)에 사용되는 재료로서, 빵가루의 특성이 제품의 품질에 영향을 끼친다. 빵에는 단것(설탕·우유 첨가)과 민것이 있는데, 튀김용에는 민빵으로 만든 빵가루가 좋다. 단빵으로 만든 빵가루는 튀길 때 빨리 변색하며, 속으로 열이 들어가기 전에 검게 된다. 그리고 설탕을 함유하고 있기 때문에 수분이 빨리 빠지지 않고 바싹 튀겨지지 않는다. 민것으로 만든 빵가루는 물과 기름의 교환이 잘 되고 튀긴 것은 바삭바삭하여 입 안의 촉감이 좋다.

Bread Pudding [영 브래드 푸딩] 우유, 양파, 설탕, 바닐라와 향신료에 적신 빵조각에 과일과 땅콩을 첨가하여 만든 디저트. 서양음식 중 후식으로 쓰는 빵조각으로 만든 푸딩. 식빵을 네모로 잘게 썰어 따뜻한 우유 또는 우유와 과즙을 섞은 것에 약 15분간 담가둔다. 달걀을 깨뜨려 소금을 조금 넣고 설탕과 바닐라향, 너트메그가 있으면 약간, 레몬주스 및 건포도 등을 섞어서 불은 빵조각과 섞는다. 이것을 잘 저어 푸딩 틀에 기름을 바르고 담은 후, 뜨거운 물이 담긴 철판에 가지런히 담아 177°C의 중간불 오븐에서 약 1시간 정도 익혀 낸다. 입맛에 따라서 그대로 먹든지 휘프트 크림이나 메링게를 얹어 다시 오븐에 15분 정도 넣어 굳혀서 따뜻할 때 먹는다.

Bread Sauce [영 브래드 소스] 영국 소스, 빵가루, 우유, 양파, 크림과 정향을 섞어 만든 소스

Breaola [이 브레올라] 이탈리아에서 유래된 2개월된 송아지 허벅지살을 말려서 소금에 절인 것. 얇게 썰어 올리브유와 레몬주스를 넣어 에피타이저로 제공한다.

Brebis [프 브흐비] 암양

Bredes [영 브레데] 향신료와 양배추 잎, 시금치, 카사바 잎, 물냉이잎 등으로 싼 베이컨과 조리한 다음 쌀과 함께 먹는 음식

Brehan [프 브레헌] 덩어리 고기에 콜리플라워, 홀랜다이스 소스, 감자, 파슬리를 사용하는 장식

Brejaude [프 브레쥬드] 신선한 베이컨에 양배추, 파뿌리, 감자를 넣고 끓인 양배추 스프

Breme [프 브헴] 잉어과 식용어

Bresaola [프 브레졸라] 2개월된 송아지 허벅지살을 말려서 소금에 절여 2달 정도 숙성시키는 이탈리아의 육포. 얇게 썰고 올리브 오일과 레몬주스를 뿌려서 에피타이저로 제공한다.

Brestois [영 브레스토이스] 제노바 스펀지케이크에 오렌지 리큐어를 발라서 구운 것으로 저장성을 좋게 한 케이크

Breton [영 브레톤] 아몬드 비스킷. 테이블에 장식시에 피라미드형식으로 쌓는다.

Bretonne [프 브레토네] 강남콩과 감남콩 퓌레로 만든 장식용 음식을 일컫는다.

B

Bretonne Sauce[프 **브레통 소스**] 버터소스 100ml, 아메리칸 소스 1ts을 넣어서 핑크색을 만들어 생선 등에 이용한다.

Brew[프 **브루**] ① 양조하다. ② 차를 만들다.

Brick cheese[프 **브릭 치즈**] 위스콘신에서 생산되는 치즈. 솜털같은 흰 껍질과 부드러운 속에서 스며 나오는 크림색의 버터가 특징인 유명한 치즈

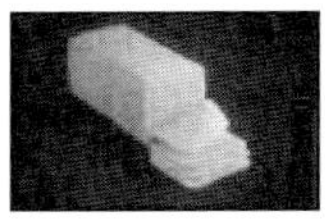

Brider[영 **브리더**] 가금류나 야생 새의 모, 다리, 날개 등을 유지하기 위하여 실과 바늘로 꿰매는 것

Brie[프 **브리**] 소젖으로 만든 부드러운 치즈. 브리는 프랑스의 Ile-de-France란 지역에서 유래하였으며 파리와 매우 인접한 지역에 위치한다. 까멩베르와 같이 매우 부드럽고 좋은 감촉을 지닌 조직을 가지고 있으며, 상온에서 흘러내리지는 않는다. 흰색의 곰팡이가 표면을 덮고 있는 것이 특징이다. 브리는 전통적인 브리와 Brie de Meaux나 Brie Fermier, Brie Melun 등 여러 종류의 브리로 다시 나뉘어지는데(10종 이상) 그 중에서도 Brie de Meaux가 맛과 향, 조직감이 탁월하여 가장 널리 알려져 있다. 맛은 약간의 적포도주를 크림 버섯스프에 넣은 맛과 같다고 하며, 향은 아주 약간의 암모니아 향과 함께 버섯스프의 냄새가 난다. 하지만 브리의 맛과 향은 치즈를 제조하는 사람의 아주 미묘한 습관과 그 지역의 습도와 온도 등에 의해서 미묘한 차이를 낸다. 최소 4주의 숙성기간을 가지며 보통 4~8주 정도 숙성시킨다. 2.5 kg 정도의 무게로 제조되어 진다.

- Brie de Meaux : 하얀 곰팡이의 가벼운 향과 부드러운 맛을 가진 치즈
- Brie Noir : 부서지기 쉬운 외피를 가진 치즈. 카페오레에 담가서 먹는다.
- Brie de Coulommiers : 섬세한 향을 가지 브리치즈
- Brie de Montereau : 뒷맛과 향이 강한 브리 치즈

Brill[프 **브릴**] 가자미나 도다리류

Brillat Savarin[프 **브릴트 사바린**] 노르망디의 소젖으로 만든 치즈

Brilloli[프 **브리올리**] 밤가루로 만든 죽과 염소젖으로 만든 코르시카 전통 음식

Brine[영 **브라인**] 절임용으로 사용되는 소금과 물의 혼합물이나 소금과 식초의 혼합물, 붉은 색 고기의 빛을 유지하기 위하여 첨가한다.

Brine Tank[영 **브라인 탱크**] 치즈의 가염방법의 일종인 습염법에 사용되는 식염수 통

Brinzen ; bryndza[영 **브리젠**] 양젖으로 만든 헝가리 치즈

Brioche[프 **브리오쉬**] 버터와 설탕, 계란이 많이 들어간 눈사람처럼 생긴 프랑스 빵

Brisket[영 **브리켓**] 5번째 갈비의 가슴부분의 고기. 양지머리

Brisling[영 **브리슬링**] 작은 청어 혹은 정어리

Broccio ; Brocciu ; Brucciu[프 **브호치오**] 양젖과 염소젖으로 만든 코르시카 치즈

Broccoli [프 브호꼴리] 브로콜리. 날것으로 먹거나 요리해서 먹으며, 짙은 녹색으로 영양가가 높고 맛이 좋다. 온화한 기후에서 서늘한 기후까지 잘 자라며 종자로 번식한다. 중앙의 꽃봉오리뿐만 아니라 잎 겨드랑이에서 작은 꽃봉오리가 생기는 것도 있다. 이와 비슷한 종으로 콜리플라워(cauliflower)가 있는데 원줄기의 끝에 젖빛이 도는 흰색의 꽃봉오리가 달리며 이를 식용한다.

Broche [프 브호쉐] 꼬치

Brochette [프 브호쉐뜨] 꼬치구이. 본래는 요리할 때 음식을 꿰는 꼬챙이를 일컫는 말이다. 재료로는 닭고기 · 쇠고기 · 돼지고기 · 어패류 · 간 · 콩팥 · 피망 · 양파 · 버섯류 등 넓게 쓰이며, 얇게 저민 베이컨을 말아서 쓰기도 한다. 조리법은 불에 직접 굽기도 하고, 밀가루를 묻혀서 프라이팬에 지지는 경우도 있다. 보통 으깬 감자 · 튀긴 감자 · 날채소 · 레몬 등을 곁들이고, 브라운소스나 레몬즙 · 다진 파슬리 · 소금 · 후춧가루로 양념한 버터 등을 묻혀서 먹는다.

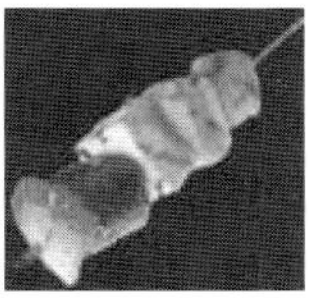

Brodo [이 브로도] 육즙의 이탈리아

Broil [영 브로일] 식품을 가스나 전기 등의 열원의 직접적인 위나 아래에서 조리하는 것

Broodkaas [영 브루카스] 균질화된 소젖으로 만든 네덜란드 치즈

Brosse [프 브호쓰] 브러쉬

Brot [독 브로트] 빵

Broth [영 브로스] 야채나 고기, 생선을 끓여 육즙

Brou de Noix [프 브후 드 누와] 녹색 호두껍질로 만든 리큐어

Brouille [프 브후이에] 스크램블 에그

Brouilly [프 브훌리] 과일 맛이 나는 보졸레 지방의 레드 와인

Brousse [프 브후쓰] 프랑스 프로방스의 양, 염소젖으로 만든 치즈. 흰색의 부드럽고 크림같은 숙성시키지 않은 치즈로 껍질이 없는 도넛 모양

Broyer [프 브흐와이에] 빻다, 찧다, 갈다.

Browine [프 브로우니] 초콜릿 맛이 나는 케이트 같은 쿠키 Brown 브라운 가열하여 표면을 갈변화하여 맛과 풍미를 제공한다.

Brown Sauce [영 브라운 소스] 갈색으로 볶은 야채, 갈색루, 토마토 페이스트와 미르포와로 만든 갈색 소스, 브라운 소스는 Espaglmore sauce와 Demiglace (미르포와를 볶다가 적포도주를 넣은 후 stock과 tomato paste, 밀가루를 함께 섞어 풀어서 fond de veau을 넣고 토마토와 향신료를 넣어 끓이다가 거른다), 그리고 Juslies (구운 고기의 뼈와 고기에 stock을 넣어 서서히 오랜 시간 끓여서 농도를 걸쭉하게 만든 고전적인 소스)로 구성되어 있다.

Brown Veal Stock [영 브라운 빌 스톡] 갈색 육수 소스. 만드는 법은 고기(쇠고기 중 잡고기, 소뼈)와 채소 (양파, 당근, 샐러리, 마늘, 토마토)는 크게 썰어 넣어 준비한 다음 마늘을 먼저 팬에 볶으면서 갈색을 낸 다음 채소와 고기도 볶는다 (saute). 물을 붓고 모든 재료를 첨가하여 5~6시간 끓이면서, 거품을 거두어 낸다. 갈색소스의 기본이 된다.

B

Buche de Noel [프 **뷔슈 드 노엘**] 전통적인 통나무 모양의 크리스마스 케이크. 모카와 초콜릿, 버터 크림을 바른 케이크시트를 통나무로 만든 후 버터크림으로 덮어 파스타치오 땅콩으로 장식한다.

Brunch [영 **브런취**] 아침과 점심의 중간. 오전 11시와 오후 3시 사이의 식사

Brunoise [프 **브르노이즈**] 주사위 모양으로 자른 야채

Brush [영 **브러쉬**] 버터나 글레이즈를 붓으로 빵이나 육류의 표면에 바르는 것

Brut [프 **브뤼뜨**] 가공하지 않은, 스파클링 와인의 당도를 표시하는 것. 드라이한 샴페인

Bubble and squeak [영 **버블 앤 스퀘크**] 으깬 감자와 양배추를 섞어 튀기는 요리

Bucatini [이 **브카티니**] 두껍고 빈속에 꼬여 있다.

Buccin [프 **뷔끄생**] 쇠고동

Buche [프 **뷔슈**] 장작

Bucheron cheese [프 **뷔세론 치즈**] 흰껍질과 검은 재로 덮인 통나무 모양의 염소 치즈

Buffalo [영 **버펄로**] 들소. 고기는 부드럽고 맛도 소고기와 유사하며 누린내가 전혀 나지 않는다. 또한 철분은 높으며, 지방과 콜레스테롤은 닭이나 생선보다 낮다. 버팔로는 기름이 거의 없어서 조리시는 낮은 온도에서 천천히 조리해야 한다.

Buffalo chichen wings [영 **버팔로 치킨 윙**] 뉴욕의 바에서 만들어 졌으며, 닭날개를 튀겨서 hot sauce로 양념하여 제공한다.

Buffalo fish [영 **버팔로 피쉬**] 잉어류의 민물고기

Buffet [영 **뷔페**] 일정한 요금을 지불하고 기호에 따라 이미 준비된 음식을 먹을 수 있도록 한 self-service 식사이다. Closed Buffet 예약된 인원을 행사와 연회 등을 위하여 준비된 요리를 제공하는 것 Open Buffet 불특정 다수를 대상으로 준비한 음식

Build [영 **빌드**] 칵테일을 만드는 기법으로 글라스에 얼음, 술, 청량음료 등을 직접 따르는 방법

Buisson [프 **뷔이쏭**] 가재 따위를 쌓아 올인 요리

Bulbe [프 **뷜브**] 구근

Bun [영 **번**] 번. 단맛이 나는 소형빵

Bunn Automatic [영 **번 오토메틱**] 전동법. 전동커피 기구, 전열기에서 순간적으로 끓는 물을 관을 통하여 커피를 농축시켜 커피를 유출하는 방법

Bunuel [영 **분웰**] 패스트리에 계피 설탕을 뿌린 빵

Buon Batate [이 **뷴 바타테**] 부온 나탈리 이탈리아 크리스마스 점심에 모여서 먹는 가족 만찬. 주로 칠면조 고기나 돼지고기와 야채를 넣어서 먹는 음식

Burette [프 **뷔헤뜨**] 포도주 병

Burrito [영 **브리또**] 멕시코 음식으로 토틸

라에 야채와 고기를 넣은 것

Bush Basil [영 **부쉬 바질**] 양고기에 이용하는 매운 맛향의 식물

Bussing System [영 **부싱 시스템**] 고객들이 사용한 기물과 접시종류 등을 종업원이 빼내거나 치워주는 작업시스템

Butane [영 **부탄**] 부탄

Butcher [영 **부쳐**] 육류를 제공하는 정육점

Butchering Test [영 **부쳐링 테스트**] 구매된 육류재료를 가지고 조리할 때 1인 분량을 기준으로 조리 후의 동일 분량의 식료는 그 재료의 매입원가에 대하여 얼마의 비율이 점하는 가를 산출함으로써 예상 매출에 대한 재료 소요량 계산에 이용하는 외에 표준 원가계산 자료로 하기 위한 시험

Butter [영 **버터**] 우유로부터 분리한 지방분을 교반 조작으로 결합한 것 ① 가염버터 : 가정용으로 소금을 1~2%를 첨가한 버터 ② 무염버터 : 영업용, 소금첨가 하지 않음 ③ 발효버터 : 젖산균을 이용하여 크림을 발효시켜 만든 버터로 향기가 좋고 소화율이 높다. ④ 휩트버터 : 발효버터 후에 다시 공기를 불어 넣어 만든 버터

Butter Clam [영 **버터 크램**] 작고 단맛이 나는 조개

Butter Cream [영 **버터 크림**] 버터, 설탕, 달걀 노른자, 우유, 크림을 넣어 만든 크림으로 버터·마가린·쇼트닝 같은 고형지방에 설탕을 넣고 거품을 일으켜 크림상태로 만든 케이크 장식용 재료. 고급품에는 버터를 쓰고 가루 설탕·난황·럼주 등을 사용한다. 일반적 제조법은 설탕을 물에 넣고 가열하여 설탕을 용해시킨 후 105°C 정도로 농축시킨 다음 냉각시킨다. 이때 설탕의 결정체가 생기는 것을 방지하기 위해 콘시럽을 섞기도 한다. 고체지방은 믹서로 섞어 크림상태로 거품을 일으킨 후, 냉각시킨 설탕시럽을 조금씩 흘려 넣으면서 계속 젓는다. 마지막에 향료와 양주를 첨가하여 매끈한 크림을 만든다. 크림에서 수분이 분리되는 것을 방지하기 위하여 글리세린 지방산 에스테르나 설탕 지방산 에스테르 등을 유화제로 사용하기도 한다. 아이싱(icing)용 크림으로는 분홍·녹색·노랑 등으로 엷게 착색하기도 하고, 커피·초콜릿·우유·견과·과실·과즙 등을 넣어 맛과 향미를 돋우기도 한다. 버터크림은 케이크 조각 사이와 케이크의 위와 옆에 바르며, 꽃이나 잎·글씨 모양으로 장식하기도 한다.

Butter Milk Pie [영 **버터 밀크 파이**] 호두로 속을 넣어 버터 밀크, 달걀, 밀가루, 설탕에 레몬주스, 바닐라로 만든 미국 남부의 파이.

Butter Mold [영 **버터 몰드**] 버터를 여러 가지 모양을 내기 위한 세라믹, 목제, 플라스틱의 주형의 틀

Butter Sauce [영 **버터소스 ; Beurre Blanc**] 버터 소스. 농도가 제대로 나고 첨가한 향신료로부터 최대한 맛을 내기 위하여 약한 불에서 만들어야 하고, 버터가 분리될 수 있으므로 주의한다. 만드는 법은 냄비에 백포도주, 후추, 양파, 파슬리, 월계수잎을 넣고 2/3 정도 되게 졸이며, 불을 최대한 줄여서 버터를 첨가하면서 녹인다. 소금, 레몬주스 등을 넣어 간을 맞추고 고운 천

으로 걸러서 사용한다. 가재요리나 생선에 이용한다. 특히 소스를 만들 때 와인과 양파를 넣고 충분히 졸여야 하며, 버터를 넣기 전에 소량의 생크림을 넣어 졸인 후 버터를 넣어주는 것이 좋다. 버터가 분리되기 쉽기 때문에 항상 불의 세기에 주의한다.

Butter Scotch [영 버터 스카치] 버터, 갈색 설탕을 섞은 캔디

Butter Scotch Cookie [영 버터 스카치 쿠키] 버터와 황설탕을 사용하여 반죽을 짜기주머니에 넣어 약간 긴 모양으로 짜거나 둥글게 짜서 팬 위에서 굽는 과자. 먼저 버터 반 컵을 나무주걱으로 부드럽게 치고 황설탕을 넣어 크림 상태가 되도록 한 후 달걀과 바닐라향을 약간 떨어뜨려 저어 잘 섞이면 미리 준비해 놓은 마른 재료를 넣어 버터 및 기타 다른 재료와 엉기도록 반죽을 한다. 즉, 마른 재료는 다목적 밀가루, 고운 소금, 베이킹파우더 등을 체로 친 것이다. 이 반죽을 직사각형으로 밀어 길이로 말아 지름이 5 cm가 되게 원통형으로 만들어 겉에 기름을 살짝 바르고 알루미늄박에 싸서 냉장고나 찬 곳에 12~24시간 보관하였다가 얇게 잘라 팬 위에 가지런히 놓고 굽기 전에 설탕을 뿌려 204°C의 높은 온도에서 약 8~10분간 구워낸다.

Butter Spreader [better knife 영 버터 스프레드] 버터를 빵에 바를 때 사용하는 나이프

Butter Wine Sauce [영 버터 와인 소스] 포트와인 100ml 를 2/3 정도 졸이고, 버터소스 200ml 을 섞어서 사용한다. 소금, 후추로 간을 한다. 생선요리에 사용한다.

Buveur [프 뷔뵈흐] 술꾼

Byrrh [프 뷔르] 적포도주와 키니네가 든 탄산수 (식욕 촉진용)

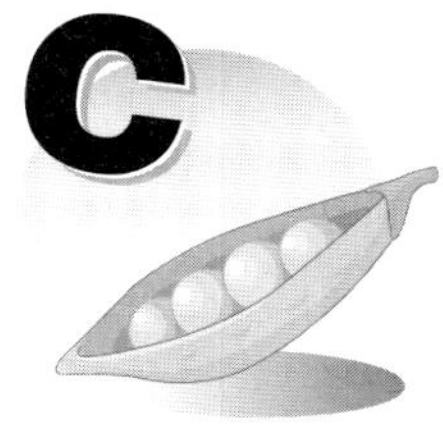

Cabbage [영 캐비지] 양배추. 백색 부분은 전체의 85%로 비타민 C와 B, 녹색 부분은 비타민 A를 함유하며, 단백질과 아미노산 중에 라이신의 함량이 많다. 칼슘이 많은 알칼리성 식품으로 흡수가 잘된다. 특히 수분을 제외하고 대부분이 섬유소로 열량이 없으며, 장의 연동운동을 도와 배변을 원활하게 한다.

Cabecou [프 까베꾸] 염소젖으로 만든 치즈

Caberbet Franc [프 까베흐네 프랑] 프랑스 보르도에서 생산되는 적포도 품종으로 탄닌과 산이 적으며 향이 좋은 와인을 생산된다.

Cabernet Sauvignon [프 까베흐네 소비뇽] 프랑스 보르도 지역의 최고급 품종의 포도 품종으로 프랑스의 보르도의 메독(Medoc)과 그라브(Graves) 지역에서 재배된다. 캘리포니아에서도 생산되며, 100 %를 사용한 포도주가 만들어진다.

Cabillau [프 까비요] 대구. 오호츠크해, 베링해 등이 서식지

Cabinet Pudding [영 캐비넷 푸딩] 영국식 디저트로 빵과 케이크, 레이디 핑크로 만든다.

Cabri [프 까브히] 어린 염소

Cacahuete [프 까까웨뜨] 땅콩. 미네랄, 비타민, 무기질이 균형있게 함유되어 있는 영양적으로 우수한 식품으로 불포화 지방산의 함량이 높다.

Cambridge Sauce [영 캠브리지 소스] 영국요리의 엔초비, 머스터드와 달걀 노른자로 유화상태로 만든 소스

Cacao [영 코코아] 코코아

Cacciatore [영 카시아토레] 닭고기에 토마토소스에 버섯, 양파와 허브를 첨가하여 만든다.

Cachou [프 까슈] 은단

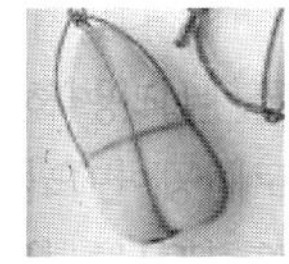

Caciocavallo Cheese [이 까시오카발로 치즈] 소젖으로 만든 이탈리아 치즈의 일종. 캄파니아 지방에서 만들며 프로볼로네 치즈처럼 응유를 보자기에 싸서 걸고, 물기(유청)을 빼내어 만든다. 카발로(cavallo)는 '말등'이란 뜻으로 건조시킬 때 크나큰 보자기를 묶어 마치 말등 모양을 하여 매달았기에 붙여진 이름

이다. 방목한 소로부터 채취한 우유로 만들기 때문에 이 치즈에서는 산야의 풀과 나무의 특이한 냄새가 난다.

C

Cadamon [영 카다몬] 인도, 스리랑카, 중앙아프리카 등이 산지이며, 생강과 같은 종류. 빵, 파이, 커피, 케이크에 사용

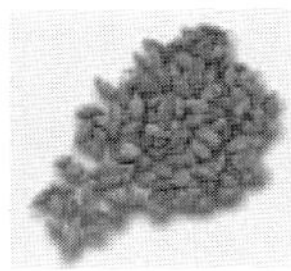

Caesar Salad [프 시저 샐러드] 시저샐러드. 재료는 크루통 1컵, 레터스(양상추), 파르메산 치즈가루, 시저 드레싱[올리브유 4큰술, 포도식초 2큰술, 레몬즙 1작은술, 다진 마늘 1큰술, 달걀노른자 3개, 파르메산 치즈가루 1큰술, 우스터소스 1작은술, 소금 흰후춧가루 약간]을 준비한다. 레터스(상추나 치커리 등 신선한 샐러드용 야채)는 어리고 작은 잎일 경우 통째로 사용하고, 잎이 클 경우에는 먹기 좋은 크기로 잘라 깨끗이 씻어 물기를 뺀 다음 냉장고에 30분 정도 넣어둔다. 시저드레싱은 달걀노른자에 치즈가루, 다진 마늘, 우스터소스를 넣고 믹서에 갈아 레몬즙과 포도식초, 올리브유를 넣어준 다음 소금, 후춧가루로 간을 한 후 잘 섞는다. 잘 섞인 시저드레싱은 냉장고에 넣어 차게 해둔다. 커다란 그릇에 준비된 레터스를 담고 크루통과 파르메산 치즈가루를 골고루 섞은 후 차게 해둔 시저드레싱으로 살짝 버무려준다. 크루통이 없으면 식빵으로 대신해도 좋다. 식빵을 주사위 모양으로 잘라 올리브유와 다진 마늘을 넣어 잘 섞은 다음 치즈가루를 뿌려 190°C로 예열한 오븐에 굽는다.

Cafe [프 카페] 커피, 커피를 파는 찻집

Cafe Allonge [프 카페 알롱제] 물을 많이 넣은 약한 커피

Cafe Arrose [프 카페 아호제] 알코올 첨가한 커피

Cafe au Lait [프 카페오레] 커피와 우유란 뜻으로, 40% 이상 진하게 추출한 커피에 설탕을 넣고 동시에 따뜻한 우유를 넣은 커피

Cafe Brulot [카페브루로] 커피와 브랜디, 오렌지나 레몬의 껍질을 넣어 만든 음료

Cafe Cappuccino [카페 카푸치노] 진하게 추출한 커피에 설탕을 넣고 계피가루를 뿌린 시나몬 커피

Cafe Creme [카페 크림] 크림을 넣은 커피

Cafe Decafeine [카페 디카펜인] 무카페인 커피

Cafe Expresso [카페 엑스프레스] 엑스프레소 커피. 이탈리아에서 식후에 즐기는 진한 커피

Cafe Filtre [카페 필트] 벨지움에 주로 먹는 여과한 커피

Cafe Glace [카페 글라세] 얼음을 넣은 커피

Cafe Kahlua [카페 깔루아] 커피에 깔루아 술을 넣어 만든 커피

Cafe latte [카페 라떼] 에스프레소에 거품을 일으킨 뜨거운 우유를 섞어 만든 것

Cafe Liegeois [까페 리에쥬와] 아이스크림 위에 생크림을 올린 커피

Cafe Macchiato [까페 마치아또] 에스프레소에 약간의 거품을 일으킨 우유를 섞은 것

Cafe Mexicana [까페 멕시카나] 뜨거운 스페니시 커피에 브랜디와 깔루아를 계란 거

품 크림과 함께 없는 커피

Cafe Mocha [카페 모카] 에스프레소에 초콜릿 시럽과 거품을 일으킨 우유를 섞은 것

Cafe Moulu [까페 물뤼] 간 커피

Cafe Noir [까페 누와] 블랙커피

Cafe of Paris Butter [영 카페드 파리 버터] 버터와 마가린을 크림화한 후 양파, 파슬리는 다지고, 향신료(카레, 타임, 오레가노, 로즈마리, 마조람, 타라곤) 등과 앤쵸비, 모든 재료를 섞는다. 양파를 넣고, 레몬주스, 토마토케첩을 넣고 마지막으로 겨자, 파프리카를 넣은 후 술(마데라술, 꼬냑)을 첨가한다. 생선구이에 이용한다. 카레의 첨가는 자유로우면 버터의 사용은 무염 버터를 사용한다. 소금, 후추, 케이안은 마무리에 첨가한다.

Caffeine [영 카페인] 커피, 녹차, 초콜릿에 함유된 성분으로 중추감각을 흥분시키는 각성작용과 심장의 운동을 활발하게 하는 강심작용, 신장의 혈관을 확장시켜 배설작용을 도와주는 이뇨 작용을 한다.

Caille [프 까이으] 메추라기

Cajeto [프 까제토] 염소젖과 설탕을 캐러멜화한 진한 시럽

Cajun Seasoning [영 케이준 시즌닝] 케이준 요리의 향신료. 마늘, 양파, 겨자, 샐러리, 칠리, 검은 후추를 넣어 만든 강한 향의 양념

Cake [영 케이크] 설탕·달걀·밀가루(또는 녹말)·버터(또는 마가린·식물성 유지)·우유·크림·생크림·양주류·레몬·초콜릿·커피·과일·향료·이스트 등의 재료를 적절히 혼합하여 구운 서양과자의 총칭. 전에는 일부의 쿠키류를 포함하여 가정에서 손으로 만들었으나, 최근에는 대부분 기계를 사용하여 공장에서 대량 생산을 한다. 빵을 주식으로 하는 종족이 만든 최초의 케이크는 밀가루와 우유를 우묵한 돌그릇에 끓여 죽모양으로 만들고 그것을 편평한 상태로 하여 굳힌 것이다. 이런 것을 후에 가토(gteau : 진과자)·갈레트(galette : 팬케이크)·플랑(flan : 찐 과자) 등으로 분류해 불렀으며, 과자의 기원을 신석기시대로 추정한다. 또 최초의 것들은 보존성이 강하게 잘 건조시켰으며, 두툼하였다. 케이크의 종류는 많으나 일반적으로 다음과 같이 분류한다.

① 스펀지 케이크 : 거품 낸 달걀을 이용하여 부풀게 한 다음 당의를 입혀 완성한다. 결혼식·생일 등에는 데커레이션한 스펀지 케이크가 가장 많이 쓰인다.

② 버터 케이크 : 버터를 많이 사용하고, 흔히 향신료나 과일 등을 섞어서 만든다.

③ 소형 케이크 : 슈크림·마들렌 등과 같이 오븐에 굽는 작은 과자류로, 오후의 차시간에 주로 이용한다.

Cake Comb [영 케이크 컴] 케이크의 데코레이션에 이용하는 줄모양의 삼각형

Cake Hoop [영 케이크 훕] 구멍이 나 있는 케이크 틀

Cake Tins [영 케이크 틴] 여러 가지 크고 작은 케이크 틀

Cala [영 카라] 아프리카의 쌀에서 유래. 쌀, 이스트, 설탕, 향신료로 만든 튀긴 페이스트리

C

Calcium [영 칼슘] 뼈와 이의 구성성분으로 근육 수축과 혈액 응고 작용에 관여. 우유 및 유제품과 뼈째로 먹는 생선, 푸른잎 채소에 많이 함유되어 있다.

Caldo [영 칼도] broth와 스프라는 스페인어. 이탈리아어로 뜨거운 것을 의미

Calf [프 칼프] 송아지. 3~10개월 된 송아지

Calf's Foot Jelly [영 칼프 풋 젤리] 송아지 다리를 삶아서 추출한 젤라틴에 레몬주스와 와인을 넣어 굳힌 것

Calolines [프 칼로린느] 밀가루 반죽을 작게 만들어 여러 가지 재료를 넣어 익힌 것

Calvados [프 칼바도스] 프랑스 노르망디의 사과로 만든 사이다를 증류시킨 브랜디. 알코올 도수 40°~45°

Calzone [영 칼존] 나폴리에서 만든 고기, 야채, 모짜넬라 치즈를 넣은 피자

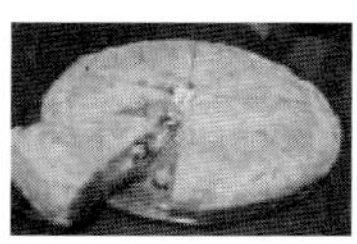

Cambric Tea [영 캄브릭 티] 우유, 설탕, 차 등으로 만들어진 음료

Camembert Cheese [영 카망베르 치즈] 나폴레옹 1세가 프랑스 국내를 진군하던 중 카망베르라는 지방에서 치즈를 발견. 이 치즈는 흰 곰팡이를 사용해서 만들므로 '흰 곰팡이 치즈'라고도 한다. 전유 또는 탈지유로 만들고, 전채나 샌드위치 요리에 이용하며, 부드러운 맛에서 톡 쏘는 맛까지 다양하다. 편평한 원판모양으로, 지름 약 11 cm, 높이 약 3.5 cm, 무게는 300 g 정도인데, 표면에 흰 곰팡이가 펠트(felt) 모양으로 자라 있고 내부는 크림상으로 되어 있다. 단백질의 분해속도가 빠르고 분해도가 높아 자극적인 냄새가 나지만 매우 맛좋은 치즈이다. 최고의 카망베르는 마치 버섯스프와 같은 향을 가지며 이스트나 거의 고기에 가까운 맛을 낸다. 어떤 제품은 암모니아 냄새를 가지고 있는 것도 있다. 카망베르는 제조된 후 건조됨에 따라 표면에 흰색의 penicillin(페니실린) 곰팡이가 덮여지기 시작한다. 보통 3~6주의 숙성기간을 갖는 카망베르는 최소 4주를 요하는 브리보다 숙성기간이 조금 더 짧다.

Camembert de Normandie 암소젖으로 만든 부드러운 치즈

Camomile ; Chamomile [영 카모마일] 카모마일. 향신료

Campari [영 캄파리] 소다를 섞은 입맛을 돋우는 식전주

Candy apple [영 캔디 애플] 계피를 넣은 설탕시럽을 입힌 사과

Candy [영 캔디] 설탕에 초콜릿, 땅콩류, 과일과 누가 등을 넣어 만든 당과

Canape [영 카나페] 빵이나 크래커 위에 치즈, 앤쵸비 등의 여러 가지 재료를 올려서 한입에 먹을 수 있게 만든 요리. 즉, 식빵을 작게 잘라서 구워 한쪽면에 버터를 바르고 식품을 얹은 서양의 전채요리. 크래커를 토대로 하여 만들 수도 있다. 빵이나 크래커

위에 버터를 바르고 어패류 · 육류 · 치즈 · 달걀 등 여러 가지 풍미 있는 식품을 단독으로 또는 혼합 · 조리하여 얹는데, 재료나 조리방법에 따라 각양각색의 맛과 형태가 이루어진다. 이 요리는 샌드위치보다 먼저 생겼으며, 옛날에는 오르되브르 속에 포함되지 않았으나, 19세기 초부터 러시아의 전채요리 자쿠스카를 받아들이면서 오르되브르의 범위에 넣었다. 카나페는 오르되브르뿐만 아니라 칵테일파티나 양주 안주에도 흔히 쓰이며, 간단한 식사대용도 할 수 있다. 그러나 주로 오르되브르와 파티용을 전제로 하기 때문에 맛도 중요하지만 모양이 작고 아름다워야 하며 집어먹기 편하게 만들어야 한다. 카나페는 사용되는 재료에 따라서 약간의 차이는 있으나, 일찍 만들어 놓으면 습기가 생기거나 반대로 음식의 표면이 건조하여 맛과 모양이 손상되므로 먹는 시간을 잘 맞추어서 만든다. 식빵을 얇게(0.5 cm 정도) 썰어서 가로 4 cm, 세로 5 cm 정도의 크기로 하여 한쪽을 살짝 구워 버터를 바르고, 그 위에 완숙한 달걀 노른자를 소금과 마요네즈로 버무려 데코레이션 튜브에 넣어 보기 좋게 짜서 얹은 다음, 올리브 등으로 장식한 것이 에그 카나페이다. 각종 재료에 따라 이에 준하여 만들면 되는데, 이때 쓰이는 식품은 주로 햄 · 치즈 · 소시지 · 정어리통조림 · 훈제연어 · 게 통조림 · 작은 새우 · 생선알(연어나 송어의 알) · 달걀 · 닭고기버터구이 · 채소류 등이다. 훈제와 소금절임 외에는 후춧가루와 마요네즈로 가볍게 양념하여 쓴다.

Cannaroni [이 까나로니] 넓은 파스타 튜브

Candied [영 캔디드] 제과용. 과일이나 오렌지 껍질 등을 설탕을 넣어 조린 것

Canding [영 캔딩] 특정한 과일이나 야채를 설탕 시럽을 넣고 조리

Canneler [프 까네레르] V자형 칼날이 있는 홈 파기용 나이프. 레몬, 오렌지 등과 같은 과일 표면에 칼집을 내서 장식에 이용하는 것

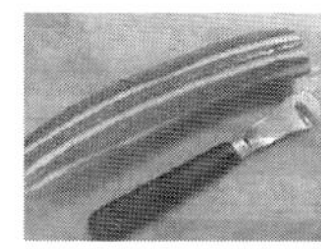

Cannelloni [이 까네로니] 이탈리아의 전통적인 요리로 파스타에 육류, 생선, 시금치, 치즈로 속을 넣어서 토마토소스를 뿌려서 오븐에 구운 것

Canole [영 캐놀] 밀가루와 달걀로 만든 건조 비스킷

Candy [영 캔디] 캐러멜 · 드롭스 · 젤리 및 땅콩 등을 당류로 싼 것 등 설탕을 주체로 하는 과자의 총칭. 어원은 라틴어이며, 'can'은 설탕, 'dy'는 틀에 흘려 넣어 굳힌다는 뜻이다. BC 2000년경 이집트에서 과자가 만들어졌는데, 그 당시는 과실이나 두향과 식물 등을 벌꿀에 버무려서 만든 단과자였다. 그 후 버무린 것이 단단하도록 곡식가루를 섞었고, 치즈로 풍미를 가하였다. 알렉산드로스 대왕은 원정시에 갈대에 벌꿀 · 향신료 · 착색료를 넣은 과자를 가지고 다녔다고 한다. 그 후 아라비아에서, 원산지인 아시아로부터 사탕수수를 가지고 와서 재배하여 설탕의 정제를 시작하였으며, 가루설탕을 만들었다. 여기에 아카시아의 수액에서 얻은 아라비아고무를

석어 로젠지라는 것을 만들었는데, 이것이 캔디의 시조라고 할 수 있다. 중세 유럽에서도 설탕은 사치품으로 간주되었으며, 약을 마실 때나 맛을 없애기 위해 설탕이나 벌꿀을 사용하는 습관이 있었으며, 그 후 차차 캔디의 형태가 발달하였다. 현재는 설탕을 비롯하여 캔디용 원료의 종류가 풍부하고, 기계에 의한 생산법도 발달하여 종류가 많아졌다. 원료는 설탕 외에 물엿・유제품(버터・연유・분유・크림)・식용유지(야자유・카카오기름)・벌꿀・포도당・거품제(젤라틴・난백)・콩류(땅콩), 가공한 과실(건포도, 설탕에 절인 오렌지껍질, 앵두・복숭아 등), 향료・착색료 등 수없이 많다. 이들 원료를 조합하는 방식에 따라 종류가 다른 캔디가 만들어지며, 설탕을 단독으로 사용한 캔디는 많지 않은데, 차이나마블・콘페티 등이 그것이다. 설탕 다음으로 물엿이 중요한 원료인데, 설탕에 물엿을 섞어 씀으로써 캔디 안의 설탕이 결정이 되어 나오는 것을 방지하고, 단맛을 적당히 주며, 모양을 만들 수 있게 된다. 만드는 방법은 ① 원료를 혼합하여 증기솥 등에서 졸인 다음 성형하는 방법(캐러멜 드롭스), ② 혼합한 다음 강력한 힘으로 틀에 밀어 넣어 만드는 방법(정과), ③ 회전하는 솥에 알갱이를 넣고 설탕을 입혀서 둥글게 성형하는 방법(젤리빈・피너츠볼) 등이 있다. 이 중에서 ①의 방법이 많이 사용되며, 졸이는 온도에 따라서도 여러 가지 종류의 캔디가 된다.

Cantal [프 깡딸] 오베르뉴 지방의 소젖 치즈. 대형의 원추형의 겉은 회색이며 속은 엷은 황색인 경질 치즈

Canteen [영 캔틴] 구내 매점이나 주점

Cantina [이 깐티나] 이탈리아에서 와인을 제조하여 저장하는 곳

Capacchio [영 카파치오] 생선살을 얇게 포를 뜬 후 접시에 담고 올리브오일과 소금, 후춧가루로 간을 하고 레몬즙을 뿌려서 먹는다.

Cappelli d'angelo [이 까필리니 디 안젤오] 이탈리아의 길고 가는 국수. 가벼운 소스나 broth에 넣어서 제공

Cape Gooseberry [영 카페 구스베리] 오스트레일리아, 뉴질랜드에서 생산되는 딸기류

Capellini [이 카펠리니] Cappelli d'angelo 보다 약간 굵은 국수

Caper [영 케이퍼] 향신료. 소금물에 저장했다가 물기가 빠지면 식초에 담가 놓았다가 요리에 이용. 닭고기, 훈제 연어, 샐러드 드레싱, 생선용 소스에 이용

Cappelletti [이 까펠레띠] 라비올리와 비슷한 작은 사각형의 파스타. 육류를 갈아서, 치즈나 채소로 속을 넣는다.

Caponata [이 까포나타] 시실리의 전통 요리. 올리브유에 가지, 양파, 토마토, 엔초비를 넣어서 볶은 것으로 샐러드, 요리에 제공

Cappuccino [영 카푸치노] 이탈리아의 커피. 에스프레소 커피에 데운 우유와 우유 커품을 넣고 코코아 파우더나 계피를 뿌린

커피

Capsaicin [영 캅사이신] 고추의 매운 맛 성분. 캅사이신이 비타민이 산화되는 것을 막기 때문에 조리를 해도 영양소 파괴가 적다. 하지만 공기 중에 오래 방치하면 캅사이신 성분이 서서히 증발해 비타민의 효능이 떨어진다. 캅사이신은 지방세포 중 갈색 지방세포에 작용하여 몸속 지방을 분해하는 작용을 한다. 그 밖에도 엔도르핀(endorphin) 분비를 증가시키고 폐 표면에 붙은 니코틴을 제거하는 효과도 기대할 수 있다. 그러나 매운 성분의 고추를 한꺼번에 너무 많이 먹으면 피부에 반점이 생기고 위를 상하게 할 수 있다.

Capsicum [영 캡시컴] 고추를 의미하는 식물의 종류

Captin [영 캡틴] 레스토랑의 접객조장

Caramel [영 카라멜] 카라멜 설탕·우유 등을 섞어 고아서 만든 캔디. 캐러멜에는 밀크 캐러멜·커피 캐러멜·크림 캐러멜 등 몇 종이 있는데, 대표적인 것은 밀크 캐러멜이다. 일반적인 제조법은 설탕·물엿·연유·야자유 등의 원료를 잘 혼합하여 증기식 솥에 넣어 가열하여 125°C 정도까지 졸인다. 여기에 버터나 향료를 가하고, 냉각판에 흘려서 잘 식힌 다음 롤러에 걸어 일정한 두께의 판자 모양으로 만들어서 회전하는 둥근 칼날로 작은 네모꼴로 자른다. 이것을 왁스지에 싸서 케이스에 넣는다. 냉각하여 판자 모양으로 만들지 않고, 덩어리진 것을 밧줄 모양으로 늘려서 자르고 포장하는 데까지의 공정을 전부 처리하는 기계도 사용된다. 밀크캐러멜은 밀크와 설탕이 끓는 동안에 눌으면서 맛이 결합하여 독특한 풍미를 이룬다. 향료는 바닐라·밀크가 보통 사용되며, 이 밖에 초콜릿·커피·요구르트 등의 맛을 가미한 것도 있다. 캐러멜을 단단해질 정도까지 졸인 것을 태피(taffy)라 하고, 캐러멜보다 설탕이 많고 진기가 적으며 부드럽고 말랑한 것을 퍼지(fudge)라고 한다.

Carrot [영 캐롯] 당근. 녹황색 채소 중 으뜸 인 당근은 철분, 칼슘 등의 미네랄 성분도 많이 들어 있어 빈혈과 체액의 산성화 예방에도 좋다. 치아나 턱뼈를 튼튼하게 해주고, 암치료에도 도움을 주며, 야맹증 개선에도 효과가 있다. 그러나 당근에는 비타민 C를 파괴하는 효소(아스코르비나제)가 들어 있어서 비타민 C가 풍부한 다른 채소와 섞어 조리하면 비타민 C가 파괴된다.

Carafe [프 까하프] 유리물병, House wine을 담는 식탁용 마개용 유리병 마개

Caramelize [영 카라멜라이즈] 설탕을 160~177°C에서 가열하여 갈색의 투명한 시럽이 될 때까지 가열하는 과정

Caramelization [영 카라멜리제이션] 당류의 무수 가열에 의하여 탄화형성된 가열 분해물 또는 가열산화물들에 의한 갈색화 반응으로 착색제로, 간장, 양갱에 사용.

Caraway [영 캐러웨이] 캐러웨이 씨를 향신료나 약용으로 이용. 잎은 스프나 샐러드로 이용하고 말린 종자는 고기요리, 양배추,

치즈, 소시지에 넣으면 풍미가 향상되며,

감자, 보리빵, 생선, 계란 요리에 이용

Carcasse [프 까흐까스] 해골, 뼈대

C

Carbonara, alla [이 카르보나라] 크림, 달걀, 파마산 치즈와 베이컨이 들어 있는 소스를 넣은 스파게티, 파스타 요리

Cardamom [영 카다멈] 인도의 생강과 향신료. 쿠키, 빵류, 데니쉬 페스트리, 포도 젤리, 피클에 이용

Cardinal [프 카디날] 붉은 색의 소스. 베샤멜 소스에 생선을 조려서 나온 즙에 새우와 버터를 넣은 것

Cardoon [프 카둔] 아티초크와 샐러리가 교배된 것으로 샐러드유와 소스 등과 같이 먹는 야채

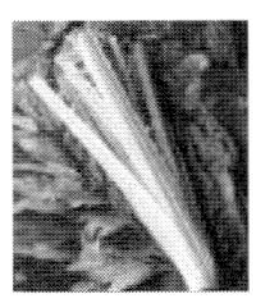

Carolina Rice [영 캘로리나 라이스] 미국에서 재배되는 미국산 쌀

Carry [영 카레] 카레

Cart Service [영 카트 서비스] 주방에서 고객이 요구하는 종류의 음식과 재료를 운반용 카트에 싣고 테이블까지 와서 고객 앞에서 제공하는 서비스

Carte [프 까르테] 메뉴

Carthame [프 까흐땀] 홍화

Cartilage [프 까흐띨라주] 연골

Carver [영 카버] 고기를 써는 사람

Carving [영 카빙] 주방에서 조리된 요리를 생선의 뼈나 껍질 등을 제거하고 먹기 좋은 크기로 제공하는 것

Casein [영 카제인] 우유의 단백질로 치즈의 원료. 유즙의 주성분이며, 사람이나 양의 카세인도 비슷한 성질을 가지고 있는 것으로 알려져 있다. 카세인은 우유 속에 약 3% 함유되어 있으면서 우유에 함유된 전단백질의 약 80%를 차지한다. 우유에 산을 가해서 pH 4.6으로 하면 등전점에 도달하여 침전하므로, 쉽게 조제할 수 있다.

Cask [프 케스크] 와인을 숙성하는 고정된 통

Casse-Croete [프 까쓰 크후뜨] 간단한 식사

Casserole [프 까쓰홀] 속이 깊고 손잡이 달린 냄비

Casserolette [프 가스호레뜨] 작은 소스 팬

Cassonade [프 까쏘나드] 흑설탕

Cassoulet [프 까쑬레] 돼지고기, 양고기 등이 들어간 흰콩을 넣어 만든 스튜

Castella [프 카스텔라] 거품을 낸 달걀에 밀가루·설탕 등을 버무려 구운 양과자. 어원은 에스파냐의 옛 지방인 카스티야를 포르투갈어로 읽은 것이며, 그곳에서 만든 과자를 그대로 카스텔라라 하였다. 카스텔라의 원료는 달걀·설탕·밀가루·소금·물엿·꿀 등인데, 그 배합량이나 굽는 방법에 따라 맛이 여러 가지이다. 일반적인 방법은 달걀 노른자에 설탕·물엿·꿀을 섞어 충분히 젓고, 따로 달걀 흰자를 거품을 내어 이것에 섞고, 다시 밀가루를 섞어 가볍게 저은 다음 오븐팬에 부어 굽는다. 수분 후에 팬을 꺼내어 표면의 거품을 걷어내고 철판으로 뚜껑을 하여 다시 오븐에 넣어 280°C 정도의 열로 1시간 가량 구워낸다. 절단면의 밀도가 고르고 적당한 탄력이 있는 것이 잘된 것이다.

Caster Set [영 **캐스털 세트**]　소금, 후추 등이 있는 양념세트

Catering [영 **케더링**]　음식 서비스를 위하여 음식과 기물을 고객과 특정 장소로 서비스하는 것

Catsup [프 **케첩**]　1690년 중국인들은 어류에 식초, 소금, 향신료 등을 가미하여 혼합한 톡 쏘는 맛이 일품인 소스를 개발했으며, 케치압(KE-TSIAP)이라고 불렀다. 이 독특한 소스는 케캅(KECHAP)이라는 이름으로 말레이지아 부근으로 전파되기 시작했으며 18세기 초에 싱가포르 상인들이 그 케첩 퓨레를 영국 상인들에게 팔기 시작하면서 유럽 지방으로 전파되었다. 영국의 한 요리사는 기존 케첩에 쓰였던 아시아 재료들 대신에 양송이를 사용했는데 바로 이 소스가 케첩(KETCHUP)으로 불리우게 되었습니다. 케첩은 1792년 미국 필라델피아에 있는 한 요리책 출판인이 발간한 '요리의 새로운 예술(The New Art of Cooking)'이라는 책에서 미국땅에 처음으로 소개되는데 그 책 안에는 토마토케첩(Tomato Catsup)이라는 조리법으로 소개되었다. 1876년 하인즈의 창업주인 Henry J. Heinz가 토마토에 설탕을 첨가하고 고형물 함량을 높여 유리병에 담아 상품화하면서 처음으로 근대적인 토마토케첩이 만들어지게 되었다.

Caudle [프 **코들**]　와인에 에일, 달걀, 설탕과 향신료를 섞어서 만든 뜨거운 음료

Caul [프 **콜**]　얇으며 지방이 있는 대장 막으로 굽거나 조리하면 녹는다. 소와 양의 막이 있다.

Cauliflower [영 **칼리플라워**]　원산지는 유럽 지중해 연안으로 제철은 가을부터 다음해 이른 봄까지 빈틈없이 촘촘하게 소화가 붙어 있어 전체적으로 둥글며 색은 되도록 하얀 것이 좋다. 떫은맛이 강하므로 데쳐서 요리한다. 데칠 물은 듬뿍 준비하고 식초와 밀가루를 조금 넣으며, 데치고 나서 물에 헹구지 말고 소쿠리에 펴서 식힌다. 마요네즈를 뿌려 먹어도 충분히 맛있지만 그라탕이나 스튜, 카레에 넣거나 프라이나 피클, 스프를 만든다. 비타민류가 풍부하고 특히 비타민 C는 콜리플라워 100 g을 먹으면 하루에 필요 한 양을 섭취할 수 있다. 그 외 비타민 B_1, 비타민 B_2도 많고 식이섬유도 양배추나 배추보다 함유량이 많다.

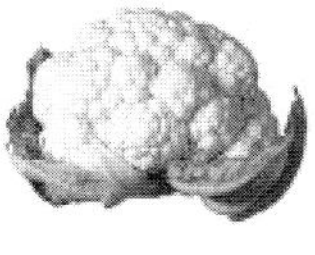

Cavatappi [이 **까바타피**]　방사형의 짧은 마카로니

Cavatelli [이 **까바텔리**]　물결 모양의 파스타 껍질

Cave [영 **까브**]　와인 저장고

Caviar [프 **캐비어**]　철갑상어알. 철갑상어 알을 소금에 절인 식품. 캐비어는 러시아, 유럽, 이란, 흑해, 카스피해 등에 분포하는 철갑상어알로 상어를 잡자마자 알을 꺼내 알 가장자리의 막을 제거하고 소금에 절여 냉동 하거나 병조림한다. 캐비어는 알의 크기가 크고 은회색 빛깔이 연하면 연할수록 질 좋은 것이다. 또 짠맛과 쓴맛이 없고

C

연하고 순한 맛을 가져야 제대로 된 품질이다. 캐비어는 단백질이 30%, 지질이 20%나 되는 고열량 식품으로 씹으면 고소하고 독특한 풍미를 가지고 있어 탄산을 가지고 있는 샴페인과 함께 먹으면 더욱 입맛을 돋운다. 캐비어는 얼음 위에 놓아서 오드블로 차려지며, 까나페처럼 토스트에 올려 안주와 전채요리로도 이용한다. 러시아산의 것이 유명하여 세계의 진미로 알려져 있으며 유럽 여러 나라에 수출된다. 철갑상어 이외에 연어·대구·잉어등의 생선알을 이용하여 같은 방법으로 미국·독일·이탈리아 등지에서 만든 대용품도 캐비아라 하는 경우가 있다. 제법에는 2가지가 있는데, 신선한 생선에서 알을 꺼내어 체로 알 입자와 다른 부착물을 나누고 여름에는 10%, 가을에는 8% 정도의 건조소금을 넣고 휘저어 소쿠리에 담아 흘러나오는 소금물을 제거하고 도자기나 깡통에 담아 저온에서 숙성시킨다. 이것을 알갱이 캐비아라 하고, 적당히 숙성되면 좋은 풍미를 내지만 보존성이 약하므로 5°C 이하에서 저장한다. 또는 알 입자를 포화된 소금물에 담가 으깨어 연하게 된 것을 통에 담근다. 이것은 짠맛이 나지만 보존성이 좋으므로 수출용에 사용된다. 캐비아는 생산량이 적어 값이 비싼데, 술안주에 좋으며 카나페(canap)나 샌드위치의 재료로도 적당하다.

Cayenne Chile [영 카이엔 칠리] 매운 고추로 스프나 소스에 이용한다.

Cayenne Peper [영 카이엔 페퍼] 남아메리카와 아마존에서 자라는 작고 매운 열대고추로 파우더로 이용하며, 육류, 어류, 계란 요리와 샐러드드레싱, 소스 등에 이용

Celeri [영 샐러리] 남유럽 스웨덴이 원산지. 본래 야생 셀러리는 쓴맛이 강하여 17세기 이후에 이탈리아 사람들에 의해 품종이 개량하여 현재에 이르고 있다. 높이 60~90 cm이며, 잎과 줄기가 녹색이고 털이 없다. 0.1%의 정유를 함유하는데 이 성분이 입맛을 돋아 주고 소화나 신장의 활동을 촉진한다. 높은 칼슘함량과 식이섬유 함량이 풍부하여 배설을 돕는다. 샐러리 잎에는 비타민 B_1, B_2가 풍부하며 특유의 향은 아피올란이다.

Celeri Rave [영 샐러리 래이브] 뿌리를 쓰는 샐러리

Celery Seed [영 샐러리 시드] 야생의 샐러리 씨, 피클, 스프, 샐러드나 육류요리에 이용

Celery Stalks [영 샐러리 스톡스] 샐러리 줄기

Celastine [영 셀라스틴] 팬 케이크를 작게 슬라이스한 조각으로 콘소메에 넣는다.

Cellar [영 셀러] 포도주 저장실

Cellar Master [영 셀러 마스터] 와인제조 책임자

Center Piece [영 센터 피스] 식탁의 중앙 장식물로서 조각품의 접시, 꽃꽂이, 꽃다발, 촛대 등을 넣어 테이블의 가운데를 장식하는 기물

Celsius [프 셀시우스] 물이 끓는 온도를 100°C를 기준한 섭씨.

Cerf [프 셀프] 사슴

Cereal [영 시리얼] 시리얼 건조해서 만든 곡물. 아침식사에 이용

Cereal Grains [영 시리얼 그래인] 기장, 수수, 옥수수, 귀리, 밀, 보리, 쌀 등의 곡물

Cerise [프 체리] Cherry 체리.

북아메리카가 원산지. 붉은빛이 도는 체리가 떫고 신맛이 나며, 이 열매로 젤리나 절임한다. 체리로부터 분리된 안토시아닌 성분은 산화방지 작용이 있으며, 신맛의 체리를 육류에 첨가하면 생고기나 구운 고기내의 지방분이 산화되는 것을 막아주고 구운 고기 내에 생성되는 이형고리 방향족 아민화합물(HAAs Heterocyclic aromatic amines)의 생성을 억제한다.

Chabrot [프 샤보] 미꾸라지

Chalupa [차루파] 토틸라 반죽을 작은 보트 모양으로 만들어서 튀긴 것

Chafing Dish [영 채핑 디쉬] 뷔페에 음식의 온도를 유지하기 위하여 사용하는 용기

Chai [프 쉐] 프랑스 보르도 지방의 포도주 병에 마개를 주입하기 전에 와인 저장고

Chambrer [프 샹브레] 레드 와인을 일정한 온도로 유지시키는 것

Chamomile [프 캐모마일] 땅에서 나는 사과라는 뜻의 이름의 허브. 유럽, 북아프리카, 북아시아가 원산지. 달콤하고 상쾌한 사과향을 지니고 있으며 차로 즐기거나 목욕, 미용, 습포 등에 이용하며, 방충, 진정, 진경, 진통, 발한, 소화촉진, 피로회복 등에 효과

Champagne [프 샴페인] 프랑스에서도 가장 고급 포도주로 꼽히는 샴페인은 오드볼(식사 첫 입맛 돋구기 음식)에서 마지막 디저트까지 어떠한 요리에도 잘 어울린다. 발포성 와인인 샴페인을 처음 만든 이는 에페네르의 베네딕트회 수사였던 돔 피에르 페리뇽(Dom Pirre Perignon). 샴페인을 만드는 포도 품종은 피노 느와르와 샤르도네, 피노 무늬엘 3가지. 특별히 잘 된 해를 제외하고는 생산 연도를 쓰지 않으며, 샤토 이름 대신 블렌딩한 회사 이름을 기준으로 고르게 된다.

Champagne Cooler [영 샴페인 쿨러] 샴페인을 얼음과 함께 담아 차게 유지하는 서브 용기

Champagne Sauce [영 샴페인 소스] 샹파뉴 지방은 샴페인의 생산지로 소스를 개발하였다. 만드는 법은 냄비에 샴페인을 넣고 후추, 양파, 파슬리, 월계수잎을 2/3 정도 졸이고 불을 줄이면서 버터를 조금씩 첨가하면서 녹인다. 소금, 레몬주스 등을 넣어 간을 맞춘다. 고운 천으로 걸러서 사용한다. 식초의 양을 줄이는 것도 요령이고 버터는 무염을 사용하는 것이 좋다.

Chapati [차파티] 밀가루를 반죽하여 둥글고 얇게 만들어 구운 인도의 음식. 북인도 지방의 주식이며 밀가루를 반죽하여 둥글고 얇게 만들어 구운 음식이다. 남인도나 벵골 지방에서 쌀을 주식으로 하는 데 비해 북인

도의 주식이 밀가루를 주재료로 하는 것은 인도의 서북쪽에서는 밀을 많이 생산하고 남해안 연안에서는 쌀을 생산하기 때문이기도 하지만 중동이나 유럽의 식문화에 영향을 받았기 때문이라고도 볼 수 있다.

C

Champignon [프 샹피뇽] 샹피뇽 버섯

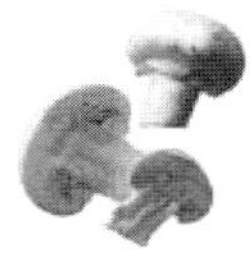

Chanoinesse [프 샤누와네쓰] 작은 생강 케이크

Chantilly [프 샹띠이] 휘핑 크림

Chantilly Sauce [프 샹띠이 소스] 베샤멜 소스에 휘핑 크림을 첨가하여 만든 소스. 만드는 법은 계란 노른자와 정제 버터를 중탕하면서 홀랜다이즈 소스를 준비하고, 휘핑크림을 오목한 볼에 담아 거품기로 저어 거품이 올라 올 때까지 친다. 홀랜다이즈에 크림을 올려서 조금 섞는다(보통은 3 : 1 정도 섞어서 사용한다). 생선 요리에 이용한다.

Charcoal Broiler [영 차콜 브로일러] 바비큐 조리시에 숯불이나 가스를 이용하여 굽는 브로일러

Charcuterie [프 샤흐뀌뜨히] 햄·소시지 따위의 돼지고기 제품

Charlaise [프 샤흘레즈] 소의 앞다리

Charlotte [프 샤흘로뜨] 손가락 모양의 쿠키, 스펀지 케이크에 바바리안이나 무스 크림을 넣고 응고시킨 디저트

Charpente [프 샤흐빵떼] 잘익은 포도로 만든 해에 생산된 와인

Chase [영 채이서] 독한 술을 마신 뒤에 뒤따르는 청량음료

Chaseur Sauce [프 채서 소스] 브라운소스로 볶은 버섯과 샬롯, 백포도주를 넣는다.

Chataigne [프 샤떼뉴] 밤

Chateau [프 샤또] ① 감자의 모양 썰기로 6 cm 정도 야채를 작고 둥글게 자르는 방법 ② 프랑스 포도원

Chateau-bottled [프 샤토 보틀드] 특정한 포도가 재배되는 지역으로 와인으로 만들어서 병에 넣었다는 의미

Chateaubriand [프 샤토브리앙] 그릴에 구운 안심스테이크로 갈색이나 spainish sauce와 함께 제공

Chateaubriand Sauce [프 샤토 브리앙 소스] 샤토브리앙은 19세기 프랑스 귀족이며 작가인 샤토브리앙 남작의 요리장 몽미레이유가 만든 안심스테이크로 소 1마리에 4인분 정도 밖에 제공되지 않는 고급의 스테이크에 제공되는 소스이다. 만드는 법은 버터에 양파를 볶아서 다진 버섯을 넣고 같이 볶는다. 와인으로 deglace한 다음 1/2 정도로 졸인다. 마데라 소스를 넣고 끓여서 향신료로 마무리하고 소금, 후추로 간을 한다. 고기를 튀긴 것, 구운 고기에 주로 많이 이용한다.

Chateau Sauce [프 샤토소스] 진한 고기즙에 버터, 레몬, 향초를 넣어 만든 갈색 소스

Chateau Wine [프 샤토 와인] 프랑스 보르도산의 유명한 포도주

Chaud-froid [프 쇼 프후와] 마요네즈에 젤라틴을 섞어서 요리위에 옷을 입히는 것. 전시용의 특정 요리를 장식하는 것

Chausson [프 쇼소] 과일파이

Cheddar Cheese [囯 체다 치즈] 영국의 체다 마을에서 만들어진 소젖 치즈. 수분함량이 적은 천연 연질치즈로, 원산지인 영국 서머싯주 남서부 체더(Cheddar) 마을의 이름을 따서 지었다. 원료우유를 치즈 배트(cheese vat)에 넣고 30°C에서 약 1시간 발효시켜 굳힌 뒤 커드(curd) 입자만을 모아 일정한 형틀에 넣고 압착한다. 이렇게 하면 지름 30~37 cm, 높이 30 cm, 무게 약 35 kg의 원통형 또는 직육면체 치즈가 만들어지는데, 이렇게 만든 생치즈에 파라핀을 입혀 4~15°C에서 5~6개월간 숙성시킨다. 숙성 과정에서 젖산균 등 미생물의 단백질 분해효소나 지방 분해효소에 의해 아미노산 같은 수용성 질소화합물과 유리지방산 등이 생겨 치즈 특유의 풍미를 지니게 된다. 10°C 이하의 저온에서 숙성시키면 시간은 오래 걸리나 품질이 더 좋은 치즈를 얻을 수 있다. 크림색에 온화한 산미가 있으며 독특한 단맛과 향을 낸다. 미국·캐나다·오스트레일리아·뉴질랜드·인도에서도 제조하며, 특히 미국에서 대량생산하는 아메리칸 체더치즈는 세계적으로 유명하다.

Cheese [囯 치즈] 치즈 B.C.300 년경부터, 유럽에서 만들기 시작했으며, 치즈의 발견은 고대 아라비아의 '카나나'라는 행상이 염소젖을 양의 위에 넣었더니, 물과 분리된 액을 발견. 치즈는 우유를 유산균이나 효소 작용으로 응고 시켜 수분을 제거한 것으로, 단백질, 칼슘, 비타민 A, D, E, B 군과 인체에 필수적인 미네랄 성분이 우유에 비해 8~10배 농축

◆ 제법 ① 응고(coagulation) : 우유류를 레닛 효소나 젖산균에 의하여 굳어지게 한다.

② 배수(drainage) : 젖산균이 생성하는 산에 의하여, 또는 가열에 의하여 응고된 우유를 가늘게 절단하고 점차적으로 수축시키면서 수분을 제거한다.

③ 성형(moulding) : 수축된 응유를 판에 채워 압착하고 배수시키면서 예비발효를 계속시킨다.

④ 숙성(ripening) : 일정한 온도를 유지하는 장소에 수주일~수개월, 종류에 따라서 1년 이상을 두어 발효미생물의 작용에 의하여 특유한 풍미와 조직을 가지게 한다. 4단계의 조건을 여러 가지로 배합하여 서로 다른 종류의 특징을 가지는 치즈를 만든다. 숙성이란 발효와 같은 말인데 이 기간 중에 젖당은 젖산으로 변화되어 치즈 내부를 산성으로 만들고, 젖산균이나 다른 미생물에서 분비되는 여러 가지 효소에 의하여 단백질은 펩티드를 거쳐 아미노산으로 분해되어 맛있는 성분의 주체가 된다. 지방은 지방산으로 분해되고 다시 알데히드나 케톤·휘발성 카르보닐화합물 등 향기의 주체 성분이 된다. 아미노산의 일부는 다시 지방산이나 황화합물이 되어 풍미의 중요성분으로 변해간다. 치즈의 종류에 따라 풍미가 다른 것은 발효미생물의 종류와 환경조건이 다르기 때문이다. 치즈는 제법의 차이, 숙성기간의 장단, 보존 조건 등에 따라 같은 종류라도 성분에 큰 차이가 있다.

C

◎ 치즈의 분류 수분 함량으로 경도를 4가지로 분류한다. 즉 초경질은 34% 이하, 경질은 39% 이하, 반경질은 50% 이하이고 연질은 제한이 없다. ① 초경질 치즈 : 우유나 산양유로 만든 로마노 치즈와 탈지우유로 만든 파마산 치즈가 있다.
② 경질 치즈 : 많이 이용되는 치즈로 체다, 고다, 에멘탈 치즈 등이 있다.
③ 세미소프트 치즈 : 치즈에 실핏줄처럼 곰팡이가 퍼져 있는 블루 치즈가 있다.
④ 연질치즈 : 피자 치즈라 불리는 모짜렐라 치즈와 카만베르 치즈, 브리 치즈 등이 있다.

Cheeseboard [영 **치즈보드**] 여러 가지 치즈를 함께 담아서 칼과 함께 내는 용기

Cheesecake [영 **치즈케이크**] 치즈 케이크. 과자, 스펀지 케이크나 페이스트리에 크림 치즈, 리코타 치즈, 커티지 치즈 또는 스위스, 체다 치즈와 달걀, 설탕 그리고 향신료를 섞어 크림을 만들어서 오븐에 굽는다. 맛이 부드럽고 달지 않으며 치즈·우유 등의 유지방이 풍부해 어린이 영양 간식으로 인기가 있다.

Cheese Cloth [영 **치즈 크로스**] 면보. 액체를 짜거나 거르기 위해서 사용하는 면으로 만든 것. 스프나 스톡을 냄비에 허브나 부케가르니를 제거하기 위한 것

Cheese Straws [영 **치즈 스트로**] 치즈를 페이스트를 가늘게 자른 조각에 얹어서 바삭하게 황금색이 나게 구운 것

Cheese Wire [영 **치즈 웨어**] 치즈의 가장자리나 커다란 원을 자르는 가늘고 긴 철사

Chef [프 **쉐프**] 식당의 주방장

Chef de Partie [프 **쉐프 드 파티**] ① 조리장 ② 직속상관이 주방 요원들의 근무 스케줄을 작성하고 기술적인 면에서 소속 조리사들을 교육 훈련시켜 요리를 내게 하는 것

Chef de Rang [프 **쉐프 드 랑**] 프랑스 서비스 형태로 근무지의 조장이 웨이트들과 더불어 자기 스테이션에 배정된 식탁의 고객 서비스를 책임지는 것

Chef de Vin [프 **쉐프 드 뱅**] 와인을 중심으로 음료를 주문 받고 서브하는 와인 웨이터

Chef Tournant [프 **쉐프 뚜르낭**] 주방 조리사들 중에 병, 비번, 휴가 등으로 결원이 생겼을 때 업무를 대신하는 경험 있는 조리사

Cherimoya [영 **체리모야**] 남아메리카 안데스 산맥을 중심으로 자생하는 체리모야란 페루어로 차가운 과실이라는 뜻으로, 맛이 좋은 과일이며 후식으로 많이 먹는다. 이 속에 속하는 몇 종의 열매는 커스터드(custard apple)라고 부르며, 육질화한 씨방과 꽃턱이 합쳐서 된 열매이다.

Cherries Jubiles [프 **체리 쥬빌레**] 커쉬와서를 첨가한 진한 색의 달콤한 체리와 주스 위에 크림을 부어 제공

Cherry Heering [프 **체리 히어링**] 버찌를 원료로 만든 리큐르

Cherry Sage [프 **체리 세이지**] 허브. 육류, 치즈 요리 등에 이용

Chervil [프 **처빌**] 허브. 파슬리와 비슷한 1년생 초본, 밝은 녹색의 얇은 잎은 감미로운 향을 가짐. 어린잎은 샐러드에 넣어 생식하고, 생선의 비린내를 없애 생선요리와 스프, 각종 소스, 치즈의 향을 내기 위하여 이용. 특히, 비타민 C, 카로틴, 철, 마그네슘 등이 다량 함유

Chestnut [영 **체스트넛**] 밤. 북반구에 서식하며, 이탈리아, 프랑스, 스페인이 주산지. 5대 영양소를 골고루 함유하고 있는 영양식품으로 탄수화물이 40%로 비타민 B_1, 비타민 C가 많이 함유되어 비타민 공급원이며, 칼슘, 철, 나트륨 등 무기질이 골고루 함유. 디저트로 삶아서, 구워서 퓌레, 당절임 등의 병조림, 통조림으로 가공. 프랑스의 마롱 그라세(Marron Glace)가 대표적

Chevre [프 **쉐브흐**] 염소

Chevreau [프 **슈브흐**] 새끼염소

Chevre Cheese [프 **쉐브흐 치즈**] 염소젖으로 만든 시큼한 치즈

Cheveux [프 **쉐뵈**] 머리카락처럼 얇고 가늘게 자르는 것

Chevreuil [프 **슈브뢰이**] 노루

Chicharron [영 **치카론**] 라틴 아메리카의 돼지 껍질을 두 번 튀겨 만든 것

Chicken [영 **치킨**] 닭.

① 지방질이 적고 소화흡수가 좋은 단백질이 많으며, 값이 싸고 경제적, 근육 속에 지방이 섞여 있지 않아 맛이 담백하고 소화흡수가 잘 되는 것이 특징 ② 열량이 낮으며, 칼슘, 인, 티아민, 리보플라빈, 나이아신이 함유

◘ Thighs : 윗다리. 색이 붉고 기름기가 많은 맛이 좋은 부위

◘ Breasts : 가슴살. 색이 희고 기름이 없어 맛이 담백

◘ Wings : 날개. 살은 적으나, 지방과 콜라겐이 많고, 수분이 많아 맛이 좋은 부위

◘ Back and Necks : 등과 목. 등은 살이 적으나, 지미 성분이 다량 함유

Chicken a la King [프 **치킨 어라킹**] 닭, 칠면조를 주사위 모양으로 썰어 버섯, 피망 등을 넣어 화이트 루에 넣어 끓인 것

Chicken Cream Sauce [영 **치킨 크림소스**] 닭 크림소스. 버터를 넣고 양파와 버섯을 색이 나지 않게 볶고 슈프림소스에 섞어서 생크림과 계란 노른자를 넣어 농도를 맞추고 레몬주스와 소금, 후추 등을 넣어 끓인다. 소창으로 걸러서 사용할 때 파슬리 다진 것을 넣는다. 닭찜(Poaches Chicken), 닭구이(Roast Chicken) 등에 사용된다.

Chicken Gumbo [영 **치킨 검보**] 치킨 스톡에 닭고기와 오크라 넣어 만든 스프

Chicken Meat Sauce [영 **치킨 미트 소스**] 닭 육즙 소스. 닭뼈는 태우지 않고 노릇노릇하게 색을 내는 것이 좋다. 채소는 커다란 프라이팬에 기름을 넣고 노릇하게 볶아서 낸다(특히 양파의 단맛이 우러나게 한다). 만드는 법은 닭뼈를 오븐에서 색을 낸 다음 야채를 볶아서 같이 넣고 갈색소스를 넣은 다음 육수와 같이 2시간 정도를 끓여서 고운 천으로 거른다. 장기간 보관

할 때는 불 위에서 재차 끓인 다음 식혔다가 사용한다. 닭 소스의 기본 재료이고 끓이는 시간은 육수를 넣은 양만큼 졸이면 닭의 맛이 우러나온다. 닭고기 요리에 주로 이용한다.

Chicken Veloute [영 **치킨 벨루테**] 치킨 벨루테. 닭육수, 밀가루, 버터를 이용해서 버터를 녹여 밀가루를 넣고 갈색이 되도록 볶아서 준비한 루를 식혀서 열을 제거한 다음 더운 닭육수를 첨가해서 덩어리가 생기지 않도록 거품기로 잘 풀어서 이용한다. 주로 닭을 이용한 요리에 이용한다.

Chicoree [프 **쉬꼬헤**] **Chicory**

치커리. 지중해 연안, 유럽, 북아프리카가 주산지. 서양 민들레처럼 쌉쌀하고 달콤한 맛과 향이 뛰어나다. 영양성분으로 이눌린 58 %, 고미질, 탄닌, 페쿠린, 알칼로이드 등이 함유되어 담즙 분비를 증가 시킨다. 쓴맛 성분인 인터빈(Intybin) 성분 때문에 소화촉진과 혈관계를 강하게 한다.

Chiffonade [프 **쉬포네이드**] 실처럼 가늘게 써는 것. 2~3 mm의 폭으로 5~6 cm 정도의 크기

Chile ; Chili pepper ; hot pepper [영 **칠리**] 고추. 미대륙이 원산지로 매운 맛으로 싱싱하게 또는 말려서 생선요리, 스튜, 피클, 소스, 스프, 야채 요리 등 다양하게 이용

Chili Sauce [영 **칠리소스**] 붉게 익은 칠리를 써서 매운맛이 나는 소스로 음식에 자극적인 맛을 더해 준다. 스파게티 · 라사녜 등 토마토소스가 들어가는 서양요리에 두루 쓰인다. 칠리, 파슬리가루, 다진 오레가노, 라임즙, 레몬주스, 다진마늘, 설탕 · 소금을 넣어 레몬주스와 라임즙을 담은 용기에 나머지 재료를 한꺼번에 넣고 잘 섞어 걸쭉하게 만든다. 칠리 대신 붉은고추를 넣기도 하고 라임즙 대신 식초를 넣을 수도 있다. 칠리는 멕시코의 대표적인 고추로 크기가 1~10 cm까지 다양하고 작을수록 매운맛이 강하다. 칠리나 가루로 낸 칠리파우더는 생선 요리나 스튜 · 피클 · 소스 · 수프 · 채소요리 등의 재료로 쓰인다.

Chili Seasoning [영 **칠리 시즌닝**] 칠리 양념. Chili Pepper, Oregano (오레가노), Caraway Seed (캐러웨이 씨), 검은 후추, Cayenne Pepper, 양파, 쿠민 (Cumin Seed) 등을 포함하여 만듦

Chimichurri Sauce [영 **치미추리소스**] 아르헨티나의 스테이크 위에 얹는 대표적인 소스. 아르헨티나의 초원지대의 팜파스 지방의 원주민 가우초들이 자주 해먹는 대표적인 요리로 초원 위에 불을 피우고 소를 통째로 잡아 바비큐를 해서 먹는데, 이때 각종 향신료를 섞어 만든 치미추리소스를 곁들인다. 재료는 다진 마늘, 이탈리안 파슬리, 오레가노, 파프리카 가루, 커민 가루, 올리브 오일, 발사믹 식초, 핫소스, 소금, 후춧가루등을 섞어서 만든다. 소스가 남으면 다음날 고기 재우는 데도 사용한다.

China Mable [영 **차이나 마블**] 동그란 구슬 모양을 하고 있으며 사기알같이 딱딱하고 광택이 있는 캔디. 속에서 녹는 데 따라 색이 변한다. 한 알의 설탕 결정입자를 중심으로 하여 회전솥에 넣고 가열해 가면서

설탕을 조금씩 뿌리면, 뿌리는 대로 건조하여 차례로 당의를 만들어 일정한 크기가 된다. 이 조작의 사이사이에 여러 가지 빛깔의 꿀과 콘스타치를 쳐서 당의의 사이에 이들의 엷은 층을 만든다.

Chinese Artichoke [영 차이니즈 아티쵸크] 구근류. 인도, 중국이 원산지

Chinese Cabbage [영 차이니즈 캐비지] 중국 양배추. 국산 배추와 동일

Chinese Cuisine [영 차이니즈 큐진] 중국 요리

Chinois [프 쉬느와] 원추형의 금속체

Chipolate [프 쉬뽈라따] 가느다란 소시지

Chirashi [일 찌라시] 다진 채소, 회, 절인 생선, 김, 달걀 등을 뿌린 밥

Chips [영 칩스] 얄팍한 감자 튀김

Chique [프 쉬끄] 레몬향에 아몬드와 페퍼민트가 첨가된 캔디

Chiqueber [프 쉬끄떼] 생파이지나 과자를 만들 때 작은 칼끝을 이용해서 가볍게 칼집을 내는 것으로 부풀어 오르지 않게 공기 구멍을 내는 것

Chive [영 차이브] 유럽, 아시아, 북미주산지. 파의 일종으로 키가 작고 가늘다. 내한성 다년초, 뿌리, 잎, 꽃에 독특한 향과 맛이 있다. 샐러드나 스프 등의 향신료로 오믈렛, 크로켓, 푸딩, 육류 및 생선 요리에 사용하면 냄새를 없애고 풍미를 좋게 한다. 특히, 식욕증진, 신장의 강장효과, 혈압을 내리고 방부제로 쓰이며, 철분이 많아 빈혈의 예방에 효과적이다.

Chivry Sauce [영 시브리 소스] 벨루테 소스에 타라곤, 파슬리를 다져 넣은 소스로 생선 요리에 제공

Chlodnik [폴 클로닉] 폴란드 지역의 스프

Chocolate [영 초콜릿] 초콜릿. 카카오 나무로써 열매는 럭비공 모양처럼 보이고 그의 꽃은 향기는 없지만 색깔은 흰색에서 밝은 노란색에 이르기까지 매우 다양하다. 한 나무에 25~57개 정도 열매가 열리며, 이 열매 안의 씨가 그의 주원료이다.

◎ 초콜릿의 종류 : 초콜릿은 과자 중에서도 영양가가 높고, 지방분을 다량 함유하고 있어 100 g 당 550 kcal의 열량을 낸다.

① 초콜릿분 100 %의 것, ② 크림 · 너트 등이 들어 있는 초콜릿분 60~99 %의 것, ③ 웨이퍼 · 너트 등과 함께 만든 초콜릿분 20~59 %의 초콜릿 과자 등이다. 특유의 성분은 테오브로민으로서 카페인과 비슷한 흥분성의 알칼로이드이지만 차나 커피만큼 강하지 않으므로 노인이나 어린이에게도 적당한 식품이다. 제조공정은 선별한 카카오콩을 열풍으로 볶아서 외피를 분리하고 과실(카카오니브 ; 카카오콩의 껍질과 배를 제거하고 남은 살)을 으깨어 페이스트(반죽)처럼 만든다. 이것을 카카오 매스라고 하는데, 여기에 설탕 · 밀크 · 카카오버터를 섞어 혼합기에 넣고 교반하여 고온으로 일주일 이상 정련한 다음 적당한 온도로 조종하여 원료 초콜릿을 만든다. 이것을 여러 가지 틀에 붓고 진동을 가하여 기포를 제거하고 냉각시켜 틀에서 꺼낸다. 이것을 보통 밀크초콜릿 또는 스위트 초콜릿이라 한다. 피복초콜릿은 원료 초콜릿 껍데기가 생기므로,

여기에 여러 가지 알맹이를 넣고 다시 초콜릿을 충전하여 냉각시켜 틀에서 꺼낸다. 또 코코아 가루를 만드는 방법은 카카오매스를 짜서 카카오버터를 분리한 다음 남은 것을 분쇄한다.

Chocolate Syrup [영 **초콜릿 시럽**] 코코아 파우더에 설탕, 옥수수 시럽을 넣어 만든 시럽

Chovolate Sauce [영 **초콜릿 소스**] 초콜릿은 중남미의 아즈텍 제국을 멸망시킨 코르데스가 스페인에 가져와서 크게 유행하게 된 것으로 아즈텍 제국에서는 카카오 열매를 태양에 건조시켜 맷돌로 갈아서 열탕에 녹여 쓴맛을 제거하고 향신료를 넣어서 마셨다. 재료로는 코코아 가루, 버터, 물, 설탕, 바닐라를 이용해서 팬에 물을 넣고 설탕을 부어 끓여서 설탕시럽을 만들고, 코코아 가루에 녹인 버터를 넣어 혼합시킨다. 시럽을 코코아 버터에 조금씩 넣으면서 저어준 다음 얼음물에 차게 하여 바닐라 향이나 럼, 시나몬 가루 등을 넣어 맛을 조절한다. 혼합시킬 때는 천천히 넣어야 광택이 나며 매끄러운 소스가 된다.

Chocolate Vermicelli [영 **초콜릿 버미셀리**] 페스트리나 케이크 장식에 사용하는 광택의 초콜릿 알갱이

Chokecherry [영 **쵸크체리**] 야생체리. 젤리와 잼을 만든다.

Chop [영 **찹**] 칼이나 예리한 도구로 음식물을 잘게 자르는 것

Chopsticks [영 **찹스틱**] 젓가락

Chorizo [스 **쇼히조**] 스페인 고추를 넣은 돼지고기 소시지

Choron Sauce [프 **소롱 소스**] 토마토 퓌레를 볶아서 베어네이즈 소스에 섞은 것. 장미빛이 나는 소스로서 베어네즈, 토마토 페이스트를 넣어서 만든다. 베어네즈 소스는 약간 되게 준비하고, 토마토 페이스트는 와인에 볶아둔다. 만드는 법은 베어네즈 소스에 토마토 페이스트를 섞어서 사용하고, 생선은 white wine sauce에 tomato paste를 넣고 앤쵸비 같은 것을 약간 첨가하여 사용한다. 신선한 토마토를 썰어서 첨가한다. 구운 양고기(roast lamb), 소나 돼지 조각(fillet mignon), 닭고기, 계란, 스테이크 등에 사용된다.

Choucroute [프 **샤우어 크라프트**] 소금물에 양배추를 발효시킨 것

Chou [프 **슈**] 슈. 계란, 밀가루를 호화시켜서 오븐에 구운 양배추 모양의 케이크

Chou Paste [프 **슈 페이스트**] 계란, 물, 소금, 쇼트닝 그리고 밀가루로 이루어진 페이스트

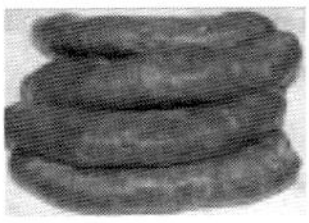

Chourico [포 **츄르코**] 양념이 많이 가미된 포르투갈의 돼지고기 소시지

Chowder [프 **챠우더**] 조개, 새우, 게, 생선류를 끓여 크래커를 곁들여 내는 스프. 주로 점심에 먹으며, 대표적인 것은 대합조개를 사용한 클램 차우더이다. 어패류를 주재료로 하여 만든 수프의 일종인데, 조리법이 발전하면서 근래에는 건더기가 많아져 걸쭉한 간이식 같은 인상을 주게 되었다. 굴 또는 대합조개를 깨끗이 씻어 냄

비에 담고 물을 부어 끓여 국물이 뽀얗게 우러나면 건더기는 건져 놓고 국물을 거즈에 받친다. 잘게 썬 베이컨을 소스팬에 넣고 볶다가 기름이 생기면 가늘게 채친 양파와 큼직하게 썬 감자를 넣고 잠깐 볶아 조개 국물을 붓고 끓인다. 소스팬에 버터를 녹이고 밀가루를 볶다가 감자 삶은 국물을 부어서 걸쭉하게 끓인 다음, 건져 놓고 조개와 감자를 섞고 우유를 넣어 따끈하게 데우면서 소금과 후춧가루로 간을 맞춘다. 영양과 칼로리가 풍부한 요리로서 이때 기호에 맞는 건더기를 많이 넣으면 훌륭한 일품요리가 된다. 차우더는 포타주 스프에 해당되므로 크래커나 크루통(crouton)을 위에 띄운다.

Chowder Calm [영 **차우더 캄**] 큰 조개. 챠우더 스프를 끓일 때 이용

Chow Mein [영 **쇼메인**] 미국식 중국요리. 야채는 따로 볶아서 튀긴 국수에 얹는다.

Chuck [영 **청크**] 목살

Churn [영 **쳔**] 버터를 만드는 기구

Chource Cheese [프 **츄르스 치즈**] 카멘베르 치즈와 유사하며 과일 향이 나는 상아색의 치즈

Chutney [프 **처트니**] 과일과 양념의 레리쉬. 카레요리와 함께 제공

Ciboule [프 **씨블**] 파

Cider [프 **사이다**] 사이다 사과를 발효한 1~6%의 알코올을 함유한 청량음료

Cidre [프 **씨흐드**] Apple Wine. 사과주로 발포성과 비발포성이 있다. 요리와 디저트에 이용

Cinnamon [영 **시나몬**] 계피. 중국, 인도네시아, 인도차이나가 원산지. 정유성분은 피클, 햄, 소시지와 같은 가공식품에 이용. 스튜, 빵, 디저트에 폭넓게 이용하여 맛과 향을 낸다. 후추, 정향과 더불어 3대 향신료 중 하나로 청량감, 달콤, 고급스런 향이 특징

Cinnamon Toast [영 **시나몬 토스트**] 설탕과 계피를 바른 버터 토스트

Cioppino [프 **씨오피노**] 야생양파

Cigarette [프 **씨가헤뜨**] 아이스크림에 제공하는 비스킷

Cisaux [프 **씨조**] 가위

Ciseler [프 **시즐레**] 생선 등의 종류에 불이 고루 가게 칼집을 넣는 것

Citron [프 **씨트홍**] **Lemon** 레몬. 원산지는 인도, 주산지는 미국의 캘리포니아. 감귤류에 속하는 레몬은 비타민 C, P, 칼슘, 칼륨, 구연산이 풍부하며, 과즙의 pH는 2.1~2.5, 당분의 함량은 2~4%, 향기 성분은 네롤과 게라나올. 주로 주스, 셔벳, 젤리, 잼 등에 이용하며, 야채 샐러드에 과육을 넣거나, 드레싱에 과즙을 넣어 산뜻한 맛을 낸다. 가금류와 생선 요리에 디저트 소스로도 이용

Citic Acid [영 **시트릭 에시드**] 구연산

Citronner [프 **씨트로네**] 재료가 변색되는 것을 방지하기 위해 레몬즙을 바르거나 문지른다.

Citrus Zester [영 **시트러스 제스터**] 스테인리스로 만든 구멍 뚫린 날로 레몬, 오렌지 등의 과육을 짜는 것

Clairette [프 **클레헤뜨**] 화이트 와인용 포도

Clam [프 클램] 대합조개

Clamart [프 클라마르] 완두콩으로 장식한 음식

Clam Knife [영 클램 나이프] 대합조개를 여는 작고 끝이 둥근 칼

Claret [프 크라레] 보르도 지방의 적포도주

Claret Cup [프 클라레 컵] 청량음료. 포도주에 브랜디, 향신료를 넣어 얼음으로 차게 한 것

Clarified Butter [영 크라리피에 버터] 정제 버터. 버터를 끓여 거품과 찌꺼기를 제거하고 맑은 버터로 뜨거운 열에도 타지 않는다.

Clarifier [프 크라리피어] ① 콩소메, 젤리 등을 만들 때 기름기 없는 고기와 야채, 계란흰자를 사용하여 투명하게 한 것 ② 버터를 약한 불에 끓여 녹인 후 거품과 찌꺼기를 걷어내어 맑게 한 것 ③ 계란 흰자와 노른자를 깨끗하게 분리한 것

Clavaire [프 끌라베흐] 버섯의 일종

Cleaver [영 클레버] 도끼처럼 생긴 중국칼

Clouter [프 크루떼] ① 향기를 내거나 장식하기 위해 고기, 생선, 야채에 못 모양으로 자른 재료를 찔러 넣다. ② 양파에 정향을 찔러 넣다 (베사멜 소스).

Clove [프 클로브] 정향. 인도네시아 모루카 제도 원산지. 이용부위는 꽃봉오리로, 맛은 맵고 깔끔하고 강한 향기는 고기의 냄새 제거에 탁월. 훈증향료, 방충제, 곰팡이 정제, 식물에 부향제로 고기요리에 쓰이고, 파우더는 과자제조에 이용. Bechamel Sauce의 부향제, 푸딩, 케이크, 차, 술, 양고기, 스튜, 스프에 이용

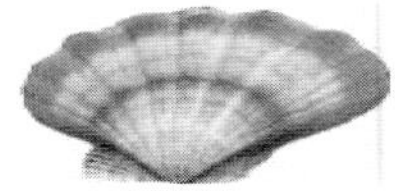

Clou de Girofle [프 끌루 드 지호플] 정향 봉오리

Clove Pink [영 클로브 핑크] 중국이 원산지. 과일펀치, 샐러드 장식에 이용

Clovisse [프 끌로비스] Carpet-Shell. 새조개

Club Sandwich ; Club House Sandwich [영 클럽 샌드위치] 식빵 사이에 닭고기나 칠면조, 베이컨, 양상치, 토마토 등 기타 재료를 넣어 만든 샌드위치

Capacchio [영 카파치오] 생선살을 얇게 포를 뜬 후 접시에 담고 올리브오일과 소금, 후춧가루로 간을 하고 레몬즙을 뿌려서 먹는다.

Cobbler [프 코블러] 청량음료

Cocktail [프 칵테일] 알코올성 음료에 과즙 혹은 비 알코올성 음료 및 각종 향을 혼합하여 만드는 음료. 칵테일이라는 명칭의 유래는 여러 설이 있으나, 1795년경 미국 루이지애나주 뉴올리언스에 이주해온 A.A.페이쇼라는 약사가 달걀 노른자를 넣은 음료를 조합해서 프랑스어로 코크티에 (coquetier)라고 부른 데서 비롯되었다는 설이 있다.

기주 기주에는 양조주·증류주·혼성주·발포주 등이 있다. 대표적인 양조주는

포도주이고, 이 밖에 맥주·청주·과실주 등도 있으나 칵테일용으로는 그리 많이 쓰이지 않는다. ① 증류주로, 위스키·브랜디·진·보드카·럼·아락·키르시·소주·노주 등이 그것이다. 그 중에서도 위스키·브랜디·진·럼 등이 많이 쓰인다. ② 혼성주로는 리큐어·베르무트 등이 있고, 이 술들은 그대로 마실 수도 있으나 칵테일 하면 더 좋은 맛을 내므로 많이 애용된다. ③ 발포주는 샴페인·스파클링 와인 같은 술이며, 이것도 기주로 많이 쓰인다.

롱드링크와 쇼트링크 수천 종의 칵테일 종류는 롱드링크(long drinks)와 쇼트드링크(short drinks)의 2가지로 나뉜다. 롱드링크는 오랫동안에 걸쳐 마시는 것으로, 텀블러 같은 글라스나 사워·고블렛·콜린즈 등의 큰 잔을 사용하며 탄산수·물·얼음 등을 섞어서 만든다. 하이볼·진피즈 등이 이에 속한다. 쇼트드링크는 단시간에 마시는 적은 양의 것으로 작은 칵테일잔, 즉 리큐어·진·셰리주·에인젤 키스 등의 글라스를 사용한다. 서너 모금에 다 마셔야 제맛이 나므로 칵테일 잔이 울기 전에 마시라는 충고가 있다. 맨해튼·드라이 마티니 등이 이에 해당된다.

분류 ① 애피타이저 칵테일(appetizer cocktail) : 애피타이저란 식욕 증진이라는 뜻이며, 식사 전에 한두 잔 마시는 칵테일이다. 단맛과 쓴맛이 각각 나도록 만드는데, 단맛을 위해서는 체리를, 쓴맛을 위해서는 올리브를 장식해서 낸다. 어느 것이나 다 술과 같이 먹어도 좋다. ② 크랩 칵테일(crab cocktail) : 정찬의 오르되브르 또는 수프 대신 내놓는 것으로, 먹는 칵테일이다. 신선한 어패류와 채소에 칵테일 소스(브랜디·비터스·토마토케첩을 섞은 것)를 얹은 것으로, 샴페인 글라스·슈림프스 글라스 등에 담아낸다. 크랩 칵테일·로열 클로버 등이 이에 속한다. ③ 비포 디너 칵테일(before dinner cocktail) : 식사 전의 칵테일로서 상쾌한 맛을 내는데, 마티니 미디엄 칵테일·맨해튼 미디엄 칵테일 등이 있다. ④ 애프터 디너 칵테일(after dinner cocktail) : 식후의 칵테일로, 먹은 음식물의 소화를 촉진시킬 수 있는 리큐어를 쓴다. 브랜디 칵테일·알렉산더 칵테일 등 단맛나는 것이 많다. ⑤ 서퍼 칵테일(supper cocktail) : 만찬 때 마시는 것이지만 일명 비포 미드나잇 칵테일(before midnight cocktail)이라고도 하며, 그 경우에는 단맛나는 양주를 쓴다. ⑥ 샴페인 칵테일(champagne cocktail) : 연회석상에 내는 것으로, 그 많은 것이 낱낱이 글라스마다에서 만들어져 제공된다. 그러나 복잡한 여러 가지 종류의 양주를 배합해야 하는 경우에는 1번에 큰 셰이커에서 흔들어 만들어 글라스에 따르고 샴페인을 넣어 샴페인 글라스로 마신다.

칵테일 용어 ① 셰이크(shake) : 교반기(셰이커)에 양주·설탕·시럽 등을 정량 넣어 얼음덩이와 함께 흔들어 혼합하는 것이다. ② 싱글(single) : 술의 용량을 나타내는 것으로, 30ml 를 말하며, 더블은 그 2배이다. ③ 스퀴즈(squeeze) : 과실의 즙을 짜는 것을 말한다. ④ 스터(stir) : 바스푼으로 술을 휘저어 섞는 것을 말한다. 셰

C

이크하면 술이 탁해질 경우에 사용한다. ⑤ 스노 스타일(snow style) : 칵테일글라스 가장자리에 레몬즙을 묻히고 그 위에 설탕을 묻혀 눈처럼 보이게 한 것이다. ⑥ 슬라이스(slice) : 과일을 얇게 썬 것이다. ⑦ 대시(dash) : 맨해튼·마티니 등의 칵테일에 비터스를 한 방울 떨어뜨리는 것을 말한다. ⑧ 체이서(chaser) : 독한 술을 마신 후 입가심으로 마시는 물이나 탄산수이다. ⑨ 드롭(drop) : 마지막에 비터스 한 방울을 떨어뜨리는 것으로 대시와는 구별해서 쓴다. ⑩ 필(peel) : 과일 껍질을 이르는 말인데, 여기서는 레몬이나 오렌지의 작은 조각을 강하게 움켜쥐어 칵테일에 즙을 짜 넣어 향을 내는 것을 말한다. ⑪ 프라페(frapper) : 칵테일 글라스에 부순 얼음조각을 산같이 많이 넣고 그 위에 단술을 넣은 것으로, 마실 때는 스트로(straw)를 사용한다. ⑫ 베이스(base ; 기주 또는 밑술) : 칵테일을 만들 때 기본이 되는(분량이 많은) 양주를 말한다.

Cocktail Sauce [영 칵테일 소스] 토마토케첩, 홀스레디쉬, 핫소스, 레몬주스, 우스타소스, 소금, 후추를 재료로 만드는 소스로서 모든 재료를 섞어서 토마토케첩에 넣어 사용한다. 맛을 내기 위하여 마늘과 양파를 곱게 다져서 쓰기도 하고, 브랜디를 첨가한다. 식욕을 돋우는 요리에 많이 이용하고, 입맛을 돋우는 요리에 사용하는 소스로 새우 칵테일, 굴 칵테일 등에 많이 사용한다.

Cocoa [영 코코아] 멕시코 Caca에서 온 카카오나무의 종자를 말린 가루. 아메리카 대륙 발견 이전부터 원주민이었던 인디언은 카카오 열매를 으깨어 음료로 하였는데, 거기에 바닐라를 가미하여 풍미를 내었다. 카카오콩을 볶아 분쇄하여 외각 부분을 제거한 것을 코코아 니브라 하는데, 이것을 압축하여 버터분을 반 이상 제거하고 고운 분말로 한다. 미국 규격으로 버터분이 22 % 이상 남아 있는 것을 브렉퍼스트 코코아라고 한다. 음료, 약재, 과자로 이용하고, 영양가는 높고 소화가 잘 됨

Coconut [영 코코넛] 말레시아 원산지, 남아메리카, 인도, 하와이와 태평양 섬이 주산지. 코코스야자의 열매. 연한 녹색의 열대과일로서 즙이 많아 음료로 마신다. 열매 안쪽의 젤리처럼 생긴 과육은 단맛과 고소한 맛이 나 그대로 먹거나 기름을 짠다. 다 익으면 갈색이 되고 과육도 단단해진다. 맨 바깥은 섬세하고 얇은 섬유층이고 안쪽은 두께 2~5 cm의 촘촘한 섬유층을 이룬다. 덜 익은 과즙에는 약간의 인과 철이 들어 있고, 젤리 상태의 과육에는 지방 1~6 %와 인이 많이 들어 있다. 잘 익은 것에는 지방 26 %, 단백질 4 g, 인 100 mg 이상, 철 2.5 mg이 들어 있다. 코코넛의 지방은 식물성이면서도 90 % 정도가 포화지방산이므로 동물성 지방과 마찬가지로 섭취에 유의. 보통 날로 먹거나 주스를 만들어 마신다. 단단해진 과육을 깎아서 말린 코프라(copra)는 과자 재료나 술안주에 좋고 코코아크림은 아이스크림과 디저트 요리의 재료로 쓴다. 기름은 각종 요리의 소스 재료와 식용유로 쓰고 비누·화장품 등을 만드는 데 쓴다. 열매를 감싸고 있는

섬유층은 카펫이나 산업용 로프, 차량시트 등을 만드는 데 쓰며 단단한 껍데기는 생활용품이나 공예품 재료로 이용

Cocktail wiener [㉡ 칵테일 비엔나] hot dogs보다 작으며, Vienna sausages 보다는 크다.

Coconut Cream [㉢ 코코넛 크림] 열대 지방의 야자열매인 코코넛의 천연과즙으로 만든 크림

Cocotte [㉣ 꼬꼬트] 스튜냄비

Cocotte minute [㉣ 꼬꼬트 미뉴트] 압력솥

Cod [㉢ 코드] 대구. 회백색 살을 가진 한대성 어류. 대구의 간장의 간유는 비타민 A, D를 다량 함유하고 있으며, 저지방 고단백. 끓이거나 데쳐서 먹거나 쿠루부용(Court Bouillon)으로 이용

Coddle [㉣ 코들] 끓는 점 이하에서 삶거나 요리

Coeur [㉣ 꾀흐] 심장

Coffee [㉣ 커피] 커피. 어원은 아랍어인 카파(caffa)로서 힘을 뜻하며, 에티오피아에서는 커피나무가 야생하는 곳을 가리키기도 한다. 유럽에서는 처음에 아라비아의 와인이라고 하다가 1650년 무렵부터 커피라고 불렀다.

◐ 맛　맛은 쓴맛·신맛·단맛·떫은맛 등 다양한데, 쓴맛은 카페인, 떫은맛은 타닌, 신맛은 지방산, 단맛은 당질에서 비롯된다. 지방산은 포화지방산인 팔미트산과 스테아르산, 불포화지방산인 올레신과 필수지방산인 리놀레산이다. 그 밖에 수분·조단백질·추출물·조섬유·회분과 향을 내는 휘발성 유기산 등이 들어 있다.

◐ 가공　열매에는 2개의 종자가 들어 있다. 이 종자를 빼내는 과정을 정제(processing)라고 하며 방법에는 습식법과 건식법이 있다. 습식법은 질 좋은 커피를 얻을 수 있으며, 열매를 물속에서 발효하여 각질과 과육을 없앤 뒤 다시 말려서 껍질을 벗겨내는 과정을 거친다. 건식법은 열매를 말린 뒤 기계로 껍질을 벗겨내는 방법이다. 주로 건조한 기후와 작업환경이 열악한 지역에서 사용하며 품질이 고르지 않다. 정제가 끝나면 소비국으로 보내져 볶기·배합·분쇄 과정을 거친다. ① 볶기(roasting)는 원두에 열을 가해 맛과 향을 내는 과정이다. 사용하는 기계에 따라 차이가 있으나 보통 12~20분 동안 180~200°C에서 볶으며 볶은 뒤에는 빨리 냉각한다. 이 과정이 끝나면 원두는 갈색이 되고 맛과 향을 내는 휘발성분이 생긴다. ② 배합(Blending)은 볶기 전 또는 볶은 뒤에 서로 다른 원두를 섞어 좋은 맛과 향을 얻기 위한 과정이다. 보통 중성의 원두를 기본으로 해서 신맛이 나는 원두와 쓴맛이 강한 원두를 섞는다. ③ 분쇄는 볶은 원두를 갈아서 가루로 만드는 과정이다. 볶은 원두는 빠른 속도로 산화하여 질이 떨어지므로 추출하기 바로 전에 갈아야 고유의 맛과 향을 느낄 수 있다. 분쇄 정도는 고운가루에서 지름 1 mm 크기에 이르기까지 다양하다.

◐ 종류　① 과테말라 : 원두가 약간 넓적하고 진한 풀빛이다. 볶기는 중간 정도로 하는 것이 좋으며 전체적으로 쌉쌀한 맛과 신맛이 난다. 품종에는 부드러우면서도 톡

C

C

쏘는 맛이 나는 안티과, 초콜릿맛이 나는 코반, 우에우에테낭고 등이 있다. ② 모카 : 독특한 맛과 향이 조화를 이루며 강한 신맛이 난다. 볶기는 약간 강하게 하고 스트레이트용이나 배합용으로 쓴다. 대표적인 품종은 예멘에서 생산하는 마타리이다. ③ 콜럼비아 : 맛과 향이 모카보다 강하다. 대표적인 품종은 수프레모로서 부드럽고 향기로운 맛이 특징이다. ④ 블루마운틴 : 자메이카에서 나며 매우 부드럽고 향기가 있으며 신맛과 초콜릿맛이 조화를 이룬다. 스트레이트용으로 쓴다. ⑤ 브라질 : 부드러우며 맛의 균형이 잡혀 있어 아침에 마시기에 알맞다. 바이아·산투스 등으로도 불린다. ⑥ 말라바르 : 인도에서 생산하는 고급커피로서 6주 이상 계절풍을 쐬어 숙성한다. 원두는 노란빛으로 톡쏘는 맛에 싱그런 풀맛이 섞여 있으며 전체적으로 쓴맛이 강하다. ⑦ 수마트라 : 인도네시아에서 생산하며 쓴맛이 강해서 주로 낮에 마신다. 쓴맛을 줄이고 맛을 풍부하게 하기 위하여 여러 해 동안 숙성하기도 한다. ⑧ 탄자니아 : 아프리카 동부에서 생산하며 과일맛과 신맛이 난다. 다른 아프리카 커피에 비하여 맛이 좀더 부드럽다. ⑨ 하와이코나 : 하와이에서 나는 매우 희귀한 고급 원두이다. 맛이 부드럽고 향이 깊으며 신맛과 매콤한 맛이 있다.

Coffee Cake [영 **커피 케이크**] 밀가루, 계란, 베이킹파우더, 소다를 넣어서 커피를 넣고 만든 케이크, 과일, 호두나 땅콩, 크림 치즈를 넣는다.

Coffee Sauce [영 **커피 소스**] 커피, 생크림, 럼, 설탕, 물, 우유, 오렌지 주스를 재료로 하여 커피는 물에 타서 준비하고 생크림은 쳐올려 준비한다. 불에 노른자와 설탕을 넣어 커피액을 첨가하여 중탕시키고 80°C 정도로 끓이면서 주걱으로 저어준다. 찬물에 식혀 쳐올린 생크림을 소스에 섞는다. 때때로 럼과 오렌지 주스를 넣어 사용하기도 한다. 커피초콜릿 아이스크림, 뜨거운 초콜릿 디저트, 크래프 등에 이용한다.

Cognac [프 **꼬냑**] 프랑스 보르도 지방에서 생산되는 브랜디로 원산지 통제명에 따라 꼬냑 지방에서 생산되는 브랜디. 과일의 발효액을 증류한 것으로 알코올이 강한 술이나, 포도주를 스카치 위스키처럼 증류한 것으로 무색·투명하나 참나무통에서 오래 저장하면 참나무통과 탄닌 성분으로 향기와 색이 첨가되어 갈색을 띤다.

Cointreau [프 **코엥트로**] 무색이며 오렌지향을 가미한 40°인 프랑스산 무색 리큐어

Cola [영 **콜라**] 미국의 음료. 콜라열매 속에 있는 콜라두를 가공 처리하여 레몬, 오렌지, 시나몬, 바닐라 등의 향료를 첨가하여 만든 탄산음료

Cole Slaw [영 **콜스로우**] 적채나 양배추를 가늘게 썰어서 마요네즈 드레싱을 한 샐러드

Cold-pack Cheese [영 **코드 팩 치즈**] 연성치즈, 크래커나 빵에 발라먹거나 스프, 소스 등을 조리할 때 빵조각과 섞어서 닭과, 쇠고기, 생선 등과 구워낸 치즈

Collation [프 **콜렉션**] 간식

Collerette [프 **꼴레뜨**] 야채를 둥근 문고리 모양으로 자르는 방법

Coller [프 **꼴레**] ① 젤리를 넣어 재료를 응

고시킨다. ② 찬요리의 표면에(피망, 젤리, 올리브 등) 잘게 모양낸 장식용 재료를 녹은 젤리로 붙인다.

Collins [Ⓟ **카린스**] 음료의 일종. 카린스 글라스에 얼음과 함께 증류수, 레몬주스, 설탕과 소다수를 넣어 만든 음료

Colombe [Ⓟ **꼴롱브**] 비둘기

Colombard [Ⓟ **꼴롱바**] 프랑스 남서부 지역 와인으로 그 지역의 기후와 토질의 특색을 가지고 있으며, 열대 과일향의 라이트 바디 와인

Colza [Ⓟ **꼴자**] 유채

Commissary Kitchen [Ⓔ **커미서리 키친**] 식당의 조리장이 필요한 식자재를 구입 또는 주문하는 주방으로 식재료를 세척하고 가공 처리 및 각 주방에 공급 준비하는 곳

Compote [Ⓟ **콤포트**] 설탕 절임한 과일

Comp Scraper [Ⓟ **컴프 스크레이퍼**] 플라스틱 스크래퍼로 케이크나 페스트리에 모양을 낼 때 사용

Compounded Liquor [Ⓔ **컴파운드 리큐르**] 혼성주. 양조조와 증류주에 과실류나 향신료를 첨가하여 적당한 감미와 착색을 한 술

Concasser [Ⓟ **꽁까세**] 가로 세로 1.5 cm씩 정사각형으로 얇게 아주 잘게 써는 것

Conchiglie [Ⓘ **콘치글리**] 조개 모양의 파스타

Conconbre [Ⓟ **꽁꽁브흐**] Cucumber 오이. 원산지는 인도 북서지방, 히말라야 산맥으로 추정되며 일년생 초본. 수분이 주성분으로 탄수화물·단백질·지방·무기질·비타민 등을 함유하고 있으나 아주 소량이다. 무기질성분인 칼륨의 함량이 다른 야채에 비해 아주 많은 알칼리성 식품이다. 칼륨은 체내의 나트륨(염분) 배출과 노폐물이 잘 되도록 도와 우리 몸을 맑게 해주는 역할을 한다. 이 외에도 이뇨 작용을 하며, 위장병에도 좋을 것으로 알려져 있고, 풍부한 수분과 비타민 C가 미용에도 좋은 효과를 나타낸다.

Condiment [Ⓟ **꽁디망**] 요리에 사용되는 조미료(양념). 또는 훈제연어 옆에 놓는 양념

Confection [Ⓔ **컨펙션**] 달콤한 후식류

Confectionary [Ⓔ **컨펙션어리**] 제과점

Conger Eel [Ⓟ **콩그르 이일**] 붕장어

Confiture [Ⓟ **꽁피뛰흐**] 잼 또는 프리저브

Conserve [Ⓔ **컨저브**] Marmalade와 비슷하며, 여러 가지 과일과 함께 건포도, 견과류를 섞은 것

Consomme [Ⓟ **콩소메**] 육류, 야채를 삶아 즙을 헝겊에 걸러 만든 맑은 육즙, 소스와 소스의 기본

Consomme A la Royale [Ⓟ **꽁소메 어 라 로얄**) 로얄을 네모나게 잘라 띄운 것이다. 로얄은 달걀 한 개에 노른자 3개와 180 cc 정도의 콘소메를 넣어 섞어 소창에 바친 다음 버터를 바른 시트에 담아서 오븐에 15~20분 정도 구운 것이다.

Consomme Brunoise [Ⓟ **꽁소메 부르노이즈**] 당근, 무, 파, 샐러리를 아주 작은 주사위 모양으로 잘라 버터로 약간 볶아서 쇠고기 콘소메에 띄운 것

Consomme Celestine [Ⓟ **꽁소메 셀라스틴**] Crepe를 구워 좁게 잘라 콘소메에 띄운

것

Consomme Julienne [프 꽁소메 줄리엔] 야채(당근, 무, 파, 샐러리, 양배추)과 푸른 잎 허브를 가늘게 썰어 콘소메에 띄운 것

Consomme Printanier [프 콩소메 프린타니어] 당근, 무, 완두콩, 체빌을 공 모양으로 잘라 띄운 것

Convection oven [영 컨벡션 오븐] 전기를 이용한 열을 순환시키는 팬이 달려 오븐이 열이 골고루 전달시켜 음식을 익히는 대류식 전기 오븐으로 단시간에 내용물을 익힐 수 있다.

Convenience Food [영 컨비니언스 푸드] ① 인스턴트 식품 ② 음식을 서브하기 전에 최후 조리단계만을 남겨 놓은 음식

Convention [영 컨벤션] 한 개의 전문직종에 한하여 정보를 전달하는 대규모 형식

Cook Out [영 쿡 아웃] 야외요리

Cooler [영 쿨러] 칵테일. 카린스와 비슷하며 증류수나 와인에 소다수, 진저일, 세븐업 등의 탄산음료를 사용하여 레몬이나 오렌지 껍질을 사과 깎듯이 벗겨서 장식

Coquilles [프 코키유] 조개껍질이나 소라껍질을 접시로 이용하여 육류나 새우, 게 등을 넣은 음식. 조개껍데기에 재료를 담아서 굽는 서양 요리

가리비 [조개의 일종] 껍데기나 조가비 모양을 한 그릇에 밑간을 한 재료를 채우고, 오븐에서 찜구이로 하여 그릇째 내놓는다. 코키유는 프랑스어의 조가비란 뜻이며, 노르망디 지방에서 가리비 껍데기로 만든 것이 시초라고 한다. 재료로는 새우・게・조개류・조육류, 각종 채소를 사용하며, 화이트 소스에 무쳐 조가비에 담고 강판에 간 치즈 가루, 빵가루・버터를 뿌리고 둘레에 으깬 감자를 짜서 장식하여 엷은 갈색이 될 때까지 오븐에서 굽는다. 뜨거울 때 접시에 받쳐서 대접한다. 닭고기 코키유・새우 코키유가 대표적이다. 보통은 따뜻한 요리로서 저녁식사에 사용하나 점심에 먹기도 하며, 마요네즈에 버무린 삶은 달걀을 조가비 모양의 그릇에 담은 차가운 요리도 때로는 코키유라 한다. 그릇으로는 도자기 또는 은제를 쓰고, 소형 그라탱 접시를 이용해도 좋다.

Coralli [이 꼬라리] 작은 파스타 튜브

Coriander [영 코리안더] 허브. 코리안더. 지중해 연안, 시리아, 중동, 남유럽이 주산지. 미나리와 유사. 향신료 중 방향이 풍부하며, 레몬 껍질과 세이지를 혼합한 것과 같은 풍미. 씨에서 뽑은 정유는 향수, 캔디, 빵제품, 리큐르, 진 같은 부향제로 또는 오이 피클에 첨가. 카레에 첨가하기도 하고, 소시지, 비스킷, 쿠키, 스프 등의 향미료에 이용

Cork [영 코르크] 와인의 병마개로 60년 된 오크 껍질로 만든 것이 최고의 품질. 와인의 숙성과정에서 와인의 맛과 풍미에 영향을 준다.

Corkage Screw [영 코카쥐 스트로] 코르크 마개를 따는 기구

Corage Charge [영 커라지 차쥐] 음료 반입 요금 ① 외부로 반입된 음료를 제공하고 서비스 대가를 받는 요금 ② 고객이 직접 구입한 술을 가지고 온 경우에 지불하는

서비스 요금 ③ 고객이 가지고 온 음료에 부과하는 요금 ④ 특별한 고가품이 아닌 경우는 술의 40 %를 매기는 것이 상례

Corn [영 **콘**] 옥수수. 아메리카 대륙이 원산지. 옥수수 성분은 70 %가 탄수화물, 단백질이 8 %, 지방분이 4 %, 비타민 A와 E가 많이 함유. 삶거나 구워서 먹기도 하고 콘플레이크, 크림스프에 이용하거나 각종 통조림이나 과자의 원료. 소화율이나 칼로리가 쌀·보리에 뒤떨어지지 않으나 단백질이 적으므로 주식으로 하려면 콩과 섞어 먹거나 유럽에서처럼 우유·고기·달걀 등과 함께 먹는 것이 바람직하다. 또 엿이나 묵을 만들며 가루는 콩가루·밀가루와 섞어서 과자·빵·만두·죽을 만들며 가축사료에도 쓰인다.

Corn Bread [영 **콘 브레드**] 옥수수 가루로 만든 빵으로 치즈, 베이컨 등을 넣는다.

Corn Starch [영 **콘스타치**] 옥수수 낟알의 배유부분을 갈아서 만든 고운 가루. 응집력과 광택이 훌륭한 농축제로 푸딩, 소스, 스프에 첨가하면 걸쭉하게 호료를 이용

Corn Pone [영 **콘 푼**] 미국의 옥수수 가루로 만든 튀기거나 구운 빵

Corne [프 **꼬흔느**] 스크레이퍼, 작업대에서 반죽을 만들 때나 냄비나 볼에 남은 재료를 긁어 낼 때 사용한다.

Corned Beef [영 **콘드 비프**] 쇠고기 조림

Cornell Bread [영 **코넬 브레드**] 코넬 대학에서 개발한 콩가루, 우유가루와 밀 배아를 넣어 만든 빵

Cornet [프 **코르네**] 야채를 피리 모양으로 만드는 방법

Cotechino [이 **코테키노**] 부드럽고 기름기 많은 Italian pork sausage

Cotlet [영 **커틀렛**] 본래는 돼지·송아지·양 등의 뼈가 붙은 채로의 등 부위의 고기를 뜻하고 이 고기로 조리한 서양요리. 또한 이 고기는 대개 곡옥 모양인 경우가 많아 이 고기 모양의 요리까지도 코틀레트라 한다. 따라서 곡옥 모양의 새우 크로켓이나 냉요리도 코틀레트라 부르는 경우가 있다. 영어로 커틀릿이라 부르는 요리도 여기서 비롯되었다는 설이 있다.

Cottage cheese [영 **코티지 치즈**] 원산지는 네덜란드로, 처음에는 우유를 자연적으로 유산발효시켜 카세인을 응고시켜 만들었다. 지금은 보통 탈지우유를 스타터(발효제의 한 종류)에 유산발효시키거나 응유효소(rennin)를 첨가하여 카세인을 응고시켜 생산. 시판되는 것은 14~20 %의 크림을 첨가하여, 지방 함량이 5 % 정도인데 촉감이 좋아 샌드위치나 샐러드 등에 사용. 흰색의 알갱이 모양으로 되어 있으며, 신맛이 있고 신선하고 상쾌한 풍미를 가지나 수분 함량이 높아 보존에 어려움이 있으나, 비숙성 치즈 중 생산량이 가장 많아 특히 미국에서는 일상식품이 되어 있다.

Cottage Potatoes [영 **코티지 포테토**] 감자를 얇게 썰어 기름에 볶은 것

Cottage Pudding [영 **코티지 푸딩**] 따뜻한 케이크에 과일 소스를 끼얹은 것

Coucher [프 **큐세**] ① 감자퓨레, 시금치퓨레, 당근퓨레, 슈, 버터 등을 주둥이가 달린 여러 가지 모양의 주머니에 넣어서 짜

내는 것 ② 용기의 밑바닥에 재료를 깔아 놓는 것

Couisine [**프 큐진**] 요리

Coulibiac [**프 꿀리비악**] 브리오슈의 반죽에 연어, 달걀, 버섯, 향신료를 넣어서 만든 페스트리 종류

Coulis De Tomate Sauce [**프 꿀리 드 토마트 소스**] 양파, 당근을 작은 주사위 모양으로 잘라서 버터로 볶고 물을 첨가한 후 토마토를 넣고, 소금, 설탕, 후추로 양념을 하고 부케가르니를 넣은 소스

Coulis Garlic Sauce [**프 꿀리 갈리 소스**] 마늘 크림 소스. 껍질을 벗긴 통마늘을 끓는 물에 일곱 번 데쳐낸다(냄새 제거를 위하여). 크림과 함께 약 10분간 끓여서 믹서에 곱게 갈아서 끓이고 소금, 후추 등으로 간을 하고 농도를 맞춘다.

Counter Service Restaurant [**영 카운터 서비스 레스토랑**] 식당을 Open Kitchen으로 하여 앞의 카운터를 식탁으로 하여 요리를 제공. 가격도 저렴하며, 팁을 주지 않아도 됨

Coupe [**영 쿠프**] 아이스크림을 담아내는 기구

Courge [**프 꾸흐주**] 호박종류

Courgette [**프 꾸흐제뜨**] 기다란 호박

Court-Bouillon [**프 쿠이브이용**] 주로 생선에 많이 사용하며 식초에 백포도주 향신료, 야채류 등을 섞어서 만든 국물. 주로 물과 포도주를 냄비에 담고 채소(샐러리, 양파, 파슬리 줄기)와 함께 20~25분 정도 끓인 후 거른다. 채소 육수의 일종으로 식초 성분이 첨가됨으로써 생선 자체를 응고시키는 성질을 지니고 있어 생선을 맛있게 조리할 수 있다. 생선찜 등에 많이 사용된다.

Couteau [**프 꾸도**] 칼

Couverture Chocolate [**영 커버처 쵸콜릿**] 쵸콜렛을 만들기 위한 중간 가공 상태 카카오 버터를 31%이상 함유해서 진한 맛이 나는 커버처 쵸콜렛, 종류는 다크 커버처 초콜렛, 밀크 커버처 쵸콜렛, 화이트 커버처 쵸콜렛 등 세가지로서 초콜렛의 깊은 풍미를 느낄 수 있는 다크 커버처 초콜렛은 카카오 분말, 카카오 분말, 카카오 버터, 설탕, 레시틴으로 만든다. 밀크 커버처 쵸콜렛은 카카오 분말에 우유를 넣은 것으로 다크 커버처 초콜릿보다 카카오 분말 함유량은 적지만 더 부드러운 맛이 난다. 화이트 커버처 초콜릿은 카카오 버터에 설탕, 우유를 섞어 만든 초콜릿으로 단맛이 강한 것이 특징이다. 커버처 초콜릿의 가격은 카카오 품종과 카카오 분말, 카카오 버터의 함량에 따라 정해진다.

커버처 초콜릿은 중간 가공 상태의 초콜릿이라 완제품을 만들려면 템퍼링 과장을 반드시 거쳐야 한다. 템퍼링은 온도에 따라 변화하는 결정형의 성질을 이용해 안정된 결정이 만들어지는 온도를 맞춰주는 작업이다. 다크 커버처 초콜릿은 45~50℃로 녹인 후 28℃로 낮추어 다시 31~32℃로 올려 만들고 화이트 커버처 쵸콜릿은 다크 커버쳐 쵸콜릿보다 1~2℃정도 낮아야한다.

Coverture [**프 꾸베흐**] 빵, 케이크나 과자를 씌우기 위하여 녹여 만든 초콜릿

Crab [**영 크랩**] 게. 오호츠크해, 베링해, 알라스카 주산지. 수온 10°C 이하, 수심 30~360 m의 바다에서 주로 서식. 지방의

함량이 높고 단백질의 함량도 15% 이상으로 탄수화물, 당질도 미량 함유. 나트륨, 칼슘, 철, 인, 칼슘의 함량이 풍부하며, 껍질에 다량의 키토산 성분 함유

Crab boil [영 크랩 보일] 게, 새우나 가재가 조리되고 있는 물에 허브와 향신료를 첨가하여 끓인 것

Crab Cake [영 크랩 케이크] 게살, 우유, 달걀, 빵가루와 다양한 양념 혼합물을 케이크 모양으로 튀긴 것

Crab Imperial [영 크랩 임페리얼] 게살을 화이트 소스를 첨가하여 조리한 후 껍질에 다시 넣고 파마산 가루와 빵가루를 넣어 조리한 것

Crab Louie [영 크랩 루리] 양상추 위에 게살을 올리고 드레싱을 올린 차가운 음식

Cracked Ice [영 크랙트 아이스] 잔얼음, 부숴 깬 얼음, 분쇄한 얼음

Cracker [영 크래커] 밀가루를 주재료로 하여 비스킷같이 얇고 딱딱하게 구운 과자. 어원은 크랙(crack : 부서지다)으로서 깨물 때 바삭바삭 부서지는 감촉이 특징이다. 단맛이 없어 커피나 차와 곁들여 주식 대용으로 쓰기도 한다. 이스트 발효로 부풀리는데, 흔한 것 은 소다를 병용하는 소다 크래커이고, 그 밖에 치즈를 배합한 치즈 크래커, 그레이엄(graham : 정맥하지 않은 보리)분을 배합한 그레이엄 크래커 등이 있다. 최근에는 닭고기 국물・건포도 등을 배합한 것까지 다양하게 나온다. 크래커는 씹는 감촉과 담백한 맛으로 널리 애용되며, 주식・간식 외에 카나페의 재료나 수프 건더기, 마른안주 등으로도 쓰인다.

Cradle [영 크래들] 적포도주를 제공 할 때 쓰이는 철로 된 바구니

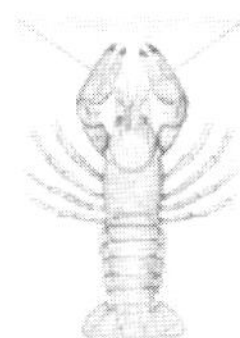

Cray Fish [영 크래이 피시] 가재. 미국 동남부가 원산지. 새우와 게의 중간형 몸길이가 3~6.5 cm, 가재살의 맛은 청결과 가재가 먹는 먹이의 종류에 따라 차이가 있으며, 속살은 즙이 많고 독특한 단맛을 지니고 있어 스프로 이용. 생선요리의 곁들임과 전채요리, Hot, Cold 요리에 이용, 단 디스토마 등의 기생충이 많으므로 생식은 금물

Crackings [영 크랙클링] 바삭하게 돼지고기나 가금류를 튀기거나 구운 것

Crecy [프 크헤씨] 당근 스프

Cream [프 크헴] 크림. 생유의 유지방이 3.4 %로 원심분리에 의해 우유로 분리한 성분으로 유지방이 7~75 %를 함유하고 있는 농축된 우유를 크림, 유지방의 75 % 이상을 버터. 식품 위생법에서는 유지방분 18 % 이상, 산도 0.2 % 이하로 규정한다.

◐ 크림의 제조방법 ① 정치법 : 우유를 깊은 용기에 넣고 12~24시간 가만히 놓아두어 비중이 가벼운 지방입자 가 위에 떠올라 층을 만들게 되면 이것을 떠내는 것이다. ② 원심분리법 : 상품으로서의 버터나 아이스크림 제조에 사용되는 방법이다. 우유를 원심분리기에 넣고 고속도로 회전시키면 비중이 가벼운 크림 성분은 중심으로 모이고 무거운 탈지유는 주변으로 몰리게 된다. 회전속도를 조절하거나 격벽 을 이동시켜 지방분의 농도

C

를 규정대로 맞춘다. 크림의 지방함량은 용도에 따라 각각 다르게 조절되는데, 크림을 버터의 중간원료로 사용할 때는 지방분 25~50% 이상의 크림을 사용한다. 크림을 천(churn : 각반기)에 걸어 교반하면 지방입자가 응집되어 버터와 버터밀크로 분리된다. 조리용으로는 소스, 수프, 푸딩, 아이스크림, 커피, 홍차에 사용한다. 아이스크림용으로는 지방분 18~25%의 묽은 것을 사용. 휘핑(거품 내기)용으로는 40% 정도의 진한 것을 사용하고, 음료용인 커피크림은 테이블크림이라고도 하며, 20~30%의 것을 사용한다.

- Cream Aigre : 사우어 크림(sour cream)
- Cream au Cafe : 커피 크림
- Cream au Caramel : 카라멜 커스터드
- Cream au Chocolat : 초콜릿 크림
- Cream au Citron : 레몬 껍질로 만든 커스타드
- Cream de tomato au Basilic 바질향의 토마토 크림 스프
- Cream de Volaille : 닭 스프 크림
- Cream Epaisse : 걸쭉한 크림
- Cream Fouettee : 휘저어 거품이 일게 한 크림
- Cream Glacee : 아이스크림

Cream Cheese [영 **크림 치즈**] 지방 6~8%의 크림을 원료로 숙성이 되어 있지 않아 맛이 부드럽고 매끄럽다. 특히 미국에서 인기 있는 치즈이며, 일반 치즈와 달리 짠맛 대신 약간 신맛이 나고 끝맛이 고소하다. 수분 함량이 높고 지방이 45% 이상 들어 있는데, 지방 함량이 65%를 넘으면 더블 크림치즈라고 한다. 발효에는 보통 스타터와 레닌을 함께 사용하지만 더블크림치즈는 스타터만으로 발효시킨다. 쉽게 상하기 때문에 빨리 먹어야 하고, 카나페, 샌드위치, 샐러드드레싱, 디저트 요리, 쿠키, 치즈케이크 등의 재료로 사용한다.

Cream Mustard Sauce [영 **크림 머스타드 소스**] 크림겨자소스. 겨자는 아시아가 원산지로 씨가 매우면서 향기로워서 육류의 냄새를 없애주는 역할을 하며, 겨자는 노란색과 흰색은 부드러운 맛이 나며, 짙은 갈색은 얼얼한 맛이 나서 중국요리와 일본요리에 많이 사용한다. 겨자는 갈아서 물과 혼합할 때까지 냄새가 나지 않는 독특한 특성을 가지고, 분쇄한 겨자를 10분간 담구었을 때 가장 좋은 효과가 있다. 버터에 샬롯을 살짝 볶아서 와인을 넣고 1/2 정도 졸이고, 갈색소스를 넣고 끓이다가 크림을 넣고 , 파슬리 다진 것을 넣고 겨자는 서빙 전에 사용한다. 크림이 들어가므로 농도를 맞춘다. 가금류와 야조류, 육류 등에 이용한다.

Creaming [영 **크림잉**] 음식이 부드럽게 크림이 되게 하는 것

Cream Soup [영 **크림 스프**] 크림을 넣어 걸쭉하게 만든 포타주 수프. 밀가루를 버터에 볶다가 수프 스톡을 넣어 끓여서 부드러워지면 우유를 넣어 따끈하게 데우고 소금과 후춧가루로 양념하여 수프 접시에 담고 크래커(부순 것)나 크루통을 띄운다. 밀가루를 볶기 전에 양파를 다져서 볶다가 밀가루를 섞어서 양파의 향미를 가미하기도 한다.

Cremant [프 **크헤망**] 거품이 적게 나는 타

입의 샴페인

Creole Cream Cheese [영 크레올 크림치즈] 뉴올리안즈의 특산품으로 진한 사우워 크림의 톡 쏘는 맛이 있다.

Crepe Suzette [프 크레페 슈제뜨] 밀가루·달걀·우유를 섞어 얇게 부친 크레페를 오렌지 소스에 넣고 끓인 프랑스식 디저트. 크레페는 중세 때부터 전해오는 요리이다. 요리사가 실수로 크레페를 만들 때 리큐어를 넣었는데, 이 크레페를 먹은 영국 황태자가 맛에 반해 식사에 초대한 수제트 부인의 이름을 따 크레페 수제트라는 이름을 명함. 재료는 밀가루 박력분, 설탕, 버터, 우유, 달걀, 하드 버터, 그랜마니아, 오렌지 소스 또는 오렌지 주스, 오렌지, 코앙 트로·럼 약간씩 등이다. 옴팍한 그릇에 달걀을 넣고 잘 푼 다음, 밀가루·설탕을 넣고 잘 젓는다. 여기에 녹인 버터를 넣고 섞는다. 다 섞어지면 우유를 조금씩 넣으면서 섞은 뒤 체에 걸러낸다. 기름을 두르지 않은 팬에 밀전병을 부칠 때처럼 얇게 크레페를 부친다. 그레페를 다 부치면 팬에 하드 버터를 넣고 끓이면서 그랜마니아를 넣어 불을 붙인다. 여기에 오렌지 소스 또는 오렌지 주스를 넣어 끓이면서 구워 놓은 크레페를 넣는다. 소스가 고르게 묻으면 삼각으로 접는다.

Crepinette [프 크헤삐네뜨] 순대와 비슷한 돼지고기 내장에 돼지고기를 갈아서 넣어 구운 것

Cresson [프 크레송] 양갓냉이. 물을 좋아하는 서양냉이. 칼슘, 인, 철분 등의 무기질이 많이 함유되어 있는 것이 특징이다. 비타민 A 효력, 비타민 C도 많아 채소 중 영양적으로 뛰어나다. 혈액의 노화를 방지하는 효과가 있고, 강장효과, 소화, 해열작용도 있다. 신선한 잎을 샐러드용이나 수프 등으로도 이용

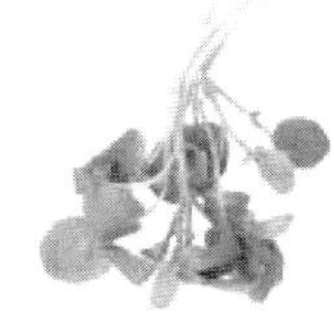

Crevette [프 크흐베뜨] 새우

Crisping [영 크리스핑] 수분을 제거하기 위하여 크래커와 곡물 음식에 열을 가하는 것.

Creste de galli [이 끄레스트 디 갈리] 끝이 뾰족한 중간 마카로니

Crogue Madame [프 크로규 마담] 구운 햄 샌드위치에 치즈를 얹어 오븐에 구워 달걀 프라이를 얹은 것

Croissant [프 크로와상] 초승달 모양의 페스트리. 1683년경에 헝가리에서 오스트리아로 전해졌고 루이 16세의 왕후가 된 오스트리아의 마리 앙투아네트에 의해 프랑스에 전해졌다. 잘 구워진 빵은 가볍고 속이 층상을 이룬다. 지방분이 많으면서도 짭짤하고 담백하여 유럽에서는 아침식사로 많이 이용된다.

Cromesquis [러 크로머스키스] 러시아 요리. 육류, 생선, 새우, 게를 재료로 하는 크로켓

Croquet [프 크호께] 아몬드 쿠키

Croquettes [영 크로켓] 갖은 재료를 잘게 다져서 밀가루, 계란, 빵가루를 묻혀 튀겨낸 것

Croustillant [프 크후스띠앙] 바삭바삭한

Croute [프 크후뜨] 빵 껍질, 토스트하거나 튀긴 빵에 음식을 채운 것

Crouton [프 쿠르톤] 오븐이나 딥 패트 프라이어 에서 황갈색으로 구운 사각형의 작

C

은 빵조각. 식빵을 1~2 cm 토막으로 썰어 기름에 튀기거나 토스트하여 버터를 발라 1~2 cm 토막으로 썬 것을 말하며, 크림수프의 건더기로 먹기 직전에 위에 띄우거나 샐러드 등에 섞기도 한다.

Cru [프 크휘] 와인의 숙성이나 질을 표현

Crub [영 크럽] 가로, 세로 1.5 cm 주사위

Crubed Sugar [영 큐브 슈가] 각설탕

Cruchade [프 크류자드] 프랑스의 전통적인 음식. 우유와 옥수수 가루로 만든 죽

Cruller [프 크럴러] 베이킹파우더를 넣은 도넛 반죽

Crust [영 크러스트] 빈테지 포트 와인의 병속 침전물

Crumpets [영 크럽페쯔] 영국식 이스트로 부풀린 빵

Crumpet [영 크럽페] 이스트로 발효한 핫케이크

Crush [영 크러쉬] 빵이나 케이크를 가루나 페이스트 형태로 만드는 것

Cube [영 큐브] 정방형, 요리에서 주사위보다 크게 음식을 자르는 것. 고기를 연하게 만드는 정사각형 망치

Cuillere [프꿔이예르] 스푼

Cuire [프 뀌이흐] 재료에 불을 통하여 삶고, 굽고, 졸이고, 찌는 모든 동작

Cuisine [프 큐진] 요리, 요리법

Cuisine Minceur 녹말, 버터, 설탕의 사용을 억제한 저칼로리 프랑스 요리법

Cuisson [프 뀌쏭] 가열처리하는 조리 용어 익히기, 굽기, 조리기

Cuissot [프 뀌소] 허벅살

Cul [프 뀌] 엉덩이

Culotte [프 뀌로뜨] 소 또는 송아지의 넓적다리

Cumin [영 쿠민] 파슬리와 유사. 육류요리, 스프, 치즈, 소시지, 피클, 파이, 계란요리와 카레 요리에 이용

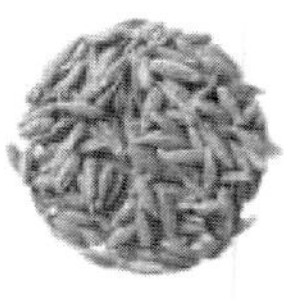

Cup Cake [영 컵케이크] 보통 케이크를 만드는 재료와 방법은 같으나, 큰 덩어리가 아닌 1인 분량으로 컵형에 담아 굽는 케이크. 굽는 시간이 다르다. 머핀이나 마들렌이라 부르기도 한다. 컵모양의 틀에다 종이를 깔거나 기름을 칠하고 반죽을 반 정도 되게 채워 넣어 191°C에서 20~25분간 구워 낸다. 반죽의 재료에 따라 옐로 컵케이크·스펀지 컵케이크·에인젤 컵케이크·초콜릿 컵케이크·캐러멜 컵케이크·사워크림 스파이스 컵케이크·잼 컵케이크·피넛버터 컵케이크 및 코코넛 컵케이크 등이 있다.

Curd [영 커드] 치즈를 위해 우유의 주의 단백질인 casein을 젖산균으로 응유한 것

Curd Cheese [영 커드 치즈] 지방 함량이 6~8 %의 연질 치즈

Curd Cutting [영 커드 커팅] 우유 중의 Whey의 배출량을 제거하기 위하여 치즈의 종류에 따라 절단용 칼로 커드 표면을 크거나 작게 자르는 것

Curd Formation [영 커드 포메이션] 살균 처리한 원료유를 커드 형성을 위해 Cheese Bat에 넣은 것

Curd Knife [영 커드 나이프] 커드의 절단에 사용되는 칼로 수평 철선칼과 수직 철선 칼

C

Cure-dent [프 뀌흐 땅] 이쑤시개

Current [영 커런트] 알이 작고 씨가 없는 건포도

Curry [영 커리] 카레. 카레의 어원은 남인도 타밀어의 소스를 뜻하는 카리라는 설이 유력. 인도에서는 3,000년 전부터 의약품과 방부제로 사용한 갖가지 향신료를 조미료. 카레의 배합·제조하는 데는 일정한 기준은 없으며, 원료는 빛깔을 주로 내는 것에 울금·사프란·진피 등이 있고, 매운 맛을 내는 것에 후추·고추·생강·겨자가 있고, 향미를 내는 것에 마근·회향·정향·육계·계피·너트메그·코리앤더(coriander : 미나리과의 고수) 등을 섞는다. 육류, 어패류, 가금류, 계란과 야채요리, 스프나 소스에 이용

Custard [영 커스터드] 우유, 계란, 설탕 따위를 섞어 찌거나 구워 만든 서양과자. 매끈하고 광택이 나며 수분이 많아 맛이 부드럽다. 우유와 달걀이 주원료이기 때문에 덩어리가 생기지 않도록 온도에 주의해서 만들어야 한다. ① 플레인 커스터드는 달걀에 설탕·우유·소금을 넣고 잘 섞어 수저에 엉길 만큼 중탕했다가 꺼내서 찬물에 담가 저어가면서 식힌 뒤 바닐라향을 넣고 그릇에 담아 차게 먹는다. ② 베이크트 커스터드는 플레인 커스터드를 작은 그릇에 담고 뜨거운 물이 담긴 팬에 넣어 175°C에서 구운 것이다. 역시 차게 식혀서 먹어야 제맛이 난다. ③ 스팀드 커스터드는 플레인 커스터드를 컵에 담고 뚜껑을 덮어 굳을 때까지 찐 것이다. 일반적으로 푸딩으로 만든 커스터드푸딩이 널리 알려져 있다.

Curry Sauce [영 커리소스] 카레소스. 카레는 소화 기능을 높여서 소화를 촉진하며, 돈지(lard)에 마늘, 생강, 양파 등을 넣고 볶으며, 카레가루를 넣고 밀가루를 넣어 볶는다, 냄비에 담아 섞어서 넣고 잘 풀어서 나머지 재료를 넣고 2시간 정도 끓여서 체에 받쳐 사용한다. 쌀과 어류에 주로 이용한다. 사과 첨가시에는 껍질을 벗기며, 카레 루를 잘 못 볶으면 쓴맛이 나고 카레의 독특한 향을 살릴 수 없다.

Custard Pudding [영 커스터드 푸딩] 설탕·달걀·우유 등을 재료로 하여 쪄서 만든 과자. 설탕, 달걀, 우유, 코앙트르를 넣어서 찐다.

Custard Sauces [영 커스터드 소스] 우유, 계란 또는 곡식 가루를 섞어 찐 단맛이 나는 소스

Cutlet [영 커틀렛] 얇게 저민 소나 양고기, 생선을 밀가루, 계란 빵가루를 묻혀 튀기는 요리

Cutley [프 커트레이] Flat Ware. 테이블의 은식기류 총칭

Cutting Board [영 커팅 보드] 도마. 목재나 아크릴 제품으로 많이 이용

Cuve [프 큐브] 발효과정에서 사용되는 통과탱크

Cuvee [프 큐베] 한 포도원에서 생산된 포도주. 최근에는 여러 포도주를 섞어서 와인의 질과 맛을 내는 최종 결과물

Cycle Menu [영 사이클 메뉴] 순환적 메뉴. 특별기간이나 날짜를 주기로 하여 몇 가지 메뉴를 순화시키며 교체하여 제공

Dab [프 댑] 광어류의 물고기

Dace [프 데이스] 잉어과 물고기

Dacquoise [프 닥꾸와즈] 크림을 채운 아몬드 머랭계. 디저트로 제공

Daikon [일 대컨] 일본 종인 무. 무에는 비타민 C가 많이 들어 있어, 겨울철의 비타민 공급원이 된다. 그리고 뿌리에는 디아스타아제라는 효소가 들어 있어, 소화를 촉진시키는 역할을 한다. 무는 김치·깍두기·무말랭이·단무지 등과 찜과 탕요리 등에 다양하게 이용하거나 장식용으로 이용

Daim [프 뎅] 숫사슴

Daiquili [프 데뀌히] 구리 탄광의 엔지니어 Jennings Cox에 의해 만들어진 칵테일. 럼, 라임 주스, 설탕을 배합하여 만든 칵테일

Daisy [영 데이지] 감귤류의 주스에 술을 넣고 과일시럽, 리큐르 등을 첨가하여 Goblet에 얼음을 넣고 계절 과일로 장식한 술

Dame-Blanche [프 담 블랑슈] 바닐라 아이스크림 위에 휘핑크림과 초콜릿을 얹은 것

Damier [프 다미에] 체스 장기판. 럼으로 맛을 낸 제노바 스펀지 케이크에 크림을 넣고 서양 장기판처럼 보이기 위하여 서로 다른 야채나 곡식을 장식

Damson Plum [영 댐선 플럼] 흑자두. 미국에서는 건과로 이용하는 품종을 플럼이라고 하며, 마른자두는 아침식사나 양과자의 장식으로 쓴다.

Danablu Cheese [영 다나블루 치즈] 덴마크산 푸른곰팡이 치즈. 치즈 함량이 60%로 푸른곰팡이의 줄무늬가 있으며, 반고형 크림 형태로 맛이 강하다.

Danbo Cheese [영 단보 치즈] 덴마크 치즈. 갈색의 왁스 외부로 쌓인 단단한 구조의 견과류의 풍미를 가졌다.

Dandelion Green [영 단데리온 그린] 뿌리와 잎을 먹을 수 있는 민들레종류. 잎은 샐러드나 볶는 요리 등에 이용. 칼슘, 칼륨, 비타민 A의 공급원

Danish Pastry [영 데니쉬 페스트리] 설탕, 유지, 계란을 많이 넣어 유지로 싸서 밀어 접기를 반복하여 만들어 겹겹이로 된 빵. 아몬드, 과일, 크림치즈를 속에 넣기도 함

Darblay [영 달브레이] 감자스프를 부드럽게 하기 위해 크림과 달걀 노른자를 첨가한 스프

Dariole [프 다히올] 원추형 모양 또는 알 모양으로 생긴 빵을 만드는 베이킹 몰드

Darjeeling Tea [영 다즐링 티] 인도 히말라야 산기슭의 검은 색의 다즐링 차

Darne [프 다흔] 뼈를 포함하여 굵게 썬 생선

Dark Brown Sugar [영 다크 브라운 슈가] 흑설탕. 사탕수수의 즙액을 졸인 후 원심분리기로 당밀을 제거하지 않았기 때문에 분밀당에 비하여 불순물이 많고 품질이 떨어지지만, 독특한 풍미 가지고 있다. 제법은 사탕수수의 줄기에서 짜낸 즙액에 석회 등의 청징제를 가한 다음 바싹 졸이며, 휘저으면서 냉각시키면 설탕이 당밀과 함께 흑갈색의 덩어리로 되어 나온다. 약식, 양갱, 과자, 빵 등에 이용

Darphin [프 다흐뺑] 감자요리. 길게 썬 감자를 팬에서 익힌 후, 오븐에 겉은 바삭하고 속은 부드럽게 굽는다.

Dartois [프 다흐뚜와] 작고 직사각형의 패스트리

Dash [영 대쉬] 요리에 추가하는 소량의 양념의 양으로 1/6 Tea Spoon 정도의 양

Dashi [일 다시] 다시. 국이나 탕으로 이용하기 위하여 다시마, 가쯔오부시 등을 넣어서 끓여 거른 육수

Datte [프 다뜨] Date 대추야자의 열매. 신선한 것은 달콤하여 생식하거나 말려서 요리에 이용

Daube [프 도브] 전통적인 프랑스 조리법. 적포도주와 양파, 허브를 첨가하여 천천히 끓이는 것

Dauphin [프 도뺑] 프랑스의 연질 치즈. 지방 함량이 50%로 치즈를 만들 때 허브나 향신료를 첨가하여 맛이 강렬하다.

Dauphine [프 도삔느] 감자 퓨레와 슈크림으로 만든 크로켓

Daurade [프 도하드] 도미과 생선

De Caffinated Coffee [영 디 카피네이티드 커피] 카페인을 99% 제거시킨 커피 원두로 만든 커피

Debrider [프 데브리데] 닭이나 가금류를 요리를 위해서 꿰맸던 실을 조리 후에 풀어내는 동작

Decant [영 디켄트] 앙금이 가라앉은 와인을 앙금을 제거하고 와인의 향을 살리기 위해 다른 병에 옮기는 것

Decanter [프 디캔터] 액체류를 담은 그릇을 병을 기울여 맑은 윗물을 다른 용기에 옮기는 것

Decoction [프 데꼭시옹] 스톡이나 부용을 만들 때 농축하는 것

Deep Fat Frying [영 딮 팻 프라잉] 140~190°C 온도에서 재료의 3~5배의 기름을 넣고 튀기는 것. 수분, 단맛의 유출을 막고 기름을 흡수함으로써 풍미를 더하는 조리법으로 튀김은 비타민 B군의 손실이 가장 적고 고기의 누린내를 제거한다. 튀김 재료는 기름과 팬넓이에 맞게 조절하여야 하며 많은 양을 튀기면 온도가 내려가서 튀김 식재료에 기름이 흡수되어서 맛과 색을 낼 수가 없다.

Deep Freeze [영 딮 프리즈] 급속 냉동. 송

D

풍동결 · 접촉동결 · 2차 냉매액 동결의 여러 장치를 써서 얼리는 것을 말한다. 동결소요시간은 식품의 두께와 동결장치 방식의 조합에 따라 다른데, 그린피스와 같이 2~3분 걸리는 것부터, 두께가 두꺼운 큰 생선 등과 같이 여러 시간 걸리는 것까지 있다.

Debourbage [프 데부흐바주] 포도즙이 발효하기 전 정화작용

Decoration cake [영 데코레이션 케이크] 스펀지 케이크(밀가루 · 달걀 · 설탕 등을 섞어 스펀지 모양으로 구워낸 과자)에 여러 가지 아름다운 장식을 붙인 서양과자. 쇼트 케이크(생크림과 과일로 장식한 것) · 결혼 케이크 · 생일 케이크 등도 이의 일종으로, 대개 축하행사에 많이 쓰인다. 프랑스의 요리전문가 앙트낭 카렘이 만든 2층 이상의 장식과자가 유명해진 이래 특수한 경우에만 썼으나, 최근의 결혼 케이크는 칼로 자르는 층만을 과자로 만들고, 그 밖의 층은 내부를 목형을 빼낸 종이 세공으로 만든 것이 대부분이다. 그러나 보통의 경축 행사에는 1층짜리 순수한 케이크가 많이 쓰인다. 장식 방법에는 글라스장식(가루설탕 · 달걀흰자 · 향료), 버터 크림장식(버터 · 설탕 · 달걀 · 양주 · 향료), 마세빵장식(아몬드가루 · 가루설탕 · 퐁당 · 양주) 등이 있고, 케이크 표면에 페인트 코코아로 꽃 · 새 · 풍경 · 기하학 무늬 · 문자 등을 그리기도 한다.

Deglacer [프 데글라쎄] 채소, 가금류, 육 등을 프라이팬에 구운 다음, 팬에 남아있는 국물을 포도주, 코냑, 마데라 등을 넣어 끓여서 소스로 만들어 내는 것

Degorger [프 데고흐제] ① 생선류, 육류, 가금류의 피나 오물 등의 불순물을 제거하기 위해 흐르는 물에 담그는 것 ② 오이, 양배추 등의 채소를 소금 뿌려 수분을 제거하는 것

Degraisse [프 데그헤쎄] Degrease 뜨거운 부용, 스톡, 소스에서 지방이나 육수 표면의 기름을 제거하는 것

Deglaze [프 데글라세] 스톡이나 와인을 사용하며, 소스를 만들거나 즙을 희석하는 것

Degre [프 드그헤] 온도, 알코올도수

Degustation [프] 맛을 평가하는 것

Dejeuner [프] 늦은 아침 혹은 점심식사

Delayer [영 데레이에] 묽게 하는 것, 혼합된 것

Delicate [영 델리카트] 와인의 감정 용어 섬세하고 가벼운 와인의 맛. 섬세하고 미묘한. 리즐링같이 부드러운 플레이버와 조직감을 가지고 있는 라이트/미디엄 바디를 가진 와인들을 언급할 때 이런 표현을 쓴다.

Delicatessen [프 델리카슨] 가벼운 기호 음식

Delicatessen Store [프 델리카슨 스토어] 간편하게 조리된 고기, 치즈, 샐러드, 통조림 등의 조제식품을 판매하는 식당

Dami [프 데미] 절반. 250 cc를 의미

Demi-deuil [프 데미델] 흑백의 조화를 이룬 요리. 송로 버섯에 백색 소스를 가미한 것

Demiglace [프 데미글라스] 브라운 소스로

mirepoix(당근, 양파, 샐러리)를 볶다가 적포도주를 넣은 후 stock과 tomato paste, 밀가루를 함께 섞어 풀어서 토마토와 향신료를 넣어 끓이다가 부피가 절반으로 줄여서 거른다.

Demipanache [㊄ 드미빠나슈] 250 cc 가량의 맥주와 레모나이드 혼합액

Demisec [㊄ 드미쎅] 당분 함량이 3~5 %인 단맛의 샴페인

Demisel [㊄ 드미셀] 사각형의 약간 짠 치즈

Demitasse [㊄ 드미타세] 보통 잔 보다 반 정도의 용량을 가진 작은 컵

Demitasse Coffee [㊄ 드미타세 커피] 보통 커피 잔의 1/2의 농도가 진한 커피

Demoule [㊄ 데뮬레] 식탁에 내기 전에 모양틀에서 꺼낸 것

Denoyauteur [㊄ 데뉴와요떼] 과일 씨를 바르는 도구

Denrees [㊄ 당헤] 저장된 식료품

Dente [㊄ 당떼] 바다 잉어과 담수어

Deposit [㊈ 디파짓] 케이크 반죽을 케이크 팬에 넣는 것

Derby [㊈ 데비] 영국산 경질 치즈, 큰 중형의 원추형으로 허브를 첨가하여 색과 향을 낸다.

Des [㊄ 데스] 정사각형으로 조각을 낸 것

Dessale [㊄ 데살레] 소금기를 제거한 의미

Dessecher [㊄ 더세쉐] 소스를 즙을 조려서 수분을 날려 보내는 조리법

Desset [㊄ 디저트] 디저트는 식사의 마지막에 제공되는 음식으로 식탁을 깨끗이 치운 다음 제공된다. 디저트는 앞서 나온 음식과 조화를 이루어야 하며 식사가 간단하면 양이 많거나 장식이 많은 디저트가 나와야 하며 식사가 무거우면 간단하고 산뜻한 디저트가 어울린다.

① 파이류(pie) : 후식에 사용되는 파이의 채우는 재료는 주로 과일을 많이 쓴다.

② 과일류(Fruit) : 디저트에 사용되는 과일은 제철과일이 가장 좋으나 일반적으로 딸기를 많이 이용한다.

③ 케이크류(Cake) : 달고 부드러운 케이크를 주로 사용한다.

④ 젤라틴(Gelatin) : 과일주스를 주로 이용하며 산뜻하고 아름다운 색을 이용하여 젤라틴을 만들어 사용, 여러 가지 과일이나 채소즙을 부드럽게 굽힌 것

⑤ 푸딩(Pudding) : 달걀과 생크림을 주재료로 하여 부드러운 맛을 살려 만든다.

⑥ 아이스크림류(Ice Cream) : 달걀, 설탕, 우유가 주재료로써 여기에 여러 가지 과일향을 첨가하여 만든다.

⑦ 셔벳(Sherbet) : 과일과 리큐르를 배합하여 냉각시킨 얼음과자의 일종이다.

⑧ 치즈류(Chesses) : 여러 가지 천연치즈를 그대로 제공하기도 하고 치즈를 이용하여 만든 치즈 케이크, 치즈 수플레, 치즈 스튜 등을 만들어 낸다.

⑨ 크레이프(Crepes) : 밀가루, 설탕, 소금, 우유, 버터로 얇게 밀전병처럼 구워 Brandy로 Flambe하여 설탕에 졸인 뒤 여러 가지 과일을 곁들여 내기도 한다.

⑩ 패스트리(Pastry) : 밀가루 반죽에 기름이 많이 들어간 것

Dessert Sauce [㊈ 디저트 소스] 프랑스의

디저트가 전세계에 명성을 떨치게 된 것은 탈레에이드(Talleyrund)의 요리사인 안토닌 카렘(Amtonin Careme)이 현대 과자의 선구자로서 훼이유타지(Feuilletage) 껍질이 얇게 벗겨지는 과자를 최초로 만들었다. 최근의 후식에 대한 새로운 개념이 도입되어 요리에는 버터를 삼가고 천연과일, 과일향을 사용하며 가급적 더 기름진 빠테(pates) 훼이유타지(Feuilletage)의 사용과 신선한 향신료의 사용, 신속하고 인상적이며, 때로는 즉흥적이어야 하며 모든 케이크의 장식에 좀더 예술적 차원으로 승화되어야 한다. 커스타드 소스(Custard)는 다른 디저트 소스의 기본보다 더 많은 파생 소스를 만드는 토대가 된다. 시럽소스(syrup)는 과일 주종 이루고 있는데, 녹말로 달콤하게 만든 퓌레(puree)와 즙이 있으며 그 중 살구소스가 많이 이용되고 있다. 소스를 재료별로 구분하면 크림소스와 리큐르 소스로 구분하며, 리큐르 소스는 알코올이나 과일즙을 주재료로 사용한 시럽소스가 모체소스가 된다. 크림소스의 계통은 계란, 우유 등이 주재료가 되며 앵글레즈(Anglsisesaude)가 모체 소스이다. 디저트 소스는 차가운 온도에서 소스 표면의 공기와 접촉하여 습기를 막으므로 계속 저어주고, 사바용 소스(sabayon sauce)는 계란 익히기가 중요하다. 시럽을 넣는 소스에 지나치게 많은 알코올 첨가는 안되며 시간이 너무 지나면 향기가 없어진다.

Detelle [프 데틸] 가늘게 체를 낸 생선이나 고기

Development Stage [영 디벨로프먼트 스페이지] 발전 단계. 제빵 공정중 글루텐의 신축성이 최대가 되는 단계

Devil [프 데블] 스톡에 겨자, 고추, 양파를 넣어 만든 향이 강한 백포도주 소스

Deviled [프 데블러드] 후추, 겨자, 타바스코 등을 첨가하여 만든 요리

Diabolo [프 디아블로] 레모네이드와 과일시럽을 넣은 비알코올성 음료

Dianne Sauce [프 다이엔 소스] 송로 버섯 요리에 그래비 소스에 양파, 통후추와 적포도주를 첨가한 다음 크림을 첨가한 소스

Diepoise [프 디에쁘와즈] 새우와 갑각류를 우려낸 육수에 백포도주로 요리한 생선을 넣어서 내는 요리

Diastase [영 디아스타제] 전분 당화 효소. 이당류(설탕, 과당, 갈락토오스)를 포도당으로 만드는 효소

Dice [영 다이스] 가로, 세로 1 cm 주사위 모양으로 써는 방법

Dijon Mustard [프 디종 머스타드] 프랑스 디존 지방의 겨자를 이용한 머스터드. 허브와 백포도주를 섞어 톡 쏘는 맛이 나면서 끝맛이 부드러운 디존 머스터드는 고급 드레싱용 프렌치 머스터드이다. 겨자, 통후추 부순 것, 간장, 마늘, 올리브유, 적포도주, 소금, 후추를 넣고 잘 섞어 차가운 고기나 소시지·샐러드·샌드위치에 드레싱으로 사용한다.

Dill [프 딜] 허브. 딜. 지중해 원산지. 캐러웨이와 형태와 맛은 비슷하고 식용 아스파라거스 잎과 유사. 딜은 생선요리에 마리네와 훈제요리에

이용하며, 꽃은 피클, 샐러드 요리, 줄기는 생선의 슬라이스, 생선 구이 등에 이용하고 씨는 빵과 과자에 이용

Dilute [영 딜레이트] 희석시키다.

Dimsum [영 딤섬] 중국식 광동음식. 조그만 대바구니에 찌거나, 튀긴 투명한 만두, 중국의 페스트리 등의 담겨 있는 것. 식사 후 테이블의 대바구니 수에 따라서 음식의 값을 지불하는 간편식

Dindon [프 댕동] 수탉

Dindonneau [프 댕도노] 터키의 병아리

Dine Out [영 다인 아웃] 호텔, 레스토랑, 전문요리 식당에서 외식하는 것

Diot [프 디오] 프랑스 사부와 지방의 야채와 다진 돼지고기로 만든 소시지를 백포도주로 요리한 것

Dip [영 딮] thick 소스로 크래커, 칩, 토스트 등에 바르거나 올려놓는 소스

Dissolved [영 디졸브드] 용해시켜 액체 속에 녹도록 하는 것

Distillation [프 디스띨라시옹] 증류. 알코올과 물의 끓는점의 차이를 이용하여 증발하는 기체를 모아 냉각하여 고농도의 알코올을 만드는 방법

Distilled Water [영 디스틸드 워터] 증류수

Ditali [이 디딸리] 작고 짧은 관 모양의 마카로니

Dividing [영 디바이딩] 분할. 1차 발효가 끝난 반죽을 원하는 크기로 나누는 것

D. N. P. (Do Not Post.) 행사표에서 게시판에 부착하지 마라.

Doily [프 도일리] 음료를 제공하는 밑받침

Dogfish [영 독피쉬] 돔발상어

Dolic [이 돌치] 이탈리아 후식

Domaine [프 도멘느] 프랑스 부르고뉴 지방의 유서 깊은 포도원

Domino [프 도미노] 1~2 cm로 두께로 자르는 얇은 직사각형

D

Dore [프 도헤] **Dorer** 달걀 노른자를 솔로 발라서 색이 잘 나도록 하는 것

Dormille [프 도흐미이으] 미꾸라지. 미꾸라지는 탄수화물, 단백질, 지방, 칼슘, 인, 철분, 칼륨, 비타민 A, P 등이 풍부하다.

Doroir [프 도후와-흐] 빵과 과자에 글리세린, 달걀 노른자나 버터를 바르는 솔

Dot [영 도트] 작은 버터 조각을 표면에 뿌려 넣는 것

Double [영 더블] single은 30ml 로 그의 2배인 60ml

Douceur [프 두쐬흐] 단맛, 부드러운 맛

Douceur Chaud [프 두쇠르 쇼] 더운 후식. 푸딩, 과일 케이크, 튀김류의 디저트

Douceur Froid [프 두쇠르 프와] 찬 후식. 샤벳, 아이스크림

Dough [프 도우] 물, 설탕, 우유 등을 넣은 밀가루 반죽

Doughnut ; Donut [프 도넛] 케이크 도넛과 빵 도넛의 2가지가 있다. 케이크 도넛은 베이킹파우더로 부풀리기 때문에 반죽을 하여 형을 뜬 후 즉시 튀겨야 하고, 빵 도넛은 이스트로 부풀리기 때문에 반죽하여 형을 뜬 후 발효시켜 부푼 다음에 튀겨야 한다. 미국에서는 고리 모양으로 만들고 영국에서는 만두 모양으로 중심부에 구멍 없이 둥글게 만든다. 밀가루·소금·베이킹파우더·계핏가루를 이용

D

Douille [프 **두이으**] 짤주머니에 끼우는 모양 깍지

Doyley [프 **도일리**] 식탁 위에 물, 주스 맥주 등을 제공할 때 이용하는 원형이나 직사각형의 받침

Draft Beer [영 **드라프트 비어**] 생맥주. 살균처리 하지 않은 맥주

Drain [영 **드래인**] 지방을 제거하는 것

Drambuie [프 **드람부이**] 스카치위스키를 기본으로 하는 스코틀랜드 리큐어

Draw [프 **드로**] 빵이나 케이크를 오븐에서 꺼내는 것

Dredge [프 **드레슈**] 소테 등의 요리나 프라이를 하기 위해서 밀가루를 묻히는 것

Dress [프 **드레스**] 가금류나 생선을 다듬어서 깨끗이 만드는 것

Dressed Food [영 **드레스드 푸드**] 요리의 가치를 상승시키기 위해서 음식물의 외관을 장식한 음식

Dried Fruit [영 **드라이 프루트**] 건조 과실. 과실을 건조시킨 단순한 가공식품. 인류는 상고시대부터 과실을 식용으로 하였으므로 먹다가 남은 과실을 보존하기 위하여 햇볕에 말리는 일을 하였을 것이다. 그 중에서도 무화과 건조는 오랜 역사를 지니고 있으며, 이미 1000여 년 전 산업으로서 지중해 연안과 유럽의 시장을 장악하고 있었다. 한국에서는 곶감을 건조과실의 대표로 들 수 있으며, 그밖에 대추·밤·포도 등과 약용으로서 나무의 열매 등이 건조, 가공되어왔다. 그러나 외국에서는 일찍이 건조과실의 이용도가 높아 포도·황도·자두·대추·바나나·나무딸기·파인애플 등 많은 과실이 건조, 가공되고 있다. 특히, 근래에는 건조과실을 아이스크림·셔벗 등의 원료로 많이 사용한다. 과실은 일광에 건조시키면 빛깔이 나빠지고 굳어지기 쉬워 동결건조·진공건조 등의 방법이 이용되고, 착색방지를 위하여 아황산가스로 처리한 후 건조시키기도 한다. 건조과실로 가공하는 과실 원료는 일반적으로 저장중에 변화하므로 완숙되기 조금 전의 것을 사용하는 경우가 많으나, 건포도 같은 것은 가급적 가지에 오래 붙어 있게 하여 약간 과숙한 편이 좋다. 건조과즙도 하나의 건조과실로, 음료와 과자의 원료로서 수요가 늘어가고 있다. 흡습성이 강하여 보존하기가 힘들며, 동결건조·진공건조·분무건조 등 비교적 생산원가가 많이 드는 건조법이 이용되기 때문에 제품 가격이 높은 경향이 있다. 이미테이션 분말 주스 따위에 소량을 가하면 천연에 가까운 풍미를 맛볼 수 있는 이점이 있다. 건조과실의 이용은 분말 바나나가 이유식에, 건포도가 과자에 이용되는 등 최근에는 그 이용법도 다양해졌다.

Dressing [프 **드레싱**] 프렌치 드레싱(비네그레소스라고도 한다)이 기본이다. 혼합비율은 샐러드유 2, 식초 1, 소금과 후춧가루를 약간씩 섞어서 만들고, 이것에 잘게 썬 향미야채와 각종 향신료를 더하면 여러 가지 드레싱을 만들 수 있다. 드레싱은 조류요리에서 빼낸 내장 대신 채워 넣는 소를 가리키기도 한다.

Drink Formular [영 **드링크 포뮬러**] 표준분량, 한병에서 얻는 잔의 수나 한잔의 분량

Drip[영 **드립**] 고기를 해동시나 조리에서 생기는 육즙

Drizzle[영 **드리즐**] 음식에 소스 등을 조심스럽게 부어 알맞은 농도를 유지하는 것

Drop Cookies[영 **드롭 쿠키**] 드롭 쿠키, 반죽을 한 스푼씩 떠서 구운 버터 쿠키

Drummed Hoop[영 **드럼드 훕**] 케이크를 구울 때 유산지를 깔아 주는 것

Dry[영 **드라이**] 와인 맛을 표현할 때 단맛이 없다, 맛과 향이 진하다는 의미

Dry Ice[영 **드라이 아이스**] 고체 이산화탄소. 냉동 상태를 유지할 때 이용

Dry provisions[영 **드라이 프로비젼**] 건조식품. 신선한 상태의 식품을 자연적 또는 인공적으로 건조시킨 식품. 식품의 건조기술이 발달되지 않은 시대에는 모두 태양열과 자연 통풍 또는 목재를 연소시켜 얻은 열로 식품을 건조시켰으나, 오늘날에는 건조방법과 건조기술이 발달되어 식품에 따라 건조조건과 건조기계를 선택하여 품질이 우수한 제품을 생산하고 있다. 건조식품은 장기간 보존할 수 있을 뿐 아니라 특수한 풍미를 내기도 하며, 부피와 중량의 감소로 저장장소의 절약 또는 간편한 운반 등 여러 가지 장점을 지니고 있다. 건조식품에는 곡류·채소류·과일류·육류·생선류·해조류·녹말·우유·달걀·음료 등 여러 종류가 있다. 자연건조법의 단점은 식품으로부터 수분을 제거할 수 있는 한계가 있고, 건조시간이 오래 걸리며, 건조 도중 이물질 또는 먼지가 혼입될 우려가 있으며, 부패되기도 한다. 인공 건조법은 건조 원리에 따라 공기순환 건조법·캐비닛 건조법·터널 건조법·분무 건조법·드럼 건조법·진공 건조법 등이 있다. 공기순환 건조법은 인공 건조법 중 가장 원시적인 방법으로, 2층 건물의 위층에 건조시킬 식품을 얇게 펴서 널고 아래층에서 가열하여 더운 공기의 자연대류에 의하여 식품을 건조시키는 방법이다. 이 방법으로는 사과·살구·채소 등을 건조시킨다. 캐비닛 건조법은 목재로 만든 상자 안에 공기가열기와 송풍기·선반 등이 있어, 식품을 선반에 널고 가열 송풍하여 식품을 건조시키는 방법이다. 과실·채소·면류 등을 이 방법으로 건조시킨다. 터널 건조법은 긴 터널과 같은 방을 만들고, 그 안에 촘촘한 선반에 식품을 가득 넣은 트럭을 넣고 한쪽에서 가열 송풍하면서 트럭을 서서히 이동시켜 한쪽 끝에서 다른 끝으로 나가는 동안 식품이 건조되도록 하는 방법이다. 제2차 세계대전 때 과일·채소 등을 건조시키기 위하여 고안된 방법이다. 분무 건조법은 건조실·분무실·공기가열기·공기순환계·제품회수기 등으로 구성되어 있다. 분무 건조기는 우유·미음 같은 액체나 점도가 낮은 유동성 식품을 건조시키는데 사용된다. 건조실 내부에서 분무된 미세한 입자가 가열된 공기에 접촉되는 순간 건조되어 고체분말이 되어 아래로 떨어지고 수분은 수증기가 되어 환풍장치에 의하여 밖으로 제거된다. 드럼 건조법은 1~2개의 강철 롤러가 돌 때 액체 또는 풀 상태로 된 식품을 엷은 막으로 되게 하여 건조시키는 방법으로, 롤러가 1회전하는 동안에 건조된 고체막을 긁어모은다. 고열로

D

가열 건조시키므로 식품의 질이 저열로 건조시킨 것보다 좋지 않다. 진공 건조법은 식품을 동결된 상태에서 건조시키는 방법과, 어느 점 이상의 온도에서 건조시키는 방법이 있다. 식품을 어느점 이상의 온도에서 건조시킬 때는 70 mmHg 이하의 저압에서 건조시키므로 물이 44°C에서 끓는다. 동결 건조시킬 때는 1~0.01 mmHg의 진공상태에서 건조시킨다. 극저압 상태에서는 식품 속의 얼음이 액상을 거치지 않고 직접 수증기로 승화된다. 동결 건조에 의하여 건조시킨 식품은 미세한 다공성 조직을 가지므로 특히 복수성이 우수하다. 진공 건조법에 의하여 건조시킨 식품은 빛깔 · 맛 · 향기 · 영양성분 등의 변화가 극히 적으므로 커피 · 생강차 · 인삼차 등의 향기를 보존해야 할 식품의 건조에 알맞다.

Dubonnet [㊇ 두보네] 키리네를 첨가한 식전용 강화 와인

Duchesse [㊇ 뒤체스] 으깬 감자에 계란 노른자를 섞어 만든 것

Duchesse Potatoes [㊇ 뒤체스 포테이토] 감자를 익혀 계란 노른자를 섞어 작은 모양으로 짜서 살라멘더에 구운 감자 요리

Duck Meat Sauce [㊐ 덕 미트 소스] 오리 육즙소스. 오리뼈, 백포도주, 갈색소스 등이 들어가며, 만드는 법은 오리뼈를 오븐에서 갈색으로 구운 다음 소스 냄비에 채소를 색이 나게 볶아서 와인을 넣고 졸인다(deglace). 스톡을 넣고 1시간 40분간 끓여서 천으로 거른 다음 다시 끓여 거품을 제거하고 농도를 맞추어 마무리한다. 시간이 지나치게 경과하지 않도록 주의한다. 주의는 와인을 충분히 졸이지 않으면 소스의 완성도가 떨어지며, 신맛의 원인이 된다.

Duglere [㊇ 두글레르] 밀가루를 약하게 볶아 흰색을 유지하면서 백포도주, 토마토, 파슬리로 맛을 낸 생선조리법

Duglere Sauce [㊇ 두글레르 소스] 생선 벨루테, 백포도주, 토마토 콘카세, 버섯 등을 이용하며 백포도주에 양파를 썰어서 반으로 졸이고(reduire), 졸인 냄비에 생선 벨루테를 첨가하여 버섯을 버터에 볶아서 사용한다. 소스를 끓인 다음 토마토와 파슬리를 넣어 고금, 후추 등으로 간을 하여 사용한다.

Dumpling [㊇ 덤블링] 밀가루와 계란을 끓는 스프나 스튜에 담가서 익히는 요리

Duplicate System [㊐ 두플리케이트 시스템] 대조시스템, 레스토랑 판매관리의 한 방법으로 금전등록기나 레스토랑 체킹 어신의 원시등록 사항과 카본지의 복사내용을 대조 확인 하는 것

Dust [㊐ 더스트] 케이크나 페스트리에 설탕이나 슈거 파우더를 뿌리는 것

Dutch Coffee [㊐ 더치 커피] 물을 사용하여 3시간 이상 추출한 독특하고 향기 좋은 커피이다. 네덜란드풍의 커피인데 열대지방의 원주민 사이에서도 이 풍습이 보임

Duxelles [㊇ 두욱셀] 다진 버섯과 양파, 파를 버터에 익혀서 버섯이나 토마토 등에 채우거나 장식, 소스의 재료로 이용한다.

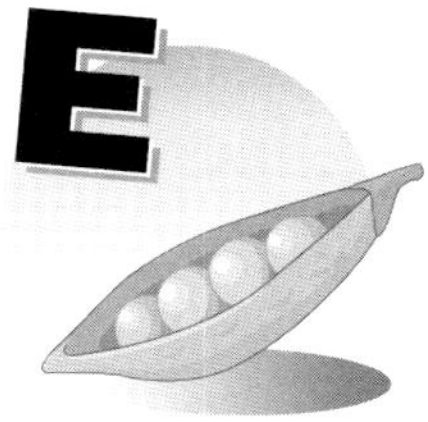

Earl Grey Tea [㉢ 얼그래이티] 인도와 스리랑카의 black tea. 열처리하고 말리기 전에 발효시킨 독특한 향의 차

Earthen Ware [㉢ 어든 웨어] 뚝배기나 탕기와 같은 질그릇

EAST [Entertainment Atmosphere Taste Sanitation] 식당, 레스토랑이 먹는 장소가 아닌 서비스, 분위기, 음식의 맛, 위생 등을 고려한 조화

Eau [㉣ 오] 물

- l' Eau de robinet : 수돗물
- l' Eau minerale : 미네랄 워터
- l' Eau de source : 샘물
- l' Eau de vie : 포도주를 증류한 브랜디

Eau de vie de Marc [오드 비드 마르] 와인을 만들 때 압착 과정 후 건더기를 증류한 브랜디

Eau de vie de Vin [오드 비드 뱅] 와인 산지의 잉여 와인을 증류한 브랜디

Ebarber [㉣ 에바르베] 생선의 잔가시와 지느러미, 조개나 홍합의 힘줄 등의 불필요한 부분을 제거하는 것

Ebouillanter [㉣ 에부이앙떼] 뜨거운 물에 넣다.

Ecaillage [㉣ 에까이아주] 비늘 벗기기

Ecaille [㉣ 에까이으] 비늘

Ecailleur [㉣ 에까이외흐] 비늘 제거기

Echalote [㉣ 에샤로뜨] 작은 양파 모양의 샤롯

Echine [㉣ 에쉰느] 돼지고기 등심

Eclair [㉣ 에클레어] 커스터드와 크림을 넣은 슈 페스트리

Ecumer [㉣ 에뀌메] 조리 중의 국물이나 소스의 거품과 지방을 제거하는 것

Ecumoire [㉣ 에뀌무와흐] 긴 손잡이가 달린 구멍 뚫린 국자

Edam Cheese [㉣ 에담 치즈 ; ㉣ 두보네] 네덜란드 치즈, 부드럽고 짠맛이 있으며 지방의 함량이 낮은 빨간 공모양이고 아마인과 파라핀으로 피복되어 있다. 에담은 네덜란드의 암스테르담의 북쪽에 있는 에담항구에서 그 이름이 유래되었다. 트레이드 마크이다시피 한 붉은 색의 왁스 코팅은 약 14세기 경에서부터 입혀지기 시작했고, 이제는 전세계의

어느 곳에서나 볼 수 있게 되었다. 이 빨간 코팅 덕분에 red ball이라고 불리우기도 하고, Crimson cannon ball 이라는 별칭을 가지고 있기도 하다. 왁스 코팅을 하게 된 이유는 네덜란드에서 바다를 통해서 수출을 하게 되면서 오랜 시간의 항해에서 보존성을 높이기 위한 이유에서였다. 간혹 검은 색의 코팅이 되어진 제품을 본적이 있을 것이다. 이것은 최소 17주 이상 숙성되어진 제품이라는 표시이다.

E

Edulcorant [프 에뒬꼬앙] 감미료

Eel [영 일] 뱀장어. 단백질과 비타민 A와 D의 함량이 높아 스프나 스튜로 이용

Effiler [프 에필레] 얇게 써는 것

Egg [영 에그] 계란. 흰자에는 티아민·니아신·리보플라빈 등이 들어 있고, 노른자는 비타민 A와 적은 양의 티아민·리보플라빈 등이 들어 있다. 신선한 흰자위는 반투명한데 변질되기 시작하면 투명해진다. 흰자의 단백질은 오브알부민(ovalbumin)·콘알부민(conalbumin)·오보뮤코이드(ovomucoid) 글로불린(globulin)·오보뮤신(ovomucin)·아비딘(avidin) 등 6종으로 구성되어 있고 노른자는 리포비텔린(lipovitellin)과 리포비텔레닌(lipovitellenin), 2종으로 구성되어 있다.

Egg Cream [영 에그 크림] 우유와 초콜릿 시럽과 소다수를 섞어 난백과 같은 거품을 낸 음료

Egg Foo Yong [영 에그 푸 영] 양파, 돼지고기, 새우 등을 넣어 만든 중국식 계란요리

Egg Loll [영 에그 롤] 야채, 해산물, 고기를 잘게 다진 속을 넣어 튀긴 계란말이

Egg Nogg [영 에그 롤] 우유·달걀에 브랜디·럼주를 섞은 칵테일 음료. 달걀 노른자 또는 전란에 백설탕을 잘 저어 풀고 여기에 크림·탈지유·셰리주를 혼합하고 다시 위스키나 브랜디 또는 양질의 럼주와 너트메그 분말을 섞어서 마신다. 거꾸로 들어도 쏟아지지 않을 만큼 잘 저어 거품을 낸 달걀 흰자를 별도로 혼합하여 저어서 만들어도 된다. 미국에서는 달걀·설탕·크림·탈지유·콘시럽·인공향료를 혼합하여 만든 통조림 제품이 시판되고 있어 여기에 양주·시너먼·크림을 식성대로 섞어서 음용하는 것이 일반화되어 있다. 피로 회복에 효과가 있으며, 미국 남부지방에서는 크리스마스 음료로 사용하는 풍습이 있다.

Eggplant [영 에그플란트] 가지. 인도가 원산지. 가지는 수분이 94 %로 대부분을 차지하며 영양소로는 칼슘, 탄수화물, 단백질, 인, 비타민 A, C가 들어 있다. 가지의 1/3 은 비단백질과 염기 외에 질산류이다. 탄수화물로는 당이 가장 많고 그 밖에 자당과 소당의 전분, 산류와 떫은맛이 약간 들어있다.

Eggs Benedict [영 에그 베네딕트] 머핀에 햄이나 베이컨과 반숙한 달걀 프라이에 홀렌다이스 소스를 얹은 것

Egg Slicer [영 에그 슬라이서] 철사 줄로 된 계란 자르는 기구

Egg threads [영 에그 뜨레드] 달걀을 풀어 끓고 있는 콘소메 위에서 고운체를 통과하

여 실모양으로 굳는 것

Eglefin [프 에글르펭] 대구의 일종

Egoutter [프 에구떼] 물기를 없애다.

Einzella [독 아인젤라] 개인 소유의 포도밭

Eiswein [독 아이스바인] 한 겨울에 나무에 달린 채 얼어버린 잘 익은 포도를 따서 녹기 전에 압착하여 만든 와인으로 양이 매우 적어 비싸지만 최고급의 향기와 맛을 지니고 있다.

Elasticity [영 엘라스틱] 반죽의 탄력성

Elevage [프 에르바쥐] 와인을 발효해서 병입히는 와인 전반의 과정

Emincer [프 에망세] 0.2~0.3 cm로 아주 얇게 써는 모양

Emincer Oveale [프 에망세 오발] 야채를 아주 얇게 둥글게 써는 방법

Emincer Ronde [프 에망세 론드] 야채를 타원형으로 얇게 자르는 방법

Emmental Cheese [프 에멘탈 치즈] 스위스 에멘탈 지방이 원산지인 치즈. 스위스의 대표적 치즈로 흔히 스위스치즈라고 한다. 미국에서는 미국산 에멘탈 치즈를 스위스라 부르고 스위스산을 Swizerland Swiss라고 구별해서 부른다. 지름 1 m, 무게 100 kg의 원반형의 경질치즈로 호두맛이 난다. 숙성기간은 10~12개월이며, 구멍이 있는 것이 특징이다. 에멘탈은 비록 그뤼에르와 비슷하긴 하지만 향은 더 부드럽고, 더 연한색을 띤다. 또한 와인과 같은 향을 내며 그뤼에르보다 더 탄력(더 잘 휜다)을 가지고 있다. 약간의 산미(요구르트를 먹을 때에 느낄 수 있는 그런 종류의)와 nutty (땅콩 : 견과류)의 향을 가진다. 그리고 가장 중요한 에멘탈의 특징은 땅콩만한 크기에서 호두만한 크기 정도에 이르는 치즈아이를 가지고 있다. 이탈리아의 폰티나, 프랑스의 그뤼예르 등이 비슷한 맛을 가진 치즈이다. 가루 상태일 때 녹는 속도가 빠르고, 닭고기, 쇠고기, 생선에 뿌려 구운 요리에 이용

Emulsification [영 에멀시피케이션] 기름과 물을 유화 (에멀션화)시키는 작용

Emulsifier [영 에멀시파이어] 유화제. 천연유화제는 달걀 노른자나 콩에 함유된 레시틴이 있으며, 달걀노른자는 일반적으로 마요네즈의 유화제로에 이용된다. 현재 사용이 허가된 것으로는 글리세린지방산에스테르 · 수크로오스지방산에스테르 · 소르비탄지방산에스테르 · 프로필렌글리콜지방산에스테르 · 대두인지질 · 스테아릴젖산칼슘 등이 있다. 이 중 많이 사용되는 것은 글리세린지방산에스테르인데, 주로 모노글리세라이드가 유화제로서 사용된다. 모노글리세라이드는 독성이 없고 사용하기 간편해 유화제로서 뿐만 아니라 거품억제제, 녹말의 노화방지제로서 빵이나 케이크에 흔히 사용되는데, 시간이 경과하면서 입에 닿는 촉감이 나빠지는 것을 방지하는 구실을 한다.

Emulsion [영 에멀젼] 유화. 두 가지 섞이지 않는 액체를 달걀 노른자같은 유화제로 섞이게 하는 것

Emonder [프 에몽데] 복숭아, 토마토, 호두를 끓는 물에 껍질을 벗기는 것

En Bochette [프 앙 브로트] 꼬챙이로 꽂은 요리

En Casserole [프 앙 카스롤르] 뚜껑을 덮어 도기에 끓이거나 찌는 조리법

En Cocotte [프 앙코코트] 계란을 소형 접시에 넣어 요리

En Coquille [프 앙 코끼유] 생선, 닭고기, 새우 등을 다져서 조개에 넣어 요리하는 것

En Papillote [프 앙 파피요트] 종이 봉지에 넣어 굽는 방법

Encre [프 앙크흐] 먹물

Endive [프 엔다이브] 풀 상치. 지중해 연안이 원산지. 약간의 씁쓸한 맛을 가진 볶음 요리, 조림, 튀김으로 맛을 돋운다. 기름기 많은 고기나 오리처럼 누린내와 나는 고기와 함께 곁들인다.

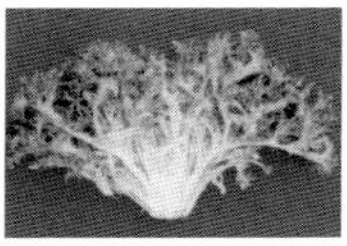

English Muffin [영 잉글리쉬 머핀] 호떡 모양의 밀가루와 소금, 이스트 등을 넣어 둥글게 빚어 번철에 구운 빵. 밀가루·설탕·달걀·유지·우유·베이킹파우더 등을 섞어서 구워 만든 과자

English Sole [영 잉글리쉬 솔] 넙치류

English Sauce [영 잉글리쉬 소스] 디저트 소스 중에서 용도가 가장 넓으며 각종 리큐르, 과일 등이 섞는 것에 따라 스필트 엘글레즈 소스(Spit Anglaise Sauce), 크림 앵글레즈(Cream Anglaise) 등으로 구분한다. 계란 노른자, 설탕, 우유, 바닐라 등을 재료로 노른자, 설탕, 녹인 버터, 전분(Cornstarch) 등을 스테인리스 볼에 넣고 거품기로 잘 저어 혼합한다. 우유를 90°C정도 끓여 준비한 소스에 조금씩 넣으면서 잘 혼합시킨다. 완전히 섞이면 불에 올려놓고 은근히 가열한다(80~90°C). 주걱에 묻은 소스 농도를 잘 관찰하여 끓기 직전에 꺼내 바닐라향을 넣어 더운 앵글레즈 소스를 사용한다. 민트소스는 앵글레즈 소스 1l 에 민트술 100ml 와 초록색 색소를 약간 넣어 사용한다. 중탕시키지 낳고 일반적으로 소스 농도를 보아 사용하고 때에 따라 럼을 넣는다. 푸딩, 바바로아, 크레프 등에 사용한다.

Enophile [프 에노필] 감식가나 전문가에게 의뢰하면서 와인을 즐기는 사람

Enrich [영 인리취] 비타민과 무기질 등을 강화한 것

Enrobe [프 앙로베] 케이크, 비스킷, 아이스크림에 초콜릿으로 입히는 것

Entier [프 앙띠에] 전체의

Entree [프 앙뜨레] 재료로는 수조육류를 다양하게 쓰고 기술적으로도 조리하는 사람이 힘을 기울여서 아름답고 맛있게 실질적으로 만드는 요리이다. 각기 육류에 맞는 소스를 만들고 조리한 채소를 곁들여서 생선 요리와 로스트 사이에 내놓는다. 나이프와 포크는 생선용 다음의 육류용 중에서 가장 큰 것을 쓰고, 술은 적포도주를 쓴다. 정식인 디너에서는 앙트레 뒤에 입가심으로 셔벗을 내기도 한다. 약식에서는 앙트레를 생략하고 생선요리 다음에 곧 로스트를 낸다. 앙트레의 조리법에는 블랑셰(삶

는요리) · 소테(굽는요리) · 브레제(조림요리) · 프리(튀김요리) · 푸알레(찜요리) · 그라탱(오븐구이요리) · 그리예(석쇠구이요리) 등이 있다.

Entremets [프 **앙트르메**] 곁들이는 야채

Enzyme [영 **엔자임**] 효소. 생물체 내에서 각종 화학반응을 촉매하는 단백질. 효소 중 소화효소는 소화관 속에서 음식물 속의 고분자 유기화합물을 저분자 유기화합물로 가수분해하는 효소. 소화효소는 60°C 이상에서는 효소의 기능이 없어진다. 또, 산성도(pH로 보통 나타냄)에도 그 활성이 크게 의존하는데, 대개의 효소는 pH 7 근처의 중성에서 활성이 가장 크다. 그러나 펩신과 같이 pH 2 정도의 산성에서 활성이 가장 큰 것도 있다. 소화효소는 유기물의 종류에 따라 단백질 가수분해 효소, 탄수화물 가수분해 효소, 지방 가수분해 효소 등으로 분류한다.

Eperlan [프 **에빠흘랑**] 
연어의 일종

Epice [프 **에피스**] 양념, 향신료

Epicure [프 **에피퀴르**] 미식가, 식도락가

Epinard [프 **에삐나흐**] 시금치

Eponger [프 **에퐁제**] 스펀지를 의미하는 물기를 흡수하다.

Escargo [프 **에스까고**] 프랑스의 대표적인 달팽이 요리. 프랑스어로 달팽이 또는 나사 모양을 뜻하는 말이며, 주원료인 헬릭스포마티아를 가리키는 말이기도 하다. 헬릭스포마티아는 포도나무 잎을 좋아하기 때문에 와인으로 유명한 지역의 달팽이가 맛이 좋은 것으로 알려져 있다. 그래서 와인으로 특히 유명한 부르고뉴와 샹파뉴(샴페인의 프랑스식 발음) 지방의 에스카르고가 최고로 분류된다. 고대 로마시대부터 미식의 하나로 여겨졌고 BC 50년경에 이미 양식되었다는 기록이 있으며, 이것이 전해져 프랑스의 에스카르고 요리가 되었다고 한다. 프랑스에서는 20가지 이상의 조리법이 있다. 조리에 앞서 날달팽이를 깨끗이 씻은 다음 딱지를 떼고 소금을 넣은 식초에 약 2시간 동안 담근다. 다시 물로 씻은 후 끓는 물에 넣어 데쳐 나사 모양의 껍데기에서 살을 빼내어 깨끗이 손질한다. 일반적인 요리법은 끓는 물에 백포도주 · 당근 · 양파를 조금 넣고 허브를 섞어서 3시간 정도 끓인다. 이것을 살과 함께 껍데기에 다시 넣고 버터에 레몬즙, 파슬리 다진 것을 섞어 갠 것을 그 위에 채우고 껍데기째 오븐에 굽는다. 다 익으면 그대로 접시에 담아 오르되브르로 이용한다.

Espagnole Sauce [프 **에스빠뇰 소스**] 브라운 소스로 브라운 스톡에 미르포와(양파, 버섯, 샐러리, 당근)를 볶아서 브라운 루를 넣고 토마토 퓨레를 첨가해서 은근히 끓인 소스

Espresso Coffee [영 **에스프레소 커피**] 이탈리아식 농도가 진한 강한 커피

Essence [영 **에센스**] 에센스, 추출해서 정제 한 것

Estragon [프 **에쓰트라공**] 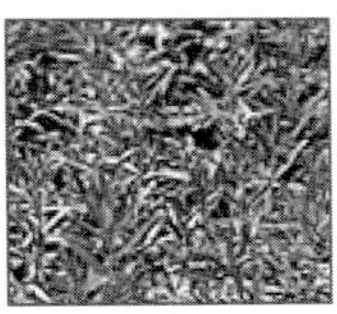
타라곤은 남유럽이 원산지로 꽃빛은 노랑색이며 50~60 cm쯤 자란다. 타

라곤의 잎은 소스나 샐러드, 스프, 생선요리 등에 널리 사용하며 올리브유나 비네거에 넣어 요리의 향을 낸다. 타라곤은 향이 강하므로 소량을 사용하며 후추와 비슷한 향이 있어 버터, 비네거, 오일, 피클 등에 다채롭게 이용된다. 타라곤의 차는 식욕증진, 건위와 소화불량, 체했을 때나 복부팽만에 효과가 있다. 또 잎의 침출액은 통풍, 류머티즘, 관절염 등에 좋고 목욕제로도 효과가 있다. 산화방지와 살균작용, 불면증에 좋으며 목욕제로 쓰면 혈행을 좋게 한다.

Etouffee [㊀ 에뚜페] 찜

Etuver [㊀ 에뛰베] 육류와 야채를 재료가 가진 수분으로 찌는 것

Evaporated Milk [㊄ 이베프래이트 밀크] 탈지유

Exocet [㊀ 에그조세] Garfish 날치. 우리나라 동·서해, 일본 남부해에 분포. 구이, 날치 알밥 등으로 이용하며, 날치 알은 김밥과 초밥에 이용하며, 일식 요리에 많이 이용

Face Reading [영 페이스 리딩] 고객의 인상을 보고 고객의 분류와 원하는 사항을 재빨리 간파하여 서비스를 제공하는 것

Fagot [프 파고] 간과 다진 돼지고기에 허브 등을 넣고 만든 둥글고 납작한 패티

Fagioli [이 빠지올리] 이탈리아의 흰 강낭콩

Faible [프 페블] 약한

Faine [프 펜느] 너도밤나무

Faisselle [프 페셀] 우유의 카세인을 응고시킨 치즈의 수분을 빼는 그릇

Fait [프 페] 숙성이 잘 이루어진 치즈

Fait-tout [프 페 뚜] 손잡이 있는 스튜용 냄비

Falette [프 팔레뜨] 양 가슴살을 오븐에서 익혀서 당근, 양파, 콩과 같이 식사로 제공

Fane [프 판느] 무, 당근의 잎

Farce [프 프르스] stuffing 잘게 다진 고기를 생선이나 야채 속에 넣어 만드는 것

Farcon [프 파흐쏭] Farcement 브랑스 사브와 지방의 전통적인 축제 음식으로 간 감자에 플럼, 건포도, 달걀, 밀가루 등을 넣어 이중 냄비에 익히거나 튀긴 요리

Faree [프 파헤] 베이컨을 넣은 양배추 요리

Farine [프 파힌느] 곡물가루

- Farine de Avoine(파힌느 드 아브완) : 오트밀
- Farine de Ble(파힌느 드 블레) : 밀가루
- Fariner(프 파히네) : 가루를 뿌리다.
- Farinette(프 파히네뜨) : 프랑스 오베뉴 지방의 팬케이크

Farl ; Farle [프 팔] 스코틀랜드식 오트밀과 밀가루로 삼각형 모양으로 자른 얇은 케이크

Farmer Cheese [영 파머치즈] cottage 치즈이며, 건조 시켜서 덩어리나 조각을 판매. 코를 찌르는 향이 일품

Fast Food [영 패스트푸드] 제한된 메뉴에 표준화된 조리법에 따라 신속하게 제공하는 음식. 패스트푸드란 주문하면 곧 먹을 수 있다는 뜻에서 나온 말이다. 용기는 종이로 되어 있어 한번 쓰고 버리며 조리도 오븐에서 데우는 정도로 간단하므로 소수의 인원으로 손님의 주문에 신속하게 응할 수 있다. 미국에서는 1960년대부터 보급되기 시작하였고, 한국에는 1970년대 들어와

간편하다는 장점과 젊은층의 양식화 경향에 따라 수요가 늘어나고 있다.

Fatback [영 팻백] 등을 따라 존재하는 지방으로 요리나 훈제로 이용

Fat [영 팻] 글리세롤과 고급 지방산과의 에스테르. 상온에서 고형을 이루는 것을 특히 지방이라 하여 액상인 기름과 구별하지만, 본질적인 차이는 없다. 천연으로 존재하는 것은 3개의 히드록시기가 모두 에스테르화된 글리세롤이 대부분이며, 트리글리세리드라고 불린다. 동물성 지방과 식물성 지방으로 분류되는데, 동물성 지방은 동물체 피하의 지방조직이나 장기의 표면에 축적되고, 식물성 지방은 주로 종자에 축적되어 있다. 식물성 지방은 리놀레산·리놀렌산 같은 불포화지방산을 많이 함유하고 있으며, 공기 속의 산소에 의해서 산화되어 불쾌한 냄새나 맛이 나는데, 이것을 산패라고 한다. 이 때문에 불포화 결합에 수소를 첨가한 다음 식용유로 쓰는 일이 많다. 수소 첨가에 의해서 액상인 지방이 고체가 되므로, 이 조작을 경화 라고 하고 대표적으로 마가린이 있다.

F

Fatty acid [영 패티 에시드] 카르복시기(COOH)를 1개 가지는 사슬 모양의 지방산. 사슬 모양 모노카르복시산을 말하며, 지방을 가수분해의해 생기며, 생체 내에서는 글리세롤이나 고급 알코올과 에스테르를 만들고 있으며, 유리 지방산으로서 존재하는 양은 극히 적다. 지방산은 에너지원으로서 중요하며, 소화흡수되면 일단 지방의 형태로 피하에 침착했다가, 필요에 따라 간에서 분해된다. 영양소로서는 높은 칼로리를 지니며, 또 직접 장에서 흡수되므로 이용가치가 크다. 지방산은 세포막이나 신경섬유 등의 기본적인 구성성분의 하나이다. 필수 지방산으로 리놀레산·리놀렌산·아라키돈산 등이 있다.

Faubonne [프 포본느] 포타주의 일종. 여러 종류의 콩과 야채에 허브를 넣어 끓인 스프

Fausse Tortue [프 파우세 토우트] 버터에 밀가루를 볶은 루에 자라를 끓여 거른 스톡을 넣어 끓인 스프

Fayot [프 파요] 강낭콩

Fecule [프 페뀔] 녹말, 전분

Femiere [프 페미에르] 버터에 야채를 볶아 약한 불에서 끓인 것

Fennel [프 휀넬] 회향. 미나리과, 상록 다년 초, 원산지는 지중해 연안지역. 아니스와 딜과 향기가 비슷하며, 잎, 줄기, 꽃을 이용하며, 냄새를 제거하거나 소화를 좋게 하여 "고기의 허브"라 불린다. 생 줄기로 만든 차는 맛이 좋음. 꽃, 줄기, 잎은 샐러드로 이용하며, 기타 여러 가지의 오븐 요리의 풍미를 돋군다. 씨로 만든 허브차는 소화를 좋게 하며, 보리빵, 스프, 생선에 이용

Fenugreek [프 프뉘그헤끄] 콩과 식물의 일종. 차, 향신료, 카레가루 등의 향을 내기 위하여 이용

Fermentation [영 퍼멘테이션] 미생물이 자신의 효소로 유기물을 분해 또는 변화시켜 각기 특유한 최종산물을 만들어내는 현상

으로 새로운 성분이 합성되어 영양가가 향상되고 기호성이 향상된다. 효모에 의한 알코올 발효, 젖산균에 의한 젖산 발효, 장내 세균에 의한 포름산 발효, 클로스트리듐속 세균에 의한 부티르산-부탄올-아세톤 발효, 프로피온산균에 의한 프로피온산 발효, 메탄 세균에 의한 메탄 발효, 또한 수소 발효와 글리세르 발효 등이 있다. 젖산균이나 효모 등 미생물의 발효 작용을 이용하여 만든 식품으로 주류, 빵류, 식초, 콩발효식품(간장·된장·고추장 등), 발효유제품(치즈·버터·요구르트 등), 소금절임류(김치·젓갈)등의 발효식품이 있다.

Fermentation fungi [영 퍼멘테이션 펀지] 발효균. 발효작용을 일으키는 미생물. 발효란 미생물이 비교적 큰 분자의 유기산을 분해하는 현상이며, 그것에 의해 발생하는 에너지는 생물이 생활하는 원동력으로 사용된다. 이러한 작용은 동식물계에서 모두 볼 수 있는 현상으로, 균류에서는 특히 그 작용이 강한 것이 있어 이를 인간생활에 이용하는 경우가 있다. 이러한 균류를 통틀어 발효균이라고 한다. 발효균 중에서 가장 오래 전부터 인간이 사용한 것은 알코올 발효에 관한 균류이다. 예를 들면, 맥주를 양조할 때 사용하는 맥주효모균(Saccharomyces cerevisiae)이나 포도주를 양조할 때 사용하는 포도주효모균(S. ellipsoides) 등이 있다. 그 밖에 글루콘산 발효를 일으키는 검은곰팡이 및 푸른곰팡이속의 일종, 푸마르산 발효를 일으키는 거미줄곰팡이속의 일종, 시트르산·옥살산·갈산·이타콘산·젖산 등의 발효를 일으키는 곰팡이류 등도 알려져 있다. 또한, 효모균을 특수한 상태하에서 배양하면 글리세린이 다량으로 생기는 것이 발견되어, 그 방법이 공업화되었다. 또, 알코올 발효에 관한 조균류에 속하는 털곰팡이속이나 거미줄곰팡이속에 속하는 어떤 종류의 곰팡이는 단일 곰팡이가 녹말의 당화와 그 당분의 알코올화를 일으키므로 이것을 아밀로법이라 하여 양조에 사용되고 있다. 코올 음료 외에 된장·간장도 발효에 의하여 제조되는데, 이 때에는 누룩곰팡이뿐만 아니라 효모균류, 세균류가 함께 작용하여 복잡한 변화를 거친 결과 목적물이 생긴다.

Fermented milk [영 퍼멘티드 밀크] 발효유. 우유·염소젖·말젖 등에 젖산균 또는 효모를 배양, 젖당(락토오스)을 발효시켜 젖산이나 알코올을 생성시켜 특수한 풍미를 가지도록 만든 음료. 주로 젖산균을 배양하여 젖산만을 함유하는 산성우유(acid milk)와 젖산균 및 효모의 작용에 의하여 젖산발효 및 알코올 발효를 동시에 일으킨 알코올 발효유로 크게 나눈다. 산성우유에는 요구르트(yoghurt), 발효 버터밀크, 아시도필루스 밀크(acidophilus milk) 등이 있다. 알코올 발효유에는 양젖·염소젖을 원료로 하는 케퍼(kefir), 말젖을 원료로 하는 쿠미스(kumyz) 등이 있는데, 1~3% 정도의 알코올을 함유하므로 젖술(milk wine)이라고도 하며 중앙아시아·카프카스 지방에서 애용하고 있다. 산성우유는 두부와 같이 응고되어 있으므로 요구르트와 같이 그대로 마시기도 하지만, 이것을 부수어 설탕·향료 등을 가하고 젖산균이 살아 남도록 가공한 젖산균 음료, 또는 가공 후 살균하여 저장성을 가지게 한 칼피스(calpis)와 같은 젖산음료로 이용된다. 또 마가린에 천연 버터와 같은 풍미를 주기 위하여 산성우유를 유상액 상태로 혼합하는 경우도 있다.

F

Fermented Sausage [영 퍼멘티드 소시지] 젖산균을 순수 배양한 후 냉동 건조시킨 것을 스타터로 사용, 발효시켜서 만든 반건조 소시지 또는 건조 소시지. 젖산균으로는 소시지의 품질을 향상시켜 주는 Micrococcus M-53과 Pediococcus cerevisiae를 사용한다. 원료로는 쇠고기·돼지고기로서 신선한 것을 선택한다. 또 전체 제조과정을 통하여 젖산균의 번식을 촉진하고 잡균의 번식을 억제하기 위하여 온도관리에 주의한다. 원료고기를 미트 초퍼(meat chopper)로 갈고 이에 젖산균의 스타터 및 다른 원료를 가하여 혼합기로 잘 섞는다. 이런 과정이 끝난 다음 통기성이 있는 케이싱에 채워 20°C에서 3～5일 발효, 건조시킨 후 20°C에서 5～7일 훈연한다. 마지막으로 10°C의 건조실에서 약 10일간 건조시켜 제품으로 완성한다.

Feta Cheese [영 페타치즈] 흰색, 사각형의 45～60%의 지방을 함유한 그리산 프레쉬 치즈

Fettucine [이 페투치니] 1cm로 납작하게 자른 파스타

Feu [프 프] 불, 열기

Feuilletage [프 페이으따쥬] 밀가루 반죽에 버터를 넣어 밀은 퍼프 페스트리

Fiber [영 파이버] 섬유소. 식품 중에서 채소·과일·해조류 등에 많이 들어 있는 섬유질 또는 셀룰로오스로 알려진 성분으로 식이 섬유소를 의미. 소화되지 않아서 가치가 없는 것으로 인식되어 왔으나 식이섬유가 장질환, 동맥경화증, 당뇨증, 담석 등의 예방에 유효. 섬유질로는 야채의 질긴 부분(셀룰로오스), 무의 갈색 색소(리그닌), 과일 속의 펙틴, 미역·다시마의 끈적끈적한 성분 등이 있다.

Feverfew [프 피버휴] 신선한 잎 채소로 샐러드에 이용

Fiasco [프 피아스코] 지방의 특산물인 짚을 이용하여 포장한 와인병

Fiber [영 파이버] 섬유소. 섬유소는 물과 친한지 여부에 따라 나뉘는데, 물과 친하면 수용성 섬유소, 친하지 않으면 비수용성 섬유소라고 부른다.

수용성 섬유소 식품 속에 존재하는 섬유소의 본래 성질은 우리 몸에 섬유소를 소화시킬 만한 소화효소가 없기 때문에 불소화성이지만 모든 식이성 섬유소가 완전히 소화되지 않고 그대로 배설되는 것은 아니다. 섬유소 중 수용성 섬유소는 장내에서 미생물에 의해 소화될 수 있으며, 또한 발효가 되는 경우도 있어 이 과정이 제대로 일어난다면 약 섬유소 1g당 3kcal의 열량을 내게 된다. 수용성 섬유소가 우리 몸에서 하는 역할을 보면 물을 흡수하여 젤리상태로 되어 위를 팽창시켜 포만감을 느끼게 하고 음식물의 흡수를 지연시킨다. 또한 혈장의 콜레스테롤치도 낮추어 주는 역할을 한다. 수용성 섬유소는 귀리, 보리, 콩, 완

두, 감자, 사과, 오렌지, 포도, 딸기, 다시마, 미역 등에 많이 들어 있다.

◐ 비수용성 섬유소 비수용성 섬유소는 스폰지 형태로, 변의 부피를 늘려주어 장의 통과시간을 빠르게 합니다. 비수용성 섬유소는 통밀, 옥수수, 땅콩껍질, 곡류의 껍질, 근대, 아욱, 무, 고사리 등에 많이 들어 있다. 섬유소는 영양학적 가치는 별로 없지만 소화기관을 통과할 때 그 특성을 발휘함으로써 소화관이나 같이 섭취한 음식물에 영향을 준다.

① 대변량을 증가시킨다. 섬유소 섭취량이 많은 사람은 그렇지 않은 사람에 비하여 대변량이 많다. 섬유소의 섭취량이 많은 아프리카 원주민들은 1일 500 g의 대변을 보는데 비해 미국인의 대변량은 1일 약 100 g 정도라고 한다. 섬유소 중 수용성 섬유소는 물을 흡수하는 능력이 커서 물이 섬유소의 표면이나 틈새에 끼어들어 섬유소의 크기를 늘려 결과적으로 대변량을 증가시키고 대변을 부드럽게 한다.

② 소화기관의 통과시간을 단축시킨다. 음식물을 먹은 다음 대변으로까지 배설되는데 소요되는 시간을 소화관 통과시간이라고 하는데 섬유소 섭취량이 많은 사람이 그렇지 않은 사람보다 그 시간이 짧다. 특히 비수용성 섬유소를 많이 섭취할수록 그 시간이 더 짧다.

③ 대장 계실증의 발생을 예방한다. 대장계실증은 대장의 점막층이 대변이 통과하지 않고 머물러 있음에 따라 상승된 압력에 의해 근육층이 적거나 얇게 된 부분이 돌출된 상태로 최근에는 섬유소 부족 질병이라고까지 불린다. 섬유소는 장내를 통과하면서 장내에 있는 찌꺼기들을 흡착하여 제거하는 한편 음식물이 장내에 머무는 시간을 단축시켜 대장 계실증 등의 여러 가지 장질환의 발생을 예방한다.

④ 영양소의 소화, 흡수를 저하시킨다. 섬유소는 음식물이나 소화효소가 소화관내에서 퍼져 나가는 것을 막거나 또는 점막에 섬유소가 붙어 영양소의 흡수를 저해하고, 음식물의 소화관 통과시간을 단축시켜 영양소가 소화되는 시간을 제대로 주지 않음으로써 소화, 흡수가 충분히 되지 않은 채로 배설되게 한다. 이런 작용은 체중감량이나 비만의 예방에 좋다.

⑤ 영양소의 흡수를 지연시킨다. 수용성 섬유소는 소화를 천천히 일어나게 하여 흡수를 지연시키므로 혈당을 천천히 올라가게 하여 당뇨병의 예방과 관리에 좋다.

⑥ 담즙산의 흡수를 감소시킨다. 담즙산은 간에서 콜레스테롤을 주재료로 하여 만들어져서 담낭을 거쳐 소장으로 분비되어 음식물에 있는 지방을 소화, 흡수하기 좋은 상태로 만들어 다시 간으로 재흡수되는 과정을 거친다. 섬유소는 담즙산의 소장에서의 재흡수를 방해하여 대변으로 배설시킬 뿐만 아니라 음식물 중에 있는 콜레스테롤의 흡수를 저하시켜 고지혈증, 심장병, 고혈압 등의 예방과 치료에 좋다.

Fiber Bread [㉧ 파이버 브레드] 섬유소 빵. 펄프의 알파섬유소를 섞어 만든 저칼로리 빵. 섬유빵이라고도 한다. 영양학적으로 섬유음식을 섭취하는 것이 장암예방에 효과가 있다고 한다. 일반적으로 밀기울의

F

섬유는 미네랄과 비타민의 흡수를 방해하므로 빵에 어느 정도 섞어야 좋은가가 문제이다. 노르웨이와 미국의 공동연구에서는 미네랄·비타민의 소화흡수와, 파이버의 장관조정과의 관련 및 빵맛을 손상시키지 않는 한계를 생각해서, 질이 같은 흰밀가루와 전립분을 반씩 섞은 밀가루로 만드는 것을 표준안으로 삼는다.

Ficelle [프 피셸] 가는 바게뜨

Fig [프 피그] 무화가 열매

Fideos [이 피데오스] 얇은 버무셀리형 국수

Fiel [프 피엘] 쓸개즙

Fielet [영 필렛] 육류나 가금류, 생선의 뼈와 지방질를 제거한 살코기

Filet Mignon [프 필레 미뇽] 쇠고기의 뼈가 없는 연한 허리 살부분의 안심, 등심

Filling [영 필링] 파이, 페이스트에 내용물을 채우는 것

Filter [영 필터] 필터

Final Proof [영 파이널 프루프] 최종 발효점

Final Stage [영 파이널 스테이지] 제빵 과정 중 반죽단계에서 탄력성과 신장성이 최대인 단계

Fines Herbs [영 파인 하브] 파슬리, 타라곤, 차빌, 차이브 등 4가지 허브 혼합물

Fines Herbs Sauce [영 파인스 허브 소스] 향초소스. 냄비에 마늘 양파(shallot) 다진 것, 파슬기 줄기, 타라곤 줄기를 넣고 포도주로 1/2로 졸여서, 브라운소스를 넣어 끓인다. 소창으로 걸러서 레몬주스, 파슬리 다진 것, 소금, 후추 등을 넣어 사용한다. 손님에게 소스 제공시 향신료를 다져서 다양한 소스를 응용할 수 있다. 생선류에 이용한다.

Fining [영 파이닝] 와인과 맥주를 달걀껍질, 규조토 등을 이용하여 거르는 작업

Finger [영 핑거] 술의 분량을 측정하는 단위로 1핑거는 30ml

Finger Food [영 핑거 푸드] 손에 잡히는 작은 크기의 손으로 집어 먹는 음식

Fish [영 피쉬] 생선. 어류가 함유하는 양분 중 대표적인 것은 단백질과 지방인데 육류보다 연하며 소화도 잘 된다. 어류는 종류에 따라 약간 다르나 10~20%가 단백질이며, 육류·달걀·우유의 단백질과 같은 필수아미노산이 다량 함유되어 있어 우수한 단백질 식품이다. 어류는 1~10%의 지방을 함유하는데 어류의 지방에는 변화되기 쉬운 불포화지방산이 많기 때문에 산화되어 분해되기 쉽다. 생선살에는 비타민 A, B_1 의 함량이 높은 혈합육(dark meat)이 있으며, 가다랭이·방어·다랑어·꽁치 등이 있다. 붉은살의 고기에는 다랑어나 가다랭이처럼 육지동물의 살에 들어 있는 미오글로빈이나 혈색소가 있어 부패되면 변색되는 것과 연어·송어와 같이 새우를 먹이로 하면 생기는 아스타크산틴이라는 물질을 가진 생선은 부패하여도 변색이 되지 않는 것의 2가지가 있다. 상어나 가오리와 같은 연골어류의 살에는 1~2%의 요소(尿素)를 함유하고 있어 조금 오래 되면 요소가 분해되어 암모니아 냄새가 나는 생선도 있다. 정어리·꽁치·청어와 같이 기름기가 흐르는 생선은 고도 불포화지방산을 함유하고 있다.

Fish and Chips [영 피쉬 엔 칩스] 영국의

생선 필레와 감자를 튀긴 식품

Fish Sausage [영 피쉬 소시지] 육류 소시지의 유사품이라 할 수 있으며, 제2차 세계대전 후 일본에서 생산되기 시작한 식품이다. 주재료로 다랑어·명태·고래고기 등을 고기 초퍼로 갈고 이에 부재료를 혼합해 만든다. 부재료는 소금 3~4%, 설탕 2~3%, 글루탐산나트륨 0.2~0.5%, 중합인산염 0.2~0.3%, 훈연액 0.2~0.3%이고, 이 외에도 방부제·향신료·지방·녹말 등을 가한다. 지방은 주로 돼지고기를 사용하지만 쇼트닝 오일을 대용하는 경우도 있다. 포장은 자동충전 결박기로 원통형의 필름에 재료를 채우고 알루미늄 끈으로 양쪽을 잡아맨다. 필름은 주로 폴리염화비닐리덴으로 된 것을 사용한다. 포장한 것은 수세한 후 85~95°C의 뜨거운 물에 50~60분간 담가둔 후 빨리 냉각시킨다. 이 때 필름에 생기는 주름을 펴기 위하여 다시 뜨거운 물에 30초 정도 담가 마무리한다. 이와 같이 밀봉된 용기에 넣고 다시 보존료를 첨가하였으므로 다른 수산연제품에 비하여 저장성이 뛰어나지만 통조림과 같이 장기보존은 할 수 없다. 변질되면 팽창하여 내부가 황변하고 신맛이 난다. 용도와 조리방법은 육류 소시지와 거의 같다. 생선햄도 제법이 거의 비슷하지만, 다만 다른 것은 다진 생선살 사이에 네모로 자른 고래고기를 첨가하여 가열할 때 판에 넣어 햄 모양으로 만드는 점이다.

Fish Stick [영 피쉬 시틱] 가늘고 긴 생선을 빵가루에 튀긴 것

Fish Stock [영 피쉬 스톡] 생선 뼈 등을 허브와 레몬 즙을 넣어서 1~2시간을 끓여서 거르는 것. 생선 육수는 뼈를 일정기간 모아서 육수를 만드는 데 보관과정이 나쁘거나 흰살 생선뼈가 아닌 것이 들어가면 맛없는 생선 육수가 된다. 또한 너무 오래 끓이면 좋은 소스를 얻을 수가 없다. 만드는 법은 흐르는 물에 생선뼈를 담가 불순물과 피를 뺀 다음 프라이팬에 버터를 넣고 양파, 샐러리, 버섯을 색이나지 않게 볶고 생선뼈도 첨가하여 볶는다. 포도주를 첨가한 다음 1/2로 졸이고 물을 붓고 향신료를 넣은 후 끓인다. 거품은 계속 거두어 내고 20분 정도 끓여서 고운 천으로 걸러서 사용한다. 육수의 양에 따라서 부케 가르니의 크기도 조절하고 생선뼈를 이용한 육수는 넙치, 광어 등 흰살 생선을 이용한다. 끓이는 시간도 2시간 이상으로 길어지면 고유의 맛을 상실한다. 주로 생선소스를 만드는 데 이용한다.

Fish Velote [영 피쉬 벨루테] 생선 벨루테. 버터, 밀가루, 생선 스톡을 이용하며, 버터를 냄비에 색이 나지 않게 녹여서 말가루를 색이 나지 않게 젓고 생선 육수를 끓여 준비한 루(roux)에 조금씩 붓는다. 거품기로 저어 덩어리가 없게 만들고, 생선 육수를 부은 다음 10분 정도 끓여서 고운체로 걸러 생선 소스로 이용한다.

Fizz [영 피즈] 진 레몬주스, 소다, 설탕, 얼음을 넣어서 만든 음료수

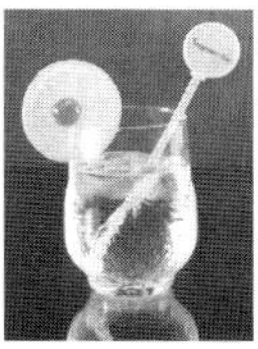

Flageolet [프 플라조레] 제비콩

Flambage [프 플랑바주] 가금류의 털을 태

우는 것

Flambee [프 플랑베] 조리 중이나 조리 마무리 단계에서 브랜디나 향이 좋은 리큐르을 넣어 알코올 성분은 날려 보내고 풍미를 살리며, 술의 증기에 의해 불꽃을 내어 볼거리도 제공한다.

Flambee Cart [프 플랑베 카트] 고객 앞에서 종사원이 직접 조리하여 요리를 서브하는 알코올 또는 가스 버너를 갖춘 카트

Flamiche [프 플라미슈] 치즈와 야채를 넣어 만든 타르트

Flamming [프 플라밍] 주로 프랑스 요리에 음식의 맛을 내고 고객에서 서비스하기 위하여 특정한 술로 불꽃을 만들어 요리를 하는 것

Flavor [영 플레이버] 맛, 향기, 촉감 등으로 느끼는 풍미

Flamusse [프 플라뮈쓰] 오픈 애플 파이

Flet [프 플랫] flatfish 넙치류의 광어. 광어에는 이노신산, 글루타민산, 글리신, 알라닌, 타우린, 리신 등 아미노산의 함량이 높아 고기가 담백하면서도 구수한 맛을 낸다. 광어에는 엘라스틴, 콜라겐의 두 성분으로 이루어진 결합조직으로 이루어져 있으며, 또 비타민 B, C, D가 풍부하고, 타우린도 150~200 mg 들어 있다.

Fleurette [프 플레헤뜨] 저지방 크림, 휘핑크림

Fleuron [프 플레홍] 가니쉬로 이용되는 작은 장식용 페스트리

Flip [영 플립] 와인이나 리큐르에 달걀을 첨가하여 거품을 일으킨 음료

Float [영 플로트] 비중의 차이를 이용하여 술을 차례로 붓거나 칵테일에 아이스크림을 올려 띄우는 것

Flone [프 플론] 달걀과 양젖 whey로 만든 크림을 넣은 타르트

Flour [영 플아우어] 밀가루. 밀의 배유 부분을 가루로 만든 것. 밀가루는 원료인 밀의 종류에 따라 품질이 달라진다.

◎ 강력분 경질밀을 원료로 한 것으로 경질밀가루라고도 한다. 캐나다·미국에서 생산되는 밀에서 얻어진다. 글루텐의 함량이 13 % 이상으로, 제빵용과 마카로니용에 적합하다.

◎ 박력소맥분 연질밀을 원료로 한 것으로 연질밀가루, 박력분이라고도 한다. 미국의 태평양 연안 및 오스트레일리아에서 생산되는 밀에서 얻는다. 글루텐의 함량이 9 % 이하인 밀가루로서 과자 및 튀김용에 적합하다.

◎ 중력분 강력분과 박력분의 중간으로서 글루텐의 함량이 9~13 %이다. 한국·오스트레일리아산 밀에서 얻어지며, 국수용에 적합하다. 이 밖에 한국에서는 강력분과 중력분 중간의 것으로 준강력분이 생산된다. 밀가루의 영양은 단백질은 8~12 %로 쌀보다 많으나, 필수아미노산은 쌀보다 적다. 그러나 리신과 트레오닌을 첨가하면 영양가가 향상된다는 점은 쌀과 비슷하다. 비타민 B_1은 100 g 중 0.28 mg으로서 쌀보다 많다. 밀가루의 영양가를 높이기 위하여 비타민 B군·무기질·아미노산 등을 첨가·혼합하는 것을 영양강화라 한다. 밀을 그대로 분쇄한 것을 통밀가루라 하며, 무기질·비타민이 많이 함유되어 있다.

Flute [프 **플루트**] 샴페인 잔이 가늘고 길게 입구가 오므라진 것

Focaccia [이 **포카챠**] 포카챠, 이탈리아의 일상적인 음식. 강력분, 올리브유, 생이스트, 설탕, 소금을 넣어서 넓적한 모양으로 피자형태의 빵을 만들고 위에 토핑으로 야채는 피망(적, 황색), 소금에 데친 브로콜리, 가지, 앤초비, 미니 옥수수, 애호박 등을 올리고, 조미료는 소금, 후추, 마늘파우더 적당량 뿌려서 화덕에 굽는다.

Foam [영 **포엄**] 거품

Foie [프 **프와**] 간

Foie Gras [프 **포와그라**] 거위간. 프랑스 요리 중 대표적인 전체요리(오드불). 거위간을 포아그라(foie-gras) "비대한 간"이란 뜻으로 거위나 오리간을 강제로 사료를 먹여 간을 크게 만드는 것이다. 거위간은 철갑상어알인 캐비어, 송로버섯와 함께 3대 진미. 양질의 단백질. 지질. 비타민 A, E, 철, 구리, 코발트, 망간, 인, 칼슘 등 빈혈이나 스태미너 증강에 필요한 성분이 풍부하다. 거위간은 프랑스 남부지방과 알자스지방에서 생산된 것을 최고급으로 적당한 향신료를 쓰고 포도주에 담갔다 조리하는 것. 전채요리, 수프요리, 육류요리에 쓰이는데 블랙베리버섯, 꼬냑, 포트와인, 젤리 등과 각종 향신료를 가미하여 굽거나 찌고 튀기는 방법 등이 있다.

Fold [영 **폴드**] 거품을 내어 계란 흰자나 크림을 밀가루, 설탕과 혼합하는 것

Fond [영 **폰드**] stock, 소뼈, 닭뼈, 채소, 향신료 등을 물을 부어서 끓여낸 국물로 서양조리에서 요리의 바탕으로 요리의 맛을 결정하는 가장 기본이 된다.

종류 ① Fond Blanc (white stock)은 쇠고기, 소뼈, 닭고기, 야채를 사용하여 맑은 육수

② Fond Brun (brown stock)은 쇠고기, 소뼈와 야채를 갈색으로 타지 않게 잘 볶아서 끓인다.

③ Fumet de Poisson (Fumet)은 흰 생선과 뼈, 양파와 샐러리를 잘 볶아서 백포도주를 넣어 졸이고 찬물을 부어 끓여 걸러서 사용

Fondant [프 **퐁당**] 퐁당. 설탕과 물을 끓여 식힌 후 혼합물로 휘저어주고 유연하게 만드는 것으로 캔디를 만들거나 녹여서 케이크를 코팅해서 수분이 날라가는 것을 방지하고 맛을 돋보이게 한다. 양과자의 표면장식·맛내기용·캔디의 재료 등으로 쓰이는 순백색의 설탕액. 프랑스어로 '녹는'의 뜻으로, 설탕에 물을 붓고 110°C 전후로 끓여서 식혀 순백색이 될 때까지 저어서 만든다. 전에는 각 과자점·제과공장에서 자가생산하여 사용해 왔으나, 최근에는 퐁당 전문 공장이 생겨 퐁당 연기(반죽기계)에 의하여 대량 생산된다. 제조방법은 여러 가지가 있으나 유기산을 이용하는 아시드 퐁당과 물엿을 이용하는 시럽 퐁당의 2종류가 있다. 케이크와 쿠키의 장식에 사용하면 대리석과 같이 굳어져서 손에 묻지 않으므로 운반하기에 편리하고, 보존도 비교적 잘 된다. 맛내기용으로는 에클레르(clair)의 윗면에 칠하는 초콜릿액 등을 만들 때 이용되며, 캔디용으로는 퐁당을 심으로 하여 초콜릿액을 칠한 초콜릿 크림과

F

프루츠 페이스트를 심으로 하여 퐁당을 칠한 봉봉 등을 만들 때 이용된다.

Foncer [프 퐁세] 여러 가지 형태의 용기에 파이 반죽을 덮는 것

Fondue [프 퐁뒤] 녹은, 용해된

Fondue [프 퐁뒤]

F

◐ Fondue au Foramage (프 퐁뒤 오 프호마쥐) : 치즈에 백포도주, 허브 넣어 녹인 것을 빵을 적셔 먹는 요리

◐ Fondue bourguignone (프 퐁뒤 부흐귀뇬느) : 쇠고기를 끓는 기름에 넣어 익힌 다음 소스레 발라먹는 요리

◐ Fondue Chocolet (프 퐁뒤 초콜릿) : 초콜릿 녹인 것에 리큐어를 넣어서 케이크이나 과일을 찍어 먹는다.

◐ Fondue Savoyarde (프 퐁뒤 사보야흐드) : 치즈에 마늘, 육두구와 백포도주를 넣어 소금, 후추로 간을 한 뒤 빵조각을 적셔 먹는 요리

Fontaineblue [프 퐁뗀블르] 프랑스 지역에 가벼운 우유로 만든 신선한 치즈

Food Checker [영 푸드 체커] 주문한 메뉴가 조리되어 바르게 서브 되는 것을 점검하는 사람

Food Coordinator [영 푸드 코디테이터] 코디테이터는 음식에 관련된 전반적인 일을 담당하며, 음식점의 메뉴개발, 요리 교실이나 각종 세미나의 기회, 운영, 시장조사 등의 음식에 관련한 비즈니스 전반의 일을 하는 사람을 지칭한다. 즉 요리연구가, 테이블 코디네이터, 푸드 스타일리스트, 다이어트 컨설팅, 레스토랑 프로듀서, 메뉴개발, 상품개발, 식품기획, 푸드 저널리스트(푸드 라이터), 티 인스트럭터, 라이프 코디네이터, 와인 어드바이저, 플라워 코디네이터, 그린 코디네이터 같은 명칭과 세부영역으로 나뉘어져 활동하고 있다.

Fontages [프 뽀따쥐] 쇠고기나 가금류의 콘소메에 퓌레한 서양배를 넣어 익힌 스프

Food Additives [영 푸드 애디티브] 식품 첨가물. 상품의 제조, 가공 또는 보존을 위해 식품에 첨가, 혼합, 침윤, 기타의 방법에 의해 사용되는 물질을 말한다. 현재 우리나라에는 363종이 있는데, 용도에 따라 분류하면 보존료, 살균료, 산화방지제, 착색료, 발색제, 표백제, 조미료, 인공감미료, 착향제, 팽창제 등이 있다.

◐ 식품첨가물의 종류와 인체에 미치는 영향

① 방부제 : 세균류의 성장을 억제하거나 방지하기 위해서 식품에 첨가하는 화학물질. 중추신경마비, 출혈성위염, 간에 악영향, 발암성이 있다. 솔빈산칼슘, 프로피온산 나트륨, 벤조산나트륨, 살리실산, 데히드로초산나트륨 등이 있으며 첨가 식품은 치즈, 초콜릿, 음료수, 칵테일, 자장면, 마아가린, 빵, 단무지, 생선묵, 햄, 청주 등이다.

② 감미료 : 단맛을 내며 설탕의 수백배의 효과를 내는 물질. 소화기 및 콩팥장애, 발암성이 있다. 둘신, 사이플러메이트, 사카린나트륨드의 감미료가 있으며, 식품은 청량음료, 간장, 과자, 빙과류 등이 있다.

③ 화학조미료 (MSG ; 글루타민산나트륨) : 식품에 존재하지 않던 맛을 내거나 존재하던 맛을 더욱 강하게 혹은 바꾸고 없애는 물질로 과자, 통조림, 음료수, 카라멜, 카레, 다시다, 맛소금 등에 첨가되어 있으며,

빈속에 3~5g이상 섭취하면 10~20분 뒤 작열감, 얼굴경련, 가슴압박, 불쾌감이 1~2시간 지속된다.

④ 착색제(타르색소) : 소비욕구 충족을 위해 색을 내게 하는 화학물질. 첨가 식품은 치즈, 버터, 아이스크림, 과자류, 캔디, 소시지, 통조림고기, 푸딩 등이고 간, 혈액, 콩팥장애 발암성을 일으킨다.

⑤ 발색제(아질산나트륨, 아토산나트륨) : 색을 선명하게 하는데 사용되는 물질. 햄, 소시지, 어육제품에 첨가며, 헤모글로빈 빈혈증, 호흡기능악화, 급성구토, 발한, 의식불명, 간장암을 일으킨다.

⑥ 팽창계 : 빵이나 과자를 부풀리게 하는 화학물질. 빵, 케이크, 비스킷, 초콜릿에 첨가하고, 카드뮴, 납 등의 중금속 함량이 높다.

⑦ 산화방지제(BHA, BHT) : 지방성 식품과 탄수화물 식품의 변색을 방지하는데 사용하는 화학물질. 크래커, 스프, 라드 및 쇼트닝, 주스 등이며, 발암성성이 있으며, BHA와 아질산나트륨, 글리신을 첨가하면 청산가리(CN)이온생성을 생성한다.

⑧ 탈색제(아황산표백제) : 색깔을 희게 하는데 사용하는 화학물질. 과자, 빵, 빙과류에 첨가. 신경염 및 순환기장애, 위 점막자극, 기관지염, 천식유발 한다.

⑨ 살균제 : 어육제품을 살균하는데 사용하는 화학물질. 두부, 어육제품, 햄, 소시지에 첨가하고, 피부염, 고환위축, 발암(유전자파괴)을 일으킨다.

⑩ 안정제 및 응결제 : 고체와 액체가 분리되지 않도록 결합시키는 물질. 아이스크림, 초콜릿, 냉동빵제품, 육제품류, 과일통조림, 맥주, 치즈에 첨가

Food Cover[영 푸드 커버] 고객에게 제공되는 음식서비스 단위

Food Coloring[영 푸드 칼러링] 식품의 빛깔을 내기 위해 첨가하는 물질. 식용색소. 천연색소와 인공색소가 있는데, 천연색소는 심황·치자·사프란, 녹색의 엽록소 등이 있다. 엽록소는 가루차·쑥과 같은 녹색식물을 이용한 것이다. 현재 많이 사용되고 있는 것은 인공색소이며, 이에는 타르계 색소와 비타르계 색소가 있다. 타르계 색소는 원래 직물의 염료로서 합성된 것으로 유해한 것이 많기 때문에 사용을 엄격하게 규제하고 있다. 현재 허가되어 있는 것은 식용색소 녹색 3호·적색 2호·적색 3호·청색 1호·청색 2호·황색 4호·황색 5호뿐이다. 면류·겨자·단무지·과일주스·젓갈류·천연식품·고춧가루·소스·잼·케첩·식육제품·버터·마가린 등에는 사용이 금지되어 있다. 목적하는 빛깔을 내기 위해서는 허가된 색소들을 배합한다. 비타르계 색소는 천연색소를 화학합성하거나 화학 처리한 것으로 β-카로틴·수용성 안나토·황산구리·산화제이철·캐러멜, 구리 및 철 클로로필린나트륨·산화티타늄 등이 있다.

Food Bank[영 푸드 뱅크] 식품은행. 식품제조업체나 개인으로부터 식품을 기탁받아 이를 소외계층에 지원하는 식품지원 복지서비스 단체. 식품의 생산·유통·판매·소비의 각 단계에서 발생하는 남은 먹거리들을 식품제조업체나 개인 등 기탁자들로

부터 제공받아 이를 필요로 하는 복지시설이나 개인에게 무상으로 제공하는 식품지원 복지 서비스 단체이다. 결식아동·독거노인·재가장애인·무료급식소·노숙자쉼터·사회복지시설 등의 소외계층을 돕고, 동시에 먹거리 자원을 사회적으로 활용할 목적으로 설립되었다. 1967년 미국에서 '제2의 수확(Second Harvest)'이라는 이름으로 처음 시작된 이래 1981년 캐나다, 1984년 프랑스, 1986년 독일·유럽연합 등 주로 사회복지 선진국들을 중심으로 발전하였다. 한국에서는 국제통화기금(IMF)으로부터 구제금융을 받던 때인 1998년 1월 서울·부산·대구·과천에서 처음으로 시범사업을 실시한 이후 2002년 현재까지 중앙조직인 전국 푸드뱅크 1개소 외에 16개소의 광역 푸드뱅크, 195개소의 기초 푸드뱅크가 설치 운영되고 있다.

Food Mill [영 **푸드 밀**] 식품을 잘게 분쇄하기 위해서 사용하는 기계

Food processor [영 **푸드 프로세서**] 식품을 잘게 다지고, 잘게 자르고, 퓌레할 수 있는 기계

Food Service Station [영 **푸드 서비스 스테이션**] 레스토랑에서 테이블 수와 구역에 따라서 종사원이 책임 구역을 정하여 고객에게 서비스 하는 것

Forcemeat [영 **폴스미트**] 냄새를 없애기 위하여 허브와 향신료를 첨가하고 양념한 다진 고기

Forestiere [프 **포헤스떼이흐**] 버터에 구운 감자, 베이컨, 버섯으로 이루어진 가니쉬

Formaggio [이 **포마지오**] 치즈

Formosa Oolong Tea [영 **포모사 우롱 티**] 대만산 우롱차. 세계 최고의 우롱차. 부분 발효차에는 포종차와 우롱차가 있다. 포종차는 발효도가 낮아 녹차에 가깝고 우롱차는 발효도가 높아 홍차에 가깝다. 우롱차의 발효도는 약 70%이며 부분 발효차는 대부분 우롱차를 말한다. 우롱차는 적갈색을 띠며 모양은 약간 구부러진 구슬모양이다. 차액은 황색이나 홍색을 띠고 있으며 배, 혹은 사과와 같은 특유의 향기를 가지고 있다. 주 생산지는 중국 남부와 대만에서 많이 생산되고 있다. 우롱차는 혈중 콜레스테롤과 중성지방을 줄이는데 효과를 볼 수 있다.

Forno [이 **포노**] 오븐

Fortified Wine [영 **포티파이드 와인**] 강화 와인. 주정 강화와인. 알코올 도수를 높이기 위해 발효과정이나 발효 후 알코올 도수가 높은 증류주를 배합 한 것으로 쉐리 와인(Sherry Wine)과 포트와인(Port Wine)이 있다. 알코올 도수는 8~12도 내외이다. 발효가 1/2~2/3 정도 진행되었을 때를 파악하여 술을 걸러 다른 통으로 옮긴다. 그 통에는 브랜디가 5~10% 정도 있게 한 것이므로 발효작용은 정지하고 포도의 감미가 그대로 남는다.

Fortune Cookies [영 **포춘 쿠키**] 중국계 미국인이 운세가 쓰인 종이 띠를 넣고 구운 와플 쿠키.

Fouet [프 **푸에**] 거품기

Fougasse [프 **푸가스**] 올리브유, 허비, 엔초비와 양파 등이 들어간 껍질이 두꺼운 빵

Four [프 **푸흐**] 오븐

Fourchette [프 **푸흐쉐뜨**] 포크

Fourchette a roti [프] 가늘고 긴 U자형의 로스트용 포크

Fourneau [프 **푸흐노**] 화덕

Foyot Sauce [프 **포요트 소스**] 베어네이즈 소스와 브라운 소스(Glace de Viande)를 첨가하여 만든다. 생선요리에 많이 사용한다.

Frais [프 **프헤**] 신선한

Fraise [프 **프헤즈**] 딸기

◐ Fraise des Bois : 산딸기

Framboise [프 **프항부와즈**] rapsberry 나무딸기

Frangipane [프 **프항지판느**] 슈페스트리의 일종

Frankfurter [프 **프랑크프르트**] 프랑크 소시지. 훈제하여 양념한 길쭉한 소시지. 훈제 소시지로 쇠고기, 돼지고기, 닭고기, 칠면조등으로 만들 수 있고 30%의 지방에 10%의 수분을 포함한 것

Frappe [프 **프하뻬**] 얼음으로 차게 만든 과일주스를 슬러시하여 얼린 것으로 음료, 전채, 디저트로 제공한다.

Freezer [영 **프리즈**] 냉동. 식품을 저온에서 보관하는 방법에는 냉동법 외에도 냉장법·빙장법 등이 있다. 냉동법은 식품 자체 중의 대부분의 수분을 빙결시켜 저장하는 방법이므로 처리 방법이 좋으면 식품의 종류에 따라서는 저장 중에 품질의 변화가 적으므로 1년 이상 저장할 수도 있다. 냉장법은 식품을 빙실 또는 이에 준하는 저온실에 넣어 저장하는 방법인데 이것은 좁은 의미의 냉장이고 넓은 의미로서의 냉장은 빙장·냉동을 모두 포함한다. 냉장법은 저장기간이 길어서 때로는 1년까지 보존할 수 있지만, 이 방법은 식품을 동결하지 않기 때문에 조직이 파괴되지는 않으나 빙장법과 마찬가지로 자가소화 및 세균작용을 완전히 정지시킬 수 없기 때문에 시일이 경과함에 따라 품질이 떨어진다.

Freezer bun [영 **프리즈 번**] 식품의 잘못된 냉동에 의하여 색과 맛이 변화가 생기는 것

Frech Bean [영 **프레쉬 빈**] 길쭉하게 긴 콩깍지를 가진 콩으로 꼬투리도 같이 요리에 이용

French Bread [영 **프렌치 브레드**] 바케뜨

French Dried Coffee [영 **프렌치 드라이드 커피**] 냉동건조 커피. 원두를 배전하여 추출한 커피 원액을 영하 40°C의 저온에서 순간적으로 냉동, 수분을 순화시켜 결정체를 만들어 내는 방법으로 천연커피의 깊고 풍부한 맛과 향을 그대로 지닌 최고급 인스턴트 커피

French Dressing [프 **프렌치드레싱**] 샐러드용 소스. 프랑스인이 즐겨 샐러드에 이용한 데서 이러한 이름이 붙여졌다고 한다. 식초 1, 샐러드유 3, 소금·후춧가루 약간의 비율로 섞어서 만들며, 보존도 할 수 있으나, 그때마다 새로 만드는 것이 훨씬 맛있다. 토마토소스·겨자즙·다진 양파 등을 넣어서 맛에 변화를 주어 사용할 때도 많다.

French Fries [영 **프렌치프라이**] 감자튀김

French Service [영 **프렌치 서비스**] 접시를 식탁에 놓고 그 다음에 요리를 서브하는 방법

Frech Toast [영 **프렌치 토스트**] 계란과 우유를 풀어서 살짝 구운 빵

Fricandeau [프 **프히깡도**] 송아지, 칠면조를 삶아서 육수를 소스로 만들어 올린 요리

F

Fricassee [프 **프히까세**] 날짐승을 화이트 크림에 넣어서 찐 것

Frico [이 **프리코**] 프리코는 이탈리아 프리울리-베네치아 줄리아의 북부에 위치한 카르니아 지방의 전통 음식으로 치즈 포카챠(focaccia : 납작한 빵의 일종)의 한 종류이다. 프라이팬에 프리울리-베네치아 줄리아 특산 치즈인 몬타지오를 바삭하게 구운 요리이며 감자나 다른 재료를 넣을 수도 있다.

Fried [영 **프라이드**] 기름 처리한 것

- Pan Fry : 생선의 1/3 가량만 기름에 잠기게 하여 튀긴 것
- Deep Fry : 기름을 깊은 팬에 넣어 잠기게 하여 튀긴 것

Frried Egg 버터를 두르고 프라이팬에 익힌 요리

- Sunny Side-up Eggs : 계란을 깨어 한 쪽 흰자위만을 익힌 것으로 노른자가 위쪽으로 보인다.
- Over Easy Eggs : 계란을 팬에 깨어 한쪽이 익으면 엎어서 다른쪽을 익혀 흰자위만을 익힌 계란
- Over Hard Eggs : 계란을 깨서 노른자만 익힌 계란
- Turn Over Eggs : 계란을 깨서 양면으로 프라이한 계란

Fritelle [프 **프히뗄**] 치즈, 소시지, 야채로 만든 튀김의 일종

Friteuse [프 **프히뙤즈**] 튀김냄비

Fritter [영 **프리터**] 걸쭉한 반죽에 저민 음식을 결합시키거나 걸쭉한 반죽을 입혀 튀긴 것

Friture [프 **프히뛰흐**] 튀김

Frizzes [영 **프리즈**] 마늘과 anise로 맛을 낸 이탈리아 돼지고기, 쇠고기 살라미 햄

Froid [프 **프후와**] 찬

Frozen Bread [영 **프로즌 브레드**] 장기간 저장하기 위하여 냉장 또는 냉동처리한 빵. 빵의 신선도 유지에 좋은 방법으로는 급속냉동에 의한 보존이 있다. 빵을 급속히 냉동시켜 중심부를 −18°C 이하로 유지하여 보존하는 방법으로, 특히 냉각 때 −1~−5°C가 되는 시간을 짧게 한다. 급속 해동의 온도와 시간은 급속 냉동의 역순으로 하는데, 이것은 빵조직의 수분이 얼어붙을 때의 팽창을 최소한으로 하고, 보존 중에 얼음의 결정이 커지지 않게 하기 위해서이다. 또한, 제조할 때 반죽의 발효시간을 조절하는 데도 냉장과 냉동이 이용된다. 상온에서 발효시켜 만드는 빵의 효모는 저온에서는 활성이 약해지거나 사멸하기도 하므로, 효모의 양을 늘리거나 반죽하는 시간을 단축하는 등의 조정이 이루어진다. 오늘날에는 종래의 빵용 효모가 세포분열에 의해서 제조되던 것을 세포융합으로 바꾸어, 저온 반죽 처리에서도 활성을 잃지 않도록 효모의 기능을 바꾸는 기술개발이 진행되고 있다

Formage [프 **프호마주**] 치즈

◆ Formage Blanc : 신맛이 나는 크림치즈

◆ Formage de chevre : 염소 치즈 염소 젖으로 만들어진 치즈류에서는 소젖으로 만들어진 것과는 달리 독특한 맛과 질감, 향이 있다. 약간의 목초 냄새와 독특한 산미, 아주 감미로운 질감이 멋스럽게 어우러진 치즈이다. 숙성기간이 없는 치즈인 듯, 치즈 고유의 꼬리한 맛과 향은 전혀 없으며 숙성된 맛은 느낄 수가 없다. 단지, 유산균 발효만으로 만들어진 치즈인 듯 하며 약간의 쓴맛을 가지고 있다.

◆ Formage Maigre : 저지방 치즈

◆ Formage Rape : 강판에 간 치즈

Forment [프 **프호망**] 밀가루

Frost [영 **프로스트**] 컵의 가장자리에 레몬이나 라임 즙에 설탕가루를 묻히는 것

◆ Ice Frosting : 냉장고나 가루 얼음에 파묻어 놓았다가 꺼냈을 때 하얗게 서리도록 냉각하는 방법

◆ Sugar Frosting : 컵의 가장자리에 라임 주스를 바르고, 설탕을 묻혀 눈송이처럼 장식하는 것

Frothy [영 **프로티**] 작고 가벼운 거품

Frotter [영 **프로털**] 마늘을 문질러서 마늘 향이 나도록 한 것

Frozen Storage [영 **프로즌 스테이지**] 냉동 육류나 생선을 보관하는 장소

Fructose [영 **프룩토오스**] 과당. 대표적인 육탄당(환원기로서 케톤기를 갖는 단당류)이며, 무색의 흡습성 결정으로, 녹는점 103~105°C이다. 식물계에 널리 존재하며, 특히 포도당과 함께 과일 속에 유리 형태로 들어 있거나, 포도당과 결합하여 수크로오스로서 함유되어 있다. 벌꿀의 액상부는 대부분 과당이며, 또 국화과식물 속의 이눌린 등 과당으로만 이루어지는 다당류인 프룩탄의 성분으로서, 또한 수크로오스계의 각종 소당류의 성분으로서 존재하나, 배당체 성분으로서는 드물다. 동물계에는 적으나 정액의 주요한 당으로서 정자의 에너지원이다. 또, 과당은 생물의 당대사에서 중요한 역할을 하는데, 포도당이 분해되는 경우나 글리코겐으로 합성되는 경우 등은 모두 과당을 거친다. 따라서, 과당은 당류 중에서 인체에서 가장 빨리 흡수·소화된다. 과당은 당류 중에서 감미가 가장 강하나, 가열하면 3분의 1로 약해진다. 벌꿀·과즙에서 분리되고, 수크로오스·프룩탄의 가수분해 등에 의해서 제조된다. 포도당을 이용하지 못하는 당뇨병 환자용 감미료, 쇠약자나 어린이의 영양제 외에 해독·강심·이뇨제로 사용된다. 또한, 감미료로서 식용으로 사용되기도 하나, 값이 비싸서 거의 쓰이지 않는다. 또, 흡습성을 이용하여 카스텔라·스펀지케이크 등이 마르는 것을 방지하기 위해 사용되기도 한다.

Fruit [영 **푸르트**] 과일.

① 인과류 : 꽃턱이 발달하여 과육부를 형성한 것으로, 사과·배·비파 등이 이에 속한다.

② 준인과류 : 씨방이 발달하여 과육이 된 것으로, 감·감귤류가 이에 속한다.

F

③ 핵과류 : 내과피가 단단한 핵을 이루고 그 속에 씨가 들어 있으며, 중과피가 과육을 이루고 있는 것으로, 복숭아·매실·살구 등이 이에 속한다.
④ 장과류 : 꽃턱이 두꺼운 주머니 모양이고 육질이 부드러우며 즙이 많은 과일로, 포도 등이 이에 속한다.
⑤ 견과류 : 외피가 단단하고 식용부위는 곡류나 두류처럼 떡잎으로 된 것으로 밤·호두·잣 등이 이에 속한다. 과일 속에는 수분이 85~90 %로 가장 많고, 단백질 1~0.5 %, 지방 0.3 %, 당분과 섬유질의 탄수화물 10~12 %가 함유되어 있다. 무기질은 0.4 %로 카로틴과 칼륨이 들어 있고, 그 밖에도 비타민 C가 가장 많이 들어 있다. 과일의 맛은 단맛·신맛이 주이고, 그 밖에 식감으로서 펙틴이 들어 있다. 이 단맛과 신맛의 균형은 완숙되었을 때가 최고이며, 미숙 상태일 때는 단맛이 적고 신맛이 많아 맛이 떨어진다. 종류에 따라서는 떫은맛이 나는 것도 있다. 과일이 익으면 단맛이 나는 것은 당분이 많아지는 원인도 있지만, 산의 양이 줄어드는 데도 크게 관계된다. 과일에는 과당·포도당·수크로오스 등이 약 10 % 함유되어 있기 때문에 단맛이 난다. 특히 포도의 경우는 약 20 %에 달하여 단맛이 매우 강하나, 당분의 함량은 과일의 종류와 성숙도에 따라 다르다. 과일의 신맛은 말산·시트르산·타르타르산 등의 유기산에 의하며, 감귤류는 시트르산, 포도는 타르타르산, 사과는 말산이 각각 주체를 이룬다. 안토시아닌·카로티노이드·플라보노이드·엽록소 등의 천연 색소들이 들어 있는데, 주된 것은 역시 안토시아닌이다. 과일의 향기성분은 수십 종이 있으며, 이들이 조화를 이루어 각종 과일의 독특한 향기를 낸다. 향기 성분으로는 여러 종류의 에스테르·알코올·알데히드 등이 있다.

Fruit Butter [영 **푸르트 버터**] 과일이나 과일 농축액에 설탕과 향신료 넣어 끓여서 만드는 달콤한 스프레드

Fudge [프 **퍼지**] 버터, 크림, 설탕, 옥수수 시럽과 향신료를 넣어 만드는 말랑한 캔디

Fumet [프 **퓌메**] 생선 뼈에 향신료를 넣어서 은근히 끓여 거른 스톡

Funghi [이 **펑지**] 버섯

Funjue [프 **펀쥬**] 치즈, 설탕, 버터, 빵가루를 수플레처럼 오븐에 구운 것

Funnel Cake [프 **휜넬 케이크**] 반죽을 깔대기를 통해 떨어뜨려 튀긴 페스트리로 설탕이나 단풍시럽과 곁들여 먹는다.

Fusion Cuisine [영 **퓨전 퀴진**] 동·서양의 조리기법 중 장점만을 뽑아 새로운 맛을 창조하는 것

Fusilli [이 **푸실리**] 푸실리 스파게티의 일종

Fut [프 **퓌**] 와인과 포도주 숙성을 위한 나무통

Futaille [프 **피타쥐**] 술통

Future Buying [영 **퓨쳐 바이**] 예매구매. 대규모 업체에서 주문할 당시의 고정된 가격으로 납품될 상품의 구입을 계약하는 것

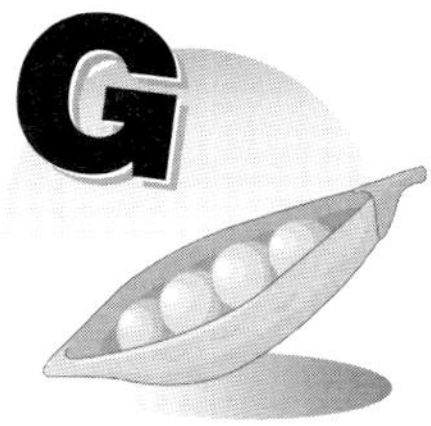

Gacher [프 가쉐] 반죽하다.

Galabat [프 갈라벳] 프랑스 남서부의 돼지 머리, 허파, 피, 내장으로 만든 순대

Galantine [프 갈라틴] 닭고기·송아지고기 등을 주재료로 하여 만드는 서양 냉요리. 닭고기 갈라틴을 예를 들면, 통닭의 등을 갈라서 뼈를 추려내고 한 장의 보자기처럼 만들어 소금·후춧가루를 뿌려 놓는다. 여기에 다진 쇠고기·빵가루·달걀 등을 첨가하여 골고루 펴서 돌돌 말아 둥근 통 모양을 만든 다음, 무명실로 묶어 고정시키고 얇은 보자기에 싸서 찜통에 찌거나 수프스톡에 넣어 삶는다. 속까지 잘 삶아졌을 때 실을 풀고 냉각시켜서 알맞은 두께로 썬다. 버터에 볶은 야채요리를 곁들여서 데미글라스 소스(demiglace sauce)를 쳐서 먹는다. 속에 들어가는 쇠고기에 돼지고기를 조금 섞으면 맛이 부드러워지는데, 쇠고기 대신 삶은 달걀을 넣기도 한다. 주재료나 향미료 등에 따라 갈라틴의 명칭이 바뀐다. 전통 프랑스 요리. 랩이나 면보에 가금류와 육류 생선을 뼈를 제거하고 넓게 펴서 갈은 돼지고기, 야채, 생크림, 올리브, 송로를 넣어서 둥글게 말고 스톡에서 부드럽게 익혀서 둥글게 썰어 차갑게 굳힌 에피타이저

Galette [프 갈레뜨] 감자와 옥수수 등을 재료로 신맛과 쌉쌀한 맛이 나는 팬케이크로 과일, 잼, 견과, 고기 등을 얹는다.

Galettiere [프 갈레띠에흐] 둥글고 판판한 팬으로 크레페를 만드는 데 사용

Gam Cho Sauce [영 감초소스] 감초는 콩과에 딸린 다년생 풀로 원산지는 북부 중국이며, 높이는 1.5 m 정도로, 꽃은 콩과 같은데 나비 모양으로 노란 꽃이 핀다. 뿌리는 달아 식용과 약용으로 이용한다. 감초는 무엇보다도 생강, 대추와 함께 갖가지 독을 푸는데 그 뛰어난 효과가 있다. 식중독이나 갖가지 약물중독, 항암 제독을 푸는데 감초를 따를 만한 것이 없다. 감초와 대추를 각각 같은 양으로 하여 오래 끓여서 그 물로 엿을 만들어 먹으면 공해로 인한 갖가지 독을 푸는데 매우 좋은 효과가 있다. 감초는 여러 가지 극성약이나 독성약에 대한 길항작용을 하여 극약이나 독약으로 인한 약물중독을 치료하고, 세균으로 인한 독에도 중화작용 및 해독작용을 한다. 모든 약의 독을 풀어 중화 및 완화

시키는 작용을 하므로 한방 처방에서는 필수불가결한 묘약이다. 또한 감초는 근육의 긴장으로 인한 동통이나 신경의 긴장을 풀어주는 작용을 하며, Glycyrrhizin이 항알러지 작용을 하며, 위궤양, 십이지장궤양에도 효과가 크다. 탈콜레스테롤 작용이 있어 동맥경화를 예방하고, 유독물질을 해독하는 작용을 하므로 간장의 기능을 강화시킨다. 이 밖에 늑막염과 폐결핵에도 뚜렷한 치료 효과를 보였고, 뇌하수체전엽기능부전증, 에디슨병, 유행성 간염, 기관지천식, 피부염(두드러기, 습진, 여드름, 주근깨 등), 학질, 동상, 손발이 튼데 등 여러 질병에 뚜렷한 치료 효과가 있다. 감초 소스는 닭 육수, 설탕, 마늘, 당근, 쇠고기, 간장, 와인, 생강, 대파를 첨가하여 만든 소스로 닭과 고기를 브라운 색이 날 때까지 볶아서 감초를 넣고 물, 간장, 설탕, 와인 등을 첨가하여 대파를 넣고 한 불에서 서서히 1/2로 졸이고, 체에 거른 다음 냉장고에 보관하여 필요시 적당량 사용한다.

Galimafree [프 **가리마프레**] 잡탕요리, 스튜

Galliano [프 **갈리아노**] 아니스향이 나는 달콤한 맛의 황금색 이탈리아산 리큐르. 다른 칵테일이나 음료의 재료로 많이 사용한다.

Gamba [프 **강바**] 커다란 새우

Game animals [영 **게임 애니멀**] 버팔로, 멧돼지, 낙타, 얼룩말, 토끼, 다람쥐 등 식용으로 먹는 야생동물

Game Birds [영 **게임 버드**] 꿩, 칠면조, 비둘기, 도요새 등 식용이 가능한 야생 조류

Ganache [프 **가나쉬**] 가나쉬. 버터, 초콜릿과 크림을 녹여서 만든 초콜릿 아이싱

Gapron [프 **가프롱**] **Gaperon** 프랑스산 연질치즈를 압착시킨 것으로 후추와 마늘을 첨가한다.

Garbure [프 **가흐뷔흐**] 프랑스 남서 지방의 오리나 거위에 베이컨과 햄을 넣어 만든 야채나 고기 스튜

Garde Manager [프 **가르드 메니저**] 찬음식을 다루는 부서 또는 부서 관리자. 이 부서에서 취급하는 음식은 육류, 생선, 해산물, 갤러드, 에피타이저, 카나페, 샌드위치 등이다.

Garde Manger [프 **가드 망제**] cold food, 뷔페음식을 준비하고 저장하는 저장실

Garlic [영 **갈릭**] 마늘. 마늘은 이탈리아를 비롯한 남유럽, 미국의 루이지애나·텍사스 및 캘리포니아, 아시아의 한국·중국·일본·인도, 서부 아시아 및 열대 아시아 전역, 그리고 아프리카와 오스트레일리아 등지에서 많이 재배되고 있다. 마늘의 자극성 냄새의 성분은 알리신(Allicin)으로 1 mg은 페니실린 15단위 분의 상당한 살균력을 갖고 있다고 한다. 또한 이 성분이 인체의 신경에 작용하여 정신안정을 시킬 수 있는 물질을 만들어 신경 세포의 흥분을 가라앉히는 작용이 있다. 이 알리신은 체내에서 비타민 B_1과 결합해 알리티아민으로 변한다. 비타민 B_1은 인체에서 100 mg까지는 30 % 이상 흡수되어 20시간이나 혈액 속에 계속 남아 있어, 결국 비타민 B_1의 분해를 막아 이

영양소의 기능을 촉진시키므로 신진대사를 원활하게 한다. 이것은 마늘을 먹으면 힘이 솟는다는 것을 뒷받침해 주는 것으로, 일반적으로 마늘을 체내에서 과산화지방의 생성을 방지한다는 것이 정설이다. 즉, 노화방지에 효능이 있다.

◐ 마늘의 10대 효능 ① 강력한 살균 및 항균작용을 한다(알리신이 강력한 살균작용을 하는데 페니실린이나 테라마이신보다 살균력이 강력하며 복용이나 외용으로 사용). ② 체력증강, 강장효과 및 피로회복 작용(게르마늄이 비타민 B_1과 결합시 비타민 B_1을 무제한으로 흡수, 체내에 저장하여 몸이 지치거나 피로시 사용함)

③ 정력증강, 동맥경화 개선, 신체노화 억제, 냉증, 동상을 개선한다(알리신이 지질과 결합시 피를 맑게 함으로써 세포를 활성화시키고 혈액순환을 촉진, 인체를 따뜻하게 함).

④ 고혈압 개선(마늘칼륨이 혈중 나트륨을 제거하여 혈압을 정상화시킴)

⑤ 당뇨를 개선(알리신이 췌장세포를 자극하여 인슐린의 분비를 촉진하기 때문)

⑥ 항암작용(유기성 게르마늄, 셀레늄이 암의 억제 및 예방에 기여)

⑦ 아토피성 피부염의 알레르기억제 작용을 한다(알레르기 반응시 유리되는 베타헥기소사미니데스 효소의 유리를 억제한다).

⑧ 정장 및 소화작용을 촉진한다(알리신이 위점막을 자극, 위액분비 촉진 및 대장정장 작용).

⑨ 해독작용(시스테인, 메티오닌 성분의 강력한 해독작용으로 간장을 강화시키며 알리인, 알리신, 치오에텔, 멜가프탄, 유화수소 성분 및 그 유도체는 수은 등 중금속을 배출하고 세균을 제거)

⑩ 신경안정 및 진정효과(알리신이 인체의 신경에 작용하여 신경세포의 흥분을 진정, 안정화시키고 스트레스 해소 및 불면증이 개선됨)

Garlic Bread [㊖ 갈릭 브레드] 바게뜨 양면에 갈릭 버터를 바르고 장식과 향을 위해 다진 파슬리를 뿌려 오븐에 구운 것

Garlic Butter [㊖ 갈릭 버터] 잘게 다진 마늘에 크림처럼 부드럽게 한 버터를 첨가하여 만든 버터

Garlic Powder [㊖ 갈릭 파우더] 마늘을 건조하여 분말로 만든 것

Garlic Press [㊖ 갈릭 프레스] 작은 구멍을 가진 압착기로 마늘을 넣어 누르면 마늘즙을 추출할 수 있다.

Garni [㊕ 가르니] 야채를 곁들인 것

◐ Bouquet Garni (㊕ 뷔케가르니) : stock이나 sauce에 향을 내기 위하여 herb (thyme, bay leaves, pasley, rosemary)와 향신채소(leek, celely) 등을 실로 묶어서 끓일 때 넣어 향이 우러나면 꺼내는 것. 요리에 따라 사용하는 채소와 향신료가 약간 다르게 배합한다.

Garnish [㊕ 가니쉬] 음식의 모양, 빛깔, 모양을 좋게 하고 식욕을 돋우기 위해 음식 위에 뿌리거나 얹는 장식

Garniture [㊕ 가르니튀르] 곁들임, 고명의 뜻

Gaspacho [㊇ 가스파쵸] 스페인의 안달루시아 전통음식. 찬 토마토 스프. 토마토 퓨

레와 피망, 양파, 오이 등의 야채 등을 갈아서 만든 스프. 시원하면서 조리하지 않은 생야채라서 몸에 금방 흡수되어 원기를 회복시킨다.

Gastronomy [프 가스트로노미] 멋진 식사를 만드는 기술

Gastronomique [프 가스트호노미끄] 다양하게 준비된 요리를 소량의 1인분 분량으로 시식할 수 있게 만든 메뉴

Gateau [프 가또] 가또. 케이크

- Gateau au Chocolat : 가또 오 쇼콜라. 초콜릿 케이크
- Gateau Moka : 가또 모카. 커피 또는 초콜릿 버터 크림의 스펀지 케이크

Gaufre [프 고프흐] 와플. 밀가루 · 설탕 · 우유 · 달걀 · 팽창제 (소다류) 등을 잘 섞어서 철판으로 만든 기와 모양의 틀에 넣어 전병을 얄팍하게 구워서 2장을 겹치고, 그 속에 쇼트닝과 고운 설탕을 섞은 버터크림을 넣어서 만든다. 고프르란 벌집 · 밀랍의 뜻으로 옛날에는 벌집 모양으로 만든 철판형 오븐에 구워냈기 때문에 붙은 이름이다. 프랑스에서는 중세부터 결혼식 때 빼놓을 수 없는 과자의 하나로 축하객에게 선물로 주었다.

Gefullter Fisch [프 게필테 피쉬] 유태인 앙트레 요리. 생선 필렛에 갈은 생선 혼합물과 허브를 채우고 스톡에 넣어 약하게 익힌 요리

Gelatin [영 젤라틴] 젤라틴. 동물의 가죽 · 힘줄 · 연골 등을 구성하는 천연 단백질인 콜라겐을 뜨거운 물로 처리하면 얻어지는 유도 단백질의 일종. 콜라겐으로부터 젤라틴으로의 변화는 펩티드 사슬의 가수분해에 의하며, 펩티드 사슬 사이의 염류결합이나 수소결합에 의한다. 찬물에는 팽창만 하지만, 온수에는 녹아서 졸(sol)이 되고, 2~3% 이상의 농도에서는 실온에서 탄성이 있는 겔(gel)이 된다. 이 상태가 된 것을 젤리라고 하며, 그 응고성을 이용하여 음식물에 섞어서 모양이나 단단함을 갖추기 위해서 널리 이용된다. 겔은 가열하면 다시 졸로 돌아온다.

Gelato [이 젤라토] 젤라토, 즉 아이스크림

Gelee [프 즐레] 젤리, 젤리 상태의 물질

Gelifiant [프 젤리피앙] 겔화제, 교화제

Gemo Basil [영 게모바질] 인도, 동아시아, 중앙 유럽이 원산지. 어린잎과 줄기를 스튜, 스프, 샐러드, 소스 등에 첨가

Gendarm [프 장다흠므] 훈제한 청어

Genevoise Sauce [프 즈느브와즈 소스] 브라운 소스에 미르포와와 레드 와인, 생선 스톡으로 만드는 소스로 만드는 법은 버터에 채소를 볶은 후 연어머리와 뼈를 넣고 다시 볶은 뒤 물기를 제거하고 브랜디로 불을 붙인 다음 적포도주를 끼얹고 월계수 잎, 후추, 레몬 등을 넣고 끓으면 거품을 제거한다. 브라운 소스와 육수를 첨가하고 부케 가르니(Bouquet Garni)를 넣어 천천히 끓이고 농도를 맞추어 고운 천에 걸러서 사용한다.

Genievre [프 즈니에브흐] 쥬니퍼 베리(Juniper berry), 사우어 크라우트 요리나 진을 만드는 데 사용

Genoa Mayonnaise [프 제노아 마요네즈] 마요네즈에 잣, 땅콩 다진 것을 섞고 다진 파슬리를 첨가하여 완전히 섞어준다. 과일 샐러드에 이용한다.

Genoise [프 제누와즈] 제노와 스펀지 케이크

Gentiane [프 장씨안] 쓴맛의 리큐어

German Potato Salad [영 절먼 포테이토 샐러드] 감자를 삶아서 베이컨 기름에 식초, 설탕을 넣어 만든 소스를 얹어 만들고, cold나 hot으로 제공한다.

German Sauce [Allemande Sauce 영 절먼 소스] 독일 소스. 송아지 벨루테를 준비하여 이따금씩 저어주면서 육수를 넣는다. 계란 노른자와 우유를 서서히 부으면서 계속 저어 농도를 맞춘다. 농도가 완성되면 레몬주스, 소금, 후추, 넛멕 등을 넣어 사용한다.

Germon [프 제흐몽] 날개 다랑어

Gerome [프 제호메] 프랑스 로렌 지방의 우유로 만든 냄새 짙은 치즈

Gesier [프 제지에] 모래 주머니

Gewurztraminer [이 게우르쯔마마니에르] 분홍색 와인으로 후춧가루와 꽃향이 나며, 견과류의 맛이 난다.

Ghee [프 게] 우유의 캐러멜 같은 맛과 향이 날 때까지 약한 불에 끓여서 정제한 버터

Gherkin [프 거르긴] 오이 피클용 작은 오이

Gianduja [프 지안듀자] 헤이즐럿 향의 초콜릿

Giardiniera [프 지안이니에라] 얇게 자른 야채 요리

Gibelotte [프 지블로뜨] 백포도주에 베이컨, 양파를 넣은 약한 불에 끓인 토끼 스튜

Giblets [프 지블레] 스톡과 스프에 이용하는 가금류와 야생조류의 내장

Gibson [프 깁슨] 드라이 진과 다양한 허브와 향신료 맛과 향을 낸 백포도주를 혼합하여 만든 칵테일

Gigot [프 지고] 양의 넓적다리

Gimblette [프 짐브레떼] 왕관 모양의 링 비스킷

Gin [영 진] 진. 정류 알코올에 주니퍼 베리(juniper berry : 노간주나무 열매)로 향기를 내는 무색투명한 증류주. 주정도가 40도 정도이고, 네덜란드에서는 국민적 음료로 널리 애용되며, 게네베르(genever)라 부른다. 진 제조용으로 쓰이는 원료에서 알코올은 어느 것이든 가능하나 영국 · 미국에서는 곡물주정만을 쓰며 연속증류기로 증류한다. 네덜란드의 게네베르의 경우에는 호밀의 몰트를 원료로 쓰는데 포트스틸(구식 증류솥)로 여러 번 증류하여 불순물을 제거한다. 독특한 향기를 내도록 주니퍼 베리(이것은 필수적 향미료로 많은 양이 필요하다), 기타 코리안더 · 시나몬 · 안젤리카 · 레몬필 등을 사용하는데, 이것들을 알코올에 첨가하고 다시 증류한다. 또 주니퍼 베리는 독일 · 이탈리아 · 오스트리아 · 유고슬라비아 등으로부터 수입해서 쓴다. 영국제의 진 중에서 세계적으로 많이 음용되는 런던 드라이진은 극히 감미가 적은 술이다. 다음으로 올드톰(Ald Tom)도

유명한데 감미가 약간 더 있는 편이다. 또한 플리머스(Plymouth)라는 영국 군항에서는 플리머스라는 진이 생산된다. 네덜란드의 게네베르는 원료나 제법이 모두 영국과 다르기 때문에 풍미 역시 다르다. 또 슬로진이란 것은 진이란 이름은 같지만 플럼(plum : 서양 오얏)의 일종인 슬로베리를 향미료로 써서 제조한 리큐어이다.

Gin Fizz [영 진피즈] 피즈란 것은 탄산가스가 유리할 때의 피씩하는 소리를 잡은 의성어로 큰 컵에 진, 레몬주스, 설탕, 이 칵테일도 마지막에 칼린스 믹서를 더했을 때 피씩하는 소리가 나서 그렇게 명명한 것이다.

Ginger [영 진저] 생강. 동남아시아가 원산지. 수분이 가장 많으며 아주 적은 양의 단백질과 섬유질, 전분, 미네랄이 들어 있으며 전분이 전체 영양소의 40～60％를 차지한다. 독특한 매운맛과 향기가 있어서 고기요리나 생선요리에 없어서는 안될 대표적인 향신료로 이용된다. 생강의 매운맛은 진저롤과 쇼가올이며, 특유의 향기는 시네올 등의 성분 때문이다. 생강의 효능은 진통, 구토, 위산과다, 혈압강하, 심장활동을 촉진하는 역할이 크며, 식욕증진, 소화촉진의 작용이 있다. 생강에는 소화액의 분비를 자극하고 위장의 운동을 촉진하는 성분이 있어 식욕을 좋게 하고 소화 흡수를 도우며, 식중독을 일으키는 균에 대해 살균, 항균 작용이 있다. 생강의 매운성분(진저롤과 쇼가올)과 정유성분(진기베린, 진기베롤, 캄펜, 보루네올, 시트랄 등)이 어울려 티푸스균이나 콜레라균 등 세균에 대한 살균력을 나타낸다.

Ginger ale [영 진저에일] 적도 아프리카, 자메이카, 우리나라에 생산되는 생강향의 소다수에 구연산과 향신료를 섞어 캐러멜소스에 착색한 청량음료

Ginger Beer [영 진저비어] 생강, 크림상의 주석, 설탕의 혼합액에 효모를 섞어서 발효하여 만든 맥주

Gingernap [영 진저냅] 당밀로 만든 생강쿠키

Ginko nut [영 진코 넛] 은행. 은행나무의 열매인 은행은 간놀, 펙틴, 히스티딘, 전분, 단백질, 지방, 당분 등이 주요 성분으로 되어 있으며, 레시틴과 아스파라긴산, 비타민 B의 모체가 되는 엘고스테론이라는 성분을 함유한다. 은행잎은 은행잎 차, 은행잎 술, 은행잎 스프, 은행잎 율무죽 등으로 만들어 먹는다. 은행 열매의 익힌 것과 날 것은 효능에 차이가 있는데, 익힌 것은 따뜻하게 하고 돋우며 거두어들이는 작용이 있는 반면, 날것은 삭히고 제거하고 죽이며 배출시키는 작용이 있다.

➲ 은행의 효능 ① 치매예방과 치료 : 징코라이드(ginkgo-lides) A・B・C, 빌로바라이드(bilobalide), 진놀, 플라보노이드 등의 성분이 함유되어 있어 말초혈관장애, 노인성 치매의 예방 및 치료 등의 의약품 제조원료로 사용되며, 화장품 제조에 이용되고 있다. 야뇨증과 천식 치료엘고스테린이라는 성분이 많아 뼈조직을 강화하고, 뇌혈관 개선에 뛰어난 효과를 보이며 폐를 보호하고 기능을 강화하는 작용으로 가래와 천식 치료에 탁월한 효능이 있으며, 숙취제거와 전

신 피로 회복에 좋으며, 성욕 감퇴, 여성 대하증, 어린이 야뇨증 등의 치료에 이용되고 있다. 해충과 곰팡이 억제작용은행잎에는 '플라보노이드'라는 성분이 있어서 항산화 작용으로 자유 라디칼(세포에 손상을 가져오는 것)이라는 물질을 제거하며, 살균 살충 작용을 하여서 갖가지 벌레의 유충과 식물에 기생하는 곰팡이, 바이러스 등을 죽이고 번식을 억제한다.

② 뇌혈관 혈전 방지 : 은행잎의 테르펜 유도체라는 물질은 뇌혈관에 혈전생성과 신경손상을 방지하며, 뇌로 들어가는 혈액 양을 증가시킨다. 이외에도 설사나 현기증, 이명, 두통, 기억력 감퇴와 집중력 장애 등의 증상을 완화시킨다.

Ginseng [영 진생] 인삼. 뿌리는 약용하며 그 형태가 사람 형상이므로 인삼이라 한다. 인삼은 예로부터 불로·장생·익기·경신의 명약으로 일컬어진다. 한국에서 재배되는 인삼의 뿌리는 비대근으로 원뿌리와 2~5개의 지근으로 되어 있고 미황백색이다. 주성분이 사포닌(sponin)인데, 생리적 활성으로는 어독 작용이나 용혈 작용을 나타낸다. panax(식물의 분류범위의 이름) 속 식물에는 사포닌이 다량으로 함유되어 있고, 그 종류도 매우 다양하며, 이러한 식물들의 여러 가지 약리 효능의 발현에 사포닌이 관여하고 있는 것으로 알려져 있다. 사포닌 이외의 성분에는 암세포에 대한 증식작용 억제, 항혈소판 작용 및 항산화활성을 가지고 있는 것이 밝혀져 있는 polyacetylene 화합물과 노화억제와 관련된 지질과산화 억제활성을 나타내는 화합물이 많은 것으로 알려진 phenol 화합물, 향기성분에는 한국홍삼의 가장 주요 성분이 β-patchoulene인데 비해 중국홍삼의 경우는 γ-muuroene이다. 일반성분에는 단백질과 조섬유, 당질, 핵산의 일종인 adenosine, 아미노산 등이 있다. 약이 되는 기능은 저혈압은 높여주고 고혈압은 낮춰주는 작용을 할 뿐만 아니라 혈액순환을 도와주고 위장을 튼튼하게 한다. 강심작용, 건위작용, 노화예방, 간기능 회복작용, 정력증진 작용, 두뇌활동 촉진 작용, 조혈작용, 항암작용, 동맥경화, 당뇨, 스트레스, 갱년기장애, 냉증, 알코올중독, 류머티즘, 알레르기, 피로, 피부미용 등에 효험이 있는 것으로 밝혀지고 있다.

Giraumon [프 지호몽] 호박의 일종

Girofle [프 지호플] 정향. 몰루카제도 원산지. 꽃이 피기 전의 꽃봉오리를 수집하여 말린 것을 정향 또는 정자라고 한다. 꽃봉오리의 형태가 못처럼 생기고 향기가 있으므로 정향이라고 하며 영어의 클로브(clove)도 프랑스어의 클루(clou : 못)에서 유래한다. BC 3세기경 이미 중국에 알려졌고 로마와 유럽에는 중세에 알려졌다. 식품·약품·방부제 등에 쓰거나, 발작증을 비롯하여 치과에서 진통제 등으로 쓴다.

Girolle [프 지홀] 노란색 야생의 식용 버섯

Gizzard [프 지저드] 가금류의 근육주머니

Glacer [프 글라쎄] glace ① 설탕을 끓여 유리컵의 형태로 투명하게 보이도록 하는 것 ② 광택이 나다. 설탕을 입히다. ③ 얼리다. ④ 요리에 소스를 넣어 뜨거운 오븐

이나 사라만다에 넣어 표면을 갈색으로 만듦 ⑤ 당근, 양파에 버터, 설탕을 넣어 수분을 없애면 광택이 난다. ⑥ 찬요리에 젤리를 입혀 광택이 난다.

Glass Holder [영 **글래스 홀드**] 뜨거운 칵테일이 들어 있는 텀블러를 끼워서 손으로 잡을 수 있도록 만든 제품

G

Glassler Cheese [영 **글라스러 지즈**] 치즈 덩어리에 틈이 생긴 치즈

Glaze [영 **글레이즈**] ① 광택있는 재료로 요리를 씌우는 것 ② 음식 위에 소스나 설탕을 발라 오븐에서 윤택있게 구워내는 것 ③ 케이크에 잼이나 시럽을 바르거나 빵을 광택이 나도록 계란물이나 버터를 바르는 것

Glazed Meat [영 **글라스드 미트**] Glacer는 육수를 은근한 불에 천천히 졸여서 소스를 농축한 것으로 용도는 요리에 광택을 내는데 쓰이며 소스의 맛을 좋게 하기 위하여 이용한다. 소의 뼈와 고기를 오븐에서 갈색이 나도록 골고루 볶은 다음 야채(당근, 양파, 샐러리)를 넣어 갈색이 나도록 볶는다. 물을 넣고 대파 녹색 부분에 파슬기 줄기, 통후추, 월계수 잎을 같이 실로 묶은 다음 5~6시간 정도 끓인 것을 걸러서 사용한다. 위의 것을 Fond de Veau라 하고 1/2로 졸여서 데미 글라스(Demi-Glace)가 되고 다시 1/2로 졸이면 glazed meat가 된다. 요리에 소스를 쳐서 뜨거운 오븐이나 사라만다에 넣어 표면을 갈색이 나도록 하며, 당근이나, 작은 양파에 버터, 설탕을 넣어 수분이 없어지도록 익히면 광택이 난다. 찬요리는 젤리를 입혀 광택이 나게 하며, 과자의 표면은 설탕으로 광택을 입힌다.

Gloria [프 **글로히아**] 알코올을 첨가한 블랙커피

Gloss [영 **그로스**] 정확한 방법에 의해 만들어진 폰당 표면이 거울같아 보이는 상태

Glucose [영 **글루코오스**] 포도당. 포도당은 식물이 계속 살아가기 위한 에너지원으로 식물만이 아니라 많은 생물의 에너지원으로서 중요하며, 미생물을 비롯하여 지구상의 동물은 이 포도당을 당을 분해하여 열에너지원으로 삼고 있으며, 쌀이나 곡물, 고구마류, 콩류에 함유되어 있는 탄수화물의 최종분해 산물이다.

Gluten [영 **글루텐**] 글루텐. 밀가루에 소량의 물을 가해서 반죽하여 덩어리를 만든 다음, 이것을 다량의 물 속에서 주무르면 녹말이 물 속에 현탁하여 제거되고, 점착성이 있는 덩어리로 남은 것이 글루텐. 글루텐을 50~70%의 에틸알코올과 섞으면 녹는 성분과 녹지 않는 성분이 있는데, 전자를 글리아딘, 후자를 글루테닌이라 한다. 글루텐의 양은 밀가루의 종류에 따라 다른데, 주로 빵 제조에 쓰이는 강력분은 40% 가량이고, 과자 제조에 쓰이는 박력분에는 20% 정도가 포함되어 있다. 글루텐의 끈기는 가스를 보유하는 힘이 있으며, 빵이 부푸는 것은 바로 이 때문이다. 또, 밀가루가 다른 곡분에 비해 물을 균등하게 흡수하는 것과, 면이 잘 늘어나는 것은 모두 글루텐이 존재하기 때문이며, 밀가루를 가공 조리하는 데 기본이 되는 성분이다.

Glycerine [영 **글리세린**] 글리세린. 무색무취의 시럽으로 물과 알코올에도 용해되며,

흡수성이 강하며, 케이크 믹스에 첨가하여 기포제로 이용하며, 노화 지연을 시킨다.

Gnocchi [이 **뇨끼**] 뇨끼. 이탈리아 요리로 버터와 치즈에 버무린 수제비. 만들려면 중간크기의 감자를 잘 씻어 찜통에 찐 다음 껍질을 벗겨 덩어리가 없도록 으깬다. 달걀 2개를 깨어 기름·소금·치즈가루 등을 섞고 여기에 밀가루를 조금씩 넣어가며 모두 섞어 부드러운 반죽이 되면 밑판에 놓고 1 cm 정도 두께와 2.5 cm 길이로 자르거나, 뇨키를 짜주머니에 넣어 짜면서 비슷한 길이가 되도록 잘라가며 끓는 소금물에 넣는다. 3~5분 삶아 건져서 녹인 버터를 묻히고, 갈아 놓은 치즈와 파마산치즈를 묻혀 낸다. 감자, 밀가루 또는 전분을 이용하여 공모양으로 만들어 스프에 넣거나, 토마토 소스와 함께 내거나 오븐에 굽거나 튀길 수 있다.

Goat [영 **고트**] 염소

Goblet [영 **고블렛**] 유리컵의 일종. 물, 맥주, Soft drink나 얼음을 넣는 칵테일에 이용하는 컵

Godiveau [프 **고디보**] 송아지 고기, 가금류 또는 생선 등의 살코기를 다져서 달걀과 향신료를 넣고 많이 치대어 만든 완자

Gohan [영 **고한**] 전분 제거를 위해 물에 헹구고 물에 담그는 조리과정을 거친 흰 쌀

Gold Nugget Squash [영 **골드 너겟 스쿼시**] 갈색의 늙은 호박

Goma [일 **고마**] 참깨

Gombo [프 **공보**] 오크라

Goose [영 **구즈**] 거위

Goret [프 **고헤**] 새끼돼지

Gorgonzola [이 **고르곤 졸라**] 고르곤졸라. 소젖으로 만든 이태리 치즈. 상아색 외관을 가지며 연한 혹은 진한 녹색의 가느다란 줄무늬가 있으며, 짭짤하며 자극적인 맛이 있다. 이태리의 대표적인 소프트 치즈이며 전형적인 곰팡이로 만든 치즈 고르곤졸라는 대단히 특이한 맛을 가지고 있다. 물론 블루치즈로서는 특이하다고 할 수는 없지만 유산균(lactic acid bacteria)에 의해서 만들어진 치즈에 비해서 강렬한 인상을 받을 수 있기 때문에 이러한 표현을 사용한다. 이태리의 롬바디 지방이 원산지 이며 대략 6~12 kg 정도의 드럼형태로 제조되어 진다. 소젖으로 만들어지고 숙성이 된 제품의 표면에는 적색에서 오랜지색에 가까운 rind(껍질)로 덮히게 되며 안쪽은 푸른곰팡이에 의해 부스러지기 쉬운 회색과 푸른색이 섞인 부분을 갖게 된다. 식자재로서 활용도가 높으며 테이블치즈로서 또는 드레싱의 재료, 샐러드, 파스타, gnocchi에 이용되고, carozza와 같은 샌드위치에도 활용할 수 있다.

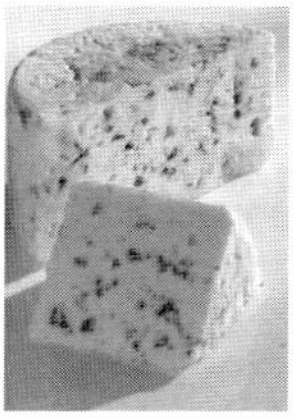

Gosette [프 **고제뜨**] 반원의 애플파이

Gouda Cheese [영 **고다치즈**] 고다치즈. 우유로 만든 경질치즈. 담황색 또는 버터 빛깔을 띠며, 부드러운 맛이 특징이다. 수분함량이 적은

천연치즈로, 원산지인 네덜란드 남부 조이트홀란트 고다(Gouda)의 이름을 따서 지었다. 살균한 원료우유에 치즈 스타터(cheese starter : 탈지유에 젖산균을 배양한 것)를 넣어 발효시켜 굳힌 뒤 커드(curd) 입자만을 모아 일정한 형틀에 넣고 압착한다. 이렇게 하면 지름 30~35 cm, 높이 10~13 cm, 무게 약 8 kg의 원판 모양 치즈가 만들어지는데, 이렇게 만든 생치즈에 파라핀을 입혀 13~15°C에서 약 4개월간 숙성시킨다. 잡균의 번식이나 수분 증발을 막기 위해서 파라핀을 입히며, 숙성 과정에서 젖산균 등 미생물의 단백질 분해효소나 지방 분해효소에 의해 아미노산 같은 수용성 질소화합물과 유리지방산 등이 생겨 치즈 특유의 풍미를 지니게 된다.

G

Goujonnette [㉫ 구조네뜨] 가자미 종류의 흰살생선 필레를 가늘게 썰어 튀김옷을 입혀 튀긴 요리

Goulach [㉻ 굴라시] 굴라시. 헝가리의 파프리카로 맵게 한 쇠고기와 야채 스튜

Gouleyant [㉫ 굴레이앙] 가볍게 마시는 와인

Gourmand [㉫ 구흐망] 미식가

Gourmet [㉫ 구흐메] 미식가, 와인감정가

Graham Cracker [㉳ 그리험 크랙커] 사각형의 꿀로 단맛을 낸 통밀 크랙커

Graham Flour [㉳ 그리험 플라워] 통밀

Graining [㉳ 그레이닝] 과포화의 설탕용액을 빠르게 휘저어 재결합시키는 작업

Grand Cru [㉫ 그랑크뤼] 프랑스의 버거니와 보르도 지역의 최상의 샤또에 생산된 최고급 와인

Grand Veneur Sauce [㉫ 그랑브네 소스] 야생조류와 짐승을 이용하여 만든 소스로 야금류의 뼈(꿩, 사슴 등)와 채소(당근, 양파, 샐러리)를 토마토 페이스트와 같이 색을 내서 냄비에 담아서 술, 식초를 첨가하여 1/2로 졸이고 브라운소스(Fond de Veau)를 넣어 은근히 끓인다. 소창에 걸러 사용하며 생크림과 레몬주스를 넣고 간을 맞추어 사용한다. 야금류에 이용하는 소스이다.

Granulated Sugar [㉳ 그래뉼레이트 슈가] 설탕 결정이 크고 찬물에 녹지 않는 설탕

Grape [㉳ 그레이프] 포도. 포도나무는 포도과에 속하며 서아시아가 원산지이다. 포도의 당질은 대부분 포도당과 과당으로 10~15 % 들어 있으며 녹색일 때는 포도당이 많고 과당은 적다. 유기산은 1 % 내외로 주석산과 사과산이 들어 있으며 과피에는 펙틴, 탄닌 등이 들어 있어 이들이 장의 운동을 촉진시켜 주고 해독 작용도 한다. 무기질로는 칼슘, 칼륨, 철 등이 많아 알칼리성 식품이다. 자주색의 과피색소는 안토시안계의 에닌이다. 비타민의 함유량은 아주 적은 편이다. 포도 표면의 흰가루는 왁스(납) 물질이다.

➲ 약이 되는 기능 ① 피로를 회복시킨다. : 설탕 같은 당분을 먹으면 위 안에서 분해되어 포도당과 과당으로 변하여 장에서 흡수 된다. 포도 속에 든 포도당과 과당은 쉽게 소화 흡수되어 피로회복에 큰 도움을 준다. 피로했을 때 먹는 포도 한 송이는 설탕물이나 초콜릿과는 비교할 수 없을 만큼

빠른 효력을 나타낸다.

② 항암작용을 한다. : 붉은 포도주에 고농도로 들어 있는 몰식자산은 탄닌산의 일종으로 포도주의 향을 내는 성분인데 항암작용을 한다고 한다. 또 이 몰식자산은 다양한 발암성 물질이 염색체 이상을 유발하는 것을 예방한다고 한다.

③ 장운동을 증진시키고, 간을 정화하여 신장기능을 돕는다. 포도의 성분이 신체 여러 부위에 축적되어 있는 유독성 산성 물질을 중화시켜 축적된 노폐물을 제거하여 혈액을 맑게 하기 때문이다. 이러한 과정에서 신장의 여과 기능을 도와 노폐물의 체외 배설도 촉진시켜 준다.

Grapefruit [영 그레이프 프루트] 자몽. 감귤속(Citrus)에 속하는 그레이프프루트 나무의 열매이다. 이 품종의 원산지는 서인도제도의 자메이카로 여겨진다.

포도와 비슷한 향이 있고 포도송이처럼 달린다. 귤 모양으로 둥글며 지름이 10~15 cm이다. 겉껍질은 가죽질이며 표면이 매끄럽고 노란색이다. 속껍질은 얇고 부드럽다. 과육은 옅은 노란색으로 즙액이 풍부하고 맛은 시면서도 단맛이 강하며 쓴맛이 조금 있다. 비타민 C의 좋은 급원으로 주스, 에피타이저, 샐러드, 가니쉬, 디저트로 이용한다. 미국 플로리다주에서 전세계 생산량의 60% 가량이 생산되며 그 외에 캘리포니아, 애리조나, 텍사스 지방에서도 생산된다.

Grapefruit knife [영 그레이프 프루트 나이프] 양면이 톱니 모양으로 되어 자몽의 껍질과 막을 제거하는 데 사용하는 칼

Grapeseed oil [영 그레이프 시드] 포도씨 기름. 발연점이 높아 볶기, 샐러드드레싱에 사용하는 포도맛이 나는 오일. 주로 프랑스, 이탈리아, 스위스에서 생산된다.

Grappa [프 그라파] 포도를 압착 후 나머지를 증류한 것으로 숙성하지 않아서 무색의 이탈리아 브랜디

Grapy [프 그래피] 포도의 질보다 더 잘 빚어진 양질의 와인

Grate [프 그라트] grater를 이용하여 식품 덩어리를 작은 조각의 국수줄기 모양으로 만드는 것

Gratin [프 그라탱] 그라탱. 생선 · 고기 · 계란 · 채소 · 면류(마카로니 따위) 등 한 가지 또는 몇 가지를 섞고, 조미한 소스를 쳐서 구이접시(그라탱 접시)에 담고 가루치즈와 빵가루를 뿌려 오븐에서 구워낸 서양요리. 닭고기 · 어패류 · 면류 · 채소류에는 화이트소스를 기초로 한 소스가 적합하고, 수육류에는 브라운소스나 토마토소스가 잘 조화된다. 채소는 곁들이지 않는 것이 보통이고, 만들어서 즉시 먹어야 제맛이 난다. 그라탱은 일반적으로 연회 요리로는 내지 않는 것이 원칙이나, 왕새우 그라탱은 볼품이 좋으므로 내놓기도 한다. 그라탱은 재료에 따라 여러 가지가 있다.

Graves [프 그라브] 프랑스 보르도 와인 생산지 중 하나

Gravy [프 그래비] 쇠고기나 닭고기의 로스트에 곁들이는 소스. 육류를 철판에 구울 때 생겨난 국물을 이용하는 것으로 수프스톡을 적당히 넣고 가열한다. 이때 후춧가

루·소금·캐러멜을 넣고 밑바닥에 눌어붙지 않게 잘 저으면서 끓여 면보로 거르고, 떠 있는 지방을 숟가락으로 걷어낸다.

Grayling [프 그레일링] 회색숭어

Grease [프 그리즈] 그리즈. 케이팬이나 빵팬에 윤활제를 발라 닦아 내는 것

Green Bean [영 그린빈] 줄콩의 일종

G

Green Butter Sauce [영 그린 버터 소스] 그린피스 퓌레(완두콩을 더운 물에 넣고 푹 끓인 후 믹서에 간 다음 고운체에 내려 퓨레를 만든다)에 Butter Sauce을 넣으면 그린색의 소스가 된다. 생선요리에 잘 어울리며, 주의할 점은 색이 변하지 않도록 한다.

Green Meat [영 그린미트] 생선의 백색 또는 담홍색을 띤 냉동육이 녹색으로 변색되는 현상. 넙치와 가자미 따위에서도 나타난다. 생선의 등·옆·복부의 피하 표면에 가까운 살과 혈합육(dark muscle) 부근의 근육에 많이 발생한다. 변색은 냉동 후 저장 중에 진행되며 약 2주일 후에 정지된다. 원인에 대해서는 아직 잘 알려지지 않았으나 고기에서 생성된 황화수소가 헤모글로빈과 결합하여 녹색의 함황 헤모글로빈(sulfohemoglobin)을 생성하기 때문이라 여겨진다. 생선의 신선도가 떨어지지 않게 하면 방지할 수 있다.

Green Peas [영 그린피] 완두콩. 꼬투리는 다른 콩과 비슷하나 콩보다 약간 크고 표면이 매끄럽고 녹색이다. 콩이 덜 여물었을 때는 녹색이지만 성숙하면 담황색이 된다. 한 꼬투리에 5~6개의 열매가 들어 있는데, 덜 여물었을 때 먹는 것을 그린피스라고 한다. 이 콩은 덜 여물었을 때는 당분이 많아 단맛이 있으나, 따서 오래 두거나 익어감에 따라 당이 전분으로 변하여 단맛이 없어진다. 이 콩은 밥에 둘 때는 두류로 취급되나, 크림수프·샐러드·카레라이스 등에 넣어 음식을 만들 때는 채소의 일종으로 취급되기도 한다. 가열해도 거의 변색하지 않지만 캔에 저장할 때는 황산구리로 색소를 고정시킨다.

Green Pepper Sauce [영 그린페퍼 소스] 푸른 후추 소스. 블랙 후추는 화이트 보다 매운 맛이 강하며, 주로 말라마르 해협, 보르네오, 자바, 수마트라가 원산지인 파페르니그룸 덩굴에서 얻은 석으로 말라마르 해협산이 가장 품질이 좋다. 화이트 페퍼는 블랙 페퍼가 완숙되었을 때 색이 연한 음식의 요리에 이용한다. 재료는 푸른 후추를 1/2 정도의 크기로 다진 다음 버터에 볶는다. 꼬냑으로 불을 붙인 후 생크림을 넣고 1/2로 졸인 다음 브라운소스를 넣어 농도를 조절한다. 사용하기 직전에 토마토 다진 것과 소금을 첨가한다.

Green Tea [영 그린티] 녹차. 발효시키지 않은 찻잎을 사용해서 만든 차. 녹차를 처음으로 생산하여 사용하기 시작한 곳은 중국과 인도이다. 그 후 일본·실론·자바·수마트라 등 아시아 각 지역으로 전파되었으며, 오늘날에는 중국에 이어 일본이 녹차 생산국으로 자리잡고 있다. 차는 제조과정에서의 발효 여부에 따라 녹차·홍차·우룽차로 나뉜다. 어떤 차를 제조하든 차나무의 잎을 원료로 사용한다. 새로 돋은 가지에서 딴 어린잎을 차 제조용으로

사용하며, 대개 5월·7월·8월의 3차례에 걸쳐 잎을 따는데, 5월에 딴 것이 가장 좋은 차가 된다. 차나무는 상록수로 비교적 따뜻하고 강우량이 많은 지역에서 잘 자란다. 녹차를 제조하기 위해서는 딴 잎을 즉시 가열하여 산화효소를 파괴시켜 녹색을 그대로 유지하는 동시에, 수분을 증발시켜 잎을 흐늘흐늘하게 말기 좋은 상태로 말린다. 예전에는 사람이 가마솥에서 직접 잎을 손으로 비벼 말았다. 그 후 가열을 계속하여 대부분의 수분을 제거하여 어느 정도 바삭바삭하게 만든다. 근래에 와서는 증열기·조유기·유염기·재건기·정유기·건조기 등을 사용하여 차를 제조한다.

녹차의 효과 ① 암 발생 억제 효과

② 콜레스테롤 저하 작용 : 녹차는 혈관 벽에서 콜레스테롤을 취하여 간에 회수함으로써 인체에 좋은 작용을 하는 HDL-콜레스테롤은 상승시키는 데 비해 몸에 해로운 작용을 하는 LDL-콜레스테롤은 감소시키는 선택적 감소 작용을 나타내는 특징이 있다.

③ 다이어트 효과 : 차 성분중의 카테킨이 지방 분해 효소의 작용을 강화시켜 주기 때문에 기름진 음식을 먹는 경우에 차를 마시면 매우 효과적이다.

④ 고혈압을 낮추는 작용 : 녹차를 많이 마시면 차엽 중의 카테킨 성분에 의해 혈압이 떨어지게 된다.

⑤ 노화 억제 효과 : 차엽 중에는 카테킨이 매우 많이 함유되어 있어 강한 항산화 효과를 나타낸다. 이 외에도 비타민 C와 E 등 항산화 비타민이 매우 풍부하게 함유되어 있어 녹차는 복합적인 작용으로 뛰어난 노화억제 효과를 나타낸다.

⑥ 알레르기 억제 : 알레르기는 체내에 형성된 항체가 외부에서 들어온 알레르겐의 침입을 저지하게 위해 일어나는 일련의 항원 항체 반응으로 콧물, 두통, 가려움 등의 증상이 나타난다. 차에 이러한 알레르기를 억제하는 작용이 있다.

⑦ 당뇨병에 효과 : 당뇨병에 걸리면 혈당치가 급격히 상승 되지 않도록 인슐린의 작용에 적당한 식사를 하는 것이 가장 중요하다. 차엽중에 함유된 카테킨 성분은 당질의 소화 흡수를 지연시키는 작용을 함으로써 포도당이 혈액중으로 흡수되는 것이 늦어져 급격한 혈당치의 상승이 억제

⑧ 알코올과 담배해독 해소작용 : 술을 많이 마실 경우에 차를 함께 마시면 차에 함유된 여러 가지 성분에 의해 숙취가 해소되어 빨리 깨게 된다. 그 이유는 녹차 중에 들어 있는 카페인과 비타민 C, 아스파라긴산과 알라닌이라는 아미노산 때문이다. 이들 성분이 알코올 분해 효소의 작용을 증가시켜 주므로 알코올의 분해가 빨라지고, 카페인의 이뇨작용으로 알코올이 빨리 배설되기 때문이다.

⑨ 스트레스의 완화 : 차를 마시는 동안 은은히 배어나오는 풋냄새와 같은 그린계의 향기와 달콤한 후로랄계 향기는 스트레스를 해소시키고 기분을 전환시켜 준다. 뿐만 아니라 카페인은 대뇌를 자극하여 머리를 맑게 하고 기분을 좋게 하여 정신적인 안정에 도움을 준다. 또한 풍부히 함유된 비타민 C가 피로 회복 작용을 하는 등 차는 복합적으로 스트레스 억제 작용을 한다.

⑩ 중금속 제거 효과

Grenadine [㉥ **그흐나드**] 석류의 맛과 향을 지닌 적색시럽

Griddle [㉧ **그리들**] 바닥에서 열을 제공하는 커다랗고 넓적한 철판

Grillade [㉥ **그히으나드**] 석쇠로 구운 고기

Grill [㉧ **그릴**] 그릴. 조수육·어패류를 석쇠 위에 올려놓거나 꼬치에 꿰어 직접 불에 쬐어 굽는 방법. 프랑스에서는 그리야드라고도 한다. 종래에는 석쇠에 기름을 바르고 센 탄을 사용해서 구웠으나, 최근에는 전기와 가스불에 석쇠를 놓고 굽는 일이 많다. 재료의 조육류(닭·칠면조 등)는 등을 중심으로 2갈래로 가르거나 뼈째 토막쳐서 굽고, 수육류(소·돼지·양 등)는 등심·안심·간 등에 소금과 후춧가루를 뿌리고 버터를 바르면서 굽는다. 어패류는 비린내를 없애기 위하여 향료를 섞은 샐러드유를 발라서 굽는다. 작은 생선은 통째로 배 양쪽 면에 비스듬히 바둑판 모양으로 칼집을 내어 굽고, 패류는 껍데기째 굽는 일이 많다. 이러한 요리를 담을 때, 어패류에는 데친 제철의 야채와 파슬리, 조수육에는 프라이드 포테이토·크레송을 각각 곁들이면 좋다.

Griller [㉥ **그리에**] 재료를 그릴에 올려 색이 나도록 굽는 방법

Grilling [㉧ **그릴링**] 전도열로 조리하는 방법

Grinding [㉧ **그라인딩**] 음식물을 갈아 가루를 만드는 것

Griotte [㉥ **그히오뜨**] **Cheery** 버찌. 쌍떡잎식물 장미목 장미과 벚나무속 식물의 열매. 단버찌(sweet cherry : P. avium)와 신버찌(sour cherry : P. cerasus)의 품종이 있다. 단버찌와 신버찌는 자라는 환경조건과 토양이 각각 다른데, 단버찌의 적응조건이 더 까다롭다. 이 2종 사이에서 비롯한 것이 듀크버찌(duke cherry : P. avium var. regalis)인데, 겉모양은 단버찌같이 생겼지만 신버찌가 달린다. 단버찌의 원산지는 터키인데, 유럽 중남부에 걸쳐서 야생하며 곧게 자란다. 신버찌는 남서아시아에서 남동 유럽을 원산지로 추정한다. 단버찌는 당분이 많아서 날로 먹거나 통조림을 만들며 냉동하거나 양주에 넣기도 한다. 신버찌는 즙이 많고 당분이 적어 신맛이 강하므로 건과를 만들거나 냉동저장하며 과자·아이스크림, 프루트펀치나 과일 칵테일에 중요한 재료로 쓴다. 종자에는 아미그달린이 1% 정도 들어 있어 행인유를 짜낸다.

Grits [㉧ **그리츠**] 옥수수, 쌀, 귀리와 같은 굵은 알갱이로 간 것

Grog [㉥ **그호그**] 럼주, 설탕이나 꿀 등의 감미료에 물을 첨가하여 만든 음료

Ground Beef [㉧ **그라운드 비프**] 햄버그에 들어가는 패티로 고기를 갈거나 다져서 만든 것

Grouper [㉧ **그루퍼**] 우각바리. 농어목 바리과의 바닷물고기. 일본명은 Azumaha-nadai이다. 몸길이 약 12 cm이다. 몸은 작고 몸높이는 높으며 몸과 머리는 모두 옆으로 납작하다. 머리는 크며 눈도 크고 등쪽에 치우쳐 있다. 필레나 스테이크 또는 통째로 판매하며, 구이, 튀김, 삶기 등으로

요리한다.

Gruau [프 그휘오] 상급 밀가루

Guava [영 궈바] 궈바. 남부 캘리포니아, 플로리다, 하와이에서 자라는 열대과일. 높이 3~7 m로 가지를 많이 친다. 잎은 마주나고 혁질이며 달걀 모양 또는 긴 타원형이다. 잎을 누르면 강한 향기가 난다. 열매는 공 모양 또는 달걀을 거꾸로 세운 모양이며 길이 5~12 cm, 지름 5~7 cm이다. 연한 붉은빛으로 익고 향기를 풍기며 작고 단단한 종자가 여러 개 들어 있다. 과육은 즙이 많고 달콤하며 비타민을 많이 함유하고 있다. 날로 먹거나 통조림·과바젤리·과바치즈·잼 등의 원료로 쓴다.

Gruyere [프 그뤼예르] 그뤼예르. 금갈색의 스위스의 치즈. 그뤼에르는 스위스 프리보그 주의 한 지역이다. 그곳에서 그뤼에르 치즈는 수세기 동안 제조되어 왔다. 그뤼에르 치즈는 에멘탈과 함께 퐁듀의 재료로 널리 알려져 있다. 에멘탈과 그뤼에르를 이용하는 것이 가장 기본적인 퐁듀를 만드는 방법이다. 에멘탈 보다는 약간 더 밀집된 조직을 가지고 있으며, 굳기도 더 강하다. 하지만 에멘탈 보다 더 크림맛이 진하고 에멘탈이 좀 더 신선한 맛을 가지고 있다면 그뤼에르는 견과류와 같은(nutty) 맛을 가진다. 약 4~10개월의 숙성기간을 가지며 일반적으로는 20~45 kg 정도의 무게이다. 색은 에멘탈 보다 좀 더 짙은 노란색을 띠고 있고, 갈색의 rind를 형성한다. 그라탕이나 soup, 퐁듀의 재료로 알맞으며 퐁듀로 사용시에 아펜젤러는 강한 맛을 내게 되고 에멘탈은 신선한 맛을 그뤼에르는 견과류의 맛을 내게 된다. grilling 하는 음식에도 잘 어울린다.

Guacamole [영 구와카몰] 멕시코 음식. 아보카도, 라임주스에 칠리와 고춧가루를 혼합시킨 음식

Guar Gum [영 구와 검] 점착성 물질

Guignolet [프 기뇰레] 버찌로 만든 리큐어

Guinnese [프 기네스] 흑맥주

Gum Paste [영 검 페이스트] 슈거 파우더와 콘스타치에 물을 붓고 반죽한 후 아라빅 검, 건조 고무를 녹여 반죽한 것

Gumbo [영 검보] 뉴올리안즈 요리. 닭고기 등의 가금류, 육류 또는 새우등의 갑각류에 양파, 샐러리, 고추, 오크라, 토마토와 쌀로 만들어진 크레올 형태의 스프

Gurnard [영 거나드] 히대성대. 쏨뱅이목 성대과의 바닷물고기. 최대 몸길이 18 cm으로 등쪽 붉은색이고 배쪽 흰색으로 서식장소는 수심 40~440 m의 바닥이 모래나 조개껍데기가 섞인 모래로 된 곳에 산다. 일본명은 Hime-soko-kanagashira이다. 일본 남부해, 동중국해, 타이완 등의 아열대 및 온대 해역에 분포한다. 육질이 희고 단단하며, 저지방이기에 튀김, 굽기 그리고 삶아서 요리에 이용

Gut [영 구트] 창자, 내장

Gyro [프 지호] 그리스 요리. 양념을 한 후 꼬챙이에 꽂아서 수직이 되게 한 후 익힌 양고기

Gyromite [프 지호미트흐] 마귀곰보 버섯

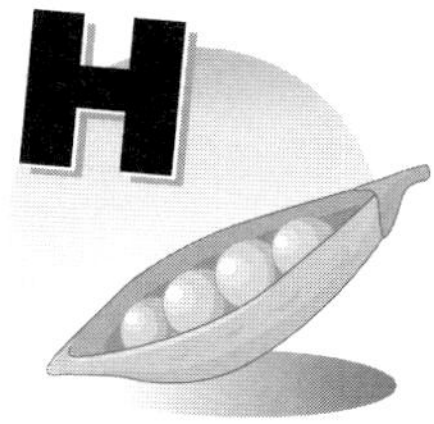

HACCP [Hazard Analysis Critical Control Point System] 해썹. 식품위해 요소중점 관리기준. HACCP은 위해분석(HA)과 중요관리점(CCP)으로 구성되어 있는데, HA는 위해 가능성이 있는 요소를 찾아 분석·평가하는 것이며, CCP는 해당 위해 요소를 방지·제거하고 안전성을 확보하기 위하여 중점적으로 다루어야 할 관리점을 말한다. HACCP란 식품의 원재료 생산에서부터 제조, 가공, 보존, 유통단계를 거쳐 최종 소비자가 섭취하기 전까지의 각 단계에서 발생할 우려가 있는 위해 요소를 규명하고, 이를 중점적으로 관리하기 위한 중요 관리점을 결정하여 자주적이며 체계적이고 효율적인 관리로 식품의 안전성(safety)을 확보하기 위한 과학적인 위생 관리체계

Hacher [프 아쉐] 잘게 써는 방법으로 모든 식재료에 이용됨. 썰면서 짓이기지 말고 각이 지게 다져야 한다.

Hacha [영 아챠] 다진 햄, 송아지 고기, 당근, 양파를 넣은 화이트 와인 넣어 약한 불에서 끓인 바스크 음식

Hachis [프 아쉬] 야채, 육류, 생선을 잘게 다진 것

Haddock [프 아도끄] 대구목 대구과의 바닷물고기. 북대서양 연안에 분포한다. 최대 몸길이 100 cm, 최대 몸무게 17 kg이다. 몸은 길쭉하며 입은 비교적 작고 위턱이 아래턱보다 길다. 수심 10~450 m의 바닥이 바위·모래·자갈·조개껍데기 등으로 덮인 곳에 서식한다. 연체동물, 갑각류, 작은 물고기 등을 먹고 산다. 일상적인 요리에 모두 이용이 가능하며, 말리거나 훈제하여 이용한다.

Haggis [프 애쥐시] 양이나 돼지 등의 위에 다진 동물의 내장을 양파, 향신료 등을 넣고 4시간 익힌 스코틀랜드 전통요리

Hake [영 헤이크] 대구의 일종. 대구목 남방대구과의 바닷물고기. 등쪽은 암청색이고 배쪽은 은백색. 일본명은 Hoki이고 뉴질랜드 명은 Hoki, Blue hake이다. 평균 몸길이는 1.2 m(몸길이 범위는 60~100 cm), 몸무게는 1.5 kg 정도이다. 몸은 가늘고 길며 강하게 옆으로 납작하다. 통째나 필렛, 스테이크 형태로 판매되며, 냉동, 훈제, 소금에 절여서 요리에 이용

Halbi [프 할비] 사과와 배를 발효시켜 만든

음료

Halibut [㊞ 핼리벗] 넙치과에 속하며 매우 큰 어류종. 흰색의 담백한 흰살 생선으로 필레, 스테이크 형태로 판매. 흰살 생선을 이용하는 모든 요리에 가능하다.

Ham [㊌ 햄] 햄. 육제품으로 돼지고기를 소금에 절인 후, 훈연하여 만든, 독특한 풍미와 방부성을 가진 가공식품. 본래는 돼지고기의 넓적다리살을 일컫는 말로, 그 가공품도 아울러 햄이라고 하였는데, 현재는 다리살 이외의 고기를 사용한 제품도 햄이라고 한다. 햄은 훈연과정에서 연기 속에 포함된 알데히드류나 페놀류가 고기 속에 침투하여 방부 효과가 증가되는 동시에 독특한 풍미를 가지게 된다. 햄의 제조법은 돼지고기를 적당한 크기로 모양을 다듬는다. 다음에 혈액·액즙 등 부패의 원인이 되는 것을 제거하기 위하여 육량의 2~4%의 소금과 0.2~0.4%의 질산칼륨을 고기 표면 전체에 문질러서 약 5일간 5°C 가량의 한랭한 장소에 쌓아둔다. 다음에 소금에 절이는데, 그 방법에 염수법과 건염법이 있다. 염수법은 주로 본레스햄이나 로스트햄에 쓰이는 방법이다. 아질산 및 질산의 나트륨 또는 칼륨염과 같은 발색제와 설탕 등을 가한 소금물에 담그는 것이다. 건염법은 프레스햄 등에 주로 쓰이는데, 발색제를 가한 소금을 직접 고기에 뿌리는 방법이다. 소금에 절인 고기는 본레스햄이나 로스트햄의 경우는 면포로 싸고 면사로 묶어서, 원통형의 금속제 망에 넣어서 훈연한다. 프레스햄용의 고기는 잘게 갈아서 조미료·식품첨가물·향신료·녹말 등 을 섞어서 반죽한다. 이것을 케이싱(소 창자나 셀로판)에 넣고 그 양 끝을 묶은 후 끈으로 감아서 훈연한다. 훈연은 벚나무나 참나무 같은 단단하고 수지분이 적은 나무를 불완전 연소시켜서, 그 연기를 쐬는 것이다. 최근 많이 쓰이는 인공 케이싱은 연기를 통하지 않고, 미리 연기의 엑스를 섞어 훈연을 생략하는 경우가 많다. 훈연 후 70°C에서 2~3시간 가열하여 고기 속의 유해미생물을 없앤 후, 냉각시켜서 끈을 다시 매면 제품이 된다. 이탈리아나 스위스의 명산인 생 햄은 소금을 뿌린 새끼돼지의 넓적다리살을 추운 곳에 달아매어 만드는 것으로, 오르되브르 등에 쓰이는데, 그 맛이 일품이다. 햄에는 돼지 넓적다리를 뼈째로 가공한 햄은 써는 방법에 따라서 쇼트컷과 롱컷이 있고, 훈연 후 가열하지 않는다. 고가품이고 생산량도 적으므로, 일반 가정에서는 별로 쓰지 않는다. 본레스햄은 돼지의 넓적다리에서 뼈를 빼고, 셀로판이나 헝겊으로 원통형으로 감아서 가공한 것이다. 이 밖에 본레스햄과 같은 방법으로 가공한 로스트햄(로스트고기)·숄더햄(어깨살)·벨리햄(가리새김·삼겹살), 그리고 여러 가지 고기 부스러기를 모아서 만든 락스햄 등이 있다. 프레스햄은 일본에서 만들기 시작한 독특한 제품으로, 돼지고기 외에 쇠고기·양고기·토끼고기·닭고기 등을 섞어서 만든 것이다. 그리고 본레스햄의 경우 훈연하지 않고 가열 방법만으로 만든 것을 보일드햄이라고 한다. 햄의 주성분은 단백질과 지질로, 육류식품의 전형적인 것이다. 그 단백질은

H

필수아미노산을 골고루 함유하고 있는 우수한 단백질이므로 영양가가 높다. 지방도 순백양질의 것이어서, 식용으로서의 용도가 넓다. 그러나 비타민류의 함유량은 적다. 요리로 이용은 냉채·오르되브르·샌드위치 등 날로 먹는 데는 로스트햄·락스햄·프레스햄이 적당하다. 바비큐에는 두껍게 썬 로스트햄이나 프레스햄이 좋다. 또 본레스햄을 두껍게 썰어서 햄스테이크를 만들기도 한다. 프레스햄은 감미료나 화학조미료를 많이 사용했기 때문에 볶거나 끓이는 요리에는 음식 전체에 단맛이나 그 밖의 맛이 옮아가는 경우가 있으므로 주의해야 한다.

H

Hamburger [영 **햄버그**] 햄버그. 햄버거는 1904년 세인트루이스(Saint Louis) 세계박람회 때 처음으로 상업화의 실마리를 찾게 되었다. 박람회장에 수많은 인파가 몰려들자 박람회장 내 식당에서 일하던 한 요리사가 너무 바쁜 나머지 햄버그(Hamburg)를 둥근 빵에 끼운 핫 샌드위치(Hot sandwich)로 팔게 된 것이다. 이것이 바로 오늘날 번즈(buns)라고 부르는 둥근 빵에 패티(patty)를 끼워 케첩, 마스터드 등과 더불어 먹는 햄버거(hamburg)의 기본적인 형태가 되었다. 이후 1949년 맥도널드(Mcdonald) 형제가 캘리포니아 산 버나디노(San Bernadino)에 처음 식당을 열고 주요 메뉴 가운데 하나로 햄버거를 선보이면서 본격적인 상품화가 시작되었다.

Hamburger Press [영 **햄버그 프레스**] 햄버거 패티를 동그랗고, 납작한 하게 만드는 것

Hampe [프 **앙쁘**] 사슴의 가슴고기

Hand Cheese [영 **핸드 치즈**] 독일의 특산물로 손으로 여러 가지 형태의 치즈. 유지방을 제거하고 우유로 만들며, 매운 맛에 역한 치즈냄새가 남. 간단한 식사 대용으로 먹음

Hand Shaker [영 **핸드 쉐이크**] 칵테일을 주조하는 기구. 칵테일 레시피에 따라 각종 재료를 넣어 재료들이 잘 혼합되고 용해되도록 흔들어 주는 기구

Handing-up [영 **핸딩 엎**] 반죽을 여러 형태로 만들어 저울에 달아 분할하는 것

Hanoi Beef Soup [영 **하노이 비프 숲**] 베트남 쌀국수. 쌀국수에 뜨거운 육수를 붓고 고추를 얹어 먹는 베트남 음식. 베트남에서는 포(pho : 퍼)라고 부르며 주로 아침에 먹는다. 쌀가루를 불려서 약하게 달구어진 판 위에 빈대떡처럼 얇게 펴 말리다가 약간 마르면 떼어내 칼국수보다 가늘게 썬다. 숙주·칠리·고추·고수·라임·양파·고기 등이 들어가 독특한 향과 맛이 나며, 소화가 잘 되고 영양성분이 고르게 들어 있는 데다가 칼로리가 적어 건강음식으로 알려져 있다. 지방과 요리재료에 따라 조리법이 다양하며 쌀국수에 쇠고기를 얹으면 포보, 닭고기를 얹으면 포가라고 한다. 원래 베트남에서는 쇠고기를 먹지 않았으나, 1880년 중반 베트남 북부 하노이를 점령한 프랑스군이 쇠고기 요리법을 전해 주면서 하노이를 중심으로 쇠고기와 민속음식인 쌀국수를 함께 먹게 되었다. 포라는 말도 프랑스군의 식사를 뜻하는 "포 토 푀(pot au feu : 불처럼 뜨거운 그

릇)'의 푀(feu)가 어원이라고 한다. 1950년대 이후 베트남이 남북으로 분단되자 남쪽으로 내려간 하노이 사람들이 호치민(옛 사이공)에서 생계 수단으로 쌀국수에 쇠고기 요리법을 더해 팔기 시작하면서 베트남 전역으로 보급되었다. 만들려면 쌀국수 200 g, 양파 1개, 소금 1작은술, 식초 2큰술, 숙주나물 100 g, 매운고추 2개, 붉은고추 1개, 칠리소스, 레몬즙, 양지머리 600 g, 생강 1톨, 대파 1/2개, 물 12컵, 향신료(통후추 · 월계수잎 · 고수 · 민트 등), 소금, 후춧가루 약간을 준비한다. 양지머리는 찬물에 담가 핏물을 빼고 양파, 마늘, 파, 저민 생강을 넣고 물 10컵을 부어 거품을 거둬 내며 끓이다가 물 2컵과 통후추 · 월계수잎 · 고수 · 민트 등의 향신료를 넣고 한소끔 더 끓인다. 국물이 우러나면 고기는 체에 걸러 편육으로 썰고 국물은 소금과 후추로 간을 맞춘다. 양파는 링 모양으로 썰어 소금이나 식초에 절였다가 물기를 빼고 숙주는 머리와 꼬리를 떼고 씻어서 물기를 뺀다. 매운고추와 붉은고추 · 파는 송송 썰고 쌀국수는 미지근한 물에 1시간 정도 담갔다가 끓는 물에서 30초 정도 삶아 찬물로 헹궈 체에 받쳐 놓는다. 그릇에 쌀국수와 편육, 숙주, 양파 절인 것을 담고 따끈한 육수를 넉넉히 부은 뒤 고수나 민트로 장식하고 생선소스인 누옥맘(Nuoc Mam)이나 고추 썬 것, 칠리소스, 레몬즙을 곁들인다. 누옥맘은 우리나라의 멸치액젓이나 까나리액젓 비슷한 생선 젓갈로, 생선에 소금 · 설탕을 넣고 발효시켜 윗부분의 맑은 물을 걸러낸 것이다. 이 소스는 빵을 찍어 먹거나 쌈장 재료, 국에 넣는 조미료, 쌀국수나 튀김을 찍어 먹는 소스 등의 재료로 쓰는데, 베트남요리에서는 빼놓을 수 없는 중요한 음식이다.

Happy Hour [영 해피 아우어] 호텔 식음료 업장에서 하루 중 고객이 붐비지 않은 시간대를 이용하여 저렴한 가격으로 음료나 스낵을 제공하는 서비스

Hard Drink [영 하드 드링크] Alcoholic을 첨가한 주류

Hard Sauce [영 하드 소스] 파이나 푸딩에 얹는 버터, 설탕, 크림을 휘저은 소스. 주로 크레프 수제트(Crepe Suzette)에 사용하는 소스로서 약 100년 전 영국의 에드워드 황태자의 요리사인 알리샤류방테이에가 처음으로 만들고 지금은 널리 퍼진 디저트 소스이다. 만드는 법은 레몬과 오렌지 껍질을 얇게 벗겨 잘게 다진다. 버터와 가루 설탕을 섞어 거품기로 색이 희어질 때까지 저어 올린다. 따로 준비한 레몬주스, 오렌지 주스 등을 버터에 섞는다. 오렌지 껍질을 섞고 저어서 사용한다. 버터는 전기믹서를 이용해 낮은 속도로 올리며 설탕을 넣고 완전히 섞어지면 속도를 높여 매끄러워질 때까지 쳐 올린다.

Hard-shell Clam [영 하드 쉘 크램] 대합조개. 껍데기 길이 10 cm, 높이 7 cm, 너비 4 cm인 대형 조개이다. 백합(M. lusoria)과 비슷하나 껍데기가 삼각형에 가까운 원형으로 두껍고 매끄러우며 광택이 있다. 껍데기 빛깔은 흰색 · 회색 · 검은색 등이 있으며, 껍데기 안쪽면은 흰색

H

이다. 여름에 산란하므로 가을부터 다음해 봄까지 식용으로 하는데, 3~5월에 잡히는 것이 가장 맛이 좋다. 한국·타이완·필리핀 등지에 분포한다.

Hardtack [영 하드택] 소금과 이스트를 첨가하지 않은 비스킷 건조시킨 것

Hare [영 헤어] 토끼. 어린 것은 굽는 요리가 적합하며, 일반적으로 습열방법으로 스튜나 브레이즈한다.

Hareng [프 아랑]

Herring 청어. 등쪽은 암청색을 띠며, 중앙부터 배쪽은 은백색으로 겨울에서 봄 사이에 산란하며, 베링해·쿠릴해 등의 북태평양, 일본 북부, 한국 연근해 등에 분포. 영양 성분은 단백질이 17.4%, 지방은 12.6%로 매우 기름진 편이다. 청어의 단백질에는 필수아미노산인 로이신, 라이신, 이소로이신 등이 함유되어 있으며, 간에는 비타민 B_{12}가 많아 빈혈이 있는 사람에게 좋다. 다른 등푸른 생선과 마찬가지로 몸에 좋은 고밀도지단백(HDL)과 결합한 콜레스테롤을 높여주는 DHA와 EPA가 풍부하다. 따라서 청어를 즐겨 먹으면 HDL 콜레스테롤이 혈관을 청소하고 혈액의 점도를 내리는 기능을 발휘, 혈액을 뭉치게 하는 혈전의 생성을 방지할 수 있다.

Hash [프 하쉬] 작게 다진 고기와 감자를 튀겨 그래비 소스와 곁들인다.

Hashed Brown Potatoes [영 하쉬드 브라운 포테이토] 삶은 감자를 다져서 양파, 베이컨, 소금, 후추, 파슬를 넣고 튀긴 음식으로 아침식사에 제공

Haute Cuisine [영 호이테 퀴진] 완벽하게 준비된 음식

Hazelnut filbert, cobnut [영 헤이즐럿] 헤이즐넛, 개암나무. 터키는 주생산지. 터키의 흑해 주변지역에서 전세계에서 소비하는 헤즐넛의 70%가 나고, 그 외에는 미국의 오레곤주에서 많이 생산. 밤처럼 생겼으며, 헤이즐넛에 있는 지방은 단순불포화지방이 함유되어 있으며, 항암물질로 널리 사용되는 택솔(taxol)이 발견되었다. 우리나라에서 헤이즐넛의 용도로 가장 많이 알려진 것은 헤즐넛향 커피이고, 실제 헤이즐넛향 커피는 커피 원두에 헤이즐넛 추출물 약간을 섞거나, 인공으로 만든 향을 넣어서 만든다. 하지만 실제로 헤이즐넛이 가장 많이 사용되는 곳은 제과, 제빵이다. 단면으로 얇게 잘라서 디저트의 토핑으로 사용하기도 하며, 잘게 부셔서 쿠키에 섞거나, 가루 상태로 된 것은 케이크 만들 때 밀가루와 섞어서 사용한다. 튀김옷에 조금 섞어도 이용한다. 오븐이나 프라이팬에 구워서도 많이 먹는데, 구우면 껍질이 쉽게 벗겨지고, 더 고소해진다. 빵에 바르는 스프레드 타입의 상품도 나와 있다. 그리고 헤이즐넛에서 짜낸 기름은 자외선을 차단해주는 효과가 있어서 화장품이나 샴푸, 비누에도 사용한다.

Heart [영 하트] 심장. 소, 송아지, 닭, 양의 심장을 요리에 이용하며, 근육으로 되어 있으므로 질기다. 주로 스튜요리에 이용하고, 어린 돼지고기, 양고기의 심장을 볶거나 로스트한다.

Head Cheese [영 해드 치즈] 돼지머리를 사

용하여 만든 젤리 모양으로 압축시킨 고기

Head Chef [영 해드 쉐프] 호텔 레스토랑, 영업장의 주방 책임자로 단위 영업장 주방 업무를 총괄하며, 책임을 지는 사람

Head Waiter [영 해드 웨이터] 레스토랑 내의 서비스를 효율있게 계획하고 전체를 총괄하는 책임자인 웨이터 책임자

Heady [영 헤디] 알코올의 농도가 비교적 높음을 나타내는 말

Heifer [영 헤퍼] 송아지를 낳지 않은 어린 암소

Heilotrope [영 헬로우트러프] 원산지는. 남미. 6~9월의 개화하는 30~50 cm의 다년생 보라색꽃. 관상용·향·향수원료·미용으로 이용

Heine 57 Sauce [영 하이네 57소스] 토마토, 식초 소금, 사과, 향초, 터메릭, 양파가루, 마늘 가루를 재료로 만들어진 소스로 스테이크나 바비큐 치킨에 소스로 제공

Hen [영 헨] 10개월 된 암탉

Herb [영 허브] 푸른 풀을 의미하는 라틴어 허바(Herba)가 어원이다. 향과 약초라는 뜻으로 써오다가 BC 4세기경 그리스 학자인 테오프라스토스가 식물을 교목·관목·초본 등으로 나누면서 처음으로 허브라는 말을 쓰게 되었다. 예로부터 진통·진정 등의 치료뿐만 아니라 방부나 살충을 위한 약초로서 중요한 역할을 해왔는데, 메소포타미아에서 출토된 점토판과 고대 이집트의 파피루스에 남겨진 기록, 잉카 유적지의 향료와 훈연 흔적이 그 증거이다. 고대 이집트에서는 BC 2,400년경 귀족이 죽으면 시체가 썩는 것을 막기 위해 커민·아니스·카시아·시나몬·마조람 등의 향유를 발라 미라를 만들었다고 한다. 고대 로마가 유럽 전역을 지배한 이후에는 지중해 연안에서 유럽 각지로 확산되면서 약용에서 사치용품으로 발전하고 아로마서로피라는 방향(芳香) 요법이 생겨났다. 고대 로마 학자 디오스코리데스가 BC 1세기에 지은 『약물지』에는 600여 종, 히포크라테스의 저서에는 400여 종의 약초가 기록되어 있다. 4세기경 중부 유럽은 수렵과 목축으로 생활했기 때문에 게르만 정복 이후 실크로드를 따라 아시아의 허브가 유럽으로 퍼져갔다. 중세의 중부 유럽에는 채소라는 개념 대신 극소수의 식용식물만 있었던 탓에 치커리는 말라리아나 간장병을 고치는 약초로 쓰였고, 로즈메리는 악귀를 물리치는 신성한 식물로 여겨졌다. 15세기말 아메리카 신대륙 발견 이후 에스파냐 원정대가 멕시코를 식민지로 만들면서 인디언들의 허브 재배술이 유럽에 전해졌고, 중세의 수도원을 중심으로 약용식물이나 과수류와 함께 허브도 재배하기 시작했다. 당시의 허브 관련 역사서로서 12세기경의 식물지 『허벌 Herbal』과 존 제러드가 지은 『식물의 이야기 The Herbal of General History of Plants』(1579)가 있다. 한국에서는 서양과 달리 농경문화가 발달했기 때문에 약초 외에 미나리·쑥갓·마늘·파·생강·고추 등의 향채소와 창포·쑥·익모초·결명자 등이 예로부터 허브로 쓰여왔다. 꿀풀과·지치과·국화과·미나리과·백합과 등 전세계에 약 2,500여 종이 자생하며, 대체로 줄기나 꽃 등이 작아 종족

번식을 위해 멀리서도 향을 느낄 수 있도록 강한 방향성 물질을 갖고 있다. 생육이 매우 강하여 어느 곳에서나 잘 자라지만 통풍과 보온성 및 배수성이 좋고 유기질이 많으며 햇빛이 충분한 양지바른 토양에서 잘 자란다. 향은 꽃이 필 때 가장 강하기 때문에 이 때 채취하여 냉장보관하거나 응달에서 말려 밀폐용기에 보관해서 사용한다. 비타민과 미네랄이 풍부하고 각종 약리 성분으로 소화·수렴·이뇨·살균·항균 등의 작용을 하므로, 따뜻한 물에 녹여 차로 마시거나 고기나 생선, 내장류의 냄새를 없애고 단맛·매운맛·쓴맛·신맛 등의 맛에 변화를 줄 수 있어 특히 서양에서 많이 사용한다. 음식 이외에 허브를 이용하는 예로서, 카페인이 전혀 없는 허브 차는 혈액순환이 잘 되고 위가 상쾌해져 기분이 느긋해지는 효과가 있으며, 향을 이용한 아로마서로피는 스트레스를 받았거나 피곤할 때 또는 피부가 거칠어졌을 때 미용 효과를 높일 수 있다.

Herb Seasoning [영 허브시즌닝] 7가지 (Basil, Parsley, Thyme, Tarragon, Oregano, Marjoram, Celery) 허브를 혼합한 것으로 스프, 소스, 스튜, 샐러드 등에 이용

Herring Caviar [영 히어링 캐비어] 청어알

High Ball Glass [영 하이볼글라스] Tom Collins Glass보다는 작으나 같은 형태로 되어 있는 칵테일에서 얼음을 넣은 긴 유리컵

Hollandise Sauce [영 홀렌다이즈 소스] 마요네즈처럼 기름과 계란 노른자의 유제소스로 홀렌다이즈는 뜨겁게 서브되고, 정제버터로 만들며, 버터를 첨가하기 전에 열 위에서 거품이 생길 정도의 농도로 노른자를 저어 주면 부드럽고 가벼운 농도를 나타낸다. 만드는 법은 스테인리스 용기에 계란 노른자를 넣은 후 여기에 4ts와 와인 졸인 것을 넣고 거품기로 잘 저어준다. 계란이 크림화 되면 정제 버터를 조금씩 넣어가면서 계속 거품기로 올린다 (60~65°C). 다 올라왔으면 레몬주스와 케이엔이나 후추를 넣어서 마무리한 다음 소창에 걸러 미지근한 온도에서 보관한다. 주로 삶아서 찐 야채나 익힌 계란, 익힌 연어와 뜨거운 생선 무스 등에 이용한다. Hollandise는 겨자 (mustard), 갈색 버터 (brown butter), 휘핑크림 (whipped cream) 등을 첨가함으로써 여러 가지 소스를 파생시켰다. 유사한 것으로 베어네에즈(bearnaise)가 있으며, 홀랜다이즈와 그 파생소스는 채소, 계란, 생선요리 등과 잘 어울린다.

Hollow Ware [영 할로우 웨어] 각종 서비스용 Cooper, Sauce, Boat 등의 기물종류

Homard [프 오마흐] 바닷가재.

Home-fried Potatoes [영 홈프라이드 포테이토] 감자를 얇게 잘라 튀긴 것으로 곱게 다진 양파나 녹색 고추를 넣어 집에서 먹는 감자 요리

Hominy [영 호미니] 껍질과 씨눈을 제거하고 거칠게 갈은 다음 사용하는 인디안 옥수수로 물과 우유를 넣어 끓인다.

homogenize [영 호모게나이즈] 균질, 지방 덩어리를 잘게 부수는 것

Hongroise Sauce [영 헝가리즈 소스] 헝가리안 소스. 양파를 다져서 버터에 볶고 백포

도주를 넣어 1/3정도로 졸이며, 슈프림 소스를 넣어 끓인다. 파프리카와 소금을 넣어 저어주고 소스는 소창으로 걸러서 사용한다. 소스의 색은 엷은 핑크색이며, 송아지(veal), 차가운 흰육류 요리에 주로 이용한다.

Hon Taraco [영 혼 타라코] 대구에서 추출한 알로 적색 물감으로 물 드린 것

Honey [영 허니] 빛깔·향기·맛·성분은 벌이나 꽃의 종류에 따라 다르지만 일반적으로 수분 17%, 비중 1.41이다. 고형분의 대부분(83%)은 당분으로서 거의 같은 양의 과당과 포도당으로 되어 있으며 수크로오스는 약 2%이다. 이들 당분은 원래 꽃에 있던 수크로오스가 꿀벌의 입에서 나오는 효소의 작용으로 전화당인 과당과 포도당으로 변화된 단당류기 때문에 흡수가 쉽고 칼로리원으로서 속효성이고 영양가가 높다. 또한 특수한 풍미를 가지고 있으므로 꿀술이나 제과원료로 이용되기도 하며, 예로부터 약용으로 귀중하게 사용되어 왔다. 또한 벌꿀 중에 함유된 꽃가루의 영양가치가 인정되고 있는데, 여왕벌은 몸이 크고 성력이 강하며 일벌은 정력적이라고 해서 로열젤리[王乳]와 함께 꽃가루의 영양에 관한 연구가 있다. 벌꿀의 빛깔과 풍미는 원료인 꽃의 종류에 따라 다르다. 밀원이 되는 식물로서는 유채·메밀·싸리나무·아카시아·밤나무·감나무·밀감나무·클로버·자주개자리 등이 있다. 봄에 꽃이 만발하고 벌의 활동이 왕성할 때 꿀을 채취한다. 1 kg의 꿀을 얻기 위해서는 560만 개의 꽃을 찾는다고 하며 여왕벌을 중심으로 벌 1통에서 10～13 kg의 꿀을 얻을 수 있다. 순수한 꿀은 거의 투명하고 미황색이지만 하등품이 될수록 황적색 또는 암색을 띤다.

Honey Wine [영 허니와인] 허니 와인이라고도 한다. 매우 오랜 옛날부터 알려져 온 알코올 음료이나 시판되는 일은 거의 없다. 벌꿀에 2～4배 정도가 되는 물을 넣어 살균한 다음, 효모(포도주 효모가 좋다)를 섞어 2～4개월 이상 놓아두어 발효시킨다. 제조법에 따라 단맛이 나는 것에서부터 발포성의 것까지 여러 가지를 만들 수 있다. 벌꿀의 종류에 따라 방향이 미묘하게 달라지므로 향기가 너무 강하지 않은 것이 일반적인 원료로서 환영을 받으나, 반대로 레몬이나 홉(hop)과 같은 각종의 향미료를 첨가하는 경우도 있다.

Honggroise Sauce [프 옹그흐와즈 소스] 슈프림 소스에 양파, 버섯, 파푸리카, 화이트와인을 넣어 졸인 후에 베루테 소스를 넣은 것

Hop [영 홉] 유럽과 아시아 온대산이며 길이 6～12 m로 자라고 줄기의 단면은 속이 빈 육각형이다. 잎은 마주달리고 큰 잎은 3～5개, 때로는 7개까지 갈라진다. 작은잎은 심장형으로 모두 톱니가 있고 덩굴과 더불어 잔 가시가 있으며 뒷면에 향기가 있는 황색 선점 있다. 홉은 온대 중부지방에서 잘 자라고 뿌리가 깊게 들어간다. 번식은 꺾꽂이로 하며 땅속줄기가 가장 잘 자란다. 수나무는 암나무 100～300 그루에 대하여 1그루 정도 심는다. 맥주의 원료로서 심기 시작한 것은 8세기 후반부터

이며 14세기 후반에는 독일에서 널리 재배되었다. 홉을 수확하는 부인들이 작업 중 잠이 오는 데서 착안하여 부작용이 없는 최면작용이 있음이 밝혀졌다. 유럽의 민간에서는 진정·진경·진통 및 건위제로 사용하고 있다. 한국에서는 맥주 제조회사들이 설립되면서 1934년 함남 혜산 지방에서 처음으로 재배되었다. 당시의 재배법은 지금처럼 철지주의 마스트를 설치한 방법이 아니라, 단지주 방식이라 하여 낙엽송·대나무 등을 땅에 꽂고 홉의 덩굴이 직접 지주를 감고 올라가도록 하는 방식이었다. 최초로 재배된 홉의 품종은 '조선 1호'와 '조선 2호'로 불린 것으로 알려져 있으나, 이들 품종에 대한 구체적인 특성이나 계통은 확실하게 알려져 있지 않다. 지금은 주로 대관령 일대의 고지대에서 재배하고 있다. 맥주의 원료로 사용하는 이유는 맥주 특유의 향기와 쓴맛을 주며, 맥아즙의 단백질을 침전시켜 제품을 맑게 하고 잡균의 번식을 방지하여 저장성을 높여주는 여러 가지 효능이 있다.

Hors d'oeuvre [㉣ 오르되브르] 에피타이저, 전채요리

Horseradish [㉮ 홀스래디쉬] 겨자과 관상용 식물의 종류로 중앙유럽과 아시아가 원산지. 특이한 향과 톡 쏘는 매운 맛을 가지고 있다.

Horseradish Sauce [㉮ 홀스레디시 소스] 홀스레디시 소스. 홀스레디시는 겨자와 비슷한 종류이며 다년생 초본식물로 뿌리는 회색을 띤 흰색인데 풍미가 강하고 맵다. 껍질을 벗겨 식초와 우유를 섞은 후 갈아서 사용한다. 만드는 법은 알망드 소스에 홀스레디시를 넣어 끓이고 생크림을 넣고 레몬주스와 소금만으로 간을 맞추어 사용한다. 끓여 익힌 쇠고기(boiled beef), 생선, 육류, 소스 등에 이용된다.

Hot Cake [㉮ 핫케이크] 밀가루와 계란, 우유, 설탕, 버터, 베이킹파우더를 넣어 혼합 반죽하여 프라이팬에 익힌 것

Hot Dessert [㉮ 핫 디저트] 더운 디저트에 조리 방법에 따라 오븐에 굽는 것, 더운 물 또는 우유에 삶아 내는 법, 기름에 튀겨 내는 법, 알코올로 flambee 하는 법이 있음

Hot Dog [㉮ 하도그] 핫도그. 타원형의 롤빵에 프랑크푸르트 소시지를 끼워 먹는 소시지

Hot Plate [㉮ 핫플레트] 요리용 철판, 조리용 전기히터

Hot Sauce [㉮ 핫소스] 톡 쏘는 향과 매운 맛이 나는 소스. 대표적인 것으로 멕시코의 타바스코 지방의 작고 매운 붉은고추로 만든 타바스코소스가 있다. 타바스코소스는 1868년 미국의 에드먼드 매킬레니가 상품화하였다. 매킬레니는 타바스코 씨를 얻어다 심은 후에 잘 익은 것을 참나무통에 보관해 두었는데 어느날 타바스코가 발효하면서 향을 내자 여기에 소금과 식초를 넣고 3년 이상 발효시켜 소스를 만들었다. 그밖에 첫맛은 부드럽지만 뒷맛이 매콤한 케이준소스와 살사소스·바비큐소스 등도 핫소스에 속한다. 한국에서는 고추기름과 다진 마늘, 식초, 간장, 설탕 등을 섞어 매

운 맛을 낸 뒤 주로 육류냉채에 끼얹어 먹는다.

Hotelier Butter [영 호텔리에 버터] 호텔리에 버터. 버터, 파슬리와 버섯은 깨끗이 씻어 곱게 다진 다음 거즈로 싸서 물기를 제거하고 버터는 크림화하고 레몬은 깨끗이 씻어 반으로 잘라 즙을 만든다. 버섯 다진 것을 레몬즙에 섞어 파슬리와 함께 버터에 섞는다. 소금, 후추 등으로 간을 맞춘다.

Hot Souffle [영 핫 슈플레] 크림소스에 스위스 치즈나 가루 치즈를 넣어 양념과 함께 구운 것

Huile [프 휘일] 기름

Huitere [프 위트르] 굴

Huile D'olive [프 휘일 드 올리브] 올리브 오일

◐ Exrat Virgin : 올리브 열매에서 짜 낸 것으로 순도가 가장 높으며, 가볍고 순수한 맛으로 산도 1% 미만

◐ Fine Virgin : 최상의 올리브에서 추출한 깨끗한 녹색의 산도 1.5% 미만의 오일

◐ Virgin : 산도가 3%까지 허용된 오일

◐ Pure : 산도는 3%이나 등급이 일정치 않은 올리브 열매가 혼영되어 순도가 떨어진다.

Hundred year Egg [영 헌드레드 이얼 에그] 달걀을 소금, 석회, 재로 코팅한 다음 100일 동안 저장한 달걀

Hunter' Sauce [영 헌터 소스 Sauce Chasseur Sauce Chasseur] 양송이 소스. 버터에 양파 다진 것을 볶다가 양송이를 넣고 같이 볶는다(saute). 와인을 넣고 1/2 정도 졸인(reduire) 다음 토마토 퓌레와 브라운소스를 넣고 향신료를 첨가하고, 소금, 후추 등으로 간을 하고 전분으로 농도를 조정한다. 서빙시 파슬리 다진 것과 토마토 concasse를 첨가한다. Tomato Concasse가 너무 뭉그러지지 않아야 하고 타라곤 향이 좋아야 하므로 나중에 넣는 것이 이상적이다.

Hure [프 위흐] 멧돼지

Hydromel [프 이드호멜] 꿀물

Hush Puppies [영 허쉬 퍼피즈] 옥수수 가루, 우유, 양파, 베이킹파우더 등으로 이루어진 많은 기름에 튀긴 음식

Hydrometer [영 하이드로 메타] 비중계, 당액을 측정하는 비중계. 피측정물이 고체인지 액체인지 기체인지에 따라 여러 가지 방법이 있다. 일반적으로는 액체비중계를 가리키는 경우가 많다. 보통 아르키메데스의 원리를 이용하여 물체의 질량과 그것이 액속에 있을 때 받는 부력으로부터 액체의 비중을 측정하는 형식이다.

◐ 고체용 ① 욜리 천칭(Jolly balance) : 용수철에 시료를 공기 속에서 매달았을 때와 비중을 이미 알고 있는 액체 속에 매달았을 때의 각각의 늘어난 길이 및 액의 비중에서 시료의 비중을 산출한다.

② 비중병(pycnometer) : 유리로 만든 병이며 병이 비었을 때와 증류수를 채웠을 때, 시료를 부수어 적당량을 넣고 그대로 시료와 작용하지 않는 액체를 채웠을 때의 각 질량·증류수 및 액체의 비중으로부터 시료의 부피 및 질량을 구하고, 그것으로부터 시료의 비중을 산출한다.

③ 그 밖에 비중천칭, 니콜슨 액체비중계

등이 있다.

◐ 액체용 ① 베스트팔 비중계(Westphal balance) : 지레의 한쪽 끝에 추를 매달고 이것이 작용하는 시료의 부력에 의한 지레의 기울기를 라이더(rider : 로 균형을 맞추고 라이더의 위치 눈금과 라이더의 크기로부터 비중을 구한다. 라이더는 질량비가 1 : 1/10 : 1/100 : 1/1000의 4개가 매겨져 큰 것으로부터 차례로 소수 1자리~4자리까지 나타낸다.

② 애리오피크노미터(areopycnometer) : 비중 눈금을 매긴 유리관 아래의 시료실에 시료를 채워 증류수 속에 띄우고, 가라앉은 깊이의 눈금으로 시료의 비중을 읽는다. 눈금은 같은 간격이며 정밀도가 높다.

③ 액체 비중계(hydrometer) : 가장 일반적이며 비중 눈금을 매긴 유리관 아래에 속이 빈 부분과 추실이 있다. 이것을 시료 액체 속에 띄우고 가라앉은 깊이의 눈금을 읽는다. 원칙적으로 4°C의 물을 표준으로 한 비중을 15°C에서 정확하게 나타내게 되어 있다. 애리오피크노미터와 액체비중계에는 밀도 눈금을 매긴 것도 있다.

④ 비중병 : 병이 비었을 때와 증류수로 채웠을 때, 시료로 채웠을 때의 각 질량으로부터 같은 부피의 시료 및 증류수의 질량을 구하여 그것과 증류수 및 공기의 비중으로부터 시료의 비중을 산출한다.

⑤ 비중천칭 : 접시 아래에 매단 추를 공기 속, 증류수 속, 시료액체 속에 가라앉혀 측정하였을 때의 분동)의 질량, 공기·증류수의 비중으로부터 시료의 비중을 산출한다.

◐ 기체용 ① 유리천칭 : 한쪽에 구, 다른 끝에 추를 매단 유리로 된 지레를 기밀용기에 넣은 것. 비중을 이미 알고 있는 공기를 압입하여 지레가 평형되었을 때의 공기의 압력과, 시료 기체를 압입하여 지레가 균형이 잡혔을 때의 시료의 압력으로부터 시료의 비중을 구한다.

② 일정 부피를 가진 시료의 질량을 재는 가스천칭도 있다.

Hygroscopic [영 **하이그로스코픽**] 습기를 빨아 드는 힘

Hyssop [영 **히솝**] 박하향의 나는 허브. 샐러드, 스프, 스튜에 풍미를 준다.

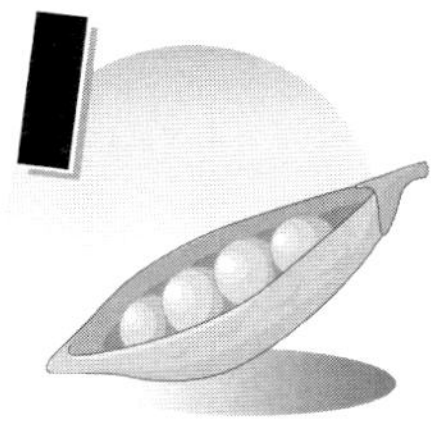

Ice [영 아이스] 얼음. 얼음 결정은 육방정계에 속하며 H_2O 분자는 수소결합에 의해서 무한히 이어진 구조를 취한다. 단위는 산소원자를 중심으로 한 사면체 구조인데, 석영의 한 변형상태인 인규석이나 보통 유리의 실투 등에 의해서 생기는 결정이 눈의 결정과 같은 설화형·육각형 등이 되는 것은 이 때문이다. 얼음이 녹을 때는 일부의 수소결합이 파괴되어 육각형 터널구조가 없어지므로 액체인 물 쪽으로 H_2O 분자가 채워진다. 따라서 물의 비중이 얼음보다 커진다. 얼음 II는 약 3,000 atm의 압력 하에서 만들어진 것으로 얼음의 결정구조와 아주 비슷하다. 그러나 산소에 의한 사면체 구조가 일그러져 육각형의 터널구조가 비뚤어진 형이 되므로 빈틈이 적다. 이것은 같은 압력 하의 액체인 물보다 비중이 크다.

Ice Box [영 아이스 박스] 얼음 담는 통

Ice Carving [영 아이스 카빙] 얼음을 재료로 하여 조각하여 만드는 것

Ice Cream [영 아이스 크림] 우유 또는 유지방·무지유고형분에 설탕·달걀·안정제(젤라틴 등)·향료·색소 등을 넣고 휘저어서 얼린 빙과. 본래는 서양요리의 디저트(후식)로서 이용되었으나 오늘날에는 기호품으로 널리 사용된다. 영양가도 높아 고지방의 것은 100 g당 열량이 200 kcal 정도로, 간식·디저트·환자식·유아식 등으로 각광을 받고 있다. 1967년의 국제낙농국제규격(IDF) 안에 의하면 유지방분이 8 % 이상 함유되어 있는 것은 아이스크림이라 하고, 유지방분이 3 % 이상 함유된 것을 밀크아이스로 부르게 되어 있다. 한국의 경우도 보건사회부 식품위생법에 의하면 전자를 아이스크림, 후자를 아이스밀크로 규정하고 있다. 크림은 1550년경 이탈리아에서 최초로 고안되어 유럽 각국에 전해진 것으로 알려져 있는데, 당시에는 얼음의 결정입자가 커서 현재의 셔벗과 같은 것이었다. 실제로 크림에 달걀 노른자와 감미료를 섞고 휘저으면서 냉동시켜, 현재와 같은 얼음의 결정입자가 섬세하고 차고 부드러운 제품이 만들어지기 시작한 것은 1774년 프랑스 루이 왕가의 요리사가 처음인 것으로 전해진다. 처음에는 이것을 크림아이스라 불렀으나, 그 후 크림 외에 우유의 수분을 감축시킨 농축유·연유·분유 등이 사용되고 냉동제조기계가 진

보하여 공업적 생산이 발달하게 되었다. 한국에서는 1970년대에 이르러 점차 빙과제조업이 본격화되어 현재의 수준에 달하게 되었다. 세계적으로는 미국에서 가장 많이 생산된다. 제법은 기본적으로 우유·유제품에 당류·향료 및 그 밖의 부재료를 혼합하여 균질화·살균·냉각·숙성하고 휘저어서 공기를 함유시키고, 동결시키는 순서로 만든다. 크게 나누어서 자가 제조적인 유럽식과 미국의 공업적 제조법이 있는데, 전자는 달걀 노른자·생크림 등을 사용하여 동결시킬 때까지 충분히 이겨 만들어서 호화로운 맛이 특징이고, 후자는 유제품적·영양적인 면을 중시하여 깨끗하며, 양적으로 쉽게 먹을 수 있는 품질로 만드는 것이 특징이다. 한국에서도 유럽풍의 것은 고급 레스토랑이나 호텔 등에서 자가 제조식으로 만들고, 미국풍의 것은 서울을 중심으로 한 근대적 아이스크림 공장에서 생산되어 전국적으로 보급되고 있다. 종류를 크게 나누면 하드 아이스크림과 소프트크림이 있다. 충분히 동결시킨 것을 하드 아이스크림이라 하며, 제품의 모양과 포장용기·가공원료·가공법에 따라 상품의 종류가 다양하다. 기본적으로 바닐라 등의 향료를 사용한 단순한 것은 플레인 아이스크림이라 하고, 달걀 노른자의 함유량이 많은 것은 프렌치(French) 아이스크림 또는 커스터드(custard) 아이스크림이라 한다. 이 밖에도 과일·초콜릿·커피·양주 등을 첨가한 것을 풍미 아이스크림이라고 한다. 소프트크림은 충분히 동결되지 않은 비교적 부드러운 것을 가리키며, 제2차 세계대전 이후 소형제조기와 즉석용 혼합원료, 콘컵(컵 모양을 한, 과자같이 먹을 수 있게 만든 것)의 사용에 따라서 즉석제조 판매로 널리 보급되었다.

Ice Cake [영 아이스 케이크] 감미료·향료·색소 등을 섞은 액상의 것을 동결관에 넣고, 가운데에 가는 막대기를 꽂아서 얼린 냉과이다. 아이스케이크라는 말은 한국에서 만든 말이며, 영어로는 폽시클이라고 한다. 액상 식품을 냉동하는 방법은 고대부터 연구되어, 워터아이스나 셔벗 등으로 발전되었으나, 막대기를 꽂아서 단단하게 동결시키는 양산방법이 보급된 것은 그리 오래 된 일은 아니다. 이것은 스틱 프로즌 콘펙션(stick frozen confection)이라 총칭한다.

Ice cream Freezer [영 아이스 키림 프리저] 아이스크림 제조용 냉동기. 이전에는 통형으로 된 수동 핸들식이나 전동식이 사용되어, 안쪽에는 아이스크림의 재료, 바깥쪽에는 얼음과 소금을 채워 넣고, 재료를 휘저어면서 냉동시켰으나, 현재는 전기냉장고의 냉각실을 이용한 냉동기(소형 모터로 회전하는 교반기가 장치되어 있는)가 일반적으로 사용되고 있다. 재료를 넣은 냉동기를 냉각실에 넣은 다음, 코드를 문의 틈새로부터 냉장고 밖으로 끌어내어 전원(電源)에 연결한다. 약 20분(겨울)~40분(여름)에 동결된 후 고반기를 떼어내고 용기만을 재차 냉각실에 넣고 약 30분(겨울)~90분(여름) 동안 냉각한다.

Ice Cream Mix Power [영 아이스 크림 믹스 파우어] 적당한 양의 물을 넣어서 얼리면 아이스크림이 되도록 조제되어 있는 분말.

크림과 우유를 혼합하고 진공농축한 후 분무·건조시키고, 이것에 설탕과 안정제(젤라틴 등)를 혼합하여 만든다.

Ice Cream Scoop[영 아이스 크림 스쿠프] 아이스크림을 공 모양으로 떠내는 기구

Ice Crusher[영 아이스 크러쉬] 얼음을 깨는 도구. 한번에 많은 양의 얼음이 필요할 때 사용하는 장비로서 큰 파티나 컨벤션에 사용

Ice Pick[영 아이스 픽] 얼음을 깰 때 사용하는 도구

Ice Tong[영 아이스 텅] 얼음 집게

Ice Wine[영 아이스 와인] 포도밭에서 얼어 있는 포도를 딴 다음 해동되기 전에 짜내서 만드는 맛좋은 디저트 와인. 풍미가 좋고 당도와 산도가 높다.

Icing[영 아이싱] 케이크에 바르거나 장식하는 설탕 크림

Imbiber[프 엠비베] 액체를 스며들게 하다.

Indian Pudding[영 인디언 푸딩] 옥수수가루와 당밀에 얇게 썬 사과를 첨가하여 구어서 만든 매운 푸딩

Induction Cooking[영 인덕션 쿠킹] 자기에너지에 의해서 열을 내는 것에 의한 조리

Industrial Restaurant[영 인더스트리얼 레스토랑] 학교, 병원, 군대의 급식으로 비영리를 목적으로 하는 구내식당

Infusion[영 인퓨전] 다려내기, 우려내기, 즉 다양하게 맛을 낸 소스 또는 조리용어

Insalata[이 인살라따] 샐러드

Instant Coffee[영 인스탄트 커피] 열탕이나 물에 잘 녹아서 그대로 마실 수 있게 가공된 즉석 커피. 1901년 미국의 G.보든에 의하여 시판 제품이 제조된 것이 시초이다. 원료인 커피나무 열매의 씨(커피콩)를 볶아서 냉각·분쇄한 다음, 증기 또는 열탕을 통과시켜 추출액을 받아 다시 원심분리기에 걸어 입자를 제거하고, 열풍 중에서 건조시켜 만든다. 마지막 건조과정에서 풍미가 달라지기 때문에 동결건조나 열을 가하지 않는 건조법도 시도된다. 한국에서도 커피콩을 원산지로부터 수입하여 인스턴트 커피를 대량 생산하여 시판한다.

I

Inter Uint Transfer[영 인터 유니트 트랜스퍼] 식음료 재료 대체 호텔 내부에서 레스토랑의 수가 많으면 서로 필요한 식음료 자재를 주고받는 경우

Inventory[영 인벤터리] 재고 조사

Invert Sugar[영 인벌트 슈가] 전화당. 설탕을 가수분해하여 얻은 포도당과 과당의 등량 혼합물. 사탕수수나 사탕무에서 얻는 수크로오스는 이당류(올리고당)이므로 산이나 효소로 가수분해하면 포도당과 과당이 각각 1분자씩으로 된다. 이 현상을 전화라 하고, 이때 생기는 포도당과 과당의 혼합물을 전화당이라고 한다. 전화당에 과당이 포함되므로 원래의 수크로오스보다 감미가 높다. 그러나 흡습성이 있으므로 고체상품으로는 부적합하며 액체로 이용된다. 최근 공장에서는 노력의 절감과 위생적인 측면에서 액상당을 이용하는 경향이 있으며, 제과·제빵 외에 여러 가지 용도로 소비가 증대하고 있다.

Irish Coffee[영 아이리쉬 커피] 아일랜드산 위스키에 커피와 조화를 이루는 음료

Irish Mist [영 아이리쉬 미스트] 하이스 꽃꿀을 함유한 아일랜드산 리큐어. 알코올 도수 40°

Isinglass [영 아이징 글라스] 철갑상어의 부레로 제조한 젤라틴

Isotonic [영 이소토닉] 이온음료. 삼투압이 인간의 체액과 같은 음료. 운동이나 노동 등으로 인해 체내에서 빠져나간 수분과 전해질을 보충해주는 기능성 음료로 스포츠 드링크 또는 스포츠 음료라고도 한다. 주요 성분으로는 당질(탄수화물)을 비롯해 나트륨, 칼륨, 마그네슘 등의 무기질과 비타민 C가 포함되어 있다. 무기질은 땀으로 손실된 전해질을 보충해주기 위해서다. 당질은 대개 6~8% 농도로 함유되어 있는데 그 이상이 되면 장내 흡수 속도를 지연시켜 효과가 감소된다. 운동 중에 수분과 전해질을 보충해줄 경우 그렇지 않은 경우보다 더 오래 지속할 수 있다고 알려지면서 빠른 속도로 보급되고 있다. 그러나 1캔당 평균 120 mg 정도의 나트륨(소금 약 0.3 g)이 함유되어 있어 평상시 음료 대용으로 마시는 것은 식염의 과잉섭취가 우려되어 바람직하지 못하다.

Italian Coffee [영 이탈리언 커피] 블랙으로 제공하거나 별도의 생크림을 준비하여 제공

Italian Dressing [영 이탈리언 드레싱] 식초, 마늘, 올리브유, 레몬주스, 오레가노. 바질, 딜 등으로 만든 드레싱. 먼저 샐러드 기름을 준비하여 식초, 토마토케첩, 파프리카, 겨자 등을 넣고서 잘 섞어준다. 소금, 후추, 파프리카, 양파즙, 레몬주스 등으로 간을 맞춘다. 사용할 때는 언제나 흔들어서 잘 섞어주고, 양파즙은 강판에 갈아서 곱게 다지며, 피망, 올리브를 넣기도 한다.

Italian Meringue [영 이탈리언 머링게] 달걀흰자를 굳게 거품을 내어 천천히 뜨거운 설탕 시럽을 넣어 만든 머랭

Italian Sauce [영 이탈리안 소스] 이탈리안 소스. 토마토소스는 이탈리아 요리에 가장 많이 쓰는 소스로 만드는 방법이 여러 가지이고, 좋은 토마토로 즉석에서 만든다. 양파, 토마토 다진 것을 버터에 볶고, 햄, 양송이를 첨가하고 백포도주를 넣어 1/2로 졸이며, 브라운소스를 넣고 끓인 후 레몬주스와 향료를 넣는다. 소금, 후추로 간하여 버터를 넣어 사용한다. 스파게티, 라비올리 등 이탈리아 요리의 주 소스로 쓰인다.

Italian Sausage [영 이탈리언 소세지] 마늘, 회향, 아니스를 첨가하여 만든 돼지고기 소시지. 주로 피자 토핑에 이용

Italienne [프 이딸리엔느] 주사위 모양으로 준비된 버섯과 햄, 토마토소스로 만들어진 가니쉬

Item Void [영 아이템 보이드] 품목 취소

Ivoire [영 아브와이르] 흰 육류 글레이즈나 스톡을 졸여서 만드는 풍부한 수프림 소스의 일종

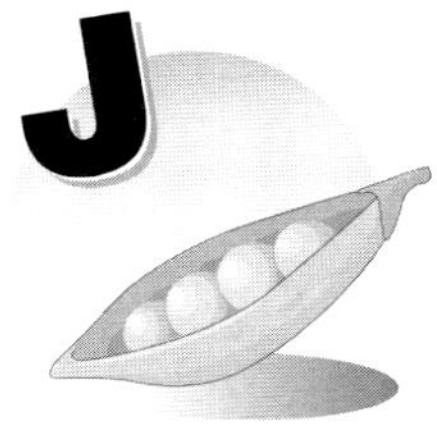

Jabot [프 **자보**] 새의 모의 주머니

Jackfruit [영 **잭푸르트**] 바라밀. 뽕나무과의 상록교목. 인도·말레이시아 원산이다. 높이 15 m에 달한다. 잎은 길이 10~20 cm로 어긋나고 긴 타원형이며 가장자리가 밋밋하다. 줄기에 상처를 내면 유액이 나온다. 꽃은 단성화로 암꽃은 줄기와 가지에 직접 달리고, 수꽃은 가지 끝과 잎겨드랑이에 1개씩 달린다. 열매는 줄기에 직접 달리고 원통형이다. 길이 25~60 cm, 지름 15~20 cm로서 무게가 7~9 kg이지만, 큰 것은 25 kg에 달하는 것도 있다. 꽃은 1년 동안 계속 피며, 열매는 8개월이 지나면 노란빛을 띤 녹색으로 익는다. 종자를 둘러싼 육질부와 육질화한 꽃턱을 식용한다. 열매는 빵나무와 비슷하고, 목재는 노란색이며 건축재·가구재로 이용한다.

Jaggery [영 **재거리**] 인도산 사탕수수로 만든 흑설탕

Jailles [영 **재일즈**] 돼지고기 등심, 허브, 향신료를 넣고 끓이다가 사과와 빵가루를 넣어 만든 스튜

Jam [영 **잼**] 잼. 과일에 다량의 설탕을 넣고 조려서 만드는 저장식품. 잼은 기원전부터 만들었다고 추정하는데, 그 당시에는 잼을 위한 감미료로 꿀이나 엿을 사용한 것 같다. 최초의 기록은 BC 320년경 알렉산더 대왕이 인도를 정복하고 돌아갈 때 유럽에 설탕을 가져가 이 소량의 설탕을 사용하여 잼을 만들어 왕후나 귀족이 소중하게 먹었다고 한다. 설탕을 자유로이 사용할 수 있게 되면서 북유럽은 추운 곳인 관계로 과일이 귀했으므로 겨울을 위한 저장식품으로서 주부들이 가정에서 잼을 만들게 되었는데, 나중에 병조림법과 통조림법이 발명됨과 동시에 기업화되었으며, 상품화하게 되었다. 잼은 과일에 다량의 설탕을 넣고 끓여서 조린 점성이 강한 것으로 고농도의 당분이 미생물의 성장발육을 저지하여 장기간 보존이 가능한 식품으로, 토스트나 롤(roll) 같은 빵에 버터와 함께 발라 먹는다. 잼이란 말은 눌러 으깬다 또는 소리내어 씹는다라는 뜻을 지니고 있다. 잼이 만들어지기 위하여는 펙틴(pectin)·산·설탕의 3가지 물질이 갖추어져야 하는데, 과일이 덜 익었거나 지나치게 익으면 펙틴 함량이 적고 적당히 익은 것

이 펙틴 함량이 가장 많다. 홍옥 같은 신 사과, 나무딸기, 작은 씨 없는 포도, 구즈베리, 포도, 레몬 등은 질이 좋은 펙틴과 산을 많이 함유하고 있어 양질의 잼이 될 수 있다. 그 외의 사과 · 자두 · 살구 · 오렌지 · 무화과 등은 펙틴은 풍부하나 산이 부족한 것이 있지만 이 과일들도 만들기에 따라 좋은 잼이 될 수 있다. 딸기의 경우는 산은 충분하나 펙틴이 약간 부족하지만 역시 잼이 될 수 있다. 복숭아와 배는 펙틴과 산이 모두 부족하기 때문에 그대로는 잼이 안 되므로 잼이 되도록 하기 위해 pH 2.8~3.3 정도가 되도록 시트르산 같은 유기산과 시판되는 펙틴을 적당량 첨가한다. 당도는 60~65 %가 바람직하며 이 정도의 당도일 때는 잼은 103~105°C에서 끓기 시작한다. 당도는 펙틴 함량이 적을수록 높아야 하는데, 잼 제조공장에서는 굴절계(refractometer)를 사용하여 쉽게 당도를 측정한다. 같은 재료라도 만드는 방법에 따라 잼과 프리저브(preserve)로 구별하는데, 잼은 과일을 으깨어 형태가 남지 않게 한 후 설탕을 넣고 조린 것이고, 프리저브는 과일의 형태가 있게 조린 것이다. 일반적으로 프리저브를 고급품으로 생각한다. 마멀레이드는 프리저브의 일종인데, 특히 그레이프프루트 · 오렌지 · 레몬 같은 감귤류 과실을 가늘게 채로 썰어서 설탕에 조린 것을 구분하여 일컫는 것이다. 프리저브를 만들기 위하여는 과일을 반으로 나누어 반만 처음부터 설탕과 함께 끓이고, 한참 끓은 후 나머지 반을 넣고 조리면 나중에 넣은 것은 형태가 남게 된다. 프리저브로 만드는 과일로는 체리(양버찌) · 무화과 · 복숭아 · 배 · 자두 · 딸기 등이 많이 사용된다. 일반적으로 잼 · 프리저브 · 마멀레이드를 만들 때 무게로 과일 1에 대하여 설탕 3/4을 사용하면 알맞은 설탕 농도가 된다. 잼의 제조과정이 기업화됨에 따라 과일이나 설탕 같은 천연재료만 사용하지 않고 여러 가지 과일을 섞기도 하고 점성을 강화하기 위하여 CM(섬유소 · 산 · 소다) 같은 호료를 첨가하고, 원가를 절감하려고 설탕의 일부를 인공감미료로 대치한다든지, 인공감미료를 사용했을 때의 방부력의 부족을 강화하기 위하여 방부제 등을 첨가한다.

Jambalaya [프 잠바라야] 토마토, 양파, 피망에 육류, 가금류, 조개류를 넣어 익힌 쌀과 혼합하여 만든 요리

Jambon [프 잠봉] 햄. 돼지나 가금류의 다리 부분

Jambonneau [프 장보노] 돼지다리로 만든 햄

Jardiniere [프 자르디니에르] 텃밭에서 키운 야채

Jarlsberg Cheese [독 잘스베르그 치즈] 크고 불규칙적인 구멍이 있는 부드러운 스위스 치즈

Jarret [프 자헤] 관절부위의 고기

Jasmin [프 재스민]

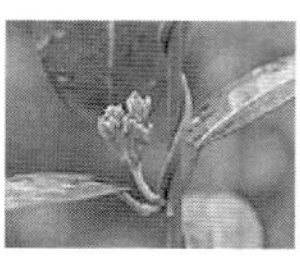

Jasmine 재스민. 쌍떡잎식물 용담목 물푸레나무과 영춘화속에 속하는 식물의 총칭. 원산지는 히말라야. 이 속의 꽃에서 채취한 향료명을 가리키기도 한다. 상록관목이며,

열대와 아열대에 200여 종이 분포하고 한국에 자생종은 없으나 영춘화(J. nudiflorum)가 서울 근처에서 월동한다. 소형화(J. officinale var. grandiflorum)는 히말라야 원산이며 흰색 꽃이 피고 향료를 채취한다. 청향등(J. paniculatum)으로 재스민차를 만든다.

Jaune [프 존느] 노란

Jelly [영 젤리] 펙틴·젤라틴·한천·알긴산 등의 교질분을 재료로 응고시킨 식품. 젤라틴과 한천 등을 응고시킨 냉과나 냉제요리 및 과즙에 설탕을 넣어 조려서 젤리 상태로 된 잼 종류를 포함한다. 후식이나 간식을 만들 때는 교질분에 과즙·우유·양주, 잘게 썬 과일을 섞어 굳히고, 요리용은 담백한 생선, 달걀·닭고기 등을 곁들여 만들며, 영국과 미국에서는 이것을 흔히 디저트로 애용한다.

Jellyfish [영 젤피쉬] 해파리. 척수가 있는 무척추 동물. 해파리는 93~95%가 수분이다. 따라서 요리에 사용하는 것은 건조시켜서 소금-명반 용액에 담가 소금절임으로 만든 것이다. 이것을 조리할 때는 하루 동안 물에 담가 소금기를 빼고 거죽을 비벼 벗긴 다음, 식초절임이나 무침으로 한다.

Jellying Agent [영 젤링 에이젼트] 젤라틴, 고무, 펙틴 등 동물성이나 식물성 응고제

Jigger [영 지그러] 칵테일을 만들 때 용량을 재는 기구로 보통 30ml, 45ml를 잴 수 있는 삼각형이 붙어 있음.

Job Description [영 잡 디스크립션] 직무명세서. 직무분석의 결과를 인사관리의 특정한 목적에 맞도록 세분화시켜서 구체적으로 기술한 문서. 직무의 특성에 중점을 두어 간략하게 기술된 직무기술서를 기초로 하여 직무의 내용과 직무에 요구되는 자격요건 즉, 인적 특징에 중점을 두어 일정한 형식으로 정리한 문서이다. 주로 모집과 선발에 사용되며 여기에는 직무의 명칭, 소속 및 직종, 교육수준, 기능·기술 수준, 지식, 정신적 특성(창의력·판단력 등), 육체적 능력, 작업경험, 책임 정도 등에 관한 사항이 포함된다. 직무분석의 목적에 따라 고용명세서, 교육훈련용·조직확립용·임금관리용 직무명세서, 작업방법 및 공정개선명세서 등이 있으며, 직무기술서와 더불어 직무개선과 경력계획, 경력상담에 사용된다. 한편, 직무분석의 결과를 문서로 정리·기록하였다는 점에서는 직무기술서와 같으나 직무기술서가 직무내용과 직무요건을 동일한 비중으로 다루고 있는데 비하여 직무명세서는 직무내용보다는 직무요건에, 그 중에서도 인적요건에 큰 비중을 두고 있다는 점에 그 특징이 있다.

Jonchee [프 죵쉐] 소나 양 젖으로 만든 치즈. 희고 부드러운 촉감을 있으며, 시큼한 냄새가 난다.

Jota [이 요타] 요타, 이탈리아 요리. 완두콩은 프리울리와 베네치아 줄리아에서 모두 사랑받는 식품인데, 요타는 이 완두콩을 넣어 만든 일종의 완두콩 스프이다. 트리에스테의 가난한 사람들이 먹기 시작했던 음식으로 지금은 고급요리의 메뉴에도 포함되어 있다. 요타는 말린 완두콩과 감자, 스펙(햄의 일종), 크라우트(소금에 절

J

여 발효시킨 양배추) 등을 섞어 만든다.

Joyeux Noel [프 조와이으 노엘] 프랑스의 크리스마스 자정 예배를 보며 생굴, 치즈, 와인 등을 나눠먹는 풍습이 있으며, 크리스마스 때에는 프와그라 등의 비싼 요리를 밤을 새워먹는 풍습

Jug [영 저그] 주둥이가 넓고 손잡이가 있는 주전자

Juice [영 쥬스] 과실의 즙을 짜서 마시는 일은 예전부터 행하여졌다. 그러나 병조림이나 통조림으로서 판매되기 시작한 것은 최근이다. 과즙을 그대로 방치하면 발효하여 술이나 초가 되어버리고, 끓여서 살균하면 신선미가 없어지며 비타민 C도 상실된다. 예외로서 포도주스만은 끓여도 어느 정도 신선미를 보존하므로 19세기경부터 병조림으로 가공한 상품이 판매되기 시작했다. 1920년대에 우유의 저온살균장치를 이용한 오렌지 주스가 미국에 등장하였으나 살균력이 충분하지 않고 보존성도 부족했으므로 시유의 판매 경로를 빌어서 제한된 지역에만 배달하는 정도였다. 그러나 1938년에 미국의 F.버를리가 순간살균법을 채용하여 오렌지의 비타민이나 색조·향미 등을 손상하지 않고 보존성이 좋은 주스를 만드는 데 성공하여 미국의 식품회사 제너럴푸즈가 그 특허권을 사들여 대량생산에 착수하였다. 한국에는 1970년대 초에 버를리오렌지를 수입하여 자체 주스 제조에 성공함으로써 주스의 대량소비시대가 되었다. 주스의 시판품에는 천연과실주스, 농축주스, 유산음료와 결합시킨 주스, 분말주스 등 여러 가지가 있다. 주스의 원료는 오렌지·레몬·귤·사과·포도·파인애플·토마토·당근 등이다.

Juicer [영 쥬서] 과일 또는 야채의 즙을 짜내는 기구. 전동식과 수동식이 있다. 전동식은 소형 2극 유도전동기를 장치한 스탠드 상부에, 원판 모양의 나선형 칼날과 원심분리통이 전동기 축과 직결되어 있다. 위에서 넣은 식품을 원심분리통이 칼날과 함께 회전하면서 갈아냄과 동시에, 원심분리통 주위의 필터로 걸러낸 주스가 주스 유출구로 나와 주스통에 괴도록 되어 있다. 찌꺼기는 원심분리통에서 별도로 쏟아내는 것과, 자동적으로 나오게 되어 계속 가동할 수 있게 되어 있는 것이 있다. 특징은 믹서에서와 같이 물을 넣을 필요가 없어 진한 농도의 과즙을 얻을 수 있으며, 믹서보다 회전수가 적고(2,800~3,500 rpm), 갈면서 걸러내기 때문에 공기와의 접촉이 적어 비타민 C의 파괴가 적다. 수동식은 식품을 간 후 즙을 짜내는 작업이 필요하므로 전동식에 비하여 불편한 점이 많다.

Jujube [영 주주베] 대추. 묏대추는 산록의 돌밭이나 암석지대에서 자란다. 턱잎이 변한 큰 가시가 있고 작은가지는 한 군데에서 여러 개가 나오며 일부는 떨어진다. 잎은 어긋나고 달걀모양이며 길이 2~6 cm, 너비 1~2.5 cm이며 윤기가 난다. 잎 가장자리에 둔한 톱니가 있으며 밑에 3개의 잎맥이 있다. 꽃은 5~6월에 피고 양성으로 꽃의 부분은 5수이며 연한 녹색이고 취산

꽃차례에 2~3개씩 달린다. 열매는 핵과이고 타원형 또는 구형이며 9~10월에 적갈색 또는 검은 갈색으로 익고 먹을 수는 있으나 과육이 적다. 종자를 산조인이라고 하며 한방에서 건위·진정·최면제로 사용한다. 한국·유럽 남동부와 중국·만주 등지에 분포한다. 이와 비슷하지만 가시가 흔적만이고 열매가 크며 과육이 많은 것을 대추나무(var. inermis), 대추와 비슷하지만 알갱이가 없는 것을 보은대추(var. hoonensis)라고 하며, 한방에서 강장·이뇨 및 완화제로 쓰이는 중요한 과일이다.

Julep [영 **줄렙**] 미국산 음료. 텀블러에 가루 얼음을 채우고 버번 위스키에다 설탕을 넣어 만들며 켄터키 주에서 생산되는 버번 위스키를 사용

Julienne [프 **쥴리엔**] 야채를 5 cm 길이로 가늘고 길게 써는 방법

Jumble [영 **점블**] 얇은 고리모양의 바삭거리며, 크림과 오렌지 향과 코코넛을 넣어 만든 쿠키

Juniper [영 **쥬니퍼**] 쥬니퍼. 원산지는 유고슬라비아이며, 유럽·북아프리카를 비롯해 전세계에서 재배되고 있다. 열매는 이뇨작용을 하며, 열매에 함유되어 있는 정유는 신장 질환에 효과가 있다. 그러나 오랫동안 과다하게 복용하면 신장에 손상을 줄 수가 있으므로 이뇨제보다는 위와 장의 가벼운 경련이나 복부 팽만감 등의 소화기관 질환에만 사용하는 것이 좋다. 예로부터 그 효능이 알려져 티베트에서는 역병 치료로, 고대 그리스·로마와 중동에서는 소독약으로, 몽골에서는 출산 여성에게, 프랑스와 스위스에서는 병원의 공기 정화에 사용되었고, 유고슬라비아에서는 만병통치약으로 쓰여 왔다. 요리에서는 사우어 크라웃, 멧돼지 구이, 진(gin) 등에 향을 돋우어 줌

Junk Food [영 **정크 푸드**] 칼로리는 높으나 비타민, 무기질 등의 영양가가 전혀 없는 식품

Junket [영 **정켓**] 우유, 설탕, 향신료를 넣어 만든 응유식품으로 디저트

Jus [프 **쥐**] 고기(즉 조리시에 저절로 용출되는 육즙), 야채, 과일의 즙

Juter [프 **쥐떼**] 즙을 뿌리다.

J

Kabab [프 **카바브**] 마리네이트한 고기와 야채조각을 꼬챙이에 끼워서 조리하는 요리

Kabinet [독 **까비넷**] 독일의 QmP등급의 세부 등급 중 제일하위 등급

Kabocha Squash [영 **카보카 스퀘시**] 녹색의 길쭉한 호박

Kaffa [영 **카파**] 이디오피아의 커피 원산지의 야생 커피나무가 우거진 곳

KaKi [프 **까끼**] **persimon** 감나무, 감

Kahlua [영 **깔루아**] 커피 리큐어, 맥시코 원산 커피를 사용하여 강하고 진한 커피향이 특징이며, 특히 젊은 층에 어울리는 독특한 향취를 가진다.

Kale [영 **케일**] 케일. 녹황색 채소 중 베타카로틴의 함량이 가장 높은 식품. 항암작용에 필요한 섭취량은 하루 1500 g 정도. 가능하면 믹서기에 갈아 주스를 만들어 마시는 것이 좋다. 주성분은 엽록소, 칼슘 407 Mg, 인 49 mg, 철 5.8 mg, 비타민 A 4,500 IU, 섬유질, 칼슘, 비타민 B_1, 비타민 B_2, 비타민 C, E, K 등이 함유되어, 생리적 효능은 피를 만들어 주는 조혈작용, 빈혈에 좋다. 또한 청혈작용하고 장을 청소, 신진대사 촉진-새세포 생성에 효과가 있다.

Kaltschale [러 **칼트샤일**] 러시아 디저트. 와인에 절여 만든 과일에 퓌레를 올린다.

Kamaboko [일 **까마보고**] 생선을 갈거나 퓌레를 만들어서 쪄낸 덩어리. 스프, 국수, 여러 가지 음식에 일본요리에 이용한다.

kamut [프 **카뮤**] 단백질의 함량이 높은 밀로서 낟알이 밀보다 두세 배 정도 크며, 영양적인 가치가 크다. 주로 면류, 크래커를 만드는 데 이용

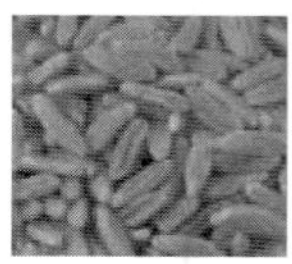

Karasumi [일 **가라스미**] 숭어알로 제조한 케비어

Kasha [영 **카샤**] 볶은 메밀

Kasseri Cheese [프 **카세리 치즈**] 그리스 치즈로 체다 치즈와 비슷하며 강판

에 갈아서 이용

Katsuobushi [일 가쯔오부시] 가쯔오부스. 가다랭이(가쯔오는 일본어로 가다랭이) 포. 가다랭이를 찌고 말린 후 훈제하는 세 과정을 반복해서 만든다. 나무토막처럼 생겼는데, 대패로 얇게 밀어서 사용한다. 우리나라에서 국수 만들 때 멸치 국물을 우려내는 것처럼 일본의 우동국물은 가쯔오부시를 우려서 낸다. 좋은 가쯔오부시는 두들겼을 때 맑은 소리가 나며, 얇게 밀었을 때 반투명하다. 보통은 바로 사용할 수 있게 대패로 얇게 밀려진 상태의 것으로 판매된다.

Kekbob [영 케밥] 케밥. 터키의 대표적인 요리로 꼬챙이에 야채, 생선, 고기, 닭 따위를 꿰어서 샤프론, 라이스 등과 같이 먹는 요리

Kedgeree [영 케저리] 케저리. 쌀, 콩, 양파, 달걀, 향신료 등을 넣은 인도 요리. 유럽에서는 생선을 더해서 만듦

Keep Bottle Service [영 킵 보틀 서비스] 술 보관 서비스. 고객이 와인이나 위스키와 같은 술을 병으로 주문하여 당일 모두 마시지 않고 다음 방문 때 마실 수 있게 보관해 주는 서비스

Ketchup 케찹. ⇨ Cetchup 을 보시오.

Kidney [영 키드니] 콩팥. 소, 송아지, 양과 돼지의 콩팥을 요리에 주로 이용. 요리는 보레이즈, 브로일 등으로 조리하며, 콩팥은 단백질, 철, 인, 비타민 A, 티아민, 리보플라빈이 들어있다.

Kielbasa [폴 킬바슈] 폴란드 소세지, 소고기, 돼지고기로 만든 훈제 소세지로 마늘과 피망, 클로브를 첨가한다.

Kimchee 김치. 채소를 소금에 절여 물기를 빼고 젓갈, 소금, 고춧가루, 파, 마늘 등으로 간을 한 우리나라 특유의 저장 발효식품 중의 하나이다.

◐ 김치의 기원 및 발달 ① 삼국시대 : 채소 절임(지금의 장아찌류)

② 고려시대 : 짠지류의 김치 무장아찌와 무 소금절임

③ 조선초기 : 딤채(채소를 소금에 절이는 대신 소금물을 부어 국물 많은 김치를 개발)(＊채소를 소금에 섞어 물 속에 잠기게 한 침채라는 말에서→팀채→딤채→김채→김치)

④ 조선후기 : 고추, 마늘, 부추, 파 등 양념이 등장으로 김치의 조리기술 발달. 1800년대 통배추의 개량종이 도입되면서 오늘날과 같은 형태의 김치 만들어짐

◐ 김치의 영양적 가치 김치는 채소류가 가지는 식이섬유, 비타민 C, 카로틴, 무기질의 급원이 되고 항산화 , 항암성분이 많은 마늘, 고추 등을 자연스럽게 섭취하며 젖산균과 그 생산물들을 이용할 수 있는 영양적으로나 효능면에서 우수하고 각종 유해균이 발효에 의해서 살균되어 위생적인 식품이다.

① 식이성 섬유의 좋은 급원

② 비타민의 좋은 급원

③ 항암작용 ㉮ 무에 있는 리그닌 : 암세포 발생을 억제 ㉯ 배추잎, 무잎, 붉은고추의

카로티노이드 : 항암 효과 ㉰ 마늘의 티핀류 : 항암효과

④ 정장작용 – 변비에 좋음

김치에 젖산균이 성장번식하면서 여러 종류의 산을 생성함으로써 익는데 이 젖산균이 발암성 물질이 형성되는 것을 방지하고, 장내 잡균의 성장번식을 억제함으로써 우리 건강에 유리하게 정장작용을 한다고 알려져 있다.

⑤ 항암 및 면역력 증강효과 : 김치의 재료들에는 항산화 성분이 풍부해 노화를 억제하고 암을 예방하며 면역을 증강시키는 효과가 있다.

⑥ 비타민과 무기질이 풍부 : 김치에는 칼슘 인 철분 등 무기질과 비타민 A, C 등이 다량으로 들어 있다.

⑦ 체중조절에 좋은 저칼로리 식품 : 김치는 열량이 적고 식이섬유를 많이 함유하고 있어 체중조절에 도움을 준다. 특히 고추에는 캅사이신이라는 성분이 있어 신진대사 작용을 활발히 함으로써 지방을 연소시킨다.

⑧ 유산균의 정장작용 : 김치가 숙성함에 따라 증가하는 유산균은 장을 깨끗이 하는 정장작용을 해 대장암을 예방한다.

⑨ 혈중 콜레스테롤 낮춰 : 각종 채소의 식이섬유와 향신료, 유산균은 혈중에 있는 나쁜 콜레스테롤을 떨어뜨려 성인병 예방 및 치료에 도움을 준다.

⑩ 발효과정을 통해서 생성된 젖산은 Ca, Fe 등과 같은 무기질의 체내 이용률을 높여준다.

⑪ 김치는 염미, 감미, 산미, 지미가 조화된 특유의 맛을 가지고 있어 식욕을 돋우어 다른 음식과 맛에 있어서 잘 조화되는 식품이다.

김치의 종류 김치는 크게 나누어 배추김치와 무김치가 있는데 담그는 방법은 지방에 따라, 그리고 가정에 따라 다양하다. 배추김치류 11종, 무김치류 21종, 나물김치 20종, 물김치류19종, 기타 46종 등 117종에 달하고 깍두기류 16종, 동치미류 10종 등 모두 합치면 143종이나 된다. 일반적으로 겨울용 김치는 양념 재료를 많이 사용하고, 여름철에는 담백한 것을 원하므로 재료가 단순하며 남쪽지방에서는 싱겁게 담근다. 또 서울지방에서는 새우젓을 주로 사용하지만 전라도 지방에서는 멸치젓을 더 사용한다.

Kir [㊂ **키르**] 백포도주. 키르 로열(kir royal)은 주로 식전에 입맛을 돋우기 위해 사용되며 식후에도 좋다. 차가운 샴페인 120 ml 에 '크렘 드 카시스' (카시스 열매로 만든 크림으로 술의 일종) 20ml 를 넣어 젓는다.

Kirsch [㊂ **키흐슈**] 버찌를 양조·증류하여 만든 증류주(스피리츠). 키르슈바서(Kirschwasser)라고도 한다. 키르슈는 버찌의 독일어이고, 바서는 물이란 뜻이다. 남부 독일의 산악지방, 스위스·프랑스의 알자스 지방이 명산지이다. 제법은 버찌의 꼭지를 잡고 열매만을 세게 짓찧는다. 이때 씨가 으깨지며 인(仁) 성분이 터져 나와 이 술 특유의 아먼드 향기가 생긴다. 거르지 않은 버찌술은 아세트산 발효가 되기 쉬우므로 양조통을 밀폐하고 가스가 빠질

구멍을 만들어 놓는다. 발효가 끝난 후 2~3개월 밀봉한 채 저장하여 에스테르가 생기기를 기다려 동시에 아먼드향이 충분히 삼출된 후 구식증류기(포트스틸)로 증류한다. 이 술은 숙성도에 따라 품질을 평가하게 되는데, 무색투명한 것을 상품으로 치고 착색을 싫어하므로 저장할 때는 자기(瓷器) 또는 유리그릇을 사용한다. 용도는 그대로 마시는 것보다 리큐어류, 특히 체리 브랜디의 기주로서 중요하다. 또 스위스의 명물요리인 퐁뒤(Fondue : 치즈를 녹여 조미한 요리)에도 반드시 넣는다.

Kirsch Wasser [프 **키르시 바서**] 버찌와 그 씨를 원료로 발효 증류한 투명한 증류주

Kishke [폴 **키시카**] 키시카 소세지 소의 창자에 matzo meal, 양파와 suet(소의 콩팥이나 허리둘레의 기름) 을 넣어 만듬.

Kishimen [일 **기시면**] 우동 국수 보다 넓은 국수면

Kitchen Test [영 **키친 테스트**] 주방에서 요리에 사용되는 식재료의 표준 산출량의 시험

Kiwi [영 **키위**] 키위. 중국이 원산지이며 중국에서는 귀도·승리·등리·양도 등으로 부른다. 어린 가지에 털이 빽빽이 있지만 늙은 가지에는 없다. 잎은 어긋나고 둥근 모양이거나 둥근 달걀 모양 또는 달걀을 거꾸로 세운 모양이며 끝이 뾌고 가장자리에 가시 같은 톱니가 있으며 뒷면에 성모가 빽빽이 있다. 꽃은 6~7월에 흰색으로 핀다. 열매는 8~10월에 익고 둥근 달걀 모양 또는 원기둥 모양이며 표면에 갈색 털이 빽빽이 있다. 수확한 후 3~4개월간 저장하였다가 먹는다. 열매가 뉴질랜드에 서식하는 키위 새처럼 생겼다고 하여 영어 이름이 키위(kiwi)이다. 과육의 가운데 부분은 크림색이고, 그 둘레는 연한 녹색이며 깨알 같은 종자가 있다. 꽃이 암수딴그루이므로, 나무를 심을 때는 암나무 몇 그루에 수나무 1그루씩 섞어 심어야 한다. 비타민 C가 풍부하여 성인 1명이 하루에 필요한 양이 열매 1개에 충분히 들어 있다. 향기가 있으므로 날것으로 먹고, 잼과 아이스크림 등에 사용한다. 뉴질랜드에서 많은 양을 생산하고 있으며, 한국에서는 1977년에 뉴질랜드에서 묘목이 도입해 제주도·전라남도·경상남도에서 주로 재배하고 있다.

K

Knackwurst [독 **낙우르스트**] 낙우르스트 소세지 훈제한 소고기 소세지이며 마늘을 많이 가미한다. 핫도그와 같이 사용하거나 독일김치와 섞어서 먹는다.

Knead [영 **니드**] 빵을 반죽할 때 두 손을 사용하여 접어서 누르고 늘리면서 반죽하는 것

Knife [영 **나이프**] 석기시대부터 나이프는 도구, 단검은 무기로 사용되었다. 금속제로 된 것은, 함무라비법전에 의하면 바빌로니아의 의사가 청동 나이프를 외과용으로 사용한 기록이 있고, 철기시대 이후에

는 청동과 철로 만든 칼이 동시에 사용되었다. 로마시대에 오늘날의 포켓 나이프와 같은 접었다 폈다 할 수 있게 된 철제의 칼(스프링이 없는 것)이 만들어졌으며, 외과용·푸주용 등 여러 종류가 만들어졌다. 초기의 나이프는 손잡이에 고정시킨 것이었으나, 16세기에 길쭉한 홈에다 끼워 넣는 잭나이프가 생겼다. 17세기 초에는 스프링 장치가 된, 접었다 폈다 하는 나이프와 펜나이프가 출현하였다. 또 서양식탁에서는 17세기 중엽까지는 음식을 손으로 집어서 먹었기 때문에, 식탁용 나이프와 포크는 그 이후에 사용되었다. 그러나 고기를 자르기 위한 1자루의 칼을 식탁에 내놓는 일은 로마시대부터 있었다. 종류는 다음과 같다.

① 휴대용 나이프 : 헌팅나이프와 포켓나이프가 있다. 전자는 날이 두껍고 끝이 뾰족하며, 가죽으로 만든 칼집에 넣어서 허리에 차고 주로 수렵 또는 등산할 때 썼다. 후자는 접었다폈다 할 수 있는 것으로, 칼 하나만으로 된 것, 칼에 송곳 등이 달려 있는 소형의 것과, 가위·톱·스푼·포크·마개뽑이·깡통따개 등이 달려 있는 대형의 등산용 나이프도 있다.

② 페이퍼나이프 : 봉투 등을 뜯을 때 쓰는 것으로 잘 들지 않아도 되므로, 강철·스테인리스 외에, 놋쇠·목재·상아 등으로 만든 장식성의 것이 많다.

③ 요리용 나이프 : 일반적으로 식칼이라고 말하는데 용도에 따라 크고 작은 것과, 칼끝이 뾰족하고 뭉툭한 것 등 여러 종류가 있다.

④ 식탁용 나이프 : 날은 스테인리스로 만들고 손잡이는 스테인리스·양은·순은·셀룰로이드·자기·뿔·뼈·나무 등으로 만든다. 스테인리스로 만든 나이프에는 날과 손잡이를 모두 고탄소 스테인리스로 만든 것과, 손잡이는 따로 저탄소 스테인리스로 속을 비게 만들어 날과 용접한 것이 있는데, 후자가 고급품이다. 식탁용 나이프에는 테이블나이프(대형으로 육류 요리용), 디저트나이프(중형), 프루트나이프(과일용), 피시나이프(생선 요리용으로 장식적인 무늬를 넣어 은도금한 것), 스테이크나이프(고기구이용으로 끝이 뾰족하고 뿔이나 뼈 손잡이로 된 것이 많음), 치즈나이프(치즈가 붙지 않게 날이 오톨도톨하게 되어 있음), 버터나이프(날과 손잡이의 접속 부분이 굽었음), 토마토나이프(날이 톱날처럼 되어 있음), 그레이프프루트나이프(날 양쪽이 톱날처럼 되어 있음) 등이 있다.

Knish [ⓕ 키니쉬] 감자, 쇠고기 등을 밀가루 반죽으로 밀어서 싸서 튀기는 것.

Knock Back [ⓔ 노크 백] 발효중의 가스 빼기. 손이나 기계를 사용

Kolbasz [ⓓ 콜바스] 콜바스 소세지 헝가리 소세지이며, 폴란드의 kielbasa 소세지와 파프리카를 첨가하는것만 빼고 비슷하다.

Kohlrabi [ⓔ 코올라비] 순무와 비슷한 줄기를 가진 양배추과의 야채

Konnyaku [ⓙ 곤냑] 곤약. 곤약의 특수성분은 글루코만난인데 이물질은 물을 흡수해

서 끈끈해지며 석회와 같은 알칼리와 만나면 응고해서 굳는다. 변비증인 사람에게는 매우 좋은 식품으로 위에서 소화되지 않고 창자에 부드러운 자극을 주게 되므로 배에 통증을 주지 않고 배설을 돕는다. 곤약은 칼로리가 거의 없으므로 비만인 사람에게 좋은 식품이다. 곤약은 완제품이 판매되고 음식점에서는 꼬치(오뎅)에 섞어 나온다.

곤약 만드는법 곤약을 만들려면 먼저 감자를 씻어 잔뿌리를 떼고 껍질을 벗긴다. 1~2일 햇볕에 말린 것을 6 mm 가량으로 둥글게 썰어 대꼬챙이에 꽂아 천일건조 또는 화력 건조한다. 10 kg의 날감자가 2 kg 가량으로 될 때까지 건조시킨다. 건조시킨 것을 0.6 mm량의 작은 알갱이로 가루를 낸다. 솥에 미지근한 물(5.5 l)을 넣고 가루 150 g을 조금씩 넣으면서 휘저어 푼다. 다 넣고 30~50분간 강하게 저으면 처음에는 거품이 많이 생기나 차차 거품이 삭는다. 이것을 1~2시간 방치하면 만난이 완전히 팽창해서 풀모양이 된다. 이것에 석회유를 넣고 잘 저어서 틀에 담는다, 40분 가량 방치해서 굳히고 미리 끓여놓은 물 속에 넣어 30분 가량 가열 응고 시킨다. 이것을 냉수 중에 담가두면 석회가 녹아 나와 알칼리의 잡맛이 없어진다. 제품이 된 곤약의 성분은 수분 97 % 글루코만난 2.3 % 가량이다. 성분상으로 보면 영양가는 거의 0에 가깝다. 생리작용으로 최근에 곤약에 포함되어 있는 만난에 혈장 콜레스테롤치를 저하시키는 작용이 있는 것이 보고되어 있으며 일종의 다이에타리파이버로서 장관내에서 이물의 흡착배설에 도움이 되고 있는 것도 알려져 있다. 곤약에 들어 있는 글루코만난은 흡수성이 높은 알칼리성으로서 가열하면 응고하여 반투명의 탄력성이 풍부한 겔을 형성하는 성질이 있는데 이 성질을 이용하여 식용 곤약을 만든다. 글루코만난은 사람의 소화관내에서 소화흡수작용은 일어나지 않지만 정장작용이 있다.

Kosher [프 **코오세르**] 유대인의 율법에 맞는 정결한 음식. 동물과 식물을 유기농으로 키워서 잡은 것으로 완전하고 고품질의 식품으로 건강을 고려하는 현대인에 적합하다.

Kuchen [독 **큐헨**] 독일식 케이크. 쿠헨은 과자의 뜻으로, 독일에서 만들기 시작했다. 달걀·버터·설탕·밀가루·향료 등을 고루 혼합하여 반죽하고 얇게 밀어 심대에 감으면서 구워낸다. 케이크의 자른 면은 나무의 나이테와 같이 여러 층으로 되어 있다. 독일에서는 서민적인 과자로 과자점에서 세워놓고 손님의 요구대로 잘라서 무게를 달고 생크림을 쳐서 준다. 이 케이크는 부드러워 접시에 놓고 생크림을 고루 섞으면서 먹는 것이 보통이며 럼주를 치면 맛이 더욱 좋다. 프랑스에서는 그랑 가토 브로시(큰나무 과자)라 하며, 중심에 구멍을 크게 내어 굽는다. 그 구멍 속에 과일과 생크림을 섞어서 넣고 윗면을 장식하여 연석에 내놓는다.

Kugel [영 **큐겔**] 유대인 안식일에 제공하며, 고기, 야채를 넣어 만든 감자나 국수로 만든 푸딩

Kugelhop [독 **구겔호프**] 구겔호프. 건포도와 오렌지 필을

속에 넣고 이스트로 부풀리고 구겔호프 팬에 넣어서 구운 뒤 분당을 뿌려서 장식한다.

Kul Mung Cha Sauce 결명자 소스. 결명초는 북 아메리카 원산지로 잎은 우상복엽으로 작은 잎은 세 개씩 대생하고 잎 사이에 선체가 있다. 종류는 2종으로 나물은 먹기도 하고 잎은 채로 썰어 사용한다. 씨는 차로 마시는데 결명자라 한다. 채소(당근, 양파, 샐러리)를 버터에 볶아서 색이 나면 물을 넣고 졸인다. 브라운소스, 육수를 넣고 결명차를 넣은 다음 2시간 끓이고 고운체에 걸러서 간(liver) 요리에 많이 사용한다.

K

Kumiss [러 **큐미스**] 구소련에서 말의 젖을 사용하여 만든 양조주. 신선한 마유에다 쿠미스라는 식물의 씨앗을 섞어 제조

Kummel [프 **뀌멜**] caraway로 만드는 리큐어로 30 ~40°

Kumquat [프 **귐까**] 올리브 모양의 크기를 가진 감귤로 작은 오렌지를 닮은 것

Kvass [러 **크바스**] 러시아에서는 보리보다 호밀이 많이 수확되므로 이것을 원료로 한 술이 많다. 호밀로 설익은 빵을 만들어 이것으로 양조하는데, 홉 대신 사과·나무딸기 등 과일을 넣어 맥주 특유의 냄새를 없앤 것으로 러시아의 유명 맥주. 러시아와 동유럽에서 주로 소비된다. 갈색으로 알코올 함량은 낮고 달콤하면서 씁쓸한 맛이 일품이다.

La galette des rois [프 갈레트 데 루아] 왕의 갈레뜨란 뜻으로 1월 6일 공현절(L' Epiphane)(예수님이 30회 탄생일에 세례를 받고 하나님의 아들로서 공증을 받은 것을 기념하는 날)을 기르는 축제음식. 밀가루 반죽에 버터와 아몬드 크림, 설탕 달걀등을 넣고 결이 촘촘하게 살아 있는 둥그런 파이로 파이속에는 페브(Feve)라고 부르는 2~3㎝크기의 조각 인형이 들어 있다. 주로 도자기나 플라스틱 재질로서 동방박사와 목자의 모양에서 만화 주인공, 각빵집의 상징물까지 종류가 다양하며 행운의 상징이다.

Label [영 라벨] 상표. 레테르(letter)라고도 한다. 상품용기나 포장물 등에 붙일 목적으로 만들어진다. 라벨 표시의 중심은 상품명과 상표인데, 상품에 관해 올바르게 알 권리를 주장하는 소비자의 요구에 따라, 내용·품질·성분·원자재·규격·용량·제조연월일·제조 및 판매원·사용방법 등이 기재된다.

Lactaire [프 프 락떼흐] 송이과의 버섯

Lactic acid [영 락틱에시드] μ-히드록시프로피온산·락트산·유산이라고도 한다. 1780년 K.W.셸레에 의해 산패한 우유 속에서 발견되었으며 동식물계에 널리 존재한다. D·L·DL형의 광학이성질체가 있다. L-젖산은 해당(解糖)과정의 최종 산물로서 피루브산의 환원에 의해 생성된다. 조해성이 강한 주상결정이며, 녹는점은 25~26°C이다. 근육·동물조직 속에 존재하며 사람의 혈액 속에는 100㎖당 5~20 mg이 존재하며, 심한 운동에 의해 증가한다. 운동에 의한 근육의 피로는 글리코겐의 분해에 의한 L-젖산의 축적과 관계가 있다. 휴식시에는 그 일부가 산화분해되지만 대부분 원래의 글리코겐으로 재합성된다. D-젖산은 두꺼운 판상결정이며, 녹는점은 26~27°C이다. DL-젖산(라세미체)은 무색의 시럽상 액체로 식물이나 산패한 물질, 요구르트 등의 발효유, 젖산균 음료에 함유되어 있다. 녹는점 18°C이다. 상압에서 증류하면 탈수반응이 일어나서 분해되나 감압하의 끓는점은 120°C (12 mmHg)이다. 물·알코올·에테르에 잘 녹으며, 키니네염 등을 만들어 D형과 L형으로 분리시킬 수 있다. 젖산균에 의한 젖산

발효로 생성되는 것을 발효젖산이라고 하는데, 이것은 균의 종류에 따라 D·L·DL-젖산 중 어느 하나로 된다. 젖산은 현재 모두 녹말질·당질류를 원료로 하여 발효법에 의해 제조되고 있다. 신맛이 나고 식용으로는 과실엑스·시럽·청량음료의 산미제로 이용되며 주류의 발효 초기에 가해서 부패균의 번식을 방지하는 데도 사용된다. 공업용으로는 염료의 발염제, 산성매염제, 피혁의 탈회제, 합성수지의 원료 등으로 사용된다. 젖산칼슘은 식품의 칼슘 강화에, 젖산나트륨은 글리세린의 대용, 담배의 습도조절제로 사용된다. 젖산의 에스테르는 도료의 용제로 사용되는 외에 플라스틱의 성질개량제로 이용된다. 젖산을 마시면 장내에 있는 유해 세균의 발육을 억제하여 장의 기능을 좋게 한다.

Lactic acid fermentation [영 락틱에시드 퍼멘테이션] 젖산발효. 당을 무산소적으로 분해하여 젖산을 생성하는 발효. 락트산발효·유산발효라고도 한다. 알코올발효와 함께 생물의 2대 발효 중 하나로, 동물조직에서 볼 수 있는 해당작용도 여기에 해당한다. 미생물 중에서 젖산발효를 영위하는 대표적인 것이 젖산균이다. 당이 젖산으로 변환하는 것은 예전부터 알려진 사실로, 1857년 파스퇴르는 이것이 젖산균의 작용에 기인한다는 것을 지적하였다. 동물의 조직에서는 특수한 장기를 제외하고 대부분이 젖산발효를 영위한다. 해당작용에 포함되는 여러 반응은 근육추출액을 이용해서 밝혀졌다. 젖산균의 종류에 따라 L·D·DL-젖산 중 하나가 생성된다. 또, 젖산만을 생성하는 정상발효(호모발효)와 동시에 다른 물질(알코올·이산화탄소·아세트산 등)을 생성하는 혼합발효(헤테로발효)의 두 형식으로 나뉜다. 이들은 산유·된장·김치 등의 제조에 중요한 구실을 한다.

Lactose [영 락토스] 젖당. 유당이라고도 한다. 분자식 $C_{12}H_{22}O_{11}$. β-D-갈락토실-(1, 4)-D-글루코오스의 구조를 갖는다. 젖당은 이름 그대로 포유류의 젖, 특히 초유 속에서 많이 발견되며, 그 양은 모유에 6.7%, 우유에 4.5% 정도 함유되어 있다. 모유 속에서는 이 밖에도 10종 이상의 소당류가 발견되는데, 이들은 모두 락토오스를 골격구조로 가지고 있다. 젖당은 젖 이외에서는 별로 발견되지 않았으나, 식물의 씨에서 발견되었다는 몇 가지 보고가 있다. α, β 형의 2종류가 있는데, α-락토오스는 약간 단맛이 나며, 1g은 5ml 의 물과 2.6ml 의 온수에 녹으나 알코올에는 잘 녹지 않고 클로로포름이나 에테르에는 녹지 않는다. β-락토오스는 93.5°C 이상의 진한 용액에서 결정시키면 생기는데, α-락토오스보다 더 달다. 묽은 산이나 효소(락타아제)의 작용으로 가수분해되어 D-글루코오스와 D-갈락토오스로 되며, 또 젖산균의 작용을 받으면 젖산이 된다. 생합성은 글루코오스를 수용체로 하여 UDP(우리딘이인산)-갈락토오스로부터 갈락토오스를 전이하는 반응에 의해서 이루어진다. 이 전이반응을 촉매하는 효소는 갈락토실트랜스퍼라아제라 불리며, 젖과 젖샘

속에서 발견된다. 이 효소는 다른자리 입체성단백질(allosteric protein)의 일종으로 혈청단백질의 일종인 α-락트알부민을 결합할 때 글루코오스를 수용체로 하여 락토오스를 합성하며, α-락트알부민이 존재하지 않을 때는 n-아세틸락토사민을 합성한다. 이것은 생물이 갖는 조절기구의 한 보기로, 출산 후에는 α-락트알부민이 증가하여 유아에게 필요한 젖당의 합성이 촉진되는 것이다. 젖당은 유아 영양, 의약의 희석제, 분석화학에서 크로마토그래피의 흡착제로도 사용된다. 또, 영양제와 의료용 감미료 및 육아용 조제분유의 배합원료로 이용되고, 페니실린공업에서 발효배양기에도 필요하다.

Lady Finger [영 레이디 핑글] 손가락처럼 생긴 스펀지 케이크

Larger [영 라거] 맥주 제조의 발효 과정은 전발효와 후발효로 나눌 수 있다. 후발효를 저장이라고 한다. 저장이란 1~2°C의 저온으로 장기간 저장하여, 전발효에 의한 잔존 엑스를 재발효시킴으로써 발생되는 이산화탄소의 소요량을 맥주 속에 포화시킨 다음 맥주를 맑게 하고 숙성시키는 것을 말하는데, 이런 과정을 거쳐서 만들어진 맥주에 '라거'라는 이름이 붙는다. 따라서 라거 비어란 병에 담은 것이나 살균하여 보존할 수 있도록 한 것을 말하는 것은 아니다. 오늘날에는 연중 저온으로 저장하기란 별로 어려운 일이 아니지만, 냉장기가 없었던 시대의 겨울 동안, 오랜 시일에 걸쳐서 저장·숙성시키던 시절에 생긴 말이다. 이에 반해 드래프트비어(draft beer)는 제조장에서 통에 담은 채 출하되는 이른바 살균처리를 하지 않은 생맥주를 말한다.

Lagniapple [프 라그니에플] 무료 디저트란 의미

Lait [프 레] 우유

Laitage [프 레따주] 우유 제품

Laitue [프 레뛰] 양상추

Lamb [영 램] 생후 1년 미만의 양. 양은 외국에서는 유사 이전부터 길렀으나 한국에서는 백제 때부터 사육한 것으로 알려졌고, 최근에는 털 생산용으로 사육되고 있을 뿐 식육 생산용으로는 사육하지 않는다. 양고기는 섬유질이 연하므로 돼지고기의 대용으로 사용되지만 특유한 냄새가 난다. 냄새를 없애는 데는 생강·마늘·파·후춧가루·카레가루·포도주 등이 사용되며 끓는 물로 1번 데쳐도 된다. 양고기 요리로는 칭기즈칸 요리·바비큐·불고기·스튜 등이 좋다. 또 점착력이 강하므로 햄·소시지의 결합제로서도 널리 사용된다. 고기 빛깔이 밝고 광택이 있으며 지방질이 적당히 섞인 백색의 것을 선택하는 것이 좋다.

Lamb Meat Sauce [영 램 미트 소스] 양육즙 소스. 양고기의 뼈를 이용하여 만드는 소스로 양뼈를 오븐에 넣어 색을 내고 당근을 썰어 팬에 볶아 술을 첨가하여 양뼈를 넣고 저은 다음 브라운소스를 넣고 육수를 첨가한다. 기름과 거품을 제거하면서 향신료를 넣고 2시간 정도 끓여서 걸러낸다. 전분이나 베르 마니에(beurre Manie)로

농도를 맞추어 사용한다. 양고기의 소스의 기본 재료로 이용한다.

Lambert Cheery[영 **램벌트 치즈**] 생으로 먹거나 조리하여 먹는 체리

Lambic [프 **랑빅**] 벨리산 맥주

Lambrusco [이 **람브루스코**] 이탈리아 포도주로 화이트, 레드, 로제가 있으며, 로제가 선호하는 포도주이다.

Lamprey [프 **항쁘후와**]

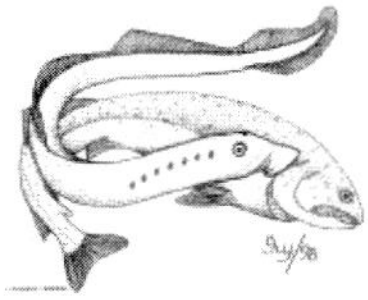

칠성장어. 몸길이 약 63 cm이다. 강 또는 바다에서 산다. 몸은 통 모양으로 뱀장어처럼 가늘고 길다. 몸빛깔은 보통 등쪽은 연한 청갈색이고 배쪽은 흰색이다. 산란기가 되면 등쪽은 푸른빛이 도는 짙은 갈색이 되고 배쪽은 흰빛을 띤다. 콧구멍은 머리의 등쪽에 있다. 어린 개체는 첫째 등지느러미와 둘째 등지느러미가 떨어져 있으나 자라면서 이어진다. 입은 머리의 배쪽에 있고 시력이 발달했다. 턱뼈가 없이 둥글고 빠는 입을 가지고 있으며 구강의 안쪽과 혀에는 각질의 이가 나 있다. 아가미구멍은 7쌍인데, 각각 머리 옆쪽 옆구리에 열려 있고 그 안은 식도 밑으로 통하는 아가미관으로 이어진다. 턱·가슴지느러미·배지느러미 및 비늘은 없다. 둘째 등지느러미와 꼬리지느러미에는 검은 부분이 있다. 3~6월에 강의 상류로 올라가 알을 낳고 죽는다. 알은 서로 달라붙어 있고 검은빛이 도는 초록빛이다. 유생은 강에서 살다가 가을에서 겨울 사이에 변태를 거쳐 이듬해 5~6월에 바다로 내려간다. 그 후 소화관이 발달하면 다른 물고기 피부에 달라붙어 기생 생활을 한다. 한국의 동해와 남해로 흐르는 강과 일본의 홋카이도 서해로 흘러드는 강, 캄차카반도, 캐나다 유콘강 등지에 분포한다. 요리법은 오븐에 굽거나 소테를 하거나, 포도주를 넣어서 은근한 불에 끓여서 먹는다.

Lancashire Cheese [영 **램카쉬르 치즈**] 영국의 Lancashire 지방의 화이트 치즈. 부드러우나 톡 쏘는 풍미를 가진다.

Lard [영 **라드**] 라드. 돼지고기의 지방 조직을 정제하거나 녹여서 얻는 식용유지. 돼지의 지방조직으로부터 렌더링(rendering)이라는 과정을 거쳐 분리해 낸 지방으로 서양에서는 파이나 비스킷 같은 페이스트리(pastry)를 만들 때, 채소나 콩요리를 할 때 많이 사용한다. 돼지는 부위에 따라 지방을 형성하는 지방산의 종류가 다르기 때문에 맛과 품질이 다르며, 유지를 만드는 방법도 다르다. 중성 라드는 돼지의 신장과 등 부분에서 짜낸 최고급품 지방이고 리프 라드(leaf lard)는 돼지의 신장을 둘러싸고 있는 지방조직에서 짜낸 것으로 중성 라드 다음 가는 고품질의 지방이다. 라드는 우지보다 불포화지방산의 함량이 많기 때문에 연질이고 녹는점도 낮아서 라드를 사용하여 만든 음식은 부드럽고 맛이 좋다. 라드는 고도의 불포화지방산인 리놀레산의 함량이 많기 때문에 영양상으로 보았을 때는 좋으나 산화되기 쉬운 결점이 있다. 따라서 사용할 때는 가벼운 수소첨

가 또는 항산화제를 첨가하면 산화를 방지할 수 있다. 라드는 지방조직의 부위에 따라 그 제조법이 다르다.

① 솥에서 짜낸 라드 : 증기 재킷으로 된 솥에 잘게 썬 지방조직을 넣고 계속 저어가며 가열한다. 솥뚜껑을 열고 110~127°C로 가열하면 조직에 들어 있는 수분은 증발되고, 비지방 조직은 밑에 가라앉고 녹은 지방은 위에 뜬다. 리프 라드도 이 방법을 사용하나 다른 조직에서 지방을 분리할 때 보다는 낮은 온도를 사용한다.

② 건조법을 사용한 라드 : 잘게 썬 지방조직을 증기 재킷으로 싼 밀폐된 솥에 넣고 계속 저으며 가열한다. 따라서 낮은 온도에서 가열되기 때문에 지방조직이 타는 일이 없다. 조직에서 생긴 수분은 특수한 구멍으로 빠져 나가며 용해된 기름을 찌꺼기에서 분리한다.

③ 증기로 짜낸 라드 : 잘게 썬 지방조직을 물과 함께 148°C로 50 파운드의 압력에서 가열하면 지방이 떠오르는데 이것으로 유지를 만든다.

Landjager [프 란쟈거] 란쟈거 소세지 이름의 뜻은 "hunter"이며, 아마도 이 스모크 비프 소세지는 냉장보관이 필요없고 사냥터에 들고 다니며 먹을수 있게 만든 소세지

Langouste [프 랑구스뜨] lobster 대하

Langoustine [프 랑구스띤느] 작은 새우의 일종

Langue [프 랑그] 소금에 절인 소·양 따위의 혀바닥 요리

Lap chaeong [중 랩창] 랩창 소세지, 중국의 건조된 돼지고기이며, pepperoni와 같이 보이지만 더 단맛이 있다.

Lapereau [프 랑기에] 어린 토끼

Lapin [프 라뺑] 토끼

Larder [프 라더] 고기에 비계를 끼우다.

Larding Needle [영 라딩니들] 돼지기름이나 베이컨 등의 지방 조직을 고기에 삽입하기 위하여 만든 뾰족한 끝과 속이 빈 몸체를 가졌다.

Lasagna ; Lasagne [이 라자냐] 라자냐. 이탈리아 음식. 밀가루에 달걀·기름·소금·물 등으로 반죽한 파스타류의 밀가루 반죽을 얇게 밀어 5 cm×20 cm의 크기로 잘라 너무 퍼지지 않도록 소금을 조금 넣은 끓는 물에 삶아내 찬물에 헹구어 식힌다. 사이사이 켜로 넣을 재료로는 라자냐 소스와 로마노 치즈·모차렐라 치즈를 거칠게 다져서 쓴다. 라자냐 소스는 기름을 냄비에 넣어 끓이다가 양파와 마늘을 곱게 다져서 누렇게 볶고 소금·후춧가루·오레가노, 익힌 토마토와 토마토 페이스트, 물 등을 넣어 가끔 저으면서 1시간쯤 끓여서 만든다. 재료가 준비되면 오븐에 넣을 수 있는 네모난 팬을 준비하여 기름을 바르고 밑에다 먼저 물을 조금 붓고 라자냐 국수를 나란히 담는다. 그 위에 라자냐 소스를 고루 펴서 담아 다음 2 종류의 치즈를 뿌린다. 이와 같은 순서로 모든 재료를 위에 로마노 치즈와 모차렐라 치즈를 뿌리고 은박지로 덮어 190°C의 오븐에 60~70 분간 구워낸다. 먹을 때는 한쪽부터 수직으로

L

잘라 그릇에 담아 내놓는다.

Lassi [영 라씨] 버터밀크와 지방 함량이 높은 우유로 만든 인도의 차가운 요쿠르트 음료

Lauier [프 로히에] 월계수 지중해 연안 원산이다. 옛날 올림픽에서 승자에게 이 나무의 잎이 달린 가지로 만든 관을 주어 명예의 표지로 삼았는데, 이것을 월계관(월계수로 만든 관이라는 뜻)이라고 한다. 말린 잎은 베이 리프(bay leaf)라고 하며, 향기가 좋아서 요리나 차에 넣는다. 관상수로 심으며 민간에서는 열매와 잎을 건위제나 종기를 없애는 약재로 쓴다.

Lavaret [프 라바헤] 송어과 물고기

Lavender [영 라벤더] 지중해 연안이 원산지. 라벤더속에 속하는 25여 종의 식물 모두를 말하거나 한 종을 말한다. 높이는 30~60 cm이고 정원에서 잘 가꾸면 90 cm까지 자란다. 전체에 흰색 털이 있으며 줄기는 둔한 네모꼴이고 뭉쳐나며 밑 부분에서 가지가 많이 갈라진다. 잎은 돌려나거나 마주나고 바소 모양이며 길이가 4 cm, 폭이 4~6 mm이다. 잎자루는 없으며 잎에 잔털이 있다. 꽃은 6~9월에 연한 보라색이나 흰색으로 피고 잎이 달리지 않은 긴 꽃대 끝에 수상꽃차례를 이루며 드문드문 달린다. 꽃·잎·줄기를 덮고 있는 털들 사이에 향기가 나오는 기름샘이 있다. 물이 잘 빠지는 모래땅에 약간의 자갈이 섞인 곳에서 잘 자라고 너무 비옥하지 않은 땅이 좋다. 햇빛을 잘 받는 남향과 습하지 않은 곳에서 잘 자란다. 꽃과 식물체에서 향유(香油)를 채취하기 위하여 재배하고 관상용으로도 심는다. 향유는 향수와 화장품의 원료로 사용하고 요리의 향료로 사용할 뿐만 아니라 두통이나 신경안정을 치료하는 데도 쓴다. 고대 로마 사람들은 욕조 안에 라벤더를 넣고 목욕을 했으며, 향기가 나도록 말린꽃을 서랍이나 벽장 등에 넣었다고 한다. 그리고 영국의 엘리자베스 시대에 출판된 가사 책에는 살균·방충용으로 라벤더가 자주 등장하고, 엘리자베스 1세가 라벤더로 만든 사탕과자를 좋아했다는 기록이 있다.

Lavender Oil [영 라벤더 오일] 라벤더유. 라벤더의 꽃·잎·가지 등에서 수증기 증류에 의해서 얻어지는 정유. 수유율 0.8 %, 무색 또는 황색을 띤 액체로서 라벤더 특유의 향기가 있다. 비중 0.822~0.896, 굴절률 1.460~1.464. 알코올·에테르·클로로포름·벤젠 등에 녹는다. 30~40 %가 아세트산리날롤이고 이 밖에 게라니올 및 에스테르 등을 함유하는데, 아세트산리날롤의 함유량에 따라 라벤더유의 등급이 매겨진다. 프랑스·이탈리아·에스파냐 등에서 생산되며, 중요한 향료로서 향수·화장수·비누, 또 의약품 등으로 여러 분야에서 널리 사용된다.

Laver [영 레이버] 김. 바다의 암초에 이끼처럼 붙어서 자란다. 길이 14~25 cm, 너비 5~12 cm이다. 몸은 긴 타원 모양 또는

줄처럼 생긴 달걀 모양이며 가장자리에 주름이 있다. 몸 윗부분은 붉은 갈색이고 아랫부분은 파란빛을 띤 녹색이다. 널리 알려진 식품으로 탄수화물인 한천이 가장 많이 들어 있으며, 그밖에 헤미셀룰로오스·소르비톨·둘시톨 등이 들어 있다. 지방은 거의 없으나 단백질은 30~40% 들어 있다. 특히 트레오닌·발린·로이신·이소로이신·리신·메티오닌·페닐알라닌·트립토판 등의 필수아미노산이 많이 들어 있다. 다른 해조류와 마찬가지로 나트륨·칼륨·칼슘·인·철 등의 무기질이 들어 있으며 카로틴이 많이 들어 있어 비타민 A의 좋은 공급원이 된다. 그 밖에 리보플라빈·니아신·비타민 C 등도 비교적 많이 들어 있다. 붉은색 색소인 푸코에리트로빈이 있어 특유한 빛깔을 내며, 디메틸술파이드로 독특한 맛과 냄새를 낸다. 특히 달콤한 맛과 기름진 맛이 나는 아미노산인 글리신과 알라닌이 들어 있어 감칠맛을 낸다.

Leaf Lettuce [영 **리프 레튜스**] 잎상추. 유럽과 서아시아가 원산지이고 채소로 널리 재배한다. 줄기는 가지가 많이 갈라지고 높이가 90~120 cm이며 전체에 털이 없다. 뿌리에서 나온 잎은 타원 모양이고 크며 가장 큰 잎의 길이가 20~35 cm, 폭이 25~39 cm이다. 줄기에 달린 잎은 점차 작아지고 윗부분에 달린 잎은 밑 부분이 화살 밑 모양으로 줄기를 감싸며 양면에 주름이 많고 가장자리에 불규칙한 톱니가 있다. 현재는 한국·중국·일본·미국·영국 등 넓은 지역에서 재배되는데, 재배되는 상추는 품종이 많이 분화되어 크게 결구상추(var. capitata), 잎상추(var. crispa), 배추상추(var. longifolia), 줄기상추(var. asparagina)의 4가지 변종으로 나뉜다. 한국에서는 주로 잎상추를 심으나 최근에는 결구상추도 많이 심고, 경기도와 경상도에서 많이 재배한다. 상추는 주로 샐러드나 쌈을 싸 먹는데 이용되고 겉절이로도 먹는다. 비타민과 무기질이 풍부하여 빈혈 환자에게 좋으며, 줄기에서 나오는 우윳빛 즙액에 락투세린과 락투신이 들어 있는데, 이것이 진통과 최면 효과가 있어 상추를 많이 먹으면 잠이 온다.

Leaven [영 **레븐**] 팽창제, 효모 이스트, 베이킹 소다, 베이킹파우더 등의 빵과 케이크를 부풀리게 하는 것

Leavening Agent [영 **레빙에이전트**] 팽창제. 밀가루에 부원료를 가하여 다시 이것을 섞어서 구우면 산성탄산나트륨과 산이 화학반응을 일으켜 이산화탄소를 발생시킨다. 이에 따라 팽창현상이 일어나고 기포를 만드는 작용을 한다. 지방과 설탕·달걀 등을 많이 사용한 빵과 케이크는 빵 효모로는 잘 부풀지 않으므로 베이킹파우더를 사용하며, 계란 흰자를 거품을 내어 공기가 유입되면 부풀게 되는 것. 일반적으로 무기산을 사용한 것보다는 유기산류를 사용한 것이 맛이 좋다. 사용량은 베이킹파우더의 내용조성(內容組成)에 의해서 다르지만 사용기준량은 대략, 스펀지케이크 1~4%, 컵케이크 2~3%, 도넛 2~3%, 핫케이크 3~4%, 비스킷 3~4% 등이다.

Lebkuchen [독 **렙쿠헨**] 독일의 두껍고 케이

L

크 같은 쿠키.

Leche [ⓢ **레체**] 우유

Lecithin [ⓔ **레시틴**] 레시틴. 난황·콩기름·간·뇌 등에 다량 존재한다. 어원은 그리스어의 난황(lecithos)에서 유래하였다. 알코올·에테르에 용해되며 물과는 에멀션을 만든다. 가수분해하여 콜린·인산·글리세롤·지방산을 생성한다. 지방산은 주로 스테아르산·팔미트산·올레산(oleic acid)·리놀레산 등이다. 글리세롤의 2개의 히드록시기가 지방산 에스테르가 되어 있고, 다른 1개의 히드록시기가 인산 에스테르가 되어 있다. 콜린도 인산과 에스테르를 만든다. 레시티나아제(포스폴리파아제)라고 하는 가수분해효소의 작용으로 분해된다. 뱀독이나 세균독소에 함유되어 있는 이 효소에는 적혈구를 용혈시키고 세포를 파괴하는 작용이 있다. 그 때문에 레시틴은 세포막 구성의 중요한 성분의 하나이다.

L

Leek [ⓔ **리크**] 파의 일종. 지중해 연안 원산이며 채소 또는 관상용으로 재배한다. 줄기는 파와 비슷해 굵고 연하며 희지만 길이가 짧다. 잎은 파보다 크지만 납작하고 중간이 꺾여서 늘어진다. 잎은 너비 5 cm 정도이고 길이는 꽃줄기의 길이와 비슷하게 자란다. 2년째 여름에 1~2 m 길이의 긴 꽃대가 나와서 그 끝에 공 모양의 분홍색의 큰 꽃송이가 핀다. 채소로 통째로 조리하거나, 다져서 샐러드나 스프에 넣거나 각종 음식에 이용한다.

Lees [ⓕ **리스**] 발효와 숙성중에 나타나는 와인이나 리큐어 침전물.

Legume [ⓔ **레귐**] 협과식물류. 꼬투리로 맺히는 열매. 콩과의 열매로서 심피에서 발달하고 성숙한 후 건조하면 두 줄로 갈라지는데 씨가 방출하게 된다. 두과라고도 한다. 종자는 갈라지는 선 양측으로 배열되어 있다. 열개과의 일종이기는 하나 자귀나무 등 열개하지 않는 것도 있다. 열매와 씨는 식용 가능하며, 식용유·섬유의 원료가 된다. 콩과식물에서 볼 수 있으며, 팥·콩·완두가 여기에 속한다.

Leicester Cheese [ⓔ **라이세스터 치즈**] 오렌지 빛깔의 우유로 만든 치즈

Lemon [ⓔ **레몬**] 레몬. 히말라야가 원산지. 시원하고 기후의 변화가 없는 곳에서 잘 자란다. 이탈리아·에스파냐·미국의 캘리포니아 및 오스트레일리아 등에서 많이 재배하는데, 지중해 연안에서 재배하는 것이 가장 품질이 좋다. 높이는 3~6 m이다. 잎은 어긋나고 어릴 때는 붉은 색을 띠지만 점점 녹색으로 변한다. 꽃은 5~10월에 피고 잎겨드랑이에 하나씩 또는 몇 개씩 무리지어 달린다. 꽃봉오리는 붉은 색이고, 꽃의 안쪽은 흰색, 바깥쪽은 붉은 빛이 강한 자주색을 띤다. 열매는 1년에 6~10번 수확하는데, 주로 10월 이후부터 다음해 봄까지 수확하고 11~12월에 가장 많이 수확한다. 캘리포니아에서는 연중 수확하며 1~5월에 가장 많이 수확한다. 열매는 타원 모양이고 겉껍질이 녹색이지만 익으면 노란 색으로 변하며 향기가 강하다. 완전히 익기 전인 껍질이 녹색일 때

수확하여 익힌다. 종자는 달걀 모양이고 양끝이 뾰족하다. 비타민 C와 구연산이 많기 때문에 신맛이 강하다. 과피에서 레몬유를 짜서 음료·향수 및 레모네이드의 원료로 사용하고, 과즙은 음료·식초·화장품의 원료로 사용하며 과자를 만들 때 향료로도 사용한다. 과피를 설탕에 절여서 캔디를 만들고 또 이것을 잘게 잘라서 케이크를 장식할 때 사용한다. 과즙에 설탕을 넣고 조려서 젤리를 만들고 여기에 과육을 섞어서 마멀레이드를 만든다. 열매를 얇게 썰어서 새우튀김요리·홍차·칵테일 등에도 쓴다. 레몬 생즙은 레몬의 과육을 생즙의 재료로 하는데, 비타민 C의 함량이 많고 산미가 강하며 특이한 향기가 있는 것이 특징이다. 과즙은 pH 3.2 정도로서 6~7 %의 산(酸)이 함유되는데 주로 시트르산과 소량의 말산·아코니트산도 들어 있다. 당은 1~3 % 들어 있고, 시트랄·리모넨·피넨 등이 향기의 성분이다. 또한 과즙은 각종 음료수의 향미료와 화장품의 향료로도 쓰이며, 여성들의 미용음료로서 적당하다. 감기나 두통·요도염 등에도 유효하다.

Lemon Balm[영 레몬밤]

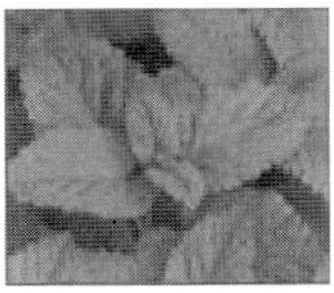

레몬밤, '멜리사(Melis-sa)'라고도 불리며 예로부터 밀원 식물로 유명하다. 그리스어로 '밀봉'이라는 의미인데 그리스 신화에 등장하는 반신반인의 멜리사는 봉밀로, 그의 언니 아마루타이아는 산양의 젖으로 제우스를 양육하였다고 한다. '멜리사'라는 어원도 여기서 유래되었다. 레몬과 유사한 향이 있으며, 이 향은 감정을 편안하게 진정시켜 주며 심장 박동수를 낮추고 혈압을 낮춘다. 전갈이나 독거미에 물렸을 때 해독작용이 있고 설사를 완화시키며 바이러스를 막는 데 큰 효과가 있다. 천연두에도 효능이 있고 치통이 있을 때 입가심용으로 사용해 왔다. 독버섯 해독, 복통, 위궤양, 생리통 억제, 생리 촉진에 사용해 왔으며 예로부터 방향요법(향기요법)에 필수적으로 사용해 왔다. 잎과 가지에서 추출한 기름은 탈모방지, 목욕제 등으로 이용되며 차는 진정·건위·강장·신경 고양 등에 효능이 있으며, 기분을 상쾌하게 하기 위하여도 마신다. 샐러드나 수프·소스·오믈렛·육류나 생선요리 등의 맛을 내는 데도 이용된다. 지중해 연안이 원산지로 지중해 동부지방과 서아시아·흑해 연안·중부 유럽 등지에서 자생한다.

Lemon Grass[영 레몬그라스]

향료를 채취하기 위하여 열대지방에서 재배한다. 원산지가 뚜렷하지 않고 인도와 말레이시아에서 많이 재배한다. 높이는 1~1.5 m이고, 잎은 드문드문 달린다. 가지가 갈라지는 곳에 있는 포에서 나온 꽃대에 작은 이삭이 수상꽃차례를 이루며 달리고 총포가 2개씩 달린다. 식물체에서 레몬 향기가 나기 때문에 레몬그래스라고 한다. 잎과 뿌리를 증류하여 얻은 레몬그래스유에는 시트랄이 들어 있어 비누와 약품의 향료로 사용한다. 같은 속의 시트로넬라그래스(cit ronella grass : C.nardus)에서는 시트로넬라유를 채취하는데, 주성분은 게라니올(geraniol)이며 비누의 향료나 향수의 원료로 사용한다. 팔마로사그래스(palmarosa grass : C.martini)에서는 팔마로사유를 채취하는데, 주성분은 게라니올이며 향수의 원료로 사용한다.

Lemon Oil [영 레몬오일] 레몬유. 레몬의 신선한 껍질을 압착하여 얻는 탄화수소유. 담황색 또는 녹황색 액체로, 레몬 특유의 상쾌한 냄새와 쓴맛이 난다. 비중 0.849~0.855, 회전편광 크기 +56~67°, 굴절률 1.474~1.476. 이황화탄소·아세트산에 녹고, 95% 에탄올 3부피에도 녹는다. 주요 성분은 시트랄·리모넨·피넨·겔라니올·카프르산·라우르산 등이다. 청량음료·빙과 등의 풍미료 외에 향료·광택제, 의약품 원료 등에 사용된다.

Lemon Pie [영 레몬파이] 레몬 파이. 밀가루에 약간의 소금과 쇼트닝이나 라드를 섞어서 반죽하여 만든 서양과자의 하나. 밀가루 반죽을 0.5 cm의 두께로 밀어서 지름 20 cm 정도의 팬에 놓고 가장자리를 보기 좋게 만든다. 부풀어 오를 때 껍질이 터지는 것을 막기 위하여 밑부분에는 작은 구멍을 내거나 콩 또는 팥을 놓고 가열한 오븐에 넣어 갈색이 나게 구워낸다. 젤라틴을 녹인 것에 달걀노른자·물·레몬주스를 넣고 계속 저으면서 중간불에 익힌 다음, 곱게 다진 레몬껍질을 넣고 끓여서 찬물에 식힌다. 달걀흰자는 거품을 내어 설탕과 타르타르(tartar) 크림을 넣어 윤기가 나게 하여, 파이 맨위에 얹을 것은 조금 남겨놓고, 이것을 2~3회에 나누어 레몬 껍질을 넣고 끓여서 식힌 것에 붓고 비터로 잘 섞어 필링을 만든다. 갈색이 나게 구워놓은 파이 위에 필링을 얹어 굳힌 다음 남겨 두었던 거품을 낸 흰자를 위에 골고루 얹어 뜨겁게 가열한 오븐에 1분 정도만 넣었다가, 흰자가 약간 노르스름하게 되도록 살짝 굽는다.

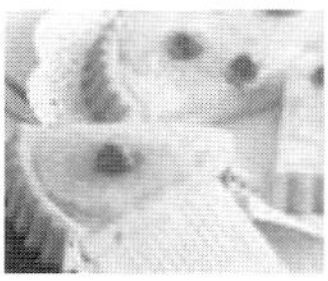

Lemonade [영 레모네이드] 레모네이드. 레몬즙을 냉수나 얼음물에 타서 설탕 등으로 단맛을 낸 것이다. 달걀 흰자위를 가미하기도 한다. 레모네이드는 레몬과 에이드를 합친 말이며, 에이드란 천연과즙에 설탕과 물을 섞었다는 뜻이다. 냉수 대신 탄산수를 사용한 것이 레몬 스쿼시이다.

Lettuce [영 양상추] 양상추

Liasions [프 리에종] 농후제. 리에종은 소스나 스프를 걸쭉하게 농도를 내며 풍미를 더해주는 것

- Loux Liasions : 버터와 밀가루 혼합물
- Egg Liasions : 육수, 계란 노른자, 우유, 크림의 혼합물
- Butter Liasions : 버터와 크림의 혼합물
- Butter and Flour Liasions : 버터와 밀가루 혼합물

Licorice [프 리커리스] 감초, 감초 추출물

Liebfraumilch [독 리프라우리취] 리슬링 중 완숙된 최상품만을 골라 양조되는 단맛의 고급 독일 와인. 일반 와인과는 별도의 저장 탱크에서 숙성시켜 양조되며, 식후에 디저트로 마시기에 좋은 와인이다. 깊은

과일향과 전체적인 맛의 균형 또한 뛰어나다.

Lier [프 리에] 소스가 끓는 즙에 밀가루, 계란 노른자, 동물의 피 등을 넣어 농도를 맞추는 것

Lima Bean [영 리마콩] 리마콩, 푸른색의 큰 콩. 열대 아메리카 및 과테말라 원산이다. 온대에서는 겨울에 말라 죽는다. 덩굴이 없는 품종도 있다. 여름에 나비 모양의 흰색꽃을 달고 초승달 모양의 꼬투리가 여문다. 콩은 한 개의 꼬투리에 3~4알이 들어 있고 지름 1.5~2 cm로 편평하다. 흰색·검은색·붉은색 외에 얼룩무늬도 있다. 어린 꼬투리를 삶으면 달고 향미가 있어 두협류 중에서 가장 맛이 있다고 하여 슈가빈(sugar bean)이라는 이름이 붙었다. 콩에는 파세올라틴이나 시안산을 함유하고 있어 중독되기도 하므로 콩삶은 물은 버린다. 요리로 스프, 샐러드에 넣는다.

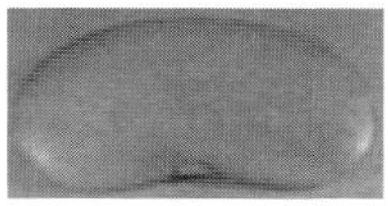

Limburger Cheese [영 림버그 치즈] 젖소의 원유로 만들어 지는 벨기에산 치즈. 이 치즈는 강하고 탁월한 향을 지니고 있는데 .치즈 외피의 단백질을 분해하는 효소에서 생기는 것이다. 모양과 질감은 노란색의 외피는 아주 얇고 점액성이 있어 쉽게 녹는다. 속살은 흰색이나 아이보리색에 가깝다. 단단하기는 지방함유량에 따라 semi -soft이거나 firm 으로 된다. 주로 우리나라의 식빵모양이다. 맛과 향은 주기적인 세척외피로 인해 향이 아주 강하며, 호밀빵, 통밀빵, 흑빵, 크래커, 맥주, 향이 강한 적포도주, 포도 주스, 토마토 주스, 야채 주스와 함께 제공한다.

Lime [영 라임] 라임. 인도 북동부에서 미얀마 북부와 말레이시아가 원산지로 추위에 약하므로 아열대·열대 지방에서 널리 재배한다. 높이는 5 m이고 줄기는 뭉쳐난다. 가지는 가늘고 많이 갈라지며 잔가지에 날카로운 가시가 있다. 잎은 어긋나고 길이가 5~8 cm이며 잎자루에 작은 날개가 있다. 열매는 넓은 타원 모양이고 액과이며 지름이 4 cm이고 작은 젖꼭지 모양의 돌기가 있다. 열매가 익으면 껍질이 얇아지고 초록빛을 띤 노란 색이 된다. 열매의 과육은 황록색이고 연하며 즙이 많고 신맛이 나며 레몬보다 더 새콤하고 달다. 열매는 피클이나 처트니로 만들고, 즙액은 음료수·음식·화장품 등의 향기를 내는 재료로 쓰며, 홍차·샐러드·프라이·불고기와 생선구이 등에 양념으로도 쓴다. 라임은 구연산을 함유하고 있는 신라임(Acid lime)과 구연산이 없는 단라임(Sweet lime)으로 크게 나눈다. 신라임은 열대 지방에서 좋은 품질의 열매를 얻을 수 있다. 단라임은 열매 껍질이 매끈하고 신맛이 거의 없지만 약간 쓴맛이 있다.

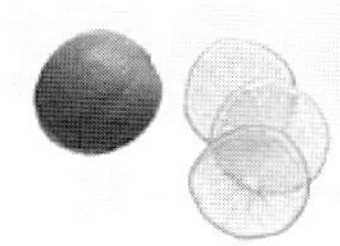

Limpet [영 림펫] 삿갓조개

Limu [영 리무] 해초를 뜻하는 하와이어

Linguica [독 린귀샤] 린귀샤 소세지, 포르투갈의 훈제 마늘 소세지

Linguine [이 린귄] 납작하게 뽑은 파스타

Linzertorte [영 린저토르테] 아몬드 간 것, 레몬 껍질, 향신료를 첨가한 쿠키로 샌드위치처럼 가운데 잼이나 버터를 바르고 위에 아이싱으로 무늬를 넣은 쿠키

Liptauer Cheese [영 립타우어 치즈] 허브와 양파, 마늘, 파프리카를 넣어 만든 헝가리안 치즈

Liqueur [프 리꾀흐] 증류하여 만든 주정에 과실・과즙・약초 등의 성분을 넣고 설탕・포도당・꿀・시럽 등 감미료를 넣은 혼성주. 리큐어의 기원은 알코올을 만들고 증류법을 생각해 낸 아라비아인들에 의해서라고 추측된다. 처음에는 알코올에 여러 가지 맛을 가미하여 마셨을 것이다. 브랜디를 고안한 에스파냐의 아르노 디비르느브다(1238~ 1314)는 초목의 에센스를 알코올로 빼내기 시작했으므로 그를 리큐어의 시조로 보는 견해도 있다. 그의 제자인 레이몽 류르(1235~1315)는 의용 리큐어의 처방을 밝혔다. 또한 카트린 드 메디시스(1519~1589)의 공헌도 무시할 수가 없다. 그녀는 이탈리아의 피렌체 출신으로 프랑스왕 앙리 2세의 부인이 되었는데, 르네상스기에 이탈리아에서 발달한 요리와 매너를 전하였다. 이때 이탈리아의 리큐어가 프랑스에 전해졌다. 그 후 리큐어는 유럽대륙과 미국에서 발달하였고, 19 ~20세기에 칵테일이 유행됨에 따라 없어서는 안 될 술이 되었다. 리큐어에는 베르무트(vermouth)・페퍼민트(peppermint) ・압생트(absinthe) 등이 있으며, 제조법에는 다음의 3가지가 있다.

① 침출법 : 주정에 과실이나 초근목피를 담가 그 성분이나 향미를 우려내는 방법으로 많이 쓰는 방법이다.

② 증류법 : 주정에 배합 재료를 담근 다음 증류한다. 거기에 설탕・포도당・꿀 등을 넣어 단맛을 내고 향료를 넣어 향미를 낸다.

③ 에센스법 : 주정에 천연 또는 합성향료나 정유를 가하여 만드는 방법이다. 이 방법은 간단하지만 조악품이 생길 가능성이 많다.

리큐어는 식후 커피를 마시기 전에 마시며 커피를 마신 후에는 브랜디를 마신다. 또, 리큐어를 낼 때는 작은 과자나 비스킷을 함께 내는 것이 좋다. 리큐어의 병은 식히지 않고 술잔만을 식힌다.

Liquor [영 리큐어] 알코올이 함유되어 있어 마시면 취하게 되는 음료의 총칭. 취하게 만드는 요소는 술 속의 에틸알코올이므로, 성분으로는 알코올 함량의 최저한도로써 다른 음료와 구별한다. 그 양은 0.5~1% 로서 나라에 따라 다르지만, 한국의 주세법상으로는 알코올분 1도 이상의 음료를 말한다.

➲ 종류 주류를 제법에 따라 분류하면 다음과 같다.

① 양조주(발효주) : 단발효식과 복발효식이 있는데, 단발효식으로 만든 것에는 처음부터 당분을 포함한 과즙을 발효시켜 음료용으로 하는 포도주 등의 과실주가 있다. 복발효식은 곡류를 원료로 하여 이것을 어떤

방법으로 당화시켜 발효시킨 것으로, 맥주·청주·노주·탁주 등을 이렇게 만든다. 알코올 함량은 1~18 %로 낮은 편이고, 증류주와 달리 알코올 발효와 함께 휘발성의 향기에 관계되는 여러 가지 성분 외에 익스트랙트(extract)라 하여 맛에 관계되는 당분·아미노산·불휘발산을 2~8 % 포함하는 것을 특징으로 한다.

② 증류주 : 발효된 술(거르지 않은 것) 또는 액즙을 증류하여 얻는 술로서, 소주·가오량주·위스키·브랜디·럼·보드카·진 등이 이에 속한다. 알코올 함량이 20~50 %로 높아서 마셨을 때 독하게 느껴지며 취하게 된다. 풍미는 원료와 알코올 외에 발효할 때 부산물로 생성되는 미량의 휘발성분과 증류시 가열하면 생기는 휘발성분 등에 의해 좌우된다.

③ 혼성주 : 알코올에 향기·맛·빛깔에 관계 있는 약제를 혼합하여 만들거나 주류끼리 혼합하여 만든다. 합성청주·감미과실주·리큐어·약미주 등이 이 방법으로 만든 것이다.

성분 술의 주성분은 에틸알코올과 물이며, 여기에 향기성분으로서 에스테르류나 고급알코올류와 맛성분으로서 당분·유기산류·아미노산류, 그 밖에 색소류를 포함시키기도 하는데, 이들의 함량과 비율은 술의 종류에 따라 여러 가지이다. 술의 성분은 보통 알코올분과, 술 100ml 에 함유된 불휘발성분의 총 그램수, 즉 엑스분으로 표시한다.

Litch [프 **리치**] 여지. 중국 남부 원산이며, 과수로 흔히 재배한다. 높이 10~15 m이며 밑에서부터 가지가 갈라진다. 잎은 어긋나고 깃꼴겹잎이며 끝의 작은잎이 없다. 작은잎은 두껍고 짙은 녹색이며 긴 타원형 또는 바소꼴이다. 잎 뒷면은 회백색이고 가장자리가 밋밋하다. 열매는 둥글며 지름 3 cm 정도로서 겉에 돌기와 더불어 거북의 등처럼 생겼다. 과육은 시고 달며 독특한 향기가 있어 날로 먹는다. 중국 남부에서는 과일 중의 왕이라고 한다.

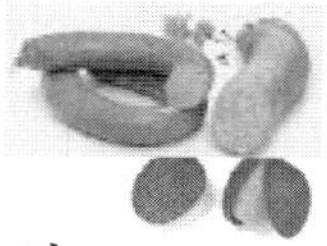

Liver [영 **리버**] 간장이라고도 한다. 빛깔은 암적갈색을 띠며, 구조는 물렁물렁하고 부서지기 쉬우므로 압박이나 손상을 받기 쉽다. 요리의 재료로 소간, 송아지간, 양, 돼지, 가금류, 거위간을 주로 이용하며, 프라이팬에서 소테하여 이용한다.

Liverwurst [독 **리버우르스트**] 간의 30 % 들어간 소시지, 스낵이나 샌드위치와 호밀빵과 크래커로 이용

Lobster [영 **랍스터**] 바닷가재. 단단하고 체절로 된 외골격을 갖는다. 5쌍의 다리와 2쌍의 긴 촉각이 있다. 양 집게다리는 길이가 몸길이와 비슷하다. 꼬리는 물갈퀴모양으로 뒤쪽에 지느러미처럼 펼쳐진다. 몸빛깔은 보통 점무늬가 있는 짙은 초록색이거나 짙은 파란색인데, 불에 익히면 선명한 붉은색이 된다. 미국바다가재라고 불리는 가시발새우과의 종(Homarus americanus)은 길이가 30~60 cm, 무게가 0.5~1 kg에 이르고 유럽산은 대체로 이보다 작다. 몸통은 19

L

마디인데, 머리가 5마디이고 가슴이 8마디, 배가 6마디이다. 가슴갑각 아래에 있는 아가미로 호흡한다.

Lobster Butter [영 **랍스터 버터**] 버터와 함께 가열한 바닷가재 껍질. 소스와 스프, 스프레드로 사용

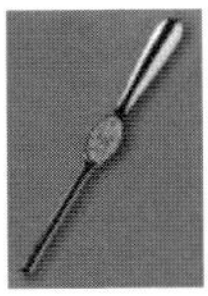

Lobster Pick [영 **랍스터 픽**] 바닷가재의 살을 빼내는 길고 좁은 기구

Lobster Sauce [영 **랍스터 소스**] 바닷가재 소스. 생선 벨루테 소스에 크림을 넣어 낮은 불에서 서서히 끓이고 바닷가재 버터와 파프리카를 넣어 농도를 맞춘다. 레몬주스로 간을 하고 사용하기 직전에 바닷가재 살을 썰어 소스에 섞어낸다. 생선요리와 바닷가재 요리에 사용한다.

Loin [영 **로인**] 육류의 등심으로 갈비뼈가 끝나는 부분에서 엉덩이까지 허리고기

Lollipop [영 **로리팝**] 막대기에 크고 동그란 캔디가 있는 사탕

Long Drink [영 **롱드링크**] 칵테일에서 알코올성과 비알코올성을 혼합한 것. 롱드링크는 오랫동안에 걸쳐 마시는 것으로, 텀블러 같은 글라스나 사워·고블렛·콜린즈 등의 큰 잔을 사용하며 탄산수·물·얼음 등을 섞어서 만든다. 하이볼·진피즈 등이 이에 속한다

Lotus [영 **로투스**] 연꽃의 뿌리, 연근. 아시아 남부와 오스트레일리아 북부가 원산지이다. 진흙 속에서 자라면서도 청결하고 고귀한 식물로, 여러 나라 사람들에게 친근감을 주어 온 식물이다. 연못에서 자라고 논밭에서 재배하기도 한다. 뿌리줄기는 굵고 옆으로 뻗어가며 마디가 많고 가을에는 특히 끝부분이 굵어진다. 잎은 뿌리줄기에서 나와서 높이 1~2 m로 자란 잎자루 끝에 달리고 둥글다. 또한 지름 40 cm 내외로서 물에 젖지 않으며 잎맥이 방사상으로 퍼지고 가장자리가 밋밋하다. 잎자루는 겉에 가시가 있고 안에 있는 구멍은 땅속줄기의 구멍과 통한다. 꽃은 7~8월에 피고 홍색 또는 백색이며 꽃줄기 끝에 1개씩 달리고 지름 15~20 cm이며 꽃줄기에 가시가 있다. 꽃잎은 달걀을 거꾸로 세운 모양이며 수술은 여러 개이다. 꽃턱은 크고 편평하며 지름 10 cm 정도이고 열매는 견과이다. 종자가 꽃턱의 구멍에 들어 있다. 종자의 수명은 길고 2천 년 묵은 종자가 발아한 예가 있다. 품종은 일반적으로 대륜·중륜·소륜으로 나눈다. 잎을 수렴제·지혈제로 사용하거나 민간에서 오줌싸개 치료에 이용한다. 뿌리는 연근이라고 하며, 비타민과 미네랄의 함량이 비교적 높아 생채나 그 밖의 요리에 많이 이용한다. 뿌리줄기와 열매는 약용으로 하고 부인병에 쓴다.

Louis Sauce [영 **루이스 소스**] 칠리소스, 크림, 파, 레몬주스, 향신료, 마요네즈로 만든 소스. 해산물에 잘 어울린다.

Lovage [프 **로바지**] 로바지 영국이 원산지리며 방향성이 있는 꽃을 이용하고, 약재로도 쓰이고 소스, 스튜, 스프, 토마토 주스 등에 이용한다.

Lumache [이 **루마쉐**] 달팽이

Lumpfish [영 **럼피쉬**] 북대서양산 새알고기

Luncheon Meat [영 **런천 미트**] 돼지고기 페이스트에 지방 없는 살코기에 밀가루, 소금, 초석, 향신료를 첨가하여 만든 육류고기로 통조림으로 만든다.

Lyonnaise Sauce [프 **리오네즈 소스**] 식초, 파슬리, 양파 등이 들어간 소스. 프랑스 남부에 있는 식도락의 천국이라고 불리는 프랑스 도시로 양파가 많이 재배되며, 양파를 많이 재배하기에 소스에 양파가 많이 들어간다. 주재료는 양파와 브라운소스가 들어간다. 마늘은 다지고 양파는 얇게 썬 다음 볶는다. 색은 연한 황금색을 낸 다음 백포도주를 첨가하여 1/2 정도로 졸인 다음 브라운소스와 향신료를 넣어서 30분간 뭉근히 끓여서 사용한다. 육류, 소시지류 등에 많이 사용한다.

Lyophilisation [프 **리오필리자시옹**] 동결건조법. 식품공업에서 보존 인스턴트식품의 제조시에 육류·어류·야채·과즙 등을 건조시킬 때, 이를테면 쇠고기·새우·야채 등을 원형 그대로 건조시키거나, 또는 수프원료, 주스 등 건조품을 분말로 하는 것을 이 방법으로 건조시키면 향기·맛 등이 남고, 복수성이 뛰어난 천연품에 가까운 상태의 인스턴트식품을 얻을 수 있다. 이러한 경우에는 약 0～−10°C에서 건조시킨다.

L

Macadamia Nut [영 마카다미아] 마카다미아. 오스트레일리아 원산이며 높이 10∼18 m이다. 잎은 어긋나고 긴 타원형 또는 바소꼴로 짙은 녹색이며 윤기가 나고 가장자리에 톱니가 있다. 꽃은 분홍색이며 총상꽃차례를 이룬다. 열매는 둥글고 지름 25 mm 정도이며 원형 외과피로 덮여 있고 내과피는 아주 단단하며 내과피를 제거하면 엷은 황색의 과육이 1∼2개 나온다. 종자에 향기가 있고 식용유지가 들어 있다. 나무의 재질이 좋아 가구재로도 유용하지만, 과수로서의 가치가 높아 재목은 그다지 이용되지 않고 열매를 주로 이용한다. 열매는 담백한 단맛과 입에 당기는 맛으로 볶음스낵, 고급과자, 초콜릿의 재료로 또 얇게 저며서 아이스크림, 케이크 등 이용 범위가 넓다.

Macaroni [이 마카로니] 마카로니. 이탈리아의 파스타 요리. 마카로니 요리는 보일드 마카로니와 베이크트 마카로니로 나눌 수 있다. 치즈와 버터 외에 토마토·고기류·버섯·어패류 등을 섞은 요리 등에 이용된다. 마카로니는 스파게티를 만드는 강력분과 세몰리나·물을 조금 넣고 끈기 있도록 치대어 만들며, 가운데 구멍을 뚫어 잘 말려서 상품화한 파스타의 한 종류이다. 어떠한 요리를 하든 꼭 거쳐야 되는 요리과정은 끓는 물에 15∼20분간 삶아 물기를 빼고 부드럽게 한 후에 다른 재료와 섞거나 다른 요리과정이 필요하다. 삶은 마카로니에 토마토소스를 버무려 요리를 만들기도 하고, 그 외에 여러 가지 재료를 섞어 그 재료이름을 붙여서 '마카로니 위드 토마토, 리버, 머시룸 앤드 치즈(macaroni with tomatoes, livers, mushrooms and cheese)'라 할 수 있다. 마카로니 샐러드도 만들 수 있는데, 다진 양파에 치즈·우유·크림 등을 넣고 양념하여 오븐에 구워 베이크트 마카로니 그라탱을 만들거나, 새우나 조개·굴 등을 섞고 다진 양파와 치즈·레몬주스 등과 버터 등을 넣고 양념하여 파이렉스 그릇에 담아 치즈와 빵가루 등으로 덮어 그라탱하는 방법으로 오븐에서 만든다.

Macaroon [프 마카롱] 마카롱. 아몬드, 달걀 흰자, 설탕으로 만든 작은 쿠키,

철판 위에서 파이핑하여 구워내며 아몬드 대신 헤이즐럿이나 땅콩을 넣기도 함

Mace [영 메이스] nutmeg(너트멕)의 껍질을 말린 향미료. 피클, 설탕조림 소스, 파운드 케이크, 빵, 푸딩, 소시지, 생선 소스에 사용

Macedoine [영 마세드완] 과일을 1~1.5 mm 크기의 주사위 모양으로 썰어 과일 샐러드에 이용

Mackerel [영 맥커럴]

고등어

Madeira [영 마데이라] 마데이라. 포르투갈에서 생산되는 백포도주. 대서양에 있는 포르투갈령 마데이라제도에서 나는 포도주. 맛은 무미한 것부터 짙은 단맛까지, 빛깔은 연한 호박색으로부터 진홍색까지 종류는 많지만, 공통적인 독특한 향기와 풍미가 있고 가장 장기간 보존할 수 있는 포도주로 유명하다. 세르시아르라는 포도의 품종으로 만들어진 것은 식전주로서, 마르바시아종으로 만들어지는 맘지는 강한 단맛이 나서 디저트 와인으로 유명하다. 또한 마데이라주는 요리용으로도 많이 쓰인다.

Madeleine [프 마드렌느] 마들렌. 밀가루·달걀·설탕·버터·쇼트닝 등을 배합한 말랑말랑한 반죽을 마들렌틀(편평한 컵케이크틀)에 흘려 넣어 구운 과자. 달걀과 유지를 많이 써서 연하고 가볍게 만든 것이 고급품이다. 카스텔라에 속하는 컵케이크인데, 마데이라 케이크(madeira cake)를 잘못 불러서 이렇게 말할 때도 있다. 본래 마데이라 케이크는 케이크의 표면이나 사이에 아무것도 첨가하지 않은 플레인 케이크를 말한다. 이것은 마데이라주(포르투갈 특산의 포도주)로 맛을 들였기 때문에 이런 이름이 붙었다. 영국에서 가장 흔한 과자이다.

Madere Sauce [영 마드리아 소스] 그래비에 마데이주와 양파를 넣어 만든 소스

Madere Wine [영 마드리아 와인] 주정이 높은 산지인 포르투갈령인 마데라 섬은 15C에는 밀림이었으나, 포르투갈 사람들이 섬을 개척하면서 7년에 걸쳐 산림이 모두 타버려서 포도 재배가 시작되었으며 오늘의 마데라 포도주의 생산이 시작되었다.

Maderization [영 마데이라제이션] 화이트와인이 오래되거나 산화작용으로 갈색으로 변화되는 현상으로 마데이라의 갈색 와인에서 유래된 용어

Maigre [영 메르그] 고기가 들어 있지 않은 음식이나 기름기 없는 고기

Maigre Sauce [영 메르그 소스] 생선 벨루테 소스에 생선 젤라틴을 넣고 가열 농축하고, 생크림과 레몬 주스를 넣고 소금, 후추로 간을 하여 사용한다. 생선에 뿌려서 장식용으로 이용한다.

Main Kitchen [영 메인 키친] 호텔에서 음식을 조리 생산하는 곳으로 요리의 기본과정을 준비하여 영업주방을 지원하는 곳이다. 또한 메인 주방은 주로 Banquet, Catering 등을 관리하여 각 영업장에서 필요한 음식, 기본적인 음식, 가공 식품 등을 준비하여 공급

Mai Tai [영 마이타이] 럼, 아몬드 시럽, 오렌지, 라임 주스를

첨가한 강한 혼합음료

Maitre D'hotel [프 **메트르 도뗄**] 대형 호텔에서 모든 식당을 관리하는 중간관리자

Maitre D'hotel Sauce [프 **메트르 도뗄 소스**] 부드럽게 한 버터에 레몬주스와 다진 파슬리를 넣고 잘 섞어 준 뒤 소금, 후추 등을 첨가하여 둥글게 말고 얼렸다가 사용한다. 생선구이, 고기, 빵가루 묻힌 생선에 많이 이용된다.

Maize [영 **메이쓰**] 옥수수. 유럽에서는 사료작물로 이용되나 아시아・아프리카에서는 식용으로 더 중요하다. 한국에서는 완숙되기 전에 수확하여 간식용으로 이용하나, 중부 산간지나 북부지방에서는 완숙 후에 수확하여 식량으로 이용하고 있다. 씨알은 물에 불려서 쌀이나 팥과 섞어 밥을 짓거나 맷돌에 갈아서 쌀・조와 섞어 먹기도 한다. 소화율이나 칼로리가 쌀・보리에 뒤떨어지지 않으나 단백질이 적으므로 주식으로 하려면 콩과 섞어 먹거나 유럽에서처럼 우유・고기・달걀 등과 함께 먹는 것이 바람직하다. 또 엿이나 묵을 만들며 가루는 콩가루・밀가루와 섞어서 과자・빵・만두・죽을 만들며 가축 사료에도 쓰인다. 공업원료로서는 종실에서 옥수수녹말・포도당・풀・양조용에 이용되며 옥수수 줄기로는 펄프・화약 원료를 만든다. 줄기와 잎은 가축사료로, 풋베기한 것은 사일리지로 이용된다. 이 밖에 건축용・연료・충전물・방석・짚신・의약원료(옥수수 수염은 심장병약 원료)・코르크 대용으로도 쓰인다.

Majoter [프 **메조떠**] 약한 불에 천천히 삶는 것

Majoram [프 **마조앙**] Majoram 마조람. 인도, 아라비아를 거쳐 지중해가 원산지. 뿌리째 뽑은 마조람은 뿌리 쪽의 줄기를 묶어서 말린다. 요리시는 버터와 반죽하여 냉동보관하거나 생엽으로 유통한다. 건강음료로 마조람차가 있으며, 소시지, 샐러드, 콩요리, 생선 요리, 스프 등에 이용하며, 잎에는 많은 철분, 칼슘, 비타민 A와 C가 들어있다. 특히 식물의 산화를 방지해주며, 이태리 요리와 육류요리에는 빼놓을 수 없는 중요한 향신료이다. 타임등과 함께 양고기, 오리고기 등의 요리에 냄새를 제거하는 데 많이 사용된다.

Malaxer [프 **마라끄세**] 버터를 반죽하다.

Malic acid [영 **말릭에시드**] 말산. 능금산・사과산이라고도 한다. 화학식은 $C_4H_6O_6$이다. 비대칭탄소원자를 1개 가지고 있으며 D-, L- 및 DL- 3종의 광학이성질체가 존재한다. 좌회전성인 L-말산은 사과・포도 등 천연 과일에 함유되어 있다. 조해성이 있으며, 무색의 침상결정이다. 분자량 134.09, 비중 1.595, 녹는점 100°C, 끓는점 140°C(분해)이다. 물・에탄올에는 잘 녹지만, 에테르에는 잘 녹지 않는다. 고유광회전도는 농도에 따라 변하는데, 묽은 수용액은 좌회전성이지만 20°C에서 34% 이상의 진한 수용액에서는 우회전성이다. 예를 들면, 8.4% 농도에서는 고유광회전도 −2.3°, 34% 농도에서는 0°, 70%에서는 3.3°가 된다. 이 이성질체는 청량음료에 신맛을 나게 하

는 데 사용되며, 또 이 나트륨염은 신장병 환자의 무염간장으로 사용된다. D-말산은 천연으로는 존재하지 않고 DL-말산을 광학분할하여 얻는다. 분자량이나 비중 등의 성질은 L-말산과 같으나 녹는점이 98~99°C로 다르다. DL-말산은 할로겐숙신산을 알칼리로 가수분해할 때 생기며, 비중 1.601, 녹는점 133°C, 끓는점 150°C (분해)이다. 산의 1차 표준물질로서 알칼리 표준용액의 농도 결정에 사용된다.

Malt [영 **몰트**] 맥아. 겉보리에 수분·온도·산소를 작용시켜 발아시킨 보리의 낟알. 맥주 양조의 원료로서 중요하고, 미생물의 배양기를 조제하는 데도 많이 쓰인다. 녹말과 같은 당류, 비타민류가 들어 있으며, 아밀라아제가 강하여 영양제·소화제(디아스타아제 등), 때로는 가축의 사료, 엿당의 제조원료 등으로 이용된다. 싹튼 겉보리를 건조시켜서 분말로 만든 다음 소금물에 담그면 앞에서 말한 성분들이 추출되는데, 아밀라아제는 녹말을 분해하여 덱스트린·엿당으로 변화시킨다. 불용물을 여과하여 얻은 액이 맥아즙인데, 맥주는 이것을 발효시킨 것이다. 다시 녹말을 첨가하고 아밀라아제로 분해시켜서 엿·엿당을 만들기도 한다.

Maltase Sauce [영 **말타제 소스**] Hollandaise Sauce에 오렌지 주스와 잘게 썬 오렌지 껍질을 얹어서 만든 소스. 데친 아스파라거스, 브로콜리나 반으로 자른 홍합에 많이 이용된다.

Malted Milk [영 **몰트 밀크**] 맛있고 영양이 풍부한 풍미를 가진 음료

Malted Liquor [영 **몰티드 리큐어**] 2~8%의 높은 알코올 함량을 가진 맥주

Maltose [영 **말토스**] 맥아당. 말토오스라고도 하며, 맥아 속에 다량으로 함유되어 있기 때문에 맥아당이라고도 한다. 단맛이 강하며, 물에 잘 녹고, 환원성이 있으며, 변광회전 현상을 나타낸다. 녹말의 구성단위로 α-D-글루코시다아제(말타아제)에 의해 가수분해되어 D-글루코오스가 된다. 녹말에 아밀라아제를 작용시키면 말토오스가 생성된다.

Malt Syrup [영 **몰트 시럽**] 천연 감미료

Manarin [영 **만다린**] 만다린. 만다린오렌지라고도 한다. 소교목 또는 관목으로 가지를 많이 치며 잎과 꽃이 작다. 열매의 껍질이 잘 벗겨지고 과육은 연하다. 만다린계의 종 가운데 인도 북동부 원산이며, 아시아의 온난지역에서 재배하였던 밀감(mandarin orange / Citrus reticulata)과 이의 근연종인데, 세계 각지에 퍼져나가 오렌지와 함께 중요 품종으로 나뉘었다. 유럽 각지로 전파된 것 중에서 과피의 빛깔이 주황빛을 띤 노란색계를 만다린, 모로코 탕헤르 원산이며 미국 등지로 전해진 주홍색계를 탄제린(tangerine)으로 구분한다. 보통 그대로 먹거나 주스·식초 등을 만들고 귤나무의 대목으로도 사용한다. 한국·일본, 유럽 남부와 미국 남부에 분포한다.

Mandoline [프 **망돌린**] 여러 가지 조절 가능한 칼날이 달린 수동 기계

Manier [프 **마니에**] 버터와 밀가루와 1 대 1의 비율로 섞이게 손으로 반죽하는 것

Mango [영 망고] 망고.

망고 열매는 핵과로서 5~10월에 익으며 넓은 달걀 모양이고 길이 3~25 cm, 너비 1.5~10 cm인데, 품종마다 차이가 크다. 익으면 노란빛을 띤 녹색이거나 노란색 또는 붉은빛을 띠며 과육은 노란빛이고 즙이 많다. 종자는 1개 들어 있는데, 원기둥꼴의 양끝이 뾰족한 모양이며 약으로 쓰거나 갈아서 식용한다. 세계에서 가장 많이 재배되고 있는 열대 과수로 말레이반도, 미얀마, 인도 북부 원산이다. 생산량이 세계 5위이며 종류도 상당히 많다. 비타민 A가 많으며 카로틴은 푸른 잎 야채와 거의 같은 양이 들어 있다. 날로 먹기도 하고 디저트와 과자 재료로 쓰며 과육을 갈아 샐러드의 드레싱이나 소스·스프 등에 사용한다. 산지에서는 덜 익은 것을 야채와 같이 볶거나 절여서 먹는다. 관상용으로도 심으며 수액은 아라비아고무 대용으로 쓴다. 아프리카·브라질·멕시코·플로리다·캘리포니아·하와이 등 열대와 아열대지방에 분포한다.

Mangosteen [영 망고스틴]

망고스틴. 말레이시아 원산이다. 높이 약 10 m, 지름 약 1 m이다. 잎은 마주나고 긴 타원형이며 두껍고 가장자리가 밋밋하다. 꽃은 원산지에서는 3~4월에 피고 잡성 암수한그루이다. 수꽃은 가지 끝에 달리고 암꽃은 잎겨드랑이에 1~2개씩 달리며 연분홍색이다. 열매는 약간 납작한 공 모양으로 탁구공보다 조금 큰데, 지름 4~7 cm이며 꽃이 핀 다음 5개월 뒤에 자줏빛을 띤 검은색으로 익고 꽃받침이 붙어 있다. 종자는 방사상으로 늘어서고 종자 겉에 붙은 육질부를 먹는다. 향기가 있고 새콤달콤하여 열매 중의 여왕이라고 할 정도로 맛이 뛰어나다. 과육의 색소에는 타닌이 들어 있어 쉽게 색이 변하지 않아 염료로 쓴다. 수정을 하지 않고 종자를 만들어 심으므로 옛날부터 동일한 품종이며 재배가 어려워 제한된 지방에서만 자란다. 인도네시아·말레이시아·타이완·필리핀·인도·스리랑카 등지에 분포한다.

Manhatton [영 맨해턴] 칵테일의 일종.

1870년 중반, 주지사 사무엘 J. 틸든을 경축하기 위하여 랜돌프 처칠 부인이 연 만찬에서 위스키와 백포도주, 맥주를 혼합해서 만든 칵테일이 첫선을 보이게 되었다. 그 만찬은 뉴욕에 있는 맨해튼 클럽에서 열렸는데 그 호텔 이름을 따서 그 칵테일을 맨해튼 칵테일이라고 지칭하였다.

Mannitol [영 만니톨] 만니톨. 만니트라고도 한다. 화학식 $C_4H_{14}O_6$이다. D, L, D·L형 등 3종의 이성질체가 있는데, 보통은 D-만니톨을 말한다. D-만노오스의 환원형태인 당알코올로 자연계에 널리 분포하는데, 고구마·버섯·셀러리 외에, 다시마 등의 갈조류와 만나나무에 많이 함유되어 있다. 분자량 182.17, 비중은 20°C에서 1.489, 녹는점 168°C, 끓는점은 3.5 mmHg에서 295°C이다. 물에는 잘 녹으나,

에탄올에는 잘 녹지 않고, 에테르에는 녹지 않는다. 강한 단맛(수크로오스의 60% 정도)을 가지며, 말린 다시마의 표면을 덮고 있는 흰가루는 주로 만니톨로 구성되어 있다. 잘게 썬 다시마를 가열한 에탄올에 넣고 용출(溶出)한 만니톨을 증류하여 용매를 제거하면 결정으로 추출된다.

Maple Syrup [영 메이플 시럽] 메이플 시럽. 북아메리카 원산의 사탕단풍의 수액(樹液)에서 채취한 설탕. 줄기에 상처를 내고 모은 액을 중화·청징·농축한 것이 단풍시럽인데, 이것을 더 끓여서 결정화한 것이다. 고로쇠나무에서도 채취되나 생산량은 매우 적다. 특유의 풍미가 있고 과자 등에 쓰인다.

Maraschino liqueur [영 마라스키노 리큐어] 마라스카. 혼성주(混成酒)인 체리브랜디의 일종으로, 보스니아헤르체고비나 남서부에 있는 달마티아 지방에서 재배하는 신맛의 검은 야생버찌인 마라스카(marasca)를 원료로 하여 만든 술. 알코올 농도가 25~30%이다. 브랜디란 과실주를 증류한 알코올 성분이 강한 술을 말한다. 달마티아 지방의 항구도시인 자라가 세계적인 산지이다. 마라스카는 라틴어 아마루스(amarus)에서 나온 말로 쓴맛을 뜻한다. 이 술은 1820년대 이탈리아인 룩사르도가 만들어냈는데, 강하고 단맛이 나는 술의 일종인 리큐어(liqueur)에 속한다. 마라스키노에 쓰이는 신버찌는 가지가 많이 갈라지는 소교목이다. 핵과는 둥글거나 심장모양이며 황색이 도는 검은 홍색이다. 종자에는 아미그달린이 1% 정도 들어 있다. 제조법은 명확하지 않으나 야생버찌에서 추출한 마라스키노 스피리츠(mara-schino-spirits, 증류알코올) 또는 브랜디에 버찌의 인(굳은 속열매 껍질에 싸인 부드러운 씨 부분)을 잘게 부수어 넣어 풍미를 살리고 설탕으로 단맛을 내며, 또한 여러 종류의 식물성 향신료와 나무딸기 등으로 맛을 첨가한다. 빛깔이 없고 달콤하며 체리향이 강하다. 알코올 함량이 25~35%이고 무색이거나 약간 황색을 띤다. 홀쭉한 병에 풀껍질을 휘감은 디자인으로 잘 알려져 있다. 마시는 방법은 식사 후 브랜디 스니프터라는 유리잔에 소량(1/5)을 따라서, 양손으로 감싸듯이 잡아 손바닥의 온도로 따뜻하게 하면서 브랜디의 향기를 증발시켜, 윗부분에 감도는 향기를 음미하면서 천천히 마신다.

M

Marble Cake [영 마블 케이크] 마빌 케이크, 케이크의 외관과 자른 면이 마블(대리석) 무늬와 닮은 서양빵. 밀가루·달걀·버터·사탕·베이킹파우더 등 파운드케이크와 같은 재료를 쓰는데, 둘로 나누어 한쪽은 밀가루를 20%쯤 덜어내고 그 대신 코코아를 넣고, 다른 한쪽은 그대로 하여 각각 저어 섞어 놓는다. 케이크틀에 따로 섞어 놓은 재료를 번갈아 3회 정도로 나누어 넣고, 큰 스푼을 수직으로 깊숙이 넣어 3~4회 휘저어 불에 구워내면 마블 무늬가 나타난다. 이 케이크는 버터를 많이 넣어 촉촉하게 만든 것으로 속에 과실류는 넣지 않고 겉에 초콜릿을 입히거나 너트(nut : 견과)류를 넣어 장식하기도 한다.

Marbling [영 **마블링**] 마블링. 육류에 대리석처럼 보이는 지방조각 또는 지방의 얇은 층으로 고기의 풍미, 부드러움을 준다.

Marc [프 **마흐**] 프랑스에서 와인을 만들 때 남은 찌꺼기

Margarine [영 **마가린**] 마가린. 천연 버터의 대용품으로 만든 지방성 식품. 정제된 동식물성 기름과 경화유를 적당한 비율로 배합하고 유화제·향료·색소·소금물 또는 발효유를 가하여 잘 섞고 유화시켜서 버터 상태로 만든다. 인조버터라고도 한다. 마가린은 프랑스의 나폴레옹 3세가 버터 대용품을 모집한 결과 화학자 H.메주무리에가 고안하여 1873년 영국·프랑스의 특허를 얻은 데에서 비롯된다. 과거에는 생선기름 또는 고래기름의 경화유를 사용하였으나 오늘날에는 식물성기름이 많이 사용되고, 발효유를 가하여 풍미를 조절하거나 비타민 A·D를 강화하여 영양적으로도 우수한 제품을 얻게 됨으로써 용도에 따라서 천연 버터보다 많은 장점을 가지게 되었다. 따라서 마가린의 수요가 늘어나고, 생산량도 버터를 능가하며 가격도 싸다. 저온에서 잘 퍼지는 소프트형은 지방 중에서 식물성기름이 많고, 필수지방산인 리놀레산을 많이 넣은 것도 있다.

Margarita [영 **마가리따**] 테킬라, 오렌지 향의 리큐어, 라임주스를 섞어 만든 칵테일. 먼저 잔 가장자리에 소금을 묻혀 놓은 후 재료와 얼음을 쉐이커에 넣고 가볍게 흔들어서 소금이 떨어지지 않도록 조심하여 5온스 쿠펫트 칵테일(150ml) 잔에 따른다.

Margherite [이 **마가리떼**] 데이지

Marguery Sauce [프 **마가리 소스**] 백포도주와 달걀 노른자와 버터를 섞어 생선 스톡을 졸여서 만든 소스

Marigold [영 **매리골드**] 만수국. 금송화·불란서금잔화·홍황초라고도 한다. 양지바른 모래흙에서 잘 자란다. 높이 30~60 cm이다. 줄기 밑에서 가지가 많이 갈라지고 털이 없으며 녹색이다. 잎은 어긋나거나 마주나고 1회 깃꼴겹잎이다. 작은잎은 줄 모양 바소꼴이거나 바소 모양이고 가장자리에 뾰족한 톱니와 유점이 있다. 꽃은 초여름부터 서리가 내릴 때까지 피지만 온상에서 기른 것은 5월에 피는데, 지름 3~4 cm 정도로서 황금색에 가까운 갈색이 섞인 붉은색이다. 말려서 색소로 이용한다.

Marinade [프 **마리나드**] 담가 절인다. 고기, 생선, 야채를 조미료와 향신료를 넣은 액체에 담가 고기를 연하게 만들며, 또 냄새가 맛이 스미게 하는 것. 레몬주스, 식초 또는 포도주와 허브, 향신료 등을 포함한다.

Marmalade [영 **마말레이드**] 마멜로(marmelo)라는 펙틴질이 많은 과일을 설탕조림한 것을 일컫는 말이었으나, 현재는 감귤류의 껍질로 만든 잼을 말한다. 감귤류 껍질 속의 펙틴질이 점성도를 내는 데 중요한 구실을 하므로, 펙틴의 양이 적을 때는 펙틴 파우더 등을 첨가하기도 한다. 과육부를 많이 쓰면 신맛과 쓴맛이 강한 마멀

레이드가 되고, 껍질을 많이 쓰면 신맛이나 쓴맛이 적고 단맛이 강한 것이 되며, 젤리부분의 투명도가 높을수록 좋은 제품이다. 가정에서 여름 밀감을 써서 만들 경우, 껍질 2개분에 과육 1개분의 즙, 껍질과 같은 양의 설탕, 물 2컵 비율의 재료로 만든다. 껍질을 얇게 저며서 하룻밤 물에 담그거나, 1%의 소금물에 30분 동안 삶은 후 물에 헹구어 쓴맛의 성분을 우려낸다. 껍질과 과즙을 물에 섞어서 약한 불로 약 1시간 반 동안 삶은 다음, 설탕을 몇 차례로 나누어 넣으면서 다시 약한 불에 약 1시간 반 끓인다. 당분이 65% 정도 될 때까지 조린다. 산이 들어 있고 당분이 많기 때문에 오래 보존할 수 있다. 토스트 등에 발라서 먹는 외에, 각종 과자류를 만들 때 부재료로서 많이 쓰인다.

Marron ; Marron glace [프 마롱] 밤, 시럽에 담긴 밤을 의미

Marrow [영 매로우] 골수. 골의 내부에 있는 연한 조직. 골수는 가볍고 소화가 잘되며, 뼈째 조리하거나 뼈를 제거한 다음 조리한다. 스프에 첨가한 골수는 풍미와 맛을 준다.

Marsala [영 마르살라] 강화와인. 시실리섬에 생산되는 강화와인으로 드라이해 질 때까지 완벽하게 발효과정을 거치고 난 뒤에 강화된다. 오늘날은 스위트한 마살라뿐 아니라 계란 노른자, 아몬드, 오렌지 등을 사용하여 특별한 향을 지닌 와인이 생산된다.

Marseille Sauce [프 마르세유 소스] 마르세유 소스. 프랑스 지중해 연안의 항구도시, 마이세유에서 유래된 소스로 샤프론이 들어가며, 생선 위에 끼얹어준다. 만드는 방법은 벨루테를 낮은 불에 완전히 풀어 크림, 생선 육수를 넣고 끓인 다음 샤프론을 넣는다. 소스가 걸쭉하면 소금, 후추, 레몬주스, 타바스코 등을 넣고 간을 맞춘다. 천으로 걸러서 버터와 다진 마늘, 다진 파 등을 주사위 모양으로 자른 토마토와 혼합한다.

Marshmallow [영 마쉬멜로우] 시럽, 젤라틴, 향신료로 만들어지며, 아이스크림, 케이크와 캔디에 이용한다.

Martini [영 마티니] 마티니. 마티니는 1860년에서 1862년에 미국 바텐더 제리 토머스가 만들어낸 칵테일이라고 전해진다. 그 당시 제리 토머스는 샌프란시스코에서 마티네로 여행하는 어떤 신사에게 이 칵테일을 대접하였는데, 그 사람의 목적지 이름을 따서 마티니라고 이름 붙였다고 전해진다. 그러나 마티니란 이름을 가진 이탈리아인 바텐더가 이 칵테일을 만들었다는 설도 있으며, 유명한 포도주 제조회사인 마티니 & 로시 회사가 이 칵테일의 주인이라는 설도 있다. 진과 vermouth를 섞어서 녹색 올리브나레몬 트위스트로 장식한다.

Mascarpone Cheese [영 마스카폰 치즈] 마스카폰 치즈. 부드럽고 신선한 아이보리색의 마스카폰 치즈는 남부 이탈리아 롬바르디(Lombardy) 지방에서 처음 만들어진 크림치즈다. 아주 부드럽지만 밀도가 높아 형태가 그대로 지속되며 기름지긴 하지만 신선함을 느낄 수

있다. 농도가 진한 크림 맛이며 약간 달고 버터 맛이 난다. 주로 신선한 과일(붉은색), 생무화과, 과일 절임, 쿠키, 탄산수, 코냑, 가벼운 과일주, 커피, 백포도주와 함께 제공한다.

Mash [영 매쉬] 당화시키기 전 더운물을 넣은 맥아와 곡류의 혼합물

Mashed Potato [영 매쉬드 포테이토] 삶아서 짓이긴 감자

Masking [영 마스킹] 케이크 시트에 잼, 크림, 버터 등을 바르고 호두, 잣, 건포도, 초콜릿 썰은 것 등으로 케이크를 덮은 것

Masson Paul [영 마슨 폴] 캘리포니아로 이민간 부르고뉴 출신인의 이름으로 캘리포니아 산 오인의 대표적 상표가 되었다.

M

Matelote [프 마틀로뜨] 술, 양파가 든 생선 스튜로 화이트 와인이나 레드 와인을 첨가하여 찐 생선

Matzo [영 마쪼] 유월절(Passover)에 유대인이 먹는 밀가루만으로 만든 빵

Mayonnaise [영 마요네즈] 마요네즈. 정제된 식물성 기름, 달걀 노른자 및 식초를 기본 성분으로 하는 유화상태인 반고체 식품으로 만든 샐러드용 드레싱소스. 마요네즈 소스라는 말은 마요르카섬의 마욘에서 유래된 것으로 '마욘풍' 소스라는 뜻이다. 18세기에 프랑스에서 처음으로 만들어졌다. 식물성 기름으로는 옥수수기름·면실유·콩기름·유채유(평지씨 기름)와 같은 정제 샐러드 기름이 사용되며, 노른자의 지방단백질은 유화력이 강하다. 만드는 법은 달걀노른자 1개에 식초 큰술 하나, 소금·설탕·겨자·후춧가루를 각각 소량씩 잘 섞고 샐러드유 1컵을 조금씩 가한다. 주의할 점은 처음부터 기름을 한꺼번에 넣으면 분리되므로 조금씩 가하면서 잘 섞을 것과, 신선하고 끈기 있는 달걀을 사용할 것, 기름이 너무 냉각되면 섞이지 않으므로 적당히 가온할 것 등이다. 마요네즈 소스는 그대로 채소·고기·생선 등의 요리에 쳐서 사용되는 이외에 그것을 토대로 여러 가지 소스를 만들어 사용하기도 한다. 한국인의 식생활이 서구화됨에 따라 소비량이 급격히 증가하고 있으며, 완제품이 시판된다.

◎ 조리법 ① 마요네즈는 냉동시켜서는 안된다. ② 농도가 너무 묽으면 소스를 만들기 어려우므로 조금 걸쭉한 것이 좋다. 드레싱으로 사용할 때는 식초를 첨가하여 묽게 한다. ③ 기름 넣는 속도와 젓는 속도가 같아야 한다. ④ 마요네즈는 계절에 따라 만드는 요령이 다르다(기름의 온도가 중요하다). ⑤ 여름엔 바닥에 어름을 깔고 겨울엔 실내온도의 기름이 적당하다. ⑥ 마요네즈가 분리되면 더운물을 넣어 저어 주면 크림상태가 다시 이루어진다.

Mead [영 미드] 벌꿀 술로서 꿀에다 맥아, 이스트(yeast), 향료, 물 등을 넣어 발효시킨 봉밀주

Measuring Cup [영 메이저링 컵] 측량컵. 조리할 때 재료의 양을 재는 계기(計器). 계량컵은 표준 쿼트 측정법에 기초를 두고 제작된 것으로 표준용기 1컵은 1/4쿼트, 또는 236.6ml, 영국식 방법으로는 8플루이드 온스(fluid onces : 액체 측정 단위)이며, 1컵은 16Ts이다. 그러므로 1플루이드온스

는 2Ts에 해당한다. 대부분의 계량컵은 3/4, 2/3, 1/2, 1/4로 눈금이 표시되어 있다. 또한 계량컵에 따라서는 1컵, 1/2컵, 1/3컵, 1/4컵짜리의 4개를 1세트로 만든 것도 있다. 1/4 컵 이하의 재료를 잴 때에는 계량스푼을 사용한다. 계량스푼은 1 Ts, 1 ts, 1/2 ts, 1/4ts 의 4개가 1세트로 제작되어 있다. 1 Ts 는 3 ts이다. 이 계량컵과 계량스푼은 서양에서 발달된 것으로 서양 요리책에는 이 용량으로 조리법이 작성되어 있다. 한국에서는 되와 말을 10진법으로 개량할 때 계량컵도 이 법에 따라 1 컵을 200 mL로 정하였다. 이에 따른 계량 스푼은 계량하지 않았으므로 1 컵은 16 Ts가 아니다. 일본에서는 1 컵을 200 mL로 계량하는 동시에 큰술과 작은술을 제작하여 함께 사용한다. 큰술 하나는 15 mL이고, 작은술 하나는 5 mL이다.

Meat [미트] 육류. 소·돼지·양·염소·토끼 등의 수육과 닭·오리·꿩·칠면조 등 조육의 총칭. 고기의 대부분은 근육조직이고 소량의 결합조직과 지방조직이 사이에 끼여 있다. 근육조직에는 횡문근·평활근·심근의 3종류가 있다. 식용으로 하는 것은 대개 횡문근이다.

● 근육구성 고기 근육의 구성 단위는 가늘고 긴 모양의 근육세포이다. 이 세포가 여러 개 모인 것을 페리미시움 (perimysium)이라는 결합조직이 둘러싸고 있고, 이 근육 다발을 에피미시움 (epimysium)이라는 더 두꺼운 결합조직으로 둘러싸서 근육조직을 구성한다. 근육은 18~20 %의 단백질, 1 %의 글리코겐, 3 % 정도의 지방으로 구성되어 있다. 글리코겐은 고기가 숙성함에 따라 파괴되어 없어진다. 근육을 구성하는 단백질에는 액토미오신 (actomyosin)·미오겐 (myogen)·글로불린(globulin)·미오알부민(myoalbumin)·트로포미오신(tropomyosin) 등이 있다. 결합조직도 단백질로서 콜라겐과 엘라스틴(elastin)의 2종이 있다. 콜라겐은 페리미시움과 에피미시움 등인데, 물에 넣고 가열하면 80°C 이상의 온도에서 변화를 일으켜 수용성인 젤라틴이 된다. 엘라스틴은 근육과 근육 또는 근육과 뼈를 연결시키는 결합조직으로 대개 두꺼운 막이나 끈 모양을 하고 있다. 그러나 이 부분은 고기를 팔기 전에 정육점에서 잘라 버리므로 조리와는 거의 관계가 없다. 지방조직은 특수한 결합조직이다. 즉, 헐거운 결합조직 내에 지방세포가 1개씩 또는 여러 개가 한데 뭉쳐 들어 있다. 지방세포에도 세포질과 핵이 있고 지방의 공포가 있다. 지방공포는 너무 크기 때문에 세포질과 핵이 밀려 세포막 가까이에 있다.

● 색 고기의 색은 주로 철분을 함유한 미오글로빈 (myoglobin)에 의해 좌우된다. 쇠고기같이 색이 진한 것은 미오글로빈을 많이 함유하고 있고, 색이 엷은 고기는 이 물질의 함량이 적은 것이다. 미오글로빈의 색은 암적색 (暗赤色)이다. 그러나 산소와 결합하여 옥시미오글로빈 (oxymyoglobin)이 되면 선명한 붉은색으로 변한다.

● 질과 맛 동물이 죽으면 시간이 경과함에 따라 근육이 굳어 사후강직을 일으킨다. 강직상태는 시간이 경과하면 다시 풀린다. 일반적으로 큰 동물은 죽은 후 오랜 시간이 경과한 후 강직이 시작되고, 강직시간도 길

다. 반면, 작은 동물은 죽은 후 즉각 강직이 시작되고 그 시간도 짧아 즉시 풀린다. 고기가 강직상태에 있을 때는 질기고 맛이 없다. 고기가 사후강직을 일으키는 것은 에너지의 저장물인 ATP (adenosine triphos-phate)가 근육에서 분해되어 없어지기 때문이라는 학설과, 크레아틴인산염 (creatine phosphate)이 근육에서 역시 분해하여 없어지기 때문이라는 학설이 있다. 근육 내에서는 1% 정도 존재하는 글리코겐이 분해를 시작하여 산소의 부족으로 젖산까지 분해된다. 그 밖에 육류 내에 존재하는 모든 물질이 동물의 생명이 끊어짐에 따라 분해를 일으키고 합성은 되지 못한다. 이러한 과정을 자가분해라고 한다. 고기가 냉장온도에서 어느 정도의 자가분해를 일으켰을 때 고기가 숙성했다고 한다. 숙성된 고기는 옥시미오글로빈이 많이 생성되어 선명한 붉은색이 되고 탄력성이 없어지며 점성도 감소한다. 단백질이 가수분해하여 근육섬유가 군데군데 끊어져 고기가 연해지며, 아미노산이 분리되고 핵단백 분해물질이 많이 생겨 맛이 좋아진다. 그 위에 글리코겐의 분해산물인 젖산도 맛을 더한다. 지방은 고기의 종류에 따라 특징이 있다. 쇠기름은 고체지방인 스테아린(stearin)과 팔미틴(palmitin)이 75%, 그리고 액체지방인 올레인(olein)이 25% 함유되어 있으므로 실내온도에서는 단단한 그체 상태이다. 이에 비하여 돼지기름은 스테아린과 팔미틴을 40~45%, 그리고 쇠기름의 녹는점은 40~50°C이므로, 쇠기름으로 조리를 하면 음식이 식어짐에 따라 기름이 굳어져서 음식의 촉감이 좋지 않게 된다. 그러나 지방이 근육 사이에 대리석 모양으로 끼여 있으면, 고기를 익혔을 때 용해되어 고기가 부드러워지므로, 미국에서는 대리석 같은 고기 (marbled meat)라 하여 그 고기의 질을 높이 평가한다. 돼지기름은 대개 피하와 내장 사이에 있으며, 녹는점이 28~48°C이므로 이 기름으로 조리하면 음식의 촉감이 좋다. 닭기름은 황색이다.

➲ 기타 영양　고기에는 비타민 B 복합체인 티아민 · 리보플라빈 · 니아신(니코틴산) 등이 함유되어 있는데, 특히 내장기관에는 그 함량이 높다. 돼지고기의 살 부분에는 티아민의 함량이 어느 식품보다도 많다. 근육에는 지방도 아니고 단백질도 아닌 유기화합물이 1% 정도 함유되어 있다. 이 물질을 엑스트랙티브스 (extractives)라고 하는데 젖산 · 아미노산 · 요소 · 크레아틴 · 핵분해산물들을 말한다. 이 물질들은 고기를 물에 넣고 끓이면 추출되는데, 동물이 근육활동을 많이 하는 부분에 더 많이 들어 있다. 근육 단백질은 58°C에서 수축하기 시작하여 67°C에서 완료된다. 그에 비해 콜라겐은 80°C에서 젤라틴화하므로 고기를 고온으로 가열할 필요가 없다.

Meat Ball [영 미트 볼]　쇠고기를 곱게 다져서 양념을 하여 달걀을 씌워 기름에 튀긴 요리. 다진 쇠고기에 다진 양파 · 빵가루 · 달걀 · 소금 · 후춧가루를 섞어 밤톨만한 크기로 둥글게 빚어서 밀가루를 묻히고 달걀물을 씌운 다음, 다시 빵가루에 굴려서 기름에 튀겨낸다. 이것은 짧은 꼬챙이에 꿰어져 오르되브르나 칵테일파티에 흔히 쓰인다. 미트볼을 잘 만드는 요령은 재료에 끈기가 생길 때까지 잘 치댈 것과, 기름기가 많은 고기를 쓰지 않는 것이다. 그렇지 않으면 조리중에 부서지기 쉽다. 또 스파게티 위에 몇 개의 미트볼을 얹고 브라운 소스나 토마토 소스를 끼얹어 쓰는데, 이것을 따로 스파게티 미트볼이라 한다.

Meat Extract[영 **미트 익스트랙스**] 고기를 열탕으로 삶았을 때 우러나오는 성분. 다른 식품에 첨가하여 영양보다는 향미를 조성하기 위해 쓰인다. 고기와 내장에는 많은 비단백태 질소화합물이 함유되어 있는데, 이것이 고기 엑스의 주성분이 되며 대부분 염기성이므로 육염기라고도 한다. 신선한 식육에서 지방과 힘줄을 제거하고 잘게 썰어서 70~75°C로 가열하여 얻은 즙액을 여과시켜, 이것을 진공솥에서 수분을 약 35%까지 증발하여 농축한다. 다음에는 개방식 냄비나 솥에서 수분을 약 18%까지 농축하면 적갈색 페이스트 모양의 고기 엑스가 된다. 이 고기 엑스분은 고기 속에 약 2% 들어 있는데, 그 중 유기물이 0.7%, 무기물이 1.3%이고, 유기물 중의 질소화합물에는 크레아틴·크레아티닌·푸린염기·카르노신·요소·이노신산 등이, 무질소 유기물에는 젖산·글루코오스·글리코겐 등이 들어 있다. 엑스분 중의 무기물은 나트륨·칼륨·칼슘·철·염소·인·황·마그네슘 등으로 단백질은 거의 들어 있지 않다. 일반적으로 맛이 진한 고기에는 고기 엑스가 많다.

Meat Grading[영 **미트 그래이딩**] 육류등급. 육류 등급은 크게 품질 등급과 산출량 등급으로 나눈다. 산출량 등급은 도살육에서 고기와 뼈의 양으로 산출하는 방식이고, 품질등급은 다음과 같다.

- Prime : 최고급, 양이 제한되어 맛과 육즙이 뛰어나다.
- Choice : 프라임 보다 지방질은 적으나 좋은 그물조직을 가지고 있어 사용량과 소비량이 최대
- Good & Standard : 지방 함량이 적고 약간 떨어지며 일반 식당용으로 이용
- Utility, Cutter, Canner : 일반적으로 가공하거나 기계로 갈아서 요리에 이용

Meat Loaf[영 **미트 로프**] 다진고기를 식빵 모양으로 구운 요리. 곱게 다진 고기에 우유에 적셔서 꼭 짠 식빵과 달걀·소금·후춧가루·너트메그(nutmeg : 향신료)를 넣고 손으로 잘 반죽하여, 버터를 바른 오븐의 철판 위에서 어묵 또는 식빵 모양으로 만들어 녹인 버터 또는 달걀 푼 것을 주위에 바르고 오븐에서 중불로 굽는다. 곁들이는 요리로는 버터에 볶은 스파게티·머시트포테이토, 익히거나 버터에 볶은 채소들을 적당히 쓰고, 토마토소스나 브라운소스를 얹는다. 간소한 파티에 쓰이며, 식탁에서 두툼하게 잘라 먹는다.

Meat Rolls[영 **미트 롤**] 돼지고기와 쇠고기를 섞어서 갈아 감자와 조화시켜서 만든 요리. 감자를 푹 삶아서 고르게 으깬 다음, 소금·후춧가루·버터로 양념한다. 쇠고기와 돼지고기를 곱게 갈아서 다진 양파·달걀·빵가루, 약간의 샐러드 오일을 한데 섞으면서 소금과 후춧가루로 간을 맞추어 반죽하듯이 한다. 도마 위에 파라핀 종이를 대고 준비한 고기를 넓이 사방 20 cm,

두께 3 cm 정도가 되게 펴 놓고, 그 위에 곱게 으깬 감자를 편편하게 펴 놓은 다음 돌돌 말아 잘 드는 칼로 3 cm 정도의 두께로 썰어 기름을 바른 철판 위에 담는다. 이것을 중불로 달구어 놓은 오븐에 넣어 15~20분간 구워 낸다. 둥근 막대 모양의 미트롤을 자르지 않고 셀로판 종이에 싼 채르 구워 내어 자르는 방법도 있다.

Meat Sauce [영 미트 소스] 미트소스. 쇠고기 간 것을 넣고 완전히 볶아준다. 곱게 다진 양파, 샐러리, 당근 등을 마늘과 함께 볶는다. 쇠고기와 채소를 모두 합쳐서 섞은 다음 토마토 페이스트를 넣어 소스팬이 눋지 않게 주걱으로 잘 저어준다. 쇠고기 육수를 넣은 다음 토마토 퓌레와 월계수 잎, 오레가노, 정향, 바질 등을 넣어 은근히 끓인 후 소금과 후추로 간을 맞추어 버터 마니에르를 넣어 농도를 적당히 내어 이용한다. 버터 마니에르는 버터와 밀가루의 비율을 1 대 1로 맞추어 혼합한 것

Meat Tenderizers [영 미트 텐더라이저] 연육제. 고기를 부드럽게 해주는 방법으로 기계적으로 두들겨서 질긴 섬유를 끊어주는 것과 화학적 방법으로 연육제에 담그는 것이 있다.

Meat Thermometer [영 미트 써모메터] 육류용 온도계

Mechanical Impact [영 매커니컬 임팩트] 글라스가 다른 물체와 부딪혀서 깨어지는 상태

Mechanical Pot [영 매커니컬 포트] 식기 세척기의 일종으로 특별히 냄비와 속이 들어간 그릇을 세척하는 식기세척기

Medium [영 미디엄] 중간으로 익힌 요리

Medium Rare [영 미디엄 레어] 조리시간 3~4분 정도이고 고기 내부의 온도는 55°C

Medium Well-done [영 미디엄 웰던] 자르면 가운데만 붉은 색이 보이도록 거의 익히는 것. 고기 내부의 온도는 65°C

Medister Poelse sausage [독 메디스터 폴레스 소세지] 덴마트 돼지고기 소세지

Melange [프 멜랑즈] coffee 1/2와 우유 1/2을 섞는 음료

Melba Toast [영 멜바 토스트] 흰 식빵을 열게 썰어 오븐에 갈색이 되도록 구워낸 토스토 빵(두께 2 mm, 가로 3 cm, 세로 5 cm)

Melba Sauce [영 멜바 소스] 레즈베리 소스. 산딸기 맛이 나는 디저트 소스로 찬것과 더운 소스로 구분하여 사용한다. 복숭아 멜바(Peach Melba)는 영국 여배우 Nel Melba가 자주 이용하는 레스토랑에 아이스크림 양이 부족하여 복숭아 통조림을 조각내고 딸기 퓌레로 장식하여 낸 것에서 유래되었다. 만드는 법은 산딸기를 흐르는 물에 깨끗이 씻어 물기를 제거하고 물을 첨가하여 산딸기와 설탕을 완전히 끓여준 뒤 다시 물을 첨가하고 완전히 섞이도록 주걱으로 저어 준 뒤, 전분을 물에 풀어서 냄비에 부어 주면서 주걱으로 빨리 저어 혼합되게 한다. 소스가 탈 우려가 있으므로 자주 저어서 끓여주고 체에 걸러서 사용한다.

Melon [영 **멜론**] 멜론. 북아프리카·중앙아시아 및 인도 등을 원산지로 보고 있으나 중동에도 야생형을 재배하고 있기 때문에 단정하기 어렵다. 잎은 어긋나고 자루가 길며 3~7개로 갈라진 손바닥모양의 잎이고 덩굴손이 잎과 마주난다. 전체에 거센 털이 있으며, 열매는 둥글고 과육은 백색·담녹색 및 황등색 등이다. 냉동해서 생식하거나 아이스크림·주스 등에도 이용한다.

- 네트멜론(netted melon) : 열매의 겉이 그물처럼 갈라져 있다.
- 캔털루프(cantaloupe) : 열매의 겉에 그물눈이 생기지 않고 혹 모양의 돌기가 있으며 세로홈이 있다.
- 겨울멜론(winter melon) : 열매의 겉이 밋밋하거나 세로줄이 있는 것이라도 돌기나 그물눈이 없다.
- 머스크멜론(musk melon) : 향기가 강한 네트멜론과 캔털루프에 붙인 이름이며, 강한 향기를 사향(麝香 : musk)에 비유한 것이다.
- 참외 : 인도에서 중국을 거쳐 들어온 것이며 겨울 멜론형에 속한다. 온실재배도 하고 있다.

Melon Baller [영 **멜론 볼러**] 작은 공 모양의 기구로 멜론을 둥글게 모양으로 떠준다.

Melting [영 **멜팅**] 열을 가해서 용해

Menu [영 **메뉴**] 요리의 종류나 순서를 적은 일람표. 한글로는 차림표·식단표라고 표현한다. 식단 자체와 혼동하여 사용하는 경향이 있다. 메뉴는 프랑스에서는 15세기, 영국에서는 16세기경, 연회의 요리수가 많아 자기가 좋아하는 요리가 나오기도 전에 배가 부르게 되는 경우가 있으므로, 그것을 조절하기 위하여 사용한 결과 편리하다는 것이 알려짐에 따라 보편화되었다고 한다. 처음에 정찬용은 1장으로 되어 있었으나, 차차 소형으로 되어 각자의 자리에 놓게 되었다. 식단은 파티의 성격·계절·시각, 손님의 연령·성별 등을 생각하여 짜지만, 정식인 디너의 식단은 오르되브르·수프·생선요리·앙트레(고기요리)·로티(새 등의 로스트 요리에 샐러드 첨가)·소르베(샤베트)·과일·커피의 순서로 나온다. 각각의 요리에 알맞은 술이 나온다. 이것을 풀코스라 하며, 요리의 중심이 되는 것을 차례로 적고 술 이름을 적는 것이 상식이다. 메뉴는 손님의 자리마다 놓이게 되는데, 식사가 끝나면 손님이 가지고 가는 것이 상식으로 되어 있다. 한국에서는 호텔 식당이나 고급 식당에서 서양식메뉴가 준비되어 있고, 대중음식점에서는 정식이나 일품요리에 대한 메뉴가 벽에 적혀 있는 경우가 많으며, 칵테일 파티 등의 입식식 파티에서는 메뉴를 사용하지 않는다.

Menu Card [영 **메뉴 카드**] 주문한 음식의 목록을 적어 둔 계산서

Menu Cycle [영 **메뉴 사이클**] 미리 짜여진 메뉴에 의해서 음식을 제공하는 것

Menu Repertory [영 **메뉴 레파토리**] 외식업체에서 제공할 수 있는 모든 음식의 메뉴를 적어두는 목록

Merguez sausage [독 **메규즈 소세지**] 북아프리카의 양으로 만든 소세지이며, 마늘과

M

매운양념이 많이 가미되었다.

Meringue [프 머랭] 달걀 흰자를 단단하게 거품내어 그래뉼 당을 첨가한다.

Metelote [프 메트로트] 양파를 잘게 썰어 버터에 졸여 생선을 넣고 소금, 후추, 마늘, 향초를 가하여 포도주를 생선이 잠기도록 붓고 약한 불로 25분 정도 졸인 것이다.

Metric System [영 메트릭 시스템] 미터법. 미터(m) 및 킬로그램(kg)을 기본으로 한 십진법의 국제적인 도량형단위계. 1790년 프랑스의 C.탈레랑의 제안에 의해 파리과학아카데미가 정부의 위탁을 받고 만든 것이다.

Mettwurst Sausage [독 메트 우르스트 소세지] 소고기와 돼지고기로 만들며 많은 고추와 coriander(고수플 미나리과)를 넣어 스모크함. 대개 빵이나 과자 위에 얹어 먹는다.

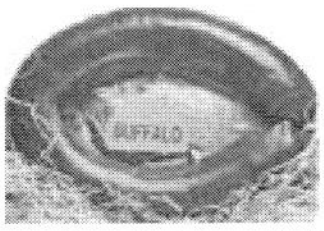

Meze [영 메즈] 오르되브르 또는 애피타이저를 가리키는 그리스어

Microwave Oven [영 마이크로 오븐] 전자렌지. 마이크로파의 성질을 이용하여 식품을 가열하는 조리기구. 마이크로파는 공기 · 유리 · 종이 등을 투과하나, 금속에 의해서 반사되며 식품이나 물 등에는 흡수되기 쉬운 성질을 가지고 있다. 흡수된 전자파에너지가 열로 변화하여 그 물질을 발열시킨다.

Midori liqueur [일 미도리 리큐어] 감로멜론향의 일본 리큐어

Miel [프 밀] 꿀

Mignon [프 미뇽] 쇠고기 안심 끝 부분을 스테이크 용으로 토막 내서 베이컨을 감은 것으로 마데이라 와인으로 맛을 낸 데미글라스 소스를 입히고 송로 슬라이스를 위에 뿌린 아티초크와 함께 서브한다.

Mignonette ; Mignonnette [프 미뇨레뜨] 작은 동전 모양의 고기 조각

Milk [영 밀크] 우유. 우유의 단백질 함량은 2.9~3.3%로 그 중에는 카세인을 78% 함유하고 있다. 카세인은 영양상 중요한 인단백질로서 사람에게 꼭 필요한 8가지의 필수아미노산을 모두 함유하고 있다. 우유의 지방함량은 3~5%이며 미립자 형태로 잘 유화되어 있어 소화흡수가 잘 된다. 우유의 당질은 주로 유당으로 4~5% 들어있다. 이 유당은 포도당과 갈락토오스로 구성된 것인데 갈락토오스는 뇌조직의 발육에 중요한 성분이다. 비타민으로는 동물의 성장에 필요한 거의 모든 비타민을 골고루 함유하고 있다. 단일식품 자체로서 생체가 필요로 하는 모든 영양소를 함유하고 있고 소화율도 우수하므로 모유의 부족한 영양소를 보충하는 데는 우유가 적당하다. 우유는 건강증진에 큰 역할을 하고 있는 것으로 알려졌다.

① 항암효과가 있다. 각종 연구기관의 연구발표에 의하면 우유가 위암예방에 절대적으로 기여한다고 한다. 우유 중에 위 점막을 보호하는 신비스러운 물질이 존재해 발암물질을 파괴하는 역할을 하고 있다.

② 당뇨병에도 도움이 된다. 우유에 들어

있는 유당은 다른 당류보다 느리게 흡수되기 때문에, 혈당치곡선을 안정적으로 유지시키는데 도움이 된다. 특히 채식 위주 식이요법을 하는 환자들은 하루 1~2잔씩 꼭 마셔야 한다. 최근 미국의학회지 연구논문에 따르면, 우유를 매일 마시는 사람은 당뇨의 원인이 되는 인슐린 기능 저하 현상이 70 % 적은 것으로 조사됐다.

③ 골다공증을 예방할 수 있다. 최근 국내한 조사에 따르면 65세 이상 노인의 80 %가 하루 칼슘 권장량의 75 % 미만을 섭취하는 것으로 분석된다. 하루 평균 대략 200 mg의 칼슘이 부족한 것이다. 우유 100ml에는 108 mg의 칼슘이 들어 있어, 성인이 하루 2컵(400ml)만 마시면 칼슘 부족 등으로 생길 수 있는 골다공증까지 예방할 수 있다. 나이가 들면 골다공증에 걸리기 쉬운 주부들에게 탄력을 증진시키고, 풍부한 비타민 A, B_2 는 피부의 노화를 방지해 미용에도 그만이다.

④ 우유는 맵고 짜고 자극적인 우리 식단을 보완하는 데 적격이다. 주식인 쌀에는 비타민 B_2 등이 풍부하지만, 상대적으로 단백질은 부족하다. 그러나 우유엔 '카세인' 등 우수한 동물성 단백질이 많으며, 필수 아미노산도 다량 포함돼 있다. 우유는 혈액중 콜레스테롤 양을 낮춰주고 우유의 무기질칼슘은 고협압증의 발병을 촉진시키는 소금의 해를 줄이는 가장 이상적인 식품이다.

◐ 우유의 종류 ① 강화유 : 비타민 D, 비타민 A 등을 강화하는 우유

② 농축우유 : 우유의 성분을 목장 우유보다 진하게 농축한 것 ㉮ 농축목장우유 : 수분을 2/3를 증발시킨 것으로 지방 10.5 %를 함유 ㉯ 농축냉동우유 : -23 ~ -30°C에서 급속도로 냉동한 것, 오랫동안 보관 가능 ㉰ 농축통조림우유 : 통조림 법에 의한 포장 ㉱ 무당연유 : 수분 50 %~60 %를 증발시키고 통조림 법에 의한 포장 ㉲ 가당연유 : 우유에 15 %의 설탕을 가하고 원액 용량의 1/3이 되도록 농축시킨 것 ㉳ 탈지분유 : 탈지유를 수분 2/3을 증발시키고 뜨거운 공기속에서 스프레이 하여 건조시킨 것 ㉴ 전지분유 : 전유를 탈지분유처럼 가공한 것

Milk Shake [영 밀크 세이크] 밀크 세이크. 우유·달걀·설탕 등을 섞어 저어서 만든 음료. 만드는 방법은 셰이커(교반기) 속에 달걀 노른자 1개, 설탕 큰술 하나, 우유 180ml 를 넣고 가볍게 거품이 일 때까지 젓는다. 바닐라 에센스나 레몬 껍질 간 것 등을 첨가하면 맛이 좋다. 이 밖에도 달걀 노른자와 설탕을 거품이 일도록 섞어서 저은 후, 따뜻하게 데운 우유를 섞는 프랑스식이 있다.

Millet [프 미렛] 조. 조가 세계적인 작물은 못되지만 한국에서는 옛날부터 전국적으로 재배해 온 작물로서 한때는 보리 다음으로 많이 재배했던 밭작물이었으나 요즈음에는 식생활이 바뀌면서 극히 적은 면적에서 재배되고 있다. 조의 분류와 품종을 살펴보면 봄에 뿌리는 봄조와 여름에 뿌리는 그루조로 구분된다. 씨앗의 성질에 따라 차조와 메조로 나뉜다. 한국에서는 남부지방에서는 일본종, 북부지방에서 중국 전래 품종이 다소 재배되나 전국 재배 품종은 한국 재래품종이 주를 이룬다. 조의 재배

M

환경은 온난건조를 좋아하며 다소 가뭄이나 저온에도 잘 견딘다. 발아의 적온은 30~31°C이다. 조는 쌀이나 보리와 함께 주식의 혼반용으로 이용되며 엿·떡·소주 및 견사용의 풀, 새의 사료 등으로 이용된다. 조의 영양은 단백질이 9~10 %를 차지하며, 프롤라민과 글루텔린이 주된 단백질이며, 필수 아미노산 중에는 라이신이 부족하며, 류신이 풍부하게 함유되어 있다. 당질은 72~73 %를 차지하며, 소화율이 맥류보다
뛰어나다. 무기질로는 P, K, Ca과 Fe이 다량 함유되어 있으며, 비타민은 B_1과 B_2가 풍부하다. 조의 섬유소는 2~3 %로 비교적 다량 함유되어 있으며 맛은 우수하지 않으나, 배변을 쉽게 하여 변비를 예방하고 대장암을 예방하는 섬유소가 풍부하다.

Mimolette Cheese [프 **미몰레뜨 치즈**] 미모레트 치즈. 공 모양으로 생겨서 '릴의 공(Boule de Lille)'으로 불리기도 하는 미몰레트 치즈는 17세기부터 만들어져 제조법이 에담 치즈와 비슷하다. 숙성에 따라 네 단계로 구분하며 짧은 숙성의 미몰레트 치즈는 오렌지색이지만 숙성 기간이 길어짐에 따라 밝은 밤색으로 변해간다. 미식가들은 이 치즈의 헤이즐넛 향을 즐기며 약간의 짠맛과 신맛이 가미된 치즈의 부드럽고 풍성한 맛을 느낄 수 있다. 주로 야채 그라탕, 백포도주와 함께 제공한다.

Mimosa [프 **미모사**] 노란 미모사를 닮아서 지은 명칭으로 곱게 다진 달걀 노른자로 만들며, 샐러드와 야채 요리 위에 얹는다.

Micemeat [영 **민스 미트**] 다진 고기에 사과, 지방, 향료 등을 섞은 것으로 파이 속에 넣음

Mineral Water [영 **미네랄 워터**] 광천수. 칼슘·마그네슘·칼륨 등의 광물질이 미량 함유되어 있는 물. 땅 속에서 솟아나는 샘물로서 가스상 또는 고형물질을 대량으로 함유하고 있다. 천원에서 25°C 이상을 온천, 이하를 냉천이라 하는데, 광천수는 25°C 이하이다. 천연광천을 이용한 것과 상수도물에서 염소를 제거하여 적당한 염류를 첨가해 만든 것이 있는데, 식수·탄산수 등으로 애용된다. 천연광천수는 정장제로 음용되기도 한다.

Minestrone Soup [프 **미네스트론 스프**] 이탈리아의 대표적인 스프로 베이컨, 양파, 샐러드, 당근, 감자, 토마토 페이스트를 볶아서 향신료를 첨가하여 끓인 야채 스프

Mint [영 **민트**] 민트는 30가지 이상이 있으며, 정유의 주요 성분인 멘톨은 피부와 점막을 시원하게 해주고, 항균과 통증 완화에 효과적이어서 고대 이집트에서는 식용과 약용 및 방향제로, 고대 그리스에서는 향수의 중요한 성분으로, 그리스와 로마에서는 향수 외에도 원기 강화제와 목욕 첨가제로 사용하였다. 정신적 피로와 우울증, 신경성 발작 등에 효과가 있고, 더울 때에는 차갑게 해주고 추울 때에는 따뜻하게 해주는 성분이 점액의 유출을 막아주고 해열과 발한을 돕는다. 감기·천식·기관지염·콜레라·폐렴·폐결핵·

식중독·신경통 등에 효과가 있다. 특히 페퍼민트는 워터민트(Mentha aguatica)와 스피어민트(Mentha spicata)의 교잡종으로, 향기가 후추(pepper)의 톡 쏘는 성질과 닮았다고 하여 페퍼민트라는 이름이 붙여졌다. 원산지는 유럽이지만, 유럽을 비롯해 미국·일본·중국에서도 자란다. 전 세계 주요 공급국은 미국이지만 영국산이 최상급으로 취급되고 있다.

Mint Julep [프 **민트 쥴렙**] 칵테일. 줄렙은 페르시아어로 쓴맛의 약을 마실 때에 단맛이 나는 입가심용 음료를 말하는데 19세기 남부의 개척자들이 기운을 차리기 위해서 마시던 것이다 먼저 잔에 민트잎을 넣고 스푼으로 으깨어 향기를 배어 나오게 한다. 잘게 부순 얼음을 잔에 채우고 버번위스키와 설탕시럽을 붓고 잔 표면에 성에가 낄 때까지 잘 저어서 장식은 민트로 하며, 6온스 샤벳(180ml)으로 만든다.

Minuter Steak [프 **미뉴트 스테이크**] 짧은 시간에 요리되는 1/2인치 두께의 작은 스테이크

Mirabeau [프 **미하보**] 엔초비, 타라곤 잎, 올리브 등으로 구성된 가니쉬

Mirabelle [프 **미하벨**] 서양의 작은 자두로 타르트와 설탕조림으로 먹는다.

Mirim [한 **미림**] 한국과 일본 요리에 필수. 미림은 찐 찹쌀에 소주와 누룩을 넣어서 약 2개월 정도 발효시키면 누룩의 효소에 의해서 전분이 당화되며, 이것을 짜서 여과하면 투명에 가까운 액체가 된다. 포도당을 원료로 당류, 아미노산 등의 항질소물질과 13~14% 알코올이 함유되어 있다. 포도당이외 이소말토스, 파노스, 올리고당 등 많은 당류가 있어 순하고 고급스러운 맛을 내고 빛, 색, 점조성을 나타낸다.

◆ 요리시의 특징 ① 감미조미료로서 다른 맛을 강조하는 숨겨진 맛으로서 인기가 있다. ② 단맛은 설탕보다 고급스럽게 완성되어 모든 요리에 이용한다. ③ 미림은 가열에 의해 향기가 나는데 식품의 특유의 향은 돋보이게 하며, 이상한 냄새를 희석시키는 효과가 있다. ④ 미림에 함유된 알코올의 효과는 재료에 대한 삼투압성을 높여서 이상한 냄새를 휘발시키는 효과와 재료의 단백질에 영향을 준다.

Mirepoix [프 **미흐뿌와**] 스톡을 만들 때 당근, 양파, 샐러리, 월계수잎, 백리향을 주사위 모양으로 자른 것을 버터로 볶아서 이용

Miroton [프 **미호똥**] 쇠고기에 양파를 넣은 스튜

Mise en Place [프 **미장 플라스**] 레스토랑에서 종업원이 고객에게 식사를 제공하기 위하여 사전준비가 완벽하여야 하는 것

Miso [일 **미소**] 일본 된장

Mist [프 **미스트**] 올드 패션 글라스에 가루얼음을 가득 채운 후 증류주를 섞어 마시는 것

Misto [이 **미스토**] 혼합물의 이탈리아어

Mix [영 **믹스**] 재료가 잘 섞이도록 하는 것

Mixer [영 **믹서**] 믹서

Mixed Grill [영 **믹스트 그릴**] 고기 콩팥, 베이컨 소시지, 토마토, 버섯, 풋고추를 혼합

해서 굽는 것

Mocha [영 모카] 모카. 예멘과 에티오피아에서 생산한 커피. 아라비아 반도를 남북으로 나누고 있는 고원지대에서 생산하는 아라비카종으로서 커피 수출항이었던 예멘의 모카에서 이름이 비롯되었다. 가파른 경작지에 계단식으로 경작하며 커피나무에 그늘을 만들어 주기 위해 포플러를 함께 심는다. 모두 3종류가 있는데, 재배하는 지방에 따라 시다모·이르가체페·리무라고 한다. 초콜릿맛, 신맛, 꽃향기가 어우러져 향기가 좋고 부드러우며 카페인이 적게 들어 있어 저녁에 마시기에 알맞다. 에티오피아에서는 하라·드지마·레캠티 등의 모카커피를 생산하여 세계 각지로 수출한다. 하라는 부드럽고 여러 가지가 조합된 향과 맛이 나므로 하루 중 언제 마셔도 좋다. 드지마와 레캠티는 쓰고 쏘는 맛이 있으며 오후에 마시기에 적합하다. 예멘의 모카는 사나니라고 하며 향이 풍부하고 매운 맛이 있다. 모카는 사탕, 소스, 제과 제빵용으로 이용

M

Mock Turtle [프 목 터틀] 자라 맛을 낸 스프

Moelleux [프 무왈뢰] 알코올 감촉이 입안에서 벨벳 같은 감각을 주는 기름진 듯한 느낌의 와인에 쓰는 표현, 또는 잔여 당분이 많은 와인

Moisten [영 모이스텐] 빵과 과자에서 마른 가루에 수분을 첨가하는 것을 의미

Molasses [영 모래스] 당밀. 과당을 만들 때의 부산물. 조당을 정제할 때나 빙당을 만들 때 생기는 꿀 등을 말한다. 정제당밀·빙당밀·식용당밀이라고도 한다. 당밀은 담황색의 투명하고 점조한 당액이며, 빙당밀은 수분 34.5%, 단백질 0.2%, 탄수화물 65%, 무기질 0.3%를 함유한다. 과자·잼의 원료로 쓰기도 하고, 핫케이크 등에 발라먹기도 한다.

Mold [영 몰드] 틀, 형

Monder [영 몬더] 아몬드, 복숭아, 토마토 등의 껍질이 얇은 것을 끓는물에 몇 초 동안 넣었다가 식혀서 껍질을 벗기는 것

Montasio Cheese [프 몬타치오 치즈] 몬타지오 치즈의 기원은 1200년으로 거슬러 올라간다. 베네딕트 수도회의 신부들이 베네치아 줄리아에서 생산되는 우유로 몬타지오 치즈를 만들기 시작하였다고 한다. 1984년부터 조합을 형성하여 몬타지오 치즈의 전통적인 제조과정을 보호하고 있으며 1986년에 DOC 등급(원산지 보증 등급)을 획득하였다. 따라서 현재 몬타지오 치즈는 법에 의해 보호받으며 프리울리, 베네치아 줄리아, 베네토 지방의 일부, 파도바와 베네치아 지방의 일부에서만 생산된다. 몬타지오는 숙성기간에 따라 3가지 종류로 구분되는데, 2개월 정도 숙성시킨 것, 5개월에서 10개월 정도 숙성시킨 것, 10개월 이상 숙성시킨 것이 있다. 숙성기간이 짧은 몬타지오는 안티파스토로 적절하며 오래 숙성시킨 것은 파르미자노 치즈 대신 그라탕할 때 사용된다.

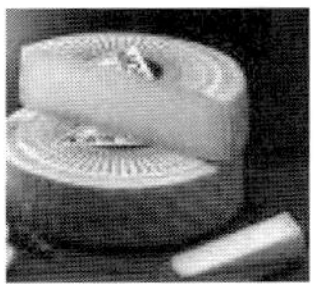

Mollet [프 몰레] 부드러운

Mollusk [프 몰뤼스끄] 연체동물, 즉 달팽이,

대합조개, 굴등이나 조개류, 낙지, 오징어

Mongolian Hot Pot [영 몽고리언 핫팟] 중국의 몽고식으로 끓이는 솥으로 요즘의 샤브샤브 등의 음식을 먹을 때 식탁의 중앙에 놓는 그릇과 유사하게 이용

Mongolian Barbecue [영 몽고리언 바베큐] 번철을 이용하여 육류(양고기, 돼지고기, 쇠고기 등)를 조리하여 먹는 것

Monosodium Glutamate [MSG 영 모노소디움 글루타메이트] 글루탐산소다, 일반적으로 글루탐산나트륨이라고 부른다. L-글루탐산의 결정을 물로 씻고 알칼리로 중화시켜 활성탄으로 탈색한 후에 감압하에서 농축하여 만든다. 무색의 침상결정이다. 글루탐산모노나트륨 자체는 아무런 맛이 없으나, 음식이 가진 원래의 맛을 좋게 한다. 물에 잘 용해되며 에틸알코올에는 잘 녹지 않는다. 이노신산과 혼합하여 맛의 상승효과를 높인 것을 이용하여 복합 화학조미료로 많이 사용된다. 중국에서는 웨이징, 일본에서는 아지노모토, 한국에서는 미원이라는 상품명으로 알려져 있다.

Mont Blanc [프 몽블랑] 밤에 당을 얹고 바닐라로 향을 음식으로 몽블랑 산처럼 쌓아서 후식으로 낸다.

Monterey Jack Cheese [영 몬테리 잭 치즈] 몬테리 잭 치즈. Chedder Cheese의 일종으로, 3~6주만에 숙성되는 순한 맛의 흰색치즈, 100% 우유만 사용한 반 연질치즈가 되고, 탈지유를 사용하면 경질치즈가 된다. 부드럽고 말랑말랑하며 신맛이 나는 것이 특징이다. 육류, 생선류 등의 굽는 요리에 사용되고, 피자 토핑용으로 사용된다.

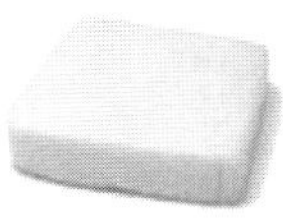

Morel [영 모렐] 식용의 그물 버섯

Mornay Sauce [영 모네이 소스] 모네이 소스. 영국 헨리 4세의 정치고문을 역임한 필립 모네이의 이름을 따서 만든 소스이다. 냄비에 베샤멜 소스와 크림을 넣고 주걱으로 젓어가면서 끓이다가 치즈를 섞는다. 약한 불에 계란 노른자 푼 것을 첨가하고 포도주로 농도를 맞추어 소금, 후추 등으로 맛을 내어 사용한다. 이때 계란 노른자는 익지 않게 조심한다. 또한 사용할 버터는 정제하며, 치즈는 그라니에 치즈나 파마산 치즈를 이용한다. 주로 생선찜(Poched Fish), 그라탕(Gratins), 부드러운 요리(Soft Cooked), 익힌 계란(Poched Eggs), 파스타(Pasta), 익힌 채소(Poached Vegetable)등에 사용한다.

Moroheiya [프 모로헤이야] 샐러드에 녹색의 잎을 넣는 것

Morue [프 모휘] 건조 대구

Mostaccioli [이 모스타치올리] 대각선으로 자른 모양의 마카로니

Mou [프 무] 프랑스의 와인 감정 용어로서 특별한 개성을 갖지 않고 단지 부드럽고 깔끔한 맛을 나타낸다.

Mouiller [프 무이에] 조리중에 물, 우유, 와인 등의 액체를 가하는 것

Mouler [프 물레] 재료들을 틀에 넣고 음식을 만드는 것

Moulin-A-Vent [프 모슬린 아벵트] 보졸레 산

M

의 가장 좋은 와인의 이름

Mousse [프 **무스**] 계란, 생크림, 설탕, 럼 등을 혼합하여 만든 디저트.

Mousseline [프 **무슬린**] 계란 흰자와 크림의 혼합물이나 Whipping 크림1/2과 마요네즈 1/2의 혼합물

Mousseline Sauce [프 **무슬린 소스**] 무슬린 소스. 거품처럼 가벼운 소스

Hollandaise 소스에 거품기로 올려 놓은 생크림을 넣고 레몬주스를 첨가하여 만든다.

Mousseron [프 **무쓰홍**]

느타리 버섯. 활엽수의 고목에 군생하며, 특히 늦가을에 많이 발생한다.

갓은 나비 5~15cm로 반원형 또는 약간 부채꼴이며 가로로 짧은 줄기가 달린다. 표면은 어릴 때는 푸른빛을 띤 검은색이지만 차차 퇴색하여 잿빛에서 흰빛으로 되며 매끄럽고 습기가 있다. 살은 두텁고 탄력이 있으며 흰색이다. 주름은 흰색이고 줄기에 길게 늘어져 달린다. 자루는 길이 1~3cm, 굵기 1~2.5cm로 흰색이며 밑부분에 흰색 털이 빽빽이 나 있다. 자루는 옆이나 중심에서 나며 자루가 없는 경우도 있다. 포자는 무색의 원기둥 모양이고 포자무늬는 연분홍색을 띤다. 국거리·전골감 등으로 쓰거나 삶아서 나물로 먹는 식용버섯이며, 인공 재배도 많이 한다. 거의 세계적으로 분포한다

Mouseux [프 **뮤쓰**] 스파클링(sparkling)

Mozzrella Cheese [프 **모짤렐라 치즈**] 모짜렐라 치즈 모짜렐라 치즈로서 흔히들 피자치즈라고 불리운다. 이태리에서 만들어진 치즈로서 지금은 세계적으로 가장 많이 먹고 있는 치즈이다. 다른 치즈와 달리 늘어나는 성격이 굉장히 강한데 이것은 제조 과정 중에 스트레칭이라는 것을 함으로서 성질을 가지게 된다. 수분의 함유량이 높아서 매우 연하다. 그리고 냉동실에서 얼렸다가 녹였을 때에 맛과 조직감이 나빠지기 때문에 수입산보다 국내에서 만드는 것들이 훨씬 맛이 좋다. 과거에 치즈를 생산하던 업체들도 현재는 가공치즈와 모짜렐라 치즈만은 국내에서 제조하고 있다.

실제적으로 만들어서 먹어보았을 때에도 시중에 판매하는 모짜렐라치즈보다 맛이 좋은 것을 느낄 수 있었다. 비숙성치즈라서 흔히들 싫어 하는 자연치즈의 냄새가 없기 때문에 우리 나라 사람들도 즐겨 먹는 치즈이다.

Muddler [영 **무들러**] 칵테일에 사용하는 장식용 젓는 막대

Muemster Cheese [프 **문스터 치즈**] 문스터 치즈. 말랑 말랑하고 부드러운 맛을 지니고 있으며, 0~1°C에도 2~3개월 보관하고, 햄버거나 샌드위치 요리에 잘 어울리며, 피자 토핑용으로 이용하면 좋다.

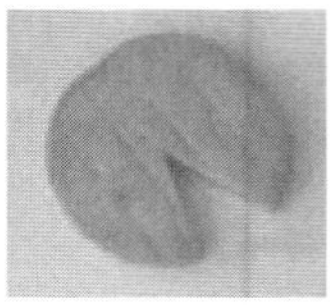

Muesli [프 **뮤즐리**] 아침 식사용으로 무수리는 먹기 3~4 시간 전에 오트밀 40 g과 우유 100ml 를 섞어서 냉장고에 넣는다. 차게 불린 오트밀에 레몬주스, 플레인 요구르트, 생크림, 설탕, 꿀, 건포도, 호두, 해

바라기씨를 모두 섞고 마지막으로 각종 계절과일을 넣어서 먹는다.

Muffin [영 머핀] 머핀. 밀가루 · 설탕 · 달걀 · 유지 · 우유 · 베이킹파우더 등을 섞어서 구워 만든 과자. 영국에서는 아침식사나 3시의 티타임에 주로 먹는다. 잘 섞인 재료를 기름을 두른 원형의 머핀판에 부어넣고 오븐에서 굽는데, 빵을 식사 대용으로 할 때는 기름에 볶은 베이컨이나 햄을 넣기도 하고, 과자로서는 건포도 · 아몬드 등의 너트류에 바닐라 향료를 가미한 것도 있다. 머핀 위에 부재료의 명칭을 붙여서 부르기도 한다. 따뜻할 때 버터나 잼을 발라 먹는다.

Mulberry [영 멀베리] 뽕나무의 오디. 생으로 먹거나 재, 젤리, 후식과 오디 와인에 사용.

지름 약 2cm로서 처음에는 녹색이다가 검은빛을 띤 자주색으로 익는다. 익으면 즙이 풍부해지며, 맛은 당분이 들어 있어 새콤달콤하고 신선한 향기가 난다. 뽕나무는 예로부터 밭둑이나 산골짜기에 많이 심었고 한국(중부지방)과 중국에서 주로 재배한다. 성분으로는 포도당과 과당 · 시트르산 · 사과산 · 타닌 · 펙틴을 비롯하여 비타민(A · B1 · B2 · D) · 칼슘 · 인 · 철 등이 들어 있다. 강장제로 알려져 있으며 내장, 특히 간장과 신장의 기능을 좋게 한다. 갈증을 해소하고 관절을 부드럽게 하며 알코올을 분해하고 마음을 편안하게 하여 불면증과 건망증에도 효과가 있다. 그밖에 머리가 세는 것을 막아 주고 조혈작용이 있어서 류머티즘 치료에도 쓴다. 날로 먹거나 술 또는 주스를 담근다. 오디술은 예로부터 상심주 · 선인주라고 하여 귀하게 여겼는데, 빛깔이 곱고 유기산이 적어서 시지 않고 달콤하다. 약간 덜익은 열매로 담그는 것이 좋으며, 맛과 향을 더하기 위해 매실주나 석류주와 섞어 마시면 좋다. 농축액을 밀가루 반죽과 섞어 과자를 만들거나 저온으로 말려서 가루를 내어 먹기도 한다.

Mugwort [프 머그워트] 쑥의 종류. 높이 1.3m이다. 줄기는 각이 져 있고 여린 털이 나며 곁가지가 많다. 잎의 윗면은 녹색이고 아랫면은 흰색 또는 회색의 솜털로 덮여 있다. 잎자루가 있으며 깃털 모양으로 2회 갈라져 있다. 꽃은 달걀 모양으로 작게 생겼으며, 노란색이고, 7~9월에 수상꽃차례로 핀다. 덤불을 이루며 자라 생울타리용으로 많이 심는다. 모로코 · 프랑스 등지에 분포하며, 유럽 · 아시아 · 미국 등지에서 자생한다. 11세기에 고대 영어로 발표된 『라크눈가 Lacnunga』에는 공기 중의 독을 막는 9가지 성스러운 허브 가운데 하나라고 기록되어 있다. 생잎은 요리에 사용하기도 하며, 말려서 보관하였다가 쓰기도 한다. 7~8월에 꽃이 달린 줄기의 끝부분에서 정유를 추출하는데, 정유는 혈액순환장애 · 소화장애 · 식욕부진 · 염증치료와 부인병에 효과가 있다고 알려져 있다. 중국 · 일본에서 류머티즘 등을 치료하기 위해 뜸을 뜨는 뜸쑥으로도 쓰인다. 임산

M

부에게는 사용할 수 없고, 장기 복용이나 과다 복용은 좋지 않다.

Mullet [영 뮤렛] 가숭어. 일본명은 Menada이다. 최대 몸길이 1 cm까지 성장한다. 머리는 비교적 납작한 편이지만 몸은 옆으로 납작하다. 눈은 크며 머리의 앞쪽에 치우쳐 있고 기름눈까풀이 별로 발달하지 않았다. 측선(옆줄)은 없다. 몸의 등쪽은 푸른색을 띠지만 가운데부터 밝아져 배쪽은 은백색을 띤다. 몸에 연한 검은색 선이 세로로 그어져 있다. 눈은 노란색, 등지느러미는 암회색, 가슴지느러미 및 꼬리지느러미는 황갈색, 뒷지느러미·배지느러미는 노란색을 띤다. 연안성 어류로 치어의 경우 강 하구에서 생활한다. 어릴 때는 동물 플랑크톤을 먹지만, 성장하면 해감에 포함된 유기물을 먹는다. 산란기는 10월경이다. 숭어와 비슷한 면이 많지만 등지느러미 연조(soft ray : 마디가 있고 끝이 갈라져 있는 지느러미 줄기) 수가 숭어는 8~9개이고, 눈의 색깔도 숭어는 희며, 기름눈까풀의 발달 정도도 가숭어보다 잘 발달해 이 점에 유의하면 쉽게 구별할 수 있다. 한국, 일본, 중국 등의 연안에서 서식한다. 요리로는 튀기거나 굽거나 브로일 또는 포치해서 먹는다.

M

Mulligatawny Soup [영 뮬리가타위니 수프] 훈연한 베이컨(smoked bacon), 잘게 자른 당근과 샐러리, 닭다리, 카레가루, 정향, 치킨 브로스, 소금, 후추를 넣어 만든 스프. 만드는 법을 베이컨은 다져서 투명하게 볶고, 양파는 껍질을 벗기고 잘게 다진다. 베이컨과 같이 닭다리를 튀기고 당근, 샐러리, 카레, 정향 등을 첨가한다. 치킨 브로스를 넣고 저어서 잠시 끓이고, 낮은 불에서 30분간 끓여준다. 정향과 향신료를 제거하고 뼈로부터 닭다리의 껍질을 제거하고 작은 조각으로 자르고 다시 넣어준다. 우유와 밀가루를 넣고 낮은 불에서 끓여준다. 그리고 소금과 후추를 첨가한다.

Munchener Beer [독 멜체너 비어] 흑맥주. 경수를 양조용수로 사용하여 맥아 향기가 짙고 감미로운 맛이 난다.

Musc [프 뮈스크] 사향

Muscdine Grape [영 무스카딘 그레이프] 미국산 포도주를 만드는 포도

Muscatel Wine [영 무스카텔 와인] Muscat로 만드는 미국산 달콤한 디저트 와인

Muscat [영 무스캣트] 스위트 디저트 와인을 만드는 포도품종

Mushroom [영 양송이] 버섯, 양송이. 갓은 5~12 cm이고 처음에는 거의 구형이나 점차 펴져서 편평해진다. 또한 표면은 백색이며 나중에 담황갈색을 띠게 된다. 살은 두껍고 백색이며 상처를 내면 담홍색으로 변한다. 주름은 자루 끝에 붙어 있고 밀생하며 어린 것은 백색이나 점차 담홍색으로 되고 발육됨에 따라 흑갈색으로 된다. 자루는 (4~8) cm×(1~3) cm이고 백색이며 속이 꽉 차 있다. 어렸을 때는 밑동이 팽대하며 성장함에 따라 상하가 같게 된다. 자루테는 백색 막질이다. 포자는 넓은 타원형이며 담자병에 2개씩 붙는다. 세계 각국에서 널리

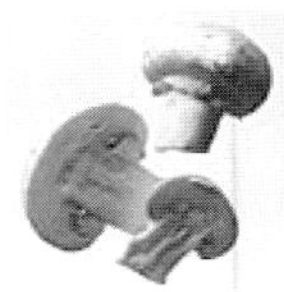

재배하는 식용버섯으로 여러 품종이나 변종이 있다. 양송이는 유럽에서 재배가 시작되어 미국으로 건너가 일본을 거쳐 한국·타이완에서 대량 생산하여 해외시장에 출하되고 있다. 한국의 양송이 재배는 1960년대부터 시작되어 중부 이남 지역에서 널리 재배하며, 주로 봄·가을 2기작이 실시되고 있으며, 통조림으로 가공 수출되거나 생버섯으로 국내에 시판되고 있다.

Mushroom Sauce [영 머쉬룸 소스] 양송이 소스. 냄비에 양파 다진 것을 넣고 버터와 볶고 버섯도 색이 나지 않게 볶는다. 슈프리 소스에 위에 준비한 버섯을 첨가하고 생크림으로 농도를 맞춘다.

Mussel [프 머쉴] 홍합.

홍합과에 속하고 우리나라 서남 해와 동남 해의 일부에 분포한다. 겉껍질은 칠흑색의 광택 있는 껍질이고, 살은 황색·홍색이며 입에는 검은 털이 있다. 산란기는 3~9월로 식용가치가 높아 양식도 많이 한다. 일반성분으로는 단백질이 풍부하고 지방이 적으며 다른 조개류와 같이 단맛이 있다. 식품으로는 비타민(B_{12}, B_2, C, E, 엽산)과 미네랄(철, 요드, 셀레늄 등) 등이 풍부하다는 게 특징이다. 따라서 철, 비타민 B_{12}, B_2, 엽산 등이 부족해 빈혈이 생긴 여성에게 권장할 만하다. 또 항산화제인 비타민 C, A, 셀레늄이 몸속의 유해 산소를 제거하므로 노화방지에도 도움이 된다. 혈중 콜레스테롤 수치를 낮추고 간 기능을 좋게 하는 타우린도 상당량(생것은 100 g당 974 mg, 말린 것은 2,100 mg) 들어 있다.

Mussel Suce [무슬 소스] 홍합소스. 생 홍합을 껍질 채 깨끗이 씻어 뜨겁게 달군 냄비에 홍합을 넣는 동시에 백포도주를 뿌린 다음, 껍질이 벗겨져 완전히 익힌다. 국물은 체로 걸러서 1/2로 졸인 다음 크림을 넣어 5분간 약한 열에 끓이고 버터 마니에르로 농도를 맞추고 소금과 후추로 간을 한다. 주로 생선요리에 이용한다.

Must [영 머스트] 발효시키기 전 백포도 주스나 으깬 적포도를 가리키는 것으로 알코올 발효가 일어나기 전의 포도즙을 말한다.

Mustard [영 머스타드] 겨자씨로 만들어 매운맛을 내는 샐러드드레싱. 겨자씨로 만들며 톡 쏘는 매운맛이 난다. 겨자는 잎과 자루는 날것으로 먹거나 데쳐 먹고 밝은 밤색을 띠는 씨는 말려서 가루를 내어 향신료로 사용한다. 흑겨자로 만들어 향이 짙은 것은 독일풍 조제 머스터드라 하고, 백겨자로 만들어 매운맛을 내는 것은 영국풍 조제 머스터드라고 한다. 허브와 백포도주를 섞어 톡 쏘는 맛이 나면서 끝맛이 부드러운 디존 머스터드는 고급 드레싱용 프렌치 머스터드이다. 겨자, 통후추 부순 것, 간장, 마늘, 올리브유, 적포도주, 소금, 후추를 넣고 잘 섞어 차가운 고기나 소시지·샐러드·샌드위치에 드레싱으로 사용한다.

Mustard Oil [영 머스타드 오일] 머스타드 오일. 흑겨자·고추냉이 등의 씨를 빻아 수압기로 압축하여 짜 낸 반건성(半乾性) 지방유. 지방유를 짜 낸 찌꺼기를 빻아서 여기에 온수를 가하여 발효시킨 후 증류하여 얻어지는 휘발성 겨자유를 가리킬 때도 있다. 겨자유는 매운맛을 가지고 있으나 고추의 대운맛과는 다르다. 농축된 겨자유를 먹으면 코를 통하여 누선(눈물샘)을 자극하므로 최루현상을 일으킨다. 자극의 정도는 강하나 오래 가지는 않는다. 겨자유의 주성분은 이소티오시안산알릴이다. 그러나 겨자유에 함유된 매운맛 성분은 원래 시니그린(sin-igrin)이라는 무미의 물질로 식품에 존재하다가, 물을 넣고 분쇄하면 특수한 세포인 요도블라스트(iodoblasts)에 존재하던 글리코시다아제(glycosidase)인 미로시나아제(myrosinase)가 세포 밖으로 나와, 시니그린에 작용하여 매운맛 성분인 이소티오시안산알릴이 생긴다. 미로시나아제의 가장 적당한 pH는 6.5~7.5, 최적온도는 30~40°C이다.

Mustard Sauce [영 **머스타드 소스**] 겨자소스. Hollandaise sauce에 겨자 1ts을 넣어서 주걱으로 젓는다. 햄, 돼지고기, 송아지고기, 닭이나 청어류의 생선에 이용한다.

Mutton [프 **무톤**] 양고기

M

Nan [영 난] 난. 동인도의 공기중의 자연 이스트를 이용해 빵을 부풀리고 진흙가마에서 구워낸다.

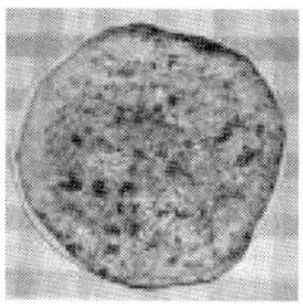

Nabemono [일 나베모노] 일본의 냄비요리

Nacho [영 나쵸] 나초. 녹인 치즈와 다진 칠리를 얹은 토르티야 칩. 전채요리나 간식으로 먹는 멕시코음식이다. 토토포(totopo)라는 토르티야를 기름에 튀긴 조각에 구아카몰레소스를 찍어 먹거나 토르티야 조각에 노란 체더치즈를 녹여 부어 먹는다. 만들려면 옥수수 토르티야 6장이나 나초칩 2~3컵, 닭가슴살, 양파, 피망, 검은 올리브, 소금·후춧가루·칠리가루·커민 약간, 체더치즈 1/2컵, 모차렐라치즈 1/2컵, 살사소스·구아카몰레소스·사워크림·콩소스 2큰술씩, 올리브유 적당량을 준비한다. 토르티야는 6등분해 올리브유에 튀기거나 오븐에서 8~10분 동안 구워 바삭바삭하게 만든다. 나초칩은 튀기지 않는다. 양파와 피망은 1cm 크기로 썰고, 검은 올리브는 씨를 빼고 동그랗게 썬다. 닭고기는 소금·후춧가루·칠리가루·커민을 뿌려 프라이팬에 노릇하게 구워 찢어 놓는다. 넓적한 내열 용기에 콩소스를 깔고 바삭바삭한 토르티야나 나초칩을 수북하게 담은 뒤 양파·피망·올리브·닭고기를 얹고 그 위에 얇게 다진 체더치즈와 모차렐라치즈를 듬뿍 뿌린 다음 180°C로 예열해 둔 오븐에 넣고 8~10분 정도 굽는다. 살사소스·사워크림·구아카몰레소스를 곁들여 먹는다. 구아카몰레소스는 아보카도에 다진 고추와 양파를 넣고 소금과 레몬즙을 섞어서 만든다.

Nage [프 나주] 연체동물을 위한 스톡

Nameko [일 나메꼬] 일본 버섯

Nam Pla [영 남플라] 태국의 유명한 발효 생선 소스

Nantua [프 낭뚜아] 가재와 가재 꼬리로 장식한 여러 가지 음식의 일종들

Nantua Sauce [프 낭뚜아 소스] 갑각류 소스. 이 소스는 바닷가재, 새우의 대표적인 소스인데 카디날 소스라고 불리운다. 베샤멜 소스의 파생소스인데 근래에는 생선소스이므로 백포도주 소스를 모체로 한 파생소스로 사용한다. 만드는 법은 양파, 샐러리, 당근, 버섯, 바닷가재 등을 버터에 살

짝 튀기고 생크림을 넣고 익힌다. 베샤멜을 잘 풀어서 생크림과 생선 육수를 넣고 끓인 다음, 랍스터, 버터 등을 넣고 원하는 색을 낸다. 레몬주스, 타바스코를 넣어 천으로 거른 다음 버터를 함께 넣어 생선 위에 끼얹는다. 새우나 바닷가재를 주사위 모양으로 썰어 넣기도 한다.

Napoleons [㉫ 나폴레옹] 크림과 잼을 넣어 여러 겹을 쌓은 파이

Napolitan Sauce [㉰ 나폴리탄 소스] 나폴리탄. 나폴리탄 소스는 마르코 폴로가 중국에 갔다가 이탈리아에 유행시킨 스파게티 요리에 쓰이는 소스이다. 스파게티는 나폴리물로 속이 딱딱한 기분이 들도록 삶는 것이 좋다. 만드는 법은 소스팬에 버터와 마늘, 햄 등을 볶다가 토마토를 첨가하여 저으면서 2~3분 더 볶아준다. 이에 토마토소스를 넣어 은근히 끓이면서 소스팬이 눋지 않게 주걱으로 잘 저어준다. 소금과 후추 등으로 간을 하여 사용한다. 돼지고기 구이 및 송아지 요리에 쓰인다.

Nappage [㉫ 나빠주] 요리나 과자의 표면 전체에 소스를 바르는 것

Nappe [㉫ 나쁘] 식탁보

Napper [㉫ 나뻬] 요리에 소스나 젤리를 바르는 것

Nasi Goreng [㉧ 나시고랑] 튀긴 쌀이란 인도네시아어

Nasturitium [㉰ 나스투리튬] 한련화. 먹는 꽃의 일종, 원산지는 중남미, 페루 그리고 콜롬비아이다. 잎이나 꽃은 개운한 매운 맛이 있어서 샐러드나 샌드위치 등에 넣어 먹고 어린 잎과 꽃은 수시로 따서 샐러드로 이용하거나 장식용으로 쓴다. 덜 여문 열매는 따서 피클(초저림)을 한다. 완전히 익은 열매는 말려두었다가 가루로 만들어 후추처럼 양념으로 쓴다. 효능은 잎은 비타민 C가 많아서 감기에 좋으며, 괴혈병 예방, 소화촉진, 강장제로 이용. 혈액순환을 좋게 하고, 머리카락, 두피를 강하게 한다.

Natto [㉨ 낫도] 나토. 우리나라에 예로부터 콩을 발효시켜 만든 청국장이 있듯이 일본에는 낫도(Natto)가 있다. 낫도는 콩을 삶은 후 낫도균(고초균, Bacillus subtilis)를 이용하여 발효시켜 만든 일본식 생청국장이다. 우리는 청국장을 띄워서 다시 소금, 양념을 넣고 숙성시켜 끓여 먹지만 낫도는 숙성된 상태로 끓이지 않고 바로 먹을 수 있는 것이 큰 특징이다. 낫도의 원료는 대두이며. 대두는 '밭의 고기'라고 할 정도로 인간에게 없어서는 안될 여덟 가지의 필수 아미노산을 포함하는 양질의 단백질을 가진 식품이다. 우리가 '완전 영양 식품'라 알고 있는 달걀과 비교해 보아도 대두를 원료로 하여 만든 낫도의 영양가가 뛰어나다는 것을 알 수 있다. 영양 만점의 대두이지만 너무 딱딱하고 섬유질이 많아 소화가 잘 되지 않는다. 하지만 대두를 가공한 낫도는 8~9 배나 높은 소화 흡수율을 보여 훨씬 효과적이다. 이것은 낫도균의 발효 작용으로 대두의 단백질이 어느 정도 분해되기 때문이며, 같은 대두를 이용한 두부의 흡수율에 비하면 떨어지지만, 자세히 살펴보면 100 g당 영양은 낫도가 훨씬 높아 대두의 영양가를 고스란히 섭취할 수

있는 식품이라 할 수 있다.

Nature [영 **내추럴**] 자연. 나와서, 자라고, 쇠약해져, 사멸하며 그 안에서 생명력을 가지고 스스로의 힘으로 생성, 발전하는 것, 즉 천연의 향신료 등을 사용하지 않은 것을 의미

Navarin [프 **나바헹**] 당근과 순무를 곁들인 갈색 양고기 스튜

Navel Orange [영 **네이블 오렌지**] 네이블 오렌지. 모양이 둥글고 주황빛이며 껍질이 두껍고 즙이 많다. 인도 원산으로서 히말라야를 거쳐 중국으로 전해져 중국 품종이 되었고, 15세기에 포르투갈로 들어가 발렌시아 오렌지로 퍼져나갔다. 브라질에 전해진 것은 아메리카 대륙으로 퍼져나가 네이블오렌지가 되었다. 캘리포니아에서 재배하는데, 껍질이 얇고 씨가 없으며 밑부분에 배꼽처럼 생긴 꼭지가 있다. 성분으로는 당분이 7~11%, 산이 0.7~1.2% 들어 있어 상쾌한 맛이 난다. 과육 100 g 중 비타민 C가 40 ~60 mg이 들어 있고 섬유질과 비타민 A도 풍부해서 감기예방과 피로회복, 피부미용 등에 좋다. 지방과 콜레스테롤이 전혀 없어서 성인병 예방에도 도움이 된다. 날로 먹거나 주스·마멀레이드를 만들어 먹는다. 각종 요리와 과자 재료로 쓰며 고기 요리에 상큼한 맛과 향을 내는 오렌지 소스로도 쓴다. 껍질에서 짜낸 정유는 요리와 술의 향료나 방향제로 쓴다.

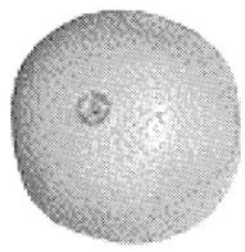

Navy Bean [영 **네비 빈**] 흰 강낭콩

Neat [영 **니트**] 얼음, 물로 희석하지 않고 마시는 알코올

Nectarine [영 **넥타린**] 승도, 복숭아나무의 한 품종. 열매는 핵과로 둥글며 본종인 복숭아나무와 달리 표면에 털이 없는 것이 특징이다. 8~9월에 익는데 과육은 붉은색·노란색·흰색이 있다. 과즙이 많고 육질이 달콤하고 부드러워 식용으로 많이 재배한다. 종자는 어혈·진통·감기 등에 약재로 쓰며 관상용·공업용으로도 심는다.

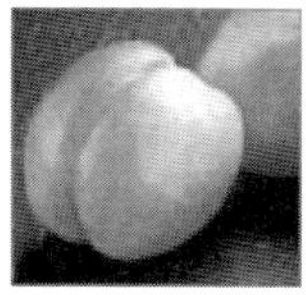

Nemours [프 **네무스**] 작은 앙트레에 사용하는 장식

Newchtel Cheese [프 **뉴사텔 치즈**] 뉴샤텔 치즈. 부드러운 크림 치즈와 비슷하고 -1~1°C로 3주간 냉장보관하며, 샌드위치에 잘게 썬 호두와 같은 견과류와 함께 먹거나 치즈케이크으로 사용

Newburg Sauce [영 **뉴버그 소스**] 뉴버그소스. 소스팬에 양파 다진 것, 술 그리고 생선육수를 넣어 1/2로 졸이면서 베샤멜소스를 첨가하여 눌지 않게 주걱으로 잘 저어준다. 이에 레몬 주스를 첨가하여 농도를 맞추어주며, 불에서 내려 계란노른자를 첨가하여 다시 농도를 맞추어 주며, 면보로 거른다. 생크림과 케이엔을 넣고 간을 맞추어 색을 조절한다. 때에 따라 퇴토 케첩이나 파프리카를 첨가 사용이 가능하다. 새우, 게, 개구리, 바닷가재 등에 사용한다.

Newtown Pippin Apple [영 **뉴톤 피핀 애플**] 아삭거리고 즙이 많은 생이나 조리해서 먹는 사과

Niboshi [영 닛보쉬] 말린 정어리

Nigelle [프 니젤] 선옹초

Niolo [프 니올로] 프랑스 코르시카섬에서 양젖으로 만든 냄새가 코를 톡 쏘는 사각형 모양의 치즈

Niveraise [프 니베르니즈] 당근, 작은 양파를 곁들이는 닭고기 요리법

No-Show [영 노쇼] 고객이 예약을 해 놓고 예약날짜에 아무 연락없이 나타나지 않는 고객

Nog [영 노그] egg nog. 우유·달걀에 브랜디·럼주를 섞은 칵테일 음료. 달걀 노른자 또는 전란에 백설탕을 잘 저어 풀고 여기에 크림·탈지유·셰리주를 혼합하고 다시 위스키나 브랜디 또는 양질의 럼주와 너트메그 분말을 섞어서 마신다. 거꾸로 들어도 쏟아지지 않을 만큼 잘 저어 거품을 낸 달걀 흰자를 별도로 혼합하여 저어서 만들어도 된다. 미국에서는 달걀·설탕·크림·탈지유·콘시럽·인공향료를 혼합하여 만든 통조림 제품이 시판되고 있어 여기에 양주·시나몬·크림을 식성대로 섞어서 음용하는 것이 일반화되어 있다. 피로 회복에 효과가 있으며, 미국 남부지방에서는 크리스마스 음료로 사용한다.

Noilly Sauce [프 놀리 소스] 드라이한 마르세유 지방의 상표 이름으로 포도를 틀에 넣어 숙성시켜 만든 포도주로 향이 좋고 요리에 많이 이용. 만드는 법은 생선육수와 포도주를 절반으로 졸이며 버섯, 양파 썬 것을 향신료와 같이 넣어 끓인다. 생크림을 넣어 서서히 끓여 버터로 농도를 맞춘다. 생선에 많이 이용

Noisette [프 누아제뜨] 야채를 자르는 방법으로 지름 3 cm 정도의 둥근 형으로 자르는 법

Noisette Potato [프 누아제뜨 포테이토] Noisette 형태로 잘라 버터에 갈색을 낸 감자

Noix [프 누와] 호두

Nonnette [프 넨네뜨] 생강빵 케이크

Nonpreil [영 넌프레일] 여러 가지 색깔의 작은 사탕알로 초콜릿으로 만든 과자

Noodles [영 누들] 국수. 밀가루·메밀가루·감자녹말 등을 반죽하여 얇게 밀어서 가늘게 썰든지 국수틀에서 가늘게 빼낸 것을 삶아 국물에 말거나 비벼 먹는 음식의 총칭. 면이라고도 한다. 국수는 제조나 조리가 비교적 간단하기 때문에 빵보다도 역사가 깊어, BC 6000~BC 5000년경에 이미 아시아 지방에서 만들기 시작했다고 한다. 한국에서도 아주 오래 전부터 국수를 만들어 먹었으나, 밀의 생산이 많지 않았기 때문에 상용음식이 되지는 못하였다. 메밀국수나 밀국수는 생일·혼례 등 경사스러운 날의 특별 음식이 되었는데, 이것은 국수의 길게 이어진 모양과 관련하여 생일에는 수명이 길기를 기원하는 뜻으로, 혼례에는 결연이 길기를 원하는 뜻으로 쓰였다. 재료에 따라 밀가루로 만든 밀국수·소면·마카로니, 메밀가루로 만든 메밀국수, 감자의 녹말로 만든 당면 등이 있고, 반죽하여 뽑아낸 면을 수분이 14~15% 정도가 되게 건조시킨 건면, 반죽한 것을 끈 모양으로 만들어 가열한 생면, 생면을 삶은 다음 기름에 튀기거나, 그대로 뜨

거운 바람으로 건조시켜 녹말을 알파화(α化)한 석면 등이 있다. 만드는 방법도 여러 가지인데, 칼국수와 같이 얇게 민 반죽을 칼로 가늘게 자른 것, 소면이나 중국면같이 반죽을 잡아당겨 가늘게 뽑은 것, 마카로니와 같이 강한 압력으로 뽑아낸 것 등이 있다.

Nopales [영 **노팔스**] 노팔 선인장. 남북미 사막지대가 그 기원으로

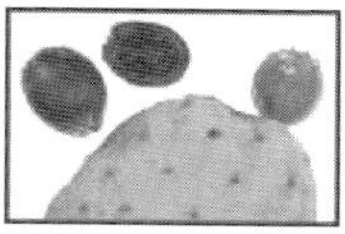

이탈리아, 미국, 이스라엘, 페루, 남아프리카, 칠레, 아르헨티나, 콜롬비아와 같은 다른 라틴아메리카에서 상업적인 작물로 재배되고 있는데, 라틴아메리카에서는 선인장의 열매를 튜나(tuna), 이탈리아에서는 피코딘디아, 혹은 인디아 무화과(ficodin-dia, fig of india), 이스라엘에서는 챠바(tzabba), 지중해 주변 아랍에서는 사바(sabar)라고 부르고 있다. 노팔은 섬유소가 많고 무기질, 비타민이 다량 함유되어 있어 인체 흡수가 좋을 뿐 아니라, 갈증의 해소와 소화기능을 도와 남미인들이 영양식으로 즐겨먹는 식품으로 꼽히며, 남미시장은 물론이고 최근에는 미국의 슈퍼마켓에서도 노팔의 어린 줄기를 판다. 남북미 아메리카에서는 인류의 건강증진의 목적으로 노팔을 귀중한 약용식물로 재배해 왔으며 근세기 들어 상업적인 목적으로 재배되기 시작하면서 각광을 받기 시작했습니다. 특히 최근부터 병원 및 의료기관을 중심으로 건강시스템의 강화 등에 탁월한 민간요법 효과를 보이는 노팔의 연구활동이 활발해지면서 의료목적용 식물로 떠오르고 있다. 노팔은 무엇보다도 먼저 신체의 면역기능을 강화시키고, 모든 신체장기를 원래대로의 건강한 상태로 되돌려 놓는 놀라운 기능을 가지고 있습니다. 따라서 장기복용시에는 자연스럽게 신체가 건강하게 되므로 정력이 좋아지고 노화방지와 피부미용에도 매우 효과적인 것으로 밝혀졌습니다.

Nori [일 **노리**] 김. 바다의 암초에 이끼처럼 붙어서 자란다. 길이 14~25 cm, 너비 5~12 cm이다. 몸은 긴 타원 모양 또는 줄처럼 생긴 달걀 모양이며 가장자리에 주름이 있다. 몸 윗부분은 붉은 갈색이고 아랫부분은 파란빛을 띤 녹색이다. 탄수화물인 한천이 가장 많이 들어 있으며, 그 밖에 헤미셀룰로오스·소르비톨·둘시톨 등이 들어 있다. 지방은 거의 없으나 단백질은 30~40% 들어 있다. 특히 트레오닌·발린·로이신·이소로이신·리신·메티오닌·페닐알라닌·트립토판 등의 필수아미노산이 많이 들어 있다. 다른 해조류와 마찬가지로 나트륨·칼륨·칼슘·인·철 등의 무기질이 들어 있으며 카로틴이 많이 들어 있어 비타민 A의 좋은 공급원이 된다. 그 밖에 리보플라빈·나이아신·비타민 C 등도 비교적 많이 들어 있다. 붉은색 색소인 푸코에리트로빈이 있어 특유한 빛깔을 내며, 디메틸술파이드로 독특한 맛과 냄새를 낸다. 특히 달콤한 맛과 기름진 맛이 나는 아미노산인 글리신과 알라닌이 들어 있어 감칠맛을 낸다.

Normand Sauce [프 **노르망디 소스**] 노르만디 소스. 생선 벨루테 소스에 생선 육수를 넣으면서 끓이고 생크림과 계란 노른자를

섞어서 농도를 맞춘다. 이에 레몬주스를 넣고 소금, 후추 등으로 맛을 조정하며, 마무리 과정에 버터를 넣고 저어 사용한다. 소스에 새우, 굴, 양송이를 섞기도 한다.

Nouillettes [프 누이에뜨] 작게 자른 국수

Nougat 누가. 비결정체인 캔디의 일종. 캔디에는 설탕 결정체를 형성하여 만든 것과 설탕 결정체가 형성되지 않게 하여 만든 것의 2종류가 있다. 설탕 외에 꿀이나 콘시럽을 많이 넣으면 결정이 생기지 않는다. 누가를 만들려면 2컵의 설탕, 1/2컵의 꿀, 1/4컵의 물을 냄비에 넣고 끓여 140°C가 되도록 농축시킨다. 2개의 난백을 저어서 거품을 일으키고, 여기에 끓인 설탕시럽을 조금씩 부으면서 계속 젓는다. 시럽을 붓고 나서도 계속 젓다가 어느 정도 지났을 때 젓는 기구를 들어보면, 시럽과 난백의 혼합물이 따라 올라와 끝이 오똑 선다. 이 정도가 되면, 기름칠한 네모난 팬에 붓고, 다진 땅콩·호두·개암나무 열매와 잘게 썬 버찌를 위에 골고루 뿌려서 식힌다. 식은 후에 길쭉한 네모꼴로 썰어 기름종이로 싼다.

N

Noyau [프 누와요] 브랜디를 복숭아씨로 맛을 돋운 리큐어 술, 셔벳, 과일 샐러드, 칵테일에 사용.

Nut Cracker [영 넛 크랙커] 호두나 껍질이 딱딱한 것을 깨는 집게

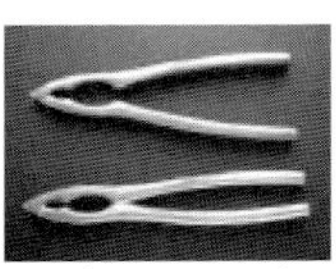

Nutmeg [영 넛메그] 넛메그, 육두구. 인도네시아 몰루카제도 원산이다. 높이 약 20 m이다. 잎은 어긋나고 긴 타원형이며 가장자리가 밋밋하고 두껍다. 열매는 핵과로서 길이 4~6 cm이다.

성숙하면 살구같이 보이며 안에 종자가 들어 있다. 성숙하면 붉은빛을 띤 노란색 껍질이 벌어져서 안쪽에 갈빗대처럼 갈라진 종의가 보이는데, 종자를 육두구, 종의를 메이스(mace)라고 한다. 영어 이름인 너트메그란 사향 향기가 나는 호두라는 뜻이다. 번식은 대부분 종자로 하고 고온, 다습한 기후에서 잘 자란다. 육두구는 말려서 방향성 건위제·강장제 등으로 쓴다. 서양에서는 메이스와 함께 향미료로 사용한다. 육두구와 메이스의 최대 산지는 인도네시아이며, 메이스는 특히 생선요리·소스·피클·케첩 등에 많이 쓴다.

Nutmeg grater [영 넛맥 그리털] 넛메그를 가는 기구

Nut [영 너트] 견과. 건조폐과로서 열매가 충분히 익어도 갈라지지 않는다. 보통 1개나 그 이상의 씨가 들어 있는 2개 이상의 심피로 이루어진다. 먹을 수 있는 부분은 곡류나 콩 종류처럼 떡잎에서 이루어진 것으로, 잣나무·밤나무·은행나무·호두나무·가래나무 등의 열매가 여기에 속한다.

Nutrition Drink [뉴트리셔스 드링크] 영양음료. 건강에 도움을 줄 수 있는 영양성분이 많이 함유된 음료로, 주스류와 우유류 등으로 나뉘며, 주스는 과일주스와 야채주스가 있다.

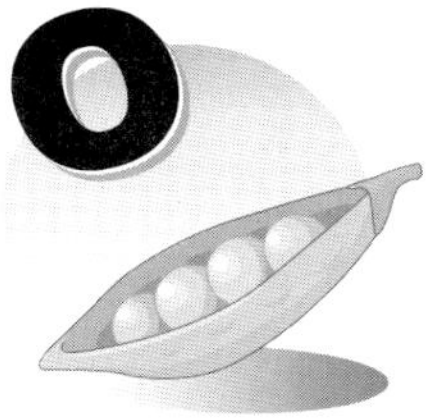

Oat [영 오트] 귀리. 귀리의 원산지는 중앙아시아 아르메니아 지방이라고 하며 유럽에는 BC 2000~1300년경에 전파되었고, 중국에서는 600~900년경에 재배하였다고 한다. 한국에는 고려시대에 원나라 군대의 말먹이로 가져온 것이 시초로 여겨진다. 높이는 30~100 cm 정도이며 밑부분에서 뭉쳐난다. 줄기는 곧게 서고 털이 거의 없으나 마디에는 아래로 향한 털이 난다. 열매를 곱게 빻은 것을 오트밀이라 하여 식용하고 알코올·과자의 원료 또는 가축의 사료로 쓴다.

Oatmeal [영 오트밀] 오트밀. 귀리를 볶은 다음 거칠게 부수거나 납작하게 누른 식품, 또는 이것으로 죽처럼 조리한 음식. 스코틀랜드에서 분쇄한 귀리의 형태로 이용하였다. 귀리의 껍질이 단단하여 잘 벗겨지지 않고 보통의 제분으로는 섬유질이 많이 남아 위장을 자극한다. 제법은, 귀리를 정백하여 껍질을 벗기고 충분히 건조시킨 후 적당히 볶아 분쇄기로 거칠게 분쇄하거나 증기 압맥기로 가열·압착한다. 분쇄한 것을 그로츠(groats), 압착한 것을 롤드 오츠(rolled oats)라 하는데, 성분과 조리 방법은 거의 같다. 제품은 백색으로 입자가 고르고 충분히 건조되어 향기와 풍미가 좋은 것이 우량품이다. 다른 곡류에 비해 단백질·비타민 B_1이 많고 소화도 잘 되며 섬유소가 변통을 돕기 때문에 유럽이나 미국에서 아침 식사로 많이 이용한다.

Oatmeal Porridge [영 어트밀 포리지] 서양의 귀리죽. 부드럽고 따뜻한 아침 식사로 이용하기 좋은 곡물요리의 일종이다. 납작귀리 60 g을 끓는 물 1컵에 넣어 끓이다가 부드럽게 되면 우유 1컵을 조금씩 붓고 저으면서 소금을 넣어 간을 맞추어 그대로 먹든지 설탕을 조금 타서 먹는다. 통귀리를 사용할 때는 물에 하룻밤 담갔다가 약 20분간 소금을 조금 넣고 끓여 걸쭉하게 되면 우유나 크림을 넣고 설탕이나 시럽 등으로 맛을 내어 뜨거울 때 먹는다.

Oblong [프 오블롱] 오브롱. 영업장세팅 마무리 단계에서 준비하는 꽃수반 모양으로 Round, Bud Base가 있다.

Octopus [영 오토퍼스] 문어. 한국·일본·베링해·알라스카만·북아메리카·캘리포니아만 등지에 분포한다. 육질과 맛은 오징어와 비슷하고 미각을 돋우는 글리신과 베타인이라는 성분이 많이 함유돼 있다. 몸통 머리 다리로 구성되며 다리는 8개이다. 한방에선 문어를 성인병 예방과 빈혈 치료에 효과가 있고 시력회복에도 좋은 식품으로 권장하고 있다. 먹통의 먹물은 치질치료에 효능이 있는 것으로 알려져 있다. 또한 문어는 타우린이라는 아미노산이 있어 간염이나 성인병 예방과 치료에 효과가 큰 것으로 입증되었다.

Odor [영 **오더**] 코로 감지하는 냄새

Oeuf [프 **외프**] 계란

- Oeuf a la Coque (프 외프 아라 코에) : 껍질째 삶은 계란
- Oeuf au Lard (프 외프 오 라르) : 베이컨을 첨가한 계란요리
- Oeuf en Cocotte (프 외프 앙 코코트) : 작은 내화성 접시에 담아서 조리한 계란요리
- Oeuf sur le plat (프 외프 쉬르 르 플라) : 작은 접시에 담아 구워 접시째 제공하는 계란요리

Oil [영 **오일**] 기름. 상온에서는 액체로서 점성이 있고, 가연성이며 물에 용해되지 않고 물보다 가벼워서 수면 위에 엷은 층을 이루어 퍼지는 물질. 각종 고급 지방산인 글리세르에스테르(글리세리드)로 되어 있다. 지방산에는 스테아르산·팔미트산·미리스트산 등의 포화지방산과 올레산·리놀산·리놀렌산 등의 불포화지방산이 있다. 이러한 글리세리드는 상온에서 액체인 것과 고체인 것이 있는데, 일반적으로 전자는 기름, 후자는 지방이라고 하여 구별한다. 어유는 불포화지방산인 글리세리드로 인해 악취를 풍기나, 니켈 촉매를 써서 수소를 첨가하면 경화유가 된다. 이에 비해서 소·돼지에서 채취되는 유지는 포화도가 높다. 식물성 기름은 포화도에 따라 아마인유·동유·대마유 등의 건성유와, 콩기름·참기름·유채유 등의 반건성유 및 피마자유·올리브유 등의 불건성유, 야자유 등의 고체유지로 분류된다.

Oilly [영 **오일리**] 와인에 사용되는 용어로 스위트한 와인에서 느낄 수 있는 기름진 듯한 느낌을 표현한다.

Okara [일 **오카라**] 두부 만들 때 남는 비지의 일본어

Okra [영 **오크라**] 아욱의 일종. 아프리카 북동부 원산이며 줄기는 곧게 50~200 cm 자란다. 꽃이 핀 다음 7~10일 된 열매를 식용하고 종자는 커피 대용으로 한다. 어린 깍지는 수프 요리에 사용하며 딱딱한 깍지는 오크라술을 담근다. 오크라는 많은 자양분이 있어 자양·강장에 효과적이고 독특한 맛을 즐기는데, 연중 꽃이 피고 열매를 맺는다.

Olive [영 **올리브**] 올리브. 높이 5~10 m이며 수많은 가지가 달린다. 잎은 마주나고 긴 타원형이며 가장자리가 밋밋하고 뒷면에 비늘 같은 흰 털이 밀생한다. 주요 생산국은 이탈리아·에스파냐·그리스·프랑스·미국 등이다. 과육에서 짠 기름을 올리브유라고 하며 용도가 매우 많다. 열매 자체를 식용한다.

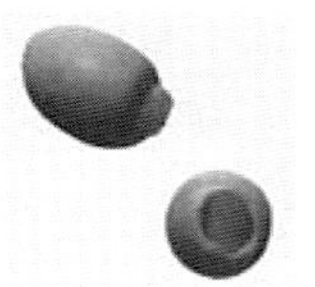

Olive Oil [영 올리브 오일] 올리브 오일, 올리브나무(감람나무)의 열매에 함유된 30~70%의 기름. 압착법·추출법으로 채유한다. 지방산의 주성분은 불포화산인 올레산(oleic acid)으로, 함량은 65~85% 정도이며, 포화지방산으로는 팔미트산이 주성분이다. 식용유로는 샐러드유나 기름절임용에 주로 쓰이고, 요리에는 마요네즈·샐러드용 드레싱·튀김용·볶음용으로 널리 이용된다. 식용유 중에서 최고급품으로 세계적으로 귀중하게 사용되는데, 특히 그리스·에스파냐·이탈리아에서 요리에 가장 널리 사용되고 있다.

Olivette [프 올리베떼] 올리브 모양으로 자르는 것

Omelet [영 오믈렛] 오믈렛. 달걀을 풀어서 얇게 부친 것에 육류·채소·어패류 등을 잘게 썰어 볶아서 얹은 요리.

On the Rocks [영 온더 락] 글라스에 얼음 2~3개 넣어 술을 넣으면서 생긴 말

Onion [영 어니언] 양파.

양파는 중앙아시아가 원산지로, 양파는 수분이 93.1% 정도이고 당질은 10% 내외이고 단백질은 1.2% 정도이다. 그 외 포도당, 설탕, 과당, 맥아당 등이 포함되어 있으며 독특한 단맛이 난다. 가열하면 단맛이 증가하는데, 이는 자극성 유황화합물이 분해돼 설탕보다 50배나 단맛을 내는 프로필메캅탄(propylmercaptane)이 생성되기 때문이다. 칼슘, 칼륨, 철, 인 나트륨 등 무기질도 풍부하다. 특히 칼륨이 전체 회 분량의 약 30%를 차지하고 있을 정도이다. 양파의 황화 allyl류 중에는 allinase에 의해 allicin이 되는데 이것은 비타민 B_1과 결합해서 allithiamine을 만들어 B의 효과를 높여준다. 이는 흡수가 좋고 세균으로 분해되지 않기 때문이다. 양파가 갖는 특수 냄새는 방부의 효과를 가지며, 양파 껍질에는 quercetin이라는 황색 색소가 함유되어 있다. 양파는 샐러드나 수프, 그리고 고기 요리에 많이 사용되며 각종 요리에 향신료 등으로 이용된다.

Oolong Tea [영 우롱티] 우롱차. 녹차와 홍차의 중간적인 성질을 가진 반발효차. 원래는 중국에서 만들어졌으나, 1890년경부터는 타이완에서 생산하게 되었다. 제품의 빛깔이 까마귀같이 검으며, 모양이 용같이 구부러진 데서 연유하여 이런 이름이 붙었다.

6~8월 사이에 난 새싹을 사용하는데, 처음에 햇볕을 쬐어서 시들게 한 후 실내로 옮겨서 때때로 휘저어 섞어서 수분을 제거하며, 그 사이에 약간 발효하게 한 후 솥에다 볶아서 효소작용을 멈추게 한다. 이것을 잘 비벼서 건조시킨 후 제품을 만드는데, 이것을 달인 물은 진한 등홍색의 빛깔을 띠며 향기가 매우 좋다. 중국 특유의 달이는 법이 따로 있으나, 보통은 홍차와 같은 방법으로 달여서 단맛을 가미해서 마신다.

Opah [영 오파] 원종은 몸길이 3~4 cm이나 개량종은 5~6 cm이다. 송사리 모양의 물고기로서 몸높이가 약간 높고 둥근 편이다. 암컷의 뒷지느러미는 부채 모양이나 수컷은 막대 모양이며 교미기로 사용한다. 색채는

O

변화가 많으며 붉은색·황금색 등 다양한 품종이 있다. 난태생어이다.

원산지는 멕시코와 과테말라로 영국·일본 등지에서 사육하고 있다. 이 종 외에 꽃개복치(Lampris regia)를 문피시라고도 한다. 요리는 panfry, poach, saute 등으로 이용한다.

Opal Basil [영 오팔 바실] 인도가 원산지이며, 지중해연안에서 많이 재배된다. 조미료, 스튜, 계란요리, 스프 등에 사용

Open Bar [영 오픈 바] 결혼, 피로연 따위에서 무료로 제공하는 바, 고객들이 마시는 데로 음료를 제공하는 보로서 계산은 주최측이 총괄적으로 지불하게 됨

Operation Hour [영 오퍼레이션 아우어] 영업시간

Orange [프 오랑주] 오렌지. 모양이 둥글고 주황빛이며 껍질이 두껍고 즙이 많다. 성분으로는

당분이 7~11%, 산이 0.7~1.2% 들어 있어 상쾌한 맛이 난다. 과육 100g 중 비타민 C가 40~60mg이 들어 있고 섬유질과 비타민 A도 풍부해서 감기예방과 피로회복, 피부미용 등에 좋다. 지방과 콜레스테롤이 전혀 없어서 성인병 예방에도 도움이 된다. 날로 먹거나 주스·마멀레이드를 만들어 먹는다. 각종 요리와 과자 재료로 쓰며 고기 요리에 상큼한 맛과 향을 내는 오렌지소스로도 쓴다. 껍질에서 짜낸 정유는 요리와 술의 향료나 방향제로 쓴다.

Orangeade [프 오랑자드] 오렌지 에이드. 오렌지 주스와 설탕으로 만든 청량음료

Orange Sauce [영 오렌지 소스] 오렌지 소스. 오렌지는 껍질을 벗겨 즙을 내어 준비하고, 불 위에 냄비를 얹어 설탕, 전분, 오렌지 주스를 넣고 끓인다. 불에서 내려 식힌 다음 나머지의 오렌지를 첨가하고 체에 내려 버찌술과 레몬주스로 맛을 돋구어 사용한다. 디저트소스로서 오렌지 소스는 옥수수 전분으로 농도를 맞추어야 빛이 반짝반짝하고 맛있다.

Orangina [프 오랑지나] 탄산오렌지 과육 음료

Oregano [프 오히강] 오레가노. 꽃박하라고도 하며, 톡 쏘는 박하 같은 향기가 특징이다. 꽃이 피는 시기에 수확하여 건조시

켜 보존하는데 잎을 말린 것을 향신료로 쓴다. 독특한 향과 맵고 쌉쌀한 맛은 토마토와 잘 어울리므로 토마토를 이용한 이탈리아 요리, 특히 피자에는 빼놓을 수 없는 향신료이다. 칠리파우더·칠리콘카르네 등의 멕시코 요리와 스파게티·오믈렛·비프스튜·양고기요리·토마토주스에도 많이 쓰인다. 고대 그리스시대부터 약초로 이용된 오레가노 침출액은 강장·이뇨·건위·식욕증진·진정·살균 작용이 있어 차를 끓여 마시거나 포푸리·목욕제로 사용한다. 배멀미나 신경성 두통, 불면증에도 효과가 크다. 지중해 연안 여러 나라와 미국에서 널리 재배된다.

Organic acid [영 올가닉 에시드] 유기산. 무

기산과 대응하는 말로서 아세트산·부티르산·팔미트산·옥살산·타르타르산 등이 있다. 그 대부분은 카르복시산이므로 좁은 뜻으로는 카르복시산을 가리킨다. 그러나 아스코르브산이나 요산(uric acid)을 비롯하여 카르복시산이 아닌 산성물질도 상당히 많이 있으며, 널리 술폰산·술핀산·페놀 등도 포함하여 말하는 경우가 많다. 일반적으로 무기산보다 약하지만, 술폰산과 같이 강한 산도 있다.

Organic Food [영 올가닉 푸드] 유기농 식품

Orgeat [프 올쟈트] 씁쓸하고 단맛을 가진 아몬드 향의 시럽

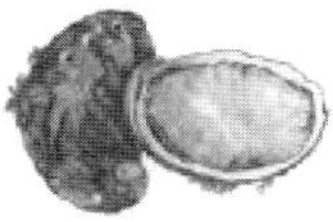

Ormeau [프 오흐모] 전복

Oronge [프 오홍주] 알버섯

Os [프 오스] 뼈

Ostrich [영 오스트리치] 타조. 지구상에 살고 있는 조류 중 가장 큰 새이다. 먹이는 주로 다육식물·장과·씨앗·어린싹·어린뿌리·곡물 등을 먹으며 때로는 곤충이나 소형 무척추동물 따위를 잡아먹기도 한다. 반사막지대나 초원 등지에 산다.

Oursin [프 우흐생] 성게

Oursinade [프 오흐시나드] 성게스프

Outlet Manager [영 아울렛 매니저] 식당부문의 업무지배인, 식음료부장의 하위직급으로 영업장 지배인

Outside Catering [영 아웃사이드 캐더링] 출장연회. 요리, 음료, 식기, 테이블, 비품, 글라스, 린넨 등 필요한 집기들을 준비하여 고객이 지정한 장소에 운반하여 고객이 만족할 만한 연회행사를 실시하는 것.

Oven [영 오븐] 오븐. 조리재료를 밀폐한 후 가열하여 건열로 음식을 익히게 설계된 조리기구. 용도로는 굽기·튀기기·찌기·끓이기·해동 등에 사용된다. 오븐을 사용할 때 주의해야 할 점은, ① 오븐 스위치를 미리 열어 음식을 넣기 전에 구울 음식의 최적온도로 가열한 후에 음식을 넣고 구울 것 ② 음식을 넣은 후에는 오븐 문은 음식이 다 익을 때까지 열지 말 것 ③ 가능한 음식을 한 단만 넣고 익힐 것 ④ 배기구멍은 항상 열어 놓아 열의 대류가 빨라져서 신속히 구워지도록 할 것 등이다.

Over Heat [영 오벌 히트] 석쇠 위에 고기를 얹어 직접 열을 받게 하여 뒤집어 가며 굽는 요리법. 열원으로는 숯불, 가스, 전기 등이 쓰이고 조리할 때는 소금, 후추, 향료를 뿌려서 굽는다.

Over Time [영 오버 타임] 호텔, 레스토랑 종사원이 정상 시간보다 더 많은 시간을 근무 할 경우를 말하며, 사업체 측에서는 오버 타임 근무시간에 해당하는 근무수당을 지급

Oxalic acid [영 옥살릭 에시드] 옥살산. 수산이라고도 한다. 화학식 $C_2H_2O_4$. 무수물은 흡습성 고체로서 분자량 90.0, 비중 1.90(25°C)이다. 셀룰로오스에 진한 알칼리를 첨가한 다음 240°C 이상으로 가열하는 방법, 설탕에 진한 질산을 작용시키는 방법, 포름산나트륨을 가열 및 탈수소시키는

방법, 그리고 시트르산 발효 때의 부산물로서 회수하는 방법 등에 의하여 얻는다. 옥살산은 염료의 원료로 쓰이고, 밀짚이나 무명 등의 표백제로서 이용된다. 또한 이수화물을 순수하게 얻을 수 있는 점을 이용하여 산・알칼리적정 및 산화환원적정 등에 표준물질로 쓰인다.

OX-Tail [영 옥스 테일] 쇠꼬리

OX-Tail Soup [영 옥스테일 스프] 영국의 스프로 쇠꼬리, 베이컨, 토마토 퓨레 등을 넣은 스프

Oyster [영 오이스터] 굴. 식용하는 굴은 다음과 같다.

① 참굴(Crassostrea gigas) : 주요 양식종으로 난생형이며 만 1년이면 성숙한다. 한국 전 연안에 분포한다.

② 아메리카굴(C. virginica) : 북아메리카에서 브라질에 걸쳐 대서양 연안에서 나며 난생이다.

③ 포르투갈굴(C. angulate) : 남유럽의 연안에서 나며 난생이다.

④ 호주굴(Saxostrea commercialiis) : 오스트레일리아 동부 연안에서 나며 난생이다.

⑤ 봄베이굴(S. cucullata) : 인도 연안에서 나며 난생이다.

⑥ 갓굴(Ostrea ariakensis) : 일본 아리아케해에서 나며, 난생이다.

⑦ 토굴(O. denselamellosa) : 한국・일본・중국 등지에 분포하며 난생이다.

⑧ 유럽굴(O. edulis) : 영국・프랑스에서 많이 나며 난생이다.

⑨ 올림피아굴(O. lurida) : 북아메리카의 서해안에서 나며 난생이다.

요리에 굴은 생으로 먹거나, 오븐에 구워서, 불에 구워서 먹기도 하며, 스튜, 스프에 첨가하며 드레싱이나 에피타이저 등으로 이용한다.

Oyster Sauce [영 오이스터 소스] 굴 소스. 유럽과 미국의 해안을 따라 서식하는 데 짐의 굴은 발틱해, 독일해안, 화이트스테이블, 트리스트, 베니스, 미국의 대서양 해안에서 딴 것이 최상이다. 익히거나 날 것으로 먹을 수 있고 파이나 스튜나 소에 채워서 쓰인다. 만드는 법은 백포도주 소스에 굴 국물을 넣어서 끓인다. 생크림을 섞은 다음 레몬주스와 소금, 후추 등으로 간을 하여 사용한다. 굴을 삶아서 굴 소스를 얻기도 한다.

Paella [프 빠에야] 빠에야, 스페인 요리. 빠에야 팬에 올리브 기름을 두르고 양파와 마늘을 볶아 향을 낸 뒤 미리 볶아 놓은 파프리카, 줄콩 등의 야채와 돼지고기, 닭고기(경우에 따라 토끼고기, 달팽이도 넣는다)를 넣고 함께 볶는다. 이에 쌀을 넣고 토마토와 오징어를 납작납작 썰어 올리고, 노란색의 향기가 짙은 향료 사프란으로 맛을 낸 생선 국물을 부어 약한 불로 밥을 짓는다. 새우, 씨갈라(작은 바닷가재의 일종), 홍합, 모시조개로 모양을 내기도 한다.

Paella Valenciana [프 빠에야 바렌시아나] 스페인 고유의 요리, 스페인 요리 중에서 가장 대표적이면서 우리 입맛에 맞는 요리가 빠에야이다. 서민풍 요리로서 해물, 육류, 야채 등을 사용한 쌀 요리이다. 발레시아 풍의 빠에야는 스페인의 가장 대표적인 쌀 생산지 발렌시아 지방의 빠에야로서 지중해산 올리버 오일, 파프리카, 에스파냐의 특선 토마토 소스가 첨가된 쌀요리로서 돈키호테로 유명한 라망차지방의 특산물 샤프란 향료를 사용해 향과 색을 살린다.

Paid Bar [영 페이드 바] 제공되는 모든 음료가 미리 지불되어 있는 바로 음료 티켓이 사용됨

Paille [프 빠이으] 빨대

Palm [영 팜] 야자나무. 교목·관목·덩굴식물이며, 대부분 줄기가 갈라지지 않고 대형의 잎이 줄기 끝에 무리지어 달리며 가지를 치지 않는다. 줄기의 높이는 볼펜 크기에서 60 m에 달하는 것까지 다양하다. 목재·연료·건축재·섬유·녹말·기름·술 등 많은 것을 제공한다. 과육은 당분이 많아 과자·과당·알코올 등을 만드는 데 쓰고, 코코야자의 경우엔 배젖에 많은 지방이 들어 있어 야자유를 짜내는데, 야자유는 청량음료·화장품·마가린의 원료로 쓰인다. 중과피는 섬유 자원으로 이용하고, 내과피는 연료로 사용한다. 잎은 지붕을 덮는 데 쓰이고 모자나 매트를 만들기도 한다. 다 자라지 않은 열매의 이삭에서 얻은 액체로 설탕·술·식초 등을 만들고, 몇몇 종에서는 녹말을 얻기도 하며, 관상용으로 재배하는 종류도 있다.

Pain [㊄ 빵] 빵. 곡식 가루에 소금·설탕·기름·베이킹파우더나 이스트를 넣어 반죽하여 부풀려 굽거나 찐 음식. 서양 사람들의 주식이며, 어원은 포르투갈어 팡(po)에서 왔다고 한다. 흔히 밀가루를 사용하지만, 보리·호밀·옥수수·메밀·쌀 등의 가루도 사용된다. 빵을 정확하게 언제부터 만들었는지는 알려지지 않았으나 BC 3000년경 바빌로니아인들이 밀을 자연 발효시켜 맥주를 만들면서 발효된 밀가루 반죽을 구우면 빵이 된다는 사실을 발견했다는 추정이 있다. 이스트를 넣은 본격적인 빵이 만들어진 것은 BC 2000년경 이집트에서이다. 고대 이집트의 회화와 조각품 중에는 밀가루를 반죽하여 빵을 굽는 그림이 있고, 당시의 사람들은 이집트인을 '빵을 먹는 사람'이라 불렀다고 한다. 고대 그리스에는 오늘날의 오븐과 같은 돌과 벽돌로 만든 화덕이 있었고 여기에 빵을 구웠다. 로마시대에 제빵 기술이 급속히 발전한 것은 전리품으로 들여온 좋은 재료와 우수한 기술자가 있었기 때문이었다. 이때는 말총으로 체를 만들어 고운 밀가루를 제조하고 설탕을 첨가하여 이스트의 작용을 상승시켜 잘 부푼 질 좋은 빵을 생산하였다. 따라서 빵 전문점(bakery)이 생기고 1세기경에는 제빵업자끼리의 조합이 결성되었다. 그 후 로마제국이 붕괴되고 제빵 기술도 한때 쇠퇴하였으나 르네상스를 맞으며 다시 기술이 부활되어 좋은 빵을 만들게 되었다. 1683년 네덜란드의 A.레벤후크가 자신이 만든 현미경으로 최초로 이스트균의 존재를 확인하였는데, 이것을 계기로 이스트균의 분리 배양이 가능해지고 이스트를 빵발효에 이용할 수 있게 되었다.

➲ 제빵 이스트로 서서히 발효시키는 발효빵(이스트 브레드)과 베이킹파우더를 써서 급히 부풀리는 무발효빵(퀵브레드)이 있는데, 식빵으로 대량 제조되는 것은 발효빵이다. 발효빵은 곡분에 설탕·쇼트닝·버터·우유 또는 탈지분유·이스트·식염 등을 넣어 반죽해서 부풀려 만드는데, 산도 조절을 위해 탄산칼슘을, 영양 강화를 위해 비타민 B_1, 리신 등을 첨가하기도 한다. 대체적으로 미국식 빵에는 부재료를 여러 가지 넣는 데 비해 유럽식에는 밀가루와 식염 이외에 다른 재료를 넣는 일이 적다. 발효시키는 방법으로는, ① 직날법 : 재료를 한 번에 반죽해서 발효시키는 방법 ② 중종법 : 가루의 일부를 우선 물과 이스트를 섞어 반죽을 하고 충분히 발효시킨 후 남긴 가루를 섞어 다시 발효시키는 방법 ③ 액종법 : 물에 이스트·유지·부재료를 넣고 이스트에 활력이 생기도록 한 다음 밀가루를 넣어 반죽하고 발효시키는 방법 ④ 연속법 : 유지를 유화시키고 이스트액과 밀가루를 섞어 부드러운 반죽을 하고 급히 틀에 부어 짧은 시간 내에 발효시키는 방법이 있다. 어느 방법이나 나름대로의 장단점이 있는데, 연속법을 제외하고는 발효시킨 것을 분할기를 이용하여 일정한 크기로 나누고 이것을 늘여서 가스를 뽑아 정형하고 배로 속에서 팽창시켜 구워낸다. 뜨거운 상태에서는 변형되기 쉬우므로 식혀서 포장하여 출하한다. 슬라이서(slicer)로 일정하게 잘라 포장하기도 한다.

◎ 종류 재료에 따라 밀가루빵·보리빵·옥수수빵·호밀빵·혼합빵 등이 있고, 빛깔에 따라 흰빵·흑빵으로 나눈다. 밀기울이 혼합된 빵과 전립분만으로 된 그레이엄(graham) 빵이 있다. 재료 배합에 따라 밀가루·이스트·식염만으로 만든 프랑스식 빵과 설탕·우유·유지 등을 배합한 미국식 빵이 있다. 겉쪽을 두껍게 구운 유럽식 빵과 겉을 얇고 부드럽게 구운 미국식 빵이 있다. 용도별로 식빵·테이블빵·과자빵 등이 있고, 과자빵은 빵반죽에 유지를 층 모양으로 속까지 깊이 넣은 파이 모양의 페이스트리로 만든다. 식빵은 빵의 윗부분을 산 모양으로 부풀린 영국식과 눌러서 판판하게 구운 미국식이 있는데, 이 미국식을 샌드위치형이라고도 한다. 테이블빵에는 겉을 바삭하게 구운 것과 부드럽게 구운 롤형의 것이 있는데, 어느 것이나 식사 코스에 곁들이도록 작은 모양으로 만든다. 그 밖에 특징 있는 빵으로 프랑스의 대표적 빵인 막대 모양의 바게트, 독일의 아침 식사용 빵인 둥근 브뢰첸, 스틱과 같이 긴 이탈리아의 그리시니, 달걀과 버터를 넣어 컵 모양으로 구운 브리오시, 간간한 소금맛이 있는 둥근 햄버거빵, 호밀 흑빵인 픈파니켈, 호밀가루에 신맛이 있는 야성 이스트를 사용한 사워라이 브레드(sour rye bread) 등이 있다.

◎ 영양 밀가루가 원료인 빵은 칼로리원 식품으로 가치가 있으며 단백질도 쌀보다 훨씬 많다. 그러나 밀가루에는 필수아미노산인 리신 등이 부족해 빵식에는 채소와 육류 등이 반드시 조화 있게 곁들여져야 한다. 쌀과 비교하면 비타민 B_1과 단백질의 함량은 더 많다. 표백하지 않은 밀가루빵에는 카로틴이 들어 있어 약간 검은 기가 도는 누런색을 띤다. 호밀빵에는 양질의 단백질이 다량 함유되어 있어 영양상 우수하나 입에 닿는 촉감이 거칠어 소비량이 많지 않다.

◎ Pain au Lait(뺑 올레) : 우유빵

◎ Pain au Mais(뱅 오 마이스) : 옥수수빵

◎ Pain Azyme(뺑 아짐) : 누룩을 넣지 않은 빵

◎ Pain Complet(뺑 꽁쁠레) : 통밀빵

◎ Pain de Froment(뺑 드 프호망) : 밀빵

◎ Pain de Mie(뺑 드 미) : 식빵

◎ Pain de Sarrasin(뺑 드 사하젱) : 메밀빵

Paleron [프 **빨르홍**] 소의 어깨고기

Palette [프 **빨레뜨**] 돼지의 견갑골 부분의 고기

Palme [프 **빨므**] 종려나무잎

Palmier [프 **빨미에**] 설탕을 뿌리고 슬라이스 하여 구운, 줄무늬가 있는 부풀린 빵

Paloise [프 **빨루와즈**] 와인식초와 작은 양파, 버터, 민트향을 농축하여 만든 프랑스의 전통적인 소스로 석쇠구이한 고기에 곁들인다.

Paloise Sauce [프 **빨르와즈 소스**] 빨르와즈 소스. 타라곤을 첨가하지 않고 박하잎을 다져 넣어 만든 베어네즈 소스로서 양고기에 이용

Pan Bagnat [프 **빵빠냐**] 양상추, 참치, 엔초비, 올리브 등이 들어간 둥근 샌드위치롤

Panache [프 **빠나쉐**] 맥주와 레모네이드 혼

P

합주

Panade [프 **빠나드**] 빵, 버터, 우유 등으로 만든 스프

Panais [프 **빠네**] 파스닙, 미릿과의 여러해살이 식물로 뿌리를 식용하며, 맛은 부드럽고 단맛이 난다.

Pan Broiling [영 **팬 브로링**] 센불 위에 고기나 생선을 조리하는 방법

Pan Cake [영 **팬케이크**] 팬케이크, 밀가루에 달걀·버터·설탕 등을 섞어 프라이팬에 얇게 구운 서양과자의 일종. 핫케이크라고도 한다. 미국에서는 그릴드케이크라 하여 덜 달게 만든 뒤 베이컨·소시지 등을 곁들여 아침식사나 간식으로 먹는다. 재료는 밀가루, 달걀, 설탕, 소금, 우유, 베이킹파우더, 버터, 식용유, 팬케이크 시럽을 준비한다. 넓은 볼에 밀가루·베이킹파우더·소금·설탕을 넣고 골고루 섞은 뒤 체에 2~3회 내려서 덩어리지지 않도록 한다. 그런 다음 달걀과 우유를 거품기로 저어 걸쭉하게 만들고 버터를 녹여 함께 섞어 체에 내린 밀가루와 함께 골고루 섞는다. 달구어진 프라이팬을 식용유를 묻힌 키친타월로 살짝 닦아 낸 뒤 반죽을 한 국자씩 떠서 넣고 약한 불에 굽는다. 2~3분 구우면 반죽 표면에 공기구멍이 생기는데 이 때 뒤집어 뒷면을 마저 익힌다. 프라이팬에 식용유를 많이 바르지 않도록 주의하고, 식기 전에 버터나 팬케이크 시럽을 발라먹으면 맛이 좋다. 그 밖에 반죽에 제과용 코코아가루를 체에 내려 골고루 섞은 뒤 구우면 초코 팬케이크가 되고, 반죽에 물기를 뺀 블루베리나 건포도, 양파, 감자 간 것 등을 넣고 구우면 다양한 맛이 난다. 다 익은 케이크에 마요네즈나 꿀, 초콜릿 시럽, 잼, 생크림, 과일조림 등을 얹거나 찍어 먹어도 맛이 좋다. 불이 세면 익기 전에 타버리므로 주의해야 하고, 반죽에 덩어리가 지거나 달구어진 팬에 기름을 너무 많이 두르면 모양이 나지 않는다. 일정한 모양을 원하면 팬케이크 전용 팬으로 구우면 된다.

Pancetta [이 **팡세따**] 이탈리안 베이컨

Paner [이 **빠네**] 빠네. 음식물을 튀기기 전에 빵가루 또는 밀가루를 입히는 것

Panetone [이 **파네토네**] 파네토네. 파네토네는 이태리를 대표하는 빵으로서 크게 두 가지 종류가 있다. 짠맛이 나는 주식용 비엔나 로제타(비엔나식 장미형빵)와 단맛의 간식용 빵인 파네토네가 있다. 파네토네를 이태리어로 풀이하면 '파네'는 '빵'을 말하며, '토네'는 '달라'는 뜻이다. 이것은 로마, 밀라노, 나폴리 등 대도시의 빵집이나 슈퍼마켓의 자동판매기에 진열되어 있어 쉽게 찾을 수 있다. 파네토네는 종류도 많고 맛도 여러 가지다. 모양도 여러 가지인데 둥근형, 원통형, 접시형, 지그재그형 등이 있다. 파네토네는 구워낸 그대로 팔리는 경우가 많으며 때로는 분당을 윗표면에 뿌려서 마무리한 것도 있다. 원래 파네토네 생지는 사와종을 사용하여 만들었는데 지금은 단시간의 예비발효를 거쳐 생지 반죽을 하는 방법과 묵은 반죽을 소량 가하여 반죽하는 방법이 있다. 생지는 일반적으로 질게 만

P

들어지므로 간혹 제품표면에 균열이 간 것도 있다. 배합에 쓰는 과실이나 견과(Nuts)류의 양은 일률적이지는 않지만 건포도를 비교적 많이 섞어 만든다. 구울 때는 전반(색이 날 때까지)에 높은 온도로 하며 그 다음에 낮은 온도로 굽는다.

Paning [영 팬닝] 반죽을 밀어 성형하여 올려 놓은 과정으로 팬의 온도 32°C가 이상적이다. 팬에는 샐러드 오일, 팬오일, 쇼트닝을 바른다.

Pannier [프 패니어] 와인용 바구니

Panko [프 팡코] 빵가루

Panzanella [이 팡젤넬라] 이탈리아 샐러드. 빵을 올리브유에 노릇하게 구워 양파, 토마토, 바질, 올리브유, 식초 등을 넣어서 만든 전채요리

Pao [프 빠오] 빵

Papain [영 파파인] 파파야에서 추출한 고기의 연육제

Papaya [영 파파야] 파파야. 열대 아메리카 원산이다. 높이 약 6 m, 지름 약 20 cm이다. 열매는 공 모양, 달걀을 거꾸로 세워 놓은 모양, 긴 달걀 모양 등이고 무게는 0.2~3 kg이다. 빛깔은 녹색을 띤 노란색에서 붉은색을 띤 노란색으로 변하고, 과육은 짙은 노란색 또는 자줏빛을 띤 빨간색이며 두껍고 콩알만한 많은 종자가 젤리 같은 것에 싸인다. 열매는 날로 먹거나 잼·설탕에 절인 과자 등을 만든다. 익지 않은 열매는 소금에 절여서 쓴다. 잎과 어린 열매를 고기와 함께 찌면 고기가 연해지며 꽃과 속을 함께 채소로도 활용한다. 종자는 독특한 맛이 있으므로 향신료로 쓴다. 어린 열매에 상처를 내고 얻는 파파인은, 효소의 일종으로서 1그루에서 450 g 정도 채취하는데, 단백질의 소화를 돕는다.

Papillote [프 빠삐요뜨] 기름종이. 가금류나 생선류 등을 종이로 덮어 요리하여 서브할 때 장식의 종이로 모양있게 내는 요리

Paprika [영 파프리카] 파프리카. 특별한 고추 품종의 씨를 빻아서 만든 향기로운 향신료. 헝가리에서 많이 재배되고 있으므로 헝가리고추란 이름도 있다. 또 피멘타·피멘토라고도 한다. 맵지 않은 것으로 알려졌으나 구미에는 아주 매운 것과 은근히 매운 것도 있다. 맵지 않은 파프리카는 과육으로 만든다. 열매 전체를 가루로 만들 경우 더욱 매운 것을 얻을 수 있다. 매운 성분은 캅사이신이고 빨간 것은 카로틴이며 비타민의 공급원으로 유용하다. 각종 음식물에 첨가하는 등 용도가 넓다. 샐러드드레싱·생선·쇠고기·닭고기 등의 수프, 계란요리·채소요리·케첩·칠레소스 등의 조미료를 만드는 데도 사용한다.

Paprika Sauce [영 파프리카 소스] 파프리카 소스. 스페인, 남부 프랑스, 이탈리아, 유고, 헝가리 등이 원산지로 파프리카는 스위트 페퍼로 제조되는데, 스페인의 파프리카는 빨간색을 띠며 달콤하면서도 순한맛을 가지고 있다. 만드는 법은 양파, 마늘을 다져서 놓고 버터를 올리브기름에 볶아서 파프리카를 첨가하고 마데라, 토마토 크림소스를 넣는다. 주걱으로 저으면서 천천히 끓이고 소금과 버터로 맛을 내어 사

P

용한다.

Paques [프 빠끄] 부활절

Par Boiling [영 파보일링] 물을 끓여서 부분적으로 요리하고 또 다른 방법으로 완전히 요리하는 것

Parcelle [프 빠흐셀] 와인 양조장 내의 토지 한 구획

Parfait [프 파르페] 파르페. 층이 높은 글라스에 아이스크림과 거품을 낸 생크림, 잘게 썬 과일, 초콜릿크림 등을 번갈아 넣고 윗부분을 장식하여 스푼으로 섞어 가며 먹는 빙과. 본래는 프랑스의 파르페글라스에서 나온 것이다. 파르페글라스란 달걀의 노른자와 설탕을 거품이 일게 하여 냉각시키고 거품이 인 생크림을 섞은 후 틀에 넣어 냉각시켜 굳힌 아이스크림이다.

Parisienne [프 파리지엔느] 빠리지엔, 둥근 구술형으로 자르는 것

P

Parisian Dressing [프 파리지엔 드레싱] 후렌피 드레싱에 양파, 파슬리, 붉은 피망, 청피망을 다져 넣고서 잘 저어서 이용한다.

Parisienne Sauce [프 파리지엔 소스] 베샤멜 소스에 크림과 양송이 버섯을 다져서 만듦

Parma Ham [이 파머햄] 이탈리아햄으로 파마산 치즈를 만들고 남은 유청을 먹인 돼지고기로 염지하여 만든 햄으로 에피타이저로 이용한다.

Parmesan Cheese [프 파흐므쟝 치즈] 파마산 치즈. 우유로 만든 초경질 치즈. 수분 함량이 매우 적은 천연치즈로, 명칭은 원산지인 이탈리아 북부 파르마(Parma)의 이름을 따서 지었다. 살균한 원료우유에 치즈 스타터(cheese starter : 탈지유에 젖산균을 배양한 것)를 넣어 발효시켜 굳힌 뒤 커드(curd) 입자만을 모아 일정한 형틀에 넣고 압착한다. 이렇게 하면 지름 30~45 cm, 높이 15~25 cm, 무게 15~35 kg의 원통 모양 치즈가 만들어지는데, 이렇게 만든 생치즈에 수분 증발과 잡균의 번식을 막기 위해 파라핀을 입혀 숙성시킨다. 숙성 기간은 비교적 길어 12~15°C에서 약 1년간 숙성시킨 뒤 다시 저장고에 넣고 2~3년간 더 숙성시킨다. 조직이 매우 단단하므로 보통 분말치즈로 만들어 사용한다. 향기가 짙고 보존성이 높다. 스파게티나 마카로니 요리에 많이 사용한다.

Parsley [영 파슬리] 파슬리. 유럽 남동부와 아프리카 북부 원산이다. 높이 20~50 cm이다. 세로줄이 있고 털이 없으며 가지가 갈라진다. 잎은 3장의 작은잎이 나온 겹잎이고 짙은 녹색으로서 윤기가 나며 갈래조각은 다시 깊게 갈라진다. 원예품종은 매우 우굴쭈굴하다. 2년 만에 꽃줄기가 자라고 노란빛을 띤 녹색의 작은 꽃이 산형꽃차례로 달린다. 따뜻한 곳에서는 3월 중순에 파종하여 6월에 정식하고 11~3월에 수확한다. 포기 전체에 키니네의 대용품으로 사용하는 아피올이 들어 있어 독특한 향기가 나므로 요리 · 수프 · 소스 · 샐러드 · 튀김에 쓴다. 뿌리가 당근처럼 자라는 근용 파슬리도 있다. 고대 그리스와 로마인들은 향미료 외에 화환에도 사용하였으며, 이것을 먹으면 식중독을 예방한다고 믿었다. 서양요리에서는 뺄 수 없는 채소로서 가지

를 그대로 쓰거나 기름에 튀겨서 쓰며, 잘게 썰어서 요리에 뿌리기도 한다. 비타민 A와 C, 칼슘과 철분도 많다.

Parsnip [영 파스닙] 방풍나무 뿌리. 설탕당근이라고도 한다. 유럽과 시베리아 원산이며 길가나 밭에서 자란다. 높이 약 90 cm이다. 인삼처럼 생긴 곧은뿌리가 있으며 향기가 있다. 줄기는 세로줄이 있고 뿌리는 당근처럼 굵어져서 길이 50 cm 이상으로 자란다. 2년 만에 줄기가 자라서 여름에 녹색을 띤 노란색 꽃이 핀다. 꽃잎과 수술은 5개씩이고 산형꽃차례에 달린다. 열매는 넓은 타원형이며 뿌리를 식용한다. 로마시대부터 식용하거나 약으로 사용한 것으로 보이며 채소로는 16세기에 보급되었다고 한다. 뿌리에 독특한 향기와 수크로오스가 들어 있으며 얇게 썰어 수프를 만든다.

Pasta [이 파스타] 파스타. 로마제국에서 남아도는 밀을 이용하여 파스타를 만들어 건조시켜 저장했다는 기록과 마르코폴로가 중국에서 이태리로 소개하여 전해졌다는 두 가지 설이 있다. 본격으로 파스타가 전해진 것은 13~14세기 생면이 보급되기 시작했으며 18세기경에는 건조파스타가 남부지방을 중심으로 이탈리아 전역으로 확장되었다. 남부지역에서는 건조 파스타를 북부는 생면을 주로 이용하고 있으며 파스타를 만들지 못하는 처녀는 며느리로 받아들이지 말라는 말이 있을 정도로 이탈리아 사람들에게는 매우 중요한 먹거리다. 파스타는 롱 파스타 (예 : 스파게티)와 쇼트파스타 (예 : 마카로니)로 구분된다. 롱파스타의 특징은 부드러운 촉감과 쫄깃한 끈기의 맛이 있는 반면 쇼트 파스타는 다양한 모양으로 시각적인 면에서 즐거움을 준다. 별모양, 조개모양, 동물모양 등의 다양한 파스타를 즐길 수 있다. 롱파스타에는 원추형, 페토찌네 등의 굵은 면류와 중심에 구명이 있는 파이프 모양, 전화 수화기의 연결선처럼 비틀어진 모양, 판 모양의 라자니아 등 5종류가 있다. 원추형 파스타는 두께에 따라 이름이 변한다. 예를 들어 제일가는 것이 지격 0.1 cm 캇페즈니이고 길이가 0.2 cm 증가됨에 따라 훼디리니(1.2 cm), 바미세리(1.4 cm), 스파게티(1.6 cm), 스파게티(1.8 cm)라 부른다.

① 스파게티 : 이탈리아에서도 해발 3000~4000 m 장소에서만 나오는 밀을 주 원료로 한 스파게티이다.

② 팟바르텔 : 제일 폭이 넣은 굵은 면 상태의 파스타이다. 상당히 폭이 넓다는 뜻의 "라루기시모"라는 별명이 있으며 새집 모양의 형태이다.

③ 브카데니 : 중심부에 구멍이 있는 파이프 모양의 긴 파스타로 미트소스 등 무거운 소스와 잘 어울린다.

④ 펫트찌네 : 타리아텟트와 쌍벽을 이루는 굵은 면 상태의 파스타이다. 둥근 모양 뿐 아니라 새집 모양의 파스타로 팔리고 있다.

⑤ 스베르시니 : 비틀은 모양의 파스타이다. 비틀었기 때문에 무거운 소스의 파스타와 잘 어울린다.

⑥ 토레렛테 : 지방의 상표에 따라 부르는 명칭이 다르나 이 토레렛테는 펫트찌네의 다른 이름이기도 한다. 보에로라고도 부른

P

다.
⑦ 펫토찌네(토마토) : 토마토를 넣은 변형 파스타이다. 이탈리아에서는 건조 토마토가 가정에서도 만들어지는데 파스타의 색을 내는데 사용된다.
⑧ 펫토찌네(시금치) : 시금치를 넣은 파스타이다. 시금치는 오징어 먹물과 함께 파스타에 넣는 대중적인 식료이다.
⑨ 펫토찌네(전립분) : 메밀면이라는 지방 메밀을 굵게 부순 것을 사용하여 만들고 있다(*스파게티 : 파스타의 대명사로 가벼운 소스나 무거운 소스에 쓰이고 있으며 편리한 파스타이다).
⑩ 캇페르니 : 천사의 머리카락이라는 의미의 이 파스타는 수프에 사용되거나 올리브오일에 섞어 쓰이기도 한다. 이탈리아산 파스타에 비해 그리 많은 종류는 없고 미국산에는 레몬이나 바질을 넣은 것도 있다.
➡ 쇼트파스타 모든 파스타가 쇼트 파스타라 불릴 정도로 이탈리아에서는 쇼트 파스타를 많이 먹고 있다. 쇼트 파스타의 명칭은 대부분이 그 형태에서 유래되고 있는데, 펜네는 말개펜, 콘키리에는 조개, 휘푸펜네는 나비넥타이라는 의미이다. 쇼트 파스타는 점점 그 수가 증가하여 보이로니의 "마미레"처럼 소스의 상태를 생각하여 화학적으로 만들어지는 파스타도 등장하게 되었다. ① 콘키리오니 : 이탈리아의 디자이너인 죠지 아로라는 사람이 소스에 잘 어울리도록 만든 파스타가 이것이다. 보이에로만 팔리고 있다. ② 마리네 : 디자이너인 죠지 아로라는 사람이 소스에 잘 어울리도록 만든 파스타가 이것이다. 보이에로만 팔리고 있다. ③ 엘보 : 엘보란 영어의 팔꿈치란 뜻으로, 관 모양으로 구불어지 쇼트 파스타를 나타낸다. ④ 펜네 : 문자와 펜 모양과 닮아 있어 붙여진 이름으로 마카로니와 함께 대중적인 파스타이다. ⑤ 라비오리 : 중앙에 내용물을 넣은 파스타이다. 내용물은 갈은 고기가 일반적이나 치즈 등도 있다. ⑥ 후짓리 카사레찌 : 수프에 사용되며 이름은 롱 파스타에서 유래되었다. ⑦ 풋실리코르티책샤 : 크기나 내용물이 붙기 쉽고 나비의 애벌레와 비슷한 파스타이다. ⑧ 쿠오리찌니 : 코르크 뚜껑을 비원 호은 의미의 이름이다. 비틀은 간격뿐 아니라 뚫는 구멍에 소스가 들어가기 쉽게 되어 있다. ⑨ 팔파레 : 어원은 나비이다. 전통적인 쇼트 파스타로 제일 완숙한 것의 하나이다. ⑩ 스피게 : 샐러드 수프에 쓰이는 파스타오 밀의 열매 모양으로 되어 있다. ⑪ 피페테 리 가테 : 샐러드에 사용되는데 휘용으로 삶은 수프와 함께 먹는 파스타이다. ⑫ 쉘 : 조개 모양을 하고 있으며 미국 회사의 것이기 때문에 셀이라고 부르고 있으나 큰키리에와 같다. ⑬ 마카로니 : 쇼트 파스타 중 제일 유명한 파스타로 관 모양 파스타의 총칭이기도 하다. ⑭ 크로렛티 : 별 모양을 한 스테리네와 함께 제일 작은 파스타의 하나이며 어린이용 수프에 쓰인다.

Pasta Filata[이 파스타필라타] 이태리로 Pasta Filata(파스타필라타)는 잡아 늘려 반죽한의 뜻으로 응유가 탄력이 생길 때까지 반죽하여 만든 치즈이다.

Paste[영 페이스트] 밀가루에 버터, 우유, 물을 섞어 반죽한 것

P

Pasteurization [영 파스테리제이션] 저온 살균법. 보통 60~80°C의 물 속에서 24시간마다 30~60분간씩 3~7회 가열하여 살균하는 방법. 저온간헐살균이라고도 한다. 고온에서는 변화를 일으키거나 분해되는 물질(비타민·단백질 등)을 함유하는 액체의 살균에 쓰인다. 세균은 액 중에서 60°C로 1~2시간 가열하면 발육형인 것은 사멸하지만 포자는 죽지 않으므로 1일간 상온에서 방치하여 포자가 발육형으로 되는 것을 기다렸다가 다시 가열하여 사멸한다. 이것을 몇 번 반복하여 세균을 모두 죽인다. 그 장치로서는 바트살균기·보온살균기 등이 쓰이고 있다. 보통 61~63°C로 30분간, 혹은 75°C 이상에서 15분간 가열하는 경우가 많다. 이에 반해 1953년경부터 보급되기 시작한 순간살균법이라고도 하는 고온단시간살균법(HTST 법)은 75°C 전후에서 15초간 가열하는 장치를 사용하고, 근년에 실용화된 초고온살균법(UHT 법)은 135°C 전후에서 2~4초간 가열하는 장치를 쓴다.

Pastry [프 페스트리] 페스트리. 밀가루 반죽으로 만든 과자

Pate [프 빠테] 밀가루 반죽, 페스트리의 의미

Patis [프 빠티스] 발효시킨 생선으로 만든 톡 쏘는 맛의 소스

Patty [영 패티] 생선이나 야채를 갈거나 곱게 저며서 동그랗게 만든 것

Pavot [프 빠보] 양귀비

Paysanne [프 페이잔느] domino 보다 작은 장방형으로 약 1 cm 크기로 자르는 법

Pear [영 피어] 배. 서양배와 중국배, 남방형 동양배로 나뉘며 생김새와 맛이 각각 다르다. 서양배는 미국·유럽·칠레·호주 등지에서 재배하고, 중국배는 중국, 남방형 동양배는 한국과 일본에서 주로 재배한다. 열매 중 먹을 수 있는 부분이 약 80% 인데, 수분이 85~88%, 열량은 약 50 kal 이다. 알칼리성 식품으로서 주성분은 탄수화물이고 당분(과당 및 자당) 10~13%, 사과산·주석산·시트르산 등의 유기산, 비타민 B와 C, 섬유소·지방 등이 들어 있다. 기관지 질환에 효과가 있어 감기·해소·천식 등에 좋으며, 배변과 이뇨작용을 돕는다. 가래와 기침을 없애고 목이 쉬었을 때나 배가 차고 아플 때 증상을 완화해 주며 종기를 치료하는 데도 도움을 준다. 그 밖에 해독작용이 있어 숙취를 없애 준다. 날로 먹거나 주스·통조림·잼·배숙 등을 만들어 먹는다. 특히 연육효소가 들어 있어 고기를 연하게 할 때 갈아서 넣기도 한다.

Peach [영 피취] 복숭아. 맛은 달고 시며 성질은 따뜻하다. 과육이 흰 백도와 노란 황도로 나뉘는데, 생과일로는 수분이 많고 부드러운 백도를 쓰고, 통조림 등 가공용으로는 단단한 황도를 쓴다. 중국 원산으로 실크로드를 통하여 서양으로 전해졌으며, 17세기에는 아메리카 대륙까지 퍼져나갔다. 주요 생산국은 중국·미국·이탈리아·에스파냐 등이다. 주성분은 수분과 당분이며 주석산·사과산·시트르산 등의 유기산이 1% 가량 들

P

어 있고, 비타민 A와 개미산·초산·바레리안산 등의 에스테르와 알코올류·알데히드류·펙틴 등도 풍부하다. 과육에는 유리아미노산이 많이 들어 있는데, 특히 아스파라긴산이 많다. 특유의 향은 에스테르·알코올류·알데히드가 어울려서 낸다. 알칼리성 식품으로서 면역력을 키워 주고 식욕을 돋운다. 발육 불량과 야맹증에 좋으며 장을 부드럽게 하여 변비를 없애고 어혈을 풀어 준다. 껍질은 해독작용을 하고 유기산은 니코틴을 제거하며 독성을 없애주기도 한다. 발암물질인 니트로소아민의 생성을 억제하는 성분도 들어 있다. 단 장어와 같이 먹으면 설사를 하고, 자라와 먹으면 가슴통증을 일으키므로 주의해야 한다. 날로 먹거나 통조림·병조림·주스·잼 등으로 가공하여 먹는다.

Peach Melba [영 피취 멜바] ⇨ Melba sauce 를 보시오.

Peanut [영 피넛] 땅콩.

땅콩의 원산지는 남미의 브라질인데 현재 주산지는 인도, 중, 미국, 인도네시아 등이다. 땅콩은 중국에서 도입되었다하여 호콩이라고도 부른다. 땅콩은 두류 중 유일하게 땅 속에 들어 있기 때문에 땅콩이라는 이름이 붙여졌다. 또한 꽃의 가루받이가 끝나면 씨방자루 밑부분이 뻗어나서 땅 속에 파고들어 땅 속에서 열매가 맺어지기 때문에 낙화생이라고도 부른다. 단백질은 콩보다 적으나 필수아미노산인 라이신이 많이 들어 있다. 가장 많은 성분인 지방은 대부분 중성지방이고 불포화지방산 중 리놀산 같은 필수지방산이 많이 들어 있다. 당질은 콩과 마찬가지로 적으며 대부분 전분이고 이외에 갈락토오스도 들어 있다. 무기질로는 칼륨과 인산이 많은 산성식품이다. 비타민 B_1, B_2, E 등이 많이 들어 있으며 특히 B_1과 나이아신이 많다.

Pecan [영 피칸] 호두.

지방 함량이 많아서 60 % 정도이며, 지방산은 리놀렌산이 약 70 %, 올레산이 18 % 가량이다. 단백질은 25 % 정도이며, 글루텔산이 약 60 % 가량 들어 있다. 또한 칼슘이 100 mg%, 인이 300 mg% 들어 있다. 한편 단백질은 트립토판이 아주 많은 양질의 것으로 영양가가 무척 높다. 비타민 함유량도 풍부해 B_1, B_2, C, E가 많이 들어 있다. 식품으로 호두빵, 호두두부, 호두엿, 호두장, 호두죽 등 각종 요리에 들어간다. 뇌세포를 활발하게 하는 건뇌식품이며, 기억력을 좋게 해주기 때문에 시험준비를 하는 자녀들에게 간식으로 줄 만하다. 호두의 지방은 리놀산을 비롯한 불포화지방산으로 되어 있기 때문에 동백경화를 예방하는 작용이 있어 성인병 예방에 좋다고 할 수 있다. 또한 호두에는 무기질과 비타민 B_1이 풍부해서 매일 먹게 되면 피부가 고와지고, 노화방지와 강장 효과도 뛰어나다.

Pecorino [영 페코리노] 양유로 만든 치즈로 지방함량이 38 %이며, 숙성초기는 부드러우나 진하고 자극적인 맛과 향을 지니다. 단단한 것은 갈아서 요리에 이용하기에 용이하며, 대부분의 페코리노 치즈는 수출된다. 이탈리아의 사르디아, 라치오, 토스카나에서 생산되고 있다.

Pectin [영 펙틴] 펙틴. 과실에서는 미숙과인 단계에서는 프로토펙틴이 많이 함유되고, 성숙함에 따라 분해하여 펙티닌산에서 펙트산으로, 다시 저분자인 폴리갈락투론산으로 변화하여 과일의 단단함을 좌우한다. 펙틴은 물에 녹는 펙티닌산이며, 당이나 산의 존재로 겔을 만든다.

Peel [영 필] 과일이나 야채의 껍질을 벗기는 것

Peeking Duck [영 페킹 덕] 북경오리. 북경오리는 부화 후 50일쯤 지나면 운동은 시키지 않고 하루 2~4회 정도 환약처럼 만든 사료를 목구멍에 가득 차도록 먹여 강제로 살을 찌우는 데 살집이 많고 고기가 부드럽다. 굽는 방법은 깃털과 내장을 제거하고 물갈퀴를 떼어내어 겉에 엿을 발라서 나흘간 그늘에 말린 다음, 몸속에 공기를 불어넣어 보기 좋게 부풀린 오리를 대추나무나 배나무 장작 불 위에 매달아 놓고 맥아당 양념을 발라가면서 다갈색으로 익을 때까지 오랜시간 구워내는 것이다. 이렇게 구운 오리를 식기 전에 얇게 썰어 티엔미엔지앙(밀가루와 소금으로 발효시켜 만든 중국식 된장) 양념장에 생파, 오이 썬 것을 함께 싸서 먹는 것

Pepure [프 쁠뤼흐] 껍질

Pemmican [영 펨미칸] 육포에 지방과 과일을 섞어 만든 유대음식

Pepin [프 빼뺑] 과일의 씨, 종자

Pepper [영 페퍼] 후추. 인도 남부 원산이며 열대지방에서 향신료로 가꾼다. 후추는 오래도록 쓰여져 온 대표적인 향신료이다. 검은 후추는 동남아시아, 주로 말라바르해협, 보르네오, 자바, 수마트라가 원산지이고 피페를 니그름이라는 넝쿨에서 완전히 익기 전의 열매를 수확하여 햇볕에 말린 것이다. 완전히 익었을 때는 붉은 색으로 변하는데 이것으로 핑크 페퍼콘을 만든다. 일반적으로 검은 후추가 더 맵고 톡 쏘는 맛이 강한데 흰 후추는 말라바 해협에서 생산되는 것을 최상의 품질로 인정한다. 성숙하기 전의 열매를 건조시킨 것이 후추 또는 검은 후추이고 겉에 주름이 지며 흑색이다. 성숙한 열매의 껍질을 벗겨서 건조시킨 것은 색깔이 백색이기 때문에 흰 후추라 하고 향기가 검은 후추같이 강하지 않은 상등품이다.

Pepper Grass [영 페퍼 그라스] 샐러드용 야채

Pepper Mill [영 페퍼 밀] 즉석 후추 분쇄기

Peppermint [영 페퍼민트] 박하. 높이 90 cm이다. 줄기는 뿌리에서 나와 곧추서거나 위로 올라가며, 땅에 뿌리를 내리며 퍼져나간다. 잔털이 있는 잎은 마주보기로 뾰족하게 나며, 잎줄기가 있고, 톱니 모양의 가장자리에는 5~8쌍의 잎맥이 있다. 정유의 주요 성분인 멘톨은 피부와 점막을 시원하게 해주고, 항균과 통증 완화에 효과적이어서 고대 이집트에서는 식용과 약용 및 방향제로, 고대 그리스에서는 향수의 중요한 성분으로, 그리스와 로마에서는

P

향수 외에도 원기 강화제와 목욕 첨가제로 사용하였다. 정신적 피로와 우울증, 신경성 발작 등에 효과가 있고, 더울 때에는 차갑게 해주고 추울 때에는 따뜻하게 해주는 성분이 점액의 유출을 막아주고 해열과 발한을 돕는다. 감기·천식·기관지염·콜레라·폐렴·폐결핵·식중독·신경통 등에 효과가 있다. 워터민트(Mentha aguatica)와 스피어민트(Mentha spicata)의 교잡종으로, 향기가 후추(pepper)의 톡 쏘는 성질과 닮았다고 하여 페퍼민트라는 이름이 붙여졌다. 원산지는 유럽이지만, 유럽을 비롯해 미국·일본·중국에서도 자란다. 전세계 주요 공급국은 미국이지만 영국산이 최상급으로 취급되고 있다. 멘톨의 청량감 때문에 요리나 디저트의 장식, 과자의 향료, 화장품이나 세제 등 폭 넓게 사용되고 있는 민트.

P

Pepperoni [이 페페로니] 페퍼로니. 돼지고기와 쇠고기로 만든 이탈리아 소시지로, 단단하며 질기고, 피자의 토핑으로 이용

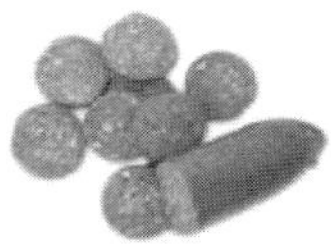

Pepper Sauce [영 페퍼 소스] 후추소스. 만드는 법은 후추를 으깬 다음 버터에 볶는다. 꼬냑을 넣고 불을을 타게 한 후 크림을 넣어 반으로 졸인다. 갈색소스를 넣고 끓인다. 토마토 썰은 것을 첨가하고 소금을 넣고 마무리 간을 한다. 후추는 3분 이상 끓이면 향이 파괴되므로 제 맛을 잃는다. 자조류, 야조류, 육류 등에 이용한다.

Pepper Steak [영 페퍼 스테이크] 스테이크를 검은 후추를 넣고 버터에 볶아서 팬에 남은 국물과 와인, 크림으로 만든 소스를 같이 제공한다.

Perch [프 펄취] 농어류의 민물고기. 몸길이는 약 1 m이고 등쪽은 푸른색이고 배쪽은 은백색이다. 여름철에 많이 나는 농어는 몸길이 50~90 cm 정도로 길고 옆으로 납작하며 입은 큰 물고기의 전형적인 모습을 갖춘 8등신으로 불릴 만큼 날씬한 몸매를 갖고 있다. 농어에는 흰살 생선이지만 지방이 많고 비타민 A, B가 풍부하며 각종 필수 아미노산도 많이 들어있다.

Perigouridin Sauce [프 페리구라뎅 소스] 최고급의 소스. 3대 진미중의 송로와 거위간이 들어간다. 냄비에 송로를 다져서 넣고 버터를 넣고 볶아서 꼬냑을 넣는다. 불을 낸 후 마데라 소스를 첨가하고 체에 거른다. 거위간을 넣고 잘 풀어 준 후 소금, 후추 등을 넣어 사용한다.

Persil [프 빠흐씨] 파슬리

Persil Giant [영 파실 자이언트] 미나리와 비슷하며, 생으로 샐러드에 첨가한다.

Persimmon [영 펄시몬] 감. 감의 주성분은 당질로서 15~16%인데 포도당과 과당의 함유량이 많으며, 단감과 떫은감에 따라 약간의 차이가 있다. 떫은맛의 성분은 디오스프린이라는 타닌 성분인데 디오스프린은 수용성이기 때문에 쉽게 떫은맛을 나타낸다. 아세트알데히드가 탄닌성분과 결합하여 불용성이 되면 떫은맛이 사라진다. 단감의 속이나 과피의 검은 점은 타닌이 불용화한 타닌세포의 변형이다. 비타민 A, B가 풍부하고 비타민 C는 100 g 중에 30~

50 mg이 함유되어 있다. 그 밖에 펙틴, 카로티노이드가 함유되어 있다. 과일의 색은 과피의 카로티노이드 색소에 의한 것인데, 짙은 주황색인 리코핀(lycopin)의 함유량은 가을의 일조조건과 관계가 있다. 서양에서는 감 먹기를 조심하고 있는데, 감의 탄닌성분이 지방질과 작용하여 변을 굳게 하기 때문이다.

Petit [프 쁘티] 소형

Petit Dejeuner [프 쁘띠 데즈네] 아침식사

Petit Four [프 쁘띠 프어] 식후에 커피와 함께 제공되는 작은 케이크의 일종

Petits Fours Glace's [프 쁘띠 프어 글라세] 제노와즈와 롤케이크 반죽을 얇게 구워 잼을 발라 포개어 폰당을 씌우고 초콜릿이나 잼으로 장식한 것

Petit Knife [프 쁘띠 나이프] 칵테일이나 장식용 과일을 자르거나 간단한 오드볼을 만드는 데 사용하는 소형의 칼

Petit Marmite [프 쁘띠 마르미트] 강력한 콩소메와 닭고기 국물을 함께 합치고 다이아 모양으로 잘라 삶은 야채, 쇠고기 그리고 닭고기와 함께 차려냄

Peptit Sale [프 쁘띠 세일] 칵테일 파티용 스넥

Petit Suisse [프 쁘띠 스위스] 유지방이 60~70 %의 프랑스산 크림치즈

Pheasant [영 페잔트] 꿩. 전체길이 수컷 80 cm, 암컷 60 cm이다. 생김새는 닭과 비슷하나 꼬리가 길다. 수컷과 암컷의 몸 빛깔이 아주 다른데, 흔히 빛깔이 고운 수컷을 장끼, 빛깔이 곱지 않은 암컷은 까투리라고 부른다. 주로 아시아 중남부, 중국 동부, 한국 등지에 약 50종이 분포한다.

Piccanter Gorgonzola [이 피칸테 고르곤졸라] 굳고 강하고 푸른색의 치즈. 우유로 만든 곰팡이 숙성 치즈로 프랑스의 로크폴트나 영국의 스틸턴과 비슷한 특유의 향미가 있다. 오래되면 향이 강하고 자극적인 맛이 난다.

Pichet [프 삐쉐] 저그잔

Picholine [프 삐꼴린] 작은 올리브 열매

Pickle [영 피클] 피클. 채소나 과일에 각종 향신료를 첨가하여 만든 서양식 소금(초) 절임 장아찌. 장기간 보존할 수 있고, 언제든지 쓸 수 있기 때문에 서양에서는 여러 가지 종류의 피클을 만들어 저장하고 있는 가정이 많다. 오르되브르 · 샌드위치 · 샐러드, 냉제요리의 장식 또는 카레 요리의 양념 등 용도가 넓다. 오이에 월계수 잎 · 시나몬(계피) · 너트메그 · 딜 · 파슬리 · 세이지(샐비어) · 붉은고추 · 마늘 · 후춧가루 등의 향신료와 설탕, 소금, 식초를 넣어 만든다. 장기간 보존하기 위해서는 저장병 등을 가열살균한 후 담고 밀봉하여 냉암소에 보관한다.

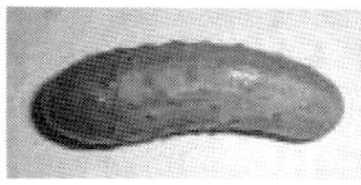

Pickling Spices [영 피클링 스파이스] 피클에 이용하는 향신료. 월계수 잎 · 시나몬(계피) · 너트메그 · 딜 · 파슬리 · 세이지(샐비어) · 붉은고추 · 마늘 · 후춧가루 등이 쓰인다.

Pie [영 파이] 파이. 파이 그릇을 이용하여 밀가루반죽(파이껍질)을 밑에 깔고 또 하

P

나는 위에 덮어 고기나 과일 등의 소를 채워 구운 서양요리. 재료로는 고기와 해산물 등을 사

용하는 파이는 주요리나 앙트레로 이용되고, 과일 등을 이용한 것은 후식(디저트)으로 이용된다. 파이에는 껍질을 위아래로 덮은 과일 파이와 밑면에만 껍질이 있어, 소 재료가 보이는 파이가 있다.

Pilaf [프 필라프] 오일과 버터로 볶다가 스톡에 조리한 쌀밥요리

Pilau [영 필라우] 쌀의 요리로 동양적 또는 터키식으로 쌀에 날짐승고기, 후추를 넣어 만든 요리, 즉, 쌀에 고기, 야채를 섞어 기름에 볶은 후, 향료를 가미한 요리

Pilsner [영 필슨너] 체코슬로바키아의 필슨 지방에서 생산되는 맥주

P

Pimento [프 피맨토] 피망. 남아메리카 원산지로 피망이라는 이름은 프랑스어 'piment'에서 유래하는데, 이것은 전체적인 호칭이다. 샐러드용 등으로 많이 사용된다.

Pincer [프 뺑쎄] 새우, 게 등의 갑각류의 껍질을 빨간색으로 만들기 위해 센불에서 볶는 것

Pine Agaric [프 파인 아가릭] 송이버섯 송이는 적송에 기생하는 향기가 놓은 버섯으로 종전에는 자연생의 것만을 이용하여 왔으나, 근년에는 인공적으로 임지재배가 가능하게 되었다.

Pineapple [영 파인애플] 파인애플. 열매는 즙이 많고 수크로오스 10%, 시트르산 1% 가량이 들어 있으며 상쾌한 신맛과 단맛이 있다. 비타민 C가 과실 중 가장 많다. 또한 브로멜린이라고 하는 단백질 분해효소도 들어 있어서 육류의 소화를 돕는다.

Pineapple Mint [영 파인애플 민트] 잎에 크림색 반점이 있는 것이 특징으로 어린잎을 차, 젤리, 캔디, 디저트에 이용한다.

Pineapple ˌSage [영 파인애플 세이지] 원산지 유럽이고, 박하향이 나며, 송아지, 돼지고기, 소시지, 가금류, 토마토 주스, 스프에 이용한다.

Pink Lady [영 핑크 레이디] 칵테일 핑크레이디. 드라이 진 45ml, 그러너덴 시럽 20ml, 계란 흰자위 1개분을 넣어 세이커에 얼음과 재료를 넣고 충분히 흔들어서 잔에 따른다. 핑크레이디는 1912년 런던에서 대 히트한 무대 「핑크 레이디」를 기념하여 만들어진 칵테일이다. 천추락의 마감 파티에서 주연 여배우 헤이즐 돈에게 바친 술이라고 한다. 이름 그대로 핑크 색의 아름다운 칵테일이다.

Pinnata Lavender [영 피나타 라벤더] 향이 강하고 음료에 이용.

Pipping Jelly [영 피핑젤리] 케이크에 이용하는 젤리

Piquance Sauce [프 피쿠안 소스] 그레비 소스에 양파, 화이트 와인, 식초, 타라곤, 피클, 후추를 넣어 만든 소스

Piquant [프 피쿠안트] 향신료를 많이 이용하여 양념을 한 요리

Piquer [프 삐께] 찍다. 찌르다. 파이 생지가 부풀어 오르지 않게 포크로 구멍을 내

어 부풀어 오르게 하는 것

Pistachio [프 피스타치오] 피스타치오. 중·서아시아 원산지이며 열매는 핵과로서 달걀 모양 타원형이고 길이 1.5 cm 정도이며 붉은빛을 띤 노란색이다. 과육을 제거한 흰 내과피가 피스타치오 너트(pistachio nut)이다. 이 안에 육질의 떡잎이 들어 있는데 날것으로 먹거나 과자·아이스크림의 재료로 사용한다.

Pizza [이 피자] 피자. 이태리를 대표하는 음식 중의 하나인 피자(pizza)는 고대 그리이스 로마 시대에 모레툼(moretum)이라 하여 이스트를 넣지 않고 그름과 식초를 넣은 반죽을 구워낸 납작한 빵에 마늘과 양파를 곁들여 먹은 일반적인 빵이었다. 또한 당시 이탈리아 남부의 나폴리에서는 모레툼과 비슷한 라가노(lagano)라는 것이 있었는데, 이스트를 넣지 않고 납작하게 구워내는 빵으로 각종 야채를 얹어서 먹는 오늘날의 피자와 비슷한 음식이 있었다. 이후 18세기에 접어들어 토마토를 첨가하여 이 피체아라는 말에서 피자라는 신어가 생겨난 것으로 보인다. 이는 점차 모짜렐라치즈, 엔초비, 각종 오일, 마늘 등을 첨가하기 시작하면서 오늘날과 같은 피자의 원형이 생겨났다.

Pizza Sauce [이 피자 소스] 피자 소스. 피자의 전체적인 맛을 좌우하는 재료로 토마토 페이스트나 토마토 홀을 쓰는 것이 일반적이나, 이탈리아에서는 토마토의 원형을 그대로 사용한다. 일반적인 피자소스는 미국에서 개발 한 것으로 토마토를 통째로 갈아 건조시킨 토마토페이스트를 물로 희석하여 양파, 마늘 등과 같은 채소, 향료(오레가노, 바질)를 첨가하여 만든다.

Plain [영 플레인] 아무것도 가미하지 않은 음식이나 음료의 본래의 상태

Plat du Jour [프 플라 뒤 주르] 주방장이 추천한 오늘의 메뉴

Plum [영 플럼] 자두. 생김새는 복숭아 비슷하나 좀 작고 신맛이 있는 과일이 자두이다. 과실은 보통 3~4 cm로 구형과 달걀모양이며 유기산이 1~2 % 들어 있어 신맛이 한데 사과산이 대부분이다. 펙틴이 많이 들어 있어 잘 엉기는 성질이 있어 잼과 젤리가 잘 만들어진다. 건조시킨 것은 프룬(Prune)이라고 한다. 과일로 먹는 것 외에도 잼, 젤리, 통조림, 과실주 등으로 많이 쓰인다.

Poaching [영 포칭] 뜨거운 물에 삶는 것이나 끓기 직전 액체에 삶아 익히는 것. 또는 육즙이나 생선즙, 포도주로 천천히 끓여 익힌다.

Poach [프 포취] 끓는 액체에 넣어 데치거나 반죽하는 요리

Poche [프 포쉬] 짤주머니

Pochouse [프 포슈즈] 생선스튜

Poelee [프 뽀왈] 프라이팬 하나의 양

Poeler [프 뽀왈레] (냄비에) 찌고 굽다. 바닥에 깐 야채 위에 놓은 재료에 국물이나 액체를 가해 밀폐시켜서 재료가 가진 수분으로 쪄지도록 천천히 익히는 조리법

Poire [프 뽀와흐] 배

P

Poireau [프 **뿌와호**] 대파

Poiree [프 **뿌와헤**] 근대

Pois [프 **뿌와**] 완두콩

Poisson [프 **뿌와송**] 생선

Poivrade Sauce [프 **뽜하브하드 소스**] 야금류의 대표적인 소스인데 원래 후추 맛이 나는 매운소스이다. 이소스는 양고기 요리에 필요하며, 육류에 식초와 백포도주로 마리네하고 미르포와를 넣고 졸이고 백포도주를 첨가한 다음 빻은 통후추로 맛을 돋구는 것이다. 쇠고기 구이나 스테이크, 콘소메나 스톡의 베이스로 이용한다. 만드는 법은 고기에 준비한 채소를 넣고 향신료와 기름 등을 모두 넣어서 24시간 술에 담구어 냄새와 향이 스며들게 한다. 채소와 고기는 따로 따로 색깔이 나도록 볶는다. 마리네한 주스인 갈색소스를 넣어 천천히 끓인다. 거품을 계속 걷어내면서 버터나 전분으로 농도를 맞추어 소창으로 걸러서 사용한다. 후추맛이 강해야 하므로 사용 시 후추를 더 첨가하면 이상적인 소스가 된다.

Poivre [프 **뿌와브흐**] 후추

Poivron [프 **뿌와브홍**] 피망

Pollo [이 **뽈로**] 닭고기

Pollock [영 **뽈락**] 북대서양에서 발견되는 대구

Pomegrante [영 **포메그란테**] 석류. 원산지는 페르시아이며, 국내는 전북, 경북 이남이다. 석류의 열매는 9~10월에 황색 또는 황홍색으로 익히는 데 안에는 붉은 색의 종자가 들어 있다. 열매즙은 약간 신맛이 나며 무척 달고 빛깔도 아름답다. 이런 신맛과 단맛을 이용하여 청량음료를 만드는데 청량음료의 성분은 그라나신이다. 과즙의 주요 성분은 당질이 16.7%와 유기산 1.5%이다. 비타민 C가 약 10 mg%가 포함되어 과육의 선명한 홍색은 안토시아닌 색소이다. 영양적으로 칼륨, 비타민 B_1, B_2, 니아신이 많이 함유되어 있다. 새콤하고 깔끔한 맛이 강해서 식전요리에 어울리는 열매로 생과일이나 화채로 이용하고 있으며, 설탕절임, 주스 및 청량음료의 원료로 쓰인다. 씨앗이 투명하고 붉은 색이 있어 아름다우므로 디저트 모양을 내는데 사용. 또한 칵테일을 만들면 루비와 같은 아름다운 색을 연출할 수 있고, 오렌지나 레몬을 곁들인 주스는 일품이다.

Pommade [프 **포마드**] 유지나 크림을 부드러운 상태가 되도록 만드는 것

Pomme [프 **폼므**] 감자, 사과

- compote de Pommes (꽁뽀드 드 뽐므) : 사과 소스
- Pomme golden (뽐므 골덴) : 골덴 사과
- Pomme allumettes (뽐므 알뤼메뜨) : 성냥개비 정도의 굵기가 되도록 자른 감자
- Pommes Chteaux (뽐므 샤또) : 위 아래를 깎아 방추 모양으로 깍은 감자
- Pommes Frites (뽐므 프히뜨) : 포테이토 칩형태로 잘라 튀긴 것
- Pommes Graufrettes (뽐므 고프헤뜨) : 격자무늬의 감자
- Pommes Noisettes (뽐므 누와제뜨) : 스푼 등으로 둥글게 파낸 감자
- Pommes Pailles (뽐므 빠이오) : 지푸라기 모양으로 자른 감자

P

◎ Pommes Pont-neuf (뽐므 뽕 뇌프) : 1 cm×5 cm 길이의 막대기 모양으로 자른 감자

◎ Pommes Puree (뽐므 쀠헤) : 익힌 감자를 으깬 것

◎ Pomme de terre (프 뽐므 드 떼흐) : 감자

Pony [프 **포니**] 30 ml 를 계량하는 양

Ponzu Sauce [프 **폰즈 소스**] 폰즈소스. 가다랭이포, 쌀식초, 간장, 미림 또는 사케술, 다시마를 우려내어서 생선회나 냄비요리, 샤브샤브를 찍어 먹는 소스

Popote [프 **뽀뽀뜨**] 구이요리

Popcorn [영 **팝콘**] 팝콘. 압력이 걸리는 용기에 옥수수 낟알을 넣고 밀폐한 후 가열하면 용기 속의 압력이 높아져 옥수수는 급격히 팽창하면서 터져 수배로 부풀어른 것을 팝콘이라 한다. 옥수수는 알의 형질에 따라서 대략 6종류로 나뉘는데, 팝콘에 사용되는 것은 폭립종이라고 하는 알이 작은 종류이다. 튀긴 그대로 먹기도 하고, 조미하여 먹기도 한다.

Popover [영 **팝오버**] 팝오버. 구울 때 속이 부풀어서 속이 거의 빈 가벼운 머핀. 발효시키지 않은 묽은 반죽을 아주 뜨겁게 한 오븐에 넣고 부풀어 오르게 한다. 재료는 밀가루(중력분), 우유, 달걀, 소금, 버터(녹인 것)를 이용하며, 만드는 법은 머핀틀에는 버터를 바르고 그릇에 밀가루를 담고 우유와 달걀, 소금, 버터를 넣어 잘 섞는다. 체에 걸러 덩어리지지 않도록 하고 머핀틀에 채워서 오븐에 굽는다.

Poppy [영 **퍼피**] 양귀비. 앵속·약담배·아편꽃이라고도 한다. 지중해 연안 또는 소아시아가 원산지이다. 익지 않은 열매에 상처를 내어 받은 유즙을 60°C 이하의 온도로 건조한 것이 아편이다. 성분으로는 모르핀·파파베린·코데인 등의 알칼로이드 성분과, 납·수지·타닌·단백질 색소 등이 들어 있다. 중추신경 계통에 작용하여 진통·진정·지사 효과를 내므로 복통·기관지염·불면·만성 장염 등에 복용한다.

Poppy Seed [영 **퍼피 시드**] 양귀비씨, 견과류의 진한 맛을 지닌 양귀비씨는 둥근 깍지에 쌓여진 작고 가는 모양으로 특히 유럽에서 다양한 조리법으로 많이 사용하는 스파이스다. 양귀비씨에서 짜낸 첫 번째 '콜드프레스 오일'은 아몬드처럼 고소한 맛을 내기 때문에 맛좋은 샐러드용 오일로 사용된다. 중앙 북유럽에서는 까맣게 익은 씨를 빵이나 케이크에 많이 이용하고, 중동지역과 인도에서는 고기나 생선요리에 사용되는 진한 소스를 만드는 데 이용하며, 일본에서는 7가지 서로 다른 스파이스를 섞어 놓은 '시치미'에 들어가는 재료 중의 하나로 우동이나 밥에 뿌려 먹는 마른 향신료로도 사용된다. 까맣게 익은 양귀비씨는 빵이나 케이크를 만들 때 반죽에 조금 넣어 향을 내기도 하고, 오븐에서 구워낸 따끈한 빵에 묻혀서 먹기도 한다. 양귀비씨는 견과류의 맛을 내기 때문에 다양한 스파이스와 섞어 풍부한 맛을 즐기는 소스류에 많이 쓰인다.

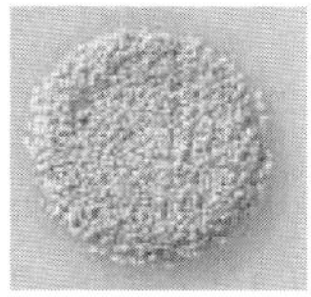

P

Porc [프 **뽀흐**] 돼지

Porche [프 **뽀세**] 우리나라 족발과 비슷한 브래튼의 특산물

Porcini [프 **포시니**] 야생식용 버섯, 스프, 스튜에 이용

Porgy [영 **포지**] 도미과. 최대 몸길이 1.2m이다. 위턱 앞뼈의 앞끝에서 위 뒤쪽으로 향한 돌기는 머리 뒷부분까지 이어지지 않는다. 턱 옆의 이는 어금니 모양이고 앞니는 원뿔 모양이다. 호미뼈에는 붉돔을 제외하고는 이빨이 없다. 오븐이나 그릴에 굽거나 찜과 튀김에 이용된다.

Provencale Sauce [프 **프로방살 소스**] 프로방살 소스. 버터를 넣고 양파, 마늘 다진 것을 볶는다. 백포도주를 넣고 반으로 졸인다. 토마토를 넣고 페이스트를 첨가한다. 갈색 소스를 넣어서 끓인 다음 올리브와 양송이를 썰어 넣는다. 파슬리와 소금으로 간을 하고 버터와 밀가루로 농도를 맞춘다.

Pork [영 **포크**] 돼지. 돼지의 종류는 수십종이 있으나 크게 흰돼지와 검정돼지로 나눌 수 있다. 흰돼지는 비계가 두꺼워 살이 많이 찌고 빨리 크는 데 비해 검정돼지는 사료효율이 나빠 빨리 크지 않지만 살이 단단하고 맛이 좋다. 돼지고기는 잡은 지 3~4일 지난 것이 가장 맛있다고 하며, 오래 되면 고기가 누레지고 단면이 휘어진다. 원래 고기의 빛깔은 쇠고기보다 연한 분홍색이고 쇠고기에 비해 지방 함량이 많고, 지방이 희고 견고한데, 방향이 있는 것이 우량품이다. 돼지고기는 대체로 연하고 지방질이 많아 열량을 많이 얻을 수 있는 식품이므로 여러 가지 요리에 폭넓게 이용된다. 돼지고기에는 혈관내 콜레스테롤이 쌓이는 것을 막는 작용의 불포화지방산 함량이 쇠고기보다 2~6배나 많다. 또한 비타민 E, B_1, B_2 등은 쇠고기보다도 월등히 많다. 한국의 돼지고기 요리로는 삶아 눌러 만든 제육을 양념하여 구이나 볶음을 하고, 갈비나 족으로는 찜을 하며, 돼지머리는 삶아 돼지머리 편육을 만든다. 돼지고기의 부위는 쇠고기만큼 자세히 분류하지 않고 대체로 어깻살·등심·삼겹살·방앗살·뒷다리 등으로 구분한다.

① 안심 : 가장 부드러운 부분으로 지방분이 적어 맛이 담백하다. 스테이크, 커틀릿, 탕수육, 철판구이 등에 좋다. ② 로스트 : 근육이 적고 부드러우며 지방이 많은 부위로, 커틀릿, 구이, 볶음 등에 알맞다. ③ 볼깃살 : 전체적으로 가운데 부분보다 밖의 부분이 질기고 빛깔도 약간 엷으며 지방이 적고, 지나치게 가열하면 질겨지기 쉬우나 크게 썰어서 조리하면 쉽게 질겨지지 않는다. 탕이나 불고기, 중국요리의 볶음류에 적당하다. ④ 수파육 : 빛깔이 진하고 비교적 질기다. 지방은 적으며 주로 살코기로 되어 있다. 스튜, 수프 등에 적당하다. ⑤ 삼겹살 : 지방과 살이 번갈아 있어 기름기가 대단히 많고 맛이 진하다. 그대로 구워 먹기도 하고, 장시간 끓이는 요리에도 적당하다. 베이컨으로 가공해서 이용한다. 돼지의 내장도 풍부한 영양원으로 요리에 많이 이용한다.

◐ 돼지의 내장 ① 간 : 냉수에 담가 핏기를 빼고 우유에 담갔다 쓰거나 마늘과 생강을 많이 넣고 조리한다. 튀김, 볶음, 조림하여 먹는다. ② 심장 : 양념을 많이 해서 볶거나 구워 먹는다. ③ 콩팥 : 박힌 힘줄은 도려내고 삶아서 오이와 같이 섞어 마늘을 많이 넣은 초간장에 버무려 먹는다. ④ 위와 장 : 손질을 해서 따뜻한 물에 담가두면 기름기와 냄새가 없어진다. ⑤ 돼지내포국 : 푹 삶은 돼지내장에 갖은 양념을 하고 대추, 밤, 은행, 당면 따위를 넣고 국물이 잘팍해지도록 끓이는 것인데 볼품도 있고 영양가도 높다고 한다.

Pork Sausage [영 포크 소시지] 돼지 소시지. 돼지고기 간 것, 지방과 향신료를 첨가하여 만든 것

Porto Sauce [프 포르토 소스] 포로토 와인 소스. 포르토 포도주를 1/2 정도 졸인 다음 갈색 소스(Brown Sauce)를 넣고 5분 정도 끓인다. 서빙시 소금, 후추와 약간의 포르토 포도주를 넣으면 맛이 이상적이다. 소스가 단맛이 나게 한다. 가조류, 야조류에 사용한다.

Porridge [영 포리쥐] 서양죽. 아침 식사로 이용하기 좋은 곡물요리로 납작귀리에 물과 우유를 부어 저으면서 소금을 넣어 간을 맞추어 그대로 먹든지 설탕을 조금 타서 먹는다. 통귀리를 사용할 때는 물에 하룻밤 담갔다가 약 20분간 소금을 조금 넣고 끓여 걸쭉하게 되면 우유나 크림을 넣고 설탕이나 시럽 등으로 맛을 내어 뜨거울 때 먹는다.

Potage Cream [프 포타쥐 크림] 밀가루를 버터에 볶다가 수프 스톡을 넣어 끓여서 부드러워지면 우유를 넣어 따끈하게 데우고 소금과 후춧가루로 양념하여 수프 접시에 담고 크래커(부순 것)나 크루통을 띄운다. 밀가루를 볶기 전에 양파를 다져서 볶다가 밀가루를 섞어서 양파의 향미를 가미하기도 한다.

Potage Lie [프 포타쥐 리에] 야채, 육류 및 생선 스톡 등으로 만든 스프 중 진하고 걸쭉한 스프

Potage Puree [프 포타쥐 퓨레] 야채스프, 육류나 채소류를 갈아서 체로 걸러 농축시켜서 요리에 기본적인 맛을 내는 재료. 고형분은 12～13%이고, 걸쭉한 점도를 가진다. 퓌레를 다시 농축해서 배 정도의 농도를 가지게 만든 것을 페이스트라고 한다.

Potage Velute [프 포타지 벨루테] Bouillon에다 밀가루를 버터에 볶아 넣은 것을 기본으로 하고 계란과 야채를 섞은 것이다.

Potato [영 포테토] 감자. 감자의 원산지는 남아메리카 안데스 산맥이며, 5C경 잉카족의 주식으로 이용되었다고 한다. 우리나라에는 조선 순조 24년인 1824년에 만주의 간도 지방으로부터 전래되었다. 감자의 주요성분은 수분이 약 78%, 단백질이 2%를 차지하며, 당질은 18.5%, 섬유질은 0.5%이고 pectin이 포함되어 있다. 무기질은 P이 가장 많이 함유되어 있으며 Ca의 함량은 낮은 편이다. 또한 K은 쌀의 4배에 이르는 많은 양을 함유하여 Na을 포함한 식염과 함께 섭취하는 것이 Na/K 균형에 도움이 된다.

① 위장장애, 고혈압에 효과적 : 신경성 위

P

염, 위궤양, 고혈압으로 고생하는 사람에게 감자가 좋다. 특히 스프를 끓여 먹으면 효과적인데 이는 감자에 비타민 B군, 비타민 C, 칼륨이 많기 때문이다. 비타민 B군은 체내의 에너지 대사를 촉진하거나 생리기능을 조절하는 작용이 있으며, 특히 판토텐산은 위나 장의 점막을 튼튼히 해 준다. 판토텐산은 화상 또는 베인 상처에 바르는 연고속에도 들어 있는 비타민으로 위나 장점막의 상처를 빨리 치료해 준다. 비타민 C는 '세포간물질'이라는 콜라겐의 생성을 촉진, 세포와 세포의 결합을 확고히 해 준다. 이것도 궤양 등의 상처를 치료하는 데 빠뜨릴 수 없는 비타민이다. 또, 점막을 강화하는 작용도 있어 위점막을 튼튼하게 하여 위암이 생기는 것을 예방해 준다. 한국인의 고혈압은 지나친 염분 섭취가 원인인 경우가 많은데, 칼륨은 뇨를 만드는 신장의 세뇨관에 작용하여 수분과 함께 나트륨을 체외로 내보내므로 혈압을 안정시키는 데도 도움을 준다. 이러한 비타민 B군과 비타민 C, 칼륨은 모두 수용성으로 감자를 삶으면 물속에 녹아나온다. 따라서 감자스프처럼 유효성분까지 섭취할 수 있도록 조리하여 먹는 것이 좋다. 그래도 다른 식품에 비해 감자가 손실이 비교적 적은 이유는 감자를 가열하면 전분이 호화되어 열에 약한 비타민 B군과 비타민 C를 둘러싸서 보호해 주기 때문이다. 따라서 감자는 다른 어떠한 식품보다도 가장 손쉽게 효과적으로 영양분을 섭취할 수 있는 식품인 것이다.

② 병균침입을 막는데 도움이 된다. : 감자의 비타민 B_6나 판토텐산 등은 임파를 우리 몸에서 만들어내는데 없어서는 안 될 영양소이다. 임파는 백혈구의 약 1/3을 차지하는 성분인데, 이것이 이를테면 '몸의 파수병' 또는 '방위군' 같은 역할을 해 체내에 병균이 침입하거나 이상세포가 생기면 그것들과 싸워서 증식되는 것을 막는 작용을 한다.

③ 당뇨병의 식사요법 : 당뇨환자는 대부분 과식 습관이 있기 때문에 칼로리를 제한하는 식사요법을 지속하지 못하는 경우가 많다. 공복감 해소, 즉 칼로리가 적으면서 만복감을 줄 수 있는 식품을 이용해야 한다. 따라서 당뇨병의 식사요법에 적극 권장하고 싶은 것이 감자다.

④ 식물섬유 : 공복감이 클 때 식물섬유가 풍부한 감자를 주식으로 해도 좋다. 싹을 제거하고 껍질째 삶아서 사용하면 식물섬유를 보다 많이 섭취할 수 있을 뿐 아니라 쌀밥보다 위속에 머무는 시간이 길어서 공복감을 이겨내는 데는 최적이다.

⑤ 칼륨 : 칼륨은 인슐린을 만들 때 필요한 무기질이다.

Potato Chip [영 포테이토 칩] 감자칩, 아주 얇게 통썰기한 감자를 기름에 바삭하게 튀긴 것. 8% 소금물에 10분 정도 담갔다가 마른 행주로 물기를 닦아서 튀기면 단시간에 좋은 빛깔로 잘 튀겨진다. 맥주안주나 고기요리에 곁들이는 음식으로 사용된다.

Potato Flour [영 포테이토 플라워] 감자전분. 감자는 수분함량이 79.5%로 수분이 많아 저장 중에 감자가 부패하기 시작하면 녹말을 추출하여 이용하였다. 감자녹말은 감자를 독에 넣고 썩혀 물을 갈아가며 탈취시키고, 녹말 외의 물질은 걸러 버려 녹말을 추출하였다.

Potato Salad [영 포테이토 샐러드] 감자 샐러드. 샐러드는 본래 육류를 많이 먹는 서양 사람들이 산성 식품인 육류요리에 알칼리성 생 채소를 곁들여 먹은 샐러드이다.

Pot Liquor [영 팟 리큐어] 육즙, 비타민이 풍부한 채소와 육류 등을 요리하면서 나온 즙

Potluck Dinner [영 포트럭 디너] 포트럭 디너 파티의 한 형태로 각자가 본인이 만든 음식이 가지고 와서 즐기는 파티. 주최자가 음식목록을 작성하여 주요리, 샐러드, 디저트로 분류하고 참석자들에게 그 중 한 가지의 음식을 지참케 하여 하는 파티.

Pot Roast [영 팟 로스트] 쇠고기를 앞뒤로 노릇하게 구운 후 뚜껑을 덮고 약간의 물을 넣고 천천히 익히는 것

Potted Shrimp [영 파티드 쉬림프] 주사위로 자르거나 퓌레를 한 새우를 버터와 섞어서 새우를 저장하는 것

Poularde [프 뿔라흐드] 살찐 닭이나 암탉, 로스트에 적합

Poulet [프 뿔레] 닭, 칠면조, 오리 등의 가금류의 총칭

Poulet Stock [프 뿔레 스톡] 가금류, 엽조류의 뼈, 날개, 목, 다리를 향신료와 미르포와를 넣고 2시간 이상을 끓안 후 후추, 소금으로 간하고 면보로 거른 육즙

Poulpe [프 뿔쁘] 낙지, 오징어

Poultry [영 폴츠리] 가금류, 닭, 거위, 오리, 꿩, 칠면조 등의 조류

Poultry Shears [영 폴츠리 쉐어] 가금류를 자르는 가위

Pound Cake [영 파운드 케이크] 파운드 케이크. 밀가루 · 달걀 · 설탕 · 버터를 각각 1 대 1의 비율로 섞어 만든 케이크. 밀가루 · 달걀 · 설탕 · 버터를 각각 1파운드(453.6 g)씩 넣어 만들었다 해서 붙여진 이름이다.

Poupelin [영 풀페린] 슈 페스트리를 크고 납작하게 만든 것으로 아이스크림이나 과일 무스를 첨가하여 준다.

Pour Batter [프 포 바터] 밀가루와 물을 같은 비율로 넣어서 섞은 얇은 반죽

Pourer or Pouring Lip [영 포우어 혹은 포우링 립] 용기에 들어 있는 액체를 쏟아내기 위하여 병 입구에 부착시키는 보조 병마개

Pourly [프 뿌흘뤼] 프랑스의 원통의 염소치즈

Pousse Cafe [프 뿌쓰 까페] 칵테일, 프랑스의 Pousse 카페에서 바텐더가 만든 것으로 칵테일 중에서 가장 화려하다. 재료는 그레나딘 시럽, 칼루아, 크림 드 멘트 그린, 갈리아노, 블루 퀴라소 등 리규르, 증류수, 시럽 등 5가지를 섞이지 않게 비중이 무거운 리큐르를 아래쪽으로 가벼운 증류수를 위쪽으로 쌓는다. 재료의 개성 그대로 진한 맛을 내는 칵테일을 입에 한 번 넣어 입안에서 섞어 마신다. 만드는 법은 잔에 순서대로 섞이지 않게 부어 띄우는 것으로 띄우는 방법은 엔젤스 팁과 같으나 각 재료의 양을 일정하게 하는 것도 매우 중요하다. 푸즈 카페의 재료는 꼭 정

해져 있지는 않으나 색깔과 비중을 참고해야 한다.

Poussin [프 뿌쎙] 병아리

Powdered Sugar [영 파우어 슈가] 분당, 가루설탕

Praline [영 프랄린] 프랄린. ① 미국 남부의 명산물로 아몬드, 호두 등을 넣은 초콜릿 ② 설탕에 졸인 아몬드

Prawn [영 프론] 새우. 새우는 세계적으로 많이 애용되는 식품으로 양질의 단백질과 칼슘을 비롯한 무기질, 비타민 B 복합체 등이 풍부하다. 특히 메치오닌, 라이신 등 여덟 가지 필수아미노산이 골고루 들어 있다. 새우의 독특한 단맛은 글리신이라는 아미노산과 베타인이라는 성분 때문인데 베타인은 맛의 증가와 콜레스테롤치를 감소시키는 작용을 한다. 새우는 콜레스테롤 식품이나 새우에 들어 있는 콜레스테롤은 HDL 콜레스테롤로 체내 조직에 침착되어 있는 콜레스테롤을 떼내 간으로 운반하여 담즙산과 담즙산염으로 변화시킨 다음 육류의 소화흡수 등에 관여하고, 체외로 배설시키는 작용을 하므로 걱정이 없다. 새우는 갑각류로 카로틴 성분을 많이 지니고 있으며, 껍데기는 키틴과 키토산을 많이 함유하고 있다. 요리에 새우는 튀김, 삶기, 에피타이저 등에 이용한다.

Premavera [프 프리마베라] 프랑스 요리에서 신선한 야채를 가니쉬로 장식하는 것

Preserve [영 프리저브] 오랫동안 저장할 수 있도록 준비하는 것. 냉장, 냉동, 통조림, 염장, 훈제, 탈수 및 절임류를 의미

Preserves [영 프리저브즈] 프리저브. 프리저브는 과일의 형태가 있게 조린 것이다. 마멀레이드는 프리저브의 일종으로 그레이프프루트 · 오렌지 · 레몬 같은 감귤류 과실을 가늘게 채로 썰어서 설탕에 조린 것이다. 프리저브는 과일을 반으로 나누어 반만 처음부터 설탕과 함께 끓이고, 한참 끓은 후 나머지 반을 넣고 조리면 나중에 넣은 것은 형태가 남게 된다. 프리저브로 만드는 과일로는 체리(양버찌) · 무화과 · 복숭아 · 배 · 자두 · 딸기 등이 있다.

Pression [프 프헤씨옹] 생맥주

Pressed Cooky [영 프레스 쿠키] 쿠키 몰드로 눌러서 만드는 쿠키

Pressure Cooker [영 프레서 쿡] 압력솥. 밀폐함으로써 솥 안의 압력을 높여서 상압에서는 잘 삶아지지 않는 식품을 단시간에 조리하는 기구

Presure [프 프헤쥐흐] 소의 제4위의 내막의 응유효소

Pretzel [프 프레첼] 프레첼. 길고 꼬불꼬불한 하트 모양의 밀가루 반죽에 소금을 뿌려 구워 낸 빵과자의 일종. 처음에는 빵의 형태로 구워지다가, 얼마 지나지 않아 제빵 업자가 그만 빵을 두 번 굽는 실수를 범하는 바람에 바삭바삭하고 맛 좋은 과자 형태의 프레첼이 생겨났다. 부드럽게 구우면 빵이 되고, 딱딱하게 구우면 과자가 되는 것이다. 빵을 만들고 남은 반죽을 얇고 길게 밀어 아이들이 기도할 때 두 손을 모으는 모습을 본떠서 만들었는데, 길고 꼬불꼬불한 하트 모양의 밀가루 반죽에 약간 굵은 소금을 뿌려 구워 낸다. 바삭바삭하면서도 짭짤하며, 씹을 때 쫄깃쫄깃한 맛

P

이 나는 과자로, 유럽과 미국뿐 아니라 세계 각지에서 소비된다.

Pricasseing [영 프리카싱] 가금류, 송아지 고기를 가늘게 썰은 고기를 스튜나 튀김을 한 것

Prick [영 프릭] 타르트나 파이를 구울 때 구멍을 내서 부푸는 것을 막는 것

Prickly Pear [영 프릭클리 피어] 선인장 열매

Printanier [프 프헹따니에] 가로, 세로 3.5 mm나 1 cm의 다이아몬드형으로 자르는 방법

Primeur [프 프리미어] 프랑스 보르도 지방의 숙성이 덜된 와인으로 보졸레 누보가 속한다.

Primevere [프 프힘베흐] 앵초의 일종

Prix Fixe [프 프리 픽스] 레스토랑이나 카페에 정해진 가격에 따라 제공하는 식사. 다른 것으로 대치하거나 변경할 수 없는 고정된 가격

Processed Cheese [영 프로세스 치즈] 가공치즈. 우유를 응고 발효시켜 만든 치즈나 자연 치즈 두 가지 이상을 혼합하고 유화제와 함께 가열·용해하여 균질하게 가공한 치즈. 재료로는 체더치즈를 많이 사용하지만, 고우다·스위스·림버거·브릭·카망베르치즈도 사용된다. 그 외에 과실·채소·고기·향료 등을 넣기도 한다. 탈지분유를 넣은 치즈 식품이나 수분이 많고 잘 퍼지는 치즈 스프레이드 등도 가공 치즈라 할 수 있다. 초기에는 불량 치즈의 재생법으로 이용되었으나, 가열처리되어 보존성이 좋고 경제적이므로 현재 많이 소비된다.

Proof [영 프루프] 미국에서 사용하고 있는 알코올 도수

Prosciutto [영 프로슈토] 프로슈토, 향신료가 많이 든 돼지고기 넙적다리를 염장, 훈제 처리한 이탈리아 햄, 주로 멜론이나 무화과와 같이 먹는다.

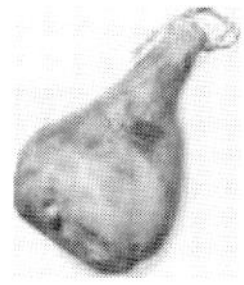

Protein [영 프로테인] 단백질

Provolone Cheese [프 프로볼로네 치즈] 프로 볼로네 치즈, 남부 이탈리아가 원산지인 프로볼로네 치즈는 전천후용이라 할 수 있다. 요리용, 디저트용, 강판에 갈아서 사용하기 위한 용도까지 다목적으로 사용할 수 있다. 소젖으로 만든 치즈로 지방함유 45% 내외이며, 크기는 지름이 20~37 cm, 두께는 2~3.5 cm이며, 무게는 1.5~3 kg, 숙성기간은 4~8주이다. 모양과 질감은 단단히 뭉쳐 있지만 약간은 연한 치즈이며, 접착력이 있어 쉽게 부서지지 않고 잘 잘린다. 옅은 노란색과 금갈색이 대부분이며 윤기가 난다. 2~4개월 정도 숙성시킨 프로볼로네 치즈는 아주 부드러운 맛을 가져, 빵이나 샌드위치용으로 사용하기에 좋으며, 함께 하면 좋은 음식들은 토마토, 구운고추, 올리브, 빵, 배, 향이 강한 적포도주, 탄산수이다.

Prune [프 프휜느] 건조 자두

Prunier Restaurant [프 푸뤼니에 레스토랑] 어패류 전문 레스토랑

Pudding [영 푸딩] 달걀·우유 등을 주재료

P

로 하여 천으로 싸서 쪄서 만드는데, 따뜻한 디저트로 쓰기도 하고 냉각시켜서 차게 쓰기도 한다. 종류는 커스터드 푸딩과 커스터드 속에 카스텔라 분말을 넣은 로열푸딩, 카스텔라와 건포도를 넣은 캐비닛 푸딩, 기타 초콜릿이나 아먼드를 넣은 초콜릿푸딩·아먼드푸딩, 옥수수녹말을 넣은 콘스타치푸딩 등이 있다. 디저트뿐만 아니라 영국에서는 로스트비프에 곁들이는 음식으로도 쓰이는데, 잘게 썬 쇠기름을 밀가루반죽에 섞어서 카스텔라같이 구워 낸 요크셔푸딩도 있다.

Puff Pastry [영 **퍼프페스트리**] 밀가루에 유지류를 섞어 반죽한 것에 육류, 생선류, 과일류, 야채류 등을 싸서 구워낸 것으로 주식처럼 애용되다가 디저트용으로 변했다. 독일어로는 '브래터 타이커', 프랑스어로는 '파트 페유타지'라고 한다. 일본은 페스트리를 '오코미 파이'라 한다. 사과나 호두, 파인애플, 살구, 블루베리, 복숭아 등을 넣거나 초콜릿크림, 레몬크림 등을 넣는다. 또한 견과류나 피칸을 넣은 파이가 있다.

Pulque [영 **뿔게**] 용설란으로 만든 멕시코 토속주

Pulse [영 **펄스**] 콩과류의 건조된 씨

Pulverize [영 **펄버라이즈**] 분쇄하여 가루로 만드는 것

Pumpernickel [영 **펌퍼닉클**] 조로 만든 호밀 빵

Pumpkin [영 **펌프킨**] 호박. 열대 및 남아메리카 원산이며 널리 재배한다.

호박은 이뇨 작용을 하여 부종을 낫게 하고 배설을 촉진하며 비타민 A가 풍부하여 피부미용에도 효과가 있으며 해독작용을 하여 남성들의 숙취 해소에도 도움이 된다. 호박은 각종 영양분을 함유하고 있고 특히 이뇨 작용을 촉진시키는 성분이 많이 함유되어 있어 산후부기 제거에 애용되어 왔다. 호박은 늙을수록 당질의 함량이 늘어나는데 늙은 호박의 당질은 애호박의 두 배가 넘는다. 비타민 A인 카로틴이 풍부하게 함유되어 있고 위점막을 보호하는 기능이 있어 속이 아플 때도 효과가 좋다. 진한 적황색의 호박은 여러 가지 암을 예방하는 것으로 알려져 있다. 특히 단호박에는 황색을 타나내는 천연색소인 Carotenoid계 화합물이 다량인 것으로 알려져 있고 Carotene (carotene, lutein)의 함량이 많은 다이어트 식품으로서 이용이 전 세계적으로 급증하게된 것이다. 호박은 저 칼로리 식품으로 만복감을 주고, 배설을 촉진하며 혈중 콜레스테롤을 낮춰서 지방의 축적을 막아주는 등 다이어트에도 대단히 좋은 식품이다.

Pumpkin Seed Oil [영 **펌프킨 시드 오일**] 호박씨 기름, 샐러드 드레싱에 이용

Punch [영 **펀치**] 펀치. 레몬주스·설탕·포도주 등 5가지 이상을 혼합한 알코올성 음료로 원래 이 음료는 인도로부터 고아(Goa)를 거쳐 유럽으로 전해진 것으로 알려져 있다. 영국의 클라렛 펀치는 적포도주를 넣은 것으로, 맛과 빛깔이 좋은 것으로 유명하며 가든 파티·연회 등에 사용된다. 일반적인 과일 펀치는 계절에 따른 과일 2~3 종류를

적당한 크기로 잘라 백포도주·시럽·탄산수·레몬주스·얼음 등을 가하고 펀치글라스에 담아 가루설탕을 탄 생크림을 거품을 내어 위에 부어서 서브한다.

Puree [㊥ 퓌레] 퓌레. 야채, 과일을 삶아 곱게 걸러서 만든 걸쭉한 음식

Pyrenees [㊥ 삐헤네] 소젖으로 만든 치즈

P

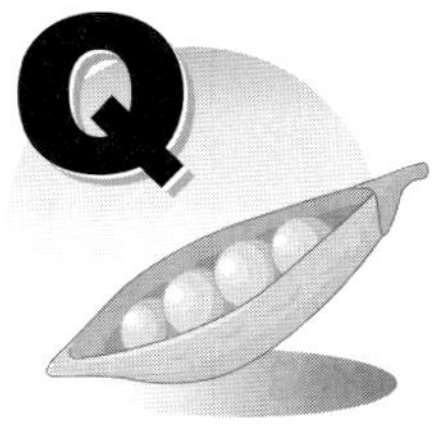

Quadrucci [이 꽈드루치] 딸리아뗄레(tagliatelle) 넓이로 도우를 만들어 직사각형이 되도록 짧게 자른 것이다. 그린피스와 닭간을 곁들인 브로스 스프에 주로 사용한다.

Quadrillage [프 까드리아주] 피자 위에 엔초비를 바둑판 무늬로 토핑하는 것

Quadriller [프 까드히예] 스테이크에 바둑판 무늬로 그릴로 새기는 것

Quail [프 과일] 메추라기. 몸길이 약 18~20 cm이다. 흰색을 띤 황갈색 바탕에 검정색 세로무늬가 있으며 배쪽은 등쪽보다 연한 색을 띤다. 엷은 크림색 눈썹선이 나 있다. 수컷은 멱이 짙은 갈색이며, 암컷은 멱이 희고 가슴에 얼룩점이 있다.

Quark [프 까흐] ① 4분의 1 ② 소프트치즈의 일종이다. 산이나 렌넷(rennet)으로 우유단백질인 케이신을 침전시킨 후, 원심분리기로 훼이를 분리시켜 만든다. 일반적인 치즈와는 달리 숙성과정을 거치지 않는다. quark은 상당한 양의 필수아미노산을 함유하고 있다. 영양학적으로 양질의 단백질, 칼슘, 인 등을 많이 함유하고 있다. 요리로는 샐러드, 소스, 등의 여러 가지 음식재료에 이용한다.

Quasi [프 까지] 송아지 샅다리 부분의 고기

Quesadillas [프 퀘사디야] 에멘탈 치즈와 고수등을 잘게썰고 소금, 후추로 간을 하고 팬에 브리토(밀전병)를 얹고 위에 내용물을 넉넉히 얹은 다음 브리토를 덮고 치즈가 녹아 샌드위치처럼 되면 6~8쪽을 잘라서 서빙하며 살사, 구아카몰(으깬 아보카도에 여러 향신료를 넣어 맛을 낸 크림), 샤워크림을 곁들인다.

Qutre-epice [프 까트흐 에피스] 후추, 넛맥, 글로브, 시나몬을 갈아서 섞은 것

Quatre-saisons [프 까트흐 쎄종] 밀가루, 설탕, 버터, 계란을 똑같이 섞어 만든 케이크

Quatre-quarts [프 까트흐 까흐] 사철딸기

Queue [프 끄] 끝, 꼬리

Quich [프 뀌슈] 햄, 양파, 크림 등으로 만든 파이

Quick Bread [영 퀵 브레드] 베이킹파우더를 넣어 즉석에서 구운 빵, 비스킷, 머핀 등

Quillet [프 꾸에] 버터 크림으로 만든 스폰지 케이크

Quince [영 퀸스] 모과. 타원 모양 또는 공 모양이다. 처음엔 녹색이다가 다 익으면 노란빛이 되고 울퉁불퉁해진다. 향기가 뛰어나지만 맛은 시고 떫으며 껍질이 단단해 날로 먹기는 어렵다. 표면에 정유 성분이 있어 끈끈한데, 이것이 향과 효능을 더해준다. 알칼리성 식품으로서 당분(과당)·칼슘·칼륨·철분·비타민 C가 들어 있고, 타닌 성분이 있어 떫은맛이 나며 사과산·시트르산 등의 유기산이 들어 있어 신맛이 난다. 소화효소의 분비를 촉진하여 소화기능을 좋게 하므로 속이 울렁거릴 때나 설사할 때 먹으면 편안해진다. 신진대사를 좋게 하여 숙취를 풀어주고, 가래를 없애주어 한방에서는 감기나 기관지염·폐렴 등에 약으로 쓴다.

Quinine [영 키니네] 키니네. 남아메리카 원산으로 인도네시아의 자바섬 등에서 재배되는 키나나무의 수피에 함유된 키나 알칼로이드의 대표적인 것. 해열·진통·강장·말라리아 등에 효과가 있으며, 특히 말라리아의 특효약으로 알려져 있다.

Quinine Water [영 키니네 워터] 키니네로 만든 탄산음료

Quinquina [영 껭뀌나] 기나나무. 금계랍나무라고도 한다. 상록 교목 또는 관목이다. 잎은 마주나며 두텁고 잎자루가 있다. 꽃은 방사대칭이며 원추꽃차례로 핀다. 나무껍질이 붉은 붉은기나나무(C. succirubra)는 남아메리카의 볼리비아와 페루의 안데스산맥 동쪽 해발고도 1,200~3,600 m의 고원지 원산으로 높이 25 m에 달한다. 잎은 달걀모양 또는 타원형이며 톱니는 없다. 7월경 담홍자색 꽃이 가지 끝에 핀다. 나무껍질에 알칼로이드의 일종인 키니네를 가장 많이 함유하여 열대지역에서 많이 재배한다. 볼리비아 기나나무(C. ledgeriana)는 높이 4~10 m이고, 가지에 털이 있으며 나무껍질이 황색이고 화관은 황백색이며 향기가 강하다. 잉카족은 옛날부터 그 효과를 알고 있었으나, 널리 사용하게 된 것은 1865년 이후 자바의 남부 고지에서 대규모적 재배에 성공하면서부터이며, 네덜란드는 이를 위하여 많은 노력을 기울였다. 그 후 수마트라·인도·콜롬비아·아프리카 등지에서 재배되었다. 키니네 함량이 높은 볼리비아 기나나무의 가지를 접수로 하여 강건하고 생장이 빠른 본종의 대목에 접목한 잡종(C. hybrida)이 최우량 품종이다. 기나나무의 껍질은 고미건위제·신경강장제로 쓰이고, 이 껍질로 제제한 황산키니네는 말라리아의 치료제·해열제·진통촉진제 등으로 쓰인다.

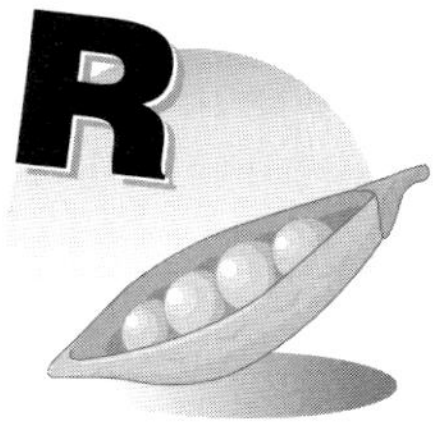

Rabbit [영 래빗] 토끼

Rable [프 하블] 토끼의 등살

R.T.E. [Ready to Eat] 조리완료 상태, 원가요인 분석에서 요리, 식사로 제공되기 직전 단계까지 원재료의 원가

Rack of Lamb [영 랙 오브 랙] 오븐에서 익혀 껍질을 벗긴 다음 버터를 바른 뒤 향료를 양고기에 덮어서 철판에 색깔내어 조리한 것

Rachel Sauce [프 라헬소스] 라헬소스. 계란 노른자를 정제버터를 가지고 베어네즈 소스를 만들고, 토마토 페이스트는 샐러드 오일에 볶아서 준비하고 베어네이즈 소스에 갈색소스와 토마토 페이스트를 첨가하여 만든다. 주로 육류요리에 이용한다.

Raclette Cheese [프 라끌레뜨] 소젖으로 만든 치즈로 지방함유 45% 이상이며, 크기는 지름이 28~36 cm이고, 두께는 5.5~7.5 cm로 무게는 4.5~7 kg이다. 숙성기간 2개월 이상으로 '라클레트(Raclette)'라는 말은 말 자체에 벌써 이 치즈의 의미가 들어있다. '긁어낸다'는 의미를 지닌 이 말은 치즈의 용도를 말해 준다. 누른 금빛이 도는 밝은 갈색의 외피가 얇게 형성되어 있다. 속의 치즈는 밝은 노란색으로 상당히 단단한 편이지만 열을 가하면 아주 빨리 녹는다. 맛과 향은 따뜻해지면 약간 콤콤한 향과 맛이 난다. 그리고 우유의 진한 향도 느낄 수 있다. 적당히 짠맛이 있어 감자를 찍어 먹기에 좋다. 감자, 피클, 칵테일, 햄 종류, 야채, 백포도주, 증류주과 같이 먹는다.

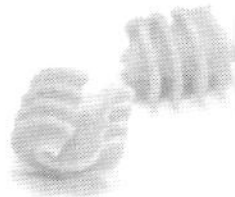

Radiatori [이 라디오토리] 이탈리아의 짧은 모양의 파스타

Radicchio [이 라디치오] 라디치오. 이탈리아 및 유럽지방과 미국이 주산지이다. 치커리의 일종으로 잎은 자색이며, 양상추와 같은 구조로 속이 차 있고 진홍색 잎에 하얀 결이 전체적으로 그물처럼 싸고 있다. 쌉쌀하고 독특한 맛이 일품이며 모양이 아담하고 아름다워 장식용으로 효과적으로 사용할 수 있고, 조리방법 또한 샐러드 및 각종요리에 잘 어울린다. 단, 가열하면 쓴맛이 증가되므로 생으로 먹는 것이 좋다.

Radish [영 래디쉬] 무. 이집트의 피라미드 비문에 이름이 있는 것으로 보아 재배 시기는 상당히 오래되었다. 특히 붉은 색을 나타내어 데커레이션과 가니쉬에 많이 이용하고 있다.

Raki [영 라키] 라키. 유럽 남동부 지방에서 곡물포도 등으로 만드는 강한 증류주

Raidir [영 레이딜] 고기를 끓는 기름에 넣어 겉면을 익히는 것

Rainbow Trout [영 레인보우 트라우트] 무지개 송어. 원산지는 북아메리카 알래스카에서 캘리포니아까지이다. 몸길이 약 80 cm이다. 입의 크기는 보통으로 아주 작은 이빨을 가지고 있으며 창자는 짧고 곧게 뻗어 있다. 치어 때에는 몸표면에 연어에서와 같은 담적색의 넓은 가로줄이 8～12개 정도 있으나 성장함에 따라 불투명해지고 1년 이상이 되면 없어진다. 산란기에 붉은 색의 무지개빛을 띠므로 무지개송어라고도 한다. 요리는 튀김, 삶기, 팬프라이 요리와 샐러드에도 이용한다.

Raisin [영 레이진] 건포도. 나무에 달린 채 과숙된 포도를 따서 그대로 햇볕에 건조시키거나, 포도를 알칼리액에 담갔다가 건져서 건조시키는 방법이 있다. 건포도용 품종으로는 비교적 알이 작으면서도 씨가 없고, 산도가 낮은 것이 적당하다. 건포도는 그대로 식용으로도 하지만 케이크・비스킷・빵 등의 제과원료로도 널리 쓰인다. 특히 건포도는 흡습성이 강하므로 건조한 곳에 보관해야 한다. 미국의 캘리포니아는 세계적으로 알려진 건포도의 산지이다.

Raita [영 라이타] 라이타, 인도의 요쿠르트 샐러드. 주로 오이, 가지, 감자, 시금치, 바나나, 토마토를 첨가하며, 큐민, 딜, 민트, 샐러리 등의 허브도 첨가한다.

Raisine [프 헤지네] 포도와 다른 과일을 섞어 만든 잼

Raisned [영 레즌드] 수확한 포도를 말려서 수분을 증발시켜 당분 함량을 높여 건포도를 만든 것

Rakyo [일 락교] 락교. 락교는 중국 중동부가 원산지로서 베트남, 인도의 히말라야 지역에 야생하고 있으며, 동북아시아 지역인 중국, 한국, 일본에서만 재배되고 있다. 요리법은 날 것을 식초에 절여서 회나 구운 생선의 요리에 장식한다.

Rancio [프 란시오] 란시오. Amas와 flavours가 조화롭게 섞여진, 오래된 꼬냑에서 느껴지는 고유한 향. 오래된 가죽이나 잘 익은 바나나, 버섯, 견과류, 건포도, 말린과일의 향기를 불러일으키는 향. Rancio라는 이 고유 이름은 절대 번역되어 쓰일 수 없으며, 일단 한번 맛을 경험하면 절대로 잊을 수 없는 오래된 좋은 꼬냑의 대표적인 독특한 특징을 나타내는 향

Ramequin [프 함깽] ① 치즈에 빵가루, 달걀 등을 섞어서 구운 것 ② 도자기를 구워서 식탁에 내놓는 도기제의 램킨 접시

Ramos Gin Fizz [영 라모스 진 피즈] 라모스 진피즈. Fizz라는 것은 소다수의 기포가 글라스에서 터질 때의 '슈우'라고 하는 음에서 나온 것이다. 1888년 뉴올리언즈의

R

유명한 바텐더 헨리 라모스에 의해 만들어졌다고 한다. 이름을 따서 라모스 진피즈라 한다. 재료는 드라이진(Dry Gin), 레몬주스(Lemon Juice), 설탕(Sugar), 소다수(Soda Water)를 쉐이커에 넣고 쉐이킹하고 취향에 따라 슬라이스 레몬을 장식한다. 얼음을 넣지 않고 소다수를 채우는 것이 국제 바텐다 협회의 공식 제조법이다. 슬라이스 레몬을 장식하지 않는 것도 일반적이다. 소다수의 부드러운 느낌은 칵테일의 정수이지만 본래는 술이라기 보다는 휴일 아침잠을 깨면서 마시는 음료로 알려져 있다.

Ramp [영 **램프**] 야생양파

Rape [영 **래프**] ① 와인을 만들기 위해 주스를 짜낸 포도 찌꺼기 ② 유채, 평지라고도 한다.

Rapeseed oil [영 **랩시드 오일**] 유채유, 유채 씨에서 압착추출법으로 채유한 기름. 이것을 탈산·탈색·탈취 등의 보통 정제공정을 거쳐 식용유로 만든다. 튀김용이나 샐러드유로, 소비량이 콩기름 다음으로 많다. 다른 식물성 기름에 비하여 점도가 높고 산화중합성이 적으므로 윤활유·절삭유 등으로도 쓰인다.

Rapeux [프 **하쁘**] 맛이 떫은, 미숙한, 신

Rare [영 **래어**] 50~52°C로 구워서 스테이크 표면은 연한 갈색으로 익었으나, 속은 붉은 육즙이 그대로 남게 구운 상태

Rascasse [프 **하스까스**] 하얀 육질의 바닷가재

Rasher [영 **라쉐르**] 베이컨이나 햄의 얇은 조각으로 나누어 굽거나 프라이하여 음식에곁들인다.

Raspberry [영 **랩스베리**] 나무딸기 라즈베리. 낙엽관목으로 잔가시가 있으며 줄기는 대개 곧게 선다. 잎은 어긋나고, 꽃은 봄에 흰색으로 피며, 꽃잎과 꽃받침은 5개이다. 열매는 집합과로 여름에 익으며, 익은 열매는 꽃턱에서 잘 떨어진다. 유럽산과 북아메리카산 등 여러 종이 있으며 열매를 먹기 위하여 재배한다. 열매는 생으로 먹거나 잼이나 파이, 무스와 술을 만든다.

Ratafia [프 **하따피아**] 과실주

Ravigote Sauce [프 **라비고트 소스**] 라비고트 소스. 라비코트 소스는 찬 것과 더운 것이 있으며, 찬소스는 비네그레테(Vinaigrette)에 케이퍼, 양파, 파슬리, 타라곤 등을 다져 넣어 샐러드로 이용한다. 만드는 법은 식초나 백포도주를 넣어서 반으로 졸이고, 벨루테 소스를 넣어서 끓이고 마늘과 양파를 넣고 소스가 농도가 맞으면 타라곤, 파슬리 등을 넣어 간을 맞추어 사용한다. 닭찜, 송아지 고기, 생선찜, 채소요리, 송아지 간요리에 이용한다.

Ravioli [이 **라비올리**] 라비올리. 이탈리아식 네모 또는 반달 모양으로 익힌 만두. 밀가루에 달걀·기름·소금물을 섞어 반죽하여 얇게 밀고, 쇠고기 다진 것에 리코타 치즈(또는 두

부)·달걀·소금·너트메그 등을 섞어 소를 만든 다음 사방 5 cm의 크기로 빚는다. 냄비에 물을 부어 소금을 조금 넣고 끓으면 빚은 만두를 삶아내고 접시에 담아 따뜻한 스파게티 소스나 토마토소스를 얹고 치즈 가루를 뿌린다.

Ray [영 레이] 가오리. 몸이 넓적하며 꼬리가 긴 근해어이다. 가오리는 연골어류로서 육질에는 특이한 냄새가 나는데 암모니아이다. 즉, 요소 및 산화트리메틸아민의 형태로 함유되어 있는 모체로부터 사후 부패세균에 분해되어 휘발성의 암모니아 또는 트리메틸아민으로 변한다. 가오류의 고기는 그 색깔이 희고, 연골어이므로 콜라겐이 많으며, 끓으면 젤라틴으로 변하여 국물이 흐리게 된다. 지역에 따라서 생선회 무침, 찜 및 구이로 요리하며, 알맞은 온도에서 탁주의 안주로 쓰인다.

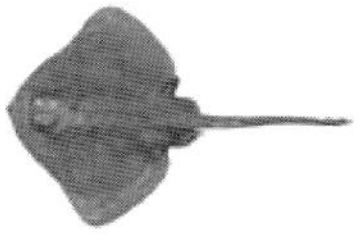

Rayer [프 헤이에] 오븐에 넣기 직전 시트 표면에 칼로 줄무늬를 넣다.

Ready Food [영 레디푸드] 간이 음식의 한 형태로 식품을 태우거나 익혀서 먹을 수 있는 단계까지 처리, 준비되어 있는 식품.

Rebate [영 리베이트] 환불, 고객에게 환불되는 요금의 잔액, 일부액

Rechaud [영 레차우드] 요리된 음식이 식지 않게 냄비나 접시를 올려놓는 쇠판이나 기구

Recipe [영 레시피] 조리법

Recommend [영 레코멘트] 레스토랑에서 주문을 받을 때 고객에게 레스토랑 메뉴를 추천하는 것

Red Bean [영 레드 빈] 팥. 소두·적소두라고도 한다. 팥의 원종에 대하여는 분명하지 않으나 원산지는 중국 일대일 것으로 추정되고 있으며, 동양에서 오래 전부터 재배한 작물이다. 한국에는 중국에서 들어온 것으로 생각되며 재배한 역사도 오래된 작물이다. 주성분은 단백질과 당질이고 비타민 B_1의 함량이 많아 각기병 예방에 효과가 있다. 팥은 섬유가 많고 조직이 단단하여 오래 물에 삶아야 하며, 중조를 소량 넣으면 쉽게 무른다.

Red Pepper [영 레드 페퍼] 고춧가루. 붉은 고추의 꼭지를 따내고 배를 갈라 씨를 빼낸 다음, 행주로 깨끗이 닦고 말려서 빻는다. 용도에 따라서 빻는 정도가 다른데, 고운 가루는 고추장과 조미료, 중간 가루는 김치와 깍두기, 굵은 가루는 흔히 여름에 많이 먹는 풋김치 또는 열무김치 등에 쓴다. 공기 중에 방치하면 서서히 성분이 증발되어 효능이 약해진다. 고추의 중요한 영양소는 비타민 A와 B이다. 고추는 남아메리카 원산으로 아메리카 대륙에서는 오래전부터 재배하였다. 열대에서 온대에 걸쳐 널리 재배하는데, 열대지방에서는 여러해살이풀이다. 한국에는 담배와 거의 같은 시기에 들어온 것으로 보이며 한국인의 식생활에 커다란 영향을 주었다. 고추는 수분이 적은 원뿔 모양 장과로 8~10월에 익는다. 붉게 익은 열매는 말려서 향신료로 쓰고 관상용·약용(중풍·신경통·동상

등)으로도 쓴다. 잎은 나물로 먹고 풋고추는 조려서 반찬으로 하거나 부각으로 만들어 먹는다. 고추의 매운맛은 캅사이신이라고 하는 염기 성분 때문이며 붉은 색소의 성분은 주로 캅산틴이다.

Red Perilla [영 레드 베릴라] 적자소. 들깨잎과 비슷한 적색이다. 허브채나 회에 이용한다.

Red Snapper [영 레드 스네이퍼] 적도미

Red Wine [영 레드 와인] 레드 와인. 암적색에서 담적색까지 포도주를 칭하며, 와인의 붉은 색으로 포도 껍질에 있는 붉은 색소를 추출하는 과정에서 씨와 껍질을 그대로 함께 넣어 발효하므로 붉은 색소뿐만 아니라 씨와 껍질의 탄닌 성분이 함께 추출되므로 떫은맛이 나고, 포도의 과피와 함께 양조하였기 때문에 탄닌산 및 미네랄의 함량이 많아 병 내에서는 숙성기간도 길고 오랫동안 저장 보관할 수 있다.

R

Reduce [영 리듀스] 요리에서 식초, 향신료나 허브 등을 넣고 끓여서 졸이는 것

Refreshment Stand [영 리프레쉬먼트 스탠드] 경양식, 가벼운 식사

Regime [프 헤짐] 다이어트

Regina [영 레지나] 영계로 만든 스프

Rehoboam [프 헤오보암] 6병 분량의 특대형 샴페인 병

Reine [프 라헨느] 가금류, 버섯, 송로버섯 및 슈프림소스 등으로 만든 미식요리

Reine de Saba [프 헨느 드 싸바] 초콜릿 스펀지 케이크

Releve [프 르베] 양념이 진한

Religieuse [프 리쥐으즈] 가늘고 긴 슈프림에 초콜릿을 뿌린 것

Relish [영 레리쉬] 달고 시게 초절이한 열매채소를 다져서 만든 양념류. 푸른 토마토 · 오이 · 고추 · 양파 등을 피클링하여 양념이 잘 되도록 다진 것으로 고기요리 · 햄버거 · 핫도그 · 소시지 등 맛이 순한 음식에 강한 맛을 주기 위하여 고기 위에 얹어서 전체 음식의 맛을 살리는 것이다. 만드는 과정은 피클과 같으나 다른 점은 1가지 또는 2종 이상의 피클을 섞어 다진 것이다. 예를 들면, 그린 토마토 렐리시, 햄버거 렐리시 등이 있다.

Remoulade [프 헤믈라드] 겨자가 들어간 매운 소스

Remuer [프 흐뮈에] 샐러드를 버무리다.

Render [영 렌드] 저온에서 가열하여 지방을 녹여 내는 것으로 정제함

Rennin [영 렌닌] 유즙 속의 단백질(카세인)을 분해하는 효소의 일종. 응유효소라고도 한다. 글로불린에 속하는 일종의 단백질 분해효소로서 유즙 속의 카세인에 작용하여 이것을 파라카세인(레닛카세인)으로 변화시킨다. Ca^{2+}의 존재하에서 겔(gel)화하는데, 생리적으로는 다음 단계인 펩신의 소화작용을 도와 준다. 젖먹이나 송아지의 위액 속에 많이 들어 있다. 처음에는 프로레닌으로 생성되어 위액 속에서 활성화된다. 레닛은 우유만으로 자란 생후 3~6개월쯤 되는 송아지의 제4위에서 추출 · 조제한 레닌 상품인데, 치즈의 제조 공정 중 응고 우유를 만드는 데 쓰인다.

Requin [프 흐껭] 상어

Reservation [영 레제베이션] 예약. 장래에 성립시켜야 할 본 계약을 맺을 것을 미리 약속해 두는 것

Reserve [프 레제흐브] 와인 레벨에 쓰는 단어로 저장이란 용어거나 선택되어 숙성되었다는 의미가 있다. 와인을 마케팅할 때 사용되는 고급의 와인이라는 뜻

Restaurant [프 레스토랑] 레스토랑. 레스토랑의 어원은 1765년 불랑제가 파리에서 처음으로 팔기 시작한 스태미나 수프에서 나왔다. 이것은 양의 발을 화이트소스로 끓인 수프로, 당시 신비적인 스태미나 식품으로 유행하였는데, 체력을 회복시킨다는 뜻의 '레스토레(restaurer)'라는 말에서 유래되었다. 이 스태미나 수프를 파는 가게라는 뜻으로 레스토랑이라 하게 되어, 마침내 일반적인 음식물을 제공하는 가게의 명칭이 되었다. 음식물을 제공하는 영업체의 탄생은 로마시대로 거슬러 올라간다. 유명한 카라칼라욕장의 주위에는 휴게실이나 오락실과 함께 음식물을 제공하는 장소가 있었다. 이것이 레스토랑업의 기원이라고 한다. 그 후 세계 각국의 레스토랑은 각기 역사와 특징을 가지고 발전해 왔다. 영국에서는 레스토랑의 선구자로서 선술집이나 작은 요리점이 있었고 런던에서는 이미 12세기에 성업 중이었다. 1650년에 영국 최초의 커피하우스가 옥스퍼드에서 개업되었고, 그 후 도처에 이러한 가게가 생겼다. 1873년 화이틀리의 가게가 고객의 편의를 위해서 레스토랑을 열었다. 이 아이디어가 널리 여러 가게에 도입되어 레스토랑 발전의 계기가 되었다. 그 후 레스토랑 업은 시대의 변천과 함께 급속히 성장하여, 요리 내용이나 서비스의 형식 등이 다양화되었다. 레스토랑의 종류는 일반적으로 서비스의 형식에 따라 다음과 같이 분류된다.

① 테이블 서비스 : 웨이트리스가 주문을 받아서 요리를 객석으로 나르는 방식

② 카운터 서비스 : 카운터에 앉아서 요리사가 만든 요리를 직접 받아서 먹는 방식

③ 셀프 서비스 : 자기가 먹고 싶은 것을 직접 가져다 먹는 카페테리아나 바이킹 식당 방식

④ 케이터링 서비스 : 출장·배달 방식 등이 있고, 그 밖에 자동 판매기 서비스 등이 있다.

Restoroute [프 헤스또후뜨] 자동차 여행자를 위한 대로변 또는 고속도로 휴게소 음식점

Retes [영 레떼] 헝가리 페스트리

Retort Food [영 레토르트 푸드] 레토르트 식품, 저장을 목적으로 한 가공식품. 조리 가공한 여러 가지 식품을 일종의 주머니에 넣어 밀봉한 후 고압가열살균솥(retort)에 넣어 고온에서 가열살균하여, 공기와 광선을 차단한 상태에서 장기간 식품을 보존할 수 있도록 만든 가공 저장식품이다. 미국에서는 '레토르트파우치' 또는 '플렉시블 캔'이라 하고, 유럽에서는 '플렉시캔' 또는 '플렉스팩'이라고 한다. 레토르트 식품을 넣는 주머니의 외부는 폴리에스테르의 얇은 막으로 되어 있고, 중층은 알루미늄박이고 내부는 또 다시 폴리에스테르막으로 되어 있는데, 이 셋을 붙여서 주머니를 만든다.

R

이 주머니에 재료를 다듬고 썰고 조미하여 익힌 것을 자동으로 연속충전기로 넣고 가열하여 봉한다. 이것을 가압살균, 가압냉각 장치로 105~120°C의 온도에서 가열살균하여 즉시 냉각시킨다. 카레·햄버거·죽·스파게티·미트볼 등 레토르트 식품의 제조가 활발하다.

Retsina [영 레트시나] 그리스의 수지향의 포도주

Return Check [영 리턴 체크] 레스토랑 경영상의 엄격한 전표통제를 위하여 사용하는 제도로 한번 쓰여진 전표는 재이용될 수 없도록 하는 것

Reuben Sandwich [영 루벤샌드위치] 루벤 샌드위치. 호밀 빵에 옥수수, 쇠고기, 스위스치즈, 사워크라우트(sauerkraut)를 얹어서 구운 빵

Rhubarb [영 루바브] 원산지는 중국 서장·청해 지방이다. 산골짜기의 습지에서 자란다. 굵은 황색 뿌리가 있고, 곧게 자란 원줄기의 높이는 1m에 달한다. 주로 잎을 사용하며 파이나 디저트로 이용한다.

R

Rhum [프 훔] 럼, 증류주의 하나로 사탕수수에서 나온 즙이나 설탕을 만들 때 나오는 당밀을 알코올 발효시켜 만든 증류주

Rib [영 립] 갈비, 구이나 스테이크용으로 이용

Ribollita [이 리보리따] 이탈리아 토스카니 지방의 야채 빵을 넣은 스프

Riche Sauce [프 리취소스] 리치 소스. 맛이 풍부하고 향이 좋은 소스. 백포도주소스에 아메리칸 소스를 넣어 핑크색이 되게 하고 주걱으로 저으면서 끓이다가 생크림을 첨가하고 레몬주스와 바닷가재를 네모 모양으로 썰어 넣고 간을 맞춘다. 계란요리나 생선요리에 이용한다.

Rice [영 라이스] 쌀. 쌀의 용도는 취반용이 대부분이고, 술·떡·과자·고추장 등을 만드는 데 일부분이 사용된다. 쌀의 영양적 가치를 살펴보면 쌀의 전분은 뇌의 활동을 돕고 비만과 당뇨병을 예방하는데 효과적이다. 쌀은 비록 단백질 함량과 필수아미노산 함량은 낮지만 그 질만큼은 모든 곡류 중에서 가장 우수한 단백질 자원을 갖고 있어 콜레스테롤 저하와 혈압조절, 암예방 등에 효과가 있다. 쌀을 주식으로 하는 한국형 식생활의 좋은 점을 살펴보면 쌀로 만든 밥은 빵과 달리 고기와 생선, 두류, 채소 등 모든 반찬과 잘 어울린다. 초식을 주로 하는 한국인은 치아 형태와 장의 길이, 소화액 분비, 장내 세균 등이 밥에 맞도록 적응해 있다.

Rice Bran [영 라이스 브랜] 쌀겨. 현미를 도정하여 정백미를 만들 때 생기는 과피·종피·호물층 등의 분쇄혼합물. 보통 현미의 6~8%의 쌀겨가 생기는데, 현미의 도정도를 높이면 그 양이 증가되고, 또 도정도에 따라서 그 성분도 달라진다. 많이 찧으면 지방·비타민 B_1·인이 증가하고 섬유는 감소된다. 이것은 현미의 성분이 외층으로부터 내층으로 들어가는 데 따라서 달라지기 때문이다. 쌀겨의 표준 화학조성을 보면 수분 13.5%, 단백질 13.2%, 지방 18.3%, 당질 38.3%, 섬유 7.8%, 회

분 8.9%이고 비타민 B_1은 100g 중 2.5 mg이나 들어 있으며 비타민 E도 많다.

Rice Flour [영 라이스 플라워] 쌀가루. 쌀가루 제조방법은 크게 생미분과 팽화미분으로 나누어볼 수 있다. 생쌀가루의 건식제분은 원료쌀→ 분쇄(pin mill)로 얻고, 습식제분은 원료쌀을 수침(2시간 30분)하여 탈수한 후 분쇄(Roll mill)하여 얻는다. 팽화쌀가루의 건식제분은 원료쌀을 알파화(130~140°C)하여 핀밀로 분쇄하여 생산하고, 습식제분은 원료쌀에 6~10%의 물을 첨가하고 점차적으로 알파화(100%→170%→230°C) 다시 2차적으로 알파화 및 건조하여 분쇄하여 얻는다.

Rice Oil [영 라이스 오일] 쌀겨유. 쌀겨에서 짜내는 반건성유. 압착법 또는 추출법에 의하여 채유하며, 정미공장에서 회수해 오는 쌀겨에는 배 및 곡분 등도 포함되어 있으므로 배 및 곡분 등도 포함되어 있으므로, 기름의 성상은 원료인 쌀겨에 따라 다르나, 함유율은 보통 10~20%이다. 쌀에서 쌀겨층을 벗기면 리파아제(lipase)의 작용으로 쌀겨의 산패가 급속도로 진전된다. 이 산패의 방지법으로 쌀겨의 가열건조 또는 휘발성 유기용매에 의한 기름의 추출이 고안되었다. 쌀겨 생산 후 4시간 이내에 추출하면 양질의 기름을 얻을 수가 있다. 비중 약 0.9, 녹는점 5~10°C, 산값 4~120, 비누화값 180~200, 요오드값 100이다. 대부분은 정제하여 식용유로 사용하지만, 정제도가 높아서 비타민류는 거의 다 파괴된다. 그 밖에 약품·비누·도료·화장품 등의 원료로 쓰인다.

Rice Pudding [영 라이스 푸딩] 라이스 푸딩, 끈기가 있는 쌀로 만든 서양식 생과자. 후식으로 먹으며, 차진 상태에 따라 2종류로 나눈다. 하나는 된 죽 상태의 크리미 라이스 푸딩이며, 또 하나는 한국의 약식과 비슷하게 덩어리로 된 라이스 푸딩이다.

Rice Wine [영 라이스 와인] 정종

Richey [영 릭키] 증류주에다 라임주스와 소다수를 섞어서 텀블러에다 만드는 음료로서 카린스와 비슷하지만, 당분을 사용하지 않음

Ricotta Cheese [이 리코타 치즈] 리코타 치즈. 부드러우며, 단맛이 나는 치즈, 0~1°C에서 4주간 저장이 가능하고 다른 재료와 쉽게 융화하므로 빵가루와 섞어 닭고기나 생선위에 뿌려 굽거나 허브와 함께 섞어서 파스타 요리에 뿌려 사용한다. 이태리의 중부와 남부에서 생산되는 비숙성 연질 치즈, 즉 프레시 크림치즈의 일종인 리꼬따는 다시 요리하다라는 뜻으로 다른 치즈를 만들 때 응유를 거르고 남은 물, 즉 유장으로 만들었기 때문에 붙여진 이름이다. 지방함량이 20~30%이며, 최근에는 여기에 전유나 탈지유가 첨가된다. 만드는 과정에서 배수가 잘되도록 하기 위하여 바닥이 요철도 된 그릇을 사용하므로 치즈의 밑부분이 오목 볼록하다. 순백색으로 부드러우면서 새콤한 맛이 난다. 양유로 만든 단단한 리꼬따 치즈는 적어도 한달 정도 숙성시킨 것이다. 포도주는 Cortese, Am-

R

eis, Verduzzo와 잘어울린다.

Riesling [독 **리슬링**] 독일의 우수한 백포도주. 가장 많은 지역에서 생산되며 가장 뛰어난 품질의 독일 화이트와인. 2000년 기준으로 독일 전체 포도밭의 21%가 리즐링 생산지다. 리즐링의 맛은 토질과 기후에 따라 대단히 개성적이다. 모젤강을 낀 모젤-자르-루버 지역의 리즐링이 상대적으로 달콤하고 과일향이 풍부하다면 라인헤센이나 팔츠지역의 농부들은 입안에 광물성(minerality) 맛이 많이 느껴질수록 '우아한 리즐링'이라고 여긴다. 바덴지역의 유서 깊은 포도농장 '마크그라프폰바덴'의 지배인 아크힘 키르흐너는 "리즐링은 자신이 자란 땅의 성질을 거울같이 비춰주는 포도주"라고 평했다. 리즐링은 대개 향신료가 강한 아시아 요리와 잘 어울린다. 매운맛이 강한 한국요리에는 리즐링 슈팻레제(Sp¨atlese) 등 풍미가 더 강하거나 단맛이 느껴지는 리즐링이 적당하다.

Rigatoni [이 **리가토니**] 이탈리아 마카로니의 일종. 안이 비어 있으며, 굵은 국수 모양의 파스타를 약 4 cm 정도의 길이로 반듯하게 자른 모양의 파스타

Rigotte [프 **리고뜨**] 소젖이나 염소젖의 원통형의 치즈

Rillettes [프 **리예뜨**] 잘게 다져 기름에 지진 돼지고기 또는 거위고기

Rillons [프 **리용**] 돼지기름에 바삭바삭하게 익힌 돼지고기

Rim [영 **림**] 글라스에 입이 닿는 부분에 레몬 슬라이스즙을 칠하고 설탕과 소금을 바르고 갈색이 날 때까지 녹이는 것

Rince-doighs [프 **헹쓰 뚜와**] 손가락을 씻는 물그릇

Rincette [프 **헹쎄뜨**] 커피를 마신 후 그 잔에 따라 마시는 브랜드

Ripaille [프 **리빠이으**] 연회

Ripieni [영 **리피에니**] 속을 채우는 요리에 이용

Ris [프 **히**] 송아지, 새끼양의 가슴살 요리

Risotto [이 **리조또**] 리조토. 버터에 쌀을 넣고 살짝 볶은 뒤 뜨거운 육수를 부어 만드는 이탈리아 요리. 쌀을 주재료로 써서 만든 이탈리아 요리로, 이탈리아에서 쌀이 가장 많이 생산되는 포강 유역을 중심으로 발전하였다. 쌀은 적은 양의 물로 요리가 가능한 이탈리아산 아르보리오(arborio)·카르나롤리(carnaroli) 품종이 가장 적합하다. 기본적인 조리법은 냄비에 올리브유나 버터를 두른 뒤 불리지 않은 쌀을 넣고 살짝 볶는다. 이어 뜨거운 닭고기 육수를 붓고 계속 저어주면서 익히면 완성된다. 이때 국물을 천천히 부어가며 계속 저어주되, 너무 오래 익히지 않는 것이 중요하다. 쌀 이외에 첨가되는 부재료에 따라 여러 가지 리조토를 만들 수 있는데, 보통 해산물이 들어가는 경우가 많다. 원래는 이탈리아의 파르마시에서 유래한 파르메산 치즈를 첨가하지 않았으나, 현재는 맛과 향을 위해 조금씩 넣기도 한다. 들어가는 부재료에 따라 새우리조토·조개리조토·홍합리조토·오징어리조토·파프리카리조토 등 종류가 다양하며, 토마토와 마늘을 혼

합해 만든 소스를 곁들여 먹기도 한다. 모양은 질게 만든 한국의 버섯밥이나 해물밥과 비슷하다.

Rissole [프 리쏠] 페스트리에 육류로 속을 넣어서 탄오버 모양으로 만들어서 구운 고기만두의 일종으로 에피타이저로 제공한다.

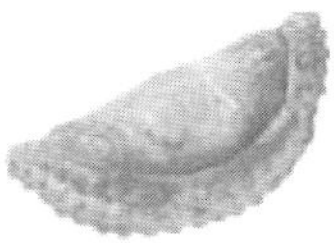

Rissoler [프 리쏠레] 센불에 갈색이 나도록 튀기는 것

Ristra [스 리스트라] 스페인에서 고추나 마늘을 엮어서 장식이나 말려서 요리에 이용

Riz [프 히] 쌀

○ Riz Blanchi : 백미

Roast [영 로스트] 수조육류를 오븐에 구워서, 육류의 제맛을 내는 서양요리 방법. 보통 조류는 통째로, 수육류는 1 kg 정도의 덩어리로 썰어서 굽는다. 프랑스 요리의 풀코스에서는 앙트레 다음에 내는 요리로, 대표적인 것은 로스트 치킨, 로스트 터키, 로스트비프, 로스트 포크 등이다. 재료는 쇠고기, 돼지고기, 양고기, 멧돼지고기, 사슴이나 노루고기, 닭고기, 오리나 거위고기, 칠면조, 그 밖의 새 등이 쓰인다. 조리방법은 조류의 경우, 좋은 재료를 선택하여 깨끗이 손질해서 소금·후춧가루를 뿌리고, 두 다리를 구부려서 몸 양쪽에 붙여 보기 좋게 모양을 만든 후, 얇게 저민 채소를 넣고, 녹인 버터를 발라서 오븐에 넣어 약간 센 화력으로 굽는다. 도중에 여러 차례 오븐에 고인 기름을 고기에다 끼얹으며, 뒤집어가면서 구워낸다. 수육류도 소금·후춧가루를 뿌려 간이 배도록 두었다가, 녹인 버터를 골고루 발라, 새고기와 같은 요령으로 굽는다. 오븐에 고인 국물과 함께 구운 채소에 수프를 섞어서 끓인 후, 헝겊에 받쳐, 그레이비소스를 만들어 포트에 넣어서 함께 낸다. 따뜻하게 데워 놓은 접시에 고기를 담고, 새고기는 발에 종이장식이나 리본을 매고, 둘레에 프라이 포테이토 또는 브라운 포테이토(고기와 함께 오븐에 구운 감자)와 크레송을 곁들인다. 다른 접시에 생채소 샐러드를 듬뿍 담고, 소스와 함께 낸다. 특별한 소스로는, 로스트 터키에는 크랜베리소스, 로스트 비프에는 강판에 간 호스래디시, 로스트 포크에는 애플소스 등이 쓰인다. 먹을 때 수육류는 얇게 썰고, 새고기는 다리부터 차례로 자른다. 소의 로스트는 주로 구이에 쓰이며, 돼지의 로스트는 스테이크·튀김·햄 등에 쓰인다.

Roast Chicken [영 로스트 치킨] 구운 닭고기. 10개월 가량 된 닭을 내장을 꺼낸 다음, 깨끗이 씻고 다리·날개 등을 오므려서 보기 좋은 모양으로 만들어 튼튼한 실로 묶든지 쇠꼬챙이로 꿰서 고정시킨다. 닭 표면에 소금과 후춧가루를 뿌리고 버터를 녹여 골고루 발라 철판에 담아놓는다. 양파·당근·셀러리 등의 채소를 썰어서 닭 위에 얹고 중불의 오븐 속에서 40~50분간 굽는다. 닭이 갈색으로 맛있게 구워지면 실을 풀어 접시에 담고 채소요리를 곁들여 낸다. 이때 닭의 다리에는 은박지를 씌우고, 항문에는 파슬리를 듬뿍 꽂아 장식하면 시각적인 아름다움이 한층 맛을 돋운다. 닭은 금방 잡아서 조리하는 것보다 어느 정도의 시간이 경과한 후(겨울은 20시간, 봄은 12~15시간)에 조리하는 것이 더욱 좋다.

Roast pork [영 로스트 포크] 구운 돼지고기. 기름기가 적은 부위의 돼지고기(덩어리째)에 소금과 후춧가루를 적당히 뿌려놓았다가 둥근 통 모양으로 만들어 굵은 무명실로 묶어서 철판에 담는다. 셀러리나 양파 등의 채소를 큼직하게 썰어 녹인 라드와 함께 고기 위에 고루 얹어놓고, 중불로 달군 오븐 속에 넣어 충분히 익도록 구워낸다. 돼지고기는 속까지 잘 익혀야 하고 1200g 정도의 고기 덩어리를 완전히 익히려면 1시간 이상 구워야 한다. 구워진 고기는 실을 풀고 썰어서 접시에 담아낸다. 로스트 포크는 애플소스와 함께 먹으면 더욱 맛이 좋다.

Robe [프 호브] 포도주 빛깔

Robert Sauce [프 로베르 소스] 로베르 소스. 식초와 백포도주를 토대로 만든 소스의 이름으로 옛날부터 돼지고기와 그 밖의 육류에 이용하였다. 만드는 법은 다진 양파를 냄비에 넣고 버터로 볶아 색을 내서 술을 넣어 졸이고, 브라운소스를 넣어 5~10분간 끓인다. 겨자, 소금, 후추를 첨가하고 취향에 따라서 설탕을 넣고 센불에서 끓이지 않는다.

R

Rob Roy [영 랍 레이] 위스키

Rocambole [프 호깡볼] 부추의 일종

Rocher [프 로셰] 바위 모양의 초콜렛. 아몬드 넣은 머랭으로 만든 것이 로셰 오 자망드이고 건포도(레이즌) 넣은 것이 로셰 오 레쟁이다. 그리고 한 입 크기의 로셰 오 프랄린이 있다.

Rock Sugar [영 락 슈가] 빙당. 순도가 높은 수크로오스액을 조려서 만든 결정이 큰 설탕. 부서진 얼음덩어리처럼 생겨 빙당이라고도 한다. 굵은 설탕(싸라기 설탕)을 일단 용해시켜 활성탄이나 이온교환수지 등으로 정제한 다음, 결정접시에 넣고 밀폐하여 45~50°C로 가온한 결정실에 넣어 2주일쯤 두었다가 미결정의 모액을 분리하고 건조시켜 분쇄하여 만든다. 결정시킬 때 몇 입자의 종당을 넣는데, 얼음설탕은 과실주를 만들 때 당원으로 많이 사용한다. 맛이 좋고 용해도가 느려, 과실성분이 추출되기 전에 알코올액의 당도가 높아져 과실이 위로 떠오르는 것을 방지하는 구실을 하기 때문이다.

Rognon [프 로뉴뇽] 콩팥, 신장

Rognonade [프 로뇨나드] 콩팥과 함께 삶은 송아지 등심

Roe [프 로] 생선의 알

Roebuck Sauce [프 로벅 소스] 사슴 소스. 사슴 소스 중 하나로 사슴뼈와 사슴 잡고기는 채소와 같이 적포도주에 24시간 마리네이드하고 오븐에서 색이 나게 볶으며, 갈색소스와 같이 은근하게 끓여 농도를 맞춘 후 고운 체에 거른다. 서빙할 때 크란베리 잼을 첨가하기도 한다.

Roll Bread [영 롤 브래드] 빵의 무게가 60g인 둥근 빵

Rollmops [프 로모빱스] 식초에 절인 청어 필레로 감은 작은 오이

Romano Cheese [이 로마노 치즈] 로마노

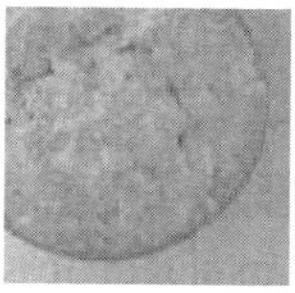

치즈. 강하고 톡 쏘는 맛이 있으며, 25°C 이하에서 12개월까지 저장이 가능하며, 열을 가했을 빨리 갈색으로 변하므로 갈아서 스프, 소스, 샐러드 등에 넣거나 빵가루와 섞어서 닭고기나 생선 사용한다.

Roquefort Cheese [이 로크포트 치즈] 로크포트 치즈, 프랑스 남부의 로크포트 마을에서 만드는 반경질의 양젖 치즈. 특수한 푸른곰팡이로 숙성시켜 푸른 줄무늬가 들어 있는 것이 특징으로 자연석회 동굴이 많은 로크포르와 그 주변지역에서 만들어지고 있다. 로크포트는 대략 2.5~3 kg의 실린더 모양으로 만들어지며, 자연적으로 옅은 아이보리색을 띠는 rind (피막)를 가지고 있다. 테이블치즈나 샐러드의 드레싱 재료로 많이 사용되어진다. 숙성기간은 12~14주 정도이다. 전통적인 방법으로는 그 지방의 독특한 곡물빵에 곰팡이를 기른 다음 건조된 그 빵을 가루로 만들어서 커드에 뿌리는 것이 있고 오늘날에 있어서는 곰팡이의 배양에 성공한 뒤 그 배양액을 커드에 주입하는 방법을 사용하고 있다. 로크포르의 내부 조직은 고르곤졸라와 같이 푸른색을 가진 조직들이 눈에 띠지만 그 모양새가 고르곤졸라에 비교해서 조금 틀리다. 푸른색과 색이 없는 치즈아이가 형성이 되기도 하고 고르곤졸라의 얽힌 듯한 모습이 서로 섞여 보인다. 부드러운 맛과 금속성의 날카로운 듯한 맛을 함께 느낄 수 있으며, 냄새 또한 자극적이다. 입안에서 자연스럽게 녹을 정도로 부드러운 감촉을 가지고 있으며 그 중간에 혀에서 약간 입자감촉(사각사각하는)이 느껴진다. 날카로운 맛 가운데에서 고소함(크림 같은)과 담백함이 함께 느껴지는 치즈로 결코 잊지 못할 맛과 감촉을 선사한다. 2000년 이상의 역사가 있으며, 오래 전부터 상표권이 고수되어 온 것으로, 일반적으로 같은 종류의 프랑스 제품을 블뢰 프로마주(bleu fromage)라 하고, 다른 나라의 제품은 블루 치즈라고 한다. 영국의 스틸턴(Stilton)이나 이탈리아의 고르곤졸라(Gorgonzola)도 같은 종류의 유명한 제품이다.

Roquefort Dressing [이 로크포트 드레싱] 치즈는 갈아서 준비하고, 크림은 거품을 내고, 스테인리스에 마요네즈를 넣고 치즈와 잘 섞어주고 크림도 같이 섞는다. 마늘 다진 것과 소금, 후추로 간을 한다. 크림이 들어가므로 장기 보관하지 않는다.

Rose Apple [영 로즈애플] 로즈애플. 중국에서는 포도라고 한다. 껍질이 평평하고 넓으며 연한 갈색이다. 잎은 마주나고 두꺼우며 긴 바소 모양이고 가장자리가 밋밋하다. 꽃은 3~4월에 피지만 열대 지방에서는 1월에 피고 우유 같은 뿌연 빛깔 바탕에 붉은 색이 돌며 총상꽃차례를 이루며 달린다. 열매는 장과이고 지름이 25~50 mm이며 네모지고 꽃받침이 남아 있고, 달고 신맛이 있어 날

R

것을 그대로 먹거나 젤리 또는 술을 만드는 재료로 쓴다. 아시아 열대 지방에 분포한다.

Rosemary [영 **로즈마리**] 로즈마리. 미질향이라고도 한다. 남유럽의 지중해 연안이 원산지이며 약초로 재배하고 전체에 강한 향기가 있다. 줄기는 네모지고 잔가지가 많이 갈라지며 높이가 1~2m이다. 잎과 잔가지는 육류 요리에 향을 내는데 쓰이고, 꽃은 설탕 절임을 하여 과자로 만들며, 잎은 차로 이용하기도 한다. 뽑아낸 기름은 화장품이나 비누의 방향제로 쓰이고, 잎과 꽃은 향주머니와 향단지로 이용한다. 기록에 의하면 로즈메리의 향이 뇌의 기능과 기억력을 높인다고 한다. 진한 향으로 고기의 비린내를 제거시켜 준다. 말린 잎은 닭요리, 토마토 스프, 양고기, 돼지고기, 볶음 요리 등에 이용하고 소스를 만드는데 중요한 재료이며, 이탈리아 요리에서 빠질 수가 없다. 우스타 소스의 주성분의 하나로 잎을 따고 난 가지는 바비큐를 할 때 이용한다. 로즈마리는 특유의 솔향으로 스프요리에도 첨가되고 차로 끓여 마셔도 좋다. 다만 방향과 쓴맛에 풀냄새가 나고 , 향기의 지속성이 있으므로 사용량은 적게 한다.

Ronce [프 **롱쓰**] 나무딸기

Rond [프 **홍**] 우둔살

Rosette [프 **호제뜨**] 얇게 썬 조각으로 서브되는 소시지

Roseval [프 **호즈발**] 붉은 외피를 가진 감자

Rosquille [프 **호스끼으**] 아니스 열매로 만든 비스킷

Rose Wine [프 **로제 와인**] 로제와인. 레드와인과 화이트 와인의 중간색을 띠고 있는 연한 핑크색의 와인으로 일명 로제(rose)라고 부른다. 레드와 화이트 와인을 절반씩 혼합하거나 혹은 흑포도를 과피와 함께 즙을 짜는 도중 원하는 색에 이르렀을 때 과피를 제거한 채 과즙만을 가지고 와인을 만든다. 보존기간이 짧으면서 오래 숙성하지 않고 마시게 되는 로제 와인은 색깔로는 화이트 와인과 레드 와인의 중간이라 하지만 맛은 화이트 와인에 가깝다.

Rossini [프 **루시니**] 거위간과 송로버섯이 들어간 고급요리

Rothomago [프 **로또마고**] 토마토소스에 계란, 베이컨, 소시지를 곁들인 것

Roti [영 **로티**] 로티, 북인도에서 만드는 빵의 총칭. 차파티(chapati)·난(nan)·푸리(puri) 등의 대표적 빵과 그 변형을 포함한다. 그 가운데 가장 넓은 지역에서 일상적으로 만들어지는 것은 차파티로서 레스토랑에서 로티를 주문하면 이것이 나온다. 정제하지 않은 밀가루를 사용하는 것이 특색이며 물을 부어 잘 반죽한 다음, 발효시키지 않은 채 국수방망이로 둥글게 밀어 철판에서 양면을 구운 담백한 맛의 빵이다. 푸리는 차파티와 같이 반죽한 것을 기름에 튀긴 것이며, 암리차르의 시크교의 본산인 황금사원에서도 교도들에게 제공되는데, 정제한 밀가루를 사용하기도 한다. 난은 반드시 정제한 밀

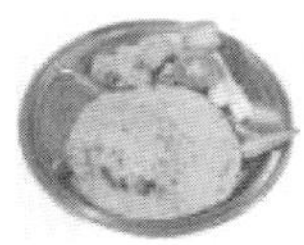

가루를 사용, 반죽하여 발효시킨 다음, 손으로 커다란 나뭇잎 모양으로 펴서 탄도르라는 흙으로 만든 가마에 구운 것이다. 고기와 생선을 같은 가마에서 꼬챙이에 꿰어 구운 탄도르 요리와 쌍이 되어 나오는 펀자브 발상의 빵이다.

Rotir [프 호띠흐] 로스트한 소, 돼지고기, 닭, 오리 등의 고기를 오븐에서 버터와 기름을 발라가며 굽는 것

Rotisserie [프 호띠쓰히] 구이집

Rotini [이 로티니] 모양이 있는 파스타로 짧은 스프링과 같은 모양

Roulle [프 후웰] 둥글게 썬 송아지의 허벅지 고기

Rougette [프 루제뜨] 작은 상추의 일종

Rouille [프 후이으] 찰리 페퍼가 들어간 아이올리 소스

Roulade [프 훌로] 둥글게 말린

Rouleau [프 훌로] 밀대, 반죽을 밀 때 쓴다.

Rousseau [프 후쏘] 붉은 빛의 물고기인 도미, 잉어 따위에 대한 통칭

Roussette [프 후쎄뜨] 상어의 일종

Roussir [프 후시흐] 약간 태워서 갈색이 되게 하는 조리법

Roux [프 루] 루. 서양요리에서 소스나 수프를 걸죽하게 하기 위해 밀가루를 버터로 볶은 것. 밀가루와 버터의 비율은 무게로 1 : 1 또는 2 : 1이 표준이며, 버터를 많이 사용하는 편이 만들기 쉽다. 밀가루에 물을 섞지 고 볶는 것이기 때문에 밀가루 녹말의 분자가 열에 의해서 파괴되어 작은 물질인 피로덱스트린으로 변하는데, 피로덱스트린은 점성이 낮다. 루는 백색 루, 담황색 루, 다갈색 루의 3종류로 나눌 수 있는데, 만드는 소스나 수프의 종류에 따라 볶는 정도를 달리하여 만든다. 루를 만들기 위하여는 두꺼운 냄비를 불에 달군 후 버터를 넣어 녹이고 체로 친 밀가루를 넣고 계속 젓는다. 처음에는 끈끈하나 차차 녹말이 피로덱스트린으로 분해됨에 따라 끈기가 없어지고 보슬보슬해진다. 덜 볶아지면 수분을 가했을 때 밀가루 냄새가 나고 끈기가 생긴다. 백색 루는 약한 불에 밀가루와 버터가 타지 않도록 빛깔이 희게 볶아서 화이트소스나 포타주 등에 사용한다. 담황색 루도 역시 약한 불에 볶으나, 마지막에 불을 강하게 하여 빛깔이 나게 하여 토마토소스 같은 것을 만들 때 사용한다. 다갈색 루는 중불로 갈색이 될 때까지 볶아서 카레, 브라운소스 등을 만들 때 사용한다. 서양에서는 가정에서 여러 가지 루를 만들어 냉장고에 넣어 두었다가 필요에 따라 사용한다.

Rowanberry [영 라운베리] 오렌지 빛의 붉은색 베리

Royale [영 로얄] 계란과 우유를 포치한 커스타드

Royale icing [영 로얄 아이싱] 달걀 흰자, 분당, 레몬주스로 만든 것으로 장식으로, 장식 글씨를 쓰는데 이용

Ruban [프 휘방] 야채를 리본 모양으로 자르는 방법

Rum [영 럼] 럼, 당밀이나 사탕수수의 즙을 발효시켜서 증류한 술. 뱃사람의 술이

라 하여 옛날부터 선원들에게 널리 애음되어 왔다. 미국 개척시대 초기부터 제조되었으며, 특히 뉴잉글랜드 럼은 유명하다. 제당산업이 번창한 카리브해의 서인도 제도, 바하마 제도에서 처음으로 만들었는데, 현재는 쿠바·멕시코를 비롯하여 세계 각지에서 생산되고 있다. 무색이거나 빛깔이 연한 것을 화이트 럼, 진한 것을 다크 럼이라고 한다. 각각 생산지나 제조법에 따라 독특하여 3가지 유형으로 대별된다.

① 헤비 럼 : 자메이카산이 유명하다. 자연발효로 만들어지며, 다량의 에스테르를 함유하고 있어 강한 향기가 있다. 발효에는 효모 외에 부티르산균(낙산균) 등이 간여하고, 증류는 포트스틸로 하며, 증류액은 통에 저장한다. 숙성기간은 최저 3년으로 규정되어 있다.

R

② 미디엄 럼 : 가이아나에서 생산되는 데메라라 럼이 유명하고, 향미는 헤비 럼과 라이트 럼의 중간이다.

③ 라이트 럼 : 순수하게 배양한 효모로 발효시키고 연속식 증류기를 사용한다. 바베이도스·쿠바·푸에르토리코·트리니다드토바고산이 유명하며, 향미는 부드럽다. 한국에서도 럼이 생산되고 있는데, 라이트 럼에 속한다. 럼은 스트레이트로 마실 수 있는 외에 다이키리 등 칵테일의 바탕이 되는 술로서 널리 이용되며, 최근에는 라이트 럼이 많이 애용되고 있다. 또, 럼의 감미로운 향기는 양과자에 아주 적합하여 설탕의 감미와 달걀의 비린내를 완화시켜 준다고 해서 다량의 럼이 제과용으로 쓰인다. 또 크림이나 젤라틴에 섞거나 과실을 럼에 담그기도 하며, 아이스크림에 가미하여 맛을 더하는 데도 쓰인다.

Runner [영 **러너**] 러너. 저장실에서 식, 음료를 식당에 운반하는 사람

Rush Periods [영 **러쉬 페리어드**] 일반적으로 다른 시간대보다 많은 고객들이 밀어닥치는 때

Rusk [영 **러스크**] 러스크. 굳은 식빵을 두께 5 mm 정도로 얇게 썰고 다시 한입에 먹을 수 있는 정도의 크기로 길게 썬다. 여기에 달걀흰자를 거품을 일으킨 후 가루설탕과 향료를 넣은 머랭그를 빵의 한쪽에 발라 오븐에서 약한 불로 아삭아삭하게 살짝 굽는다. 향료로는 바닐라나 레몬을 사용한다. 단단하게 굳은 카스텔라를 이용하여 러스크를 만들면 고급품이 된다. 수분함량이 낮으므로 오래 보존할 수 있고 소화가 잘 되므로 어린이 간식으로 좋다.

Route [이 **로트**] 짧은 모양의 파스타

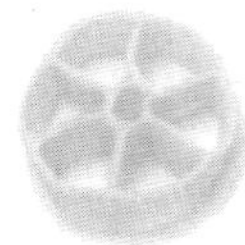

Russe [프 **뤼쓰**] 가로, 세로 5 mm, 길이 3 cm로 자르는 것

Russian Dressing [영 **러시안 드레싱**] 러시안 드레싱. 다우전트 아일랜드 드레싱과 비슷하며, 마요네즈에 토마토 케첩을 넣고 양파, 삶은 계란, 홍피망, 올리브, 피클을 다지고 레몬주스와 소금, 후추로 간을 맞춘다.

Russule [프 **휘쎌**] 청버섯

Rutabaga [프 휘따바가] 스웨덴의 뿌리가 노란 순무

Rye [영 라이] 호밀. 라이보리라고도 한다. 카프카스 · 터키 원산이다. 잎은 녹청색으로 어린잎의 윗면에는 벨벳 모양의 털이 밀생한다.

Rye Whisky [영 라이 위스키] 라이 위스키. 호밀 51% 이상을 원료로 하여 만든 위스키

Ryuchia Rosemary [영 루치아 로즈마리] 루치아 로즈마리. 지중해가 원산지, 프랑스와 스페인에 많이 생산되고 있는 생잎, 말린잎을 모두 사용하며, 생잎향이 좋다. 생선요리, 양요리, 돼지고기, 사슴고기에 이용

R

S

Sabayon [프 싸비이용] 계란 노른자, 설탕, 화이트 와인, 향료를 섞어서 만든 소스

Sable [프 싸블] 부서지기 쉬운 쿠키, 아몬드 레몬이나 오렌지 껍질을 첨가하여 만든다.

Sabrinz Cheese [영 샤브린즈 치즈] 스위스 치즈, 황흑색이나 황갈색 껍질. 요리와 디저트로 이용

Saccharin [프 사카린] 사카린. 화학식 $C_7H_5NO_3S$.분자량 183.19, 녹는점 229°C. 구조는 *o*-술포벤조산아미드에 해당한다. 진공 속에서 승화하는 백색 결정으로 약간 쓴맛이 나지만, 수크로오스의 500~700배의 감미를 가지며 냄새는 거의 없다. 에탄올에는 녹으나 물에는 잘 녹지 않으므로, 쓴맛이 적고 물에 잘 녹는 나트륨염 $C_7H_4NO_3SNa \cdot 2H_2O$ (사카린이라고도 한다)를 감미료로 쓴다. 용성 사카린의 단맛은 1만 배로 묽게 해도 없어지지 않는다. 1894년에 I.렘슨과 C.팔베르크에 의하여 *o*-톨루엔술폰아미드를 과망간산칼륨의 알칼리성 수용액으로 산화시키는 방법에 의하여 처음으로 합성되었으며, 현재도 이 방법에 의하여 공업적으로 생산된다. 의약용으로 당뇨병 환자 등에 설탕 대신 사용된다. 그 전에는 식품첨가제로서 흔히 설탕·포도당 등과 병용되었으나, 현재 식품첨가제로서의 사용은 제한된다.

Sachet [프 사세] 향낭, 향료 주머니

Saddle [영 새들] 양, 송아지, 사슴고기의 허릿살

Sagourne [프 샤구르네] 췌장을 버터에 튀겨서 가늘게 썰은 것으로 소금, 후추로 간을 한다.

Safflower [영 사플라워] 홍화. 홍람·홍화·이꽃·잇나물이라고도 한다. 높이 1 m 내외이다. 잎은 어긋나고 넓은 바소꼴이며, 톱니 끝이 가시처럼 생긴다. 꽃은 7~8월에 피고 엉겅퀴같이 생겼으나 붉은빛이 도는 노란색이고 가지 끝에 1개씩 달린다. 총포는 잎 같은 포로 싸이고 가장자리에 가시가 있다. 열매는 수과로서 길이 6 mm이며 윤기가 있고 짧은 관모가 있다. 종자는 흰색이다. 이른 아침 이슬에 젖었을 때 꽃을 따서 말린 것을 홍화라 하여 한방에서 부인병·통경·복통에 쓴다. 홍화를 물에 넣어 황색소를 녹여낸 다음 물에 잘 씻어서 잿물에 담그면 홍색소가 녹아서 나온

다. 여기에 초를 넣어서 침전시킨 것을 연지로 사용하였으며, 천·종이 염색도 하였다. 또한 이집트의 미라에 감은 천도 이것으로 염색한 것이다. 열매로 기름을 짜서 등유와 식용으로 하였고 등잔불에서 얻은 검댕으로 만든 것이 홍화묵)이다. 종자에서 짠 기름에는 리놀산(linolic acid)이 많이 들어 있어 콜레스테롤 과다에 의한 동맥경화증의 예방과 치료에 좋다. 한국·인도·중국·이집트·남유럽·북아메리카·오스트레일리아 등지에서 재배한다.

Saffron [영 샤프란] 샤프론. 온난하고 비가 적은 곳에서 잘 자란다. 높이 약 15 cm이다. 알뿌리는 지름 3 cm로 납작한 공 모양이다. 잎은 알뿌리 끝에 모여나며 줄 모양이고 꽃이 진 다음 자란다. 끝이 점차 뾰족해진다. 꽃은 깔때기 모양이며 10~11월에 자주색으로 핀다. 새잎 사이에서 나온 꽃줄기 끝에 1개가 달린다. 꽃줄기는 짧고 밑동이 잎집으로 싸인다. 화피와 수술은 6개씩이고 암술은 1개이다. 암술대는 3개로 갈라지고 붉은빛이 돌며 암술머리는 육질이다. 유럽 남부와 소아시아 원산이다. 원예상으로는 꽃이 봄에 피는 종과 가을에 피는 종으로 크게 나누는데, 봄에 피는 종을 크로커스, 가을에 피는 종을 사프란이라고 하여 구분하기도 한다. 암술대를 말려서 진정·진경·통경·지혈제로서 월경곤란·갱년기장애·유산벽·자궁출혈과 백일해 등에 약으로 쓴다. 10만 배로 희석하여도 노란색을 띠기 때문에 음식물의 빛깔을 내는 데도 사용한다. 사프란이라는 말은 아랍어의 아자프란(azafran) 또는 자파란(zafaran)에서 비롯하였으며 본래 사프란의 암술대를 가리키는 말이었다. 약이나 염료로 쓰기 시작한 것은 8세기부터로서 에스파냐를 정복한 아랍인이 전하였고, 인도와 페르시아에서는 그보다 훨씬 전부터 재배하였다. 16세기 이후에는 요리와 약용으로 많이 사용하였고 머리염색제로도 썼다. 가을에 알뿌리를 심고 다음해 5~6월에 파서 말렸다가 다시 심는데, 이어짓기하는 것은 좋지 않다. 쌀, 감자, 스프에도 이용하는데, 우유나 boullion 등에 건조한 샤프란을 잠시 담가서 액체로 침출시켜, 이용한다. 요리에는 착색 및 방향제로 사용되며, 소스 및 빵, 버터, 치즈, 비스킷 등에서 독특한 냄새와 색을 내기 위하여 사용한다. 향미보다 착색성이 강한 스파이스로 생선요리에 잘 어울리고, 스페인의 파에야에 필수적인 재료이다.

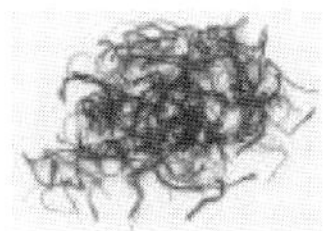

Saffron Sauce [프 샤프랑 소스] 샤프론 소스. 샤프론은 노랑색에서 빨강색에 이르기까지 여러 종류가 있다. 맛이 특이하여 순하고 씁쓸하며 단맛이 약간 난다. 만드는 것은 생선 육수 1/3로 졸여서 생크림을 넣고 끓이고 샤프론과 생선육수 졸인 것을 넣고 버터 마니에로 농도를 맞추어 소금, 후추를 넣어 사용한다. 가리비(scallop)와 대합(clam) 등 생선요리에 이용한다.

Sage [영 세이지] 세이지. 세이지는 약용 살비야라고도 한다. 세이지는 Common

S

Sage, Garden Sage라고도 하며 흔히 Salvia라는 이름으로도 불린다. 줄기는 사각형으로 밑부분이 거의 목질화되며 높이 30~90 cm이고 전체에서 향기가 난다. 잎은 마주나고 잎자루가 짧으며 긴 타원형으로 끝이 둔하고 가장자리가 밋밋하다. 약용으로는 잎을 삶아서 인후염 및 위장염에 사용한다. 방부·항균·항염 등 살균 소독 작용이 있으며 염증의 소염제로도 이용한다. 또한 중풍이나 심한 운동 뒤의 피로도 씻어준다. 남부 유럽 원산이고 옛날부터 구미 각국에서 가정용 향초로 널리 재배한다. 약초인 동시에 요리에도 중요한 부향제이며, 마른 잎이 향이 더 진하고 생잎도 함께 요리에 쓰인다. 육류요리에 세이지를 첨가하면 풍미가 훨씬 좋아진다. 돼지고기나 내장류의 냄새를 없애주며, 세이지 정유는 지방분을 분해시켜서 맛을 좋게 할 뿐 아니라 장미꽃 냄새가 강한 강력한 풍미를 가진다. 독특한 쓴맛 때문에 고기를 먹은 뒤에도 느끼하지 않게 도와주고 소화를 촉진시켜준다. 닭, 양, 돼지, 뱀장어, 치즈, 소시지, 햄, 순대, 불고기, 햄버그, 스튜 등에 사용하며, 이탈리아 요리나 독일요리에 즐겨 이용하는 향신료이다. 야채의 조림요리나 콩스프, 샐러드드레싱에도 잘 어울리는 향신료이다.

Sagou [㉥ 싸구] 사고야자나무의 열매

Saignant [㉥ 쎄뉴앙] 약하게 구운 스테이크

Saindoux [㉥ 쌩두] 라드

Saint Marcellin [㉥ 쌩 마흐슬랭] 프랑스 남동쪽 도피네 지역에서 생산되는 부드러우며 신맛과 짠맛이 어우러진 치즈 소젖이나 염소젖으로 만든다.

Saint Maure de Touraine [㉥ 쌩 모흐 드 뚜헨느] 파리 남서쪽에 위치한 뚜렌 지방에서 생산되는 긴 실린더 모양의 염소치즈

Saint Nectaire [㉥ 쌩 넥떼흐] 프랑스 중부의 오베흐뉴 지방에서 생산되는 소젖으로 만든 치즈

Saint Paulin [㉥ 쌩 뽈랭] 프랑스 전역, 특히 브흐따뉴와 르멘 지역에서 많이 생산되는 치즈로 소젖으로 만든다. 외피는 축축하고, 내피는 부드러우며, 약간 짠맛이 난다.

Saisir [㉥ 쎄지흐] 조리중 국물이 빠져 나오지 않도록 고기 등의 재료 표면에 센불에 구워 고정시키는 것

Saisson [㉥ 쎄종] 계절

Sake [㉰ 사케] 일본술

Salad [㉨ 샐러드] 샐러드. 채소·과일·육류 제품을 골고루 섞어 마요네즈나 드레싱으로 간을 맞추어 먹는 서양음식. 샐러드라는 말은 라틴어 sal(소금)이 어원인 듯한데, 육류를 많이 먹는 서양 사람들이 생채소에 소금을 뿌려 먹는 습관이 있었던 데서 생긴 것 같고, 기원전 그리스·로마시

S

대부터 이미 먹었던 것으로 본다. 본래는 약초에 해당하는 마늘·파슬리·셀러리·물냉이(크레송)와 같은 것을 재료로 하여 소화흡수에 도움이 되게 한 것으로 보인다. 비프스테이크·로스트비프 등 산성식품인 육류요리에 알칼리성 생채소를 곁들여 먹음으로써 입맛이 개운해서 좋고 영양상 균형이 잡히며 흡수에 효과적이어서, 산성식품에 대한 필수식품으로 널리 애용된다. 그때그때의 재료에 따라 알맞은 소스를 선택하여 사용한다. 재료는 브로콜리(양배추 종류)·비트(사탕무 종류)·셀러리·래디시(홍당무 종류)·레터스(양상추)·아스파라거스(그린 아스파라거스와 화이트 아스파라거스가 있는데, 그린 아스파라거스가 연하고 좋으며, 화이트 아스파라거스는 신선도가 쉽게 떨어진다)·양배추(튀김이나 소테에 흔히 곁들이며, 보랏빛 양배추는 샐러드에서 악센트 효과가 크다), 그 밖에도 오이·양파·토마토·피망·각종 과일을 그때그때 편하게 사용하고, 햄·소시지·닭고기·생선살·새우·게살·조갯살 등도 곁들인다.

Salade de fruits [프 쌀라드 드 프휘이] 과일을 섞은 샐러드

Salade de jardin [프 쌀라드 드 자흐댕] 다양한 종류의 상추와 허브를 섞어 식초소스를 섞은 샐러드

Salade de chou cru [프 프 쌀라드 드 슈 크휘] 당근, 양배추, 양파에 크림소스를 섞은 샐러드

Salade grecque [프 프 쌀라드 그헤끄] 토마토, 오이, 피망, 올리브, 페타 치즈 등에 허브를 넣은 식초 소스에 섞은 샐러드

Salade russe [프 프 쌀라드 휘쓰] 마요네즈에 주사위 모양으로 자른 야채를 섞은 샐러드

Salad Dressing [영 샐러드 드레싱] 샐러드 드레싱. 많은 종류가 있으나 대체로 2가지의 기본적인 것으로 대별한다. 그 하나는 마요네즈와 같이 기름이 항상 유화되어 있는 종류이고, 다른 하나는 프렌치드레싱과 같이 식초와 기름이 분리되어 있는 것으로, 사용할 때 섞어서 쓴다. 마요네즈와 비슷한 제품이지만 달걀노른자를 쓰지 않고 기름의 함량도 적은 것을 따로 샐러드 드레싱이라는 이름으로 부르는 것도 있다.

Salad Oil [영 샐러드 오일] 주로 샐러드드레싱을 만드는 데 쓰는 고급 식용유. 원료유에서 탈랍·탈산·탈색·탈취 등의 과정을 엄밀히 거쳐서 정제하며, 특히 열처리 때는 점도가 높아지지 않도록 주의한다. 옛날에는 지중해 연안에서 많이 생산되는 올리브유를 원료로 하였으나 현재에는 면실유·콩기름·채종유·옥수수기름 등도 이 기름의 원료가 된다. 식욕을 돋울 수 있는 향기·맛·색조·점도를 갖추도록 하는 일이 중요하다.

Salamander [영 살리만더] 살리만더. 조리 기구로 음식 내용물 위에서 불을 쬐어서 조리하는 것

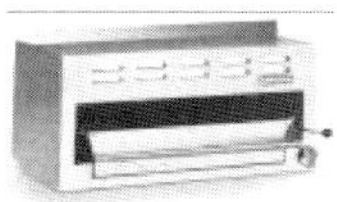

Salami [영 살라미] 살라미, 훈제가 아닌 이탈리아식 드라이 소시지. 쇠고기와 돼지고기의 등심

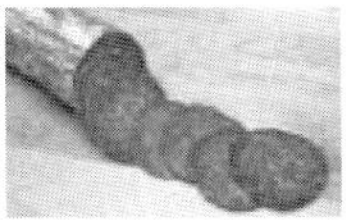

S

살에 돼지기름을 넣고, 소금과 향신료를 깞이 넣어 간을 세게 맞추고 럼주를 가한 후 건조시킨 것이다. 이 소시지는 훈연법을 쓰지 않고, 저온에서 장시간에 걸쳐 건조시키는 것이므로, 보존성이 좋다. 매달아 놓으면 2년쯤은 충분히 보존할 수 있는데, 단단해지는 것이 흠이다. 단단하게 굳은 것보다는 만져 보아서 탄력이 좀 있는 것이 맛이 좋다. 얇게 썰어서 오르되브르나 카나페의 재료로 쓰기도 하고, 술안주로도 즐겨 쓴다.

Saler [㉥ **살레**] 소금을 넣다.

Sallsbury [㉥ **살리스 베리**] 살리스버리. 햄버거와 유사하며 다진 고기와 빵가루, 우유 등에 양념하여 2 cm 두께로 넓이로 고기

Salmon [㉢ **살몬**] 연어. 몸길이 약 70 cm이다. 몸은 원통 모양으로 약간 위아래로 납작하다. 송어와 비슷하게 생겼으나 체폭이 약간 좁다. 몸빛깔은 등쪽이 남회색이고 배쪽은 은백색이다. 번식기가 되어 강에 올라올 때는 혼인색인 홍색의 구름 모양 반점이 생긴다. 살은 연한 황적색을 나타낸다. 칼슘이 많아 뼈를 튼튼히 해주고 다량의 비타민 D가 칼슘의 생체흡수를 도와 골다공증 같은 칼슘의 결핍증을 막아준다. 또한 빈혈이나 냉증에 대한 효과도 과학적으로 입증되었는데 이에는 연어의 잔뼈를 갈아먹는 것이 좋다. 연어의 알은 타 어류의 알에 비해 크고 DHA(820mg)와, EPA(492mg)가 풍부해 뇌세포의 노화방지 및 뇌혈전, 심근경색 등 성인병예방에 효과가 크다. 연어의 가공방법에는 모든 사람들이 좋아하는 기호식품이랄 수 있는 훈제(smoke)라는 특수 제조방법이 있는데, 이때 사용되는 나무로는 재질이 단단한 활엽수로서 낙엽수인 떡갈나무, 참나무, 밤나무, 사과나무 등을 사용해 훈제한다. 연어는 초밥, 훈제, 생선조림 등으로 조리되며, 서양에서는 버터구이, 치즈구이 또는 튀김용, 통조림으로 이용하는데, 가열한 것은 칼슘의 좋은 급원이 된다. 연어는 산란기가 11월경으로 이때 연어알을 적출하는데 한 마리에 600~750 g 정도의 알이 들어 있으며, 싱싱한 그대로 이용하기도 하고, 소금물에 씻어 식초, 레몬주스, 식용유를 첨가하여 비린 맛을 제거한 후 이용한다.

Salmonella [㉢ **살모넬라**] 살모넬라. 사람이나 동물에 티푸스성 질환을 일으키고, 또 식중독의 원인균이 되는 것도 있다. 그람(Gram) 음성의 간균으로, 포자는 없으나 대부분은 편모가 있고 운동성을 가진다. 사람에게 티푸스성 질환을 일으키게 하는 것에는 장티푸스균 · 파라티푸스 A균 · 파라티푸스 B균 · 파라티푸스 C균이 보통이나, 살모넬라 센다이균(Salmonella sendai)에 의한 티푸스도 간혹 있다. 식중독의 원인균이 되는 것은 장염균 · 쥐티푸스균 · 돼지콜레라균 · 살모넬라-나라시노균 등이 있다.

Salpicon [㉥ **쌀삐꽁**] 가니쉬나 토핑에 사용하기 위하여 고기, 야채, 버섯 등을 네모 반듯하게 자르는 것

Salsa [㉢ **살사**] 살사, 매콤한 맛을 내는 소

스. 살사는 에스파냐어로 소스라는 뜻이다. 멕시코 전통음식인 토르티야 요리에 빠지지 않고 들어가는 매콤한 소스이다.

Salt [영 쏠트] 소금. 나트륨과 염소의 화합물로서 식염이라고도 한다. 화학명은 염화나트륨, NaCl이다. 소금은 생리적으로 필요 불가결한 것이다. 소금은 체내, 특히 체액에 존재하며, 삼투압의 유지라는 중요한 구실을 하고 있기 때문이다. 인간의 혈액 속에는 0.9%의 염분이 함유되어 있다. 소금의 나트륨은 체내에서 탄산과 결합하여 중탄산염이 되고, 혈액이나 그 밖의 체액의 알칼리성을 유지하는 구실을 한다. 또 인산과 결합한 것은 완충물질로서 체액의 산·알칼리의 평형을 유지시키는 구실을 한다. 소금 섭취량이 부족하면 이들의 소화액 분비가 감소하여 식욕이 떨어진다. 또한 나트륨은 식물성 식품 속에 많은 칼륨과 항상 체내에서 균형을 유지하고 있다. 칼륨이 많고 나트륨이 적으면 생명이 위태롭게 되는 경우도 생긴다. 또 염소는 위액의 염산을 만들어주는 재료로서도 중요하다.

Saltimbocca [이 쌀팀보카] 살팀보카, 송아지 고기에 햄을 싸서 세이지(sage)로 양념하여 구운 이탈리아 요리

Salt Pork [영 쏠트 포크] 소금에 절인 돼지고기 베이컨보다 훨씬 기름지고 훈제하지 않은 것이다.

Salt Rising Bread [영 쏠트 라이징 브레드] 소금으로 부풀린 빵. 부드러운 질감과 톡쏘는 향이 있다.

Sambal [영 삼볼] 인도네시아, 말레이시아, 남인도에서 인기 있으며, 코코넛, 육류, 해산물, 채소와 향신료 등을 첨가하여 다양하게 먹는다.

Samosa [영 사모사] 인도에 튀긴 삼각형의 페스트리 또는 중국에서는 닭고기, 감자, 당근 등을 바삭바삭한 춘권 피로 감싼 것

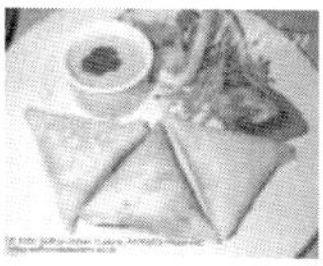

Samphire [영 샴피르] 미나리과 식물. 잎을 식초에 절임

Samsoe Cheese [프 삼소 치즈] 삼소치즈, 에멘타르형으로 생긴 덴마크산 치즈. 표면이 노랗기 때문에 금빛 치즈라고도 한다. 지름 44 cm, 높이 10 cm의 원반 모양의 치즈이다. 단면은 담황색의 왁스 모양이고 발효중에 발생하는 가스 때문에 생긴 6~12 mm의 공동이 있다. 약간 단맛이 도는 호두맛과 같은 풍미가 특징이다. 덴마크에서 많은 양이 생산되어 세계 각국으로 수출된다.

Sand Dab [영 샌드 댑] 작은 가자미, 오븐, 삶기, 튀겨서 이용

Sandwich [영 샌드위치] 샌드위치. 샌드위치라는 말은 18세기 후반 영국의 J.M.샌드위치 백작이 항상 트럼프놀이에 열중하여 식사할 시간이 아까워 고용인으로 하여금 육류와 채소류를 빵 사이에 끼운 것을 만들게 하여 옆에 놓고 먹으며 승부를 겨룬 일에서 생겨났다고 한다. 샌드위치와 비슷한 음식은 오래 전부터 볼 수 있었는데,

S

로마 시대에 벌써 검은 빵에 육류를 끼운 음식이 가벼운 식사대용으로 애용되었고, 러시아에서도 전채의 한 종류인 오픈 샌드위치를 만들어 사용하였다고 한다. 샌드위치는 형태상으로 클로즈드 샌드위치와 오픈 샌드위치로 구별한다. 클로즈드 샌드위치는 2쪽의 빵 사이에 속(filling)을 끼우는 것으로 빵의 가장자리를 잘라내기도 하고 그냥 두기도 한다. 오픈샌드위치는 한쪽의 빵 위에 육류와 채소를 조화 있게 놓아먹는 것으로, 이것을 특히 카나페(canap)라 한다. 그리고 샌드위치는 용도에 따라 모양과 속을 다르게 만든다.

Sang [㉣ 쌍] 피, 혈액

Sanglier [㉣ 쌍글리에] 멧돼지

Sangria [㉧ 상그리아] 상그리아, 스페인과 멕시코에서는 여러 가지 과일을 와인과 섞어 넣고 얼음을 넣은 상그리아(sangria)라는 드링크를 여름에 주로 먹는다. 배나 사과와 오렌지, 레몬즙 등 계절과일들과 와인을 섞어 맛을 내 향긋함이 입안에 머물고 취향에 따라 설탕이나 꿀을 첨가하면 좋다. 주재료는 붉은 포도주에 레모네이드 등을 넣어 차게 한 음료로 레드와인, 츄리플색, 브랜디, 오렌지주스, 라임주스, 레몬주스, 시럽, 슬라이스한 레몬과 얼음을 넣어서 쉐이커에 재료를 모두 넣어 흔들어 섞은 다음 개인 잔에 따르고 장식은 제철과일을 쓴다.

Sansho [㉧ 산초] 산초. 산지에서 자란다. 높이는 3 m이고, 잔가지는 가시가 있으며 붉은빛이 도는 갈색이다. 잎은 어긋나고 13~21개의 작은잎으로 구성된 깃꼴겹잎이다. 작은잎은 길이 1~5 cm의 넓은 바소꼴이며 양끝이 좁고 가장자리에 물결 모양의 톱니와 더불어 투명한 유점이 있다. 열매는 삭과이고 둥글며 길이가 4 mm이고 녹색을 띤 갈색이며 다 익으면 3개로 갈라져서 검은 색의 종자가 나온다. 열매는 익기 전에 따서 식용으로 하고, 다 익은 종자에서 기름을 짠다. 한방에서는 열매 껍질을 야초라는 약재로 쓰는데, 복부냉증을 제거하고 구토와 설사를 그치게 하며, 회충·간디스토마·치통·지루성피부염에 효과가 있다. 한국·일본·중국 등지에 분포한다. 산초는 해독작용 뿐 아니라 마취성도 있으므로 과다섭취는 금물이다. 중국요리에 오향(산초, 회양, 계피, 정향, 계피) 중의 하나로 생선의 비린내를 없애주기도 하며, 식욕증진을 위해서도 많이 사용하는데 잎은 방향성 조미료로서 음식의 맛을 깔끔하게 한다.

Sapote [㉣ 싸뽀뜨] 멕시코와 중앙아메리카 원산지로 서양자두모양의 작은 오렌지

Sapsago Cheese [㉧ 삽사고 치즈] 스위스의 초경질 치즈, 가루로 만들어서 샐러드와 파스타로 이용

Sardine [㉣ 싸흐딘느]

정어리. 몸길이 25 cm이다. 몸은 옆으로 납작하고 등쪽은 약간 둥글며 뒤로 갈수록 가늘어진다. 배쪽 정중선에는 각이 뾰족한 비늘로 덮여 있고 몸은 매우 큰 둥근비늘(원린)로 덮여 있으며 떨어지기 쉽다. DHA와 EPA와 같은 불

포화지방산을 많이 함유하고 있으며 영양적으로 매우 우수한 아미노산 조성을 가지고 있다. 겨울 정어리의 지방에는 혈액응고를 억제하는 성분이 있어서 혈관계 병의 예방에 효과가 있다. 정어리는 뼈와 같이 먹을 수 있으므로 무기질의 근원이다. 성분 중에 글루탐산, 히스티딘 등 유리아미노산 등의 핵산 성분이 많다. 주된 요리는 구워먹지만 정어리는 토마토, 배를 함께 곁들인 요리는 칼슘, 비타민, 단백질 등 영양소가 풍부한다. 회로도 먹을 수 있으며, 소금구이, 기름 튀김, 조림 등으로 식용한다.

Sarrasin [프 싸하쟁] 메밀, 메밀가루

Sashimi [일 사시미] 사시미, 회. 어회. 횟감으로는 흰살 생선을 많이 썼으나 지금은 참치·가다랭이·참다랭이 등 붉은살 생선도 널리 쓰인다. 생선은 제철에 나는 것, 신선한 것을 골라 회를 떠야 한다. 회로 먹는 생선은 종류가 많아 예전부터 민어·병어·넙치·가자미·방어·도미 등이 많이 쓰였으며, 요즈음은 삼치·참치·가다랭이·참다랭이 등, 또 붕장어 같은 뱀장어류 등도 횟감이 된다. 그 밖에 문어·새우·조개류 등도 함께 쓰는 일이 많다. 회를 뜨는 방식에는 재료의 성질에 따라 각각 모양을 다르게 뜨는데, 보통 붉은살 생선은 흰살 생선보다 두껍게 뜬다. 생선회에는 흔히 장식용 채소를 곁들이는 일이 많은데, 무채를 한 겹 접시에 깔고 그 위에 여러 가지 회를 모듬으로 얹고, 가운데 또는 주위에 채소를 장식하는데, 깻잎·상추·쑥갓·해조류 등을 빛깔을 맞추어 쓰면 색감과 더불어 미각도 돋운다. 채소는 같이 먹는 것이 좋다. 향신료로는 고추냉이·겨자가 많이 쓰이는데, 생강을 곁들이거나 무즙을 고추냉이나 겨자를 푼 초간장에 함께 넣은 것 또는 초고추장에 찍어 먹는다.

Sassafras [영 사사프러스]

사사프라스. 북아메리카 원산이다. 잎은 어긋나고 달걀 모양이거나 타원형이며 길이 10 cm 정도로서, 끝이 2~3개로 갈라지거나 밋밋하다. 겉면은 녹색이고 뒷면은 잿빛을 띤 흰색이다. 꽃은 암수딴그루로서 봄에 잎보다 먼저 노란빛을 띤 녹색으로 피고 총상꽃차례에 달린다. 열매는 핵과로서 타원 모양이며 지름 1.5 cm 정도이고 검게 익는다. 물관부를 짜개서 생약으로 사용하며 변재는 노란색, 심재는 주황빛을 띤 갈색이다. 또한 가루나 사사프러스 차로 이용한다. 옛날에는 매독약으로 썼으나 지금은 뿌리에서 추출하는 정유를 담배 등의 향료로 사용한다. 미국 플로리다주에서 캐나다까지 분포하고 한국에서도 서울 근처에서 자란다.

Sate [영 소테] 인도네시아의 요리, 육류나 생선을 작게 잘라 꽂이에 꽂아서 철판에 구운 것

Saturated Fat [영 새츄레이트 팻] 포화지방산. 이중 결합이 없는 지방산. 버터나 돼지기름 등의 동물성 지방에 들어 있으며 상온에서는 고체임. 쇠기름, 돼지기름 등 모든 동물성 기름과 버터, 쇼트닝, 라드,

식물성기름 중 코코넛 기름과 팜유 등에 다량 포함되어 있다. 포화지방산의 역할은 다량 섭취시 혈액 내의 콜레스테롤을 높여 심장질환의 발병률을 높인다.

Sauce [영 소스] 소스. 어원은 라틴어의 sal(소금)에서 나온 것으로 원래는 소금을 기본으로 한 조미용액이란 뜻이며, 세계 각국에서 조미료라고 하는 말의 머리에 's' 자가 많이 붙어 있는 것은 이 때문이다. 소스는 고대 로마시대부터 사용되어 온 것으로 주요한 것만 해도 400~500종이다. 소스의 맛은 중요하여 생선·고기·달걀·채소 등 각종 요리에 각각 알맞은 것이 있고, 요리와의 조화에 커다란 영향을 끼친다. 프랑스의 요리가 세계적으로 유명한 것은 각종 요리에 따라 끼얹는 소스의 종류가 약 700종에 이르기 때문이라고 한다. ◐ 종류 소스는 식탁용과 조리용으로 크게 나누어진다. 식탁용 소스에는 ① 우스터소스(보통의 소스), ② 포크커틀릿 소스(우스터 소스와 비슷하나 삶은 사과, 토마토 퓌레를 많이 사용한다), ③ 멸치 소스, ④ 칠리 소스(chili sauce : 토마토 씨와 고추를 넣은 매운 소스), ⑤ 타바스코 소스(tabasco sauce : 붉은 고추로 만든 매운 소스), ⑥ 기타(토마토케첩·마요네즈 소스·드레싱 등) 등이 있다. 이들은 여러 가지 요리에 잘 조화되므로 이용도가 높으며 공업적으로 생산되어 병조림 형태로 판매된다. 조리용 소스는 요리에 임하여 그때마다 조리사가 만드는 것인데 재료와 만드는 법에 따라 기본 소스·응용 소스·기타 소스로 크게 나눈다. 기본 소스에는 ① 벨루테소스(velout sauce : 백색 소스의 기본이 되는 것으로 부재료에 따라 고기요리·생선요리에 알맞다), ② 아몬드소스(almond sauce : 삶은 요리 특히 채소요리에 알맞은 백색 소스), ③ 슈프림소스(닭고기요리에 사용된다), ④ 베샤멜소스(bchamel sauce : 백색 소스로서 채소·달걀·생선·새우 요리에 사용되고 크로켓의 재료가 된다), ⑤ 토마토소스(적갈색의 소스로 생선튀김·국수요리 등에 널리 이용된다), ⑥ 에스파뇰소스(에스파냐식 갈색의 소스로 농후한 맛의 요리에 사용된다) 등이 있다. 루는 백색 루·담황색 루·갈색 루의 3가지가 대표적인 것인데, 밀가루를 버터로 볶아서 만든다. 버터를 밀가루보다 더 많이(중량으로) 사용하면 잘 볶이고, 밀가루의 70% 이하면 잘 볶아지지 않는다. 리에종에는 달걀노른자와 크림을 섞은 것, 크림과 밀가루를 반죽한 것, 버터와 밀가루를 반죽한 것 등이 있고, 소스를 만들기 직전에 준비하는 것이 요령이다. 응용 소스는 요리에 즈음하여 기본 소스에 포도주 등 서양주와 향신료를 적당히 섞어서 만든다. 소스는 요리뿐만 아니라, 계절, 먹는 사람의 연령, 성별에 따라서 조절하여 사용한다.

Sauce Boat [영 소스 보트] 소스보트. Table 서비스를 할 때 음식과 함께 나가는 소스를 담는 보트 모양용기

Saucer [프 사우서] 사우서, 볼, 컵, 핑거볼을 받치는 접시

Saucisse [프 쏘씨쓰] 소시지

Saucisson [프 쏘씨송] 소시지

Sauer Braten [영 사워 브라튼] 독일 남부의 식초에 절인 소고기, 돼지고기

Sauerkraut [영 사우어 크라프트] 사우어크라프트, 양배추를 싱겁게 절여서 발효시킨 독일식 김치. 한국 김치와 같이 신맛이 나게 발효시킨 양배추 김치인데, 피클과 더불어 서양 김치의 대표적인 것으로서, 독일과 근처 여러 나라에서 많이 만든다. 제품의 빛깔이 황금색을 띠는 것이 좋은 것이며, 신맛이 나고, 씹으면 아작거린다. 그대로 먹는 경우는 적고, 육류를 가공할 때, 또는 스튜나 샌드위치에 넣기도 하고 소시지·햄 등과 함께 기름에 볶기도 한다. 잘 키운 양배추를 바람이 잘 통하는 곳에 얼마간 두어 시들게 하거나 가볍게 소금에 절인 후, 동을 제거하고 2~3 cm 너비로 썰어서 2~2.25 %의 소금을 뿌리면서 차곡차곡 통에 쟁여 넣고, 로리에(laurier : 월계수)·캐러웨이(caraway : 회향풀) 등의 향료도 함께 넣고 돌로 눌러서 발효시킨다. 돌 대신 플라스틱 주머니에 물을 넣어서 쓰기도 하는데, 어떤 방법으로든지 공기와의 접촉이 안 되도록 해야 한다. 발효중에 양배추가 공기중에 노출되거나 너무 짜면 효모나 부패균이 작용하여 흑갈색이나 분홍색으로 변하여 못쓰게 되고, 저온에서 발효시키면 물러져서 좋지 않다.

Saupoudrer [프 쏘뿌드레] 빵가루, 분당 등을 요리나 과자에 뿌리는 것

Sausage [영 소시지] 소시지. 돼지고기나 쇠고기를 곱게 갈아 동물의 창자 또는 인공 케이싱(casing)에 채운 고기 가공품. 보통 원료로서는 햄을 만들 때 나오는 부스러기 고기를 사용하는데, 돼지기름을 많이 넣으면 유연성이 증가되고 입에 닿는 촉감이 좋아진다. 소시지는 영양적으로는 햄보다 단백질이 적은 반면 지방질이 많으므로 칼로리가 높다. 소시지는 원래 상등육을 얻을 수 없는 가난한 사람들에게 정육 이외의 먹을 수 있는 부분, 즉 골·혀·귀·염통·콩팥·코·창자·피 등의 부산물을 이용 가능하게 하기 위해 만들게 된 제품으로, 오래 전부터 있었던 고기의 가공품이다. 첨가물이나 돼지기름 등을 가하여 잘 섞은 다음 케이싱에 채워 끓는물에 삶는다. 이것이 흔히 만드는 더메스틱 소시지(domestic sausage)이다. 그리고 케이싱에 채운 다음 훈연하여 건조시킨 것을 드라이 소시지(dry sausage)라 한다. 소시지를 만드는 케이싱으로 옛날에는 양의 창자를 사용하였으나 점점 적어져 현재는 돼지창자나 인공 케이싱을 사용한다. 인공적인 것으로는 플라스틱 제품과 셀룰로오스 제품이 있다. 더메스틱 소시지는 흔히 볼 수 있는 소시지로서 수분함량이 많으므로 신선 식료품으로 취급할 필요가 있다. 제법이 쉽고, 어떠한 고기라도 사용할 수 있어, 내장이나 혈액 등을 사용한 특수한 소시지도 많이 있다. 더메스틱 소시지에는 돼지고기·비엔나·볼로냐·프랑크푸르트·간·혈액·리오나 소시지 등이 있고, 종류도 많다. 드라이 소시지는 건조되어 있고 보존성도 좋으나 보존성을 올리기 위하여 소금·향신료 등을 다량 넣은 것이 많이 있다. 그 종류로서는 살라미·세르벌

라·모르타델라 등이 있다. 이 외에 생선 소시지 등도 넓은 의미의 소시지류에 넣고 있으나 나라에 따라서는 돼지고기 100%의 것만을 소시지라 하고 다른 고기를 혼합한 것은 소시지 고기라 한다.

Saute [영 **소테**] 소테. 조수육·어류를 버터나 샐러드유를 녹인 프라이팬이나 철판에 굽는 방법 또는 그 요리. 요리가 생기기 시작하면서부터 나온 요리법으로 쉽고 맛있는 요리를 만드는 대표적인 조리법 중 하나이다. 소테는 팬의 기름 맛, 철판의 맛, 식품에서 나오는 즙의 맛이 조화있게 합쳐져 음식의 맛을 더욱더 증가해준다. 소테방법은 팬프라이의 식재료 보다 얇아야 하고 높은 온도에서 적은 기름을 이용하여 빨리 조리한다. 밀가루 등을 묻히지 않으며 소스는 식재료를 볶은 후에 나온 액체를 소스로 만든다. 서양요리의 기본조리법이다. 비프스테이크·포크소테·치킨 소테 등이 대표적이다. 구운 것을 그대로 소스와 채소 등을 곁들여 먹는 경우와 그것에 다시 술·수프 또는 소스를 쳐서 잠깐 동안 익혀 채소를 곁들여 먹는 경우가 있다. 이 조리법은 단시간에 구워 재료의 맛이 그대로 살아 있게 하는 것이므로 신선하고 질이 좋고 부드러운 재료를 선택하여 밑이 두꺼운 프라이팬에 구워야 한다. 채소·면류를 버터에 볶은 것도 소테라 하며 고기 요리에 곁들인다. 고기 소테는 두툼하게 자른 고기에 굽기 직전에 소금과 후춧가루를 뿌려 버터를 녹인 프라이팬에 넣고 센불로 양면을 누렇게 구운 다음 불을 낮추어 잘 익힌다. 이것은 표면의 단백질을 빨리 굳혀서 고기의 맛을 놓치지 않도록 하기 위해서다. 구울 때 생긴 국물은 간을 맞추어 위에 끼얹는 소스로 쓰거나 곁들이는 채소를 볶는 데 쓴다. 채소는 수분이 많으므로 기름을 충분히 사용하여 기름이 일단 탁해졌다가 다시 투명해질 때까지 센불로 볶는 것이 요령이다.

S

Saute Pan [영 **소테 팬**] 평평하고 넓은 냄비

Sautoir [프 **쏘뜨와흐**] 손잡이가 달린 냄비, 측면이 수직이며, 속이 깊지 않은 냄비

Sauvage [프 **쏘바쥬**] 야생의

Sauvagine [프 **쏘바쥐느**] 물새

Sauvignon Blanc [프 **쇼비뇽 블랑**] 화이트 와인을 만드는 고급스런 드라이 와인 및 달콤한 소비뇽 블랑 포도

Savarin [프 **사바랭**] 사바랭, 프랑스식 생과자. 밀가루에 이스트·설탕·달걀·소금을 넣고 미지근한 물로 묽게 반죽하여 약 2시간 동안 발효시킨다. 사바랭 틀에 버터를 바르고 발효된 반죽을 2/3 정도까지 올라오게 넣고 따뜻한 곳에 두어 틀에 가득 차도록 부풀린 다음, 고열의 오븐에서 약 30분 동안 굽는다. 럼주나 브랜디를 첨가한 향기로운 설탕물을 뜨거울 때 끼얹어 스며들게 하여 과일이나 체리를 곁들여 내놓는다.

Savory [프 **세이버리**] 세이버리. 유럽이 원산지인 차조지과의 식물, 디저트 코스에 입가심용으로 나오는 짜거나 매콤한 요리를 따뜬한 카나페위에

놓아 제공한다.

Savoy Cabbage [프 사브아 캐비지] 녹색 양배추보다 봉우리가 넓고 퍼짐

Scald [영 스콜드] 토마토나 복숭아 껍질을 벗기기 위하여 뜨거운 물에 담그는 것

Scale [영 스케일] 주방에서 일정한 무게를 측정하기 위한 기구, 저울

Scallion [영 스칼리온] 파, 양파, 부추, 샬롯 등의 일종으로 스프, 샐러드와 여러 가지 요리에 이용한다.

Scallop [영 스카렙] 가리비, 이매패류에 속한다. 가리비에는 여러 종류가 있으나 한국에는 큰가리비·국자가리비·비단가리비 등이 있다. 껍데기의 모양은 원형에 가까운 부채 모양이다. 큰가리비의 조개관자는 옛날부터 고급 식품으로 이용되어 왔다. 비타민 A가 많아서 시력회복 및 미용효과가 뛰어나며, 저지방 고단백질로 비만증이나 고혈압환자에게 유용하다. 몸이 탄력있고 탄탄하게 죄어지고 아이보리색으로 윤기가 나는 것이 신선하다. 중국요리는 여러 계절의 야채와 함께 볶는 요리가 많고, 특히 중국에서 건조된 관자는 불도장 요리에 중요하다. 관자를 오래 삶거나 구우면 즙이 빠지고 질겨서 현저히 맛이 떨어지므로 짧은 시간에 조리하는 것이 중요하다. 서양요리는 찜, 구이 등으로 이용하는데, 결집력이 강하여 무스 재료로 많이 쓰인다.

Scaloppine [이 스깔로삐네] 이탈리아 요리로 송아지 다리부분에서 잘라낸 작고 얇은 고기로서 소금, 후추로 양념하여 밀가루를 뿌린 후 소테하여 마데라 소스를 곁들인다. 조개의 일종으로 껍질은 넓으며, 뚜껑이 되는 부분은 붉고 평평하나 움푹하다.

Scampi [프 스캠피] 굵은 새우

Scarole [프 쓰까홀] 풀상치

Schlag [독 쉬락] 거품낸 크림의 독일어로 과일, 디저트, 커피 등에 크림을 얹는 것

Schmaltz [독 슈말쯔] 닭의 지방을 정제한 것

Schnitzel [독 쉬니쩰] 달걀을 입혀서 굽거나 튀긴 고기로 커틀릿을 의미

Scone [영 스콘] 스콘. 속을 넣지 않고 가볍게 부풀도록 철판이나 오븐에 구운 밀가루 빵. 영국에서 티타임에 홍차와 함께 먹는다. 박력분, 베이킹파우더, 소금, 버터, 우유를 첨가하여 만든다.

Score [영 스코어] 다이아몬드 모양으로 칼집을 내는 것. 주로 육류의 향이나 고기를 연화시키는데 도움이 된다.

Scoop [영 스쿱] 아이스크림을 푸는 삽

Scorpion [영 스콜피온] 스콜피온 럼, 브랜디, 오렌지 주스, 레몬주스, 아몬드 시럽으로 만든 칵테일

Scotch Broth [영 스카치 브로스] 스코틀랜드 스프. 양과 다양한 채소와 허브를 넣은 스프

Scotch Egg [영 스카치 에그] 소시지로 싸고 달걀에 넣어 빵가루로 튀긴 달걀. 스코치드 에그 일반적인 재료는 달걀, 돼지고기 간것, 다진 파슬리, 말린타임, 소금, 밀가루(중력분), 빵가루를 이용하며, 만드는

법은 달걀은 완숙으로 잘 삶아 놓고, 돼지 고기 간 것을 그릇에 담고 파슬리, 타임, 소금, 후추, 달걀을 넣어 모두 섞어 잘 치대서 양념한 돼지고기로 삶은 달걀에 옷을 입힌다. 달걀, 밀가루, 빵가루를 각각 순서대로 묻혀 튀겨낸다.

Scotch Whisky [영 **스카치 위스키**] 스코틀랜드 위스키. 영국의 법률에는 "몰트의 디아스타아제에 의하여 당화된 곡물의 거르기 전 술을 스코틀랜드에서 증류하여 최저 3년간 통에 담아 창고에서 익힌 것"이라고 되어 있다. 현재 시판하고 있는 스카치의 대부분은 몰트 위스키와 그레인 위스키의 혼합품이다. 몰트는 대맥의 맥아를 양조하여 포트 스틸이라는 구식 증류기로 증류한다. 증류가 불완전하기 때문에 주정 이외의 몰트 특유의 물질이 섞여서 그것이 스카치 특유의 맛과 향기를 낸다. 특히 몰트를 건조시킬 때 스코틀랜드 특산인 피트를 쓰기 때문에 냄새가 스카치에 배어 그 특징이 된다. 그레인은 신식 연속증류기로 약 95%로 증류한 중성에 가까운 주정이다.

S

Scotch Woodcock [영 **스카치 우드 콕**] 토스트에 앤초비 페이스트와 달걀과 크림을 얹은 에피타이저

Scrapple [영 **스크래플**] Pennsylvania Dutch 산으로 소시지와 corn meal을 섞어 만든다. 천천히 프라이한 후 계란요리와 함께 서브한다. 잘게 저민 돼지고기, 야채, 옥수수가루로 만든 튀긴 요리

Screwdriver [영 **스크류 드라이버**] 스크류드라이버 칵테일. 보드카와 오렌지 주스를 2 대 5의 비율로 섞고 얼음을 넣은 다음 긴 칵테일잔 윗부분에 오렌지 한 조각을 끼운 것

Screw Top [영 **스크류 탑**] 술병 등을 돌려서 막는 마개

Scewpine Leaves [영 **스크류파인 리브즈**] 판다너스 잎, 쌀로 된 요리, 푸딩에 향을 내는데 이용

Scubac [영 **스큐백**] 설탕 넣은 브랜디에 주니퍼, 아니스씨, 코리엔더, 안젤리카, 정향을 첨가한다.

Sea Bas [영 **씨바스**] 농성어. 몸길이 약 90 cm이다. 몸은 긴 원통형이고 비늘이 잘아서 체표면은 미끄럽다. 등지느러미와 뒷지느러미 앞부분에 강하고 두꺼운 가시가 있는 것이 특징이며, 양턱에는 뾰족한 송곳니 모양의 이빨이 있다. 등쪽과 배쪽은 활모양이며 머리와 입이 크다. 다른 종보다 콧구멍에서 뒤쪽이 앞쪽보다 훨씬 크며 양 눈 사이는 넓다. 회로 먹는 고급어종

Sea Cumcumber [영 **씨 쿠쿰버**] 해삼. 몸은 앞뒤로 긴 원통 모양이고 등에 혹 모양 돌기가 여러 개 나 있다. 몸의 앞쪽 끝에는 입이 열려 있고 그 둘레에 촉수가 여럿 달려 있으며 뒤쪽 끝에는 항문이 있다. 또 대부분의 종은 아랫면에 관족이 많아 이것으로 바다 밑을 기어 다닌다. 관족이 없는 종도 있는데, 이들은 바닷속을 떠다니거나 모래진흙에 묻혀 산다. 동물성 식품으로 알칼리성이다. 중국에서 건해삼이 전복, 삭스핀과 함께 3대 요리로 사랑받고 있으며, 프랑스, 이태리 요리에서도 건해삼을

이용한 스프가 있는데, 미식요리에 필요하다. 우리나라도 해삼찜, 해삼 초무침 등으로 만든다. 단백질, 회분, 비타민 A가 비교적 많이 포함되어 있다. 또한 해삼에서 백선균이나 칸지다의 발육저지 작용을 나타내는 '호르톡신' 성분이 추출되어 무좀약으로 이용된다. 효능으로는 내장을 보호하고 주독을 중화하여 피부의 노화를 풀어준다. 해삼연골에는 콘드로이틴이 함유되어 수산식품 최고의 강장제이다.

Sear [영 시얼] 브로일러나 오븐 속에서 육류를 빨리 갈색으로 굽는 것

Season [영 시즌] 맛을 좋게 하기 위하여 양념과 조미료를 넣어 주는 것

Seasoning [영 시즌닝] 향신료와 허브로 첨가하여 향과 맛을 증가하는 것

Sea Squirt [영 씨스쿼르트]

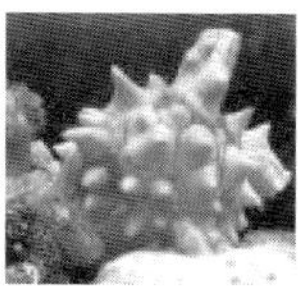

멍게. 몸 전체가 붉은 빛을 띠고 탐스러운 수많은 돌기로 덮여 있는 멍게(우렁쉥이)는 위쪽에 입수관과 출수관이 있는 측성해초목 멍게과로서 암수가 한몸에 있는 해초류이다. 우리나라 동해와 남해 연안의 수심 6~20 m 내외의 암석이나 해초, 조개 등의 표면에 부착해 서식한다. 멍게에는 노화를 방지하는 타우린(taurine), 숙취에 좋다고 알려진 신티올(cynthiol) 성분이 함유되어 있으며 인슐린 분비 촉진으로 당뇨병에 좋다. 멍게에는 비타민 B군과 C 외에 나트륨과 칼슘이 풍부하고 칼슘도 함유하고 있으며 산성을 띈다. 특히 요오드 성분이 많아 바다의 신선한 맛과 함께 식욕을 증진시키는 작용을 한다. 이 요오드는 체내에서 갑상선의 부종을 막아주고, 머리카락을 부드럽게 한다. 뿐만 아니라 강장효과가 있는 글리코겐이 함유되어 있는 바다에서 나는 건강식품이다. 제철 멍게의 글리코겐 함량은 5.9%로 겨울철보다 약 8배나 높다. 멍게를 먹을 때 나는 특유의 향은 불포화알코올인 신티올 성분 때문이다. 신선도가 떨어지는 멍게에서 나는 이상한 냄새는 오쿠타놀 성분과 지방산의 분해 생성물이다. 한편, 지방질이 거의 없어 해삼, 해파리와 함께 '3대 저칼로리 수산물'로 꼽히기도 한다. 요리로는 주로 멍게회, 멍게젓갈, 멍게밥 등을 해 먹는다. 3, 4년 정도 된 참멍게가 가장 뛰어난 맛과 향을 자랑한다.

Sea Urchin [영 씨울친]

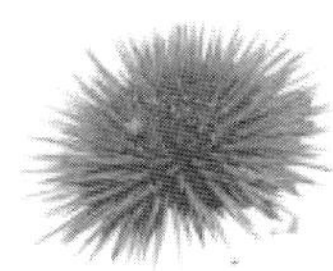

성게. 입은 몸통 아랫면에 있고 항문은 입 반대쪽인 윗면 또는 뒷면에 열린다. 항문 주위에는 5개의 생식판과 1개의 천공판이 있고 생식판에는 각각 1개의 생식공이 열려 있다. 세계에 약 900종이 분포하며 한국에서는 약 30종이 산다. 나팔성게·흰수염성게 등은 몸 표면에 독주머니가 달린 가시가 있어 사람의 피부에 박히면 잘 부러지고 잘 빠지지 않아 고통을 받는다. 피부가 발갛게 부어올라 통증을 느끼는데, 심한 경우 오한이 나거나 심장의 고동이 높아지는 등의 증상이 나타나기도 한다. 보라성게·분홍성게·말똥성게 등은 생식선에 독특한 향기가 있어 날것으로 먹거나 성게젓을 담가 먹는다. 한국의 동해안에는 보라성게가 많이 서식하

여 주요 수산자원이 되고 있다. 극피동물에 속하며, 단백질 함량은 다른 어육에 비해 적지만 비타민 A 함량이 많다. 성게의 맛의 성분은 엑기스에 포함되어 있는 질소 화합물의 70~90%가 유리아미노산으로 이들의 단맛, 쓴맛에 관여하고 있다. 성게밥, 성게 초밥 등이 있고 성게 껍질은 요리의 장식용으로 사용한다. 성게와 산마를 갈아서 복용하거나 일밥이라고 하여 연어알, 상어알, 날치알 등과 비벼 먹는다. 서양식으로 성게알을 고운체에 내려 생크림 및 계란 노른자와 같이 섞어 자라스프 위에 띄워서 색깔을 내서 요리하면 일품이다.

Seaweed [영 **씨위드**] 해조류. 뿌리, 줄기, 잎 등의 구별이 확실하지 않고 잎과 뿌리로 되어 있어 클로로필을 함유한다. 홍조류는 김, 우뭇가사리가 있으며, 녹조류로 청각, 모자반이 있고, 갈조류는 다시마, 톳 등이 있다. 영양성분으로는 탄수화물이 40~60%를 차지하고, 5~15%는 섬유소를 함유하고 있다. 특히 비타민 A의 함량이 높으며, 요오드, 나트륨, 칼슘, 칼륨 등을 함유하고 있다. 이들 해조류는 스프, 야채, 초밥 등에 이용하고, 한천은 푸딩이나 시럽 등의 농후제로 사용한다.

Sediment [영 **세디멘트**] 최고의 와인에서 생기는 침전물

Seed [영 **시드**] 과일에서 씨를 제거하는 것

Seiche [프 **쎄쉬**] 갑오징어

Seigle [프 **쎄글**] 호밀

Sel [프 **쎌**] 소금

- Sel Blanc(프 쎌 블랑) : 고운 소금
- Sel de Cuisine(프 쎌 데 퀴진) : 조리용 식염
- Gros Sel(프 그호 쎌) : 굵은 소금

Seltzer Water [영 **셀처 워터**] 독일 셀처산 천연 소다수. 위장병 등에 약효가 좋은 물질

Semi de Melone [영 **세미 디 멜론**] 멜론씨 모양의 파스타

Semillon [프 **셀미론**] 프랑스 보르도와 남서부 지역, 호주에서 많이 재배되는 화이트 와인 포도. 부드러운 단맛의 포도주를 생산한다.

Semolina [영 **세몰리나**] 양질의 거친 밀가루로 북아프리타 요리에 사용된다.

Serpolet [프 **쎄흐뽈레**] 백리향의 일종

Sesame oil [영 **세삼오일**] 참기름. 참기름은 주요 지방산인 혈청내의 콜레스테롤 함량을 줄여 주므로 리놀린산은 우리 몸속에서 합성이 되지 않으므로 계속하여 상식하면 성인병을 방지한다. 이는 반드시 섭취해야 하는 필수 지방산이며, 두통, 복통, 신경안정에 효과가 있다. 참깨는 유지작물 중에서 가장 오래된 것으로 인도 부근이 원산지이며, 현재 중국, 인도, 아프리카, 남아메리카, 중앙아메리카, 멕시코 등지에서 재배된다. 참깨가 가지고 있는 기름의 양은 50% 정도인데 주로 압력을 가해서 기름을 얻는다. 참기름을 구성하고 있는 지방산은 올레인산, 리놀산, 아라키돈산 등이다. 참깨의 linoleic acid는 불포화 지방산으로 비타민 F라고 불리우며 체내에서 합성될 수 없는 영양소이다. 종자에는 45~55%의 기름이 들어 있고 단백질이 36

% 들어 있다. 종자를 각종 식품과 조미료로 이용하는데, 아시아 요리에 특히 많이 쓰인다. 또한 종자에서 품질 좋은 기름을 짜내 사용하고, 기름을 짜고 남은 깻묵은 사료 및 비료로 쓴다. 깨는 영양의 균형이 잘잡힌 스태미너 식품으로서는 깨를 넘어서는 식품이 없을 정도로 완전식품이다. 게다가 적절히 들어있는 식물성 섬유질은 소화 기능을 도와 만성변비에는 그만이다. 특히 깨 속에 1% 정도 들어있는 리구낭 배당체라는 성분은 간기능을 개선하는 효능이 있는 것으로 밝혀졌다. 쥐를 이용한 실험 결과, 깨의 리구낭 성분에는 알코올에 의한 간장세포의 파괴를 막는 작용이 있는 것으로 나타났다.

Seviche [영 세비췌] 남미에서 오렌지 주스로 졸린 생선요리

Seville Orange [영 세빌 오렌지] 마말레이드와 양주를 만드는 오렌지

Shabu-Shabu [일 샤브샤브] 샤브샤브. 팔팔 끓는 국물에 아주 얇게 썬 쇠고기를 살짝 익혀 새콤한 소스를 찍어 먹는 요리. 재료는 쇠고기(얇게 썬 샤브샤브용 고기), 배추, 팽이버섯, 느타리버섯, 표고버섯, 가락국수, 양파, 굵은 파, 두부, 곤약, 무, 쑥갓·죽순·당근과 샤브샤브 국물[다시마 국물, 청주, 소금 약간], 소스 재료[간장·식초·무즙, 송송 썬 실파·통깨 약간씩]를 준비한다. 소스는 말린 다랑어와 다시마를 우려낸 국물에 준비된 양념을 잘 섞어 만든다. 샤브샤브는 양념을 하지 않고 국물에 살짝 끓여서 소스에 찍어 먹기 때문에 담백하고 독특한 맛이 일품이다.

Shallot [영 샤롯] 샤롯. 높이 45 cm 내외이며 비늘줄기는 길이 3 cm 정도이고 여러 개가 모여 달리며 양파껍질 같은 막질(얇은 종이처럼 반투명한 것)의 껍질로 싸여 있다. 2,000년 전에 양파에서 갈라져 나온 것으로 보는 사람도 있다. 비늘줄기는 향신료로, 잎은 파처럼 식용으로 한다. 풍미는 양파와 별로 차이가 없으나 회색으로 향기가 나고 팬에 구우면 향내가 난다.

Shank [영 샹크] 육류의 앞다리

Shark [영 샤크] 상어. 상어의 수분은 71.7~79%, 단백질 16.8~19.5%, 지질 0.1~2.3%, 당질 0~0.1%로 상어류는 수분이 72%로 적은 반면 지질의 함량은 높으며, 글리코겐의 함량도 높다. 상어류의 뼈는 경골어류의 뼈에 비해 인산과 칼슘이 적고 콜라겐이나 콘드로이친 황산이 많이 포함되어 식요이나 골다공증, 항암작용을 한다. 살이 크고 두껍고 탄력이 있어서 찜과 구이요리로 적합하며, 찜요리는 수분 30% 정도를 말린 상어살을 이용하고 조리할 때 정종과 소금을 가한 다음에 쪄서 식초 간장을 곁들이면 맛이 좋다. 중국에서는 상어지느러미를 고급요리로서 많이 애용하며 종류도 다양하다. 익혀서 샐러드, 프라이, 브로일에 굽거나 쪄서 먹는다.

Sharksfin [영 삭스핀] 삭스핀. 상어지느러미인 삭스핀은 등지느러미가 가장 좋고 다음은 꼬리지느러미와 가슴지느러미 순이다. 삭스핀은 연골과 피부 등의 성분이 되는 콘드로이틴과 콜라겐을 많이 함유하고

S

있다.

Sheatfish [영 쉿트 피시] 메기. 몸길이 25~30 cm이나 때로는 100 cm 이상인 것도 있다. 일반적으로 암컷이 수컷보다 크다. 몸은 길고 원통 모양처럼 생겼다. 그러나 머리는 위아래로 납작하고 몸통의 뒤쪽은 옆으로 납작하다. 눈은 머리의 양쪽 가운데 부분보다 훨씬 앞에 위치하며 크기가 작고, 두 눈 사이는 매우 넓다. 주둥이 끝에 길게 찢어진 입은 크고 이빨은 잘며, 아래턱이 위턱보다 길다. 입수염은 2쌍이다. 몸의 표면은 비늘이 없이 점액으로 뒤덮여 있다.

Shellfish [영 쉘피쉬] 조가비

Shepherd's Pie [영 쉐파드 파이] 고기에 그래비 소스를 섞고 매시트 감자를 위에 얹는다.

Sherbet [프 셔벳] 과즙에 설탕, 향이 좋은 양주, 난백, 젤라틴 등을 넣고 잘 섞어서 얼려 굳힌 것으로 과즙, 술, 향료로 만든 차가운 디저트로 아이스크림과 비슷하나 달걀과 우유가 들어가지 않는다. 프랑스어로는 소르베(sorbet)라고 하며, 정찬 코스에서 입맛을 새롭게 하기 위하여 앙트레(중심이 되는 요리)와 로스트 요리의 중간에 나오는데, 오늘날은 식후의 입가심으로도 쓰인다. 셔벳은 설탕과 과즙에 술을 넣어 얼린 것으로 아이스크림과 같이 부드럽게 녹아드는 감촉은 없지만 차가운 맛이나 과즙으로 인한 청량감은 아이스크림이 못 따른다. 과즙대신 페파민트, 커피, 홍차들을 쓰기도 한다. 식사 중간의 셔벗은 술 종류를 얼린 것이 많고 단 것은 적다. 디저트에는 보통 과즙을 많이 써서 단맛을 내고 웨이퍼 같은 데세르류(비스킷류)를 곁들인다. 셔벗은 정식으로는 소르베 글라스라는 발 달린 기다란 글라스에 담으며, 손님에게 낼 때는 너무 단단하게 얼지 않은 것이 좋다.

S

Sherry [영 셰리] 셰리. 백포도주에 브랜디를 섞어 수년간 숙성시킨 술, 스페인의 헤레스(Jerez) 지방에서 주로 생산. 알코올 도수는 16~18 %이다.

Shichimi [일 시치미] 시치미. 7가지 일본양념, 칠레 고추, 참깨, 김, 말린 만다린, 검은 대마 열매, 흰 양귀비 열매 등이다.

Shiitake [일 시다께] 표고버섯. 표고버섯은 50 %가 탄수화물, 펜토산, 단백질은 20 % 정도이다. 비타민 B_2가 많다. 특히 마른 버섯에는 '에르고스테린'이라는 성분이 있다. 글루타민·알리신·로이신 등 아미노산의 함량도 높다. 표고버섯은 비타민 C의 함량이 버섯 중에서 가장 많다. 맛을 내는 주성분은 5'-구아닐산으로 건조물 100 g 중에 87~131 mg이 함유되어 있다. 양질의 섬유질이 많아 함께 먹는 식품 중의 콜레스테롤이 체내에 흡수되는 것을 억제한다. 에리타데닌이라는 물질이 들어 있어 혈압을 떨어뜨리는 특이한 효능이 있고 당질 중의 레티난을 비롯한 6 종류의 다당체가 존재한다. 이것은 항종양성을 나타내는 물질이다. 면역기능을 항진하는 KS-2를 함유하고 있다. 이 물질은 인플루엔자 바이러스의 감

염에 항바이러스 활성을 가지고 있다. 비타민 D의 모체안 에르고스테롤을 가지고 있어 항꼽추작용을 나타낸다.

Shioyaki [일 시오야끼] 소금구이, 소금에 넣었다가 쇠고기, 돼지고기, 생선을 구운 것

Shoga [일 쇼가] 생강

Shortbread [영 쇼트 브레드] 밀가루, 설탕, 쇼트닝을 듬뿍 넣은 쿠키(cookie)의 일종. 성탄절에 주로 먹는다.

Short Cake [영 쇼트 케이크] 생크림과 과일을 2개의 케이크 사이에 끼우거나 위에 얹음

Shortening [영 쇼트닝] 쇼트닝. 지방질이 100 %로서 제과·제빵 등의 식품가공용 원료로 사용되는 반고체상태의 가소성 유지제품. 쇼트닝 오일이라고도 한다. 마가린과 같은 에멀션 상태는 아니지만 케이크 반죽에 자유롭게 섞을 수 있고, 버터 크림과 같이 부드러워서 쉽게 다룰 수 있다. 원래는 미국에서 돼지기름의 대용품으로 1919년부터 만들기 시작했는데, 대량으로 생산되는 목화씨기름을 이용하고 아울러 부족되는 돼지기름을 보충하려는 두 가지 목적에서 발명된 것이다. 최초에는 목화씨기름에 쇠기름을 혼합하였으나, 그 후 수소 첨가에 의한 경화유가 발명됨에 따라 목화씨기름 및 콩기름을 경화한 것을 주원료로 사용하게 되었고, 현재 쇼트닝 생산의 기초가 되었다. 최근에는 식물성 기름뿐만 아니라 동물성 기름도 포함한 여러 경화유가 사용된다. 원료는 특히 잘 정제된 것이라야 한다. 용도는 제과·제빵용 이외에 튀김·아이스크림·햄·소시지 등에도 사용된다. 특징은 비스킷·쿠키 등을 제조할 때 제품이 푸석푸석하고 잘 부서지도록 하는 쇼트닝성과 빵 반죽이나 버터크림 제조시 공기를 잘 부착시키도록 하는 크림성 등이다. 또 과자류를 제조할 때 질소가스·이산화탄소·공기 등의 기체를 넣는 것은 제품의 외관을 좋게 해줄 뿐만 아니라 위와 같은 특성과 관계가 있기 때문이다.

Show Plate [영 쇼플레이트] 쇼플레이트. 대형접시로 모양이 화려하고 냅킨을 세워서 식탁의 세팅을 격식있게 꾸며 주는 접시

Shrimp [영 쉬림프] 새우

Shrub [영 쉬럽] 식초, 설탕, 과일로 만든 음료

Side Chair [영 사이드 체어] 호텔의 팔걸이 없는 의자

Side Dish [영 사이드 디쉬] 주요리에 곁들이는 요리

Side Work [영 사이드 워크] 레스토랑에서 영업을 시작하기 전에 테이블 정열, 세팅, 청결유지를 하며 레스토랑 오픈 후에 구역내에서 소금, 설탕, 후추 등을 보충하여 레스토랑 고객에게 제공하는 것

Sift [영 시프트] 가루로 된 식품재료를 체에 쳐서 덩어리가 없도록 하는 것

Silver Service [영 실버 서비스] 바퀴가 달린 이동 운반차에 알코올이나 가스를 연료로 하여 손님 앞에서 직접 요리하여 조리사가 제공하는 방법

Silure [프 시뤼흐] 메기

Simmer [영 심머] 75~90°C 온도에서 약한 불로 끓이는 것

Singapore Sling [영 싱가폴 슬링] 싱가폴 슬링, 달고 시며 상쾌한 맛이 나는 칵테일. 서머셋 모옴도 '동양의 신비'라 평하였다. 세계적으로 유명한 싱가포르의 러플스 호텔이 1915년에 개발한 것이다. 연한 핑크가 세계에서 가장 아름답다는 싱가포르의 석양을 연상시키는 화사한 칵테일. 중간 정도의 단 맛과 알코올 도수를 가지고 있다. 재료는 드라이 진, 레몬주스, 슈거 시럽, 체리브랜디, 탄산, 얇은 레몬 조각, 얇은 오렌지 조각으로 .큼직한 콜린스 글래스에 큐브 아이스 4,5개와 재료를 넣고 바 스푼으로 가볍게 젓고, 글라스 8할 정도로 탄산을 따르고, 바 스푼으로 밑에서 끌어올리듯이 젓는다. 이에 체리 브랜디를 따르고, 칵테일 픽에 1/2의 얇은 레몬 한조각과 오렌지 한조각에 체리를 꽂아 컵에 넣는다.

Singer [프 쌩제] 오래 끓이는 요리의 도중에 농도를 맞추기 위해 밀가루를 뿌리는 것

Sippet [영 시페] 스프에 넣거나 다진 고기에 곁들이는 굽거나 튀긴 빵조각

Sirlion [영 설로인] 등심, 쇠고기의 등 쪽으로 안심과 갈비 부위 근처에 있는 부위로 영국의 찰스 II세가 즐겨먹던 고기로 남작의 작위를 받았다.

Sizzling Rice Soup [영 시즐링 라이스 스프] 삼선 누룽지탕

Skate [영 스케이트] 가오리

Skewer [영 스끼워] 조리기구로 꼬치구이처럼 긴 나무 막대기

Skim [영 스킴] 소스, 스프에서 기름기나 거품을 걷어내는 것

Slab Cake [영 슬랩 케이크] 무게가 3 kg 정도의 넓고 두툼한 케이크

Slicing [영 슬라이싱] 빵을 완전히 식혀서 써는 공정

Sling [영 슬링] 슬링. 증류주에다 레몬주스와 설탕을 넣고 소다수를 사용하여 시원하게 만든 음료

Slurry [영 슬러리] 스프, 국물, 소스 등에 물과 전분을 섞은 것을 넣어 농도를 조절한다.

Smelt [영 스멜트] 빙어. 빙어는 바다빙어목 바다빙어과의 물고기로 공어, 은어, 백어, 뱅어, 병어 등의 별칭으로도 불리 우고 있다. 6~10°C의 맑고 차가운 물에서만 서식하는 은빛 찬란한 빙어는 겨울에는 먹이를 잘 먹지 않아 몸이 투명하게 비칠 정도로 깨끗하게 생겼다. 칼슘, 단백질 등이 풍부하다. 회로 먹거나 튀김으로 먹는다.

Smoked bratwurst [영 스모크드 브라우우르스트] 훈제한 독일의 소시지

Smoked Salmon [영 스모크드 살몬] 훈제연어

Smoke Point [영 스모크드 포인트] 발연점

Snail [영 스네일] 달팽이. 약 116종이 알려져 있다. 가장 유명한 식용달팽이는 프랑스의 에스카르고 요리의 주원료로 쓰이는 헬릭

스포마티아(escargot : Helix pomatia)와 근연종인 프티그리(petit-gris : H. aspersa)이다. 헬릭스포마티아는 껍데기 높이 약 4 cm, 지름 약 4 cm로 껍데기가 둥근 모양이며 적갈색 바탕에 흰색의 띠가 1~4줄 있고 성장선이 선명하다. 프티그리는 헬릭스포마티아보다 작고 껍데기가 둥글며 황갈색 바탕에 자갈색의 띠가 4줄 있다. 프랑스에서 북부 유럽에 걸쳐 널리 분포하며, 프랑스에서는 포도밭에서 길러 시장에 내다 판다. 이 중에서 아프리카달팽이는 껍데기 높이가 10 cm나 되어 살이 많고 맛도 좋으며, 오탈라베르미쿨라타는 유럽과 캐나다에서 알려져서 중국에서도 미각을 돋구는 식품으로 이용된다.

Snail Butter [영 스네일 버터] 달팽이는 프랑스, 중국, 일본에서 정력, 강장식품으로 알려져 있으며, 달팽이 살에는 뮤신이라는 점액이 있으며, 이것이 조직의 수분을 유지시키고 혈관, 내장 등에 윤기를 준다. 버터를 크림화하고 마늘, 양파를 곱게 다져서 버터에 넣고 준비한 파슬리 다진 것을 넣어서 완전히 혼합하고 소금, 후추 등을 넣어서 술을 첨가한다. 믹서에서 흰색이 나도록 올려서 사용한다. 구운 감자, 달팽이 요리, 익힌 생선, 대합, 홍합에 이용한다.

Sneeze Guard [영 스니즈 가드] 뷔페용 테이블 같은 음식물 주변을 기침이나 재체기로부터 음식을 보호하는 유리나 보호 플라스틱

Snickerdoodle [영 스니커두들] 쿠키, 파삭파삭하고 표면이 갈라지는 쿠키

Snifter [영 스니프트] 브랜드 글라스로서 튜울립 꽃 모양으로서 끝부분이 오므라든 얄팍한 글라스이며, 위 부분이 좁은 서양배 모양의 기둥이 있는 컵

Snow Style [영 스노우 스타일] 컵의 가장자리에 레몬 또는 라임즙을 적신 다음 백설탕 가루를 묻히는 것

Soba [일 소바] 밀가루와 메밀로 만든 일본식 국수

Soda Water [영 소다 워터] 소다수. 정제·살균한 물에 이산화탄소를 혼합하여 충전하고 마개를 막은 청량음료. 천연광천 가운데 이산화탄소를 함유한 것을 마시면 혀에 닿는 특유한 자극이 청량감을 주는 데서 인공적으로 이산화탄소를 함유하는 물을 고안해낸 것이 시초이다. 이 때 이산화탄소를 만드는 데 소다를 쓰기 때문에 소다수라고 한다. 여기에 다시 제2차 가공을 가하여 설탕·향료·산·색소 등을 첨가한 것이 레모네이드·사이다·시트론 등이다. 소다수의 성분은 수분과 이산화탄소만으로 이루어졌으므로 영양가는 없으나, 이산화탄소의 자극이 청량감을 주고, 동시에 위장을 자극하여 식욕을 돋우는 효과가 있다. 8~10°C 정도로 냉각하는 것이 이산화탄소도 잘 용해되고 입에 맞는다. 그대로 마시기도 하고, 시럽이나 과즙 또는 양주류를 타서 마신다.

Soft Drink [영 소프트 드링크] 소프트드링크, 알코올을 함유하지 않거나 저알코올 음료. 이와 반대로 알코올을 함유한 음료는 하드 드링크라 한다. 넓게는 탄산음

료·과즙음료·젖산음료·커피·코코아 그 밖에 우유나 달걀·크림 등을 사용한 음료를 이르는데, 여기서는 주스나 시럽류에 크림·달걀·우유 등을 섞은 음료에 대해서만 설명한다. 소프트드링크의 이름 끝에 에이드·스쿼시·플로트·셰이크 등의 말이 붙는 것은 각기 조합재료를 표시하는 것이다. 에이드는 과일즙에 슈거 시럽과 물을 탄 것인데 레모네이드가 대표이다. 스쿼시는 과일을 짛어서 낸 즙에 슈거 시럽과 소다수를 섞어서 만드는데 과육이 섞이기 때문에 탁하다. 플로트는 과즙이나 커피 등에 아이스크림이나 셔벗을 띄운 것이고, 소다수에 띄운 것은 따로 아이스크림소다라 한다. 셰이크는 셰이커로 재료를 잘 섞은 것으로서 밀크를 베이스로 달걀노른자·설탕 등을 넣어서 만드는 밀크셰이크가 대표적이다. 밖에 라임주스로 신맛을 내고 소다수나 진저에일을 탄 청량감이 있는 음료를 쿨러, 통조림과일과 시럽에 설탕을 넣고 물을 타서 얼음과 함께 믹서로 간 농후한 느낌의 것을 넥타, 글라스에 잘게 깬 얼음을 가득 채우고 시럽을 소량 넣고 잘 섞은 후 충분히 식혀서 마시는 것을 프라페, 글라스의 표면이 서리가 내린 듯이 하얗게 흐리고 차가운 감을 풍기는 것을 프리즈 또는 프로스티드라고 한다. 또 소프트드링크의 변형으로 아이스크림을 주체로 한 파르페와 선데이가 있다. 모두 미국에서 고안한 것인데, 파르페는 아이스크림·셔벗·과일·생크림 등을 번갈아 쌓아 놓고 그 사이에 달콤한 소스를 흘려 넣은 것이다. 초콜릿 파르페, 스트로베리 파르페 등이 있으며, 파르페란 이름은 퍼펙트(완전한)와 통한다고 한다. 즉 신선한 과일과 아이스크림의 싸늘한 풍미가 조화되어 완전무결하다는 것이다. 선데이도 마찬가지로 아이스크림이나 셔벗을 주체로 하여 과일을 장식하거나 프루트 소스 같은 것을 친 냉케이크의 일종으로서, 재료의 배합이나 색채적 효과, 장식에 유의해야 한다. 일요일의 한가한 때 젊은이들이 아이스크림 위에 좋아하는 것을 얹어 놓고 놀면서 먹는 데서 유래하였다.

Sold Out [영 솔드 아웃] 품절

Sole [영 소울] 혀가자미. 몸은 옆으로 심하게 납작하다. 눈은 작고 머리의 왼쪽에 위치하며 두 눈 사이는 매우 좁다. 입은 활처럼 휘어져 있으며 아랫쪽 눈의 앞쪽에 이른다. 눈이 있는 쪽은 빗비늘로 덮여 있으며 두 눈 사이에는 비늘이 없다. 주로 브로일, 굽거나 튀겨서 이용한다.

Solera [영 솔레라] 셰리나 마데이라 와인에 사용하는 용어로 숙성시킨 와인이나 새로운 와인을 포함시켜 같은 맛을 낸다.

Sommelier [프 소믈리에] 소믈리에. 와인 전문가로 와인주문, 와인연도(vintage), 와인추천, 요리에 적합한 와인 추천, 와인창고관리, 와인진열과 고객으로부터 주문을 받고 직접 테이블에 서브하며 와인시음과 테스팅을 하는 사람

Sorbet [프 소르베] 소르베. 생선요리나 앙트레에 나오며, 입안을 청결하게 할 목적으로 귤을 넣은 과즙을 얼린 것을 말하는데 와인, 향료 혹은 과즙을 넣어 만든다.

Sorbitol [영 소비톨] 소비톨, 헥소오스(6탄

당) 알코올의 일종. 소르바이트라고도 한다. 같은 헥소오스 알코올인 만니톨(만니트), 둘시톨(둘시트)과 함께 자연계에 널리 존재하며, 특히 장미과의 과실이나 어떤 종류의 홍조에 다량으로 함유되어 있다. 천연으로 존재하는 것은 D-소르비톨(D-글루시톨이라고도 한다)이며, D-글루코오스의 알데히드기를 환원시키면 생성한다. D-소르비톨은 L-프룩토오스의 케톤기를 환원시켜도 생기는데, 이 경우에는 동시에 만니톨이 생성된다. 소르비톨이라는 이름은 소르보오스에 유래하며, 천연의 D-소르보오스를 환원시키면 생기는 것으로 생각되었으나, 실제는 반대로 L-소르비톨을 산화시키면 D-소르보오스가 생길 가능성이 많다. L-글루코오스를 화학적으로 환원시켜서 생기는 것은 L-소르비톨인데, 이것은 천연으로는 존재하지 않는다. 성질은 흡습성이 강하고 감미가 있으며, 물·에탄올에 녹는다. 소르보오스·비타민 C의 원료로서, 또 연화제·습윤제·부동제로 사용될 뿐 아니라 의약품으로서는 당뇨병 환자의 감미제로 사용된다.

Sorghum [영 **솔검**] 수수. 높이 1.5~3 m이며 표면은 굳고 흰색의 납질물이 있으며 속이 차 있다. 줄기에는 10~13개의 마디가 있고 줄기 끝에 이삭이 달린다. 잎은 마주나고 길이 50~60 cm, 너비 5 cm 정도로 1줄기에 10개 정도 달린다. 처음에는 잎과 줄기가 녹색이나 차츰 붉은 갈색으로 변한다. 수수쌀은 주성분이 탄수화물이어서 식량으로 쓰이는 외에 엿·과자·떡·술 등의 원료로 사용한다. 잎과 줄기는 사료로 사용한다. 효능은 ① 체온유지작용 ② 위장 보호작용 ③ 소화 촉진작용 ④ 해독작용 수수의 뿌리를 삶아서 그 진액을 마시면 이뇨작용이 강하고 신진대사를 도와주고 해독 작용이 있으므로 주독이나 약물 중독증을 해독시켜 준다. ⑤ 기침, 해소 개선작용 : 한방에서는 천식으로 인한 기침과 해소에 수수와 차조기 및 은행을 각각 같은 양으로 넣어 달여서 하루에 세 번씩 식전에 마시면 효과가 좋다고 한다. ⑥ 식욕개선작용 : 구미와 식욕이 없을 때는 수수로 빚은 술을 매일 한잔씩 마시면 좋고, 난산을 다스리는데 수수뿌리를 삶아 그 즙을 술에 타 서 마시면 유효하다고 한다. ⑦ 종기 치료작용이 있다.

Sorrel [영 **소렐**] 소렐. 유럽과 아시아가 원산지이며, 시금치를 닮은 잎에 독특한 신맛이 있어 유럽에서는 요리의 향미료로서 재배되는 식물이다. 다년초로 키는 60~80 cm. 줄기의 속이 비어 있으며, 작고 붉은 색 꽃이 핀다. 잎은 스프나 샐러드에 이용되고, 시금치와 비슷하게 끓인 물에 데칠 때 물을 한번 바꾸어 주는 것이 신맛을 줄일 수 있다. 산도가 높아 고기를 부드럽게 해주는 역할을 하여 신선한 잎을 병에 채워 와인식초를 부어 만드는 소렐 식초도 만들어 놓으면 샐러드의 드레싱에 이용할 수 있다. 채소 스프, 오믈렛, 양, 쇠고기 요리 특히 조림요리에 이용되며, 프랑스 이용되는 조림요리에 필수적인 향신료이다. 오렌지나 레몬이 필요

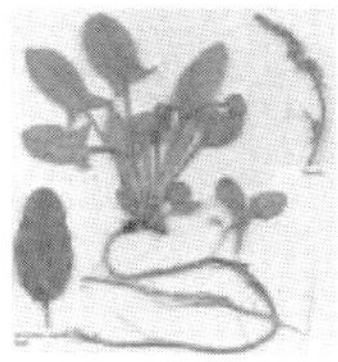

S

한 신맛을 낼 요리에 대용으로 쓰인다. 소시지, 양고기, 돼지고기요리 등의 향미료로 널리 이용된다.

Souibise Sauce [프 **쑤비즈 소스**] 밀가루를 사용하지 않는 소스. 양파를 버터에 볶다가 생크림을 넣고 1/3로 졸인다. 약간의 전분이나 베루마니에로 농도를 맞추어 믹서에 갈아서 소금, 후추로 간을 한다. 소스를 식힐 때 흐르는 물에서 주걱으로 저어 소스의 표면의 막을 제거하고 소스의 나쁜 냄새, 소스의 광택과 소스의 맛을 위해서 식히는 과정이 중요하고 체에 걸러서 버터를 첨가하고 보관했다가 사용한다. 토끼고기, 양고기, 생선 등에 이용한다.

Souffle [프 **슈플레**] 수플레. 달걀흰자를 거품을 낸 것에 그 밖의 재료를 섞어서 부풀려, 오븐에 구워낸 요리 또는 과자. 수플레란 '부풀다'라는 뜻의 프랑스어이다. 슈(chou) 껍질에 거품을 낸 난백을 섞은 슈 재료, 걸쭉한 커스터드크림에 거품을 낸 달걀흰자를 섞은 크림 재료, 되직한 베샤멜소스에 거품을 낸 달걀흰자를 섞은 베샤멜 재료, 설탕조림을 한 과일을 체로 걸러낸 것에 거품을 낸 달걀흰자를 섞은 푸르트 재료 등의 4가지 재료가 기본이다. 초콜릿·바닐라·커피 등을 넣어 여러 종류의 수플레를 만들 수 있다. 수플레는 식으면 부푼 것이 쭈그러들므로 구워낸 즉시 따뜻할 때 내야 한다.

Soup [영 **스프**] 스프. 조수육류·어패류를 끓인 국물(수프 스톡)에 건더기를 넣고 끓여 양념한 서양요리의 국. 한국의 국과 비슷하다. 일반적으로 점심·저녁에 사용하며, 정찬에서는 식욕을 증진시킬 목적으로 오르되브르 다음에 낸다. 건더기를 풍부하게 넣으면 일품요리로 사용할 수도 있다. 수프는 맑은 것, 진하고 불투명한 것, 가정적인 것의 3종류로 나눌 수 있다.

① 맑은 수프 : 콩소메(consomm)가 대부분이며, 조수육류·어류의 수프 스톡을 달걀흰자로 누린내나 비린내를 없애고 정제하는 것으로서 맛이 좋다. 그릇에 담은 후 띄우는 고명에 두부·당근·마카로니 등이 쓰이며 그것에 따라 이름이 달라진다.

② 불투명한 수프 : 보통 포타주라 하며, 퓌레(pure)·블루테(velout)·크림(cream) 등으로 분류된다. 퓌레는 호박·콩 같은 녹말질이 많은 재료를 삶아 으깨어 걸쭉하게 만든 것이고, 블루테는 밀가루를 버터에 볶은 루(roux)를 수프 스톡으로 녹여 농도를 더한 것이며, 크림은 루를 우유로 녹여 주재료와 생크림을 넣고 만든 것이다. 띄우는 고명을 쓰지 않을 때도 있으나, 흔히 크래커·크루통(croton : 단단해진 빵조각)·콘플레이크(cornflakes : 옥수수를 볶아서 맷돌에 탄 것) 등을 쓴다.

③ 가정적인 수프 : 각양각색의 것이 있는데, 대부분 손쉽게 구할 수 있는 제철의 재료를 써서 만들며, 육류와 채소를 함께 끓여 국물을 만든다. 러시아의 보르시치(borshch), 미국의 클램 차우더(clam chowder), 영국의 아이리시 스튜(Irish stew) 등이 유명한 가정수프이다.

Soup Stock [영 **스프 스톡**] 스프 스톡. 서양요리에서 수프나 소스의 토대가 되는 국물. 수프 스톡은 육류, 특히 닭고기·쇠고기·어패류를 끓여서 만드는데, 수프의 종류나 기호 및 소스의 용도에 따라서 수프 스톡의 재료도 달라져야 하며 방향채소를 섞어서 끓여야 한다. 수프 스톡은 수프나 소스의 맛을 좌우할 만큼 중요한 구실을 한다. 미트 스톡에 준하여 닭고기·어패류 등의 국물을 만들면 되는데, 이때 베이 리프(월계수 잎)와 클로브(clove) 등의 향신료를 적절하게 사용한다.

Soup Tureen [영 스프튜린] 스프그릇. 연회행사 및 레스토랑에서 여러 사람의 스프를 담아서 제공하는 그릇

Sour [영 사워] 세이커에 얼음과 함께 넣고 흔든 후 글라스에 따른 후 레몬조각과 체리로 장식하는 음료, 즉 산성음료

Sour Cream [영 사워크림] 사워크림, 생크림을 발효시켜 새콤한 맛이 나는 크림. 자연적으로 또는 세균을 이용해서 발효시켜 만들며, 생크림보다 걸쭉하고 멕시코음식이나 샐러드·빵·과자의 재료로 쓰거나 베이크트 포테이토에 얹어 먹는다. 레몬즙이나 다진 오이피클을 섞어 더욱 새콤하게 만들기도 하고 토마토·양파 등을 섞기도 한다.

Soy Sauce [영 소이 소스] 간장.

유래 우리나라 고유의 간장과 된장은 콩과 소금을 주원료로 하여 콩을 삶아 이것을 띄워 메주를 만들고, 메주를 소금물에 담가 발효시킨 여액을 간장이라 하고, 나머지 찌꺼기를 된장이라 하여 식용해 왔다. 간장의 '간'은 소금기의 짠맛을 의미하고, 된장의 '된'은 '되다'의 뜻이 있다. 간장은 (규합총서)에 '지령'이라 표기되어 있고, 서울말로 '지럼'이라 하였는데, 그 어원은 밝혀지지 않았으나 (훈몽자회)의 고어인 '쟝'과 함께 사용되어 온 말이다. 간장은 단백질과 아미노산이 풍부한 콩으로 만들어지는 발효식품으로 불교의 보급과 더불어 육류의 사용이 금지됨으로써 필요에 의해 발생되었다고 볼 수 있다.

성분 성분은 0.6~0.9%의 질소, 20% 내외의 염분, 1% 내외의 당분, 10% 가량의 고형분을 함유한다. 간장의 소금 농도는 보통 18~20%이며, 간장이 갈색을 띠는 것은 아미노산의 분해산물인 멜라닌과 멜라노이딘에 의하는데, 속성간장인 시판품에는 캐러멜(물엿류)로 착색한 것도 있다. 간장의 냄새는 알코올·케톤·알데히드·휘발성산 ·에스테르·페놀 등이 혼합된 것이며, 간장의 고유한 맛은 β-메틸 메르캅토프로필 알코올(β-methyl mercaptopropyl alcohol)에 의한다. 간장은 짠맛, 단맛, 감칠맛 등이 복합된 독특한 맛과 특유의 향을 가지고 있다.

간장의 제조공정 메주콩으로 쑨 잘 말린 메주를 장담그기 2일 전쯤에 깨끗이 물에 씻어서 물기를 없애고, 소금물은 체에 받쳐 붓는다. 독은 양지바른 곳에 놓고 숯, 대추, 붉은고추 등을 띄우고 망사로 잘 봉한 후 뚜껑을 덮는다. 3일 후부터 매일 뚜껑을 열어 볕을 쬐게 하고 40~60일 후 메주에서 맛이 우러날 때 빛깔이 들면 메주를 꺼내 간장과 된장으로 분리한다. 메주를 건져 낸 간장물은 체에 받쳐 솥에 붓고 달여서 볕을 쪼이고 저녁에는 뚜껑을 덮는다.

S

① 재래식 : 일반 가정에서 만드는 방법으로, 종래에는 12월경에 콩으로 메주를 쑤어 자연 발효시킨 후, 다음 해 2~4월경에 소금물에 메주를 담가 1~2개월 숙성시킨다. 그런 후에 메주를 뜨고 간장을 달이면서 맛과 수분을 조절한다. 재래식 메주는 여러 종류의 세균과 곰팡이가 번식하여 메주콩을 가수분해하므로, 좋지 않은 맛과 냄새가 나는 물질이 배설물로 생성되어 품질이 일정하지 못하나 개량식보다 맛이 좋다. ② 개량식 : 미생물학의 발달로 인하여 단백질과 녹말을 가수분해시키는 강력한 힘을 가진, 황곡에서 분리한 누룩곰팡이를 배양하여, 이것으로 만든 누룩을 삶은 콩에 접종·발효시킨 메주를 건조시키는 일이 기업화되어 시중에서 판매된다. 이 개량메주로 재래식과 같은 방법에 의해 간장을 담그면 순수한 단맛이 나는 양질의 간장이 된다. 개량식 간장은 황곡에 의하여 생성된 아미노산·맥아당·포도당 등과, 그 밖에 효모와 젖산균에 의하여 생성된 알코올과 젖산이 함유되어 있어 좋은 향미를 가지고 있다. 품질은 일정하나 감칠맛이 있으니 깊은 맛이 다소 떨어진다. ③ 양조간장 : 공장에서 만든 아미노산 간장을 많이 이용한다. 양조간장은 장시일이 걸려서 제품이 생산된다. 최근에는 원료를 염산으로 단시간 내에 가수분해하여 아미노산을 생성한 다음, 소금으로 간을 맞추고 재래식 간장의 색·맛·향기를 내는 화학약품을 첨가하여 속성의 아미노산 간장을 제조·판매하고 있다. 화학간장은 재래 간장과는 달리 콩 대신 값싼 단백질 원료인 탈지 콩가루, 밀, 생선가루 등을 사용한다. ⓐ 염산분해간장 – 탈지대두를 염산으로 분해한 후 가성소다(양잿물)로 중화시키거나 산분해 간장원액을 효소 처리해 3일 만에 만들어 내는 화학간장으로 지금도 DCP 및 3-MCPD(발암 및 불임유발가능물질) 등의 검출로 유해성 논란이 계속되고 있다. ⓑ 혼합간장 – 양조간장과 산분해 간장을 혼합하여 제조하는 간장을 말하며 현재 우리가 먹고 있는 간장의 대부분을 차지하고 있습니다. 그러나 양조간장을 1%만 첨가하여도 혼합간장의 범주에 포함되며, 정확한 혼합비율은 검증이 불가능하여 제조자의 표시에만 의존하고 있다. ⓒ 양조간장 – 탈지대두와 소맥에 황곡균을 접종한 후 메주를 띄워 6개월간 발효 숙성시킨 간장이다. 발효 중 생성되는 효모와 유산균 때문에 향이 좋고 맛이 부드러운 것이 특징이다. 최근에는 양조간장에서 콜레스테롤을 저하시키고 혈압을 강화시키는 항암성 물질이 들어있다는 보고도 나오고 있다.

➲ 간장의 기능 ① 영양 공급원 : 간장은 소금 이외의 아미노산, 당분, 유기산, 무기질과 비타민이 들어 있으나, 영양소를 공급하는 식품이라 할 수 없으며, 지미, 염미와 함께 특유한 향기가 잘 조화된 조미료이다. 장류에는 아미노산과 비타민의 영양소가 들어있어 소금만을 조미료로 사용하는 것보다는 유리하며, 재래식 간장에는 알라닌, 발린, 히스티딘, 리신, 아스파틱산, 티로신, 세린, 사이스틴, 메치오닌, 프롤린, 페닐아라닌, 글루타민산 등 13종이, 개량식 간장에는 이외에도 트레오닌을 더하여 14종이 검출되었다. 간장의 영양학적 의의와 목적

은 염분과 아미노산 및 단백질의 공급이라 할 수 있다. 사람은 염분이 지나치게 없으면 살 수 없으나, 지나치게 섭취하면 심장 및 신장 장해를 초래합니다. 보통 하루의 염분 필요량은 13 g으로 정해져 있으나, 5 g 이하가 되면 식욕감퇴, 두통, 의욕 상실 등의 장해가 온다. ② 간장해독작용 : 간장의 메티오닌은 간장의 해독작용을 도와 체내에 유독한 유해물질 제거에 큰 역할을 담당하는데, 알코올 및 니코틴의 해독작용으로 담배, 술의 해를 줄이고 미용에도 효과적이다. ③ 기타 기능 : 이 외에도 정장작용을 돕고, 혈관을 부드럽게 하여 혈액을 맑게 하며, 비타민의 체내 합성을 촉진한다. 칼슘, 인의 대사 조절로 치아, 뼈, 세포를 견고하게 하기도 하며, 민간요법으로 갈증이 심할 때 냉수에 간장을 타서 마셨고, 기름에 의한 화상시에는 간장을 화상 부위에 바르면 통증이 격감되고 물집이 생기지 않는다고 한다.

Spaghetti [이 스파게티] 스파게티, 이탈리아 국수 및 이탈리아 파스타. 파스타는 가루를 반죽할 때 달걀을 섞어서 하는 이탈리아 국수요리를 말한다. 스파게티는 마카로니처럼 구멍이 뚫려 있지 않으며, 이탈리아가 원산지이다. 특수 강력분으로 만든 스파게티를 이탈리아에서는 식사 첫 코스에 먹는 데 비해 다른 나라에서는 일품요리로서 주식으로 이용한다. 서양 여러 나라에서는 공장생산으로 보편화되어 여러 가지 소스를 곁들여 여러 종류의 스파게티를 즐긴다. 스파게티는 곁들이는 소스에 따라 여러 종류로 나누어지는데, 주요 요리에는 '스파게티 이탈리안'과 '스파게티 밀라네스'가 있다. 스파게티는 소금을 조금 넣은 끓는 물에서 8~12분 충분히 삶아야 하고 찬물에 헹구지 않으며 뜨거운 채로 소쿠리에 건져 물기를 빼고 식기 전에 버터로 버무려 서로 붙지 않게 한다. 약간 움푹한 그릇에 담아 소스를 얹고 가루 치즈를 뿌려 따뜻할 때 먹는다.

Spanish Coffee [영 스페니쉬 커피] 스페니쉬 커피. 깔루아와 설탕을 넣고 설탕을 녹인 후 커피를 넣고 휘핑크림을 얹어서 제공

Spatula [영 스팻툴라] 스팻툴라. 제과 제빵에 크림을 바르거나 섞는 주걱

Spearmint [영 스페아 민트] 스페아민트. 유럽 원산의 박하 향신료. 동양산 박하는 멘톨 함유량은 많으나 향기가 별로 없어 향신료로서 적당하지 않다. 잎을 채취해서 두 손으로 비비거나 잘게 썰어서 사용한다. 양고기 요리에 필수적이며, 소스·과자류 등에도 많이 사용된다.

Spice [영 스파이스] 스파이스. 음식에 풍미를 주어 식욕을 촉진시키는 식물성 물질. 영어로 스파이스(spice)라 하며, 스파이스라는 말의 어원은 후기 라틴어로 '약품'이라는 뜻인데, 한국어의 '양념'에 해당된다. 향신료는 세계적으로 보았을 때 중요성을 가지고 있었다. 콜럼버스의 아메리카 대륙 발견, 바스코 다 가마가 아프리카 남단의 희망봉을 돌아 인도까지의 항로를 개발한

S

일, 마젤란의 세계일주 등의 목적의 하나는 스파이스, 즉 향신료를 구하기 위한 것이었다. 그리고 이것을 계기로 유럽인들의 세계 식민지화가 시작된 것이다. 향신료가 중요한 이유는 첫째로 그 당시 유럽의 음식이 맛이 없기 때문이었다. 교통이 불편하고 냉장시설이 없었던 시대였기 때문에 소금에 절인 저장육이 주식이었고, 그 외에는 북해에서 잡은 생선을 절여 건조시킨 것 정도였기 때문에 향신료라도 사용하여 맛을 돋우지 않으면 먹기 어려웠다. 둘째로는 약품으로서 사용되었다. 그 당시는 서양의학도 아직 유치하여 모든 병이 악풍에 의하여 발생한다고 믿고 있었다. 악풍이란 악취, 즉 썩은 냄새로서, 이 냄새를 없애려면 향신료를 사용해야 한다고 믿었다. 일례를 들면 런던에 콜레라가 유행했을 때 환자가 발생한 집에 후추를 태워서 소독했다고 전해진다. 사실 향신료류에는 어느 정도 약효도 있고 소독효과도 있으므로 현재 한방약으로 사용되는 것도 있다. 그러나 그 당시는 몹시 과대평가되었던 것만은 사실이다. 그 외에 악마 또는 귀신을 쫓는 약으로도 많이 사용되었다. 셋째로 향신료가 미약으로도 사용되었다. 향신료의 성분과 호르몬과의 상관관계는 아직 분명하지 않으나 약효가 있다고 믿으면 큰 효력을 발휘할 때도 있기 때문이다. 세계 각국에서 판매되고 있는 향신료의 종류는 겨자, 계핏가루, 레몬필, 카레가루, 카르다몸, 커민, 파프리카, 후춧가루 등이 있다. 단독의 향신료 외에 카레 가루같이 여러 종류의 향신료를 섞어서 만든 것도 있다. 카레 가루는 후추·너트메그·생강·계피·정향·코리앤더(coriander)·쿠민(cumin)·딜(dill)·회향·심황·카더몬 같은 향신료를 배합한 것이다. 또한 멕시코의 칠리파우더는 고추를 주로 하여 오레가노(oregano)와 딜, 그 외의 몇 가지 향신료를 혼합한 것이다. 향신료의 사용법은 비교적 어렵다. 음식을 만드는 법을 보면 '소량' 또는 '적당히'라고 기록되었고, 몇 g 또는 몇 숟갈이라고 정확하게 표시되어 있지 않다. 이유는 사용량이 적어서이기도 하지만 같은 향신료라 할지라도 맛의 강도가 다르기 때문이다. 향신료를 지나치게 사용했을 때는 음식의 맛을 그르치게 되므로 사용량에 대하여 주의를 요한다.

Spicy [영 스파이시] 스파이시. 화이트 와인의 원료에서 나오는 향기로서 자극적인 맛

Spinach Butter [영 스피나크 버터] 시금치 버터, 코카서스 지방이 원산지이고 가을에 재배되는 동양종과 봄에 재배하는 서양종이 있다. 성분은 비타민 A, C가 다량 함유되어 있으며 철분이 많다. 시금치를 다듬어서 믹서에 갈아 체로 바치고, 체에 바친 즙을 냄비에 담고 약 70~80°C로 가열하여 엽록소가 엉기면 천에 다시 걸러 녹수만 사용한다. 준비한 버터에 시금치 즙을 넣고 나무 주걱이나 철사 젓개로 저어 잘 섞어 준 다음 굳혀서 사용한다.

Spirit [영 스피릿트] 주정, 독한 술 주정제의 뜻을 포함한 증류주의 총칭. 주류를 크게 양조주(청주·포도주·맥주 등)와 증류주(위스키·브랜디·럼·진·보드카 등)로 나누는데, 이스트균의 발효작용에 의한

양조주는 알코올 농도 20도 이상은 제조할 수 없다.

Splash [영 **스플래쉬**] 스프래시. 붓으로 물을 바르거나 시럽을 바르는 것

Split [영 **스플리트**] 반잔, 반병

Split Shift System [영 **스플리트 시프트 시스템**] 레스토랑에서 근무조의 시간을 연속이 아닌 두 개의 쪼개어 근무하는 시스템

Sponge Cake [영 **스폰지 케이크**] 스펀지 케이크. 스펀지 모양으로 구운 서양 과자. 거품을 낸 달걀에 밀가루·설탕·향미료(오렌지 껍질)와 약간의 소금을 넣고 가볍게 섞은 재료를 케이크팬에 부어 오븐에서 윗불로 스펀지 모양으로 부풀게 굽는데, 기본재료에 코코아·버터·향미료 등을 첨가하기도 한다. 크기는 케이크팬에 따라 다르며 팬 밑바닥에 파라핀지를 잘라서 깔고 섞은 재료를 부어 170~180°C로 45~50분간 굽는다. 다 구워지면 옆면과 윗면을 생크림·버터크림·잼 등으로 장식한다.

Spread [영 **스프레드**] 스프레드. Dip 보다 농도가 진하며 좀더 오래 보관할 수 있다. 레몬주스, 식초, 크림, 마요네즈로 묽게 하여 Dip로 만들기도 하며, 하루 전에 냉장에 두고 아른 여러 가지 재료와 내거나 발라서 낸다. 과일류와 가벼운 스낵, 맑은 스프 등의 에피타이저로 이용

Sprout [영 **스프라우트**] 방울양배추. 방울양배추라고도 한다. 16세기부터 벨기에 브뤼셀 지방에서 재배되어오다가 유럽에 본격적으로 보급된 것은 19세기 이후인데 영국을 포함한 북유럽과 미국에서 많이 재배하고 있다. 한국에도 보급되었으나 소규모로 재배되고 있다. 보통 양배추와는 달리 줄기가 길게 자라고 여기에 잎이 드물게 붙는다. 줄기는 높이 60~90 cm로 자라고 잎은 30~40개 정도 달린다. 겨드랑눈에서 방울 모양으로 결구하여 새끼양배추가 달리는데 지름이 3~5 cm이고 1개의 질량은 10~15 g이다.

Squash [영 **스쿼시**] 스쿼시. 레몬·오렌지 등 과일을 짷어서 과육과 함께 주스로 만들어 소다수를 넣고 희석하여 당분을 가미한 음료. 통조림으로 된 것도 있으나, 원래는 즉석에서 만들어 손님에게 제공한다. 과육이 들어 있어서 다소 탁한 점이 주스와 다르다.

Squeezer [영 **스퀴즈**] 스퀴저. 레몬, 오렌지를 짤 때 사용하는 기구

Stabilizers [영 **스테블라이저**] 안정제

Starch [영 **스타치**] 스타치. 녹말은 무미·무취의 백색분말로 물에는 녹지 않는다. 녹말은 단일물질로 이루어진 것이 아니라 아밀로오스(amylose)와 아밀로펙틴(amylo-pectine)의 혼합물이며, 그 비율은 녹말의 종류에 따라 대체로 일정하다. 일반적으로는 아밀로오스 20~25 %, 아밀로펙틴 75~80 %가 함유되어 있다. 그러나 찹쌀·찰옥수수 등은 아밀로오스는 거의 없고 아밀로펙틴만으로 이루어져 있다. 조리시에 응집력과 광택을 내는 역할도 한다.

Static Menu [영 **스테틱 메뉴**] 식당에서 연중 지속적으로 제공되는 정기메뉴로 매일

S

변화하지 않는 메뉴로 대부분의 식당이나 전문식당에서 사용하는 메뉴

Steak [영 **스테이크**] 스테이크, 두꺼운 육류 조각을 구운 서양요리. 보통 쇠고기·송아지고기·양고기의 연한 부분을 구운 것을 말하나 생선 중에서 대구·광어·연어·다랑어 같은 기름기 많고 큰 생선을 내장을 빼고 토막쳐서 구운 것도 스테이크라고 한다. 그러나 일반적으로 스테이크라고 하면 쇠고기를 구운 비프스테이크(beef steak)를 말한다. 스테이크의 종류는 어깨부분에서 잘라낸 것에 블레이드 스테이크(blade steak)가 있고, 갈비부분에서 잘라낸 것에 리브 스테이크(rib steak)가 있으며, 허리부븐에서 잘라낸 것에는 포터하우스 스테이크(porterhouse steak)·티본 스테이크(T-bone steak)·클럽 스테이크(club steak)가 있다. 허리끝에서 잘라낸 것에는 설로인 스테이크(sirloin steak)와 핀본 설로인 스테이크(pinbone sirloin steak)가 있다. 이러한 연한 부분 외에 넓적다리 부분에서 떼어 낸 라운드 스테이크(round steak)가 있다.

Steamed [영 **스팀드**] 식품을 steamer에 넣고 식품을 수증기의 압력으로 조리하는 방법

Steep [영 **스팁**] 뜨거운 물에 담가서 색과 맛이 우러나게 하는 것

Stevia [영 **스테비아**] 스테비아. 남아메리카의 파라과이·아르헨티나·브라질 등의 국경 산간지에서 자란다. 파라과이에서는 옛날부터 스테비아잎을 감미료로 이용해 왔는데, 최근 합성감미료인 사카린의 유해성이 문제가 되자, 다시 주목을 끌게 되었다. 잎에는 무게의 6~7% 정도 감미물질인 스테비오시드(stevioside)가 들어 있는데, 그 함유율은 개체에 따라 차이가 크다. 감미성분은 설탕의 300배로서, 차를 만들어 마시거나 껌 대용으로 하며 청량음료의 감미료로 사용한다. 잎을 쪄서 건조하여 샤벳, 아이스크림, 츄잉껌, 등 다이어트 식품의 감미료로 이용하며, 당뇨병, 심장병 등 저혈당제로 이용하기 위하여 감미료의 분말, 정제, 티백으로 유통된다.

Stew [영 **스튜**] 스튜. 쇠고기를 큼직하게 썰어서 버터로 볶다가, 양파·감자·당근 등을 차례로 넣어 볶고 잠길 정도의 물을 부어 푹 끓여 양념한 것을 비프스튜라고 한다. 소의 혀가 주재료이면 텅스튜(tongue stew), 채소이면 베지터블스튜(vegetable stew), 닭고기이면 치킨스튜(chicken stew)가 되는데, 재료에 따라 10여 가지의 스튜가 주로 식생활에 활용된다.

Stirring [영 **스터링**] 스터링. 휘젓는 것

Stock [영 **스톡**] 스톡. 수프 스톡은 육류, 특히 닭고기·쇠고기·어패류를 끓여서 만드는데, 수프의 종류나 기호 및 소스의 용도에 따라서 수프 스톡의 재료도 달라져야 하며 방향채소를 섞어서 끓여야 한다. 수프 스톡은 수프나 소스의 맛을 좌우할 만큼 중요한 구실을 한다. 미트 스톡에 준하여 닭고기·어패류 등의 국물을 만들면 되

는데, 이때 베이 리프(월계수 잎)와 클로브(clove) 등의 향신료를 적절하게 사용한다. 소스를 만들어서 요리의 맛을 내게 하는 중요한 것이 스톡이며, 스톡에 사용되는 고기와 뼈의 경우, 가열함에 따라 고기의 내부에 존재하는 휘발성 물질의 상실, 당의 캐러멜화, 지방 용해 및 분해 그리고 단백질의 분해 및 변성을 일으켜 풍미에 변화를 주며, 끓이는 동안 국물에 우러나 맛을 내는 성분은 수용성 단백질, 지방, 무기질, 젤라틴 등이다. 뼈를 첨가하여 고기와 같이 끓이면 지방 속에 함유되어 있던 맛 성분이 우러나 풍미를 향상시키고, 뼈를 끓일 때 국물이 뽀얗게 되는 이유는 뼈에서 우러난 성분이 유화 작용을 일으키기 때문이다.

Stopper [영 스토퍼] 탄산가스가 들어 있는 음료의 왕관마개를 개봉한 후에 탄산가스가 날아가지 않게 막는 기구

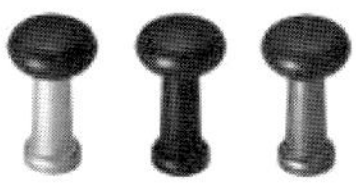

Stout [영 스타우트] 흑맥주. '스타우트란'란 '강하다'는 뜻으로서 스타우트 에일(ale) 또는 스타우트 비어를 간단히 줄여서 쓰는 호칭이다. 알코올은 보통 맥주보다 강하여 8% 정도이다. 까맣게 탄 맥아를 사용하기 때문에 색은 짙은 갈색이고, 상면발효법으로 양조한다. 아일랜드의 더블린에 있는 기네스 회사 제품이 유명하며 한국에서도 생산된다. 그대로 마시거나 보통 맥주에 타서 마신다.

Strainer [영 스트래인너] ① 여과기 ② Mixing Glass에 맞는 칵테일을 글라스에 따를 때 속이 들어 있는 얼음이 밖으로 흘러나오는 것을 방지.

Strawberry Sauce [영 스츄베리 소스] 산딸기 소스. 신선한 딸기를 준비하여 꼭지를 따내고 흐르는 물에 깨끗이 씻어 물기를 제거하고 믹서에 갈아 체에 거른다. 준비된 딸기즙에 설탕과 백포도주를 섞고 레몬주스를 첨가하여 맛을 낸다. 원하는 색을 내려면 농도를 보아 딸기시럽을 첨가하고 색이 약하면 딸기잼을 첨가한다. 아이스크림이나 파이 등에 이용한다.

Strognoff Sauce [영 스트로가노프 소스] 스트로가노프 소스. 버터에 마늘 다진 것을 볶다가 양파, 버섯을 넣고 같이 볶는다. 와인과 크림을 넣고 1/2로 졸이고 갈색소스와 월계수 잎, 파프리카, 쇠고기 분말을 넣고서 은근히 끓인다. 농도를 조절한 다음소금, 후추, 레몬주스로 간을 맞춘다. 쇠고기 요리에 이용한다. 스트로가노프를 만들 때 양송이는 볶은 후 버섯국물을 제거하고 사용하고, 파프리카를 이용하고 많은 양의 소스를 만들 때는 레시피대로 재료를 준비하고, 생크림은 제과점의 것을 쓰면 소스가 분리되고 맛이 달아지므로 사용을 금한다.

Stuffing [영 스터핑] 스터핑. 계란, 가금류, 생선 등의 내부에 다른 부재료를 채워 넣어 조리하는 것

S

Sturgeon [영 **스틸전**] 철갑상어

Suer [프 **쉬에**] 재료의 즙이 나오도록 냄비에 뚜껑을 덮고 약한 불에서 색이 나지 않게 볶는 것

Sugar [영 **슈가**] 설탕.

유래 설탕을 고려시대부터 썼으나 민가에까지 널리 퍼지지는 않았으며 1950년도까지는 정제가 덜 된 황설탕을 많이 사용했다. 오래 전 인도에서 sakcharon이라고 불려졌던 사탕수수는 이미 8000년 전에 남태평양에서 재배되었으며 627년경에야 페르시아에서 입자가 있는 설탕의 결정으로 만들게 되었다. 따라서 설탕이란 보통입자가 있는 굵은 설탕을 말하며 이것은 거의 자당에 의해 만들어지기 때문에 일반적으로 자당을 설탕이라고 부른다.

성분 및 영양 탄소, 수소, 산소로 된 탄수화물로, 설탕의 당도 측정을 위한 기구로는 regractometer가 있으며 이 기구의 측정 단위로는 Brix%를 사용하며 100 g의 용액에 들어있는 설탕의 무게를 나타낸다.

종류 ① 가루설탕(granulated sugar) : 가장 중요한 당이며 주로 이 당을 이용한다. 이 당은 주로 사탕수수나 사탕무의 즙액에 함유되어 있으며 이들을 원료로 하여 여러 단계의 과정을 거쳐서 결정체로 만든 당이다. ② 초결정 가루설탕(super fine granulated sugar) : 일반 가루 설탕보다 곱게 결정시킨 당으로 케이크나 여러 가지 분말 음료를 만들 때 사용한다. creaming이 빠르게 되며 물에 빨리 용해나는 이점이 있다. ③ 분말 설탕(powdered sugar) : 가루설탕보다 곱게 분쇄하여 약간의 corn starch를 섞어 만들며 익히지 않는 cake frosting을 만들 때 사용하고 도넛 등 튀김음식과 감미가 약한 쿠키류에 사용한다. ④ 황설탕(brown sugar) : 가루설탕과 다른 점은 정제 정도이다. 완전히 희게 정제한 설탕에 비하여 독특한 방향을 가진 설탕이다. 정제 정도에 따라 light, medium, dark sugar 등으로 나눌 수 있다. 여러 번 정제할수록 색이 엷어진다. 케이크, 쿠키 캔디의 방향을 내기 위해 사용하기도 하며 우리나라 음식에서는 약식의 색을 내기 위하여 dark brown sugar(흑설탕)을 사용하기도 한다. ⑤ 각설탕(cubes) : 가루설탕에 약간의 시럽을 넣고 각형으로 성형하여 뜨거운 공기로 건종시킨 것이다. 음료에 주로 사용한다. ⑥ 기타 ⓐ maple sugar－maple 시럽을 증발시킨 것 ⓑ corn sugar－corn starch를 산으로 가수분해하여 얻은 dextrose를 결정화한 것 ⓒ raw sugar－corn sugar의 찌꺼기와 cane suagr, 당밀로부터 얻어진 것

만드는 법 현재 생산되고 있는 설탕의 거의 대부분은 사탕수수의 줄기나 사탕무우의 뿌리를 가공해 만들어진다. 물에 녹기 쉬워 20°C의 용액 100 cc에 약 67 g이 용해된다. 또한 물이 없는 상태에서 가열하면 160 %부터 용해되기 시작해 캐러멜화가 진행된다. 설탕은 두 가지 방법에 의해 만들어진다. 첫 번째로는 사탕수수를 들 수 있다. 수확기의 사탕수수는 16~20 % 자당을 함유하고 있으며 끓여서 농축하면 설탕결정체가 된다. 이러한 설탕의 결정체는 원당이

라고 하여 대략 96~98%의 자당을 함유하고 있으면 원당은 당밀의 막으로 쌓여 있기 때문에 다시 정제과정을 거쳐야만 보통 사용하는 설탕을 만들게 된다. 두 번째로는 사탕무우로부터 얻을 수 있으며 최고 18%의 자당을 함유하고 있다. 그러나 두 가지 설탕의 구조적인 차이는 없으며 단지 추출률에서만 차이가 있다.

설탕을 이용한 음식 ㉮ 제빵 : 캐러멜 작용과 마이얄 반응에 의한 급속한 껍질색 형성, 향미 증진 감미 제공, 제품의 속질 향상, 흡습성으로 인해 제품의 수명 연장 ㉯ 제과 : 제품을 부드럽게 함, 갈변반응에 의한 껍질색 개선, 수분 보유력 있어 노화 지연

설탕을 조리에 사용시에 효과 ① 감미료로서의 사용이다. 설탕은 사람의 입맛에 잘 맞는 단맛을 주며 포도당과 과당의 가가 C^1의 OH와 C^2의 OH가 배당체 결합으로 이루어져 있어서 변선광을 나타내지 않으면서 온도에 따른 감미도의 변화가 없어 안정된 감미를 유지해준다.

〔각종 음식에 적당한 설탕의 농도〕

(단위 %)

음식명	농도	음식명	농도
초무침	3~5	조림(엷은 맛)	3~5
음료수	8~10	조림(말린 것)	8~10
푸딩	10~12	방부효과	30
아이스크림	12~15	팥속	30~50
단팥죽	25~30	잼	60~70

② 식품의 보존성을 높이는 점이다. 설탕은 묽은 농도에서는 미생물의 영양원으로 이용되나 농후한 농도에서는 높은 삼투압으로 수분활성도를 낮추어 미생물의 생육을 저지하여 방부력을 높인다. 또한 설탕은 흡습성이 뛰어나서 식품 중의 수분 증발을 억제하여 건조를 방지하고 식품내의 수분을 보유해 주어 텍스처를 변화시키지 않는다. 그리고 고농도의 당용액은 산소의 용존을 불가능하게 하여 식품성분이 산소와 접촉되는 것을 막아 산화반응을 방지함으로써 식품성분을 보존한다. ③ 펙틴 젤리의 형성을 촉진한다. 펙틴을 다량함유하고 있는 사과, 오렌지 등은 산을 적당히 함유하고 있어 설탕을 65~70% 가하고 가열하면 잼 또는 잴리가 형성된다. ④ 설탕은 식품의 색과 풍미를 증진시켜 준다. 식품 중에 존재하는 아미노산, 단백질 등과 같은 질소함유물질과 가열조리시 마이얄 갈색화 반응을 일으켜 빵, 케이크, 쿠키 등의 독특한 풍미와 갈색을 내게 한다. ⑤ 달걀흰자를 거품 낼 때 거품이 형성된 마지막 단계에 설탕을 넣어 주면 거품의 안정성이 높아지고 미세하고 부드러운 거품이 형성된다. ⑥ 발효를 촉진한다. 즉, 이스트빵을 만들 때 밀가루에 10% 정도의 설탕을 넣고 반죽하여 발효시키면 이스트의 번식과 생육이 왕성해져서 탄산가스의 생성량이 증가하고 그 결과로 반죽은 팽화하여 잘 부풀어 부피가 증가하여 탄력성이 좋은 상태가 된다.

설탕의 활용 ① 설탕부터 넣는다. 간장, 소금, 설탕 등의 조미료를 함께 쓸 때는 반드시 설탕 먼저 넣는다. 그래야만 음식이 질겨지지 않고, 적당한 씹힘성을 주기 때문. 설탕이 완전히 녹아 어느 정도 음식에 밴 다음 나머지 조미료를 넣어야 깊은

맛이 난다. ② 너무 음식이 달게 되었을 때 설탕이 너무 많이 들어가 생각보다 음식맛이 달게 되었을 때는, 단맛을 흡수해 줄 수 있는 부재료를 추가하는 것이 우선이다. 파, 마늘과 같은 야채를 첨가해 주면 가장 무난한 방법. 그 외에 간장을 조금 넣어 주는 것도 단맛을 줄일 수 있는 요령이다. ③ 식혜로 쓸 밥을 좀더 빨리 삭히고 싶을 때 질금물에 설탕을 조금 넣어 주면 밥이 훨씬 더 빨리 삭는다. 쌀 : 엿기름 : 설탕 : 물의 비율은 1 : 1 : 1 : 10 (5) 정도면 가장 적당한 분량. 엿기름이 많으면 설탕량을 줄여도 되며, 앙금은 버리고 웃물만 따라 쓴다. ④ 육회의 색을 선명하게 유지하고 싶을 때 설탕으로 먼저 양념을 해둔 뒤, 다른 간을 맞춰 주면 된다. 설탕이 산소와의 접촉을 막아주기 때문에 고기 색이 선명하게 유지된다. ⑤ 생선찜, 조림의 비린내를 없애려면 생선찜, 생선조림 등에 설탕을 약간 넣어 주면 비린내가 한결 덜해진다. 이때 너무 많이 넣지 않도록 주의한다. 설탕을 너무 많이 넣으면, 오히려 비린내가 더 심해지기 때문. 이럴 때는 설탕 양을 줄이고, 양파즙이나 조미술을 넣어 단맛을 보충해 주는 것이 요령이다. ⑥ 빵, 떡 등 오래 두면 굳어지는 음식에 밥도 물론이지만, 빵, 떡과 같은 음식들은, 오래 두면 딱딱하게 굳어 버려 못 먹고 버리는 경우가 허다하다. 이 때도 설탕을 약간만 뿌려 주면 효과적. 흡습성이 높은 설탕이 수분을 빨아들여 음식물이 잘 굳지 않고, 오래 두어도 말랑말랑하다. ⑦ 물엿, 조미술, 꿀, 양파로 단맛을 대체할 수도 있다. 재료 자체의 천연맛을 이용해 단맛을 내면, 감미료를 쓰는 것보다 훨씬 더 자연스러운 맛을 낼 수 있다는 장점이 생긴다. 설탕의 단맛 대신 양파즙을 써보는 것도 좋은 아이디어. 그 외에 물엿, 조미술, 꿀로도 단맛을 낼 수 있다. ⑧ 시원, 칼칼하게 김치를 담그고 싶을 때 설탕을 넣어 준다. 김치가 익으면서 발효되는 동안, 설탕에서 탄산가스가 나와 시원, 칼칼한 맛을 더해 주기 때문. 톡 쏘는 듯한 개운한 맛을 즐기고 싶다면, 김치 버무릴 때 설탕을 약간 달다 싶게 넣어 주는 것이 요령 ⑨ 음료의 단맛을 설탕으로 조절할 때는 수정과와 같은 우리 음료를 직접 만들 때는 생강, 통계피 등과 아울러 설탕이 들어가기 마련. 이럴 때 한 가지 유의할 점은 '조리 중 뜨거울 때 맛봤던 단맛은 식으면 더 강하게 느껴진다.'는 것이다. 그러므로 뜨거울 때 먹어보아 조금 심심하다 싶게 간을 맞춰야 단맛이 적당하다. 특히 차게 마실 음료를 만들 때는 더욱 주의해야 한다.

➲ Sugar Brut(프 쉬크흐 브휘뜨) : 조당

➲ Sugar de Fruit(프 쉬크흐 드 프휘) : 과당

➲ Sugar en Poudre(프 쉬크흐 앙 뿌드히) : 가루 설탕

➲ Sugar Raffine(프 쉬크흐 하피네) : 정제설탕

➲ Sugar Substitute(슈가 서브스티튜트) : 설탕 대용품

Summer sausage [영 서머 소시지] 훈연한 드라이 소시지. 서벌랫(cervelat)이라고도 한다. 독일이 원산이다.

S

재료는 돼지 살코기가 주를 이루고, 쇠고기와 기름기가 섞인 돼지고기도 쓰이는데, 대체로 목 부위의 고기나 사태고기 등 품질이 떨어지는 고기가 쓰인다. 향신료로는 통후추를 쓰는 것이 특징이고 케이싱(껍질 포장)으로는 주로 돼지 창자를 쓰나, 때로는 소의 직장이 사용되기도 한다. 건조 정도에 따라서 세미드라이 소시지가 될 수도 있다.

Sujuk Sausage [영 수작] 향신료를 많이 첨가한 레바논의 쇠고기 소시지

Sundae [영 선데] 아이스크림에 시럽과 과일을 얹는 것

Supreme Sauce [영 슈프림 소스] 슈프림 소스. 차칸 벨루네를 졸인 후 크림을 추가하고 한 번 졸여서 버터를 거른다. 버터대신 버섯국물과 레몬 즙을 넣어서 만들며 생선요리에 사용

Sweet Jelly [영 스위트 젤리] 스위트 젤리. 젤라틴으로 만든 투명한 젤리로 과즙이나 향을 넣은 것인데, 굳지 않고 액체상태 이지만 저어서 거품내주면 굳는 것

Sweet Mash [영 스위트 메쉬] 순수 배양한 효모만을 사용하는 발효하는 법

Sweetness [영 스위트니스] 으깨진 포도즙의 천연 당분은 효모에 의해 분해되어 알코올로 변하는데 완전히 분해되지 않고 약간의 당을 남겨 두어서 발효과정에서 당도 측정을 하여 잔류 당분의 양을 조절할 수 있으며, 와인의 단맛은 잔류 당분의 양에 따라 차이가 나고 당도가 2%일 때 단맛이 강하다.

Sweet Potato [영 스위트 포테이토] 고구마. 감서·단고구마라고도 한다. 한국 전역에서 널리 재배한다. 길이 약 3 m이다. 줄기는 길게 땅바닥을 따라 벋으면서 뿌리를 내린다. 성분은 수분 69.39%, 당질 27.7%, 단백질 1.3% 등이며 주성분은 녹말이다. 고구마는 비타민 C, 식물섬유, 칼륨이 많은 알칼리 건강식품으로 제2차 세계대전 이전에는 대부분 식용으로 소비하였으나, 최근에는 식용이 40% 안팎에 그쳐 예전처럼 주식을 보조하는 식품이 아니라 주로 부식 또는 간식으로 이용한다. 감자에 비해 당질과 비타민 C가 많고 수분이 적어서 칼로리가 높다. 삶거나 굽는 것 외에 튀김이나 죽으로도 조리한다. 서양에서는 버터구이·파이·프라이 스위트 포테이토 등을 만들며 중국요리에도 쓴다.

Swiss Chard [영 스위스 차드] 근대

Swiss Cheese [영 스위스 치즈] 커다란 구멍이 있는 스위스 치즈

Syrup [영 시럽] 시럽, 설탕을 녹여서 향료를 첨가한 액체 모양의 가공설탕. 각종 과즙·향료·커피·아라비아고무 등을 녹인 설탕에 첨가하여 가공한 농당액인데, 종류가 많으며, 과자·음료 등에 사용된다. 보통 시럽이라면 각종 과실즙에 설탕을 가한 프루츠 시럽(fruits syrup)을 말하지만, 화학약품을 배합해서 인공적으로 과실의 향미를 낸 것도 있다. 물이나 소다수와 혼합해 청량음료로 만들기도 하고, 생과실 대용으로 칵테일·푸딩·젤리·과자 등의 착향·착미·착색에도 쓰인다. 프루츠 시럽 중 그레나딘 시럽

(grenadin syrup)은 석류의 풍미와 선홍색이 특징인데, 미국 사람이 즐겨 칵테일에 사용한다. 매플 시럽(maple syrup)은 단풍나무 당으로 만든 것인데 풍미가 있으며, 특히 핫케이크에 사용된다. 검 시럽(gum syrup)은 무색·무향의 설탕 시럽으로, 설탕의 결정화를 막기 위하여 아라비아고무를 배합한 것으로, 칵테일에 사용한다. 또 커피나 홍차의 향기를 분리·농축하여 첨가한 커피 시럽·홍차 시럽도 있다.

- Plain Syrup(영 플레인 시럽) : 백설탕에 물을 넣고 끓이는 것
- Gum Syrup (영 검시럽) : plain syrup에 아라비아 검을 넣어서 접착력이 있도록 한 것
- Grenadine Syrup (영 그라나딘 시럽) : 당밀에 풍미를 가한 석류향을 넣은 적색의 시럽
- Rasberry Syrup (영 랍스베리 시럽) : 딩밀에 나무딸기의 풍미를 가한 것
- Mayple Syrup (영 메이플 시럽) : 사탕단풍나무의 수액을 넣은 것

S

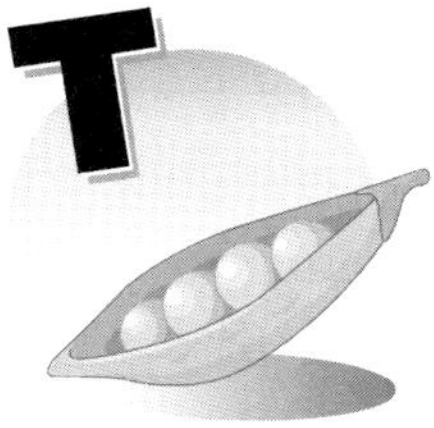

T-Bone Steak [영 **티 본스테이크**] 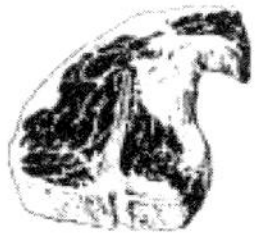 소의 안심과 등심사이에 T자형의 뼈 부분에 있는 부위로 350 g 정도의 크기로 안심과 등심맛을 느낄 수 있다.

Tabasco Sauce [영 **타바스토 소스**]  멕시코의 타바스코 지방의 작고 매운 붉은고추로 만든 타바스코소스가 있다. 타바스코소스는 1868년 미국의 에드먼드 매킬레니가 상품화하였다. 매킬레니는 타바스코 씨를 얻어다 심은 후에 잘 익은 것을 참나무통에 보관해 두었는데 어느날 타바스코가 발효하면서 향을 내자 여기에 소금과 식초를 넣고 3년 이상 발효시켜 소스를 만들었다. 한국에서는 고추기름과 다진 마늘, 식초, 간장, 설탕 등을 섞어 매운 맛을 낸 뒤 주로 육류 냉채에 끼얹어 먹는다.

Table d'hote [프 **따블로 도트**] 요리의 종류와 순서가 미리 결정되어 있는 차림표

Taco [영 **타코**] 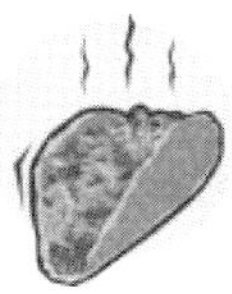 타코. 쇠고기, 셀러리, 청홍피망, 소금, 후춧가루 약간씩, 적포도주, 올리브유 혹은 버터 약간을 양파, 피망, 섬유질을 벗긴 셀러리는 사방 0.7 cm 크기로 썰고, 쇠고기는 1 cm 굵기로 썬다. 프라이팬에 올리브유를 두르고 쇠고기를 볶다가 적포도주를 넣어 볶고 주고 양파, 피망, 셀러리를 넣고 조금 더 볶은 후 소금, 후춧가루를 뿌린다. 타코 껍질에 볶음을 알맞게 담고 타코칠리소스를 뿌린다.

Taco Carne [영 **타코그 카르네**] 단단한 봉투 모양의 옥수수 빵에 고기를 넣고 찢은 상추, 토마토, 치즈를 곁들인 것

Taco Chili Sauce [영 **타코 칠리 소스**] 칠리소스, 다진 양파, 우스터소스, 핫소스를 잘게 썬 토마토, 잘게 썬 바질 약간, 소금, 후추가루를 넣고 골고루 섞어준다.

Tafia [프 **따피아**] 당밀 또는 설탕으로 만든 럼

Take-away Restaurant [영 **테이크 어웨이 레스토랑**] 고객을 위한 좌석을 마련하지 않고 간단한 조리시설 또는 진열장에서 패스트푸드 같은 음식을 주문 배달하거나 판매하는 간이식당

Take-out Restaurant [영 **테이크 아웃 레스토랑**] 고객이 레스토랑에서 음식을 주문하

여 레스토랑 외부로 음식을 가지고 나가는 메뉴

Taler [프 딸레] 과일을 상하게 하다.

Talmouse [프 딸무즈] 파이의 일종

Tambouille [프 땅부이으] 맛없는 음식

Tamie [프 타미에] 프랑스 남동쪽 사부와 지역에서 소젖으로 만드는 치즈로 내피는 무거우며, 무게는 약 1.3 kg이다.

Tamiser [프 따미제] 체를 사용하여 가루를 치다.

Tanch [영 탄치] 잉어과에 속하고 잉어와 비슷하나 비늘이 조그맣다.

Tangerine [프 땅주힌느] 감귤

Tannin [영 탄닌] 탄닌. 포도의 껍질이나 외피에 들어 있는 물질, 적포도주는 마세라시옹을 통해 포도 껍질과 오랜시간 접촉하므로 탄닌의 함류량이 다른 포도주보다 많다. 탄닌의 4대 약리작용으로 해독작용, 살균 작용, 지혈작용, 소염작용이 있다.

Tapioca [영 타피오카] 타피오카, 열대작물인 카사바의 뿌리에서 채취한 식용 녹말. 카사바의 뿌리는 생것의 경우 20～30 %의 녹말을 함유하고 있는데, 이것을 짓이겨 녹말을 물로 씻어내 침전시킨 후 건조시켜서 타피오카를 만든다. 동남아시아의 중요한 녹말 자원으로, 녹말당·캐러멜·과자 제조 등 식용 외에 방직용 풀로 이용된다. 원주민은 카사바 뿌리를 그대로 쪄서 식용으로 하지만 보통은 건조된 타피오카를 분말로 만들어 매매한다. 이것을 말레이시아 특산인 사고(sago) 녹말과 혼동하는 경우가 있는데, 이것은 사고 야자나무의 줄기에서 채취하는 녹말이다.

T

Taro [프 따호] 타토로란, 열대지방에서 자르는 녹말의 괴경작물

Tarragon [영 타라곤] 타라곤. 시베리아 원산으로서 쑥의 일종이다. 잎에 아니스(anise) 같은 향기가 있으므로 소스·샐러드 등에 향신료로 섞어 쓰고, 초에 넣어서 타라곤비니가(tarragon vinegar)라고 하여 달팽이 요리에 조미료로 쓴다. 잎을 그늘에서 말려 단단히 닫아두었다가 필요한 때에 쓴다. 포기나누기로 번식한다. 중앙아시아에서 시베리아에 걸쳐 분포한다. 타라곤은 샐러드, 닭, 생선, 소스, 해산물 등의 요리에 잎사귀 하나만 넣어도 완전히 맛을 바꾸어놓을 수 있는 신비한 향료로, 특히 베어네즈 소스에 타라곤은 필수적인 재료이다. 생으로 향이 약하며, 건조 한 것이 향이 강하여 건조해서 사용하며, 샐러드유에 넣었다가 이용한다. 또한 타라곤의 잎은 철, 칼슘, 칼륨이 많이 포함되어 있으며, 비타민 A도 높다.

Tarragon Vinegar [영 타라곤 비니거] 타라곤 식초, 과일식초에 타라곤 잎을 수주일 동안 담가 타라곤 향이 베개 한 후 샐러드와 드레싱으로 이용한다.

Tart [프 타르트] 프랑스 파이. 보통 8~10인분로 나눈다. 소형의 것은 특히 타르틀레트라고 한다. 밀가루와 버터를 섞어서 만든 반죽을 타르트틀(파이접시)에 깔아서 굽는데, 과일이나 초콜릿 같은 것을 얹는

다. 과일 타르트에는 타르트 오 폼(애플파이)·타르트 오 시트롱(레몬파이) 등이 있다.

Tartar Sauce [프 **타르타르 소스**] 타르타르 소스. 마요네즈에 삶은 계란, 양파, 피클, 파슬리, 에스타라곤을 다져서 첨가하고 잘 혼합하고 레몬주스와 소금, 후추로 간을 한다. 농도는 피클주스나 백포도주를 이용하고 타라곤 식초를 넣으며, 타르타르 소스에 엔초비, 퓌레, 겨자를 넣어 주면 레모랄드 소스가 되고, 생선 튀김요리에 이용한다.

Tartine [프 **따흐띤느**] 버터 또는 잼 등을 바른 빵

Tarte Tatin [영 **타르트 타틴**] 프랑스식 거꾸로 뒤집은 사과파이, 바닥에 설탕과 버터를 넣고 사과놓고 페스트리를 마지막에 올린다. 오븐에서 나오면 바닥에 설탕과 버터는 카라멜이 된다.

Tasse [프 **따쓰**] 손잡이가 달린 컵

Tastevin [영 **테스트 빈**] 와인을 맛보는 컵

Taureau [프 **또호**] 황소

Tax Invoice [영 **택스 인보이스**] 세금 계산서. 세금계산서는 부가가치세 납세의무자로 등록한 사업자가 부가가치세가 과세되는 재화나 용역을 공급하는 때에는 부가가치세법 규정에 의한 거래시기에 공급하는 사업자의 등록번화와 성명 또는 명칭, 공급받는 자의 등록번호, 공급과액과 부과가치세액 및 작성연월일 등이 기재한다.

Tawny [영 **토니**] 토니. 나무통속에 숙성시킨 포르투갈의 포트와인

Tea [영 **티**] 차. 전세계적으로 애용되는 기호음료로서 커피나 코코아 기타 음료를 능가하는 세계 최대의 음용량을 나타낸다. 차나무는 키가 2~3 m인 관목과 30~32 m에 달하는 교목이 있으며, 품종에는 중국종과 인도종이 있다. 한국에서 생산되는 차에는 야생차와 재배차가 있는데, 야생차는 828년(흥덕왕 3) 신라의 사신 대렴이 당나라에서 가져온 차씨를 지리산에 심은 데서 비롯되며, 중국산 소엽종이다. 재배차는 중국의 소엽종을 개량한 일본산 야부키타종으로서 1927년부터 경남·전남·제주에 이식한 것이다. 차에는 타닌산·카페인·아미노산 등이 함유되어 있으며, 타닌산은 12% 전후로 맏물차에 가장 적고 두·세물차로 갈수록 많아진다. 타닌산은 떫은맛과 관계가 있으며 수렴작용과 지혈작용을 한다. 홍차는 타닌산이 산화한 여러 가지 화합물을 함유하여 독특한 맛의 근원이 되므로 타닌산이 많은 잎에서 좋은 홍차를 만들 수 있다. 카페인은 쌉쌀한 맛의 성분으로서 평균 1~3% 함유되어 있는데, 신경을 흥분시켜 혈액순환을 촉진하고 이뇨작용을 하며 피로회복에 효과가 있다. 아미노산은 차의 단맛과 관계가 있으며, 말물차에 많고 두·세물차에 적다. 향기는 극히 미량이 함유된 정유성분에 의한다. 비타민 C는 녹차에 많이 있으나 홍차에는 발효시에 파괴되므로 함유되어 있지 않다.

Tea Egg [영 티 에그] 삶은 달걀의 겉면을 살짝 깨고 녹차에 1시간 이상 담그면 대리석의 모양으로 녹차물이 배이는 달걀

Tender [영 텐더] 부드럽고 연하고 바삭바삭한 음식을 의미

Tende-de-Tranche [프 땅드 드 트항슈] 소의 허벅지살

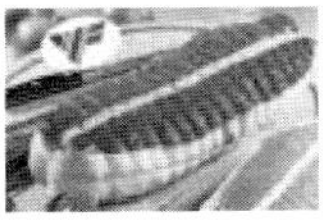

Tenderloin [영 텐덜로인] 쇠고기 부위 중 인기가 높으며 스테이크로 이용

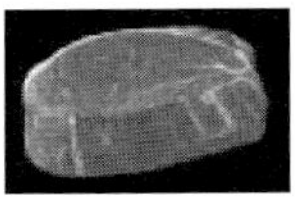

- Chateaubriand : 소의 등뼈 양쪽에 붙어 있는 가장 연한 안심의 머리부분
- Filet : 안심스테이크로 이용
- Tournedo : 필렛 앞쪽 끝 부분을 잘라 베이컨을 말아 구워낸 것
- Filet Mignon : 필렛 뒤쪽 끝 부분을 잘라 베이컨을 말아 구운 것

Tendron [프 땅드홍] 송아지 연골이 있는 가슴부분의 고기

Tempering [영 템퍼링] 초콜릿을 녹이고 식히는 과정에서 초콜릿을 안정화시키는 기법으로 초콜릿이 더 부드럽고 윤이 난다.

Terne [프 떼흔느] 김이 빠진, 특성이 없는 와인

Tequila [영 데낄라] 테낄라. 멕시코 특산의 다육식물인 용설란의 수액을 채취해 두면, 자연히 하얗고 걸쭉한 풀케라는 탁주가 된다. 이것을 증류한 것이 테킬라이다. 주정도 40도 정도의 무색투명한 술인데 마실 때는 손등에 소금을 올려놓고 그것을 핥으면서 쭉 들이켜 마신다. 원래 테킬라는 한 지방의 토속주로서 그다지 고급술은 아니었으나 1960년을 전후로 세계적으로 유행한 '테킬라'라는 재즈에 의해 선풍적으로 유명해졌다.

Teriyaki [일 데리야끼] 데리야끼. 데리야끼 소스는 간장, 설탕, 물엿, 다시마물, 청주, 생강즙을 넣어 만든 소스로 튀김, 여러 가지 음식을 찍어 먹는다.

Terrine [프 떼힌느] 식재료 외에 여러 가지 육류와 양념 등을 첨가하여 각종 장식과 함께 단지 또는 항아리에 담아 식탁에 제공하는 것

Tete [프 떼뜨] 머리

Thai Chile [영 타이 칠리] 태국 칠리. 작고 매운 태국의 특산물

Thickening Agent [영 팅킨에이젼트] 농축제. 농축제는 곡류(감자, 옥수수, 밀가루)로부터 만들며 액체 혼합물을 더 걸쭉한 형태로 바뀌게 한다. 전분은 작은 입자로 이루어져 있으며, 전분에 액체를 넣고 열을 가하여 주면 물은 입자사이로 침투하고 입자는 액체를 흡수하고 걸쭉한 액체가 되어 음식을 농축시킨다.

Tiffin [영 티핀] 영국의 간단한 점심 식사

Thin [영 틴] 스프, 소스를 묽게 만드는 것

Thousand Island Dressing [영 사우전드 아일랜드 드레싱] 사우전드 아일랜드 드레싱. 마요네즈에 칠리소스나 토마토케첩을 넣고 피클 등을 다져 넣은 드레싱의 일종이다. 고소한 맛, 신맛, 단맛이 어우러지고 씹히는 맛이 있어 상추샐러드 등 야채를 주재

료로 만든 샐러드와 잘 어울린다.

Thyme [영 타임] 타임. 원산지는 유럽의 중부·남부와 북아프리카이지만 전세계에서 고루 재배되고 있다. 강한 향기는 장기간 저장해도 손실되지 않는다. 방부작용·항균작용 등 다양한 효능이 알려져 고대부터 시체를 보관하거나 항생제로 사용하였고, 힘과 에너지를 얻게 해준다는 설이 있어 최음제로도 이용되었다. 5~6월 사이에 꽃이 달린 줄기에서 얻는 정유는 호흡기 질환에 항균작용·거담작용을 하며, 두통·우울증 등 신경성 질환이나 빈혈·피로에 좋고, 피부를 맑게 한다. 야생종은 벌들이 좋아해 그리스에서 생산되는 타임꿀은 세계적으로 유명하다. 채소, 육류, 어패류, 계란 등의 부향제로 이용되며 살균이나 방부효과가 뛰어나 햄, 소시지, 치즈, 소스, 야채스프, 토마토 케첩, 피클 같은 저장 식품에도 보존제로 쓰이며, 스프, 스튜, 샐러리 등에 사용된다. 타임은 향이 강하므로 적당량을 사용하며 양고기, 사슴, 노루 같은 냄새가 강한 고기나 소스 등에 많이 이용한다. 채소, 계란, 어류, 육류 등 어떤 소재에도 잘 어울리고 열로 가열해도 풍미가 떨어지지 않으므로 오븐구이, 조림, 소테 등 활용이 다양하다. 피자나 파스타에 뿌려 먹기도 하고 신선하게 샐러드에 넣는다.

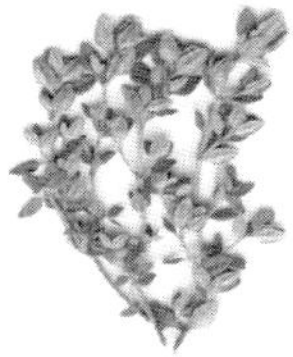

Tiede [프 띠에드] 미지근한

Tiramisu [영 티라미수] 티라미수. 18 세기 이탈리아의 대표적인 가정용 디저트에서 출발해 프랑스에 옮겨가 본격적으로 발달됐다. 에스프레소 시럽에 담갔다 꺼낸 스펀지 케이크 사이에 마스카포네치즈와 초콜릿 소스를 넣고 쌓은 것으로 1980~1990년 초에 미국과 일본에서 디저트로 유행하기 시작했다. 이탈리아어로 tirare (끌어 올리다) + mi (나를) + su (위로)의 합성어이며 영어로는 pick me up(나를 끌어올리다)의 뜻이다.

Tisit [영 티짓] 부드럽고 탄력이 있으며 모양이 불규칙한 구멍이 있는 독일, 스위스의 치즈로 가벼운 신맛이 있는 자극적인 맛이 있다.

Tinto [영 띤또] 스페인, 포르투갈의 레드와인

Toast [영 토스트] 토스트. 식빵을 0.7~1 cm 두께로 얇게 썰어 구워 낸 것을 토스트라 부르고 토스트에 버터를 바른 버터토스트, 계핏가루가 뿌려진 시나몬 토스트, 프렌치토스트 등이 있으며, 그 외에 멜버토스트·허니버터 토스트·치즈토스트·오렌지토스트 등 종류가 있다.

Toasty [영 토스티] 그을린 오크통을 숙성한 와인에서 나는 구운 향

Toddy [영 토디] 토디. 인도를 비롯한 남방 여러 나라에서 코코스야자의 수액으로 양조하는 술로 알코올 농도는 5도이다. 코코스야자는 꽃이 붙은 자리에서 새콤달콤한 물을 내는데, 대체로 1줄기에서 1주야에 1.3~1.4l 정도의 수액을 낸다. 이것을 채취하여 통에 넣어두면 열대지방의 고온으로 자연발효하여 1주일이 채 안 되어 알코

T

올 5% 정도의 술이 된다. 현지에서는 이것을 토디라고 하며, 그대로 두면 곧 부패하므로 고추나 방부제를 섞는다. 이 토디를 증류한 술이 아라크(arrack)이다.

Tobu [일 **토부**] 두부. 두부는 "밭에서 나는 쇠고기"인 콩으로 만든 음식으로 예부터 채식을 하는 승려나 인도의 채식주의자들이 영양적으로 가장 의존하는 식품이 콩이다. 두부는 기원전 150년 전후 한나라의 유안이 회남왕으로 있을 때 처음 만들었으며, 만필술에 처음 기록이 나온다. 두부의 발상지라는 중국의 안휘성, 회남시에 유안의 무덤이 있고 그 인근에 두부 발상지라고 적힌 비석이 서 있다. 그래서 지금도 유안의 생일인 9월말에 두부의 종주국임을 주장하며 두부제를 성대히 열고 있다고 한다. 성분 및 영양은 우리 식생활에서 가장 서민적이고도 영양가 높은 식품으로 잘 알려진 두부는 콩에 함유된 단백질 중 수용성 단백질을 추출하여 만든 것이다. 따라서 두부에는 콩의 영양이 그대로 살아 있을 뿐만 아니라, 소화가 잘 되기 때문에 고혈압, 당뇨병, 심장병 등의 성인병 예방식이나 미용식으로 특히 권할 만하다.

T

Toiller [프 **또이러**] 저어서 섞다. 뒤섞다.

Tomato [영 **토마토**] 토마토. 남아메리카 서부 고원지대 원산이다. 16세기 무렵 이탈리아에 전파되었으며 흔히 이용하기 시작한 것은 17세기 이후이다. 한국에 들어온 것은, 지봉유설에 '남만시'로 기록하고 있는 것으로 보아 1614년보다 앞선 것으로 추측한다. 열매를 식용하거나 민간에서 고혈압·야맹증·당뇨 등에 약으로 쓴다. 열매는 수 g인 것에서부터 200g을 넘는 것까지 있으며 품종에 따라서 다양하다. 과육의 색깔은 보통 붉은색이지만 노란색인 품종도 있다. 얇은 과피는 무색인 것과 노란색인 것이 있는데 밖에서는 각각 복숭아색과 빨간색으로 구별한다. 열매를 가장 많이 수확하는 때는 여름인데 온실에서는 여름 이외의 시기에도 출하한다. 신선한 것은 날로 먹고 샐러드·샌드위치 등으로 쓰며, 주스·퓌레·케첩과 각종 통조림 등 가공용에도 많이 쓴다. 열매는 90% 정도가 수분이며 카로틴과 비타민 C가 많이 들어 있다.

Tomato Sauce [영 **토마토 소스**] 토마토 소스. 토마토 소스는 잘 익은 토마토를 끓는 물에 넣었다가 꺼내어 껍질을 벗긴다. 토마토는 꼭지를 떼고 원형으로 썰어 큼직하게 다지고, 양파는 곱게 다져 냄비에 넣고 식용유를 두른 다음 충분히 볶는다. 밑이 눋지 않게 나무 주걱으로 긁듯이 저으며 볶는다. 다진 마늘, 월계수잎, 파슬리 줄기 등 향신료를 넣고 소금, 후추를 넣고 토마토가 완전히 물크러지도록 약한 불에서 푹 조린다.

Tongue [영 **텅**] 혓바닥을 소나 양의 훈제하거나 소금에 절인 것

Tonic Water [영 **토닉 워터**] 소다에 키니네, 레몬, 라임, 오렌지 등 과피의 엑기스와 당분을 배합한 것, 산뜻한 풍미를 가지고 있다.

Topinambour [프 **또삐낭부흐**] 돼지감자

Topping [영 토핑] 토핑, 위에 얹는 것

Torchon [프 토흐숑] 행주, 걸레

Torrin [프 토린] 거위기름에 양파, 토마토 등이 들어가는 스프

Tortilla [영 토르띠아] 토르티야. 밀가루나 옥수수가루를 이용해서 빈대떡처럼 만든 음식으로 속에 야채나 고기를 넣고 싸서 먹는 멕시코 전통음식이다. 옛날 멕시코에서는 저녁에 물에 푼 소석회에 옥수수를 담가 불렸다가 아침에 건져내 갈아서 만들었다. 만들려면 밀가루 또는 옥수수가루, 버터, 우유, 소금을 준비한다. 밀가루와 버터·소금을 골고루 섞은 뒤 우유를 조금씩 넣어 가며 반죽을 만든다. 반죽이 다 되었으면 롤러로 얇게 밀어 기름을 두르지 않은 팬에 적당한 크기로 부치거나 오븐에 굽는다. 속에 넣는 재료와 조리법에 따라 맛이 달라 부르는 이름도 다양하다. 토르티야를 반으로 접고 그 사이에 쇠고기·돼지고기·닭고기나 채소·치즈 등을 넣은 것은 타코, 기름에 튀긴 토르티야에 치즈 녹인 것을 얹으면 나초, 기름에 튀긴 토르티야에 팥이나 구아카몰레소스를 바르고 고기 또는 채소를 얹으면 토스타다, 토르티야 사이에 닭고기와 살사소스·치즈 등을 넣고 반으로 접으면 엔칠라다, 토르티야 사이에 치즈·소시지·감자·콩·호박을 넣고 반으로 접은 뒤 구운 것은 케사디야라고 한다.

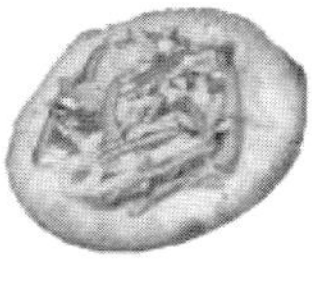

Tortillon [프 또흐띠옹] 꽈배기 과자

Tortue [프 또휘띠] 거북

Tournedos [프 뚜흐뜨노] 작고 둥근 살코기 스테이크, 필레의 끝을 잘라서 버터를 바르고 베이컨을 감아서 조리

Tourner [프 뚜르네] 둥글게 돌리면서 모양 내는 것

Tournesol [프 뚜흔느쏠] 해바라기

Tourteau [프 뚜흐뜨] 대서양의 큰게

Tourterelle [프 뚜흐뜨헬] 멧비둘기

Tranche [프 트랑쉬] 크기, 모양, 길이 등이 똑같이 한 조각으로 자르는 방법

Tranquille [프 트항낄] 프랑스 샹파뉴에서 생산되는 거품이 안나는 화이트 와인

Trefle [프 트헤플] 토끼풀

Tremelle [프 트헤멜] 트레멜라 버섯

Tricholome [프 트히꼴롬] 무더기 버섯

Tricolours Sage [영 트리칼라 세이지] 자주색, 황색, 청색이 어우러져 가금류, 소시지, 토마토로 소스를 채우는 요리

Tripous, Tripoux [프 트히뿌] 프랑스 오베르뉴 지방에서 양의 내장과 다리, 송아지 장관막을 곁들인 내장요리

Trompette des Morts [프 트홍빼뜨 데모흐] 나팔버섯, 검정색의 나팔 모양의 식용 버섯

Troncon [프 트홍쏭] 토막으로 자르는 방법

Trousser [프 투후쎄] 고정시켜서 모양을 다듬는 것, 가금류의 모양이 부서지지 않도록 몸에 칼집을 넣고 다리나 날개 끝을 가위로 자른 후 실로 묶어 고정하는 것

Truffe [프 트휘페] 송로버섯. 프랑스나 이

T

탈이라 사람들이 가장 좋아하는 버섯은 송로버섯이라고 드 부르는 트뤼플(Truffle)이다. 흔히 프랑스의 3대 진미를 얘기할 때도 프와그라나 달팽이에 앞서 가장 먼저 거론되는 게 트뤼플이다. 떡갈나무 숲의 땅속에 자라는 이 버섯은 극히 못생겼고, 육안으로는 돌멩이인지 흙덩이인지 구분도 어렵다. 땅속에서 채취한다면 식물 뿌리로 생각하기 쉽지만, 엄연히 버섯류다. 야성적 숲의 향기와 신선한 땅내음을 지닌, 비밀스럽게 땅 속에 숨겨진 이 버섯은 호두알만한 것부터 자그마한 사과 정도까지 다양한 크기인데, 인공재배가 안되고 생산량도 적어 희소성이 높다. 로마제국 시대부터 식용했고, 프랑스 국왕 루이 14세 식탁에도 즐겨 올려졌다. 모두 30여 종이 있는데 그 중 프랑스 페리고르산 흑색 트뤼플(Tuber Melanosporum)과 이탈리아 피에몬트 지방의 흰색 트뤼플(Tuber Magnatum)을 최고로 친다. 프랑스 흑트뤼플은 물에 끓여 보관해도 향기를 잃지 않으나 이탈리아 백트뤼플은 날 것으로만 즐길 수 있다. 프랑스 트뤼플을 이용한 가장 전통적인 음식은 이를 넣은 거위간 패스테이며 수프, 송아지 고기나 바닷가재 요리에 넣기도 한다. 누보 퀴진(현대식 프랑스 음식)으로 각광받은 폴 보큐즈가 개발한 트뤼플 수프는 단순한 부이용(국물)에 트뤼플과 거위간을 얇게 썰어 넣은 것이었다. 날것으로 제맛을 내는 이탈리아 흰 트뤼플(실제는 엷은 갈색을 띰)은 샐러드를 만들거나 대패나 강판 같은 기구로 아주 얇게 켜서 음식 위에 뿌려 먹는다. 트뤼플을 넣어 먹을 요리는 그 맛이 단순한 것일수록 좋다. 그래야만 트뤼플 맛도 살고 요리 자체 맛도 살아나기 때문이다. 송로버섯은 스프, 소스, 샐러드, 전채요리, 고기요리에 주로 곁들여 요리한다.

Truffes [프 트뤼프] 버섯의 뜻으로 제과에서 한 입 크기의 초콜릿 과자를 가리킨다. 초콜릿 과자인 트뤼프는 가나슈라고 하는 초콜릿 크림을 둥글려서 구형 또는 타원형으로 성형하고 코코아, 분설탕을 묻힌 제품이다. 그 밖에 금속망 위에서 굴려 표면에 초콜릿 각이 지게 만든 것도 있다. 센터가 되는 가나슈는 기호에 따라 럼, 리큐르, 브랜디, 위스키, 샴페인, 오렌지 리큐르 등 여러 가지 양주로 풍미를 낼 수 있다.

Truite [프 트휘뜨] 송어

Truss [영 트러스] 조리하는 동안 모양을 잡아주고 육즙을 보존하기 위해 날개나 다리를 실로 묶거나 꼬챙이로 끼우는 것

Tumbler [영 텀블러] 손잡이가 없는 컵

Tuna [영 투나] 참치. 참다랭이·참치라고도 한다. 일본명은 Honmaguro이다. 북대서양에 서식하는 종의 경우 최대 몸길이 3 m, 몸무게 560 kg 정도까지 성장한다. 몸은 뚱뚱하고 방추형에 가까우며 꼬리자루는 가늘다. 몸높이는 약간 높은 편이다. 머리는 크고 눈은 작은 편이다. 주둥이는 길고 끝

이 뾰족하며 입은 크다. 참치의 뱃살은 등살에 비해 50배 이상의 지방을 함유하고 부위에 따라 각종 영양소의 함유량이 다르고 값에 차이가 있다. 특히 참치는 EPA와 DHA 함량이 높고 핵산, 칼슘, 철분, 마그네슘, 셀레늄이 풍부하다. 지방이 많고 근육조직이 단단한 참치는 겨울철이 일품이고 생선횟감으로 이용한다. 참치의 단백질은 분해에 의해서 히스타민을 생성하기 쉽고, 지방의 산화 또는 산화트리메틸아민의 분해에 의해 냄새가 나기 쉬운데, 소금을 많이 가하면 변화를 저하시켜 냄새를 방지하면서 맛을 증가시킬 수 있다.

Turbot [영 털보트] 광어.

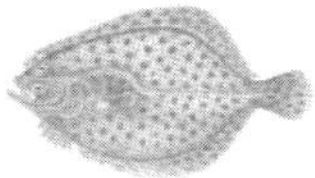

인도네시아명은 Sabelah 이고 중국명은 Zuo kou wu이다. 최대 몸길이 64 cm까지 성장하며, 일반적으로 20～40 cm이다. 몸은 달걀모양이고 옆으로 납작하나 다른 넙치류에 비해 덜 납작한 편이다. 눈은 몸의 왼쪽에 있으며 비교적 크다. 위쪽 눈은 머리의 등쪽 가장자리에 접하고 아래쪽 눈보다 약간 앞쪽에 위치한다. 4～9월에 육질이 제일 좋다.

Tureen [영 튜린] 뚜껑이 달린 그릇으로 스프를 담는다.

Turmeric [영 터메릭] 터메릭. 인도가 원산지이고 생강과에 속하는 노란색의 방향성 식물로 피클, 샐러드드레싱, 육류, 계란요리, 생선요리, 소시지 등에 사용

Tunrnip [영 터어닙] 순무.

원산지는 유럽지역으로 아시아 및 유럽에 널리 지배되고, 뿌리가 흰부분에는 비타민 C가 많고 잎은 뿌리보다 비타민 C를 많이 함유하고 있다. 그밖에 비타민 A와 칼슘, 철분 등의 성분이 포함되어 있다. 특히 탄수화물로는 포도당, 펙틴, pentosan 등이 포함되어 있다. 늦겨울에서 초봄 사이의 연하고 단맛이 있는 것은 고기 조림요리나 볶음 요리에 쓰며, 얇게 썰어 잎과 함께 국건더기에도 이용한다. 초절임요리도하고 장식용에 적순무를 많이 이용한다.

Twist [영 트위스트] 레몬이나 오렌지를 칵테일에 장식하기 위하여 비틀어 꼬는 것

Tyrolienne Sauce [영 티로리엔느 소스] 작은 냄비에 양파, 타라곤 줄기, 파슬리 줄기, 통후추 등을 넣은 후 술과 식초를 첨가하고 졸인 다음 식힌다. 계란 노른자를 볼에 담고 졸인 것을 재료를 넣고 중탕시켜 진한 크림을 만들고 올리브 오일을 천천히 혼합하여 주고, 토마토 페이스트와 퓌레를 첨가한 다음, 소금, 후추와 레몬주스로 맛을 낸 다음 소창으로 거른 후 타라곤 잎을 다져놓고 파슬리 잎 다진 것을 첨가하여 사용한다. 토마토 페이스트와 퓌레를 첨가하여 장미소스라 한다.

T

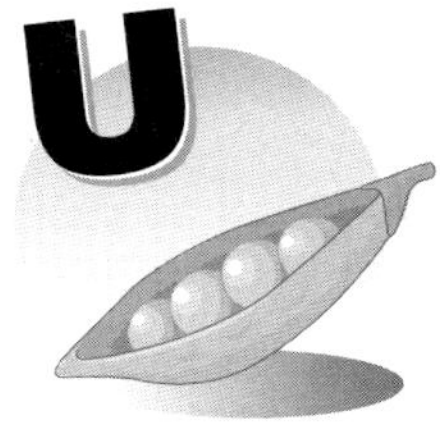

UHT [Ultra Heat Tested] 고온 살균법 131°C에서 1~3 초간 살균

Unilateral [프 뤼니라떼할] 한쪽만 그릴에 구운 연어 필레

Unleavened [영 언 리벤드] 베이킹파우더, 베이킹 소다, 효모처럼 팽창제를 사용하지 않고 빵을 굽는 것

Uperization [영 유펠리제이션] 우유 살균하는 140~150°C로 우유를 짧은 시간 가열하는 것으로 영양과 풍미를 그대로 유지한다.

Utensil [영 유텐실] 주방과 바에서 사용하는 기물의 총칭

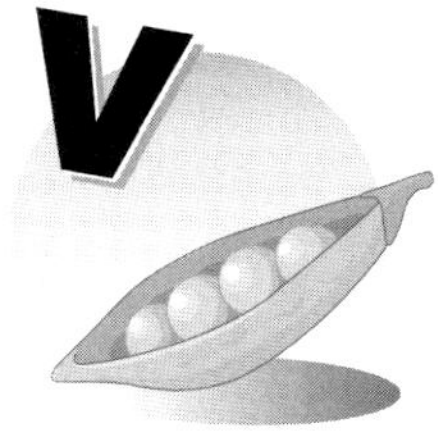

Vachino Romanc [영 바키노 로마노] 우유를 사용하여 만든 로마노 치즈

Vacuum Cooking [영 버큠 쿠킹] 진공포장요리. 요리를 완성하여 진공 포장하여 손님이 원할 때 따뜻하게 데워주는 방법

Valensay [프 발랑새] 프랑스의 염소젖 치즈. 피라미드 끝을 잘라낸 모양으로 표면은 검을 색이다.

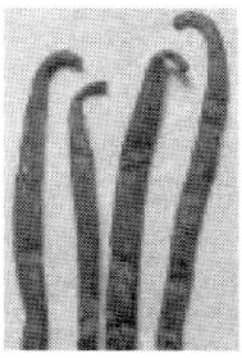

Vanilla [영 바닐라] 바닐라. 열대 아메리카가 원산지이며, 아메리카의 원주민들이 초콜릿의 향료로 사용하는 것을 본 콜럼버스가 유럽에 전했다고 한다. 현재는 향료를 채취하기 위하여 재배한다. 성숙한 열매를 따서 발효시키면 바닐린(vanillin)이라는 독특한 향기가 나는 무색 결정체를 얻을 수 있다. 바닐린은 초콜릿·아이스크림·캔디·푸딩·케이크 및 음료의 향료로 널리 사용한다.

Vanilla Sauce [영 바닐라 소스] 설탕, 전분, 소금을 냄비에 담아 고르게 혼합하여 끓는 물에 넣어 끓여주고 계란 노른자와 설탕을 섞어 소스에 첨가하고, 끓인 후 버터와 바닐라를 넣고 젓는다. 농도를 측정하여 물을 가감한다. 모든 디저트에 이용한다.

Vanilla Sugar [영 바니라 슈가] 설탕에 바닐라 향을 넣은 것

Vanner [프 바네] 소스가 식은 동안 표면에 막이 생기지 않도록 하며, 남아 있는 냄새를 제거하고 소스에 광택이 나도록 천천히 계속 저어주는 것

Vat [프 벳] 위스키를 숙성시키는 커다란 오크 통

VAT [Value Added Tax] 부가가치세

VDQS [Vin Delimite de Qualite Superieure 프 베데퀴에쓰] 우수한 한정 포도주로 A.O.C. 와인보다 떨어지는 와인

Veal [영 빌] 송아지 고기

Veal Oscar [영 빌오스카] 게, 게맛살과 베네로이즈 소스를 얇게 저며서 튀긴 송아지 고기에 얹은 것

Veal Cutlet [영 빌 커틀렛] 뼈를 제거한 송아지 고기를 얇게 저민 후 소금, 후추를 뿌리고 밀가루를 칠한 후 계란, 빵가루를 입힌 다음 버터에 소테하여 소스와 함께 제공

Veal Sauce [영 빌 소스] 버터, 밀가루를 볶아 송아지로 만든 육수를 넣고 계란 노

V

른자와 우유를 저어주면서 농도를 맞추고 소금, 후추, 넛멕을 첨가한다. 농도를 맞출 때 계란 노른자가 익지 않게 한다.

Vecchio [영 **베치오**] 2년간 숙성시킨 파르마 치즈

Vegetable Diet [영 **베지터블 다이트**] 채식주의

Vegetable Marrow [영 **베지터블 매로우**] 영국에서 재배되는 서양호박

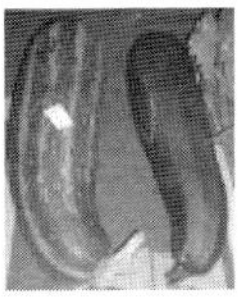

Vegetable Oil [영 **베지터블 오일**] 식물성 유지. 상온에서 액상인 것을 식물성 기름, 고체상인 것을 식물성 유지라고 하나 본질적으로는 같은 것으로, 3가의 알코올과 지방산의 에스테르이다. 식물성 기름은 건성유·반건성유·불건성유의 세 가지로 구분된다. 건성유는 공기 속에 내놓으면 산소를 흡수하여 산화하고, 점성도가 커지고 단단하게 되어 얇은 피막을 만들므로 페인트나 니스의 제조에 쓰인다. 그 예로는 아마씨에서 얻는 아마인유, 해바라기에서 얻는 해바라기유, 양귀비씨에서 얻는 양귀비유, 호두나무 열매에서 얻는 호두유 등을 들 수 있다. 해바라기유와 양귀비유는 식용으로도 사용된다. 반건성유는 산화가 늦고 적으므로 오랫동안 공기 속에 놓아두면 부드러운 막이 생기는 것으로서, 목화씨에서 얻는 면실유, 콩에서 얻는 콩기름, 참깨에서 얻는 참기름, 쌀겨에서 얻는 미강유 등이 있다. 어느 것이나 식용으로 쓸 수 있으며, 약용이나 비누 제조용으로도 쓰인다. 불건성유는 공기 속에 내놓아도 막을 만들지 않는 것으로서 올리브의 열매에서 얻는 올리브유, 야생 동백씨에서 얻는 동백유, 땅콩에서 얻는 땅콩유, 아주까리씨에서 얻는 피마자유 등이 있다. 피마자유는 설사약, 항공기계의 감마유로 사용된다. 그 밖의 불건성유는 주로 식용으로 쓰인다. 식물성 유지로는 코코야자 과실의 배젖을 짜서 얻는 야자유, 기름야자의 중과피에서 얻는 팜유와 과실의 핵에서 얻는 팜핵유, 카카오씨에서 얻는 카카오지 등이 있다. 야자유는 식용 외에 마가린이나 비누 제조에 쓰인다.

Vegetable Shortening [영 **베지터블 쇼트닝**] 대두와 면실유로 만든 고체의 식물성 유지

Vegetable Stock [영 **베지터블 스톡**] 야채스톡. 스프나 소스를 만들기 위한 것으로 양파, 대파를 먼저 기름에 볶은 후 양파, 샐러드, 터마터, 마늘, 월계수잎, 소금, 향신료를 넣어 볶아서 찬물을 붓고 1시간 정도 끓여서 면보로 걸러낸 것

Vegetarian [영 **베지테리엔**] 채식주의자. 채식주의자로 버터, 치즈, 달걀, 우유 등을 포함하여 동물성 식품의 섭취를 제한하는 사람들로 콩과식물로부터 단백질을 섭취한다.

Velote Sauce [영 **벨루테 소스**] 벨루테 소스. 야채를 버터에 볶은 후 White Roux를 넣고 White Stock을 부어 1~2 시간을 끓인다. 스톡을 생선을 넣으면 Fish Stock, 닭을 넣으면 Chicken Stock이다.

Velours [프 **브루떼**] 타피오타가 첨가된 당근 스프

Vendace Caviar [영 **방다스 케비아**] 방다스 케비아 영국산 흰 송어의 알로 핑크색이

V

다.

Vendemmia [이 벤뎀미아] 이탈리아 빈티지 와인

Venision [영 벤즌] 사냥으로 잡은 새, 짐승의 고기

Verjus [프 베르쥬] 익지 않은 포도 즙

Vermicelli [이 버미셀리] 가늘고 둥근 모양의 파스타

Vermouth [영 베흐무뜨] 식전주로 마시는 베르뭇술

Very Hard Cheese [영 베리 하드 치즈] 초경질 치즈로 분말로 사용

Vesse-de-loup [프 베스 드 루] 말불버섯

Vichy [프 비쉬] 야채를 삶아서 버터로 조린 다음 당근과 같이 내는 요리

Vichy A La [프 비시 아 라] 버터나 설탕을 첨가한 물에 야채를 넣어 익히는 것

Vichy Water [영 비시수] 프랑스 중부의 알리에(Allier) 지방에서 용출되는 광천수로 중탄산 석회, 이온 등이 함유되어 있어 소화기 질환과 통풍에 좋다.

Vichyssoise [프 비지스와즈] 생크림이 들어간 찬 감자스프에 차이브를 넣어서 만든 것

Vienna Breakfast [영 비엔나 블랙퍼스트] 계란요리와 롤 정도로 커피와 같이 먹는 식사

Vienna Coffee [영 비엔나 커피] 커피에 설탕과 거품 올린 크림을 올린 커피

Viennoise [프 비에느와즈] 계란이나 빵가루를 입힌 요리

Vierge [프 비에흐즈] 콜드 프레싱으로 얻은 순순한 올리브 오일

Vif [프 비프] 천연거품을 함유한 와인

Vigneron [프 비뉴홍] 프랑스에서 포도를 재배하고 와인을 제조하는 사람

Villeroi Sauce [영 빌레르와 소스] 빌레르와 소스. 알망드 소스와 햄 삶은 물, 돼지 딸기 버섯 국물을 넣은 다음 끓여서 사용하고 소스를 주걱으로 계속 젓다가 버섯 다진 것을 넣고 간하여 이용한다. 빵가루 묻히는 생선, 고기 등에 쓰인다.

Vin [프 뱅] 포도

Vinaigre [프 빈테쥐] 식초

Vin Blac [프 밴블랑] 백포도주

Vin de Pays [프 뱅 드 뻬이] 지역와인이란 뜻으로 상당히 큰 지역에서 생산되는 와인으로 그 지역의 기후와 토질의 특색을 가지고 있다. 라벨에 포도의 품종을 표기하는 경우가 있다.

Vinification [프 비니피까시옹] 와인을 생산하는 전과정

Vins de Table [프 뱅드 따블르] 프랑스라는 이름말고는 아무런 지역 표시가 없는 일반적인 프랑스식 테이블 와인이다. 법률 규정에 따라 이들 와인은 포도의 종류나 수확연도를 표시하지 않는다. 소비자의 취향에 따라 여러 종류의 와인을 배합한 와인이다.

Vin Gris [프 뱅 그히] 적포주를 살짝 압착시켜서 나온 주스 핑크빛 와인

Vinaigrette Dressing [영 비네그레트 드레싱] 오일과 식초에 삶은 계란과 양파, 파슬리 등을 넣어서 만든 드레싱

Vinegar [영 비니거] 식초. 식초의 활용은

① 식초는 맛을 깔끔히 하고 짠맛과 생선류의 비린내 제거효과, 녹색야채 같은 식재료를 데칠 때 색을 선명하게 한다. ② 우엉, 연근은 식초첨가로 갈변을 방지한다. 다시마는 식초를 넣고 끓이면 연해진다. ③ 손에 묻은 양파의 냄새는 좀처럼 없어지지 않지만 식초를 묻혀서 씻으면 쉽게 씻어진다. ④ 콜리플라워를 데칠 때 소량의 식초를 치면 흰빛이 선명해진다. ⑤ 토란의 미끈거리는 것은 식초를 친 뜨거운 물로 5분간 데치면 없어진다. ⑥ 오이의 쓴맛을 뺄 때는 식초를 친 물속에 담가두면 된다. ⑦ 우엉의 떫은 액체가 묻은 손은 식초로 씻으면 깨끗해진다. ⑧ 생선요리의 마지막에 식초를 치면 비린내가 없어진다. ⑨ 죽순, 토란은 살짝 데친 다음 소량의 식초를 치면 떫은맛이 없어진다. ⑩ 겨자를 갠 다음 식초를 치면 오래간다.

Vinho [이 **빈호**] 포르투갈어로 테이블 와인의 의미

Vintage [영 **빈티지**] 포도주 제조 연도, 포도는 매년의 기후의 변화에 가장 크게 영향을 받는데 비가 많으면 포도의 당도가 낮고 햇볕이 적으면 포도의 맛이 시고 거칠다. 최상급의 와인은 포도가 적게 열린 나무에서 기후가 적절했던 해에 생산된 포도로 빚은 포도주로 포도의 풍미도 최고이고 토양의 미네랄 성분을 충분히 흡수한 것이다.

Vintage Chart [영 **빈티지 챠트**] 포도주의 생산연도를 알기 쉽게 표시해놓은 표

Violet [영 **바이올렛**] 바이올렛. 꽃향을 이용한 식품, 과자류, 캔디 등에 이용

Viticulture [프 **비디퀼뛰흐**] 포도재배

VIP [very Important Person] 중요하거나 지명도 높은 고객

Vodka [영 **보드카**] 보드카. 러시아의 대표적인 증류주. 러시아어의 물(바다)에서 나온 말로, 14~15세기에 이미 애음되고 있었다고 하니 증류주로서는 오랜 역사를 가지는 술이다. 제정 러시아시대에는 제조법이 비밀이었지만, 사회주의 혁명 때 제조기술이 백계 러시아인에 의해서 남유럽으로 전하여졌고, 1933년 금주법이 폐지된 미국으로 건너가 세계적으로 전파되었다. 원료는 밀·보리·호밀 등이지만 현재는 이것들 외에 감자나 옥수수 등이 쓰일 때도 있다. 제조법은 원료를 찌고 엿기름을 더하여 당화시킨 다음 효모를 섞어서 발효시킨다. 이렇게 해서 생긴 액을 자작나무 숯을 채워 넣은 정류탑이 있는 증류기(포트스틸)로 증류한다. 이로써 푸젤유나 악취나는 성분이 흡수되어 거의 중성 알코올의 산뜻한 것이 된다.

① 쓰타르카(Starka) : 약간의 브랜디와 사과잎, 배를 첨가한 갈색의 보드카로 주정도 43 %이다.

② 리몬나야(Limonnaya) : 약주를 배합한 것으로 40 %의 주정도를 가진다.

③ 자페켄카(Zapekenka) : 약주를 배합한 것으로 풍미는 쭈브로우카에 가깝다.

④ 날리우카(Naliuka) : 보드카에 과실을 배합한 것

⑤ 쭈부로우카(Zubrowka) : 바파로우 글래

스를 보드카에 담아 만든 것으로 40 % 알코올분을 가진다.

Voiture [㊈ **브와튀르**] 고객을 위해 오드불이나 케이크 따위를 진열하거나 나르는 마차

Vol-au-vent [㊈ **볼오방**] 닭고기와 생선을 넣어 만든 고기파이

V

Wafer Paper [영 와퍼 페이퍼] 먹는 종이

Waffle [영 와플] 와플. 원래 미국 등지에서 아침식사에 만들어 먹던 빵과자의 한 가지로 핫케이크와 비슷하다. 프랑스에서는 고플이라고도 한다.

Wagon Service [영 왜곤 서비스] 왜곤을 사용하여 손님 앞에서 요리를 서비스하는 고급스러운 테이블 서비스인데 손님이 보는 앞에서 고기를 자르거나 플라밍을 할 때 사용

Waiter Knife [영 웨이터 나이프] 종사원들이 식당 서비를 할 때 휴대하는 기물

Waldorf Salad [영 월도프 샐러드] 사과, 샐러리, 호두 등 과일을 주로 이용하여 만드는 샐러드

Walnut [영 월럿] 호두. 원산지는 페르시아이고, 호두는 열매가 성숙된 가을에 따서 물에 오랫동안 담가 두거나 한 자리에 쌓아 두어 썩힌 육질의 외과피를 제거하고 햇볕에 말린 뒤 딱딱한 내과피를 깨서 종자를 취한다. 호두의 화학 성분은 지방유를 함유하고 그 주성분은 리놀레산의 글리세리드이다. 또한 단백질 · 비타민 B_2 · 비타민 B_1 등이 풍부하여 식용과 약용으로 많이 쓰인다. 종자는 그대로 먹기도 하고 제사용 · 과자(천안 호두과자) · 술안주 · 요리에도 이용하며 호두 기름은 식용 외에도 화장품이나 향료의 혼합물로서 활용한다. 서양요리에서는 갈색버터소스에 호두를 첨가해 광어나 혀가자미 등 담백한 생선요리에 주로 사용한다. 제과에서 피칸파이의 피칸 대용으로 호두를 사용한다.

Walnut Oil [영 월넛 오일] 호두기름. 호두에서 추출한 기름, 샐러드 드레싱이나 빵, 케이크, 과자, 소스 등에 이용한다.

Wasabi [일 와사비] 와사비. 양고추냉이 · 서양고추냉이 · 고추냉이무 · 와사비무라고도 한다. 원산지는 유럽 동남부이다. 뿌리 속은 고추냉이와 비슷한 향이 있는데 고추냉이에 비해 향기와 매운맛이 약하다. 생뿌리는 방부제 · 발한제 · 이뇨제 · 흥분제 · 건위제 · 구충제로 이용되며 말린 뿌리는 소화를 돕고 식욕을 돋운다.

Wash [영 와쉬] 제품을 굽기 전에 계란, 우유, 물을 바르거나 구운 후 그레이즈 하는 것

Wastage [영 웨이스트지] 소모량, 레스토랑

사업에 있어서 식·음료 저장에서의 소요량과 준비과정을 또한 요리과정에서 생기는 일정한 식·음료의 소요량

Water Jug [영 **워터 저그**] 조주에 쓰이는 술을 담아 놓고 쓰는 손잡이가 달린 물병

Water Pitcher [영 **워터 피쳐**] 물담는 서비스용 물주전자

Watercress [영 **워터 크래스**] 물냉이, 향이 매콤하다. 유럽과 아시아 북부가 원산지이고 깨끗한 물에서 자란다. 어린 식물체를 생으로 먹는다. 물에서 자라는 냉이라는 뜻이며, 논냉이와 비슷한 모양이다.

Watering Hole [영 **워터링 홀**] 칵테이 라운지

Watermelon [영 **워터 멜론**] 수박. 서과·수과·한과·시과라고도 한다. 수박은 90%가 수분으로 영양소는 거의 없지만 이뇨작용과 관계있는 아미노산의 일종인 시트룰린이 많고 단백질과 지방이 많다. 시트룰린의 작용은 해열, 해독작용을 하므로 햇볕을 받아 일사병이 나타날 때 수박을 먹으면 좋다.

Weeper [영 **위퍼**] 코르크 마개가 잘못된 와인병

Weisslacker [독 **웨일스래커**] 소젖의 독일 치즈, 황금빛 노란색으로 질감이 빽빽하고 껍질은 씻고 먹는다.

Weisswurst [독 **웨이스 우르스트**] 독일의 하얀 소시지로 달걀, 크림, 송아지 고기로 만든다.

Wellington [영 **웰링톤**] 쇠고기의 연한 안심을 색내어 버섯을 갈아 반죽 위에 깔아 말아 껍질이 바삭바삭해질 때까지 구운 것

Wheat [영 **휘뜨**] 밀. 밀을 소맥이라고도 한다. 아프가니스탄이나 카프카스가 원산지이고 주로 온대 지방의 밭에서 재배한다.

➲ 강력분 : 경질의 밀로 가공하며 13% 이상의 글루텐 함유되어 있으며, 점성이 강하고 많이 부풀어 수분의 흡착력이 강하다. 식Q아, 마카로니에 이용

➲ **중력분** : 단백질 함량이 10~13%이며, 강력성, 점성, 흡착력도 강력분과 박력분의 중간으로 다목적 밀가루로 가정에서 많이 사용하는 밀가루이다. 면에 이요이

➲ 박력분 : 연질의 밀로 만든다. 단백질 함유량 8~11%이며, 일반적으로 10% 이하의 밀가루를 말하며 강력성, 점성, 흡착력 등이 약하다.

Whey [영 **훼이**] 유청. 우유로 치즈를 제조할 때 생기는 부산물. 유청이라고도 한다. 미황색의 액체로 수분이 대부분을 차지하며, 4~5%의 락토오스, 1% 이하의 단백질, 소량의 지방과 회분으로 되었다. 성분 조성과 생산량은 치즈의 종류에 따라 다르다. 훼이에는 알부민 등 수용성 단백질이 비교적 많으므로 어린이용 분유의 원료로 많이 사용된다. 또한 훼이치즈·훼이버터·훼이분말·농축훼이 등으로 제조하여 제과원료나 발효원료로 이용된다.

Whey Cheese [영 **훼이 치즈**] 훼이 치즈, 유당을 주성분으로 하는 유청을 이용하여 만드는 치즈

Whey Off [영 **훼이 오프**] 유청을 제거하는 것

W

Whipping Cream [영 휘핑 크림] 휘핑크림, 생크림에 거품이 일게 한 것. 크렘 샹틸리(crme chantilly)라고도 한다. 양과자의 장식에 쓰이거나 그대로 커피에 넣거나 과자 위에 장식을 한다. 단맛이 없는 것은 크렘 푸에테(crme fouette)라고 하며, 과자 그 자체에 강한 감미가 있을 때 양주나 레몬껍질 같은 것으로 향미를 돋우어 사용한다.

Whisky [영 위스키] 위스키. 주로 곡류, 드물게는 감자를 원료로 한 증류주. 영국·미국에서 발달하였으며, 맥아를 주원료로 하여 이것을 당화·발효시킨 후 증류하여 만든 술로, 상업상의 관례에 따라 아일랜드와 미국에서는 'whiskey'라고 표기한다. 17세기에 들어와 스코틀랜드의 산악지대에서 맥아건조에 이탄을 사용하고 단식 증류기(포트 스틸)를 씀으로써 농후한 맛과 향기가 있는 위스키를 만들었다. 이것이 스카치위스키(Scotch whisky)의 발단이다. 1826년에 능률성이 높은 연속증류기(페이턴트 스틸)가 발명되어 이에 의한 곡물(주로 옥수수)을 원료로 한 그레인 위스키(grain whisky)가 제조되기 시작했다.

Whisky sour [영 위스키 사워] 위스키에 과즙을 넣어서 새콤하게 만든 청량음료. 레몬즙 20ml, 위스키 50ml, 설탕 1티스푼 이상, 얼음 조각 4~5개를 셰이커에 넣고 잘 섞는다. 사워 글라스에 따라 소량의 탄산수를 넣고 레몬 1조각과 마라스키노 체리(칵테일 등에 넣는 빨간 버찌)를 1개 넣는다. '사워'란 시다는 뜻이므로, 설탕을 많이 넣지 않는 것이 좋다. 식사 등에 관계없이 청량감을 주고 포만감을 늦추어 주는 데 좋은 음료이나 도수가 높다.

White Cabbage [영 화이트 캐비지] 양배추. 지중해 연안과 소아시아가 원산지이다. 양배추는 칼슘과 비타민이 많이 들어 있어 샐러드로 많이 이용되고, 유럽에서는 양배추 스프를 전통 음식으로 즐기고 있다. 그밖에 식초나 소금에 절여 먹거나 여러 요리의 재료로 널리 이용한다. 한국에서는 날로 먹거나 김치로 만들어 먹고 삶거나 볶아 먹기도 한다. 특히 녹색부분은 비타민 A, 흰색부분에는 비타민 B와 비타민 C가 함유되어 있다. 단백질, 아미노산 중 성장에 필요한 필수아미노산인 라이신이 많아 발육기 어린이에게 좋다. 칼슘이 많은 알칼리성 식품으로 칼슘형태가 우유 못지않게 잘 흡수된다. 수분을 제외한 대부분이 섬유소로서 열량이 거의 없기 때문에 과식을 해도 열량과잉이 되지 않고 장의 연동운동을 도와 배변을 원활하게 한다. 영양을 효과적으로 이용하는 데는 날로 먹는 방법이 가장 좋고, 동물성 지방과 함께 조리하면 좋다. 양배추 쌈, 샐러드, 국거리로 이용하며, 위를 보호하는 효과가 있다. 양배추에는 특유한 냄새가 있으며, 유기질 유황이 있어 익으면 냄새가 더 나는데 식초를 넣으면 냄새가 없어진다.

White Meat [영 화이트 미트] 송아지, 새끼양, 새끼염소, 토끼고기, 계란 등과 흰생선, 가금류의 복부고기가 화이트 미트에 속한다. 연하고 부드럽다.

White Sauce [영 화이트 소스] 화이트 소스. 강력분을 체에 쳐서 준비하고 버터를 크림화하고 우유는 데워서 사용한다. 버터를 녹이고 밀가루를 넣고 밀가루 냄새가 나지 않도록 잘 볶아준다. 이때 흰 소스를 루가 하며, 루가 되면 식혔다가 우유를 조금씩 넣어준다. 소창에 거르고 향신료를 넣어 은근히 끓인다. 소금, 후추로 맛을 낸 뒤 소차에 거르고 실온에서 식힌 다음 흐르는 물에 식혀서 사용한다.

White Stock [영 화이트 스톡] 화이트 스톡 소뼈나 송아지뼈에 야채, 즉 파슬리 줄기, 양파, 샐러리, 당근, 부추 등에 월계수잎, 뷰케, 향초 등의 향기를 넣고 소금과 통후추를 가미하여 찬물에 넣어 서서히 3~4시간 정도 끓여 위에 뜬 찌꺼기를 걷어내고 걸러낸 것

White Wine Sauce [영 화이트 와인소스] 백포도주 소스. 생선육수에 술과 파슬기 줄기를 넣어 1/3 정도 은근히 졸이고 크림을 넣어 10분 정도 졸인 후 소금, 버터 마니에 등으로 농도를 맞추고 걸러서 식혔다가 사용한다. 백포도주 소스는 냉동시켰다가 사용하면 분리한다. 백포도주 소스를 만들 때 크림을 졸여 넣는데 졸이지 않고 넣으면 소스가 분리된다. 소스를 같이 섞을 때는 온도를 비슷하게 한다. 마지막에 농도를 맞춘 다음에는 오래 끓이지 않는다.

Whiting [영 화이팅] 명태

Wiener Schnitzel [영 위너 시니첼] 송아지 커틀렛에 빵가루를 씌우고 튀긴 다음 레몬 및 엔초비와 함께 내는 요리

Whid Yeast [영 와일드 이스트] 야생효모

Wine [영 와인] 와인.

➲ 포도주의 역사 인류가 포도주를 마시기 시작한 것은 기원전 5천년 전부터인데 확실한 연대는 알 수가 없다. 전해 오는 이야기로는 야생포도가 자연발효된 것을 원숭이가 먹고 취한 것을 인간이 알게 되어 포도주를 만들었다고 한다. 포도주는 순수 포도만을 발효하여 만든 술이기 때문에 도수가 낮고 향과 맛이 좋아 옛날부터 유럽에서는 식사 도중이나 애경사, 제사 때 많이 마셨으며 귀한 손님을 대접할 때 사용, 현재까지도 매우 인기있는 술로 인정받고 있다. 포도주는 알칼리성 음료로 산성화 된 인체를 중화시켜 건강에 좋다. 특히 신진대사, 혈액순환, 한방의학적인 측면에서 우수, 전통 포도주 생산국인 프랑스, 독일, 스페인, 영국, 이탈리아 등에서는 식탁에 반드시 포도주를 곁들인다.

➲ 포도와 와인 와인은 곡류를 원료로 하는 맥주나 청주와 달리 수분을 다량 포함하고 있는 포도로 만들어지기 때문에 원료의 품질에 따라 제조 공정을 조정할 수 있는 여지가 적어 원료포도의 품질이 와인의 품질에 미치는 영향이 다른 술보다 크다.

① 포도의 성질에 영향을 주는 요소(terroir) : ㉮ 기후조건 : 지리적(평균 기온, 평균 강우량, 평균 일조량) ㉯ 포도 품종 : 기후 적성, 항병충해성, 품종의 특성 ㉰ 토양 : 토질, 수분보유성, 토양성분 ㉱ 지형 : 일조조건, 배수, 바람이나 서리의 영향 ㉲ 재배법 : 키우는 방법, 재배기술, 경작자의 마음가짐 ㉳ 그 해의 기상 조건 : 기온, 강우량, 일조시간

② 양조조건의 영향 : ㉮ 양조, 숙성설비 : 전통적 설비, 근대적 설비 ㉯ 양조기술 : 전

W

통적인 기술과 과학기술에 바탕을 둔 근대적인 기술 ㉰ 양조 기술자의 마음가짐 : 술의 품질은 자연조건과 양조기술과 양조 기술자의 마음가짐에 의해 결정된다고 할 수 있다.

포도주의 분류 ① 색에 의한 구분 : ㉮ 레드와인(Red Wine) : 암적색에서 담적색까지 포도주를 칭하며, 와인의 붉은 색으로 포도 껍질에 있는 붉은 색소를 추출하는 과정에서 씨와 껍질을 그대로 함께 넣어 발효하므로 붉은 색소뿐만 아니라 씨와 껍질의 탄닌 성분이 함께 추출되므로 떫은맛이 나고, 포도의 과피와 함께 양조하였기 때문에 탄닌산 및 미네랄의 함량이 많아 병 내에서는 숙성기간도 길고 오랫동안 저장 보관 할 수 있다. ㉯ 화이트 와인(White Wine) : 청포도를 원료로 쓰기는 하지만 흑포도 과피를 벗겨 양조한 후 무색·투명의 병에 넣는다. 레드 와인에 비하여 당분의 함량이 적어 숙성기간이 짧고 와인의 보존 수명과 관계되는 탄닌산의 함량도 적어서 양조한 술의 질과 색이 퇴화현상이 빨리 오므로 저장, 보관할 수 있는 기간도 단축되는 단점도 있으나, 양조 후 단시간 내에 마실 수 있다. 화이트 와인의 일반적인 알코올 농도는 10~13% 정도이며, 8도 정도는 반드시 차게 해서 마셔야 제맛이 난다. ㉰ 핑크와인(Pink Wine) : 레드 와인과 화이트 와인의 중간색을 띠고 있는 연한 핑크색의 와인으로 일명 로제(rose)라고 부른다. 레드와 화이트 와인을 절반씩 혼합하거나 혹은 흑포도를 과피와 함께 즙을 짜는 도중 원하는 색에 이르렀을 때 과피를 제거한 채 과즙만을 가지고 와인을 만든다. 보존기간이 짧으면서 오래 숙성하지 않고 마시게 되는 로제 와인은 색깔로는 화이트 와인과 레드 와인의 중간이라 하지만 맛은 화이트 와인에 가깝다. ㉱ 옐로 와인(Yellow Wine) : 노란색이 나는 와인이며, 색깔을 내는 방법은 핑크와인과 동일하다.

② 탄산가스 유무에 의한 분류 : ㉮ 발포성 와인(Sparkling Wine) : 비발포성 와인에 설탕을 추가해서 인위적으로 재발효시키는 동시에 탄산가스와 함께 밀봉한 것을 말하며, 프랑스 상파뉴 지방에서 생산되는 샴페인(champagne)과 이탈리아의 스푸만테가 대표적인 와인이다. 알코올 도수는 9~14%이다. ㉯ 비발포성 와인(Still Wine) : 포도당이 분해되어 와인이 되는 과정에서 발생하는 탄산가스를 완전히 증발시킨 것으로 대부분의 와인이 이에 속한다. 색깔은 레드 화이트, 로즈가 있으며 알코올 도수는 보통 11~12도이며, 프랑스, 독일, 이탈리아에서는 보통 10~12%이다.

③ 용도에 의한 분류 : ㉮ 식사 전 와인(Aperitif Wine) : 식사 전에 위를 자극, 위액을 분비시켜 입맛을 돋우기 위하여 마시는 와인을 말하며 알코올 도수는 높으며 감미가 없고, 양이 적고, 향취가 강한 와인을 마신다. 샴페인이나 달지 않은 셰리주 등을 마신다. ㉯ 식사 중 와인(Table Wine) : 식사 중 특히 메인 디쉬(main dish)와 함께 마시는 와인을 이다. 와인 코스 메뉴에 따라 화이트 와인이나 레드와인을 선별한다. ㉰ 식사 후 와인(Dessert Wine) : 식사 후 소화를 촉진시키기 위하거나 식사 후 입안

을 개운하게 하려고 마시는 것으로 식사 전 와인과 마찬가지로 알코올 도수가 높고 양이 적은 감미가 있으며, 알코올 도수가 높은 강화와인이다. 포트나 셰리가 대표적인 디저트 와인에 속한다.

④ 알코올 첨가 유무에 의한 분류 : ㉮ 강화와인(Fortified Wine) : 알코올 도수를 높이기 위해 발효과정이나 발효 후 알코올 도수가 높은 증류주를 배합한 것으로 쉐리 와인(Sherry Wine)과 포트와인(Port Wine)이 있다. 알코올 도수는 8~12도 내외이다. ㉯ 비강화와인(Unfortified Wine) : 다른 주정을 배합하지 않고 순수한 포도만을 발효시켜 만든 것으로 식사중 와인(Table Wine)이 속한다. 알코올 도수는 18~20도 내외이다.

⑤ 맛에 의한 분류 : ㉮ 감미와인(Sweet wine) : 완전히 발효되지 못하고 당분이 남아 있는 상태에서 발효를 중지시켜 가당되어 있는 포도주이다. ㉯ 산미와인(Dry wine) : 완전히 발효되어서 당분이 거의 없는 포도주를 말하는 데, 단맛이 없는 포도주를 'very dry wine'이라 한다.

⑥ 저장 연도에 의한 분류 : ㉮ Young Wine : 1~5년 저장한 포도주 ㉯ Aged Wine : 5~10년 저장한 포도주 ㉰ Great Wine : 15~20년 저장한 포도주이다.

산지별 주요 와인 생산지 ① 프랑스 : 1930년 이후 법의 규제가 심화되어 그 지역의 명칭과 양조한 곳의 표시가 상표에 기재되어야 한다. 프랑스 와인은 등급에 따라 분류하며 프랑스 와인을 마실 때 반드시 알아야 한다. ㉮ AOC(Appellation d'Origine Controlee) – AOC(Appellation d'Origine Controlee)는 아펠라시옹 도리진 콩트롤레의 약자로, 포도밭의 단위 면적에 따라 포도의 생산량을 규제하여 많은 포도의 생산을 억제하고, 알코올의 함량을 정해서 잘 익은 포도로 만든 와인을 가리킨다. ㉯ VDQS(Vins Delimite de Qualite Superieure) – AOC보다는 아래 등급이지만 아주 고급품질인 VDQS는 추후의 성적을 감안해서 AOC로 승격할 수 있다. ㉰ Vin de Pays – 지역와인이란 뜻으로 상당히 큰 지역에서 생산되는 와인으로 그 지역의 기후와 토질의 특색을 가지고 있다. 라벨에 포도의 품종을 표기하는 경우가 있다. ㉱ Vins de Table – 프랑스라는 이름말고는 아무런 지역 표시가 없는 일반적인 프랑스식 테이블 와인이다. 법률규정에 따라 이들 와인은 포도의 종류나 수확연도를 표시하지 않는다. 소비자의 취향에 따라 여러 종류의 와인을 배합한 와인이다.

② 독일 : 독일의 포도주는 유럽 북부에서 tdotks되어 프랑스와는 약간 다르며, 백포도주가 세계적으로 유명하다. 지역별로는 모젤(Moselle) 포도주와 라인(Rhine) 포도주로 나뉜다. 라인 포도주는 시간이 지남에 따라 훌륭한 맛을 내는 백 포도주이고, 모젤포도주는 와인보다 가벼우며 도수는 낮고 산미를 가지는 녹색병의 포도주이다. 독일의 와인은 수확기의 당도를 기준으로 4개 등급으로 분류한다. ㉮ Tafelwein(타펠바인) : 저가와인. 타벨와인(Deutcher Tafe-lwein)은 프랑스의 Vins de Table(뱅 드 따블)에 해당하는 저급와인으로 값이 싸고 일상 테이블 와인으로 소비되는데, 유럽 전

W

역에서 온 와인도 섞어서 제조될 수도 있다. 와인의 라벨에는 "Tafelwine" 또는 "Deutseher Weisswein"으로 표시되고 있다. ㉯ Landwein (란트와인) : 란트바인은 타펠바인에 비해 생산지 표시가 되는 와인이나 프랑스의 좋은 지역에서 생산된 Vins de Table (뱅드 뜨블) 보다는 질이 떨어진다. ㉰ QBA (Qualitatswein Bestimmter Anbaugebiete) : QBA는 특정지역에서 생산되는 와인으로 현재 11개 지역에서 생산되는 와인들이 지정되어 있다. 라벨레는 한정 생산지역명, 와인검정 테스트 번호, 생산자 이름과 "Qualitatswein" 등급이 표기되어야 한다. ㉱ QmP (Qualitatswein mit Pradikat) : QmP는 독일 고급와인 등급으로 특정지역에서 생산된 설탕이 첨가되지 않은 와인인데, 당분 함유량에 따라 6단계의 등급으로 나뉘어져 있으며, "Qualitatswein mit Pradikat" 등급표시가 명기되어 있어야 한다. Pradikat는 6단계로 나뉘어야 한다. ⓐ Kabinet t(카비넷) - 세미 드라이한 와인으로 가볍고 신선하며, 잘익은 포도를 수확해서 만든 포도주로 최저 당도는 73°이다. 일상와인으로 고급의 와인이다. ⓑ Spatlese (스패트레제) - 늦게 거둬들인 포도를 원료로 만든 와인으로 맛은 가벼우며 달콤하다. 최저 당도는 85°가 함유되어 있다. ⓒ Auslese(아우스레제) - 질이 좋은 익은 포도송이만을 원료로 만든 와인으로 알코올이 풍부함과 맛이 있는 아주 좋은 와인이다. 최저당도는 90°가 함유되어 있다. ⓓ Beerenauslese (베렌아우스레제) - 포도송이에서 가장 잘 익은 포도알만 골라서 원료로 만든 와인으로 프랑스 보르도 소떼른느 와인의 비교되는 좋은 와인으로 호박색을 띠고 있으며, 독특한 향을 가진다. 최저당도는 110°가 함유되어 있다. ⓔ Trocken beeren aslese (트로겐베렌아우스레제) - 포도알이 말라서 건포도가 될 때까지 나무에 놔두고 건조한 포도알을 한 알씩 수확한 와인으로 귀부병에 걸린 포도알만으로 만든 독일 와인 가운데 최정상급 와인이다. 와인의 색은 어두운 황금색을 하고 있는데, 최저당도는 150°가 함유되어 있다. ⓕ Eiswein (아이스 바인) - 포도송이를 얼려서 제조한 와인으로 겨울철인 11월과 2월 사이에 수확을 해서 제조한 특이한 와인으로 최저당도는 110°가 함유되어 있다.

③ 이탈리아 : 프랑스와 어깨를 나란히 할 만큼 세계 상위의 생산국이지만 프랑스와는 달리 국내소비가 더 많다. 이탈리아는 전 지역에서 포도가 재배되고 와인이 생산되므로 와일의 생산량은 세계 제일로서 세계 산출 와인의 25~30 %를 차지한다. 이탈리아의 와인의 맛은 와인 종류에서 알 수 있듯이 매우 다양하며, 스위트한 것에서부터 미디움 드라이, 드라이, 스파클링, 로제에 이르기까지 모든 타입의 와인이 망라되고 있다. 이탈리아 와인의 특성으로는 식전용과 디저트용으로 많이 애음되고 있으며 칵테일용으로 많이 사용된다. 그리고 약초나 기타의 향료를 가미한 포도주가 있다. ㉮ DOGC(denominazion d'Origine Controllata e Garantita) - 고급이며 최상급의 와인이다. 이 와인은 더 염격한 규정에 따라야 하며, 이탈리아 정부에서 품질을 보증한 다는 뜻으로 최상급

와인을 의미한다. 이탈리아를 대표하는 4개의 DOGC가 있다. 피에몬테 지역의 바롤로, 바르바레스코, 토스카나 지역의 브루넬로 디 몬탈치노, 비노 노빌레 디 몬테풀치아노 등이다. 1984년에 세계적으로 유명한 키안티(Chianti)가 추가되었고 1987년에는 알바나 디 로마냐(Albana di Romagna)가 추가되었다. 이들 DOGC 와인은 병목에 분홍색 띠를 둘러서 아래 등급과는 차별되게 하여 판매하고 있다. ㉯ DOC (Denominazione chi origine Controllata) – DOC 와인 생산자는 지역내의 자신의 포도원에서 재배한 포도를 사용해야 하고, 단위면적당 일정량 이상의 포도를 생산해서도 안되며, 정해진 기간 이상으로 숙성시켜야 하는 등 포도재배와 와인 제조에 대한 규제사항이 많다. 뿐만 아니라 당국의 주기적인 점검을 받아야 하는 등 많은 규제를 통해 고급 와인을 생산하도록 하는 규정이 1963년에 제정되어 실시되고 있다. 현재 이탈리아 국내에 250개의 DOC 와인이 있으며 이탈리아 전체와인 중 약 10~12%만이 DOC 등급으로 분류되고 있다. ㉰ IGT (Indidazione di Geografica Tipica) – 와인등급 표시 후 생산지명을 명기한다. ㉱ Vino da Tavola – 일반 저급와인으로 지역명을 표시할 수 없다.

④ 포르투갈 : 포르투갈 와인은 마테우스 로제와 포트와인이 대표적으로 유명하다. 등급에 따라 분류하면 다음과 같다. 포트 와인은 옛날 영국에 와인을 수출할 때 도중에서 변질되는 일이 있어 이것을 방지하기 위해 브랜디를 첨가했던 것이 시초가 되었으며, 포르투갈 정부에서 보증하고 있다. 포트 와인은 포도즙이 통속에서 발효되는 동안에 브랜디를 넣어 발효를 중지시켜 당분이 남게 하여 스위트(sweet)하고 몸을 덥혀 주는 특징이 있어서 영국 사람들이 즐긴다. 또한 마테우스 로제는 레드 와인용 적포도를 파쇄한 직후 바로 압착하여 분홍색을 띠고 있으며, 화이트 와인의 제조법과 같이 포도 주스에 당분이 어느 정도 남아있을 때 발효를 중지시켜서 약간 단맛이 남아 있게 한 후 이산화탄소를 주입하여 상큼한 맛을 내게 한 것으로 정통 와인도 스파클링 와인도 아니나 사람들이 좋아한다. ㉮ DOC(Denomins ao de Origem Controlada) – 프랑스 와인 AOC 급에 해당되며, 12개 지역이 지정되어 있다. ㉯ IPR(Indicasaos de Proveniencia Regulamenrada) – 프랑스의 VDQS와 비슷하며 32개 지방에 부과되어 있다. ㉰ Vinho de Mesa Regional – 고급의 테이블 와인 ㉱ Vinho de Mesa – 저급의 테이블 와인

⑤ 스페인 와인 : 스페인은 세계 어느 나라보다 넓은 면적의 포도밭을 가지고 있다. 그러나 와인의 생산량은 이탈리아의 1/3 로서 세계 3위의 와인 생산국이다. 와인의 생산은 여러 가지를 생산하고 있지만 세계적으로 알려진 와인은 쉐리(Sherry) 와인이 있다.

⑥ 미국의 와인 : 미국의 와인은 바로 나파벨리를 중심으로 한 캘리포니아의 천혜의 자연의 산물인 이곳의 와인의 90% 이상을 차지할 만큼 넓고 우수한 와인이 많이 나온다. 캘리포니아 와인은 3가지 타입으로 분류하는데 라벨에 품종이 명기된 바라에탈 와인, 75% 이상 단일품종을 지니 와인이

속한다. 여러 종을 블랜딩해서 만든 플로 플라이어트 와인은 캐쥬열한 와인이지만 보르도 풍의 고급스러운 와인도 있다. 일반적인 테이블 와인은 버건디나 샤블리 등의 이름이 있다.

⑦ 칠레의 와인 : 싸고 품질이 비교적 아니 그 값의 몇 배의 맛을 내는 와인이 칠레의 와인이다. 이 나라는 천혜의 자연조건으로 포도 재배에 최상의 자연 조건 덕에 우수한 와인이 많이 생산되는데, 우리나라의 수입상과 와인애호가들도 점차 칠레의 와인을 찾고 있는 추세이다. 대부분 칠레의 중부지방에서 재배되며 유럽 포도품종인 까베르네 쇼비뇽, 멜로, 샤르도네이, 쇼비뇽 블랑 등 주로 재배가 되며 토레스, 산타리타, 콘차 이트로 등 유명한 와인 산지가 많다.

⑧ 호주의 와인 : 이 나라의 양조의 역사는 200년 정도의 아직 얼마되지 않았으나 1700년대부터 남미의 포도와 유럽의 포도를 들여오면서 19세기 초부터 수출을 할 정도로 양질의 포도주가 많이 생산되고 있다. 호주는 미국의 와인 법을 그대로 사용하고 있으며 주 품종은 Sniraz, Canernet Sauvignon 등의 포도 품종이 있다.

⑨ 한국와인 : 한국 와인의 역사는 고려 충렬왕 때 원나라 임금이 와인을 보내왔다는 기록이 있으며, 근대적인 와인의 역사는 한말 외국 선교사들에 의해 미사 때 성체용으로 가지고 들어왔다. 그 후 19세기 말렵 한국 최초의 대불호텔과 현대적 호텔이 등장하면서 상류사회를 중심으로 조금씩 보급되어 왔다. 해방 후 양곡을 자급자족할 수 없어서 매년 봄철에 굶는 사람이 많이 생기는 등 먹고 살기도 어려운 형편에 식량으로 쓰기에도 부족한 곡류로 막걸리, 소주를 만드는 것보다 양곡을 생산하기 어려운 야산 등지의 척박한 토질에서도 잘 자라는 포도로 와인을 만들어서 국민의 대중주로 하면 양곡의 부족도 줄여나가고 곡물의 수입에 지출되는 막대한 외와도 절약할 수 있겠다는 취지에 1974년 정부에서 대기업들에게 양조용 포도를 생산하는 대규모 포도단지의 조성과 와인 공장의 건설을 권고했다. 이러한 정부의 사업에 참여한 회사는 동양맥주(주), 해태주조(주)와 백화양조(주) 등 3개의 회사이다. 동양맥주는 경남·북 일원에, 해태는 전남의 일원에, 또 백화는 전북의 일원에 포도원을 조성하기 시작했다. 1974년 해태에서 "노블 와인"이 생산되었고, 1977년 "마주앙"이 동양맥주에서 생산되었다. 후에 진로에서 "샤토 몽블랑"이 출시되었고 금복주에서 "두리랑", 수석농산에서 "위하여", 대선에서 정통적인 제조 방법인 병발효에 의한 샴페인(스파클링 와인)인 "그랑주아"와 일반 와인인 "앙코르"가 생산되었다.

와인의 선택요령 ① 와인 구입시 결정할 사항 : ㉮ 색깔(레드 와인 OR 화이트) ㉯ 국가(어느 나라 와인인가?) ㉰ 지역(어느 지역 와인인가?)

② 육류 요리일 때 : ㉮ 육류 요리를 먹을 때는 레드 와인으로 정한다(색깔). ㉯ 레드 와인으로 유명한 프랑스, 이탈리아, 미국, 오스트레일리아 등의 나라 중에서 한 나라를 정한다(국가). ㉰ 나라 중의 지역을 정한다. ㉱ 와인 회사를 정한다. ㉲ 와인의

등급을 정한다. ㉳ 만일 와인애호가라면 포도 수확연도를 선택한다.

③ 생선 요리일 때 : ㉮ 생선회를 먹을 것으로 결정되면 일단 화이트 와인으로 한다. ㉯ 화이트 와인으로 유명한 독일, 오스트리아 등에서 나라를 결정한다. 몰론 프랑스나 이탈리아 등의 유럽이나 미국, 남미, 오스트레일리아 등도 좋다. ㉰ 나라 중에서 지역을 정한다(지역). ㉱ 다음으로 포도 품종과 등급을 결정한다(등급)(리슬링이나 카비네트). ㉲ 와인 회사를 결정한다. ㉳ 포도 수확연도(빈티지)는 레드 와인과 같은 요령으로 정하면 된다.

④ 미국산 와인 구입시 : ㉮ 레드 와인 또는 화이트 와인을 결정한다(색깔). ㉯ 포도재배지역을 결정한다(지역). ㉰ 다음으로 포도의 품종을 결정한다(품종). ㉱ 와인 회사를 정한다(회사). ㉲ 포도 수확연도를 정한다.

◎ 와인과 요리와의 조화 ① 와인과 요리 : 와인과 요리에 절대적인 원칙은 없으며, 음식을 즐기는 사람의 입맛과 선택이 중요하다. 와인의 맛이 음식의 맛보다 지나치게 강해도 좋지 않으며 반대로 음식의 맛이 와인의 맛보다 강해고 좋지 않다. 음식에 맞는 와인을 고를 때는 여러 가지 요소를 고려하여야 한다. 여러 가지 와인을 식사와 함께 할 때는 마시는 순서에 따라서 와인의 질에 대한 평가가 달라진다. 일반적인 식사의 경우에는 주요리와 잘 어울리는 와인을 선택하는 것이 좋다. 또한 와인이 요리에 사용된 경우에는 사용된 와인과 같은 종류의 와인을 제공하는 것이 가장 잘 어울린다.

② 서양 요리와의 조화 : 프랑스 요리는 프랑스 와인과, 이탈리아 요리는 이탈리아 와인과 잘 어울린다. 이것이 가장 일반적인 통념이고 조리방법이나 요리의 소스가 가장 큰 변수로 작용한다.

㉮ 육류 요리－뜨겁거나 차가운 로스트 비프인 경우는 "보르도산"의 레드 와인, "부르고뉴" 레드와인, "캘리포니아"카베르네 소비뇽으로 만든 레드 와인과 잘 어울린다.

㉯ 해산물 요리－풀 바디드 타입의 거의 모든 화이트 와인은 잘 어울린다. 특히 메인으로 바다가재 요리는 프랑스 "부르고뉴산"과 캘리포니아산 "샤르도네" 품종으로 Buttery한 화이트 와인과 조화가 잘되고 대합조개와 같은 요리는 이탈리아산 Pinot Grigio 와인과 조화가 잘된다. 송어와 같은 신선한 생선류는 꽃향기가 풍부한 캘리포니아산과 모젤산 리슬링과 조화가 잘 된다.

㉰ 훈제한 요리－훈제 처리한 생선과 육류는 성질이 다르기 때문에 같은 생선이나 육류라도 서로 다르게 와인과 조화를 이룬다. ⓐ 훈제한 연어 : 피노 셰리, 캘리포니아의 나파밸리와 소노마, 샤르도네 와인이나 프랑스 그라브 지방의 상급 화이트 와인과 잘 어울린다. ⓑ 훈제한 송어와 고등어 : 알자스산 포도로 만든 와인, 캘리포니아 Fume Blanc이 잘 어울린다. ⓒ 일반적인 훈제 생선 요리 : 독일 와인 중 산도와 당도의 균형이 잘 잡힌 와인과 완벽하게 조화가 된다. 산도가 좋은 해는 모젤산 Spatlese와 Auslese는 훈제한 송어나 대구 무스와 잘 어울린다. ⓓ 바베큐 요리 : 레드 진판델이나 스

페인 리오하산 카베르네 소비뇽, 카탈로니아산 레드 와인과 잘 어울린다. 깊은 양념 맛이 배어 있으면 소비뇽 블랑이나 게뷔 르츠트라미너 와인이 좋다.

㉱ 아주 짠 음식인 경우－소금기가 많은 짠 치즈, 즉 Roquefort Cheese, Sevrubga, Beluga Cavier 등은 일반적인 레드 와인과 함께 할 경우 와인의 맛을 변화시키므로 와인의 맛을 제대로 느낄 수 없다. 따라서 소금기가 많은 치즈는 소테른－바르삭의 귀부 와인과 함께 하면 짠맛과 단맛이 조화를 이룰 수 있다. 또한 짠 Sevruga는 Schnapps나 Aquavit같은 증류주가 어울리며, Cavier는 샴페인과 잘 어울린다.

㉲ 요리가 와인의 특징을 없애는 경우－아주 맵거나 향신료를 과다하게 사용하여 조리한 자극적인 요리는 와인의 풍미와 특징을 없앤다. 특히 우리나라의 자극적인 음식은 와인과 어울리기 어렵다. 그러나 양념을 적게 사용하는 요리는 향이 풍부한 게뷔르츠트라미너, 소비뇽 블랑과 같은 포도 품종으로 만든 와인이 잘 어울린다.

③ 한국 음식과의 조화 : 우리 음식이 점차 서양화되면서 양념이 강하거나 자극적인 향신료의 사용이 줄어들고 있고, 한국음식에도 와인과 어울릴 수 있는 음식들이 많이 있다.

④ 와인과 요리의 조화 : 와인과 음식은 따로 생각하기 어려울 정도로 밀접한 관계가 있다. 수세기 동안의 실제 경험과 이유들에 근거한 감각적인 연구를 통해서 얻은 결과들을 따라서 선택하면 음식과 와인을 보다 더 잘 즐길 수 있을 것이다. 식욕을 돋구고 상쾌하게 하는 화이트 와인의 맛은 주로 화이트 와인에 들어 있는 산에 기인하며, 화이트 와인의 산은 생선의 향을 더욱 좋게 해주며, 생선의 짠맛은 포도향을 더욱 강하게 해준다. 이와는 달리 레드 와인에서 중요한 것은 산이 아니라 탄닌이다. 이 탄닌은 생선요리의 짠맛과 어루러져서 쓴맛을 강하게 하고, 생선의 지방과 어우러져서는 입 안에 금속성의 맛을 오래 남게 한다. ㉮ 단맛이 있고 소스가 많이 사용되는 육류요리는 탄닌 성분이 많고 풍미가 있는 와인을 이용한다. ㉯ 양념을 많이 사용하였거나 소스가 진하지 않고 마늘이 쓰인 요리에는 풍미가 다양한 Midium Bodied wine이나 spicy 와인이 잘 어울린다. ㉰ 양념을 거의 사용하지 않는 부드러운 고급육질의 요리는 숙성이 잘되어 거친 맛이 없고 부드럽고 섬세한 와인이 잘 어울린다. ㉱ 흰색 육류를 요리할 때 양념을 다량 사용할 경우에는 탄닌 성분이 약한 레드 와인이 좋고, 양념을 적게 사용할 경우에는 가볍고 섬세한 화이트 와인이 좋다. ㉲ 새콤달콤한 소스를 사용한 경우에는 신맛과 단맛이 잘 어우러진 균형잡힌 화이트 와인이 좋다. ㉳ 고급 생선구이 요리는 저감미의 로제 와인이나 산미와 떫은맛이 적당히 있는 고급 무감미 화이트 와인이 좋다. ㉴ 생선회와 같은 신선한 요리의 경우 흰살 생선은 부드러운 고급 화이트 와인이 잘 어울리고, 붉은 살 생선의 경우는 가볍고 과일 향이 나는 레드 와인이 좋다. ㉵ 여러 가지 맛이 나는 다양한 조리방법의 담백한 요리가 접시에 나오는 경우는 약간의 신맛이 나는 무감미 화이트

와인이나 가벼운 레드 와인이 좋다.

Wine Decanting [영 와인 디켄딩] 침전물이 있는 적포도주를 그냥 서비스하면 와인 침전물이 글라스에 섞여 들어가 염려가 있으므로 와인 병을 1~2시간 똑바로 세워둔 후 촛불 또는 전등을 와인병 목부분에 비춰놓고 Decanter로 옮겨 붓다가 침전물이 지나가면 정지하여 순수한 와인과 침전물을 분리하는 것

Winter Sayvory [영 윈터 세보리] 박화과에 속하는 식물 스프, 샐러드, 스튜, 육류, 생선, 계란, 소스, 콩, 소시지, 양고기 구이 등에 사용

Woodu [영 우듀] 우듀. 오크 통 내부를 숯불 등으로 그을려 그 안에 와인을 담아 숙성하기도 하는데, 그을림 정도에 따라 오크향의 미묘한 차이

Worcestershire Sauce [영 위체스터셔 소스] 한국의 간장과 유사한 우스터셔의 조미소스

Work Station [영 워크 샵] 영업장 종사원이 일하는 영업장소 개념과 음식을 생산하는 장소

Wort [영 워트] 맥아즙

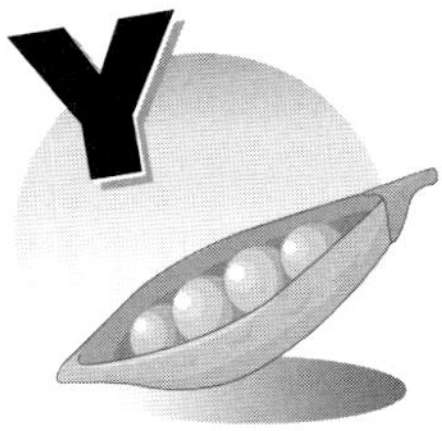

Yak [영 야크] 야크. 몸길이 수컷 약 3.25 m, 어깨높이 약 2 m, 몸무게 500~1,000 kg이다. 야크의 젖으로 버터와 치즈를 만든다.

Yam [영 얌] 얌. 전세계에 약 600종이 있고, 주로 열대와 아열대 지방에 분포하며, 몇몇 종은 온대 지방에서도 자라고, 한국에는 11종이 자란다. 한국에서 재배하는 마(Dioscorea batatas)가 이 속에 속한다. 고구마처럼 삶거나 구워서 먹는다.

Yarrow [영 야로우] 서양톱풀. 유럽이 원산지이다. 자극성이 강한 향과 맛으로 샐러드, 스프에 이용한다.

Yeast [영 이스트] 이스트, 발효빵을 만들 때 씨로 사용하는 효모

Yogurt [영 요쿠르트] 요쿠르트. 발효유의 일종으로 우유류에 젖산균을 접종·발효시켜 응고시킨 제품. 비교적 산이 많고 상쾌한 풍미가 있는 식품이다. 원료유로는 우유 외에 염소젖·면양유가 쓰이는데, 소화가 잘 되고 정장효과가 있다. 본래 요구르트는 발칸 지방·중동, 특히 동부 지중해 연안 제국에서 제조·음용되었다. 러시아의 세균학자 메치니코프가 발칸 지방에 장수자가 많은 것은 요구르트를 상용하기 때문이라고 주장하고, 요구르트를 마시면 젖산균이 장내에서 독소를 생성하는 유해균을 억압하고, 이 때문에 부패성분의 발생·흡수를 억제한다고 하여 제조와 음용이 전세계적으로 보급되었다.

Yaouritiere [프 야우흐띠에] 요쿠르트 만드는 기구

Yolk [영 요크] 계란 노른자. 난황 성분은 인단백질·복합지질·탄수화물·무기질·비타민 등으로 이루어지는 고분자 복합체인데, 알 속에 들어 있는 난황의 양이나 분포 상태는 동물의 종류에 따라 각기 다르다.

Yong Wine [영 영와인] 포도주를 만들어서 오랜 기간 숙성하지 않고 1~2년 저장하여 5년 이내 마시는 포도주

York [프 요크] 요크햄

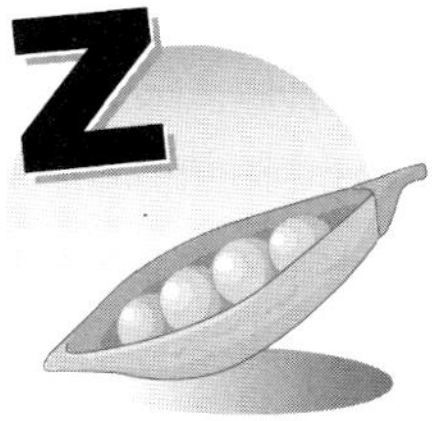

Zakuska [영 자쿠스카] 러시아의 에피타이저의 굴, 어류, 앤초비과 같은 식욕촉진제나 술안주

Zedoary [영 제도어리] 인도, 스리랑카산 생강, 향료로 이용

Zest [영 제스트] 풍미나 맛 또는 오렌지나 레몬의 껍질

Zester [영 제스털] ① 껍질을 얇게 벗겨 쥬리엔으로 길게 써는 것 ② 껍질을 물에 살짝 삶아서 쓴맛을 제거하고 시럽에 졸여서 디저트로 이용

Zingara Sauce [프 진가라 소스] 다진 양파, 화이트 와인, 토마토소스를 잘 혼합하여 끓인 후 피클, 햄, 타라곤을 넣어서 만든 소스

Zucchini [영 쥬치니] 호박. 동인도가 원산지이며, 전국적으로 재배되는 호박으로 성분은 전분과 당분, 비타민 A, C가 많고, 겨울에 부족하기 쉬운 비타민 A의 공급원이다. 어린 호박을 채소용으로 사용하거나 썰어 건조시켜 이용한다.

Zuppa [이 쭈빠] 이탈리아 스프

Zuppa di Cream [이 쥬빠 디 파나] 크림스프

Zuppa di Pesce [이 쥬빠 디 페르셰] 생선스프

Zuppa di Verdura [이 쥬빠 이 베르두라] 야채스프

Zuppa Inglese [이 쥬빠 인글리제] 이탈리아 후식으로 3색의 커스터드 크림과 Grand Marnier로 졸여서 만든 바닐라 소스를 곁들여 제공한다.

부록

01. 조리법 조리용어
02. 소스의 조리용어
03. 샐러드 조리용어
04. 앙트레
05. 디저트(Desert)
06. 야채와 육류 & 생선류와 썰기용어
07. 식(食)재료
08. 찾아보기

Appendix 01

조리법 조리용어

1. 조리법의 종류

(1) 조리법을 크게 분류하면 두 가지로 분류된다(가열 조리법과 생식 조리법).

(2) 조리법에 있어서 우리의 조리법은 끓이는 법이 많은 것에 비해 서양의 조리법을 간접열을 이용하며 식품의 맛과 향을 살리는 장점이 있다.

(3) 우리는 식품에 양념을 혼합하여 조리를 하지만 서양은 조리 후 소스를 곁들이는 방법이 대부분이며, 주재료에서 못 얻는 영양분을 곁들임과 소스 등으로 맛과 영양을 보충하며, 맛을 풍부하고 부드럽게 만들어 준다.

2. 서양의 기본 조리법

(1) 우리의 조리법으로 크게 4가지로 분류할 수 있다(끓이기, 찌기, 굽기, 튀기기).

(2) 서양의 조리법은 크게 4가지로 분류할 수 있다.

분류	조리법	비고
1. 액체를 이용한 조리법	① Blanchir, Blanching ② Pocher, Poaching ③ Bouillir, Boiling ④ Cuire a Vapour, Steamming	데치기(뚜껑없이) 삶기(Fond 속에서) 끓이기 증기, 스팀 익히기
2. 기름을 이용한 조리법	⑤ Frire, Deep Fat Frying ⑥ Saute, Sauteing	기름에 튀기기 볶기
3. 직접열을 이용한 조리법	⑦ Griller, Broiling / Grilling ⑧ Gratiner, Gratinating ⑨ Rotir, Roasting	굽기 그라탱 로스팅
4. 간접열을 이용한 조리법	⑩ Cuire au four, Baking in the oven ⑪ Braiser, Braising ⑫ Glacer, Glazing ⑬ Poelage, Poeler ⑭ Etuver, Stewing	오븐굽기 브레이징 글레이징 푸왈레 스튜
5. 기타 조리법	⑮ Microwave-Cooking ⑯ Bain Marie, Double Boiling	전자파 중탕

부록

(3) 서양은 대개 15가지 정도의 기본 조리법 외에 훈제, 마리네 등이 있지만 서양요리를 잘 하려면 기본 조리법을 잘 이해하여야 한다.

용 어	내 용
1. Pocher (Poaching) (삶기/Fond 속에서)	·중탕냄비 (bain - marie)를 이용하여 70~80°C 온도에서 서서히 익히는 것을 말한다 (삶을 때 온도가 80°C 이상 상승하면 동물성 단백질이 파괴되기 쉬우므로 생선이나 가금류 등의 질기지 않는 식재료를 부드럽게 익힐 때 사용). ·육수나 쿠르부용 (Court - Bouillon)에 포도주를 이용하여 익히는 경우 적은 양의 액체를 사용하여 식품의 형태가 변하지 않도록 주의해야 한다. ① shallow 방법의 특성 : 식재료의 절반만 잠기게 하는 방법으로 오븐에서 가금류, 육류, 생선류 등을 작게 잘라서 이용하며 가니쉬를 함께 넣어서 조리하며 뚜껑으로 기름종이나 쿠킹 호일을 이용한다. (Properly cooked shallow poached foods are very tender and exceptionally moist. And they have an almost texture.) ② submerge 방법의 특성 : 식재료가 완전히 잠기도록 하는 방법으로 스토브에서 요리를 진행하며 용기의 뚜껑은 덮지 않고 조리하며, 가니쉬는 따로 요리해서 서브 직전에 첨가한다. (Food is completely submerged in the liquid.)
2. Bouiller (Simmering) (천천히 끓이기)	·액체의 열을 통해서 82~85°C에서 조리하는 방법으로 poaching과 boiling의 혼합 조리방법이다. ·국물이 잘 우러나와서 맛이 좋으며 액체의 풍미가 잘 전달된다. ·육류요리는 물이나 육수에서 한번 데쳐내고, 다시 뚜껑을 덮지 않고 서서히 끓이는 방법이다. ·맑은 스톡을 얻으려면 서서히 끓이면서 위에 뜨는 거품을 걷어낸다. (To maintain the temperature of a liquid just below boiling. The temperature range for simmering is 82°C to 85°C.)
3. Bouillir (Boiling) (끓이기)	·액체의 대류에 의해서 조리하는 방법으로 100°C의 액체에서 가열하는 조리법으로 수면에 거품이 퍼지는 상태이다. ·서양의 Blanchir (브랑세), Pocher (포셰) 등이 우리의 끓이기에 포함된다. ·감자, 뿌리 야채는 찬물에 뚜껑을 덮고 끓인다 (물을 흡수하여 골고루 조리하기 위하여). ·스파게티, 마카로니 등은 끓는 물에 뚜껑이 없이 빨리 끓인다 (껍질의 전분이 젤라틴화 하여 서로 붙지 않게 하기 위하여). ·야채는 끓는 물에 뚜껑을 덮고 빨리 끓인다 (비타민, 무기질, 색깔을 위하여). ·쇠고기, 양고기, 닭고기 등은 끓는 물에 2~3분간 넣었다가 건져낸 다

	음 다시 끓인다(높은 온도로 기공을 막아 단백질의 유실을 방지하고 표면에 불순물을 제거하기 위하여). · 맑은 stock, 고기, 젤리 등은 찬물이나 stock에 뚜껑이 없이 끓인다(비등점 이하로 조리하여 딱딱해짐을 방지하기 위하여). (A cooking method in which items are immersed in liquid at or above the boiling point.)
4. Blanchir (Blanching) (뚜껑없이 데치기)	· 야채류를 끓는물에 순간적으로 넣었다 건져서 흐르는 찬물에 헹구어서 데쳐내는 조리방법으로 볶기(sauteing), 광택(glazing)의 전처리 단계 · 데치는 채소, 고기류의 나쁜 냄새를 제거시키거나 조직을 연화시켜 연하게 하는데 이용한다. · 야채의 쓴맛, 떫은맛을 빼거나 장기간 보존하기 위해서 살짝 데친다. ① 찬물에 데치는 방법 : 찬물에 식품을 넣어 끓으면 건져내어 찬물에 식히는 방법(고기류나 뼈의 피, 불순물을 건져내어 사용한다.) ② 끓는 물에 데치는 방법 ㉮ 야채류(vegetable) : 무기질과 비타민, 엽록소 등의 손실을 막기 위하여 끓는물에 데치면 녹색 색소가 안정화된다. ㉯ 토마토, 복숭아 등의 껍질을 벗기기 위하여 ㉰ 육류 등의 육수의 맛을 보존하기 위하여 ③ 기름에 데치는 방법 : 수용성 성분의 방출을 막기 위하여 야채류, 생선, 육류, 감자 등을 130°C에서 처리한 후 식힌다. (Properly boiled vegetables have inviting flavors and vivid colors.)
5. Cuire a Vapeur (steamming) (증기, 스팀으로 익히기)	· 식품의 고유의 맛을 유지시킬 수 있으며 압력 쿠커를 이용한 스팀을 이용하는 법과 물을 끓여서 나오는 수증기로 음식을 익히는 방법이 있다. · 수증기나 증기압을 이용하기에 신선도를 유지하는 데 이용되는 조리방법으로 온도는 100°C이며 빠른 시간에 대량의 요리를 할 수 있는 장점이 있다. · 중탕시켜 찜 역할을 하는 수증기로 익히는 방법은 적은양의 요리를 할 때 이용하는 방법이다. (Steamed vegetables are cooked in a vapor bath to produce dishes that have pure, undiluted flavors.)
6. Saute (Sauteing, Pan Frying) (볶기)	· 소테란 요리법은 요리가 생기기 시작하면서부터 나온 요리법으로 쉽고 맛있는 요리를 만드는 대표적인 조리법 중 하나이다. · 소테는 팬의 기름 맛, 철판의 맛, 식품에서 나오는 즙의 맛이 조화있게 합쳐져 음식의 맛을 더욱더 증가해준다. 프라이팬의 모양에 따라서 팬프라이 또는 소테라고 한다.

7. Frire (Deep-fat Frying) (기름에 튀기기)	① 팬프라이 방법 ㉮ 두꺼운 식재료를 볶을 때 사용한다. ㉯ 낮은 온도에서 기름을 넉넉히 두르고 오래 조리한다. ㉰ 밀가루, 달걀물 등을 묻혀서 굽는다. ㉱ 소스를 팬에서 추출하지 않고 이용한다. (Pan-fried foods is almost always coated dusted with flour, coated with batter, or breaded. Food is fried in enough oil to come halfway or two thirds its side ; it is ofen cooked over less intense heat than in sauteing.) ② 소테방법 ㉮ 팬프라이의 식재료 보다 얇아야 한다. ㉯ 높은 온도에서 적은 기름을 이용하여 빨리 조리한다. ㉰ 밀가루 등을 묻히지 않으며 소스는 식재료를 볶은 후에 나온 액체를 소스로 만들 수 있다. (Sauteing is a technique that cooks food rapidly in a little fat over relatively high heat) · 수분, 단맛의 유출을 막고 기름을 흡수함으로써 풍미를 더한다. · 튀김은 비타민 B군의 손실이 가장 적고 고기의 누린내를 제거하는 조리법이다. · 버터, 식용유를 이용하여 튀기는 조리법은 140°C~190°C 온도에서 튀긴다. · 튀김재료는 기름과 팬넓이에 맞게 조절하여야 하며 많은 양을 튀기면 온도가 내려가서 튀김 식재료에 기름이 흡수되어서 맛과 색을 낼 수가 없다. (Deep-fried foods have many of the same characteristics as pan-fried foods, including a crisp, browned exterior and a moist, flavorful interior. Deep-fried foods, however, are cooked in enough fat or oil to completely submerge them.)
8. Griller (Broiling / Grilling) (굽기)	· 기름이나 물을 이용하지 않고 불에 직접 굽는 방법으로, 석쇠나 철판을 달구어 220~260°C 정도에서 음식이 붙지 않게 구우며, 육류는 줄무늬가 나도록 굽는다. ① Broiler : 전통적인 가스나 전기를 사용하는 방법으로 열의 원천이 위에서 발산온도이다 ② Grill : 가스나, 숯, 마른 장작 등을 사용하며 열의 원천이 밑에서 발산된 온도로 대류와 복사열의 방법이다. (A cooking technique in which foods are cooked by rapidly heat source placed below the food. Grills may be fueled by gas, electricity, charcoal, or wood.)

(9) Rotir (Roasting) (로스팅)	· 큰 덩어리의 고기류를 익히는 방법으로 Oven에서 기름과 즙을 끼얹으면서 굽는 조리법 · 로스팅팬에 식재료를 올려서 처음에는 210~250°C로 높여서 색을 내서 육즙이 빠지지 못하게 하고 150~200°C에서 끝낸다. ① 라딩(Larding) : 특수한 바늘을 사용하여 고기 속에 지방조각을 집어넣는다. 그리고 그 지방은 고기 내부의 습기와 윤기를 더해준다. ② 바딩(Barding) : 고기표면에 얇은 지방을 썰어서 겹쳐 굽는 방법이다. 고깃덩어리를 구울 때 지방이 녹아서 고기 표면을 촉촉하게 해주며, 고기가 마르지 않도록 한다. (To cover a naturally lean meat with slabs or strips of fat, such as bacon or fatback, to baste it during roasting or braising. The fat is usually tied on with butcher s twine.)
10. Gratiner (Gratinating) (그라탱)	· 음식물의 표면에 지방 또는 지방이 함유된 버터, 베샤멜 소스나 치즈류, 계란노른자 등을 부려 표면에 색을 내거나 조리할 필요가 있을 때 살라만데(Salamander)나 오븐(Oven) 속에서 익혀내는 방법이며, 온도는 250~300°C가 적당하다. · 오븐에서 표면의 색깔을 갈색으로 내는 방법으로 Mayonnaise + Ketchup, Hollandaise, Bearnise, Bechamel Sauce, 각종 치즈류와 생크림, 계란 등을 이용하여 스프류, 생선요리, 그라탕, 스파게티, 마카로니 등의 요리에 광범위하게 활용할 수 있다.
11. Braiser (Braising) (브레이징)	· 찜과 비슷한 조리법으로 액체와 같이 은근한 불에서 장시간 끓이면, 육류의 결합조직이 부드러워지며 영양과 향이 그대로 유지되는 조리법으로 온도는 180~200°C이다. · 질긴 육류를 익히는 방법으로는 팬에 Mirepoix를 깔고 소스나 즙을 이용하여 장시간 오븐에서 천천히 익히는 조리법이다. · 생선류는 팬에 생선과 포도주를 1/3 정도 넣어 뚜껑을 덮고 오븐에서 은근히 익혀 낸 다음, 남은 즙은 생크림과 향신료를 이용하여 소스로 이용한다. (One of the benefits of braising that tough cuts become tender as the moist heat gently penetrates the meat and causes the connective tissues to soften, Another bonus is that flavor is re-leased into the cooking liquid to become the accompanying sauc e ; thus, virtually all the flavor and nutrients are retained.)
12. Etuver (Stewing) (스튜)	· 간접열을 이용한 것으로 고기를 넣고 뚜껑을 덮은 후 낮은 온도에서 소량의 소스를 넣고 익힌다. · 주로 생선, 채소, 과일, 육류 등을 이용하며 브레이징보다 낮은 온도(120~140°C)에서 이루어진다.

	(Stews share many similarities with braises, from the cuts of meat chosen to the texture of finished dish. They differ from braises in that the foods are cut into bite-sized pieces and cooked in more liquid)

	브레이징	스 튜
고기의 크기	크고 많은 양	규격으로 썬 고기 조각
액체의 양	고기의 1/2 또는 1/3	고기가 덮히게
소스	조리 후 거른다.	조리 후 거르지 않는다.
가니쉬	고기와 별도로 준비	별상관이 없다.

13. Cuire au four (Baking in the oven) (오븐 굽기)	· 오븐의 공기 대류현상을 이용한 간접 열 조리방법으로 170~240°C의 온도에서 이루어지며, 주로 제과에서 빵이나 케이크를 구울 때 이용하는 용어이다. · 조리속도는 느리지만 음식물의 표면에 접촉되는 건조한 열은 표면을 바싹 마르게 구워 주어 맛을 높여준다. (To cook food by surrounding it with dry heat, as in an oven.)
14. Glacer (Glazing) (글레이징)	· 서양요리에서 주로 활용하는 조리법으로 오븐이나 살라만데(salamander)에서 색을 내거나, 윤기가 반짝 반짝나게 하는 조리법이다. · 야채를 글레이징 할 때는 뚜껑을 덮고 150~200°C 정도의 약한 불에서 서서히 삶아 건져서 물기를 제거하고, 설탕·버터 등을 넣어서 맛과 광택이 나야 한다. · 글라세(Glacer)가 불어로 얼음을 뜻하므로 윤기가 나야 한다. 이러한 조리법은 당근, 무, 작은 양파에 활용한다. (To give an item a shiny surface by brushing it with sauce, aspic or icing. For meat, to coat with sauce and then brown in an oven or salamander.)
15. Poelage (Poeler) (푸왈레)	· 낮은 온도(140~160°C)의 오븐에서 뚜껑있는 냄비를 이용하여 기름을 넉넉히 넣고 육류를 익히면서 시간을 맞추어 기름을 부어주며 익힌 후 냄비의 뚜껑을 열어 온도를 약간 올려(160~180°C) 황금색을 내어 꺼낸다. · 포도주나 갈색소스를 더 첨가하여 디글래이즈(Deglaze)하여 소스로 활용한다. · 가금류(닭, 칠면조, 거위, 오리) / 연한고기류(송아지의 로인(loin), 안심(tenderloin), 설로인(sirloin)을 이용한다.
16. Microwave-Cooking (전자파)	· 전자파를 이용하여 빠른 시간 내에 조리하는 방법 · 냉동상태의 식품을 빠른 시간 내에 해동하는 방법에도 이용 (An oven in which electromagnetic waves generated by a device called a magnetron penetrate food and cause the water mole-

	cules in it to oscillate. This rapid motion generated heat, which cooks the foods.)
17. Bain Marie (Double Boiling)	· 식재료를 그릇에 담고 중탕하여 뜨거운 물에 간접열로 익혀 조리하는 방법(후식용 요리를 만들 때 많이 사용) · 완성된 요리를 뜨겁게 보관시에도 중탕을 하여 보관

3. 전채조리용어

(1) 전채(Appetizer)의 개요

전채요리는 식욕을 돋우는 요리이며, 음식에 대한 기호, 먹고 싶은 욕구, 배고픔이 음식에 대한 심리학적인 욕구를 일으키는 본체를 충족시키는 요리이다.

오르뒤브르(Hors d'Oeuvre)는 식전에 나오는 모든 요리의 총칭을 말하며, Hors는 앞이라는 뜻이고 Oeuvre는 작업, 식사를 의미한다. 즉 식욕촉진을 뜻한다.

오르뒤브르(Hors d'Oeuvre)는 영어로 에피타이져(Appetizer)이고, 우리말로는 전채라고 한다.

(2) 오르뒤브르(Hors d'Oeuvre)의 분류 및 종류

오르뒤브르 (Hors d'Oeuvre)	찬것과 더운 것으로 분류하고, 플레인(Plain)과 드레스드(Dressed)로 나눌 수 있다. · 종류 : 오르뒤브르, 칵테일, 카나페, 레리쉬, 작은 샐러드
플레인 (Plain)	가공하지 않은 재료 그대로 내며 형태, 모양, 맛이 그대로 유지되도록 만들어야 한다.
드레스드 (Dressed)	조리사의 아이디어와 기술로 가공하여 모양, 형태는 바뀌어도 그 맛은 그대로 유지되도록 해야 한다.

4. 서양요리의 세계 3대 진미 전채

캐비아(Caviar)	철갑상어(Sturgeon)의 알로서 진주 빛의 회색부터 연한 갈색으로 색이 구분되며 다양하다. · 종류 : Beluga, Mallossol, Osstera, Sevruga로 구분하며 계란 다진 것, 레몬, 버터, 멜바 토스트와 함께 제공된다.
거위간(Foie Gras) (Goose Liver)	거위간으로 만든 것으로 모양과 형태는 간과 비슷하며 거위 목을 잡고 일종의 간 경화증을 일으키게 하여 간을 크게 한 후 잡아 간을 꺼내 파테(Goose Liver Pate) 형식으로 만든 것을 말한다. 중앙에 트리프(Truffe)를 넣기도 한다.

흑버섯 (Truffe) (Truffle)	· 땅 밑에서 발견되며 Perigord Truffe는 트리프 중 가장 좋고 매우 비싸다. 크기는 1.2~7.5 cm 사이이고, 검정색으로 구멍이 많은 관처럼 생겼다. 속살은 흑색 엽맥으로 얼룩진 무늬가 있고 향은 강하다. · Truffle Blanc (흰딸기 버섯)도 있으며 회백이나 나중에는 황갈색으로 변한다.

5. 전채조리용어

Appetit (아페티) Appetizer	식욕촉진제
Canape (카나페) Open Sandwitch	한입에 먹을 수 있는 구운 빵조각 또는 크래커 위에 여러 종류의 재료를 사용하여 간단히 요기할 수 있도록 만든 안주류
Caviar (까비아르)	올리브 기름과 소금에 절인 철갑상어의 알 (소금에 절인 철감상어 어란 젖)
Cornichon (커흐니샹) Gherkins, Cucumber Pickle	절인 오이, 오이 피클
Finnan Haddie (피난아디)	훈제한 대구
Foie Gras (포아그라) Goose Liver	거위의 간
Friandise (프리앙디즈) Sweet, Candies	맛있는 음식을 즐김, 식도락, 설탕과자
Froid (프로아) Cold	차가운 것
Fromage (프로마쥐)	치즈
Garde Manger (가흐드 망제) Larder	찬장 또는 식료품 저장실. 육류나 생선류 등을 조리하기 위해 준비하는 주방의 일부 부서
Garniture (가르니뛰르) Garnishes	불란서식으로 데코레이션 하는 것
Hors-d'oeuvres (오르되브르)	식사 순서에서 제일 먼저 제공되는 식욕촉진을 돋구어 주는 요리
Huites (위뜨르) Oyster	굴, 생굴
Olives (올리브)	올리브 나무의 열매

Langouste (랑구스트) Norway Loster Scampi Dublin Bay Prawn	노르웨이 바닷가재
Saumon de Fumee (소몽휴메) Smoked Salmon	훈제한 연어
Truffes (트뤼프) Truffle	검은 버섯, 송로 버섯, 돼지 버섯

6. 향과 풍미를 주는 조리용어

용 어	내 용
Mirepoix	stock, sauce 등을 만들 때 요리의 맛을 내기 위하여 채소(carrot, celery, onion, leek)와 jambon cru(훈연한 햄 등의 조각) 등을 잘게 잘게 또는 brunoise로 썰어서 주재료들에 사용(The French name for a combination of onions, carrots and celery) ① white mirepoix : white soup과 stock을 위하여 양파(onion)와 당근(carrot) 대신에 파(leeks)와 parsnip을 대신 사용하고 있다. ② Cajun trinity : Louisiana Creole와 Cajun 음식들에서 이용하며 양파, 샐러리, 녹색후추를 사용한다. ③ Matignon (edible mirepoix) : 양파, 당근, 샐러리, 햄을 작은 모양으로 자르고 버섯과 허브, 향신료를 첨가하기도 한다. ④ Battuto : 이탈리안 soups, sauces, stews, and 고기 요리에 이용하며 올리브오일, 잘게 자른 라드, pancetta, 마늘, 양파, 파슬리, 당근, 샐러리와 녹색 후추를 첨가하여 향신료를 만든다.
Bouquet garni (Bouquet of hebs)	stock이나 sauce에 향을 내기 위하여 herb(thyme, bay leaves, pasley, rosemary)와 향신채소(leek, celely) 등을 실로 묶어서 끓일 때 넣어 향이 우러나오면 꺼낸다. 요리에 따라 사용하는 채소와 향신료가 약간 다르게 배합한다. (A Bouquet garni is made up of fresh herbs and vegetables, tied into a bundle.)
Sachet d'Epices (Bag of spices)	여러 가지 향신료(parsley stems, dry tymes, bay leaf, craked pepper-corns 등)를 거즈에 싸서 실로 묶고 한 쪽 끝을 길게 하여 스프나 소스를 끓일 때 넣어 요리의 향을 좋게 한다. (A sachet contains such ingredients as peppercorn, other spices, or herbs tied up in a cheesecloth.)

Oignon pique and Oignon brule	① Oignon pique(Pricked onion) : 양파 반개에 Bay leaf와 whole clove를 꽂아서 bechamel sauce나 soup을 만들 때 사용한다(A whole, peeled onion to which a bay leaf is attached, using a clove as a tack.) ② Oignon brule(Burnt onion) : 양파를 가로로 반으로 잘라서 두꺼운 철판이나 팬에 까만색으로 될 때까지 서서히 구워서 stock이나 consommes 만들 때 사용한다. (A peeled, halved onion seared on a flattop or in a skillet and used to enhance the color of stock and consomme.)

7. 스프 조리 용어

(1) 스프의 개요

원래 스프(Soupe)의 총칭은 포타지(Potage)라고 부른다. 19세기 초까지도 Potage는 육류요리와 같이 먹는 한가지 요리였으나 그 후 전차 축소되어 오늘날에는 메인 요리를 먹기 전에 취하는 코스로 변하였다.

포타지(Potage)란 불어에서 나온 용어인데 어원적으로 보면 Pot에서 익힌 요리라는 의미와 얇게 썰어 빵 위에 broth, wine, sauce 등을 부어 먹었다는(Tremper la Soupe) 두 단어의 합성어로 Potage라고 쓰인다. 이후 18세기경에 포타지(Potage)는 Soupe(불어), Soup(영어)로 공통적으로 불리게 되었다.

Bouillon이나 Roux를 사용하여 고기, 생선, 곡류, 야채, 우유, 크림 등을 넣어 만든 것으로 우리나라의 국, 미음, 탕과 유사하다(bouillon+liaison+main element)로 구성.

스프의 5단계

① 재료를 적당하게 손질하는 단계

② 익히거나 맛을 들이는 단계

③ 퓨레 형식 또는 곱게 다지는 단계

④ 맛을 부드럽게 하기 위하여 마무리하는 단계(스프가 어느 정도 형성되어 있기에 스프 입자들이 온도나 다른 재료의 사용에 민감하다. 특히 버터나 생크림을 잘못 사용하거나 지나치게 온도가 높게 형성되면 분리(break down)될 수 있으므로 조심스럽게 다루어야 한다.

⑤ 그릇에 담고 장식하는 단계

(2) 스프의 분류

분 류	내 용
1. 온도에 따른 분류	① 뜨거운 스프 : Potage Chaud (Hot soup) ② 차가운 스프 : Potage Froid (Cold Soup)
2. 농도에 따른 분류	① 맑은 스프 : Thin Soup (Potage Claire, Clear), 전분을 사용하지 않는 맑은 스프 · Broth 와 Bouillon (장식 없이 일반 육수보다 맛이 풍부하고 정제된 스프) · 채소스프 (vegetable soup) · 콘소메 (consomme) : 맛이 진한 스톡이나 보이용 (bouillon) 을 더욱 정제하여 만든 스프 ② 걸쭉한 스프 : Thick Soup (Potage Lie), 농후제나 퓨레가 함유되어 있는 걸쭉한 스프

(3) 스프 내는 법

① 표준량 : 에피타이저용 : 200~250ml , 주식사용 : 300~350ml

② 온도 : 뜨거운 스프는 뜨겁게 내기 위해 뜨거운 스프볼에 내고 찬 스프는 접시도 차게 해서 낸다.

③ 장식

· 장식하는 것 (콘소메는 장식에 따라 이름이 달라진다.)

· 뿌리는 것 : 맑은 스프는 차이브나 파슬리 다진 것을 뿌린다.

④ 스프의 분류에 따른 종류

⑤ Potage와 Fond

· Fond는 영어로 stock이며, 소뼈, 닭뼈, 채소, 향신료 등을 물을 부어서 끓여낸 국물이다.

· 서양조리에서 요리의 바탕으로 요리의 맛을 결정하는 가장 기본이 된다.

· Stock과 유사한 용어인 bouillon은 fond와 달리 pot-au-feu, consomme 등의 soup을 만들기 위한 것이 많다.

· Fond(stock) 조리의 유의사항

㉮ 고기나 뼈의 선택을 잘 해야 한다. : 육류는 운동을 많이 하는 부분이 콜라겐이 많으므로 끓였을 때 젤라틴이 많아 스톡에 윤기가 난다. 즉, 도가니, 사태, 다리뼈가 좋다.

㉯ 끓이기 전에 뼈의 피와 불순물을 제거한다. : 뼈의 피와 불순물을 제거하기 위하여 찬물에 충분히 담갔다가 데치는 방법이 있다.

㉰ 찬물로 끓인다. : 찬물은 식품 중에 있는 맛, 향, 등의 요리의 질을 향상시키는 식품의 성분을 잘 용해시켜 준다. 또한 찬물로 끓여야 남아있는 핏물이 떠오르게 되므로 쉽게

걷어낼 수 있다(뜨거운 물로 스톡을 끓이게 되면 불순물이나 피가 빨리 응고되어 떠오르지 않고 국물 속으로 퍼져 탁하게 된다. 육류의 피는 계란 흰자를 넣어서 맑게 할 수 있다.).

㉣ 거품 및 불순물을 제거한다. : 스톡을 끓이면 처음 끓어오를 때 불순물이 가장 많으므로 스키머(skimmer)로 제거한다. 끓는 도중에 계속해서 걷어낸다. 뼈속의 불순물과 피를 제거하여야 스톡의 색이 깨끗하게 맑게 된다.

㉤ 불조절에 주의한다. : 스톡을 끓이는 데 있어서 중요한 것은 불 조절이다. 불 조절은 처음에는 끓는 온도까지 센불로 끓이다가 스톡이 끓어오르면, 즉 100°C가 되면 떠오르는 거품을 걷어낸 뒤 중간불에서 (85~97°C)로 은근하게 계속해서 끓여야 한다.

㉥ 끓이는 동안에 거품을 수시로 제거한다. : 거품제거가 혼탁도를 줄일 수 있으며 향신료와 채소는 첫 거품 제거 작업이 끝난 다음에 넣어주면 좋다.

㉦ 스톡을 거른다. : 원뿔체(China Cap)에 소창을 여러겹을 깔고 국자로 떠서 거른다.

㉧ 될 수 있는 대로 빨리 식힌다.

- 식히는 그릇 : 알루미늄, 스테인리스 스틸 등의 금속그릇에 담아 식혀야 열전도율이 높아 빨리 식는다.
- 식히는 법 : 얼음물에 담그고 싱크대에 넣은 다음 물이 계속 흘러내리도록 수돗물을 틀어 놓는다.

㉨ 완성된 스톡을 잘 저장한다. : 뚜껑이 있는 그릇에 스톡을 넣어 냉장고나 냉동고에 보관한다.

㉩ 기름을 제거한다. : 불에서 서서히 끓이면 자연스러운 정화작용이 활발히 일어나서 fond가 맑은 육수가 된다. 센불에서 끓이면 강한 열로 인해서 고기, 뼈의 섬유 조직이 파괴되기 때문에 탁한 육수가 된다.

⑥ Potage의 종류

종 류	내 용
1. Potage Claire (Clear Soup)	맑은 스프 : clear stock 또는 broth를 사용하며 농축하지 않는다. ① Consomme : beef, chiken, fish, game consomme ※ 주재료 : 브이용(Bouillon), 달걀흰자, 향신채소, 향신료 ② Brothn : beef, chiken, fish, game broth ③ vegetable : minestrone, pistou Liaison을 사용하여 걸쭉한 상태의 soup
2. Potage Lie (Thick Soup)	① Cream soup : Bechamel(roux+milk, cream), Velote(roux+stock) roux에 크림과 우유를 첨가하여 만든 스프 ※ 주재료 : 채소나 고기 puree, White stock이나 우유, White roux, 크림

② Potage soup : 보통 두류를 사용하여 liason이 따로 넣지 않고 두류의 전분질을 이용하여 농도를 걸쭉하게 한다.

※ 주재료 : 콩과 채소, stock, 농후제(roux나 기타), 크루톤

③ Puree soup : 익힌 채소를 으깬 Puree와 bouillon을 합하여 만들며 cream은 넣지 않는다.

④ Chowder soup : 주재료가 조갯살과 감자를 이용한 스프

※ 주재료 : 생선이나 조개류, stock(스톡), 농후제(roux, 달걀노른자, 전분), 생크림(마무리)

⑤ Bisques soup : 갑각류(shell fish)로 만든 진한 맛의 어패류 스프

※ 주재료 : 갑각류, stock, 농후제, 크림

⑥ Special soup : 맑은, 진한 과일 스프 등 각국의 전통 스프

- 프렌치 어니언 스프(French Onion Soup) : 프랑스식 양파스프
- 보르시(Borscht) : 러시아와 폴란드식 스프로 신선한 비트를 이용하여 만든 스프. 차거나 뜨겁게 먹을 수 있으나 반드시 생크림을 장식한다.
- 미네스트로니(Minestrone) : 파스타와 콩을 주재료로 하는 이탈리아 스프
- 아브고레모노(Avgolemono) : 치킨 브로스, 달걀노른자, 레몬주스로 만든 그리스 스프
- 가스파쵸(Gazpache) : 남 스페인의 Andalusia 지방에서 유래한 여름 스프. 이 스프는 가열하지 않고 토마토, 피망, 양파, 샐러리, 오이, 빵가루, 마늘, 올리브 오일, 식초, 레몬주스 등을 함께 섞어 퓨레처럼 만든 스프
- 기타로는 인도의 카레스프, 한국의 설렁탕 등이 있다

⑦ Fond(stock)의 종류

종 류	내 용
Fond Blanc Beef stock, veal stock chicken stock (white stock)	· 쇠고기, 소뼈, 닭고기, 야채를 사용하여 맑은 육수를 만든다. 한국의 호텔에서 주로 스프, 소스의 기본에 사용한다. (White stock are made by combinding all of the ingredients with a cool liquid and gently simmering them over gentle heat) Bone : Beef, Veal, Chicken Mirepoix : Onion, Carrot, Celery Aromatics : Bay Leaf, Thyme, Peppercorns, Parsley stem, Whole Clove

Fond Brun (Brown stock)	· 쇠고기, 소뼈와 야채를 갈색으로 타지 않게 잘 볶아서 수돗물을 붓고 끓인다. (Brown stock indicate roasting or sauteing the bones and mirpoix in enough fat to produce a rich mahogany color before simmmering.) Bone : Beef, veal Mirepoix : Onion, Celery, Leek Aromatics : Bay Leaf, Thyme, Peppercorns, Parsley stem ① Calamelizing Bone (뼈를 갈색으로 굽는 방법) ※ 뼈를 씻지 말고 Roasting pan에 일렬로 가지런히 놓는다. ② 190~210°C의 오븐에서 1시간 정도 구워 갈색을 낸다. 한번씩 뒤집어서 골고루 색이 나와야 한다. ③ 갈색이 나면 스톡 포트에 옮겨 담고 남아 있는 육즙을 데글라이즈 한다. ※ Calamelizing Mirepoix : Roasting pan이나 sautoir를 이용하여 뼈를 굽고 생긴기름을 넣고 채소를 갈색으로 나도록 볶는다.
Fumet de Poisson (Fumet)	· 흰 생선과 뼈, 양파와 샐러리를 잘 볶아서 백포도주를 넣어 졸이고 찬물을 부어 끓여 걸러서 사용한다. · 생선 스프나 생선 소스의 기본이 된다. (Fumets call for sweating or smothering the main in-gredients before simmering often with addition of a dry white wine.) Bone : Fish Mirepoix : Onion, Carrot, Celery Aromatics : Bay Leaf, Thyme, Peppercorns, Parsley stem, Whole clove ※ Fumet은 white stock과 끓이는 방법이 같으나 백포도주와 레몬을 첨가한다. ① 생선뼈는 잘 씻어서 데치지 않는다. ② 생선뼈의 지비성분은 빨리 우러나기 때문에 첨가되는 Mirepoix나 향신료를 잘게 썰거나 으깨어서 사용한다.

(6) Potage와 Roux

Roux는 엷은 갈색이 나도록 볶아진 버터와 밀가루의 혼합물이다. Roux는 농후제(liaisons)의 일부분으로 스프나 소스를 걸쭉하게 하여 농도를 내며 맛의 풍미를 더해 주는 역할을 한다.

Roux 100g = Butter 50g + Hard Flour 60g 정도가 알맞은 비율이다.

Appendix 02

소스의 조리용어

- 소스의 어원은 Latin어의 'Sal'에서 유래하였으며 소금을 뜻한다.
- 기본의 역할은 요리에 풍미를 보태주는 역할을 한다.
- 소스의 구성은 fond(stock)와 농도를 주는 liaison이 기본 재료가 되고, 부재료(accessory elements)을 첨가하는데 따라 파생소스가 만들어진다. Fond, wine, 부재료 등의 모든 재료가 조화있게 결합하여 그 소스의 독특한 맛을 낸다.
- 소스의 농도, 광택, 색의 세 가지가 잘 조화가 이루어지도록 조리한다.
- 소스에 포도주의 사용은 사용 전에 맛을 확인하여 소스의 맛과 조화를 이루도록 하며, 포도주의 알콜 성분을 제거하기 위하여 충분히 끓이도록 한다.
- 소스의 종류는 수백 종에 이르나 기본적으로 색깔별로 Bechamel(흰색), Veloute(황갈색), Tomato(붉은색), Espognole(갈색), Hollandaise(노란색) 등 5가지 모체 소스로 나눌 수 있으며 여러 가지 부재료에 따라 다양한 파생소스가 나온다.
- 좋은 소스 만들기 위한 조건
  ① 질이 좋은 stock(홀렌다이즈 소스인 경우에는 질이 좋은 버터)을 사용한다.
  ② 원하는 질감, 풍미, 외관을 얻기 위해 적합한 농후제를 사용한다.
  ③ 원하는 풍미를 가지기 위해서 적당한 향신료를 사용한다.

1. Liaison의 종류

Liaision은 두 가지 재료를 합하여 새로운 형태가 되는 역할이다. Roux, butter, cream과 밀가루 등의 농후제(thickening agent)가 이용된다.

달걀노른자와 크림의 혼합물로서 소스와 수프를 걸쭉하게 하고 맛을 풍부하게 하는 데 사용한다.

리에종을 첨가할 때는 뜨거운 액체에 직접 부어서는 안되며 뜨거운 액체를 리에종에 조금씩 넣어 온도를 서서히 올린 다음 리에종에 조금씩 넣어 온도를 서서히 올린 다음 리에종이 뜨거워지면 뜨거운 액체에 넣어야 달걀노른자가 익혀지지 않는다. 리에종의 비율은 무게로 크림 3에 달걀 노른자 1이다.

(1) Roux

가장 대표적인 liaison으로 밀가루와 버터를 합한 것으로 roux blanc, roux blond, roux brun 등 3가지가 있다(The mixture of egg yolks and cream that is used to enrich and slighly thicken sauces and soups is called a liaison).

① Roux의 종류

종 류	내 용
Roux Blanc	· 밀가루와 버터를 대략 1 : 1 비율로 하여 불 조정을 잘하여 갈색이 되지 않도록 잘 볶는다. · 주로 soup에 많이 사용된다.
Roux Blond	백색 Roux보다 조금 더 볶아야 하며 약한 차색이다.
Roux Brun	차복색의 Roux로서 타지 않도록 주의해야 하며 주로 소스 만드는 데 많이 사용된다.
Roux Compose	카레가 첨가된 Roux를 Compose Roux라고 한다.

② Starches : 응집력과 광택이 좋은 농축제로 corn stach(옥수수 전분), arrow root(칡전분), tapioca stach, rice(쌀) 등이다.

③ Beurre fondue : 버터와 밀가루의 비율을 1 : 2로 혼합하여 사용하며 너무 지나치게 끓이면 분리현상이 일어난다.

④ Egg yolk : 계란 노른자를 그릇에 담아 거품내어 사용한다. 때로는 cream을 첨가하기도 한다.

⑤ 기타 liaision : Bood, vegetable puree(채소 갈은 것), butter, foie gras(거위간)이 있다.

2. 소스의 종류

종 류	분 류
White sauce(흰색) (The white sauce family includes the classic sauces velote and bechamel, both produced by thickening a liquid with roux.)	① Veloute sauce : (A classic veloute is prepared by thicking a white stock(veal, chicken or fish) with blond roux.) ② Bechamel sauce : (A bechamel sauce was made by adding cream to a relatively thick veloute sauce.) ※ 기본 재료 : White Roux(화이트 루), 우유(Milk, White stock 첨가), Onion Pique(양파 정향꽂기)

Brown sauce(갈색) (The term "brown sauce" was equated exclusively with the classic sauce Espag-nole and Demiglace.)	① Espaglmore sauce : (Espaglmore sauce is prepared by bostering a brown stock with additional aromatics and thicking it with roux.) ② Demiglace : mirepoix를 볶다가 적포도주를 넣은 후 stock과 tomato paste, 밀가루를 함께 섞어 풀어서 fond de veau을 넣고 토마토와 향신료를 넣어 끓이다가 거른다. (Demiglace is made by combining equal parts of es-pangnole and brown stock and reducing brown stocks.) ③ Juslies : 구운 고기의 뼈와 고기에 stock을 넣어 서서히 오랜 시간 끓여서 농도를 걸쭉하게 만든 고전적인 소스 (Juslies are made by reducing brown stocks and thicken-ing them with a pure starch slurry.) ※ 기본재료 : Brown Roux, Brown stock, Calamelized vege-table(갈색채소), Aromatic(향신료)
Hollandaise sauce (노란색) (Hollandaise sauce is pre-pared by emulsifying melted or clarified butter (정제 버터) and water with cooked egg yolks)	① Mousseline sauce(Hollandaise+heavy cream) ② Choron sauce(Hollandaise+tomato puree, lemon juice) ③ Bearnaise sauce(Hollandaise+chopped tarragon, chervil) 앞의 우유나 물을 사용하는 소스와 다르게 버터를 사용하므로 먼저 소스에 사용되는 버터를 준비 ※ Melted Butter(녹인 버터) 무염이나 가당버터 이용 ※ Clarified Butter(정제버터) : 주로 볶을 때 사용, 우유의 고형물이 제거되었기 때문에 강한 불에서 타지 않는다.
	※ Compound Butter(혼합버터) : 버터를 크림 상태로 만든 다음 여러 가지 향신료나 허브를 섞어서 굳혀서 단단하게 만든다. 주로 뜨거운 음식 위에 단단한 버터 한 조각을 얹어 버터가 녹으면서 소스가 되도록 한다. ※ 기본재료 : Clarify Butter(정제버터), Mixed Spice(향신료), Lemon(레몬), Egg Yolk(달걀노른자)
Tomato sauce (붉은색)	① Creole ② Portuguese ③ Spanish ※ 기본재료 : Tomato, stock, vegetable(채소), Mixed Spice(향신료)
Beurre Blanc	vinegar, wine, citrus juice을 다진 shallot을 합하여 데워서 크림을 넣고 섞은 다음 잘게 다진 butter을 넣고 소금과 후추로 맛을 내어 사용

3. 파생소스

액체 + 농후제 = 모체소스 모체소스 + 첨가 향신료 = 파생소스

기 본 재 료	모 체 소 스	2 차 소 스	파 생 소 스
White Sauce(흰색) milk	Bechamel		Chedder Cream Mornay Mustard Nantau Soubise
Blond Sauce(황갈색) White Veal Stock	veal veloute allemande	——→	Aurora Curry Hungarian Polutte
Chicken Stock	Chicken Veloute	Supreme ——→	Bercy Curry Hugarian Mushroom
Fish Stock	Fish Velote	White Wine Sauce	Bercy Herb Mushroom Normandy
Brown Sauce(갈색) Brown stock	Espangnole ——→ Fon Lie ——→	Demiglaze	Bercy Bordelaise Charcutiere Chsseur Diable Lyonnaise Maderia Mushroom Perigueux Piquante Robert
Tomato Sauce(붉은색) Tomato+Stock	Tomato Sauce	——→	Creole Portuguese Spanish

Hollandise Sauce (노란색)	Hollandise	——→	① Maltaise ② Mousseline
Butter	Bearnaise	——→	① Choron ② Foyot

4. 소스의 마무리

소스를 끓이고 난 뒤 소스의 윤기와 풍미와 부드러운 감촉을 주기 위해 마무리 작업을 한다.

① 졸이기(reduction) : 알맞은 농도를 얻기 위하여 졸인다.

② 거르기(straining)

- 소스의 부드러운 감촉을 살리기 위해 거르는 작업을 한다.
- 농후제로 사용한 덩어리와 기타 재료가 걸러지게 한다.
- 눈이 촘촘한 원뿔제나 소창으로 걸러내서 더욱 부드럽게 한다.

③ 버터몬테(Butter Monte)

- 정제되지 않은 일반 신선한 버터를 이용하여 마무리 작업에 이용한다.
- 소스의 윤기와 풍미를 주기 위해 whisk로 조금씩 저어가며 첨가한다.

03 Appendix 샐러드 조리용어

1. 샐러드의 개요

샐러드란 여러 가지 차가운 계절채소 및 허브와 과일 등을 이용해서 소스를 곁들인 것을 일컫는다. 원래 샐러드는 소금을 뿌려 먹던 습관에서 생긴 것으로 기원전 로마, 그리스 시대부터 먹었던 것으로 전해져왔다.

샐러드는 육류 섭취와 함께 먹는 것이 일반적이며, 현재는 주식으로 샐러드를 많이 먹고 있다.

(1) 애피타이저용 샐러드 (Appetizer Salad)

식사의 첫 번째 순서에 식욕을 돋우기 위하여 애피타이저로 샐러드를 사용하기도 한다.

① 식욕을 돋우어 줄 수 있어야 한다.
② 너무 양이 많아서도 안되지만 하나의 코스로 충분할 만큼의 양은 되어야 한다.
③ 치즈, 사라미, 새우, 게살, 햄 등과 같은 재료를 채소와 함께 사용하여 단순함을 피한다.
④ 접시에 예쁘게 담고 장식을 잘하여 다음 음식에 대한 기대감이 생기게 한다.

(2) 식사에 곁들이는 샐러드 (Accompaniment Salad)

① 주식사에 곁들이는 샐러드이므로 주식사와 중복되는 샐러드를 만들어서는 안된다.
② 너무 양이 많아서는 안되며 주로 채소 샐러드가 어울린다.

(3) 정찬코스의 샐러드 (Main Course Salad)

① 하나의 메뉴로써의 역할을 할 수 있을 정도의 양으로 한다. 주로 사용되는 샐러드는 육류, 해산물, 달걀, 치즈 샐러드이다.
② 하나의 접시에 영양, 촉감, 풍미가 있도록 담겨져야 한다.
③ 장식을 잘 하여야 한다.

(4) 디저트용 샐러드 (Dessert Salad)

주로 과일, 젤라틴, 견과류, 크림과 같은 재료를 사용한다.

2. 샐러드 만들 때의 주의사항

① 항상 신선한 재료를 사용하여야 한다.

② 생으로 먹는 것이기 때문에 흐르는 물에 잘 씻어야 한다.

③ 삶은 감자 등은 반드시 식은 후에 샐러드로 만든다.

④ 재료의 물기는 거즈 등을 이용하여 완전히 제거하여야 소스가 잘 묻고 아삭아삭한 맛을 느낄 수 있다.

⑤ 소스는 식탁에 내기 직전에 끼얹어야 물이 생기지 않고 채소도 시들지 않는다.

3. 샐러드 조리용어

용 어	내 용
Consomme A la Royale	로얄을 네모나게 잘라 띄운 것이다. 로얄은 달걀 한 개에 노른자 3개와 180 cc 정도의 콘소메를 넣어 섞어 소창에 바친 다음 버터를 바른 시트에 담아서 오븐에 15~20분 정도 구운 것이다(Chicken consomme with garnished with curbes or lozenges of royale.)
Consomme Brunoise	당근, 무, 파, 샐러리를 아주 작은 주사위 모양으로 잘라 버터로 약간 볶아서 쇠고기 콘소메에 띄운 것(Consomme garnished with small cubes of carrot, peas, turnip, celery and chevil.)
Consomme Celestine	Crepe를 구워 좁게 잘라 콘소메에 띄운 것(Consomme lightly thickened with tapioca and ganished with julienne of crepe mixed with chopped truffles or herbs.)
Consomme Julienne	야채(당근, 무, 파, 샐러리, 양배추)과 푸른잎 허브를 가늘게 썰어 콘소메에 띄운 것(Consomme ganished with julienne of carrot, leek, turnip, celery, and cabbage plus green and chiffonade of sorrel and chervil.)
Consomme Printanier	당근, 무, 완두콩, 체빌을 공 모양으로 잘라 띄운 것(Consomme garnished with balls of carrot and ternip, pears, and chervil.)
Potage Creme	밀가루와 버터를 볶다가 우유나 크림을 넣어 만든 soup
Potage Puree	각종의 야채를 걸러 내고 진하게 만든 soup
Potage Velote	White Roux를 기본으로 하여 여러 종류의 stock을 넣어 만든 soup
Borsch	쇠고기와 야채로 만든 soup
Bisque	새우, 게, 가재, 닭 등을 끓여 만든 걸쭉한 soup
Chicken Broth	닭과 야채를 쌀과 보리를 육수에 넣어 끓인 soup
Chicken Gumbo	달과 Okra를 이용하여 만든 soup

Chowder	조개, 새우, 게, 생선류를 끓여 크래커를 곁들여 내는 soup
Moch Turtle	자라 soup
Mulligatawny	닭크림 스프에 카레를 넣어 끓인 soup
Minestrone	이태리의 대표적인 soup로서 각종 야채와 베이커을 넣어 끓이는 soup
Onion Gratin	양파를 볶아 육수를 붓고 치즈를 곁들여 내는 soup

4. 나라별 샐러드 (Green Salad)

- 프랑스 : Salad de Saison
- 이태리 : In-Salata Mista dia Stagione
- 영국 : Season Salada
- 독일 : Rohkust-Salat

5. 샐러드의 구조

용 어	내 용
바탕 (Base)	샐러드 채소로 구성되며, 그릇을 채워주는 역할과 사용된 본체와의 색의 대비를 이루는 것이다. 바탕의 재료는 넓은 잎을 사용하는데, 양상추가 이용
주재료 (Bady)	샐러드의 중요한 부분이며, 사용된 재료의 종류에 따라 결정된다.
드레싱 (Dressing)	드레싱은 샐러드의 전반적인 성공여부에 중요한 역할을 하며 맛을 증가시키고 가치를 돋보이게 하며 소화를 도와준다.
가니쉬 (Garnish)	· 곁들임의 주목적은 완성된 제품을 아름답게 보이도록 하며, 형태를 개선시키고 맛을 증가시키는 역할을 한다. · 곁들임은 항상 단순해야 하며 고객의 관심과 식욕을 자극하는데 도움이 되어야 한다.

6. 샐러드의 종류

(1) Simple salad(순수 샐러드)

① Green Salad

lettuce(상추), chicory (치커리), endive(엔다브) 등을 깨끗이 손질하여 물기를 거두어 차게 보관하였다가 한입에 먹기 알맞은 크기로 잘라서 섞어서 접시에 담고 dressing은 3~4가지 준비하여 손님의 취향에 맞는 것을 선택한다.

② Garden salad

lettuce(양상치), chicory(치커리), cucumber(오이), carrot(당근), tomato(토마토), red onion(붉은 양파), radish(래디쉬)을 이용한다.

③ Spinach and mushroom salad

spinach(시금치), mushroom(버섯), tomato(토마토), chopped boiled egg(다진 삶은 달걀), spring onion, chopped bacon(다진 베이컨), green olive(올리브), turnip sprout(무순) 등을 이용한다.

④ Chef's salad

lettuce(양상치), chicory(치커리), cumcumber(오이), carrot(julienne)당근, celery(샐러리), tomato(토마토), cooked turkey meat(조리된 칠면조 고기), ham, swiss cheese를 재료로 이용하여 가니쉬로 삶은 달걀, radish, pimento(피망)으로 장식한다.

(2) Mixed Salad

① Ceasar salad

- 샐러드는 손님 앞에서 직접 큰 나무 볼에다 드레싱을 만든 후 채소를 넣어 버무려서 서브한다.
- base : lettuce(양상치) : dressing : chopped garlic(다진 마늘), anchovy fillet, mus-tard, egg, yolk, salad oil, lemon, juice, vinegar, salt, pepper를 섞어서 드레싱한다.
- ganish : bacon(chopped), bread crouton(글루톤), parmessan cheese, tomato

- 샐러드의 조리용어

용 어	내 용
Alice (엘리스)	네모나게 썬 신선한 파인애플, 상치 잎, 1/4로 썬 왕귤에 석쇠에 구워 으깬 개암을 뿌리고 소금, 후추, 식용유, 레몬즙 등으로 레몬 드레싱을 만들어 첨가하여 맛을 낸다.
Aida (아이다)	롤라로사에 토마토 얇게 썰어두고, 아티초크 밑 부분, 쥴리안으로 썬 초록색 피망과 얇게 썬 삶은 계란 흰자를 위에 놓고, 굵은 체에 내린 삶은 계란 노른자를 뿌려 덮고 나서 겨자를 혼합한 드레싱이나 소스로 양념한다.
Andalouse (앙달루즈)	1/4로 썬 토마토를 줄리안으로 썰어놓고 맵지 않은 피망과 약간의 마늘, 다진 양파, 파슬리에 드레싱이나 소스를 넣어 양념하여 완성한다.
Bagatelle (바가뗄)	쥴리안으로 썬 당근과 버섯, 아스파라거스 끝부분에 드레싱이나 소스를 놓는다.

Chatelaine (샤뜰렌느)	삶은 계란, 송로버섯, 아티초크 밑 부분, 감자 등을 얇게 썬다. 다진 타라곤을 첨가한 초기름 소스를 넣는다.
Chiffonnade (쉬퐁나드)	상추(Laitue), 로메인상치(Romaine), 물냉이(Cresson) 등을 준비하고 삶아서 다진 계란, 쥴리안으로 썬 무류를 담는다.
Fantaisie (팡떼지)	쥴리안으로 썬 샐러리, 네모나게 썬 사과, 파인애플을 담고 주위에는 쥴리안으로 썬 로메인상추(Romaine)을 담는다.
Lorette (로레뜨)	콘샐러드, 쥴리안으로 썬 샐러리와 무에 초 기름소스를 친다.
Manon (마농)	양상추 잎에 1/4로 썬 왕귤을 넣고 레몬즙, 소금, 설탕, 후추 등을 넣은 드레싱이나 소스를 친다.
Maraichere (마레셰르)	Raiponce, Salsifis싹, 얇게 썰은 Celeri-Rave를 감자와 무로 장식하고 줄로 썬 서양 고추냉이를 첨가한 크림겨자 소스를 곁들인다.
Mimosa (미모사)	반으로 썬 상추의 속부분에 1/4로 썬 오렌지와 껍질을 벗기고 씨를 뺀 포도를 가득 넣고 얇게 썬 바나나를 곁들여서 크림과 레몬즙을 넣는다.
Mona-Lisa (모나리사)	반으로 썬 상추의 속 부분 위에 줄리안으로 썬 사과와 송로 버섯을 섞어서 각각 넣고, 별도로 소스 그릇에 케첩소스를 조금 넣어 마요네즈를 담아낸다.
Nicoise (니쇼와즈)	초록색 제비콩에 1/4로 썬 토마토, 얇게 썬 구운 감자를 염장 앤초비, 올리브, 케이퍼로 장식하고 드레싱이나 소스를 끼얹는다.
Ninon (니농)	상치를 1/4로 썰어 담고, 1/4로 썬 오렌지살 부분으로 장식한 다음 오렌지 주스, 레몬즙, 소금, 식용유 등으로 소스를 만들어 양념한다.
Paloise (빨로와즈)	아스파라거스 끝부분과 1/4로 썬 아티초크, 쥴리안으로 썬 Celeri-Rave에 겨자 친 초기름 소스를 끼얹는다.
Russe (뤼스)	Jardiniere로 썬 당근과 순무, 작은 막대모양의 초록색 제비콩, 작은 완두콩, 네모로 썬 송로 버섯 구운 것, 햄, 네모나게 썬 소혀(OX-Tongue), 바다가재, 작은 오이, 소시지와 염장한 안초비, 케이퍼를 보기 좋게 장식하고 마요네즈 소스를 곁들인다.
Waldorf (월돌프)	네모나게 썬 샐러리, 사과, 바나나와 1/4로 썬 껍질 벗긴 호두를 믹싱볼에 담고 마요네즈와 휘핑크림을 혼합하여 접시에 담는다.

② Sea food salad

㉮ base

- sea food 데치거나 삶아서 익힌다.

halibut fillet(넙치), mussel(홍합), clam(대합), shrimp(새우), squid(오징어), crab meat(게)
- vegetable 씻고 다듬어서 적당한 크기로 잘라 놓는다.
  lettuce(양상치), tomato, black olive, green olive,

㉯ dressing : salde oil, salt, pepper

③ Macaroni salad

㉮ base : boiled macaroni(마카로니), American cheese(small dice), ham(small dice), green pimento(피망), red pimento, celery(샐러리)를 잘라서 사용한다.

㉯ garnish : paprika powder(파프리카 분말), parsley chop(다진 파슬리)

㉰ dressing : mayonnaise(마요네즈), dil, vinegar, salt, pepper, lemon juice

④ Sweet corn salad

㉮ base : sweet corn(옥수수), green pimento(피망), red pimento(붉은 피망), onion(양파), ettuce(양상치)

㉯ garnish : parsley(파슬리)

㉰ dressing : oil, vinegar, sail, pepper, lemon juice

7. Dressing

드레싱은 샐러드에 곁들이거나 혼합해서 제공하며, 수분을 보존하며, 맛을 향상시키고 때로는 결합체의 역할과 장식 또는 음식의 가치를 높여주며, 감촉을 부드럽게 해주는 윤활유로서 소화를 촉진시킨다.

(1) 분 류

① Oil and Vinegar Dressing(Vinaigrette Dressing) : 기름과 식초 드레싱. 가장 기본적인 프렌치 드레싱은 기름, 식초, 소금, 후춧가루가 일시적으로 유화되는 드레싱으로 오일과 식초의 비율이 3 : 1이 표준이다.

② Mayonnaise-based Dressing : 마요네즈가 기본이 되는 드레싱

③ Cooked Dressing : 조리한 드레싱(마요네즈와 비슷하지만 기름이 거의 들어 있지 않다.)

(2) 재 료

① 기름

옥수수기름, 면실유, 카놀라, 콩기름, 땅콩기름, 올리브 기름, 호두기름

② 식초

- Cider Vinegar(사이다 식초) : 사과로 만들며 갈색이면서 가벼운 단맛이 있고 사과맛이 난다.
- Distilled Vinegar(증류식초) : 곡주를 증류하여 만든 식초로 중성적인 맛이다.
- Wine Vinegar(와인식초) : 포도주향을 가진다.
- Sheery Wine Vinegar(쉐리식초) : 쉐리 와인으로 만들어 독특한 향이 있다.
- Balsamic Vinegar(발사믹식초) : 나무통에 숙성시킨 특수와인 식초로 연한 갈색을 띄며 약간의 단맛이 있다.

③ 레몬주스 : 식초 대신에 레몬주스를 사용한다.

④ 달걀노른자 : 마요네즈나 다른 드레싱의 유화제로 필수적이다.

Appendix 04 앙트레

용 어	내 용
Beignets	Fritter에 가까운 요리로 튀김요리와 비슷함
Blanquett	희색 스튜로서 삶은 송아지 요리
Bouchees	파이에다 한입에 먹기 쉽도록 새우, 조개류의 살을 조미해서 넣은 것
Brochettes	각종의 고기를 주재료로 야채를 사이사이 끼워 굽는 석쇠구이
Coquilles	조개껍질을 이용하여 여러 가지를 넣어 볶은 것
Cotelettes	영어로 Cutlet이라 하며 고기를 얇게 썰어 옷을 입혀 굽는 것
Croquettes	닭, 날짐승, 생선, 새우 같은 것을 주재료로 하는 것
Crepinettes	고기를 저며서 돼지의 내장을 싸서 구운 것으로 순대와 비슷
Fricassee	주로 날 짐승고기를 튀겨 계란을 곁들인 요리
Marengo	닭을 잘라서 버터로 튀겨 계란을 곁들인 요리
Parmentier	감자요리
Pilaff	볶음밥 같은 것으로서 쌀에다 고기 등을 넣어 볶는 것
Rissoles	날짐승의 내장을 저며서 파이 껍질에 싸서 기름에 튀기는 것

1. 쇠고기를 이용한 앙뜨레의 종류

용 어	내 용
Chateaubriand	Filet의 가운데 부분을 두껍게 잘라서 굽는 최고급 steak
Tournedos	Filet의 앞쪽 끝부분을 잘라내어 굽는 steak
Filet Mignon	Filet의 꼬리 쪽에 해당하는 세모꼴 부분을 베이컨으로 감아 구워내는 steak
Sirloin Steak	소 허리 등심에서 추출

Pcrter House Steak	소갈비 등심에서 추출(T-bone, Rib, Club Steak)
Rcund Steak	소 허벅지에서 추출
Rump Steak	소 궁둥이에서 추출
Flank Steak	소 배 부위에서 추출

2. 쇠고기 안심 스테이크 굽는 방법

용 어(굽기 정도)	내 용
Bleu (Rare) 50~52°C	색만 살짝 내어 표면이 응고되고 속은 따뜻하게 하여 자르면 피가 흐르고 손으로 눌렀을 때 질감이 젤리처럼 부드럽다.
Saignant (Medium-Rare) 55°C	Bleu보다 조금 더 익힌 것으로 자르면 피가 보이도록 하여야 한다. 스테이크를 눌렀을 때 약간의 탄력이 있다.
A Point (Medium) 60°C	절반 정도를 익히는 것으로 자르면 붉은 색이 있어야 한다. 스테이크를 눌렀을 때 탄력이 좋아야한다.
Cuit (Medium-Welldone)	거의 다 익히는 것으로 자르면 가운데 부분에 약간 붉은 색이 있어야 한다. 약간 단단한 느낌이 들어야한다.
Bien Cuit (Welldone) 70°C	속까지 완전히 익혀지면 단단하다. 송아지는 77°C 정도이며, 돼지고기와 양고기는 85°C 정도

05 Appendix 디저트(Dessert)

디저트는 식사의 마지막에 제공되는 음식으로 식탁을 깨끗이 치운 다음 제공된다. 디저트는 앞서 나온 음식과 조화를 이루어야 하며 식사가 간단하면 양이 많거나 장식이 많은 디저트가 나와야 하며 식사가 무거우면 간단하고 산뜻한 디저트가 어울린다.

- 파이류(pie) : 후식에 사용되는 파이의 채우는 재료는 주로 과일을 많이 쓴다.
- 과일류(Fruit) : 디저트에 사용되는 과일은 제철과일이 가장 좋으나 일반적으로 딸기를 많이 이용한다.
- 케이크류(Cake) : 달고 부드러운 케이크를 주로 사용한다.
- 젤라틴(Gelatin) : 과일주스를 주로 이용하며 산뜻하고 아름다운 색을 이용하여 젤라틴을 만들어 사용, 여러 가지 과일이나 채소즙을 부드럽게 굽힌 것
- 푸딩(Pudding) : 달걀과 생크림을 주재료로 하여 부드러운 맛을 살려 만든다.
- 아이스크림류(Ice Cream) : 달걀, 설탕, 우유가 주재료로써 여기에 여러 가지 과일 향을 첨가하여 만든다.
- 셔벳(Sherbet) : 과일과 리큐르를 배합하여 냉각시킨 얼음과자의 일종이다.
- 치즈류(Chesses) : 여러 가지 천연치즈를 그대로 제공하기도 하고 치즈를 이용하여 만든 치즈 케이크, 치즈 수플레, 치즈 스튜 등을 만들어 낸다.
- 크레이프(Crepes) : 밀가루, 설탕, 소금, 우유, 버터로 얇게 밀전병처럼 구워 Brandy로 Flambe하여 설탕에 졸인 뒤 여러 가지 과일을 곁들여 내기도 한다.
- 패스트리(Pastry) : 밀가루 반죽에 기름이 많이 들어간 것

1. 디저트 소스

(1) Custard Sauce

디저트 소스의 가장 기본이 되는 소스류로 초콜릿이나 다른 맛을 첨가할 수 있다.

부록

(2) Fruits Puree

과일즙을 설탕으로 단순히 맛을 낸 것이거나 전분으로 걸쭉하게 만들기도 한다.

(3) Syrups

설탕과 물로 만든 시럽뿐만 아니라 초콜릿 소스와 캐러멜 소스도 포함한다.

2. 디저트 조리용어

용 어	내 용
Bavarois	크림, 달걀, 젤라틴을 원료로 만든 것
Beignets	과일에 반죽을 입혀서 식용유에 튀긴 것
Blanc Manger	밀크 콘스타치를 젤라틴으로 구운 것
Bombe	French Dessert Mode of Ices Whipped Cream and Various Fruits 2중 빙과로 휘핑크림이나 여러 가지 과일을 이용하여 만든 디저트의 일종
Charlotte	Finger 비스킷을 껍질로 하여 속에 우유를 넣어 차게 한 것
Creme de Fromage	치즈를 밀크에 붓고 후추, 소금, 파프리카 등을 푸딩관에 넣어 차게 한 것
Crepes	밀가루, 설탕, 계란 등으로 만든 팬케이크의 일종
Ice Cream	유지방을 사용한 빙과
Mousse	계란과 크림을 섞어 글라스에 차게 한 것
Pailles au Fromage	밀가루+우유+버터에 치즈를 섞어 얇게 밀어서 동그랗게 말은 다음 썰어서 오븐에 구워 낸 것
Peach Melba	아이스크림 위에 복숭아 조림을 올려놓은 것
Pudding	밀가루, 설탕, 계란 등으로 만든 젤리 타입의 유동물질
Sherbet	과즙과 Liqueur로 만든 빙과
Souffle de Feomage	크림소스에다 스위스치즈나 가루치즈를 섞어 오븐에 구워 낸 것

Appendix 06

야채와 육류 & 생선류와 썰기용어

썰기 용어	국 어	방 법
Chiffonade	쉬포나드	실처럼 가늘게 써는 것, 2~3 mm의 폭으로 5~6 cm 정도의 길이
Julienne	쥬리엔	1~2 mm의 두께로 얇게 써는 것으로, 길이 5 cm 정도
Hacher	아세	잘게 써는 방법으로 모든 식재료에 이용됨(썰면서 짓이기지 말고 각이 지게 다져야 한다)
·크기 순서 : Brunoise → Jardiniere → Macedoine		
Aiguillette	에지레떼	닭의 가슴살, 소고기류의 잘게 썬 고기
Allumette	알루메트	작은 성냥을 뜻하므로, 성냥개비처럼 썬다.
Brunoise	브르노와즈	채소를 작은 주사위(1~2 mm) 모양으로 써는 방법. 소스나 스프에 Garniture로 많이 이용함
Batonnette	바토네	작은 막대기처럼 썰리(6 cm×6 mm×6 mm). 썰기의 숙련이 필요한 기초과정
Chateau	샤토	6 cm 정도 길이의 타원형, 감자의 모양 썰기로 원래의 뜻은 성이다.
Cheveux	쉬브	머리카락처럼 얇게 가늘게
Chiffonade	쉬포나드	실처럼 가늘게 써는 것, 2~3 mm의 폭으로 5~6 cm 정도의 길이
Concasse	콩카세	가로, 세로 1.5 cm의 정사각형으로 얇게 써는 것
Cornet	코르네	나팔처럼 감거나 모양을 내어 자르는 방법
Cube	큐브	가로, 세로 1.5 cm의 주사위형으로 써는 것
Darne	다니	생선류를 통째로 뼈있게 토막으로 자르는 것
Des	데즈	Cut in Dice (1 cm×1 cm×1 cm)
Domino	도미노	1.5 cm 정도의 장방형으로 자르는 방법
Endes	엔데즈	Cut in Dice (5 mm×5 mm×5 mm)
Emincer	에망세	1~2 mm 정도의 넓이로 얇게 써는 방법으로 양파나 버섯을 썰 때 많이 이용하는 방법이며, 재료에 따라 크기가 달라질 수 있다.

Emincer Ronde	에망세 론드	둥글고 아주 얇게 써는 것
Emincer Ovale	에망세 오발	타원형으로 얇게 써는 것
Escalope	에스카롭	육류를 넓게 저미는 것
Hacher	아세	잘게 써는 방법으로 모든 식재료에 이용됨(썰면서 짓이기지 말고 각이 지게 다져야 한다.)
Julienne	쥬리엔	1~2 mm의 두께로 얇게 써는 것으로 길이 5 cm 정도
Jardiniere	자흐디니에	샐러드에 많이 쓰이는 썰기법으로 3~4 mm의 주사위형, 굵기와 넓이를 유지함
Lame	라므	레몬의 썰기 방법으로 얇게 Slice하는 것
Macedoine	마세두앙	Jardiniere보다 조금 더 큰 주사위형으로 썰음. 더운 요리에 활용. 스프, 소스, 고기류 등(과일과 야채를 혼합한 것)
Mirepoix	밀포아	소스를 만들 때 이용하는 것으로, 야채류를 1 cm 정도 크기로 썰음(당근, 샐러리, 양파 등)
Noisette	누아제트	지름 3 cm 정도의 둥근형
Olivette	올리베트	올리브형으로 Chateau보다 올리브형으로 자르는 방법
Pallie	페일레	스트로우형
Paysanne	뻬이잔느	채소를 잘게 TJ는 방법으로 스프의 Garni로 활용. (야채 스프)작은 조각 모양으로 썰음.
Parisienne	파리시앙	가로, 세로 6 mm 정도, 길이 6 cm로 길게 써는 것
Pont-Neuf	퐁누프	가로, 세로 6 mm 정도, 길이 6 cm로 길게 써는 것
Printanier	프랭타니에	가로, 세로 3.5 cm의 주사위형 또는 세로 1 cm의 다이아몬드형
Rondelle	롱델	둥글게 써는 것
Ruban	루반	리본형으로 자르는 방법
Russe	뤼스	가로, 세로 5 mm, 길이 3 cm로 써는 것
Salpicon	살피콘	작은 정사각형(5~7 mm 정도의 크기)
Strip	스트립	쥬리엔 슬라이스보다 조금 더 길게 썰기
Touner	투르네	돌리며 모양을 내는 것(Boiled Potatos, Champignon Tourne)
Trancher	트랑세	고기류, 생선류를 작은 조각으로 자르는 것(3 cm 두께)
Trancon	트랑숑	토막으로 자르는 것(생선류를 통째로 뼈 있게 토막으로 자르는 것)
Vichy	비취	약 2 mm의 두께로 가는 원형으로 썬다.

4. 레몬(Lemon/Citron) Cutting

용 어	내 용
Lemon Half Cutting	레몬을 가로로 절반을 잘라낸 것
Lemon Ribbon Cloth	레몬을 가로로 절반을 잘라 낸 것을 망사로 포장 한 것
Lemon Star	레몬의 심이 닿는 중심 부분까지 산 모양으로 지그재그 칼집을 넣어 반으로 나누어 별모양을 만들어 낸다.
Lemon Ring Slice	레몬을 가로로 둥글고 얇게 썬 것
Lemon Twist Slice	레몬을 가로로 둥글고 얇게 썬 것을 반쪽만 커팅하여 지그재그로 말은 것
Lemon Half Slice	레몬을 세로로 반을 커팅하여 얇게 또는 약간 굵게 슬라이스 한 것
Lemon Wedge	레몬을 세로로 반을 커팅하여 4등분으로 세로로 잘라낸 것
Lemon Wedge Ribbon	Lemon Wedge의 껍질부분 한 쪽을 얇게 썰어 내어 리본처럼 말아 끼워 모양을 낸 것
Lemon Segment	레몬의 껍질을 제거하고 알맹이를 세로로 막을 제거하여 Wedge형태로 만들어 낸 것
Lemon Segment Dice	Lemon Segment 를 사각형으로 썰은 것
Lemon Peel	레몬의 껍질
Lemon Zest Julienne	Lemon peel 을 얇게 만들어 내어 실처럼 가늘게 썬 것
Lemon Zest Fine Chop	Lemon peel 을 얇게 만들어 내고 곱고 잘게 썬 것

Appendix 07 식(食) 재료

1. Boeuf & Veau / Beef & Veal (소고기 & 송아지)

불 어(Franch)	영 어(English)	국 어(Korea)	비 고
Tete(떼뜨)	Head	머리부분	
Boeuf(뵈프)	Beef	소고기	
Collier(꼴리에)	Neck	목부분	꾸리, 목덜미
Paleron au Epaule (빨르홍 에뽈)	Chuck or Shoulder	어깨살, 꾸리살	앞 어깨
Cotes au Train (꼬뜨 트행)	Rids, Prime Rids	갈비살	등심부분
Contre Filet (꽁트흐 필레)	Porter – House	허리부위(등심살)	등. 안심부분
Aloyau (알와이오)	Sirloin	허리부위[꽃등심]	우육의 허리부분 또는 등심 부위를 포함하는 절단부
Longe(롱–주)	Loin	허리부분	소, 돼지의 등심
Romsteck (홈스떼끄)	Rump or Rumb Steak	엉덩이살	소의 엉덩이고기 (방심 부분, 상)
Culotte(뀔로뜨)	Aitch–Bone	볼기뼈와 살	
Poitrine(뿌와트힌느)	Brisket	가슴부위	흉부살
	Head Brisket	양지머리	
Boite a Noelle	Shank	정강이 다리살	앞다리허벅지, 윗부분
	Buttocks	볼기살	
Plat de Cotes(꼬뜨)	Plate	앞갈비부분	
Bavettd D'aloyau	Skirt	뒷갈비 부분	
Glode au Cuisse(뀌쏘)	Round	정육, 방심볼기	넓적다리
Gite au Trumeu(지뜨)	Shank	허벅지살. 사태	다리부분. 상

	Eye Shank	아롱사태	
Crosse	Shink	정강이살	다리부분. 하
Flanchet(플랑세)	Flank	옆구리 부위	배부분
	Strip Loin	껍질 벗긴 등심	• New York steak : 또는 shell steak라고 하며 쇠고기의 가장 부드러운 short loin에서 만든다.
	Top sirloin		
	Rib Eye		
	Rib w/Bone		
Filet(필레)	Tenderloin [Fillet]	안심. 넙적다리살	가장 연하다. 고기 등 부분의 살과 허리 윗부분과 갈빗대 중간
	Fore Quarter	안심. 앞부분의 1/4	
	Hind Quarter	안심. 뒷부분의 1/4	
Boeuf	Beef	소고기	
Oreille(오헤이으)	Ear	귀	
Langue(랑그)	OX-Tongue	혀 [우설]	혓바닥 고기를 훈제
Jarret(자헤), Gigot(지고)	Leg	다리	소나 돼지의 관절부분 고기
	Foot	우족	
Cuissot((뀌쏘)	Knuckle	우족 [관절]	허벅살
Queue(끄)	OX-Tail	우꼬리	
	T-Bone Steak	티본 스테이크	
	Knee Bone	도가니뼈	
	Marrow Bone	사골	• steak and kidney pie : 다진 쇠고기, 콩팥, 버섯, 양파, 쇠고기 육수의 혼합물로 요리된 영국의 전통요리, 주로 찜이나 파이요리 • steak au poivre : 살짝 굽거나 끓이기 전에 굵은 후춧가루를 뿌린 스테이크, 달콤한 버터 덩어리를 위에 얹는 것이 있고, 팬에서 떨어지는 기름으로 소스를 만든다.
	Marrow Bone [OX]	황소사골	
Os(오스)	Bone	우잡뼈	
	Muscles	알스지	
	Peeled Muscles [VIP]	알스지 [VIP]	
	Heart	염통 [심장]	
	Belly	양지	
	Intestine	곱창	
	Chittelings	양곱창	
	Tripe Clean	깐양	
	Stomach	양	
	Liver	우간	

Rognon(호뉴옹)	Kidney	콩팥 [신장]	
	Tripes. Cleaned	천엽	• Tripe의 3가지 종류 ① honeycomb tripe : 벌집 형태, 부드럽고 섬세한 맛 ② pocket tripe : 위 내실 끝을 절단한 것으로 주머니 모양 ③ plain of smooth tripe : 첫 번째 위, 낮은 품질
Veau(보)	Veal	송아지	
• 12주를 넘지 않은 송아지로, 우유로만 키운 것으로 무게는 평균 60~160 파운드			
Basses Cotes (바스꼬드)	Thin Ribs	갈비살	중간에 위치한 갈비와 소의 목덜미 고기
	Square	허리고기	
Quasi(꺄지)	Chump-End	살다리고기	송아지 살다리 부분의 고기
Cuisse(뀌스)	Leg	넙적다리고기	
Pis(삐)	Udder or Flank	젖통고기	소, 양, 염소의 젖통
Ris de Veau (히 드 보)	Sweet Bread	송아지목살	송아지, 새끼양의 가슴살 요리
Selle(셀)	Saddle	안장[말따위]	양쪽 허리살을 포함한 갈비 부분의 고기
Tenderloin 분류 / (안심의 분류)			
Tenderloin 3분류	Tenderloin 4분류 (1)	Tenderloin 5분류 (2)	Tenderloin 6분류
Head [Scotch Fillet]	Chateaubriand (샤또브히앙)	Tete(떼뜨)	Head [Bifteck] [1]
Hearth or Center	Filet steak	Chateaubriand	Chateaubriand [2]
	Tournedos(뚜흐느도)	Fillet	Filet steak
Point or Tip	Filet Mignon(미뇽)	Tournedos	Tournedos
	Filet Goulash(굴라슈)	Pointe ou Mignon [뿌웽-뜨 미뇽)	Filet Mignon
			Filet tip [Goulash]

- Tenderloin의 분류는 보통 5분류로 하지만 Filet tip를 포함하면 6분류로 구분할 수 있다.
- 프랑스에서는 [1]을 샤토브리앙으로, 미국에서는[2]를 샤토브리앙으로 분류하고 있다.
- 쇠고기는 암소(cows, 암컷으로 송아지를 한 마리 이상 낳은 것), 수송아지(steers, 수컷으로 매우 어릴 때 거세된 것), 암송아지(heifers, 암컷으로 송아지를 낳은 적이 없는 것), 황소(bulls, 2살 미만), 어린 육류(baby beef, 기름이 없고 연하지만 매우 풍미가 좋지는 않은 고기로 7~10개월 된 송아지 고기)
- 미국농림부(USDA)의 쇠고기 8가지 등급

Prime, Choice, Select, Standard, Commercial, Utility, Cutter, 그리고 Canner 순으로 나눈다. 등급 판정의 기준은 구조(고기 부분과 뼈부분의 비율), 마무리(기름부분과 살코기 부분의 비율)에 의한다. 일반적으로 쇠고기는 풍미와 질감 모두에 있어 18~24개월 정도일 때 최고이다. 소가 2년 6개월 이상이면 많이 성숙된 쇠고기로 분류한다.

2. Porc / Pork (돼지)

불 어(French)	영 어(English)	국 어(Korea)	비 고
Porc(뽀-흐)	Pork	돼지	
Epeule(에뽈)	Shoulder Picnic	어깨부분	
	Shoulder Butt	어깨밑부분	·ham : 돼지 뒷다리 고기로 다리뼈 중간에서부터 엉덩이뼈 사이를 가리킨다. 가공하지 않은 고기는 fresh ham이라 부르고 햄은 가공과정을 거치는 게 이는 cured ham이라 한다.
	Loin	돈등심 [잡부]	
	Round	돈방심	
	Kneck	돈목살	
	Belly	삼겹살 [양지살]	
	Tenderloin	돈안심	
	Spare Rids	돈갈비	
	Foot	돈족	돼지발과 발목은 천연의 젤라틴이 많이 함유되고 있다.
	Bulky Fat	사각기름	
Gresse	Back Fat	통기름 [비계]	
		돈기름망	
Saindoux(쌩두)	Lard	지방. 기름	정제방법에 따라 특성이 다르다.
	Skin	돈껍질	
Marcassin(마흐까쎙)	Sucking pig	어린돼지 [젖먹이]	새끼멧돼지
Sanglier(쌍글리에)	Wiid Boar	멧돼지	최대 450 LBS까지 나감

	Other Meat	기타 육류	
Agneau(아뇨)	Lamb	양	부드러운 고기로 생후 1년 미만의 양
Mouton(무똥)	Mutton	어린양	생후 2년 이상 양
	Chamois	영양	
Chevreuil(슈브회이으)	Venison [Deer]	사슴	
Here / Faon(팡)	Young Stag	새끼사슴	
	Rabbit [Hare]	집토끼	
	Warniture	산토끼	[Garennen]
Levraut(르브호)	Leveret	어린토끼	한 살된 토끼

3. Volaille / Poultry (가금류 & 들짐승)

불 어(French)	영 어(English)	국 어(Korea)	비 고
Volaille (볼라이으) [Gibier]	Poultry [Game]	가금류/들짐승	
	Poultry With White meat	흰육 가금류	
Poussin(뿌쌩)	Chick	새끼 병아리	생후 1개월[가금류 중 가장 작음]
Coq(꼭)	Cockerel	병아리	10~16 온스
Poulet de grain (뿔레 드 그헹)	Spring Chicken	영계	곡물로 기른 닭
Poulet(뿔레)	Pullet [Young Hen]	암병아리	어린 암탉으로 1년 이하
Poulet reine	Chicken	닭	생후 6개월. 800~1000 g
Poulet(뿔레)	Hen	암탉	10개월 성숙
Poularde(뿔라흐드)	Poularde	케이펀 푸랄드	특별 사육 암탉(살찐 닭) [1.8~3 kg]
	Chicken Roast	닭장	1.2~1.5 kg
	Chicken Fatted Fowl	살찌운 닭	1.6 kg 이상
Chapon (샤뽕)	Capon	식용수탉 [거세한]	8개월 성숙닭(거세한 수닭)

	Game Hen	야생닭	태어난 지 10달이 넘고 1.4~2.7 kg 나가는 암탉, 습열로 익힌다.
Coq de Bruyere	Game Hen Black	검정 야생닭	
	Korean Chicken	토종닭	
	Korean Young Chicken	토종삼계	
	Black Bone Chicken	오골계	
Dindon(댕동), Dinde	Turkey	칠면조	2~32 kg에 달하며, 일반적으로 2~4 kg 무게의 것을 칠면조 고기로 이용한다.
Dindonneau (댕도노)	Young Turkey	어린 칠면조	훈제 칠면조나 칠면조 통조림으로 이용한다.
Volaille[Gibier]	Paultry With Dark meat	흑육 가금류	
Pintade(뺑따뜨)	Guinea Fowl	뿔닭	
Canard(까나흐)	Duck	오리	·대부분의 오리는 살이 어리고 부드러울 때 나오므로 바꾸어서 사용 가능 ·8주 미만의 오리 : broiler, fryers ·16주 미만의 오리 : roasters ·일반적으로 사육한 오리의 무게는 1.4~2.5 kg으로 이용한다.
Caneton(깐똥)	Duckling	새끼오리	
Canard Sauvage (까나흐 쏘바-주)	Duck Wild	야생오리	엽조류 [야생조류]
Die	Goose	거위	프랑스 요리 중 Foie gras (살을 찌운 거위의 확장된 간 요리), Confit (거위의 지방을 그대로 익힌 거위요리)가 유명
Caneton(깐똥)	Gosling	수컷 거위	
Pigeon(삐종)	Dove	비둘기	엽조류
Faisan(프장)	Pheasant	꿩	암컷의 무게는 1.4 kg 정도, 수컷이 1.1~2.3 kg
Caille(까이으)	Quail	메추리	엽조류
	Other Meat	기타	
	Sparrow	참새	엽조류

	Wild Goose	기러기	엽조류
Poitrine (뿌와트힌느)	Breast	가슴	
	Wing	날개 [닭츄립]	
	Legs	다리	
	Giblet	근위[모래주머니]	
	Gizzard	사낭	
Oeuf(외프)	Egg	알	

4. Poissons de mer / Sea Fish (선어류 : 해수어)

불 어(French)	영 어(English)	국 어(Korea)	비 고
Poissons de mer (뿌와송 드 메흐)	Sea Fish Salt water Fish	선어류 [해수어]	바닷고기
생선의 분류 : ① 담수어(민물고기) : Poissons d'eau douce, ② 해수어 (바닷고기) : Poissons de mer			
Cabillaud (까비요)	Cod Fish	대구	· 대구는 0.7~45 kg 나가며, 훈제하거나 소금에 절이거나 말려서 저장 · 프랑스 요리 brandade와 scord는 대구를 이용한 음식
	Silver Cod Fish	은대구	
Morue (모휘)	Cod Fish Dry	마른 대구	대구를 소금에 절인 것
Aigrefin (에그흐팽)	Haddock	대구일종	
Merlan (메흘랑)	Whiting	명태	
Anchois (앙슈와)	Anchovy	멸치, 앤쵸비	
Hareng (아항)	Herring	청어	· Bismarck herring : 껍질을 벗긴 필레를 식초, 설탕, 소금, 양파를 섞어 만든 혼합물에 담가서 만든 것 · Rollmops bismarck herring : 조각을 피클이나 양파로 싸서 식초에 보관한 것 · Pickled herring : 소금물에 저장하기 전에 염장된 청어를 의미 · Kippered herring : 잘게 찢은 후에 소금을 뿌려서 말리고 cold-smoking 한 것

Poissons de mer (뿌와송 드 메흐)	Sea Fish Salt water Fish	선어류 [해수어]	바닷고기
Sardine (싸흐딘느)	Sardine	정어리	미국에서 정어리는 절이거나, 훈제되거나, 토마토소스나 겨자소스 또는 기름에 담겨 통조림으로 판매된다.
Esprot	Sprat	스프레트	훈제 통조림으로 활용
Maquereau (마끄흐)	Mackerel	고등어 [황새치]	특히 고등어의 지방은 불포화지방산이 많고 산화 및 산패되기 쉽다.
Thon(똥)	Tuna [Tunny]	참치	・고등어과 일종. 다랑어, 황새치이다. ① Albacore : 고지방으로 5~27 kg, 가장 연하며 흰살을 가진다. 가장 비싸다. ② Yellowfin tunas : 136 kg을 가지며 어육은 엷은 분홍색이며, 날개 다랑어 보다 강한 향미를 가진다. ③ Bluefin : 가장 큰 tuna, 454 kg 이상이다. 짙은 빨강으로 향미가 진하다. ④ Bonitos : 작은 다랑어로 11 kg을 넘지 않는다. 일본에서 말린 가다랭이로 가즈오부시라 한다. ・통조림된 tuna는 3등급으로 solid(fancy), chunk, flaked로 나뉜다.
Congre(꽁그흐)	Conger Eel	붕장어 [아나고]	가을이 최적기, 0.9 kg 이하의 장어가 부드러우며, 요리 전에 껍질과 지방이 있는 외층제거
Meuille	Gray Mullet	회색 숭어	
Rouget / Surmullet (후줴)	Red Snapper / Red Mullet	붉은 숭어	
Colin (꼴렝)	Hake	헤이크	검정대구, 크기는 0.5~3.6 kg, 통째로 팔거나 필레나 스테이크 형태로 판매
Barbue (바흐뷔)	Brill	브릴 [넙치의일종]	유럽산 가자미

	Sweel Fish	참복	
	Sweet Fish	은어	산란기 전 여름에 독특한 향기와 맛이 가장 좋다.
	White Bait	뱅어	3월경 뱅어 맛이 절정
Tripang	Trepang [Sea Cucumber]	해삼	
	Tilefish	옥도미	도미는 깊은 곳에 살기 때문에 강한 수압을 받아서 수분이 적고 세포가 단단해서 세균이 붙어도 쉽게 썩지 않는다. 도미는 단백질이 많고 지방은 적어 비만증을 예방하기 좋은 생선이다.
	string Fish	우럭	
	Croaker	민어	민어는 살이 백색으로 탄력이 있고 맛은 담백하고 단맛이 있다. 지방이 적당하여 맛이 좋고 특히 물고기 중에서 소화흡수가 빨라서 어린이들의 발육과 노인 및 환자의 건강회복에 널리 이용한다.
	Gizzard Shad	전어	가을(9월~11월)이 제철이며 몸의 빛은 등쪽이 누런빛을 띤 청색이며, 배쪽은 은백색을 나타낸다. 단백질이 풍부하고 지방이 비교적 많은 편 반면에 고도의 불포화 지방산을 많이 함유하고 있다.
	Hom Fish	사요리	
	Globefish	복어	· 몸이 뚱뚱하고 등지느러미가 작으며 이가 날카롭다. 종류로 가시복, 검복, 메리복, 말복, 흰점복 등이 있다. · 복어는 기름기가 적어 맛이 담백하며, 살은 회로 먹기도 하고 말려서 구워먹기도 한다. 알과 간장 및 혈액에 테트로도톡신이 있으며, 이 독은 빛깔이 없고 동물성 자연독 중에서 가장 치사율이 높다.

Coquille Saint-jacques	Scallops	관자 (가리비)	비타민 A가 많아서 시력회복 및 미용효과에 뛰어나며, 저지방 고단백질로 비만증이나 고혈압환자에 유용하다. 가리비의 패주는 고단백질, 저열량 식품으로 다이어트에 좋으며, 그 외에도 타우린이 콜레스테롤을 저하시키고, 혈압을 정상으로 유지시킨다.
Escargot(에스까흐고)	Snail	달팽이	바다우렁, 많은 양의 비타민 C와 칼슘, 마그네슘, 단백질 그 밖에 영양 함유물이 많아 건강식으로 이용한다.
	Snail-River	우렁이	우렁이는 고둥이지만 콜레스테롤 이외의 스테롤을 포함하고 있으며, 프로 비타민 D의 함량도 많은 편이다. 비타민 B1의 분해효소인 아노이린나아제도 함유한다.
	Top Shell	소라	[Turban] 스테롤은 가식부 100 g당 100 mg 정도 포함되어 있다. 특히, 소라는 소화가 안되는 사람이나 노약자에게 좋으며, 소라의 국물은 빈혈에 도움을 주며, 열을 내리게 하고 눈을 맑게 한다.
	Winkle	골뱅이	
Fruits de Mer	Mollusks	연체류	
	Sea-Squirt	멍게 [우렁쉥이]	
Ormeau (오흐모)	Abalone	전복	· 세계에 100종류 분포 · 비타민 B_1, B_2가 많고, 칼슘, 인 등의 미네랄이 풍부하여 산모의 젖이 나오지 않을 때 효과가 있다. 또 폐결핵의 특효약으로 이용되며 아르기닌이 많아서 정력증가에 효과가 있다.
Oursin(우흐생)	Sea-Urchin	성게 [운이]	

	Squid	물오징어	오징어는 풍부하게 들어 있는 타우린이 혈액 속의 콜레스테롤을 낮추고, 중성지방을 줄여 혈압을 정상적으로 유지시키고 당뇨병을 예방한다. 내장도 식용이 가능하며, 호타루 오징어는 비타민 A가 풍부하고 먹물에는 리조팀라는 방부효과가 강한 아미노산이 함유되어 있어 항암작용을 한다.
	Cuttle Fish	갑오징어	일반적으로 오징어와 일치하며 가식부 100 g에 콜레스테롤이 100~350 mg로 콜레스테롤 수치가 어패류 중에 가장 많다.
		쭈꾸미	
		꼴뚜기	
	Blue sea Cucumber	청해삼	
	Arrow Squid	한치	한치는 오징어와는 달리 짧은 다리를 보면 쉽게 구별이 되고, 머리라고 생각하기 쉬운 날개의 모양도 한치는 좀더 아래로 처지고 삼각을 이루고 있어 구별이 가능하다.
Poulpe(뿔쁘)	Octopus	문어	바다 깊은 곳에 서식하며, 두족류중 제일 크고, 아미노산 중 타우린이 34 % 함유하여 시력회복과 빈혈방지에 상당한 효과가 있으며 콜레스테롤의 담석을 녹이는 작용을 한다.
	Poulp Squid	낙지	낙지나 문어 등에는 특수성분인 타우린이 들어 있어 고유한 맛을 주고 있다. 이 타우린이 맛만 있는 것이 아니라 간의 작용을 돕고, 신진대사를 활발히 하므로 정력을 증가시키고, 냉감증을 호전하는 힘이 있다.

Tripang	Sea Cucumber	홍해삼	해삼은 영양면에서 칼슘과 요오드, 특히 알긴산을 다량 함유하고 있어 체내의 신진대사를 촉진하고 혈액을 정화한다. 해삼은 동물성 식품으로 알칼리성이다. 특히 해삼은 사포닌의 일종인 호르톡신 물질을 분비하여 다른 어류의 피해를 주는데, 이는 어류의 아가미를 통해 혈관내로 들어가 강력한 용해작용으로 혈구를 파괴하기 때문이다.
	Sea Jelly Fish	해파리	해파리는 지방이 거의 없으며, 가식부 100 g당 34 cal의 저칼로리 식품으로 비만증인 사람에게 좋다.
	Other Fish	기타 어류	
Grenouille (그흐누이으)	Frog	개구리	
	Bull-Frog	식용 개구리	
Tortue(또흐뛰)	Turtle	거북이 [자라]	
	Whale	고래	
Squale / Requin (흐껭)	Shark	상어	상어류는 보통의 경골어류와는 다른 육질이며, 상어류에 함유된 요소 및 산화트릴메틸 아민이 많이 포함되어 부패시에 암모니아와 트리메틸아민을 방출하여 강한 냄새가 난다.
	Fish Roe	어란 / 생선알	
	Red Cauiq Roe	연어알	
	Salted Pollack Roe	명란젓	
Caviar(꺄비아흐)	cavior	철갑상어알	

부록 6. Legumes / primeur / vegetables (야채 / 채소류)

(1) 야채 / 채소류

- 채소는 알칼리성이며, 원래 중국에서 온 말이며, 일본은 야채라고 함
- 영양 : 특수비타민, 무기질 다량함유. 수분 70%~80% 함유, 칼로리, 단백질이 적으며, 식이요법 활용에 좋음
- 우리나라는 원래 나물이라고 불림
- 구분은 재배나물 [남새, 채소]과 채산나물 [산채, 산나물]로 나눔

(2) 야채의 종류

① 구근성 야채 (Root and Tuber Vegetable – Legumes a Racined)

회향 (fennel), 예루살렘 아티초크 (artichoke), 당근, 감자, 샐러리 뿌리, 쐐기뿔 뿌리(nettle root), 콜라비(kohlrabi), 황색 큰무 (rutabaga), 고추냉이(horseradish), 사탕무, 선모 (salsify), 큰무

② 잎야채(Leafy Vegetables–Legumens a feuille)

스위스 근대(chard), 괭이 빵 (sorrel), 시금치

③ 줄기야채(Stem Vegetables–Legumes a cotes)

아스파라거스, 샐러리, 아티초크의 일종

④ 샐러드 야채

(3) 채소류의 분류 (사용 부위별)

분 류	이 용 채 소
종실	콩, 옥수수
구근	· [Root & Tubers = Legumes a racines] · 회향 [Fennel], 샐러리 뿌리 (악), 감자, 고구마, 당근, 무, 황색 큰무우, 사탕무우, 고추냉이, 선모
과채	· 열매와 씨를 가진 야채 [Legumes a graines et a fruits] · 아티초크, 토마토, 가지, 오이, 콩, 잠두콩, 완두, 옥수수, 호박 (Zucchini)
엽채	· 잎 야채 [Leafy Vegetables = Legumes a feuille] · 줄기, 잎을 식용하는 야채로 주로 수분이 많으며, 당질 함량과 열량이 낮다. · 스위스 근대, 괭이 빵, 시금치. 쑥갓, 샐러리, 미나리
줄기 야채	· [Stem Vegetables = Legumes a cotes] · 아스파라거스, 샐러리, 아티초크 일종 [Cardoon]

샐러드 야채	뾜상치 [Endive], 치커리[Chicory], 워터크레스[Watercress], 상치, 겨자
뿌리 야채	· [Bulbous Vegetables = Oignons] · 양파, 마늘, 부추, 작은 옥파, 셜롯 [Shallot]
캐비지	· [Cabbage = Choux] · 컬러플라워, 부로컬리, 브루셀 스프라우트, 적채, 그린 캐비지, 무결구 양배추

① 계절별 야채 분류

봄	봄 상치, 상치, 당근, 민들레, 양상치, 레디쉬, 소렐 [Sorrel], 아스파라거스
여름	아티쵸크, 가지, 콩, 완두, 오이, 양배추, 상치, 토마토, 호박 [Zucchini]
가을	감자, 양배추, 부추, 샐러리, 카둔 [Cardoons], 방풍나물 [Parsnips], 모든 구근야채
겨울	샐러리 뿌리, 사탕무우, 브루셀 스프라우트, 큰무우, 루타바가 [Rutabaga], 뾜상치 [Endive], 샐시 파이 [Salsify]

② 나라별 그린 샐러드 (Green salad)

프랑스	Salad de saison
이태리	In-salata mista di stagione
영국	Season salada
독일	Rohkust-salat

③ 야채의 성분

㉮ 탄수화물 : 과일보다 많이 함유하고 있으며 주로 전분, 섬유, 당분으로 구성되어 있다. 그 밖에 펙틴질, galtin, mannan 등과 cellulose, hemicellulose 등의 섬유소를 함유하고 있다.

㉯ 지방 : 아주 극소량으로 크게 영향을 주지 못한다.

㉰ 단백질 : 함량은 적으나 비교적 양질의 단백질을 가지고 있지만 필수아미노산이 부족하다. 그리고 amide류 및 아스타르트산, 글루탐산, 아스파라긴산 등을 함유하고 있다.

㉱ 무기질과 비타민 : 과일보다 많은 양이 함유되어 있고 무기질이 많아 알칼리성 식품이다. 잎에는 칼슘, 인, 비타민 B2, C와 비타민 A의 전구체인 카로틴이 함유되어 있고 근채류에는 마그네슘이 많으며, 철은 엷은색 야채에 많다.

	Cabbege Korean	배추	겨울철 채소로 김장용으로 많이 쓰이며, 영양상 특성으로 비타민 C와 칼슘이 풍부하며, 녹색부분에는 비타민 A가 풍부하다.
Choux de Blanc (슈블랑)	Cabbege White	양배추	흰색부분에는 비타민 B와 비타민 C가 함유되어 있고, 단백질, 아미노산 중 생장에 필요한 필수 아미노산인 라이신이 많다.
Choux de Rouge (슈 후즈)	Cabbege Red	적배추	수분이 91%로서 붉은 색이 진할수록 수분함량이 적다. 비타민 B_1과 C가 풍부하다. 이소 또는 티오시아네이트가(Iso-and thiocyanate)잎에 함유되어 있다.
	Cabbege Strig	얼가리 배추	
	Cabbege Chinese	통배추	
	Garland. Chry Santhemum	쑥갓	카로킨을 함유하며, 필수아미노산의 리진을 다량으로 함유하고 있으며, 미네랄은 칼슘을 함유하고 있다.
Petits Pois(쁘띠쁘와)	Green Peas	완두콩	성숙하지 않은 어린콩으로 껍질이 있는 콩
Coeurs de Palme(빨므)	Hearts of Palm	종려나무잎	
Raifort(헤포-흐)	Horseradish	서양냉이	
	Kale	케일	함유성분 중 비타민 A, B, C를 많이 함유하고 있으며, 엽록소, 특히 미네랄이 풍부한 장수식품이다.
Poireau(뿌와호)	Leek	대파	유황이 많은 산성 식품으로 독특한 자극적인 냄새와 매운 맛을 가진 황화아릴을 함유하며 소화액을 분비해서 식욕을 증가시킨다.

	Leek Chinese	중국 대파	
	Leek Korean	조선 대파	
Laitue(레뛰)	Lettuce Iceberg	양상추	사과산, 구연산을 함유해 상큼한 맛이 나며, 날 것으로 먹을 수 있기에 조리에 의한 영양손실이 적다.
	Lettuce Local [Korean]	잎상추	비타민을 많이 함유하고 있는 신선야채로서 영양가가 높다. 녹황색 채소로서 비타민 A의 좋은 급원이고 비타민 C와 F의 함량이 놓은 채소이다.
Lotus(로뛰쓰)	Lotus Root	연근	비타민 B_{12}가 포함되어 있는 것이 특색이다.
	Marsh Mallow	아욱	
Meanie Leaf (망-뜨)	Mint Leaves	박하잎	민트, 박하를 주성분으로 하고, 청량감이 있음
	Mustard Leaves	갓	갓의 매운 성분은 시니그린으로 종자에 포함되어 있는 미로시나아제에 의하여 분해되어 매운 맛이 난다.
	Mungbean Sprouts	숙주	
	Mugwort [Water]	쑥 [물쑥]	쑥은 무기질, 비타민 A, B1, B2, C 등이 풍부한 알칼리성 식품으로 예전에는 보릿고개를 넘겨주던 구황식품이다.
	Okra	오꾸라	
Oignon(오뇽)	Onion	양파 [옥파]	매운 맛 성분은 휘발성으로 유황함유 성분인 아릴화합물이며, 가열하면 자극적인 냄새와 매운 맛이 없어지고 단맛이 증가한다.
	Onion Welsh [Green Onion]	파 [대파]	
Ciboulette [Petit Oignons](씨블레뜨)	Onion Spring [Chive]	실파	차이브, 가느다란 실파, 양파와 비슷한 맛이 난다.

	[Shallots]	쪽파	파에는 유화알린 성분이 있어 비타민 B_1의 흡수를 돕고 특유의 톡쏘는 냄새가 있다. 소화액의 분비촉진, 식용증진, 피로회복이 도움이 된다.
	[Scallion]	골파	
	[Yellow Leek]	움파	
	Osmund	고비나물	양질의 단백질과 비타민 A, B_2, C, 회분, 니코틴산, 베타카로틴 등을 함유하고 있어 영양가 높고 맛있는 산채이며, 순이 연하지만 섬유질이 많아 씹히는 맛이 쫄깃하다.
Pourpiere (뿌흐삐에-흐)		여귀나물	
Persil(뻬흐씨)	Parsley	파슬리	미나리과의 두 해살이풀
	Parsley Chiness	향채[고수]	
	Parsley Korean	미나리 [돌미나리]	각종 영양소를 골고루 갖추고 있으며, isoramentin, per-sica-rin 등이 함유되어 있고, 비타민과 카로틴이 풍부한 야채이다.
Poivre de Vert	Pepper Green [Korean]	풋고추	풋고추에는 비타민 A가 많고, 무기질이 골고루 들어있다. 고추의 매운맛 성분은 캅사이신과 디히드로 캅사이신으로 0.2%를 차지하며, 씨앗에는 30% 가량의 지방이 들어있어 자극성인 향미가 있고, 고춧가루의 매운맛을 돋우는 감칠맛 성분인 베타인(betaine), 아데인이 들어 있다.
	[Twist Pepper]	꽈리고추	
Poivre de rouge	Pepper Red [Korean]	홍고추	

Piment [Poivron] 뿌와브홍	Piemento [Sweet Pepper]	피망[서양고추]	비타민 B_1, C가 풍부하고 여름철 식용저하 방지에 효과가 있다.
Poivron de Vert 뿌와브홍 드 베흐	Piemento Green	푸른피망[청]	
Poivron de Rouge 뿌와브홍 드 후즈	Piemento Red	붉은피망[홍]	
	Platy Coden	통도라지	당분과 섬유질이 많고 철분과 칼슘이 많은 우수한 알칼리성 식품이다. 도라지 뿌리는 단백질, 당분 칼슘, 철분, 회분, 인과 같은 무기질이 많을뿐더러 비타민 B_1, B_2도 있는 알칼리성 식품이다.
	Platy Coden Sliced	찹도라지	
Pomme de Terre 뽐므 드 떼흐	Potato	감자	[백, 홍케네디, 남작]
Radis Rouge 하디 후즈	Redradish	레디쉬[이십일무]	
Bette	Chard	근대	
	Osmund	고비	양질의 단백질과 비타민 A, B_2, C, 회분, 니코틴산, 영양가 높고 맛있는 산채이며, 순이 연하지만 섬유질이 많아 씹히는 맛이 쫄깃하다.
	Sesame Leave	깻잎	
	Sesame Bud Sprout	깨잎순	
	Shepherd's Purse	냉이	
	Sedum	돌나물	칼슘이 258 mg%, 비타민 C가 8 mg%로 비교적 많이 들어있다. 유질이 적고 비타민 C와 인산이 풍부하고 새콤한 신맛도 있어 식욕을 촉진하는 건강식품이다.

	Sow Thistle	씀바귀	씀바귀는 여름에 더위를 타지 않게 하며, 식욕을 증진시키는 산채이다. 특히 비타민과 가용성 탄수화물이 풍부하다.
Epinard(에삐나흐)	Spinach	시금치	비타민, 철, 칼슘이 많은 영양식품으로 소화가 잘되며 어린이나 환자에게 좋다. 수산이 많이 함유된 것은 떫은맛이 강하므로 데쳐서 떫은맛을 제거하여 사용한다. 또한 사포님과 섬유소의 함량이 높아 변비에 효과가 있고 철분과 엽산이 있어 빈혈예방에도 유효하다.
Haricot Vert(아히꼬베흐)	String Beans	빈스 [줄기콩, 채두]	
Courgette(꾸흐제트)	Squash Western	왜호박[긴호박]	전분과 당분, 비타민 A, C가 많고, 짙은 노란색일수록 비타민 A가 많다. 늙은 호박은 저장성이 좋아서 겨울에 부족되기 쉬었던 비타민 A의 공급원으로 좋다.
	Squash Korean	조선호박	
	Zucchini	어린호박으로 15 cm 이하 길이	
Potiron(뽀띠홍)	Pumpkin [Sweet Squash]	단호박	
	Pumpkin [Old Squash]	늙은호박	
	Sweet Potato	고구마	비타민 C, 섬유질, 칼륨이 많은 알칼리성 건강식품으로 미량의 망간, 구리, 코발트를 포함하며, 특히 60°C까지 서서히 가열하면 고구마에 함유된 아밀라제가 당화되어 단맛이 증가하여 포도당, 물엿의 제조에 이용한다.

	Sweet Potato Sprout	고구마순	
Taro(따호)	Taro	토란	녹말을 함유하고 있으며, 텍스트린과 설탕을 함유하여 고유의 단맛을 낸다. 토란에는 갈락틴을 함유하여 미끌거리며, 이 성분 때문에 소화율은 떨어지나, 배에 열을 내리고, 간장, 신장의 노화방지에 좋다.
	Taro Mountin	산마	단백질 중에 필수 아미노산의 함량이 높으며, 알르기린 아미노산은 세포의 신진대사와 세포증식에 필요하며, 신경세포의 영양분으로 이용되며, 정력증강제에 필요한 성분이 다량으로 함유되어 있다.
Tomate(또마뜨)	Tomato	토마토	토마토의 색소는 카로틴으로 혈압을 내리고 피부를 곱게 하며, 육식에서 오는 해독을 중화시켜 간장을 좋게 하며, 피로회복에 효과가 있다.
Navet(나베)	Turnip	무우	비타민 C의 함량이 높으며, 전분분해효소인 디아스타제을 함유하여 생식하면 소화를 도와주고, 산화효소, 분해효소, 카탈라제 등 생리적으로 중요한 작용을 하는 효소가 많다. 무청에는 비타민 C 뿐 아니라 A, B_1, B_2, 칼슘이 함유되어 있다.
	Young Redish	열무	
	Turnip Slice	무채	
Cressons(크헤송)	Watercress	미나리	
	Wild Aster	취나물	알칼리성 식품으로 칼륨함량이 많아 체내의 염분을 배출시키고, 심장병, 고혈압, 신장병, 동맥경화에 좋다.

	Wild Rocambole	달래	비타민 C가 많고 비타민 A, B 등이 약간 함유되어 있으며, 또 인, 철분 등의 무기질, 단백질, 당질 등 영양가가 고루 함유되어 있는 알칼리 식품으로 강장식품으로 알려져 있다.
	Wormwood	쑥	
	Tacon	야콘	
	Tiger Lily	참나물	
	Yam	산마	
	Sea Vegetables	해초류	
	Agar-agar	우뭇가사리	우뭇가사리의 성분은 수분 95.7%이고, 나머지는 한천질로 이루어져 있다.
	Agar(gelidium jelly)	한천	우뭇가사리와 같은 홍조류에서 세포간 물질을 용출하여 얻을 수 있는 것이다. 한천은 소화흡수가 안되고, 창자의 연동운동을 잘하게 하므로 완화제로 쓰이며, 저칼로리 식품으로 이용이 가능하다.
	Sea Leaver	돌김	
	Dry Seaweed	김	김에는 비타민 A가 다량으로 함유되어 있으며, 비타민 B1, B2, C, D, E 등의 비타민류가 많은 식품으로 단백질, 마그네슘, 인, 아연, 철분 등은 다량으로 함유되어 있다. 김의 맛성분은 글루타민산, 알리신, 글리신, 타우린 등에 의하며, 김 특유의 향은 아미노산의 시스틴과 탄수화물의 맛닌 성분에 의한다.
	Sea Lettuce	파래	당질 50%이며, 철, 칼슘 등의 무기질과 특히 비타민 C가 많다.

	Tangle	미역	미역은 요오드와 인의 함량이 높으며, 칼슘 함량이 많은 강알칼리 식품이다.
	Sea Vegetables	해초류	
	Sea oak (Rhubarb)	대황	갈색식물군 중 다년생조류로서 요오드와 칼슘의 함량이 높다. 또한 방사능에도 효과가 있다.
	Sewing Tread	꼬시래기	우뭇가사리류와 함께 한천의 원료로 이용한다.
	Sea Tangle	다시마	다시마의 알긴산은 섬유질로 혈액 중에 중성 지방이나 콜레스테롤치를 저하시키고, 당분의 흡수력을 떨어뜨려 혈당치가 급격히 높아지는 것을 막아 준다. 칼슘과 요오드 등의 미네랄이 풍부하며, 글루타민산이 많이 들어 있어 음식의 맛을 내는 뛰어난 식품이다.
	Dry Brown Seaweed	건 미역	
	Tosaksnori [Green, Red]	도사까노리[청, 적]	갈래곰보

7. Champignons / Mushrooms (버섯류 : 식용)

불 어(French)	영 어(English)	국 어(Korea)	비 고
Champignons	Mushrooms [Edible]	버섯류 [식용]	

・버섯의 사용법

① 버섯은 변질속도가 빠르기 때문에 최상의 상태로 관리하기 위해서는 0°C의 온도로 유지하는 것이 좋으며, 버섯은 항상 조리직전에 씻어서 조리하는 것이 좋다.

② 버섯은 외관이 신선해야 하며 하얗거나 크림색깔로서 더럽지 않고, 시들지 않고, 흠 자국이 없어야 한다.

Bolet Bai Brun/ Boletus Badius	Bay Boleta	베이 보레타	

Cepe(세쁘)	Boletus[Fragrant]	표고버섯	단백질, 탄수화물, 비타민류가 다량 함유되어 있다.
Chanterelle(샹뜨렐)	Chanterelle	노란버섯	
Morille(모히이으)	Common morel	삿갓버섯	
Morille Pointue	Conical Morel	코니컬 모렐	
Champignon de Couche	Cultivated mushroom	재배버섯	
Garic des Pres Figfrious Campestris	Field Mushrooms	들버섯	
	Karst	뽕나무버섯	맛은 일품이나 생식할 경우 중독의 위험이 있다.
	Mushroom Agaric[Fungus]	느타리버섯	렌티오닌의 성분에 의해 특유의 향기를 풍기며, 저칼로리 식품으로 비타민 B_2, 비타민 D, 식이섬유를 함유한다.
Gyromitre Esculenta (지호미트흐)	Gyromitre(지로미트라)	식용버섯 (마귀곰보버섯)	
Craterellus Cornucopioides (크하뜨렐)	Horn of Plenty (프렌티 호른)		
Champignons	Mushrooms [Edible]	버섯류 [식용]	
Pholiota Caperata (폴리오뜨)	Pine-mushroom Pholiota(호리오타)	송이버섯	송이버섯 특유의 구아닌산은 혈액속의 콜레스테롤 농도를 낮춰주기 때문에 고혈압, 비만, 심장병에 좋다.
Orange Agaric-Lactaire Delicieux	Saffon Milk Cap	샤프론 밀크 캡	
Excelsa	Tawny Grisette	황금색의 그리세트	
Truffe(트휘프)	Black Truffle	검은 트러플	송로버섯 : 참나무에서 발견된다. 트러플의 방향성분은 α-안드로스테롤으로 암돼지와 개만 맡는다.
Truffe D'Ete	Summer Truffle	여름 트러플	
Truffe Blanche	White Truffle	흰 트러플	

Champignons	Mushrooms [Edible]	버섯류 [식용]	
	Mushroom Juw's ear	목이버섯	영양가가 높아 단백질 11.3 %, 칼륨 1,200 mg, 인 434 mg, 철, 칼슘이 많으며, 칼슘의 흡수를 촉진하는 엘고스테롤과 칼륨이 다량 함유되어 있다.
	Myshroom Manna Lichen	석이버섯	무공해 자연식품으로 K, P, Ca, Fe, 비타민 등을 함유하고 신잔대사를 촉진한다.
Champignon(쌍삐뇽)	Myshroom	양송이	인체에 합성이 불가능한 필수아미노산의 함량이 높다.
		영지버섯	다당체로 쓴맛인 테르페노이드 성분을 있다.
Souchette(쑤쉐뜨)	Mushroom Winter	팽이버섯	비타민 D의 인 에르고스테롤을 함유하고 있다.
	Mushroom Wild [Pinea garic]	자연송이	천연송이
		판버섯	
Morille(모히이으)		삿갓버섯	학버섯
		꿩버섯	
		살구버섯	
Oronge(오홍주)	amanite	알버섯	

8. Cereales / Cereals & Grain (곡류 / 두류)

불 어(French)	영 어(English)	국 어(Korea)	비 고
Cereales	[Cereals][Grain]	곡류 / 두류	
•쌀 : 중국말로 농업, 경작이란 뜻 •3분류 : 긴 쌀, 중간 쌀, 짧은 쌀, / 선호 : 중간 쌀, 짧은 쌀			
Riz blanchi (히 블랑쉬)	Highy Milled	도정이 많이 된 백미	비타민 A, C, D는 존재하지 않으며, 비타민 B1은 배아와 쌀겨에만 존재한다.
Riz(히)	Rice	특미 [쌀][7,000여종]	

	Glutinous Rice	찹쌀	아밀로펙틴으로 구성되어 고착성이 강하며, 멥쌀보다 단백질, 비타민 B_1, B_2를 함유한다.
Riz Brut (히 브뤼뜨)	Brown Rice [Unpolished Rice]	현미쌀	
	Black Rice	흑미[검정쌀]	
	Wheat Highly Milled	밀쌀	
	Pressed Barley	할맥	
Orge(오흐주)	Barley	보리	두줄보리와 여섯줄보리로 구분하며, 보리는 섬유질의 함량이 높으며, 비타민 B1을 함유하여 당질대사애 좋다. 보리에 피틴산이라는 비타민 복합체가 메틸수은 등의 중금속이나 농약의 페닐 수은과 결합하여 체내에 불필요한 물질로 변해 몸 밖으로 배출한다.
	Naked Barley	쌀보리	
Froment(프호망)	Wheat	밀	글루텐 성질로 빵과 과자의 적성에 적합하다.
Seigle(쎄글)	Rye	호밀	
Millet(미으에)	Millet [Foxtail Millet]	조 [기장]	
	Glutinous Millet	차조	
	Indian Millet [Sorghum]	수수	탄닌이 함유되어 떫은맛이 있지만 몸을 따뜻하게 만들어 주며, 소화불량증에 효과가 있다.
	Wheat Flour	밀가루	
	Wheat Noodls	밀 국수	
	Wheat Germ [Germ Barley]	엿기름	보리에 적당한 수분을 주어 싹을 틔운 것으로 녹말을 당분으로 만드는 효소가 많아 소화를 돕는다.

	Job's-tear	율무	단백질을 구성하는 로이신, 글루타민산, 프로린이 많이 함유되어 있다. 또한 코익세놀라이드라는 성분이 암세포의 성장을 억제하는 효과가 있다.
	Sesame Seed White	참깨	참깨는 비타민 E와 세사몰이라는 페놀성 물질과 리그난을 함유하고 있어서 산화안정도가 높다.
	" Black	검정깨	
	" Wild	들깨	비타민 E와 F가 다량 함유되어 있다.
	Perilla	들깨	
	Kidney Bean	강낭콩	특히 비타민 B_1, B_2, B_6가 많아 쌀밥을 주식으로 하는 한국인의 탄수화물 대사를 용이하게 한다.
	Victoria	황색 완두	
	Saint-Germain	녹색 완두	
Haricot Vert (아히꼬 베흐)	String Beans [French Beans]	줄기콩[빈스]	
	Red Bean [Gray or Black]	팥 [검정팥]	
	White Bean	흰팥 [동부]	
	Mung Bean	녹두	
	Soy Bean Black	대두[검정콩]	40 % 이상의 단백질을 함유하고 있으며, 필수아미노산의 함량이 높아 우수한 단백질의 급원이다.
	" Yellow	" [노란콩]	
	" Brown	" [밤콩]	
	" Milk	" [두유]	
	" Curd	" [두부]	콩의 소화율은 70 %도 안되는 반면, 두부는 소화흡수율이 95 %로서 육류에서 얻어지는 단백질과 동일하다.

	" Curd Fried	" [유부]	= 튀긴 두부
	" Curd Residue	" [비지]	
	Blue Beans Ground	청태 가루	
	Yellow Beans Ground	황태 가루	
Noix	Seed & Nuts	씨 & 과실류	
Amande(아망-드)	Almond	아몬드	아몬드의 주성분은 지방이며, 단백질은 18.6 %, 당질은 19.6 %로서 에너지량이 높다.
	Brazils Nuts	브라질 호두	단백질이 25 %, 칼슘이 100 mg%, 인이 300 mg 정도 포함되어 있으며, 수용성 비타민과 비타민 E가 풍부하다.
	Cashew	서인도산 옻나무과의 실물[의 열매]	
Marron(마홍)	Chestnuts	밤	탄수화물이 40 % 함유되어 있으며, 비타민 B1이 0.3 mg, 비타민 30 mg 포함되어 겨울철의 비타민의 공급원이다.
	Filberts	개암나무 [의 열매]	
	Ginkgo nuts	은행	지방은 적으나, 레시틴, 에르고스테롤, 비타민 C가 들어 있고, 베타카로틴이 다른 종실에 비해 함유량이 높다.
Noisette (누와제뜨)	Hazelnuts	해즐넛	
Pignon(삐농)	Pine Nuts/ Pine Almond	잣	무기질 중 철분이 6 mg% 함유되어 있으며, 비타민 B_1이 0.33 mg, B_2가 0.1 mg% 함유되어 있으며, 비타민 E가 풍부하다.
Cacahuete(까까호뜨) / Arachide(아하쉬드)	Peanuts	호콩 [땅콩]	

	Pecans	미국 중·남부 지방의 Hickory 나무 일종의 열매	
Pistache(삐스따슈)	Pistachio Nuts	피스타치오	
Noix(누와)	Walnuts	호두	

9. Fruits / Fruits (과일류)

과일은 경작하거나 야생 그리고 씨 종류[밤, 아몬드] 같이 먹을 수 있는 모든 과일을 총칭하는 용어이다. 대부분의 과일은 날것으로 먹는 것이 좋으며, 소화 효소가 있어 다른 식품의 소화도 도와 준다.

과실은 유기산이 많은 액즙을 가지고 있어서 상쾌한 맛을 주며 유기산의 종류로는 주로 사과산, 주석산, 구연산, 타닌산 등인데 과실의 종류에 따라 함유하는 산이 각각 다르다.

과실류에는 여러 분류의 방법이 있으나 과육의 형성에 따라 일반적으로 장과류, 인과류, 핵과류, 견과류 등으로 분류한다.

EH는 장과류, 밀감과, 열대성, 종과류, 핵과류, 견과류 등으로 분류한다.

(1) 과일의 구분(분류)

1. 장과류 [Berries]	· 중과피와 내과피가 즙이 많은 육질로 구성 · 포도, 파인애플, 바나나, 딸기, 무화과 등
2. 인과류 [Pomaceous]	· 꽃받침이 발달 생성한 것으로 과실의 꼭지와 배꼽이 반대편에 달려 있는 과실 · 배, 감, 귤, 사과, 석류 등
3. 핵과류 [Drupes]	· 씨방이 성장 발달한 과실 · 복숭아, 매실, 갈구, 자두, 대추, 앵두 등
4. 견과류	· 과육이 단단한 껍질에 싸 있는 과실 · 밤, 은행, 호두, 아몬드 등

부록

불 어(French)	영 어(English)	국 어(Korea)	비 고
Fruits [fryː]	Fruits [fruːt]	과일류	장과류
Banane(바난니)	Banana	바나나	
Framboise (프항부와-즈)	Raspberry	산딸기(나무딸기)	Wild berry
Fraise(프헤즈)	Strawberry	딸기	
Raisin(헤젱)	Grape	포도	
	Grape Green	청포도	힘롯씨, 토케스, 마스카트
	Grape Black	흙포도	블랙 함부르크
	Grape Red	적포도	블랙마스카트, 태평데라, 다노렛트
	Grape Large	거봉	
	Grape Golden Muscat	포도 골덴	
	Grape Delawere	포도 델라웨이	
	Wild Grape	머루	유기산, 글리코시드, 오에닌을 함유하고 있어 이뇨, 해열, 거동, 소염에 효과가 있다.
Datte(다뜨)	Date	대추야자 열매	
	Mango	망고	
Figue	Fig	무화과	
	Kiwi	키위	서양다래
Melon(믈롱)	Melon	메론	
	White Melon	백설 메론	
	Yellow Melon	은천 참외	노란참외
	Royal Melon	금싸라기 참외	
Papaye(빠빠이으)	Papaya Melon	파파야 메론	
	Musk Melon	머스크 메론	
	Cantaloup Melon	서양 참외	캔다롭
	Water Melon	수박	
Ananas(아나나)	Pineapple	파인애플	

Pomme de Fruit (뽐므)	Apple	사과	사과의 칼륨 성분이 펙틴과 결합하여 소금의 주성분인 나트륨을 배출하여 고혈압의 예방과 치료에 효과적이다.
	Kuk-Kwang, Indo, Aori	국광, 인도, 아오리	인도 "청, 황
	Red Type, Fuji, Staking	홍옥, 후지, 스타킹	
Grenade(그흐나드)	Pomegranate	석류	
Mandarine(망다힌)	Tangerine	감귤	비타민 C가 다량 함유된 알칼리성 식품이다.
Pamplemousse (팜플르무스)	Grapefruit	자몽	왕귤나무 식물
Citron(씨트홍)	Lemon	레몬	과즙의 pH는 2.1~2.5로 비타민이 45 mg%가 포함되어 있다. 또한 레몬의 껍질에는 칼륨이 120 mg 함유되어 있다.
Limon(리몽)	Lime	라임	녹색으로 레몬과 비슷
Orange(오항주)	Orange	오렌지	
Poire(뿌와헤)	Pear	배	신고, 만상길, 석종
	Pear Wild	돌배	금천주, 장십랑
Kaki(까끼)	Persimmon	감	장두감으로 비타민 A, B_1, B_2, C가 풍부하며, 유기산과 탄닌을 함유하고 있다.
	Mellow Persimmon	연시감	
	Persimmon Hard	단감	
	Persimmon Soft	연시감	
	Persimmon Dry	곶감	
Coing(끄웽)	Quince	모과	배와 비슷한 과일, 육질이 단단하며, 후숙하면 먹을 수 있고, 향기가 강하여 식욕을 자극한다.
		유자	과육이 신맛이 강하며, 비타민 C가 100 g당 150 mg 있어 레몬의 3배가 넘는다.

	Mulberry	오디	뽕나무 열매로 암나무에서만 열린다.
Marel	Blackberry	블랙베리	남루딸기류 열매
Myrtille(뮈흐띨)	Blueberry	블루베리	월귤나무류, 익으면 표면에 하얀가루가 생기며, 과실은 부드럽고 과즙은 달고 특유의 향이 있다.
Airelle(에헬)	Cranberry	크란베리	
Groseille(그호제이으)	Gooseberry	구스베리	
Cerise(스히즈)	Cherry	체리	
	Korean Cherry	앵두(버찌)	
Avocat(아보까)	Avocade	아보카도	
Peche(뻬슈)	Peach	복숭아	
	Peach White	백도	스밋도, 신도
	Peach Yellow	황도	
	Peach Nectarine	천도	
Abricot(아브히꼬)	Apricot	살구	
Pruneau(푸휘노)	Plum (Prune)	자두	
	Plum Humusa	후무사 자두	
	Pruns	말린 자두	
Olive(올리브)	Olive	올리브	

10. Herbes / Herb Salad (특수 야채)

불 어(French)	영 어(English)	국 어(Korea)	비 고
Herbes	Herb Salad	특수 야채	
	Alfalfa	알파파	
	Beans Green	빈스 녹색	
	Beans Yellow	빈스 노랑	
	Beans Pupple	빈스 보라	
	Chamomile	챠모밀	
	Chung Kyung Chai	청경채	비타민 C나 A의 전구체인 카로틴을 함유하고, 칼슘, 칼륨, 나트륨 등의 무기질을 함유한다.
	Chung Chai	청채	
	Chai Shim	채심	
	Chervil	챠빌	비타민 C, 카로틴, 철, 마그네슘 등이 다량으로 함유되어 있다.
	Chive	챠이브	식욕증진, 신장의 강장효과, 혈압하강, 방부제의 역할을 가진다.
	Chicory Green	그린 치커리	이눌린 58%, 고미질, 탄닌, 과당, 페쿠린, 불휘발성 기름, 알칼로이드 등 함유되어 담즙의 분비를 증가시킨다.
	Chicory Red	레드 치커리	
	Carrot Baby	꼬마 당근	
	Cucumber Baby	꼬마 오이	
	Chicory Louver	미늘치커리	
	Chicory Curled	컬리드치커리	
Herbes	Herb Salad	특수 야채	
	Corn Salad	콘 샐러리	식물성 식품으로는 드물게 비타민 B_1, B_2, 많고, 조혈작용을 하는 철분이 많은 알칼리성 식품이다. 신진대사를 촉진, 원활하게 함으로써 피로를 몰아낸다.
	Dandelion	단데리온	

	Datsai	닷사이	
	Eggplant Baby	꼬마가지	
	Eggplant Ball	볼가지	
	Endive Belgium	벨지움 엔다이브	엔다이브는 물에 오래 담구어 두면 모양이 형클어지며 맛이 떨어지므로, 충분히 차게 해서 샐러드용으로 잎을 사용하면 산뜻하고 씹히는 식감이 좋다.
	Ensai	엔사이	
	Fennel	헨넬	샐러드로 이용되며, 어린잎을 청어에 첨가시켜서 먹는데, 헨넬이 어유의 소화를 돕고 기름기를 제거하기 때문이다.
	Gaten Cress	가텐 크레스	
	Gaboo	가부	Turnip
	Megaboo	메가부	
	Giona	교나	
	Ginome	기노메	
	Green Vitamin	그린 비타민	
	Hyssop	히솝	
	Hyuna	휴나	
	Kaiware	무순이	Mustard Cress
	Kinomea	기노메	
	Leave of Mustard	겨자잎	
	Leek	릭	
	Lemon Balm	레몬밤	프랑스인들은 허브차로 즐기며, 소화를 돕고 식욕을 촉진하며, 위장의 강장제로 효과가 있으며, 식후, 식전의 음료수로 최적격이다.
	Lettuce Butter Head	버터 헤드레터스	
	Lettuce Oresto	오레스토 레터스	
	Lettuce Romane	로메인 레터스	

	Lettuce Vabiron	바비론 레터스	
	Maejiso	메지소	Small Sesame
	Masiu	맛슈	
	Cichba	미츠바	산엽
	Mint Bange	방아잎	
	Mixed Vegetable	혼합 야채	
	Mustard Green	그린 머스터드	
	Natdo	낫도	
	Okura	오꾸라	
	Onion Red	빨간 양파	
	Parsley	파슬리	
	Parsnip Roots	파슨잎	
	Pickling Onion Peeled	피클 양파	
	Radish	레디쉬	
	Radish Rainbow	레인보우 레디쉬	
	Radichio	라디치오	
	Ravender	레벤다	
	Rolarosa	롤라로사	
	Rucola(Rocket)	아라큘라	
	Rue	루	
	Saladana	사라다나	
	Sesame Japanes	일본깻잎(시소)	
	Shiso	시소	
	Sorrel	쏘렐	
	Squash Yellow	노란 호박	황금 호박
	Summer Salad	섬머 샐러드	
	Sweet Pepper Pupple	파프리카 보라	피망류

	Sweet Pepper Yellow	파프리카 노랑	
	Sweet Pepper Orange	파프리카 주황	
	Sweet Pepper Red	파프리카 빨강	
	Tomato Cherry	체리토마토	
	Tomato Yellow Cherry	노란 체리 토마토	
	Tomato Petit	페티 토마토	
	Tomato Italian	이테리 토마토	
	Water Convolvulus	공심채	
	Water Cress	크레송	
	Wormwood	웜우드	
Lait(레)	Milk	우유	
	Low Fat Milk	스킨 밀크	
Creme(크렘)	Fresh Cream	생크림	
	Sour Cream	샤워 크림	
	Dried Milk	분유	
	Plain Yogurt	플레인 요구르트	
	Drink Yogurt	드링크 요구르트	
Fromage(프호마주)	Cheese	치즈	
	Pizza Cheese	피자 치즈	
	Devon Cheese	데본 치즈	
Glace(글라쓰)	Ice Blocks	얼음	
Eau(오)	Water	물	
Bouillon (Fond) (부이용)	Stock	육수	
	Vinegar Essence	빙초산	
Vinaigrette (비네그흐)	Vinegar	식초	
	Soy Sauce	간장	

Sucre(쉬크흐)	Sugar	설탕	
	Brawn Sugar	황설탕	
Sel(쎌)	Salt	소금	
	Rack Salt	재렴, 호렴	
Poivre(뿌와브흐)	Pepper	후추	
	Sesame Oil	참기름	
Huile de Olive (위일 드 올리브)	Olive Oil	올리브 오일	
Huile de Salade (위일 드 쌀라드)	Salad Oil	샐러드 오일	
Lard(라흐드)	Fat	기름	
Miel(미엘)	Honey	꿀	
	Sugar Syrup	슈가 시럽	
	Starch Syrup	물엿	
Vin Blanc(뱅 블랑)	White Wine	흰포도주	
Vin Rouge(뱅 후즈)	Red Wine	적포도주	
Cognac(코냑)	Brandy	코냑	
	Bean Curd	두부	
	Soft Bean Curd	연두부	
	Fried Bean Curd	유부	
	Green Bean Jelly	청포묵	
	Acorn Starch Jelly	도토리묵	
	Boiled Fish Paste	어묵	
	Fish Jelly	우묵	
	Dried Red Repper	마른 통고추	
	Spring Red Pepper	실고추	
	Crushed Hot Pepper	굵은 고춧가루	
	Ground Hot Pepper	고운 고춧가루	

	Hot Pepper Paste	고추장	
	Bean Paste	된장	
	Dried Peeled Walleye	깐북어	
	Dried Walleye	북어포	
	Dried Cod Fish	대구포	
	Dried Squid	마른 오징어	
	Slise Dried Squid	진미 오징어채	
	Dried Octopus	문어포	
	Dried White Octopus	백문어포	
	Dried Shrimp	꽃새우포	
	Dried Anchovy	건멸치	
	Beef Jurkey	육포	
	Peeled Walnut	백호두, 깐호두	
	Peeled Chestnut	생율	
	Ginkgonut	은행	
	Pinenut	잣	
	Chinese Date	대추	
	Dried Persimmon	꽂감	
	Peanut	땅콩	
	Starch Noodle	당면	한식, 일식, 중식
	Dried Brown Seaweed	미역	
	Kasuo Bushi	가스오부시	
	Bamboo Shoots	죽순	
	Spring Roll	춘권	
	Macaroni	마카로니	
	Spaghetti	스파게티	
	Sweet Corn	스위트콘	

	Cream Corn	크림콘	
	Pop Corn	팝콘	
	Corn Chip	콘칩	
	Corn Flake	콘푸레이크	
Farine (파힌느)	Flour	밀가루	
단백질의 양에 따라 강력분, 중력분, 박력분으로 구분(어둡고 서늘한 곳 보관)			
박력 밀가루	단백질이 적어 부드럽고 바삭한 과자, 케이크를 만들 때 사용		
중력 밀가루	단백질이 중간 함량으로 과자나 브리오슈 같은 프랑스 빵에 알맞음		
강력 밀가루	단백질 함량이 높고, 점성과 탄력이 좋아 식빵, 파이에 주로 사용		
초강력 밀가루	단백질이 강력보다 약간 더 함유하고 있음		
Mie de Pain (미 드 빵)	Bread Crums	빵가루	
	Yellow Beans Ground	황태 가루	
	Blue Beans Ground	청태 가루	
	Salted Anchovy	멸치젓	남해안 지방에서 많이 담그는 젓갈의 한 종류로 봄에 담근 것을 춘젓, 가을에 담근 것을 추젓이라고 하며, 춘젓은 추젓보다 맛과 질이 좋다.
	Salted Pollack Roe	명란젓	명태의 약 95 %는 북양산 원양 어획물이고, 약 5 %가 대부분 동해에서 생산되는 연근해산이다. 명란젓은 염분 농도가 낮아서 저장성이 떨어진다.
	Salted Fermented cod fish	아가미젓	경북 일대 겨울철에 담근다. 담근 후 10~13°C의 항아리나 유리용기를 사용해서 그늘지고 서늘한 곳에 보관한다.
	Salted-fermented big eyed herring	밴댕이젓	밴댕이는 청어과의 바닷고기로 길이가 5~10 cm 정도이며, 살이 많을 때인 봄철에 많이 담근다. 밴댕이젓은 전남과 평북지방에서 멸치젓 대신 많이 이용한다.

	Salted Shrimp	새우젓	새우젓 담그는 시기에 따라 오젓, 육젓, 추젓, 동백젓으로 구분하므로, 5월에 담그는 젓은 오젓, 6월에 담그는 젓은 육젓, 가을에 잡히는 새우로 담근 젓은 추젓, 겨울에 잡히는 새우로 담그는 것을 동백젓이라 한다. 특히 육젓은 새우가 크고 흰바탕에 붉은 색이 섞여 있는 상품으로 김장할 때 김치에 많이 넣는다.
	Salted-fermented Top shell	소라젓	소라는 9월경이 제철로 담가서 2~3개월 지나면 먹을 수 있지만 오래두고 먹을수록 맛이 독특해진다. 10~15°C로 항아리나 유리용기에 담아 그늘지고 서늘한 곳에 보관한다.
	Salted-fermented Oyster	어리굴젓	굴은 11월에서 3월까지 사이에 가장 맛이 있다.
	Salted-fermented Squid	오징어젓	오징어젓은 6~8월경에 오징어가 한창일 때에 담그는 것이 신선하고 영양성분도 좋다. 오징어는 곡류를 주식으로 사용하는 식생활에서 부족되기 쉬운 lysine, ther-onine, treptophan 등이 풍부하며, 영양적으로 보충효과를 얻을 수 있다.
	Salted-fermented Corvenia	조기젓	조기젓은 5~6월경에 조기가 많이 날 때 담아 저장하였다가 가을철부터 먹기 시작한다. 조기젓의 숙성 소요기간은 염농도 숙성온도 등에 따라 달라지나, 20~30% 정도 가염, 조건에서는 3~6개월 정도로 저장할 수 있다.
	Salted-fermented Clam	조개젓	동, 남, 서해안 지방에서 봄~초여름까지 많이 담근다. 염분의 농도에 따라 다르나 15% 내외의 염을 가하여 숙성시킨 것은 약 6개월까지 저장이 가능하다.

Salted-fermented Horse-shoe crab	참게젓	참게젓은 참게에 간장을 반복해서 달여 부은 후 공기가 들어가지 않도록 밀봉하여 익힌 식품이다. 10°C의 서늘한 곳에 보관하면 오래 저장이 가능하다.

11. 향신료(Herb)의 종류

(1) Aneth (Dill)

산 지	원산지 - 유럽. 미국과 서인과 제도에서 자생
특 성	독일의 정원식물로 카라웨이와 비슷함. 씨의 각각의 사면에는 양피지 같은 표피가 있다. 씨나 가지 채로 이용할 수 있다.
용 도	Pickle, Salad, Sauerkraut, Soup, Sauce에 이용되며 요리를 만든 후에 사용해야 한다.

(2) Anis (Anise)

산 지	원산지 동양이나 멕시코, 모로코, 지중해 국가, 유고, 터키 및 러시아에서 오래 동안 서식
특 성	· 파슬리과 식물, 45 cm 높이까지 자라며 하얀색의 꽃과 가는 잎사귀를 가지고 있으며 씨는 작고 단단하고 녹갈색으로 풍미를 내는데 이용 · Vegetable anise나 Star Anise와 혼동하기 쉬움
용 도	이 기름은 휘발성이 강해서 씨를 보관할 때 밀봉관에 넣어 보관하여야 한다.

(3) Armoise Artemisia (Worm Wood)

산 지	유럽
특 성	90 cm 정도의 높이이며 회녹색의 비단같이 고운 줄기와 잎사귀를 가지고 있고 방향성이 강한 꽃을 피운다.
용 도	· 거위 로스트와 장어요리에 사용되고 Adsinthe Liqueur과 Vermouth 제조에 사용 · 줄기를 떼어 내고 음식과 함께 끓이거나 가열시킬 수 있다.

부록

(4) Basilic (Basil)

산 지	이란과 인도가 원산지, 이태리, 남프랑스, 아메리카가 주산지.
특 성	일년생 식물로 높이 45cm까지 자라며 엷은 신맛을 낸다.
용 도	·주로 Legume, Soup, Spaghetti 및 각종 Sauce에 사용된다. ·주로 어린잎을 적기에 따내어 사용.

(5) Bourrache (Borage)

산 지	지중해 지역에서 재배하였으나 현재는 관상수로 재배되고 있음
특 성	휘어진 잎사귀와 줄기에 푸른 꽃이 핀다.
용 도	어린잎은 샐러드에 사용하고 푸른 꽃은 식초의 착색에 이용하며 Borage는 야채와 함께 끓여서 양배추에 양념으로 이용

(6) Cannele (Cinnamon)

산 지	중국, 인도네시아, 인도차이나가 원산지이다.
특 성	·상록수 잡목과 비슷하며 높이는 9 m 정도이다. ·가장 얇은 외피를 가진 것이 우수품종이며 두께가 굵어질수록 상품가치가 떨어진다. ·이 껍질의 향은 아카시아 나무보다 순하며 붉은 색을 끼고 있다. ·우리말로 계피라고 한다.
용 도	·패스트리, 빵, Pudding, Cake, Candy에 가루로 사용하고 딱딱한 시나몬은 과자절임, 피클, 과일스프, Compote 그리고 뜨거운 음료로 쓰이며, ·Cinnamon 기름은 향로나 약재로 쓰인다.

(7) Capre (Caper)

산 지	지중해 국가에서 생산, 이태리와 마조르카 지방이 원산지.
특 성	·케이퍼 작물의 꽃 봉우리로서 열매는 크기에 따라 분류하여 크기가 작은 것일수록 질이 좋다. ·소금물에 저장했다가 물기를 빼서 식초에 담아 놓았다가 사용한다. ·품질은 Nonpareilles (작은 것), Surfines (중간 것), Capucines (큰 것) 등이 있다.
용 도	Smoke Salmon, Tartare Steak, Sauce 류 청어절임에 사용하고 음식과 함께 Cooking하지는 않는다.

(8) Carum Carvi (Caraway)

산 지	원산지 – 소아시아, 유럽과 시베리아 북페르시아와 히말라야에서 재배.
특 성	이년생 식물로 많은 가지를 가지고 있으며 60 cm 이상으로 자라고 하얀꽃이 피며 열매는 대략 0.3 cm 길이로 피어 있고 익었을 때 회갈색을 띠며, 암술은 5개 얇은 고랑이 있다.
용 도	보리빵, Sauerkraut, Beef, stew, Soup와 Candy에 이용됨

(9) Cerfeuil (Chervil)

산 지	서부 아시아, 러시아, 코카서스가 원산지로서 미나리과의 향초
특 성	매우 강한 방향성을 가진 꼬부라진 잎사귀와 북미 산 솔 나무같은 꽃을 가지고 있음
용 도	· Fresh : Soup & Salad에 이용 · Dry : Sauce, 양고기 구이에 사용 · 가늘고 잘게 썰어 Omelet이나 Scramble 등의 계란요리에도 사용된다.

(10) Chili (Red Pepper)

산 지	열대 아메리카, 아프리카의 서인도제도 및 일본
특 성	· 식물의 열매는 선홍색이고 크기와 모양이 다양하다. · 햇볕에 말리며 Cayenne pepper는 건조시킨 열매로 가루를 만든다. · Red Pepper는 강한 향을 낸다.
용 도	Tabasco Sauce와 Curry가루의 필수재료이다.

(11) Ciboulette (Chives)

산 지	유럽, 미국, 러시아, 일본.
특 성	부추과의 식물이며 녹색으로 과모양으로 생겼으며 순한 향을 가진 잎사귀와 불그스름한 꽃송이를 가지고 있다.
용 도	잎사귀는 다져서 쓰며 가니쉬로 이용하고 Salad, 생선, Soup, Cream Cheese와 Omelet에 사용한다.

(12) Clou de Girofle (Clove)

산 지	인도네시아, Zanziber, Madagascar, Pemba에서 재배
특 성	· 나무의 크기는 12m이며, 선홍색의 꽃봉오리를 대나무로 따 가지고 불 곁이나 햇볕에서 말린다. · 못같이 생겼으며 흑갈색으로 강한 향과 얼얼한 맛을 가지고 있다.
용 도	· Marinades 절임, 양고기다리, red cabbage, 청어절임, 피클, 겨자, 과일 등에 이용하고, · 과일 케익, 생각 빵, 줄 케익, 후추 케익, 핫펀치, 쿠키와 빵 등에 이용된다.

(13) Coriander (Coriander)

산 지	지중해 연안, 모로코, 남부프랑스, 동양 등이 원산지.
특 성	· 딱딱한 줄기를 가진 식물로 60 cm의 높이이며 흰색꽃이 피며 건조된 열매는 조그만 후추 콩 크기와 같고 외부에 주름이 잡혀 있으며, 적갈색을 띠고 있다. · 가시가 있음
용 도	가루로 만든 Coriandre는 생강빵, Cake, Pastry와 Curry에 이용되며, 씨앗은 절임을 하기도 한다.

(14) Cresson

산 지	유럽
특 성	· 겨자 (물 냉이)과의 다년생 초본으로 네덜란드에서는 갓 냉이라고 한다. · 잎은 크고 진한 녹색이며 줄기는 가늘고 냄새가 좋다.
용 도	· 철분이 풍부하여 날것으로 먹는 일이 많으며 매운 맛의 향기가 식욕을 촉진시켜주므로 육류요리의 곁들임으로 사용 · salad에 많이 사용한다.

(15) Curcuma (Turmeric)

산 지	동아시아, 인도, 아프리카, 호주에서 재배
특 성	생강과에 속하고 풍미는 순하고 달콤하며 강한 방향성을 가지고 있으며, 뿌리는 노란색을 띠고 있어 Curcumin이라 부르기도 한다.
용 도	· 카레가루와 겨자의 중요한 재료중의 하나이다. · Sueden & England에서는 Sauce를 만드는데 사용하고 India에서는 노란 염색약으로 제조 사용하기도 한다.

(16) Curry

산 지	인도
특 성	· Curry는 종교형식과 전통에 따라 Turmeric, Coriander, 생강, Fenugreek, caraway, paprika를 섞는 것이다. · Curry는 달콤하며 혼합이 잘되고 순한 향을 가지고 있는 밝은 노란색이다.
용 도	Curry Rice, Chicken, Curry, Curry Sauce, 달걀, 야채, 생선요리에 이용

(17) Estragon (Taragon)

산 지	· 유럽이 원산지이며 러시아와 몽고에서 재배되는 정원 초의 일종 · 프랑스에서 식용으로 최초 재배
특 성	다년생 초본으로 잎이 길고 얇으며 올리브 색이고 꽃은 작고단추 같다.
용 도	· Pickle Mariner, Bearnaise Sauce, Chasseur Sauce, Taragon은 식초제조에 쓰임 · 4~7월 중에 재배한 것을 식초에 담구어 보존

(18) Fenouil

산 지	남유럽
특 성	· 미나리과의 야채로서 종류가 다양하고 맛이 향기로우며 이것은 전체에 향이 있어 모든 부분이 이용되고 씨는 건조시켜 분말로 만들어 Pickle과 Soup 등에 사용된다. · 특히 뿌리 부분이 공처럼 비대해진 것이 있는데 이것은 날로 먹기도 하고 맛과 냄새는 샐러리와 비슷하며 Anis 냄새가 나기도 한다.
용 도	생선요리에 잘 어울리며 농어 등의 Grill에 그 향을 첨가시킨다.

(19) Genievre (Juniper)

산 지	이태리, 체코, 루마니아
특 성	삼나무 과에 속하는 나무로서 관목 상록수. 검푸른 열매는 완두콩만 하고 열매가 나오기 시작해서 두 번째 계절에 따기 시작한다.
용 도	Sauer-Kraut, 멧돼지구이, Gin 및 Liqueurs의 향을 돋구어 주며, 음식과 함께 넣고 조리하여야 함

부록

(20) Laurier

산 지	원산지는 지중해 연안이고, 특히 이태리와 그리스, 터키가 주산지이다.
특 성	· 잎의 길이는 5~10 cm이고, 암녹색이다. · 건조시키면 올리브 녹색으로 변하고 얼얼한 맛이 난다.
용 도	· 주로 장시간 끓이는 요리에 사용하며 지나친 향을 냄으로서 요리 자체의 맛을 저하시키지 않도록 적당한 단계에서 건져 내야 함 · Fresh 및 Dry 한 것은 그대로 사용

(21) Le Poivre de Jamaique (All Spice)

산 지	자메이카, 멕시코, 앙티에섬과 남미
특 성	Pimento, Pimenta, jamaica pepper로 알려짐
용 도	Sausage, 생선 Pickle, Dessert에 사용된다.

(22) L'origan Vulgaire (Oregano)

산 지	멕시코, 이태리, 미국
특 성	박하 과의 한 종류로 향이 강하고 상쾌한 맛을 가지고 있으며 건조시킨 잎사귀는 흐릿한 녹색을 띤다.
용 도	Pizza, pasta 같은 이태리 요리가 멕시코 요리에 이용되며, Chili Powder의 원료이기도 하다.

(23) Liveche (Lovage)

산 지	유럽, Scotch Lovage는 북부 England의 토종 식물.
특 성	높이는 180 m이며 방향성이 있는 노란색의 꽃 뭉치를 가지고 있으며, 꽃 수술과 뿌리는 약재로 이용된다.
용 도	Roast, Sauce, Soup에 이용되며 야채로서 이용되기도 하고 어린 꽃 수술은 설탕절임을 하기도 한다.

(24) Marjolaine (Marjoram)

산 지	원산지 - 지중해 지역
특 성	· 연한 장미꽃 색을 지닌 식물로서 꽃이 핀 후에 잘라 말리고 잎사귀는 회색을 땐 녹색이며, · 마조람은 잎사귀나 분말을 사용하며 달콤하면서 아린 맛이 남.
용 도	· Potato Soup, Stuffed goose, Liver Dumplings 소스나 달팽이요리, 토끼구이, 햄, 고기 덤블링과 허브소스에 양념으로 사용하고, · 잎사귀는 밀봉된 용기에 저장하지 않으면 퇴색된다.

(25) Macis (Mace)

산 지	Indonesia Molucca 섬이 원산지인 육두구 나무에서 얻은 것
특 성	가종피라 불리우는 육두구에 적황색을 입힌 것으로 육두구 보다는 더 높은 방향성을 가졌으며 바삭바삭하고 얇다.
용 도	피클의 조합체로 이용되고 설탕절임, 소스, 파운드 케익, 빵, 푸딩, 패스트리 등에 이용된다.

(26) Menthe (Mint / Peppermint)

산 지	Spearmint는 유럽이 원산지 영국과 미국전역에서 재배.
특 성	특이한 향과 잎사귀, 꽃 등으로 구별, 작살모양의 잎사귀를 가진 Spearmint는 향이 있고 메탄올을 함유하고 가장 인기있는 종류로는 붉은 꽃술을 가지고 있는 English Spearmint이다.
용 도	Liqueur, Cordials, Candy, 음료 등에 이용하며 Spearmint는 양고기의 냄새를 제거하기 위해 사용하고 Mint Sauce, Mint Ice Cream에 사용한다.

(27) Noix de Muscade (Nutmeg)

산 지	원산지 - Indonesia 몰루카스섬, 서인도제도 반다섬과 파푸마에서 재배
특 성	· 평균 높이가 9~12 cm, 열매는 복숭아와 비슷하며 속살이 많고 껍질과 핵 사이에 불그스레한 황색으로 덮여 있다. · 육두구는 그 열매의 핵이나 씨를 말한다.
용 도	Eggnogs, Cream pudding, Dessert Soup, Chicken Fricasse, 송아지 가슴고기, 버섯요리, 시금치에 이용

(28) Oseille

산 지	프랑스(밭이나 정원에서 재배)
특 성	미나리 과의 들풀종류로서 잎과 줄기는 특이한 신 맛을 가지고 있다.
용 도	· 날것으로 조리하는 법이 많다. · 특히 Potage Germiny에 사용되며 Poisson mousse, Sauce Vin Blanc에 넣어 생선에 주기도 한다.

(29) Paprika

산 지	스페인, 남부프랑스, 이태리, 유고, 헝가리
특 성	· 선홍색의 원추형의 열매이며 길이는 5~7.5 cm이다. · 열매의 씨는 노란색이고 야채피클로 먹을 수 있으며 샐러드에 이용되고, 스페인 산은 빨간색으로 달콤하며, 헝가리산은 검붉고 얼얼하다.
용 도	음식의 색을 나타내는데 사용하고 Hungarian Goulash, Canapes 위에 뿌린다.

(30) Pavot (Poppy)

산 지	극동아시아와 네덜란드
특 성	양귀비 나무에서 얻은 것으로 열매 속에 들어있는 씨를 쓰기 위해서 재배하고 미성숙한 캡슐은 유같은 액즙이 있으며 아편의 원료가 되기도 한다.
용 도	건조시킨 것은 빵, 롤빵, 케이크, 쿠키, 샐러드와 캐비지, 국수같은 연한 요리와 Pastry 필링에도 사용할 수 있다.

(31) Persil

산 지	지중해 연안국이나 세계의 어느 곳에서나 재배
특 성	· 미나리과의 초본으로 밝은 녹색이다. · 잎사귀는 꼬부라져 있고 쪼개져 있다. · 특이한 방향성분은 잎과 꽃술에 있는 휘발성 기름 때문임
용 도	· Fresh : 생선, 고기, 야채, 샐러드, 스프 등에 쓰이며 모든 요리의 가니쉬에 이용 · Dry : 가니쉬와 양념에 이용 건조시켰거나 소금물에 담가 놓았을 때는 고유향기를 잃게 된다.

(32) Pimprenelle (Burnet)

산　지	독일과 중앙유럽에서 재배
특　성	· 장미과 식물로 꽃송이를 가지고 있고 야생으로 자라며 종류는 200종이 넘는다. 맛은 쓰며, 잎사귀를 으깨며 오이와 같은 맛을 낸다. · 뿌리의 길이는 10~20 cm이며 속은 노란색이다.
용　도	· Soup, Sauce, Vegetable, 생선요리, 양념으로 쓰인다. · 어린잎은 Salad에 사용

(33) Raifort (Horseradish)

산　지	원산지 - 중앙유럽과 아시아. 주산지 - 전 유럽과 미국
특　성	· 뿌리의 색은 갈 황색 이며 길이는 약 45 cm이고 내부는 흰색으로서 풍미가 매우 강하고 맛이 얼얼하다. · 뿌리는 껍질을 벗겨서 갈아 식초와 우유를 넣고 끓인다.
용　도	Fresh는 강판에 갈아서 Sauce와 생선고기 요리에 쓰이며 소고기 요리 및 훈제한 연어에 사용하기도 한다.

(34) Romarin (Rosemary)

산　지	지중해 연안
특　성	솔잎은 닮았으며 은 녹색 잎을 가진 키가 큰 잡목으로 보라색이고 잎을 그대로 쓰기도 하고 분말을 하며 사용하기도 한다.
용　도	신선한 것이나 건조시킨 것을 고기, 가금요리와 샐러드의 향을 돋우는 데 이용하며 Stew나 Soup에 사용된다.

(35) Saffron (Safron)

산　지	아시아가 원산지이며 주산지는 스페인, 프랑스, 이태리의 지중해 연안국
특　성	식품에 넣었을 때 강한 노란색을 띠며 맛은 순하고 씁쓸하며 단맛이 난다
용　도	· Sauce, Soup, 쌀 요리, 감자요리, 빵 pastry에 사용된다. · 창포 붓꽃과의 일종으로 꽃의 암술을 적당히 건조사용 · 100 g을 얻기 위해여 6~8만 꽃송이가 필요.

부록

(36) Sage

산 지	유럽 및 미국
특 성	정원초로서 높이가 90 cm까지 자라고 꽃은 푸른색이고 잎은 흰 녹색이며 건조시킨 Sage는 잎 부분만 사용하며 향이 강하고 약간의 씁쓸한 맛이 있다.
용 도	가금류 양념과 Sauce 및 송아지 고기 요리에 많이 사용한다.

(37) Saviette (savory)

산 지	지중해 국가
특 성	향기로운 초본으로 향을 가진 잎과 연한 라일락 색의꽃을 가지고 있음
용 도	· Fresh, Dry 시킨 것을 콩, Sauerkraut, Sausage Stuffing, Vegetable, Soup 및 양고기 구이에 넣어 쓴다. · 이것을 반드시 음식과 같이 넣어 요리해야 한다.

(38) Thyme

산 지	지중해성 식물로서 남유럽 제국과 지중해 연안이 주산지
특 성	사향초의 식물로 백리향목 자소과의 작은 관목 둥글게 말린 잎은 붉그스름한 라일락 색이며 입술 모양의 꽃을 가진 작은 식물
용 도	· 토끼구이, Roast Game, stew, Ragouts 등 sauce와 Soup 등에 양념으로 사용 · 나무의 키가 10 cm 정도 자라면 잎을 잘라서 건조시켜 사용

(39) Vanille

산 지	중미가 원산지이며 마다가스카르가 주요 생산국
특 성	· 바닐라 콩을 끓는 물에 담가 서서히 건조 후 가공 · 이것들을 밀폐된 상자나 주석관에 포장한다.
용 도	풍미크림과 디저트, 차가운 과일 Soup, 쿠키와 케이크, 아이스크림, 캔디에 이용하며 바닐라 콩의 꼬투리는 아귀를 벌려 음식과 같이 요리하고 서브하기 전에 콩을 빼어 버린다.

12. 조미료의 종류

(1) Ail (Garlic)

산　지	중앙아시아와 지중해 국가
특　성	양과 모양으로 껍질에 의해 둘러싸인 구근, 속은 백색이고 껍질은 보라색이다.
용　도	Sauce & Mariner, Beurre d'ail로 사용

(2) Caramel

설탕을 태워 색을 낸 것으로 음식의 색을 낼 때 사용한다.

(3) Citon (Lemon)

산　지	히말라야
특　성	높이 3-6m, 열매는 1년에 6-10번 수확하며 타원모양으로 겉껍질이 녹색이지만 익으면 노란색으로 변한다.
용　도	· 생선류에 많이 사용하는 것으로서 그 향을 사용할 때도 있으나 조리시에는 조미료로 많이 사용된다. · 즙은 Dressing이나 Sauce에 사용한다.

(4) Gingenbre (Ginger)

산　지	원산지 - 아시아
특　성	갈대와 비슷한 잎사귀를 가진 초본식물이며 어린뿌리가 제일 좋은 품종임 (수확기간 : 10개월). 맛은 특이하고 얼얼함
용　도	생선의 Sauce나 각종재료에서 나는 냄새를 제거

(5) Glutamate

단백질에서 추출한 글루탄산의 나트륨염으로 음식의 맛을 향상시키는 조미료

부록

(6) Huile (Oil)

오일의 종류			
① Huile de salad	: 대두유	⑤ Sard	: 돼지기름
② Huile d'olive	: 올리브유	⑥ Beurre	: Butter (버터)
③ Huile de Sesame	: 참기름	⑦ Tallow	: 소기름
④ Huile de Noix	: 호두기름		

(7) Moutarde (Muastard)

종 류	Dijon, Ancienne
용 도	· Moutarde a l'ancienne : Mayonnaise와 Beurre de Moutarde는 육류요리에 사용되며, · Dijon Moutarde : 프랑스 중부지방에서 생산되는 검은색 겨자로서 고급요리에 사용함

(8) Oignon (Onion)

산 지	네덜란드, 이집트, 미국, 이태리, 버뮤다 등 전 세계에서 생산
특 성	부추모양으로 생긴 구근식물, 75 cm 정도까지 자라며 빈줄기와 백 녹색의 꽃 뭉치를 가지고 있다.
용 도	대파는 Salad와 Garnish에 이용하고 육수나 Sauce에 제일 많이 사용

(9) Poivre (Pepper)

산 지	원산지 – 동남아시아
특 성	· 덩굴식물로 열매들은 길게 매달리고 끝이 뾰족한 모양을 하고 있으며 완전히 익으면 붉은 색으로 변한다. · 종류에는 poivre Vert, Blanc, Noir, Rouge로 구분 사용한다.
용 도	· Blanc ⇨ 흰색요리 · Noir ⇨ 어두운 색의 요리 · Vert, Rouge ⇨ Sauce와 장식에 사용

(10) Sel (Salt)

소금의 종류	
1. 재 렴(Brine Sait)	지하의 소금지층을 용해시켜 정제한 다음 수분을 증발시켜 얻은 것
2. 조리렴(Kitchen Salt)	바닷물에서 얻은 일반적인 소금으로 염화나트륨이라 부른다.
3. 암 렴(Rock Salt)	바닷물의 자연증발에 의해 채취 정제되지 않은 것으로 거친 입자
4. 초석렴(Saltpeter)	질산염으로서 화학적으로 고기에 빨간색을 착색시킬 수 있는 소금
5. 해 렴(Sea Salt)	거친 소금으로 풍미는 강하지만 잘 쓰이지 않음

(11) Sirop (Syrup)

설탕과 물의 비율을 1 : 1로 끓여 낸 것

(12) Sucre (Sugar)

설탕의 종류	
① Sucre en poudre	가루설탕(Sugar Powder)
② Sucre en Morceau	각설탕
③ Sucre Granule	정제되지 않은 흑설탕
④ Sucre Raffine	정제된 설탕
⑤ Sucre File	실 사탕 & 솜사탕

(13) Verjus

익지 않은 포도의 즙으로서 신맛이 강하며 많이 사용하지는 않는다.

(14) Vomaogre (Vinegar)

식초의 종류	
① 발효 식초	희석 알코올에 초산균을 작용시켜 자연적으로 얻어지는 것
② 가향 식초	허브, 스파이스 혹은 벌꿀을 첨가한 식초음료
③ 렌몬 식초	식초와 레몬주스를 같은 양으로 섞어 만든 것
④ 농축 식초	순수한 화학가공 공정을 통해 여러 가지 다른 방법으로 제조
⑤ 포도주 식초	포도주를 산화시켜 얻은 식초

I·N·D·E·X 찾아보기

A

B

O

P

T

참고문헌

- 권원달, 농산물유통학, 선진문화사 1997
- 양일선, 식품구매, 수학사 1993
- 홍기운 외, 최신식품구매론, 대왕사 2001
- 곽성호 외, 실무식품구매론, 형설출판사 2001
- 강명수 외, 식품학, 교문사 2003
- 양일선 외, 단체급식, 교문사 2003
- 김규태, 급식경영학, 지구문화사 1996
- 김동승, 급식경영학, 광문각 2001
- 급식경영학, 효일
- 농산물유통공사
- 농산물유통정보
- 네이버 백과사전
- http://www.tjgp.co.kr/01_abouts/nong_intro/main2.htm
- http://www.kamis.co.kr/jsp/wms/wms.jsp?menuid=517
- http://ysma.ipohang.org/b/b3.htm
- http://kr.fujitsu.com/webzine/tech/2003_11/issue/cost/
- http://www.afmc.co.kr
- http://www.kamis.co.kr/jsp/index.jsp

조리용어 사전

2004년 3월 10일 1판 1쇄 발 행
2007년 8월 27일 1판 2쇄 발 행

지은이 : 김 진 · 이광일 · 우희섭 · 김윤성
펴낸이 : 박 정 태

펴낸곳 : **광 문 각**

413-756
경기도 파주시 문발동 파주출판문화도시 500-8
광문각빌딩
등 록 : 1991. 5. 31 제12-484호
전화(代) : 031) 955-8787
팩 스 : 031) 955-3730
E-mail : kwangmk@unitel.co.kr
홈페이지 : www.kwangmoonkag.co.kr

• ISBN : 89-7093-300-X 33590

값 25,000원